现代
落叶果树病虫害防控常用优质农药

王江柱　徐　扩　齐明星　主编

化学工业出版社

·北京·

本书以《现代落叶果树病虫害诊断与防控原色图鉴》一书中的病虫害靶标为防控对象，以农业农村部农药检定所主办的"中国农药信息网"上发布登记的优质农药为基础，结合我国落叶果树生产中的实际用药状况等，精选了 240 种优质农药（杀菌剂单剂 63 种、杀菌剂混剂 77 种、杀虫杀螨剂单剂 56 种、杀虫杀螨剂混剂 44 种）进行详细介绍，分别阐述了常见商标名称、主要含量与剂型、产品特点、适用果树及防控对象、使用技术、注意事项等方面内容，其中以使用技术部分为重点内容。

本书适合广大果树技术人员、农资经营人员、农药生产企业、果树种植专业合作社及种植大户（果农）、果树及植保专业师生等参考使用。

图书在版编目（CIP）数据

现代落叶果树病虫害防控常用优质农药/王江柱，徐扩，齐明星主编 . —北京：化学工业出版社，2019.9
ISBN 978-7-122-34634-6

Ⅰ.①现⋯　Ⅱ.①王⋯②徐⋯③齐⋯　Ⅲ.①落叶果树-农药施用　Ⅳ.①S436.6

中国版本图书馆 CIP 数据核字（2019）第 107322 号

责任编辑：刘　军　冉海滢　张　赛　　　　装帧设计：关　飞
责任校对：刘　颖

出版发行：化学工业出版社（北京市东城区青年湖南街 13 号　邮政编码 100011）
印　　装：大厂聚鑫印刷有限责任公司
710mm×1000mm　1/16　印张 23¾　字数 476 千字　2019 年 9 月北京第 1 版第 1 次印刷

购书咨询：010-64518888　　　　　　　售后服务：010-64518899
网　　址：http://www.cip.com.cn

凡购买本书，如有缺损质量问题，本社销售中心负责调换。

定　　价：68.00 元

本书编写人员名单

主　　编：王江柱　徐　扩　齐明星
编写人员：（以姓氏笔画为序）
　　　　　王江柱　王建华　刘新佳
　　　　　齐明星　纪朋涛　赵　莹
　　　　　赵雄伟　侯淑英　徐　扩

自大型工具书《现代落叶果树病虫害诊断与防控原色图鉴》在 2018 年 7 月正式出版公开发行以来，受到了广大读者的欢迎。为了满足广大读者的需求，我们经过认真讨论研究，决定编写一本针对当前我国落叶果树主要病虫害的实用农药使用图书，即以《现代落叶果树病虫害诊断与防控原色图鉴》一书中的病虫害靶标为防控对象，以农业农村部农药检定所主办的"中国农药信息网"上发布登记的优质农药为基础，结合我国落叶果树生产中的实际用药状况和编者近些年来在落叶果树生产指导与服务中的经验及素材积累，精选了 240 种优质农药（单剂 119 种、混配制剂 121 种）作为编写对象，分别从常见商标名称、主要含量与剂型、产品特点、适用果树及防控对象、使用技术、注意事项等方面进行阐述，其中以农药使用技术部分为重点内容。

本书编写主要围绕三个目的：一是普及常用优质农药的基本知识与特点，二是阐述相关落叶果树病虫害的有效防控技术要点，三是传播有效药剂与相应落叶果树病虫害的有机结合（即药剂使用技术）。

"常见商标名称"和"主要含量与剂型"部分，根据"中国农药信息网"和"农药信息一点通"两个网站上的农药标签信息综合整理而来；"适用果树及防控对象"和"使用技术"部分，是根据产品登记情况、生产中实际应用情况和试验示范推广情况综合总结而来。书中继续沿用了《现代落叶果树病虫害诊断与防控原色图鉴》一书中使用的"防控"概念，目的是遵循农业生态平衡和果树可持续发展的原则，将病虫害控制在最低损害水平，尽量减少用药次数及用药量，降低农药残留和可能的环境污染。

所谓农药，应该说都是"有毒"的一类农用化学生产物资，所以在具体使用中都有明确的使用方法和诸多注意事项。而注意事项中，除一些产品有特殊要求外，大部分基本一致。综合来说，注意事项主要有以下几点：

① 除个别产品外，绝大多数农药均不能与碱性药剂（含肥料）及强酸性药剂混用。

② 连续用药时，注意与不同类型药剂交替使用，且用药应及时、均匀、周到。

③ 果树喷药时，应选择无风或微风条件下进行，并避免在高温下作业，最好在上午 10 时前或下午 4 时后施药，且喷药前应注意天气预报，保证喷药后 2 小时内无有效降雨。

④ 有些混配药剂生产企业较多，各企业间产品的配方比例及含量差异较大，本书所推荐使用倍数是以相应配方比例为前提的，具体选用时还应以该产品的标签说明为准。

⑤ 水果的幼果期尽量避免使用乳油剂型和铜制剂类药剂，以免对幼果表面造成伤害、形成果锈。

⑥ 不同果区因用药水平和频次不同，病原对药剂的敏感性或抗药性程度不同，具体用药时应根据当地以往用药习惯和情况，尽量选用不同类型药剂或交替使用。

⑦ 首次使用一种新药剂时，应在农业技术人员指导下进行，或先进行小面积试验，确认后再大面积使用。

⑧ 悬浮剂型长时间放置后可能会有沉淀，使用前应当充分摇匀，以保证药效。

⑨ 保护性杀菌剂应在病菌侵染前喷施，迟效型杀虫（螨）剂尽量在害虫（螨）发生初期开始喷药，以保证防控效果。

⑩ 许多药剂对蜜蜂、家蚕高毒，这类药剂在果树开花期禁止使用，蜜源植物、蚕室周边和桑园内及其附近也禁止使用。

⑪ 许多农药对鱼类及水生生物有毒，应远离水产养殖区施药，残余药液禁止污染河流、湖泊、池塘等水源地，且禁止在上述水域中清洗施药器具。

⑫ 如果药袋或药瓶打开后一次未用完时，应密封后放在阴凉干燥处保存，并在短期内用完。

⑬ 农药包装器具应妥善处理或按照国家或地方有关政策处理，不可挪作他用，更不可随意丢弃。

⑭ 农药均属有毒化学物质，应贮存在阴凉、干燥、通风处，远离粮食等食品及畜禽饲料等，使儿童触及不到，并加锁封闭。

⑮ 孕妇及哺乳期妇女禁止接触农药制品。

⑯ 用药时应做好安全防护，如穿戴防护服装（长衣、长裤等）、防护靴、口罩、手套等防护用品，请勿逆风喷药，避免药液接触皮肤、溅入眼睛或吸入药雾，且施药期间不可吸烟、进食和饮水，施药完毕后应立即更换衣服、洗手和洗脸；用药中或用药后如感觉不适，应立即停止工作，采取急救措施，并携带用药包装或标签送医院诊治。

⑰ 农药中毒症状有局部瘙痒、红肿、恶心、呕吐、腹泻、腹痛、头痛、头晕、心律失常、呼吸失常或麻痹、血压下降、抽搐、循环衰竭乃至死亡等；若药液不慎沾染皮肤，立即用肥皂和清水彻底清洗皮肤表面；若药液不慎溅入眼睛，立即用清水冲洗眼睛至少15分钟，严重者及时携带药剂包装或标签送医院对症就医；若不慎误服或吸入，应立即将患者移至空气清新处，并根据标签说明进行处理，较重者迅速携带药剂包装或标签送医院对症治疗。

为了节省正文篇幅，这些普适性注意事项就不在相应农药的"注意事项"中一一赘述了，具体使用相关农药时还请注意或参考其标签说明。

在同一树种上防控多种病害或虫害时，本书有些地方分别叙述了相应的防控技术及喷药次数，目的是使读者更加清楚不同病害或虫害的具体用药技术，以便根据果园或当地实际情况进行针对性参考；若一果园内有多种病害或虫害均需要防控时，请科学安排具体喷药情况，尽量做到兼防。此外，一些病虫害的防控技术对果实是否套袋要求不同，具体喷药时应根据果园内实际情况进行灵活调整。部分农药涉及草莓、花椒等农作物，文中也与落叶果树作物一并阐述。根据果树生产的表述习惯，面积单位我们还是以果农常用的"亩"（1亩＝666.7平方米）来表达的。

书中所述农药的使用倍数（剂量）及使用技术（方法），可能会因果树品种、栽培方式、生育期、地域生态环境条件及不同生产企业的生产工艺等不同而有一定的差异。因此，实际使用过程中，请以所购买产品的标签说明为准，或在当地农业技术人员指导下使用。

在本书编写过程中，得到了河北农业大学科教兴农中心、江苏龙灯化学有限公司等单位的大力支持，在此表示诚挚的感谢！

由于作者的研究工作范围、农技指导区域、生产实践经验及所收录和积累的技术资料还相当有限，书中不足之处在所难免，恳请各位同仁及广大读者予以批评指正，以便今后进一步修改、完善，在此深致谢意！

编者
2019 年 5 月

目录

第一章 杀菌剂 /1

第一节 单剂 ……………………… 1

硫黄 ……………………………………… 1
福美双 …………………………………… 3
百菌清 …………………………………… 6
克菌丹 …………………………………… 8
代森铵 …………………………………… 10
代森联 …………………………………… 11
代森锌 …………………………………… 13
代森锰锌 ………………………………… 16
丙森锌 …………………………………… 19
波尔多液 ………………………………… 22
硫酸铜钙 ………………………………… 24
碱式硫酸铜 ……………………………… 26
氢氧化铜 ………………………………… 27
松脂酸铜 ………………………………… 29
腐植酸铜 ………………………………… 30
喹啉铜 …………………………………… 31
噻唑锌 …………………………………… 33
噻霉酮 …………………………………… 34
氟噻唑吡乙酮 …………………………… 35
多菌灵 …………………………………… 36
甲基硫菌灵 ……………………………… 40
三唑酮 …………………………………… 47
烯唑醇 …………………………………… 48
戊唑醇 …………………………………… 50
己唑醇 …………………………………… 54

腈菌唑 …………………………………… 56
腈苯唑 …………………………………… 58
丙环唑 …………………………………… 59
氟硅唑 …………………………………… 60
氟环唑 …………………………………… 62
氟菌唑 …………………………………… 64
氰霜唑 …………………………………… 65
四氟醚唑 ………………………………… 66
苯醚甲环唑 ……………………………… 66
抑霉唑 …………………………………… 70
腐霉利 …………………………………… 71
异菌脲 …………………………………… 73
二氰蒽醌 ………………………………… 75
嘧霉胺 …………………………………… 76
啶酰菌胺 ………………………………… 78
嘧菌环胺 ………………………………… 79
烯肟菌胺 ………………………………… 80
咪鲜胺 …………………………………… 81
咪鲜胺锰盐 ……………………………… 83
双炔酰菌胺 ……………………………… 84
烯酰吗啉 ………………………………… 85
氟吗啉 …………………………………… 87
三乙膦酸铝 ……………………………… 87
霜霉威盐酸盐 …………………………… 89
多抗霉素 ………………………………… 89
中生菌素 ………………………………… 91
春雷霉素 ………………………………… 92

宁南霉素 ·············· 93
乙蒜素 ················· 93
溴菌腈 ················· 95
嘧菌酯 ················· 96
醚菌酯 ················· 98
吡唑醚菌酯 ············ 100
啶氧菌酯 ·············· 102
丁香菌酯 ·············· 103
肟菌酯 ················ 105
双胍三辛烷基苯磺酸盐 ·· 106
辛菌胺醋酸盐 ·········· 108

第二节　混配制剂 ·········· 109

苯甲·多菌灵 ·········· 109
苯甲·锰锌 ············ 111
苯甲·丙森锌 ·········· 113
苯甲·代森联 ·········· 115
苯甲·克菌丹 ·········· 117
苯甲·丙环唑 ·········· 118
苯甲·咪鲜胺 ·········· 120
苯甲·氟酰胺 ·········· 121
苯甲·嘧菌酯 ·········· 122
苯甲·醚菌酯 ·········· 124
苯甲·肟菌酯 ·········· 125
苯甲·吡唑酯 ·········· 127
苯甲·中生 ············ 128
苯醚·甲硫 ············ 130
苯醚·戊唑醇 ·········· 132
丙唑·多菌灵 ·········· 134
丙环·嘧菌酯 ·········· 135
丙森·多菌灵 ·········· 136
丙森·腈菌唑 ·········· 138
丙森·醚菌酯 ·········· 140
波尔·锰锌 ············ 141
波尔·甲霜灵 ·········· 142
波尔·霜脲氰 ·········· 143
代锰·戊唑醇 ·········· 144

多·福 ················ 146
多·锰锌 ·············· 147
多抗·丙森锌 ·········· 150
多抗·戊唑醇 ·········· 151
噁霜·锰锌 ············ 152
噁酮·锰锌 ············ 153
噁酮·氟硅唑 ·········· 154
噁酮·霜脲氰 ·········· 155
噁酮·吡唑酯 ·········· 156
二氰·吡唑酯 ·········· 157
二氰·戊唑醇 ·········· 159
氟菌·戊唑醇 ·········· 160
氟菌·肟菌酯 ·········· 161
氟菌·霜霉威 ·········· 162
硅唑·多菌灵 ·········· 163
甲硫·福美双 ·········· 164
甲硫·锰锌 ············ 166
甲硫·戊唑醇 ·········· 168
甲硫·氟硅唑 ·········· 171
甲硫·腈菌唑 ·········· 173
甲硫·醚菌酯 ·········· 174
甲霜·百菌清 ·········· 175
甲霜·锰锌 ············ 176
克菌·戊唑醇 ·········· 178
锰锌·腈菌唑 ·········· 179
锰锌·烯唑醇 ·········· 181
锰锌·异菌脲 ·········· 182
醚菌·啶酰菌 ·········· 183
噻呋·苯醚甲 ·········· 184
霜脲·锰锌 ············ 185
铜钙·多菌灵 ·········· 186
肟菌·戊唑醇 ·········· 188
戊唑·多菌灵 ·········· 189
戊唑·丙森锌 ·········· 193
戊唑·异菌脲 ·········· 195
戊唑·嘧菌酯 ·········· 196
戊唑·醚菌酯 ·········· 197

烯酰·锰锌 ……………… 198
烯酰·铜钙 ……………… 199
烯酰·霜脲氰 …………… 200
烯酰·氰霜唑 …………… 201
烯酰·吡唑酯 …………… 202
异菌·多菌灵 …………… 203
乙铝·锰锌 ……………… 204
乙铝·多菌灵 …………… 206

乙霉·多菌灵 …………… 207
唑醚·丙森锌 …………… 208
唑醚·代森联 …………… 210
唑醚·甲硫灵 …………… 212
唑醚·戊唑醇 …………… 214
唑醚·啶酰菌 …………… 217
唑醚·氟酰胺 …………… 218
唑醚·咪鲜胺 …………… 219

第二章　杀虫、杀螨剂 / 221

第一节　单剂 ……………… 221

矿物油 ………………… 221
石硫合剂 ……………… 222
苦参碱 ………………… 223
苏云金杆菌 …………… 225
棉铃虫核型多角体病毒 … 226
阿维菌素 ……………… 227
甲氨基阿维菌素苯甲酸盐 … 230
乙基多杀菌素 ………… 232
吡虫啉 ………………… 233
吡蚜酮 ………………… 237
啶虫脒 ………………… 239
烯啶虫胺 ……………… 241
呋虫胺 ………………… 243
噻虫胺 ………………… 244
噻虫嗪 ………………… 245
噻嗪酮 ………………… 247
灭幼脲 ………………… 249
除虫脲 ………………… 250
杀铃脲 ………………… 251
氟虫脲 ………………… 252
虱螨脲 ………………… 253
虫酰肼 ………………… 254

甲氧虫酰肼 …………… 255
茚虫威 ………………… 256
虫螨腈 ………………… 257
溴氰菊酯 ……………… 258
S-氰戊菊酯 …………… 261
甲氰菊酯 ……………… 263
联苯菊酯 ……………… 266
高效氯氰菊酯 ………… 268
高效氯氟氰菊酯 ……… 271
敌敌畏 ………………… 275
辛硫磷 ………………… 276
毒死蜱 ………………… 278
丙溴磷 ………………… 282
三唑磷 ………………… 283
杀螟硫磷 ……………… 284
马拉硫磷 ……………… 285
螺虫乙酯 ……………… 286
氯虫苯甲酰胺 ………… 288
氟苯虫酰胺 …………… 289
氟啶虫酰胺 …………… 290
氟啶虫胺腈 …………… 291
氰氟虫腙 ……………… 292
炔螨特 ………………… 292
哒螨灵 ………………… 294

四螨嗪 ……………………… 295

三唑锡 ……………………… 296

苯丁锡 ……………………… 297

噻螨酮 ……………………… 297

螺螨酯 ……………………… 298

联苯肼酯 …………………… 299

溴螨酯 ……………………… 300

乙螨唑 ……………………… 301

唑螨酯 ……………………… 302

乙唑螨腈 …………………… 303

第二节　混配制剂 …………… 304

阿维·矿物油 ……………… 304

阿维·吡虫啉 ……………… 305

阿维·啶虫脒 ……………… 306

阿维·高氯 ………………… 308

阿维·甲氰 ………………… 309

阿维·毒死蜱 ……………… 311

阿维·灭幼脲 ……………… 313

阿维·氟铃脲 ……………… 314

阿维·丁醚脲 ……………… 315

阿维·氯苯酰 ……………… 316

阿维·螺虫酯 ……………… 318

阿维·哒螨灵 ……………… 319

阿维·四螨嗪 ……………… 320

阿维·炔螨特 ……………… 321

阿维·苯丁锡 ……………… 323

阿维·三唑锡 ……………… 323

阿维·联苯肼 ……………… 325

阿维·唑螨酯 ……………… 326

阿维·螺螨酯 ……………… 327

阿维·乙螨唑 ……………… 328

苯丁·炔螨特 ……………… 329

吡虫·矿物油 ……………… 330

吡虫·毒死蜱 ……………… 331

高氯·马 …………………… 333

高氯·辛硫磷 ……………… 334

高氯·毒死蜱 ……………… 336

高氯·吡虫啉 ……………… 338

高氯·甲维盐 ……………… 340

甲维·虫酰肼 ……………… 342

甲维·除虫脲 ……………… 343

甲维·虱螨脲 ……………… 344

联肼·螺螨酯 ……………… 346

联肼·乙螨唑 ……………… 347

氯氟·吡虫啉 ……………… 348

氯氟·虱螨脲 ……………… 349

氯氟·啶虫脒 ……………… 350

氯氟·毒死蜱 ……………… 352

氯虫·高氯氟 ……………… 355

螺虫·噻嗪酮 ……………… 356

螺虫·呋虫胺 ……………… 357

氰戊·马拉松 ……………… 358

噻虫·高氯氟 ……………… 359

溴氰·噻虫嗪 ……………… 360

乙螨·螺螨酯 ……………… 362

参考文献 / 364

索引 / 365

一、农药单剂 ………………… 365　　二、农药混配制剂 ……………… 367

第一章

杀菌剂

第一节 单剂

硫黄 sulfur

常见商标名称 成标、园标、胜标、明赛、川安、蓝丰、丰叶、金浪、绿士、统青、千清、清润、荣邦、兴农、山农、鲁化、通关、赢利、翠百、卡白、世佳、巴斯夫、双吉牌、虎头牌、施普乐、瑞德丰、百益宝、贝嘉尔、大光明、尚富时、利尔作物、三江益农、大光明红远。

主要含量与剂型 45%、50%悬浮剂，80%水分散粒剂，80%干悬浮剂，80%可湿性粉剂，10%脂膏。

产品特点 硫黄是一种矿物源无机硫保护性低毒杀菌剂，具有触杀和熏蒸作用，无内吸性，兼有一定的杀螨活性；颗粒细微制剂能均匀附着在作物表面形成致密保护药膜，黏附性较好，较耐雨水冲刷。硫黄具有多个活性作用位点，其活性机理是作用于氧化还原过程中细胞色素 b 和 c 之间的电子传递过程，夺取电子，干扰正常的氧化还原反应，而导致病菌或害螨死亡。硫黄的杀菌及杀螨活性因温度升高而逐渐增强，但安全性却逐渐降低，用药时应特别注意气温变化。另外，硫黄燃烧时产生有刺激性臭味的二氧化硫气体，多用于密闭空间消毒。硫黄对眼结膜和皮肤有一定刺激作用，对水生生物低毒，对蜜蜂几乎无毒。其水悬浮液呈微酸性，与碱性物质反应生成多硫化物。

硫黄常用于熬制石硫合剂，也常用于与多菌灵、甲基硫菌灵、三唑酮、三环唑、苯醚甲环唑、戊唑醇、咪鲜胺铜盐、福美双、代森锰锌、百菌清、苦参碱、敌磺钠、稻瘟灵、春雷霉素、氨基寡糖素等药剂混配，生产复配杀菌剂。

适用果树及防控对象 硫黄适用于多种落叶果树，对许多种高等真菌性病害均有较好的防控效果。目前，在落叶果树生产中可用于防控：苹果树、梨树、山楂树、桃树、杏树、李树、樱桃树及核桃树的腐烂病、干腐病，苹果树白粉病，梨树白粉病，桃树的缩叶病、瘿螨畸果病、褐腐病、炭疽病，桃树、李树、杏树、樱桃树的褐斑病，葡萄的白粉病、毛毡病，山楂白粉病，核桃白粉病，草莓白粉病，枸杞锈蜘蛛，果窖消毒。

使用技术 硫黄主要通过喷雾方式进行用药，也可用于枝干涂抹等。喷雾用药时，随温度升高应逐渐降低用药量，并注意观察对果树的安全性。

（1）苹果树、梨树、山楂树、桃树、杏树、李树、樱桃树及核桃树的腐烂病、干腐病 在刮治病斑后于伤口上涂药，以保护伤口。一般使用 45%悬浮剂或 50%悬浮剂 20～30 倍液、或 80%水分散粒剂或 80%干悬浮剂或 80%可湿性粉剂 30～50 倍液涂抹伤口，或使用 10%脂膏直接涂抹伤口。

（2）苹果树白粉病 花芽露红期喷第 1 次药，落花后立即喷第 2 次药，往年病害严重果园落花后 15 天左右再喷药 1 次，即可基本控制白粉病的发生。一般使用 45%悬浮剂或 50%悬浮剂 400～500 倍液、或 80%水分散粒剂或 80%干悬浮剂或 80%可湿性粉剂 600～1000 倍液均匀喷雾。

（3）梨树白粉病 从初见病斑时开始喷药，10 天左右 1 次，连喷 3 次左右，注意喷洒叶片背面。一般使用 45%悬浮剂或 50%悬浮剂 500～600 倍液、或 80%水分散粒剂或 80%干悬浮剂或 80%可湿性粉剂 800～1000 倍液均匀喷雾。

（4）桃树缩叶病、瘿螨畸果病 在花芽露红期喷第 1 次药，落花后立即喷第 2 次药，7～10 天后再喷药 1 次，即可有效防控缩叶病及瘿螨畸果病。一般使用 45%悬浮剂或 50%悬浮剂 400～600 倍液、或 80%水分散粒剂或 80%干悬浮剂或 80%可湿性粉剂 600～1000 倍液均匀喷雾。

（5）桃褐腐病 从果实采收前 1.5 个月开始喷药，10 天左右 1 次，连喷 3 次左右。一般使用 45%悬浮剂或 50%悬浮剂 500～600 倍液、或 80%水分散粒剂或 80%干悬浮剂或 80%可湿性粉剂 800～1000 倍液均匀喷雾。

（6）桃炭疽病 从桃果实硬核期前开始喷药，7～10 天 1 次，连喷 3～4 次。一般使用 45%悬浮剂或 50%悬浮剂 500～600 倍液、或 80%水分散粒剂或 80%干悬浮剂或 80%可湿性粉剂 800～1000 倍液均匀喷雾。

（7）桃树、杏树、李树、樱桃树的褐斑病 从病害发生初期或初见病斑时立即开始喷药预防，10 天左右 1 次，连喷 2～4 次。药剂喷施倍数同"桃炭疽病"。

（8）葡萄白粉病 从初见病斑时开始喷药，10 天左右 1 次，连喷 2～3 次。一般使用 45%悬浮剂或 50%悬浮剂 500～600 倍液、或 80%水分散粒剂或 80%干悬浮剂或 80%可湿性粉剂 800～1000 倍液喷雾，重点喷洒叶片正面。

（9）葡萄毛毡病 从新梢长至 10～15 厘米左右时开始喷药，10 天左右 1 次，连喷 2～3 次。一般使用 45%悬浮剂或 50%悬浮剂 400～500 倍液、或 80%水分散粒剂或80％干悬浮剂或80％可湿性粉剂600～800倍液均匀喷雾。

（10）**山楂白粉病**　在山楂花序分离期和落花后各喷药1次，即可有效控制白粉病的发生。一般使用45％悬浮剂或50％悬浮剂500～600倍液、或80％水分散粒剂或80％干悬浮剂或80％可湿性粉剂800～1000倍液均匀喷雾。

（11）**核桃白粉病**　从病害发生初期或初见病斑时开始喷药，10～15天1次，连喷1～2次。药剂喷施倍数同"山楂白粉病"。

（12）**草莓白粉病**　从病害发生初期或初见病斑时开始喷药，10天左右1次，连喷2～4次。一般使用45％悬浮剂或50％悬浮剂400～500倍液、或80％水分散粒剂或80％干悬浮剂或80％可湿性粉剂600～800倍液均匀喷雾。

（13）**枸杞锈蜘蛛**　从害螨发生为害初期开始喷药，10～15天1次，全生长季节需喷药4～6次。一般使用45％悬浮剂或50％悬浮剂300～500倍液、或80％水分散粒剂或80％干悬浮剂或80％可湿性粉剂600～800倍液均匀喷雾。

（14）**果窖熏蒸消毒**　在果窖贮放果品前进行。一般每立方米空间使用硫黄块或硫黄粉20～25克，分几点均匀放置，点燃（硫黄粉先伴少量锯末或木屑）后封闭熏蒸一昼夜，经通风后再行进入作业。

注意事项　硫黄不宜与硫酸铜等金属盐类药剂混用，也不能与自配波尔多液等强碱性物质混用，以防降低药效。硫黄的药效及造成药害的可能性均与环境温度成正相关，气温较高的季节应在早、晚施药，避免中午用药，并适当降低用药浓度，以免发生药害。本剂对桃、李、梨、葡萄等较敏感，使用时应适当降低浓度及使用次数。保护性药剂在病害发生前或发生初期开始使用效果较好，当病害已普遍发生时用药防效较差，且喷药应均匀周到。悬浮剂型可能会有一些沉淀，保质期内不影响药效，摇匀后使用。硫黄对皮肤、黏膜刺激性较强，接触药剂部分可能会引起接触性皮炎，用药时需注意安全保护，如接触皮肤或眼睛，应立即用清水冲洗并换洗衣物。

福美双　thiram

常见商标名称　美邦、华邦、集琦、京蓬、国光、恒田、韩孚、雷克、外尔、赞峰、叶宝、普保、保托、托生、北联、星汇、驰原、创典、贵合、贵蓝、蓝调、蓝炫、蓝拳、东冠、银硕、全透、好帅、红泽、沪福、温泰、粒成、罗斯、明爽、纳戈、黑方、农尚、青园、万丰、威克、美尔果、安瑞特、先利达、恒利达、赛达生、司迪生、冠林生、年年丰、新长山、鑫马牌、金纳海、泰乐施、施普乐、倍彤乐、冠青美、金红康、雷克双刺、罗邦生物、绿丰日昇、冠龙美蓝甲。

主要含量与剂型　50％、70％、80％、85％可湿性粉剂，80％水分散粒剂。

产品特点　福美双是一种二甲基二硫代氨基甲酸酯类广谱保护性中毒杀菌剂，具有多个杀菌作用位点。其杀菌机理是通过抑制病菌一些酶的活性和干扰三羧酸代谢循环而导致病菌死亡。该药以触杀作用为主，并有一定渗透性，在土壤中持效期较长，高剂量时对田鼠和野兔有一定驱避作用。对皮肤和黏膜有刺激作用，对鱼类有毒。

福美双常与硫黄、百菌清、代森锰锌、多菌灵、甲基硫菌灵、苯菌灵、异菌脲、菌核净、腈菌唑、氟环唑、丙环唑、三唑酮、三唑醇、烯唑醇、戊唑醇、啶菌噁唑、三乙膦酸铝、腐霉利、烯酰吗啉、甲霜灵、嘧霉胺、噁霉灵、稻瘟灵、萎锈灵、溴菌腈、乙霉威、咪鲜胺、苯醚甲环唑、吡唑醚菌酯、多抗霉素等杀菌剂成分混配，用于生产复配杀菌剂。

适用果树及防控对象 福美双适用于多种落叶果树，对许多种真菌性病害均有较好的防控效果。目前，在落叶果树生产中主要用于防控：苹果树的轮纹病、炭疽病、黑星病、褐斑病、斑点落叶病，梨树的黑星病、黑斑病、轮纹病、炭疽病、褐斑病、白粉病，葡萄的白腐病、炭疽病、霜霉病、褐斑病、白粉病，桃、李、杏、樱桃的黑星病（疮痂病）、褐腐病、炭疽病，梅的灰霉病、炭疽病，枣树的锈病、轮纹病、炭疽病、褐斑病、缩果病，山楂的轮纹病、炭疽病、黑星病，核桃的炭疽病、褐斑病、白粉病，石榴的褐斑病、黑斑病、炭疽病，花椒的锈病、炭疽病，草莓的白粉病、根腐病。

使用技术

（1）苹果病害 多从落花后45天后或套袋后开始喷施本剂，10～15天1次，连喷3～4次，对黑星病、褐斑病、斑点落叶病及不套袋果的轮纹病、炭疽病均有较好的防控效果。一般使用50%可湿性粉剂600～800倍液、或70%可湿性粉剂800～1000倍液、或80%可湿性粉剂或80%水分散粒剂1000～1200倍液均匀喷雾。

（2）梨树病害 多从落花后1.5个月或套袋后开始喷施本剂，10～15天1次，与其他治疗性杀菌剂交替使用，需喷药4～6次，对黑星病、黑斑病、褐斑病、白粉病及不套袋果的轮纹病、炭疽病均有较好的防控效果。福美双喷施倍数同"苹果病害"。

（3）葡萄病害 防控霜霉病时，从病害发生初期或初见病斑时开始喷药，10天左右1次，与治疗性药剂交替使用，连续喷药，兼防褐斑病、白粉病、炭疽病。防控白腐病时，从果粒开始转色前或果粒基本长成大小时开始喷药，7～10天1次，与其他类型杀菌剂交替使用，连续喷施，直到果实采收前一周（鲜食品种），兼防炭疽病、褐斑病、白粉病等。福美双喷施倍数同"苹果病害"。另外，防控白腐病时，也可在葡萄幼果期地面用药，一般使用福美双：硫黄粉：石灰粉＝1：1：2的混合药粉，按照每亩次1～2千克药量，均匀撒施于地面，有效控制地面病菌向上传播。

（4）桃、李、杏、樱桃病害 防控黑星病（疮痂病）时，从落花后20～30天开始喷药，10～15天1次，连喷2～4次；防控褐腐病时，从病害发生初期或果实成熟前1～1.5个月开始喷药，10天左右1次，连喷2～3次；防控炭疽病时，从病害发生初期或落花后20～30天开始喷药，10～15天1次，连喷2～4次。药剂喷施倍数同"苹果病害"。

（5）**梅灰霉病、炭疽病** 防控灰霉病时，在开花初期和落花后 10 天左右各喷药 1 次，即可有效防控其发生为害；防控炭疽病时，从病害发生初期或落花后 15～20 天开始喷药，10～15 天 1 次，连喷 2 次左右。药剂喷施倍数同"苹果病害"。

（6）**枣树病害** 防控褐斑病时，首先在开花（一茬花）前、后各喷药 1 次；而后从坐住果后开始继续喷药，10～15 天 1 次，与其他不同类型药剂交替喷施，连喷 5～7 次，对锈病、轮纹病、炭疽病、褐斑病、缩果病等均有较好的防控效果。福美双喷施倍数同"苹果病害"。

（7）**山楂轮纹病、炭疽病、黑星病** 防控轮纹病、炭疽病时，从落花后半月左右开始喷药，10～15 天 1 次，连喷 3～5 次，注意与不同类型药剂交替使用；防控黑星病时，从病害发生初期或初见病斑时开始喷药，10～15 天 1 次，连喷 2～3次。福美双喷施倍数同"苹果病害"。

（8）**核桃炭疽病、褐斑病、白粉病** 防控炭疽病时，从病害发生初期或初见病斑时开始喷药，10～15 天 1 次，连喷 2～4 次；防控褐斑病、白粉病时，从初见病斑时开始喷药，10～15 天 1 次，连喷 2～3 次。药剂喷施倍数同"苹果病害"。

（9）**石榴褐斑病、黑斑病、炭疽病** 多从石榴一茬花坐住果后半月左右开始喷药，10～15 天 1 次，与不同类型药剂交替使用，连喷 4～6 次。福美双喷施倍数同"苹果病害"。

（10）**花椒锈病、炭疽病** 从病害发生初期或初见病斑时开始喷药，10～15 天 1 次，连喷 2～3 次。药剂喷施倍数同"苹果病害"。

（11）**草莓白粉病、根腐病** 防控白粉病时，从白粉病发生初期或初见病斑时开始喷药，10～15 天 1 次，每期连喷 2～3 次，药剂喷施倍数同"苹果病害"。防控根腐病时，最好在整地后移栽前沟施或垄施混土用药，一般每亩施用 50% 可湿性粉剂 0.5～1 千克、或 70% 可湿性粉剂 0.4～0.7 千克、或 80% 可湿性粉剂或 85% 可湿性粉剂 0.3～0.6 千克，均匀混土后移栽定植。

（12）**涂抹树干** 在苹果、梨、桃、李、杏、樱桃、核桃、山楂、枣等果树的幼树期，冬前使用高浓度药剂涂抹树干，可有效驱避野兔和野鼠啃食树皮。一般使用 50% 可湿性粉剂 8～10 倍液、或 70% 可湿性粉剂 12～15 倍液、或 80% 可湿性粉剂或 80% 水分散粒剂或 85% 可湿性粉剂 15～20 倍液涂抹树干。

注意事项 福美双不能与铜制剂及碱性药剂混用或前后紧接使用；幼叶、幼果期应当慎重使用，避免发生药害；用药时应及时均匀周到，以保证防控效果；注意与相应治疗性药剂交替使用或混合使用。本品对鱼类等水生生物有毒，严禁药剂及废液污染河流、湖泊、池塘等水域；对蜜蜂、家蚕有毒，施药期间应避免对周围蜂群的影响，开花植物花期、蚕室和桑园附近禁止使用。苹果树上使用的安全间隔期为 21 天，每季最多使用 4 次；葡萄上使用的安全间隔期为 15 天，每季最多使用3 次。

百菌清 chlorothalonil

常见商标名称 先正达、先利达、威尔达、百宁达、达克丰、达和柠、达科宁、达粒宁、达霜宁、高达宁、每达宁、珍达宁、立达宁、皇百宁、好迪施、无不克、禾斗能、百灵树、锐利克、瑞德丰、世科姆、纽菲蓝、贝拉加、贝凯露、一把清、植物龙、克菌多、思维普、松鹿牌、新安、安润、安泰、泛泰、艾高、苏利、利民、拜耳、锐盾、世诺、诺致、美星、明龙、龙灯、赛艳、腾越、殷实、兴农、永农、晶品、智海、耐尔、百恒、韩孚、凯威、凯蓝、万蓝、滋蓝、蓝贝、蓝代、凝翠、翠金、悦露、恒田、红云、华阳、嘉禾、多清、绿禾、品巧、品拓、惠光、渠光、上格、圣克、温闲、银灿、大成、利民统领、罗邦生物、亿农高科、正业中农、壮丁美邦、海特农化、航天西诺、百农思达、利民满园丰、标正安百宁、宜农康正屏、诺普信达双宁、诺普信达科王。

主要含量与剂型 75％、60％、50％可湿性粉剂，720克/升、54％、40％悬浮剂，75％、83％、90％水分散粒剂，10％、20％、30％、40％、45％烟剂。

产品特点 百菌清是一种有机氯类极广谱保护性低毒杀菌剂，没有内吸传导作用，喷施到植物表面后黏着性能良好，不易被雨水冲刷，药剂持效期较长。其杀菌机理是与真菌细胞中的3-磷酸甘油醛脱氢酶中含半胱氨酸的蛋白质结合，破坏细胞的新陈代谢而使其丧失生命力。百菌清主要是保护植物免受病菌侵染，对已经侵入植物体内的病菌基本无效，必须在病菌侵染寄主植物前用药才能获得理想的防病效果。该药具有多个杀菌作用位点，连续使用病菌不易产生抗药性。

百菌清常与甲霜灵、精甲霜灵、霜脲氰、氰霜唑、三乙膦酸铝、代森锰锌、硫黄、甲基硫菌灵、多菌灵、福美双、腐霉利、异菌脲、乙霉威、嘧霉胺、嘧菌酯、氟嘧菌酯、戊唑醇、苯醚甲环唑、咪鲜胺、烯酰吗啉、双炔酰菌胺、琥胶肥酸铜等杀菌剂成分混配，用于生产复配杀菌剂。

适用果树及防控对象 百菌清适用于多种落叶果树，对许多种真菌性病害均有较好的预防效果。目前，在落叶果树生产中主要用于防控：苹果树的早期落叶病、黑星病、炭疽病、轮纹病，梨树的黑斑病、褐斑病、白粉病、轮纹病、炭疽病，葡萄的黑痘病、穗轴褐枯病、霜霉病、褐斑病、炭疽病、白粉病，桃树的黑星病（疮痂病）、炭疽病、褐腐病、真菌性穿孔病，李的炭疽病、红点病，草莓的灰霉病、白粉病、褐斑病、炭疽病、叶枯病，保护地果树（桃、杏、葡萄、草莓等）的灰霉病、花腐病。

使用技术 百菌清在落叶果树上主要应用于喷雾，保护地内也常通过熏烟用药。具体用药时注意与相应内吸治疗性杀菌剂交替使用或混合使用效果更好。

（1）苹果树早期落叶病、黑星病、炭疽病、轮纹病 从苹果落花后20～30天开始喷施本剂，与戊唑多菌灵、甲基硫菌灵、戊唑醇、苯醚甲环唑等治疗性药剂交替使用，10～15 天 1 次，连续喷施。百菌清一般使用 75％可湿性粉剂或 75％水分散粒剂 800～1000 倍液、或 60％可湿性粉剂 600～800 倍液、或 50％可湿性粉剂 500～600 倍液、或 83％水分散粒剂 1000～1200 倍液、或 90％水分散粒剂 1200～1500 倍液、或 720 克/升悬浮剂 1000～1200 倍液、或 40％悬浮剂 600～800 倍液均匀喷雾。需要指出，苹果在落花后 20 天内的幼果期不能喷施本剂，否则可能会造成果实表面产生锈斑。

（2）梨树黑斑病、白粉病、褐斑病、轮纹病、炭疽病　防控黑斑病、白粉病、褐斑病等叶部病害时，从病害发生初期或初见病斑时开始均匀喷药，10～15 天 1 次，连喷 2～3 次；防控轮纹病、炭疽病等果实病害时，一般从落花后半月左右开始喷药，10～15 天 1 次，与相应治疗性药剂交替使用或混用，直到果实套袋或生长后期。百菌清喷施倍数同"苹果树早期落叶病"。

（3）葡萄病害　开花前、落花后各喷药 1 次，防控黑痘病、穗轴褐枯病，兼防霜霉病；防控霜霉病时，从初见病斑时开始喷药，10 天左右 1 次，连喷 5～7 次（注意与治疗性药剂交替使用或混用），兼防炭疽病、褐斑病、白粉病；在果粒将要着色时，开始喷药防控炭疽病（不套袋葡萄），10 天左右 1 次，连喷 3～4 次（注意与治疗性药剂交替使用或混用），兼防霜霉病、褐斑病、白粉病。一般使用 75％可湿性粉剂或 75％水分散粒剂 600～800 倍液、或 60％可湿性粉剂 500～600 倍液、或 50％可湿性粉剂 400～500 倍液、或 83％水分散粒剂 700～900 倍液、或 90％水分散粒剂 800～1000 倍液、或 720 克/升悬浮剂 800～1000 倍液、或 40％悬浮剂 400～500 倍液均匀喷雾。应当指出，红提葡萄果粒对百菌清较敏感，仅适合在果穗全部套袋后喷施。

（4）桃树病害　防控黑星病（疮痂病）时，从落花后 20～30 天开始喷药，10～15 天 1 次，直到果实采收前 1 个月，兼防真菌性穿孔病、炭疽病；防控炭疽病时，从落花后一个月左右开始喷药，10～15 天 1 次，直到生长后期；防控褐腐病时，从果实采收前 1.5 个月开始喷药，10 天左右 1 次，连喷 2～4 次，兼防后期果实炭疽病。百菌清喷施倍数同"苹果树早期落叶病"，连续喷药时注意与相应治疗性药剂交替使用或混用。

（5）李炭疽病、红点病　防控炭疽病时，从落花后 20～30 天开始喷药，10～15 天 1 次，连续喷施，直到生长后期；防控红点病时，多从落花后 15 天左右开始喷药，10～15 天 1 次，连喷 2～4 次。百菌清喷施倍数同"苹果树早期落叶病"，连续喷药时注意与相应治疗性药剂交替使用或混用。

（6）草莓病害　在开花初期、中期、末期各喷药 1～2 次，对白粉病、灰霉病、褐斑病、叶枯病均具有较好的预防效果；繁苗田块，从病害发生初期或初见病斑时开始喷药，10 天左右 1 次，连喷 2～4 次，有效防控炭疽病等病害发生。一般使用 75％可湿性粉剂或 75％水分散粒剂 600～800 倍液、或 60％可湿性粉剂 500～600 倍液、或 50％可湿性粉剂 400～500 倍液、或 83％水分散粒剂 700～900 倍液、或 90％水分散粒剂 800～1000 倍液、或 720 克/升悬浮剂 800～1000 倍液、或 40％悬浮剂 400～500 倍液均匀喷雾，连续喷药时注意与相应治疗性药剂交替使用或混用。

（7）保护地果树的灰霉病、花腐病 除上述喷雾防控外，还可通过熏烟进行用药。熏烟防控病害时，多在病害发生前或连续 2 天阴天时开始用药，一般每亩次使用 45％烟剂 150～180 克、或 40％烟剂 170～200 克、或 30％烟剂 200～250 克、或 20％烟剂 350～400 克、或 10％烟剂 700～800 克，均匀分多点点燃，而后密闭熏烟一夜。棚室熏烟后，第二天通风后才能进棚进行农事操作。

注意事项 百菌清不能与石硫合剂、波尔多液等碱性农药混用，连续用药时注意与相应治疗性药剂交替使用或混用。悬浮剂可能会有一些沉淀，摇匀后使用不影响药效。本剂在红提葡萄上可能会出现药害，应当慎用；在梨、柿、桃、梅和苹果等果树上使用浓度偏高会发生药害；与杀螟松混用，桃树上易发生药害。苹果树上使用的安全间隔期为 21 天，每季最多使用 4 次；梨树上使用的安全间隔期为 25 天，每季最多使用 6 次；葡萄上使用的安全间隔期为 21 天，每季最多使用 4 次。

克菌丹 captan

常见商标名称 齐能美、美得乐、美姿泰、美派安、圣铂安、胜帕安、喜思安、开普灿、金达利、龙灯、美邦、恒田、飞翔、硕亮、艾靓、默靓。

主要含量与剂型 50％、80％可湿性粉剂，80％、90％水分散粒剂，40％悬浮剂。

产品特点 克菌丹是一种邻苯二甲酰亚胺类广谱低毒杀菌剂，以保护作用为主，兼有一定的治疗效果，使用较安全，对许多种真菌性病害均有良好的预防效果，特别适用于对铜制剂农药敏感的作物。在水果上使用具有美容、促进果面光洁靓丽的作用。克菌丹能渗透至病菌的细胞膜，通过影响丙酮酸的脱羧作用，使之不能进入三羧酸循环；释放的硫光气与蛋白质中的有关基团反应，抑制酶或辅酶的活性；抑制 α-酮戊二酸脱氢酶系的活性，干扰病菌呼吸过程中电子传递，阻断三羧酸循环，使病菌难以获得正常代谢所需能量；还可干扰病菌细胞膜的形成及细胞分裂。具有多个杀菌作用位点，连续多次使用很难诱使病菌产生抗药性。连续喷施防病效果更加明显，并可显著提高水果采收后的保水性能。该药对人的皮肤及黏膜有刺激性，对鱼类有毒。

克菌丹常与戊唑醇、多菌灵、苯醚甲环唑、吡唑醚菌酯、肟菌酯、溴菌腈、多抗霉素等杀菌剂成分混配，用于生产复配杀菌剂。

适用果树及防控对象 克菌丹适用于多种落叶果树，对多种真菌性病害均有较好的预防效果。目前，在落叶果树生产中主要用于防控：苹果树的轮纹病、炭疽病、褐斑病、斑点落叶病、煤污病（霉污病）、黑星病，梨树的黑星病、黑斑病、褐斑病、煤污病（霉污病）、轮纹病、炭疽病、白粉病，葡萄的炭疽病、白腐病、霜霉病、黑痘病、褐斑病、穗轴褐枯病、白粉病，桃树、杏树、李树的黑星病（疮痂病）、炭疽病、褐腐病、真菌性穿孔病，桃树缩叶病、李红点病，枣树的褐斑病、锈病、轮纹病、炭疽病，石榴的褐斑病、炭疽病、麻皮病，山楂的轮纹病、炭疽病、叶斑病，草莓的灰霉病、白粉病、叶斑病、炭疽病，多种落叶果树的根部病害（根腐病、紫纹羽病、白纹羽病）。

使用技术 克菌丹主要应用于叶面喷雾，亦常用于土壤消毒处理。

（1）苹果病害 从落花后 10 天左右开始喷药，10～15 天 1 次，连续喷施，也可与戊唑·多菌灵、甲基硫菌灵、多菌灵、戊唑醇、苯醚甲环唑等内吸治疗性杀菌剂交替使用，对轮纹病、炭疽病、褐斑病、斑点落叶病、煤污病、黑星病均有较好的预防效果。特别是在雨季等高湿环境下喷施，对煤污病（霉污病）具有独特防效。一般使用 50% 可湿性粉剂或 40% 悬浮剂 500～600 倍液、或 80% 可湿性粉剂或 80% 水分散粒剂 800～1000 倍液、或 90% 水分散粒剂 1000～1200 倍液均匀喷雾。

（2）梨树病害 从落花后 10 天左右开始喷药，10～15 天 1 次，连续喷施，也可与戊唑·多菌灵、甲基硫菌灵、戊唑醇、腈菌唑、苯醚甲环唑等内吸治疗性杀菌剂交替使用，对黑星病、黑斑病、褐斑病、煤污病（霉污病）、轮纹病、炭疽病、白粉病均有较好的预防效果。特别在阴雨等高湿环境下喷施，对果实煤污病（霉污病）防控效果良好，并可显著提高果面外观质量和采收后的保水性能。一般使用 50% 可湿性粉剂或 40% 悬浮剂 600～800 倍液、或 80% 可湿性粉剂或 80% 水分散粒剂 1000～1200 倍液、或 90% 水分散粒剂 1200～1500 倍液均匀喷雾。

（3）葡萄病害 开花前、落花后各喷药 1 次，有效防控穗轴褐枯病、黑痘病和霜霉病为害幼果穗；以后从叶片上初见霜霉病病斑时开始继续喷药，10 天左右 1 次，连续喷施，对霜霉病、褐斑病、炭疽病、白腐病、白粉病均有较好的预防效果，与相应治疗性杀菌剂交替使用或混用效果更好。克菌丹一般使用 50% 可湿性粉剂或 40% 悬浮剂 500～600 倍液、或 80% 可湿性粉剂或 80% 水分散粒剂 800～1000 倍液、或 90% 水分散粒剂 1000～1200 倍液均匀喷雾。注意不要在红提和薄皮品种上使用，也不要与有机磷药剂、乳油类药剂及含有游离金属离子的药剂混用。

（4）桃树、杏树、李树病害 防控炭疽病时，从落花后 15～20 天开始喷药，10～15 天 1 次，连续喷施，兼防黑星病、真菌性穿孔病；防控黑星病时，从落花后 20～30 天开始喷药，10～15 天 1 次，连喷 3～4 次，兼防炭疽病、真菌性穿孔病；防控褐腐病时，从果实成熟前 1.5 个月开始喷药，10 天左右 1 次，连喷 2～4 次，兼防炭疽病、黑星病、真菌性穿孔病。桃树上防控缩叶病时，在花芽膨大期和落花后各喷药 1 次；李树上防控红点病时，从落花后 15～20 天开始喷药，10～15 天 1 次，连喷 2～4 次。一般使用 50% 可湿性粉剂或 40% 悬浮剂 600～800 倍液、或 80% 可湿性粉剂或 80% 水分散粒剂 1000～1200 倍液、或 90% 水分散粒剂

1200～1500倍液均匀喷雾。

（5）**枣树褐斑病、 锈病、 轮纹病、 炭疽病**　枣树开花前喷药1次，防控褐斑病发生；以后从坐住果后开始连续喷药，10～15天1次，连喷4～6次，与相应治疗性药剂交替使用或混用效果更好。一般使用50％可湿性粉剂或40％悬浮剂600～800倍液、或80％可湿性粉剂或80％水分散粒剂1000～1200倍液、或90％水分散粒剂1200～1500倍液均匀喷雾。高温干旱季节慎重使用，或提高喷施倍数用药，以防刺激果面产生果锈。

（6）**石榴褐斑病、 炭疽病、 麻皮病**　多从石榴小幼果期开始喷药，10～15天1次，连喷4～6次，与相应治疗性药剂交替使用或混用效果更好。一般使用50％可湿性粉剂或40％悬浮剂500～600倍液、或80％可湿性粉剂或80％水分散粒剂800～1000倍液、或90％水分散粒剂1000～1200倍液均匀喷雾。

（7）**山楂轮纹病、 炭疽病、 叶斑病**　防控轮纹病、炭疽病时，从落花后半月左右开始喷药，10～15天1次，连喷3～5次；防控叶斑病时，从病害发生初期或初见病斑时开始喷药，10～15天1次，连喷2～3次。克菌丹喷施倍数同"石榴褐斑病"。

（8）**草莓病害**　在花蕾期、初花期、中花期、末花期各喷药1次，对灰霉病、白粉病、叶斑病均有较好的防控效果；防控繁苗田炭疽病及叶斑病时，多从病害发生初期或初见病斑时开始喷药，10天左右1次，连喷2～4次。克菌丹喷施倍数同"石榴褐斑病"。

（9）**落叶果树根部病害**　防控苗期病害时，育苗前按照每亩使用50％可湿性粉剂1000～2000克、或80％可湿性粉剂700～1200克药量，均匀撒施在苗圃地内，浅混土后播种。果园内发现病树后，及时在树盘内灌药治疗，一般使用50％可湿性粉剂或40％悬浮剂500～600倍液、或80％可湿性粉剂或80％水分散粒剂800～1000倍液、或90％水分散粒剂1000～1200倍液浇灌树盘，将病树主要根区范围灌透，紫纹羽病、白纹羽病还要注意对病树根颈基部用药。

注意事项　克菌丹不能与石硫合剂等碱性农药混用，也不能与机油混用；与含锌离子的叶面肥混用时有些作物较敏感，应先试验、后使用。红提葡萄果穗及有些薄皮品种葡萄的果穗对克菌丹较敏感，不能直接对果穗用药。葡萄上不能与有机磷类杀虫剂及乳油类药剂混用，也不能与激素及含激素叶面肥混用。喷药时必须及时、均匀、周到，以保证防控效果。连续用药时尽量与治疗性药剂交替使用或混合使用。残余药液及清洗施药器械的废液，不能随意倾倒，避免污染水源环境。苹果树上使用的安全间隔期为14天，每季最多使用3次。

代森铵　amobam

常见商标名称　施纳宁、双吉、秋实。

主要含量与剂型　45％水剂。

产品特点　代森铵是一种有机硫类广谱低毒杀菌剂，对多种植物病害均有治疗、保护和铲除作用。该药渗透力较强，其水溶液能渗入植物组织，杀灭或铲除内部病菌，在植物体内分解后还有一定的肥效作用。代森铵具有多个杀菌作用位点，不仅影响病菌脂肪酸的氧化和丙酮酸的脱羧，还作用于三羧酸循环中部分酶，使病菌难以获得正常代谢所需能量，而最终失去活性。工业品为淡黄色液体，呈中性或弱碱性，有臭鸡蛋味；其化学性质较稳定，但超过 40℃ 高温时易分解。

代森铵有时与多菌灵等杀菌剂成分混配，用于生产复配杀菌剂。

适用果树及防控对象　代森铵适用于多种落叶果树，目前生产中主要用于苹果树、梨树、山楂树、桃树、杏树、李树、樱桃树、核桃树等落叶果树的清园，苹果树和梨树的腐烂病、干腐病病斑涂抹。

使用技术

（1）苹果树、梨树、山楂树、桃树、杏树、李树、樱桃树、核桃树等落叶果树的清园　春季落叶果树发芽前，一般使用 45％水剂 300～400 倍液均匀喷洒树体枝干，对枝干上的越冬存活病菌具有较好的杀灭作用。

（2）苹果树和梨树的腐烂病、干腐病　病斑手术治疗后，使用 45％水剂 50～100 倍液涂抹伤疤，具有杀灭残余病菌、保护伤口及促进伤口愈合的功效。

注意事项　代森铵不宜与石硫合剂、波尔多液等碱性农药混用，也不能与含铜制剂混用。用药时注意安全防护，避免直接接触药剂及吸入药液，且施药期间不可进食和饮水，并于施药后及时洗手、洗脸。苹果树上使用的安全间隔期为 7 天，每季最多使用 2 次。

代森联　metiram

常见商标名称　品润、凯巧、优选、美邦、蓝泰、宝利佳美。

主要含量与剂型　60％、70％水分散粒剂，70％可湿性粉剂。

产品特点　代森联是一种有机硫类广谱保护性低毒杀菌剂，速效性较好，持效期较长，耐雨水冲刷，正确使用对作物安全，花期也可用药，且连续使用病菌不易产生抗药性。该药属非特异性复合酶抑制剂，可抑制病菌细胞内多种酶的活性，进而影响呼吸作用，破坏生理生化所需能量的供给，通过有效阻止孢子萌发、干扰芽管伸长和菌丝的生长，实现防病作用。代森联对皮肤和眼睛有轻微刺激。

代森联常与吡唑醚菌酯、醚菌酯、嘧菌酯、肟菌酯、啶氧菌酯、戊唑醇、苯醚甲环唑、咪鲜胺锰盐、烯酰吗啉、霜脲氰、氰霜唑、噁唑菌酮等杀菌剂成分混配，用于生产复配杀菌剂。

适用果树及防控对象　代森联适用于多种落叶果树，对许多种真菌性病害均有良好的防控效果。目前，在落叶果树生产中主要用于防控：苹果树的斑点落叶病、褐斑病、轮纹病、炭疽病、黑星病，梨树的黑星病、轮纹病、炭疽病、黑斑病、褐斑病、白粉病，山楂的轮纹病、炭疽病、黑星病、叶斑病，葡萄的霜霉病、炭疽病、褐斑病，桃树的黑星病、炭疽病、真菌性穿孔病，李树的炭疽病、红点病、真菌性穿孔病，核桃的炭疽病、褐斑病，柿树的炭疽病、角斑病、圆斑病，枣树的褐斑病、轮纹病、炭疽病、锈病，石榴的炭疽病、褐斑病、麻皮病。

使用技术　代森联主要应用于喷雾，在病菌侵染前或发病初期开始用药防控效果较好。

（1）**苹果树斑点落叶病、褐斑病、黑星病、轮纹病、炭疽病**　从苹果落花后10天左右开始喷药，10～15天1次，连喷3次药后套袋；套袋后（或不套袋苹果）继续喷药，15天左右1次，连喷3～4次。与相应治疗性杀菌剂交替使用或混用效果更好。代森联一般使用70%水分散粒剂或70%可湿性粉剂500～700倍液、或60%水分散粒剂500～600倍液均匀喷雾。

（2）**梨树黑星病、轮纹病、炭疽病、黑斑病、褐斑病、白粉病**　从梨树落花后10天左右开始喷药，10～15天1次，连喷3次药后套袋；套袋后（或不套袋梨）继续喷药，15天左右1次，连喷4～6次。与相应治疗性杀菌剂交替使用或混用效果更好。代森联一般使用70%水分散粒剂或70%可湿性粉剂500～700倍液、或60%水分散粒剂500～600倍液均匀喷雾。

（3）**山楂轮纹病、炭疽病、黑星病、叶斑病**　从山楂落花后半月左右开始喷药，10～15天1次，连喷3～6次，与相应治疗性杀菌剂交替使用或混用效果更好。代森联一般使用70%水分散粒剂或70%可湿性粉剂500～700倍液、或60%水分散粒剂500～600倍液均匀喷雾。

（4）**葡萄霜霉病、炭疽病、褐斑病**　以防控霜霉病为主导，兼防褐斑病、炭疽病。一般葡萄园多从幼果期开始喷施本剂，10天左右1次，连续喷药，并建议与相应治疗性杀菌剂交替使用或混用，注意喷洒叶片背面。一般使用70%水分散粒剂或70%可湿性粉剂500～700倍液、或60%水分散粒剂500～600倍液均匀喷雾。

（5）**桃树黑星病、炭疽病、真菌性穿孔病**　从桃树落花后20～30天开始喷药，10～15天1次，连喷2～4次，注意与相应治疗性杀菌剂交替使用或混用。代森联一般使用70%水分散粒剂或70%可湿性粉剂500～700倍液、或60%水分散粒剂500～600倍液均匀喷雾。

（6）**李树炭疽病、红点病、真菌性穿孔病**　从李树落花后10天左右开始喷药，10～15天1次，连喷3～6次，注意与相应治疗性杀菌剂交替使用或混用。代森联一般使用70%水分散粒剂或70%可湿性粉剂500～700倍液、或60%水分散粒剂500～600倍液均匀喷雾。

（7）**核桃炭疽病、褐斑病**　从病害发生初期或初见病斑时开始喷药，10～15天1次，连喷2～4次，注意与相应治疗性杀菌剂交替使用或混用。代森联一般使用70%水分散粒剂或70%可湿性粉剂500～700倍液、或60%水分散粒剂500～600倍液均匀喷雾。

（8）**柿树炭疽病、角斑病、圆斑病**　南方柿区，在柿树开花前喷药 1～2 次，间隔期 10 天左右，有效防控炭疽病的早期为害；然后从落花后 10 天左右开始连续喷药 4～7 次（间隔期 10 天左右）。北方柿区，多从落花后 20 天左右开始喷药，10～15 天 1 次，连喷 2 次左右。一般使用 70％水分散粒剂或 70％可湿性粉剂 500～700 倍液、或 60％水分散粒剂 500～600 倍液均匀喷雾，与相应治疗性杀菌剂交替使用或混用效果更好。

（9）**枣树褐斑病、轮纹病、炭疽病、锈病**　枣树开花前（一茬花）喷药 1～2 次，间隔期 10 天左右，有效防控褐斑病的早期为害；然后从落花后（一茬花）7～10 天开始继续喷药，连喷 3～6 次，间隔期 10～15 天。一般使用 70％水分散粒剂或 70％可湿性粉剂 500～700 倍液、或 60％水分散粒剂 500～600 倍液均匀喷雾，与相应治疗性杀菌剂交替使用或混用效果更好。

（10）**石榴炭疽病、褐斑病、麻皮病**　一般从落花后（一茬花）7～10 天开始喷药，10～15 天 1 次，连喷 3～6 次，注意与相应治疗性杀菌剂交替使用或混用。代森联一般使用 70％水分散粒剂或 70％可湿性粉剂 500～700 倍液、或 60％水分散粒剂 500～600 倍液均匀喷雾。

注意事项　代森联属预防性杀菌剂，施药最晚不能超过果树病状初现期。该药遇碱性物质或铜制剂时易分解放出二硫化碳而减效，在与其他农药混配使用过程中，不能与碱性农药、肥料及含铜的药剂混用。本剂对光、热、潮湿不稳定，贮藏时应注意防止高温，并保持干燥。对鱼类有毒，残余药液及洗涤药械的废液严禁污染水源。苹果树和梨树上使用的安全间隔期均为 28 天，每季均最多使用 10 次。

代森锌　zineb

常见商标名称　蓝宝、蓝络、蓝普、蓝爽、蓝雾、蓝鑫、蓝亚、蓝焰、邦蓝、纯蓝、锦蓝、净蓝、精蓝、妙蓝、飘蓝、龙灯、国光、惠光、银泰、上格、利民、华邦、荣邦、外尔、韩孚、韩农、京津、中达、碧奥、威克、克星、长青、青园、清佳、树荣、吉宝、天将、天选、真信、柳惠、凯护、护盾、统福、统禧、海格蓝、瀚生蓝、纽翠蓝、锌浦蓝、辛美蓝、欣丽蓝、卡普兰、蓝博万、蓝利森、蓝斯顿、好生灵、鑫申灵、贝加锌、锌贝克、锌尔奇、锌而浦、新而浦、百旺生、先利达、美欣乐、海利尔、瑞德丰、施普乐、韦尔奇、惠乃滋、双吉牌、鑫马牌、安德瑞普、安普瑞莘、碧奥瑞蓝、燕化蓝代、正业蓝灵、标正蓝典、利尔作物、曹达农化、科利隆生化、科赛蓝精灵、美尔果蓝鑫。

主要含量与剂型　65％、80％可湿性粉剂，65％水分散粒剂。

产品特点　代森锌是一种有机硫类广谱保护性低毒杀菌剂，对许多种真菌性病害均有较好的防控效果，并对多种细菌性病害也有较好的控制作用。其杀菌机理是在水中易被氧化释放出异硫氰化合物，该化合物对病原菌体内含有—SH 的酶有强烈的抑制作用，且能直接杀死病菌孢子，并可抑制孢子的萌发、阻止病菌侵入植物体内，但对已侵入植物体内的病菌基本无效。因此，使用代森锌防控病害时需掌握在病菌侵入前用药，才能获得较好的防控效果。该药在日光照射及吸收空气中的水分后分解较快，持效期较短，约为7天。代森锌使用安全，并可在一定程度上补充植物生长所需的锌元素。

代森锌常与甲霜灵、三乙膦酸铝、王铜、吡唑醚菌酯、中生菌素等杀菌剂成分混配，用于生产复配杀菌剂。

适用果树及防控对象　代森锌适用于多种落叶果树，对许多种真菌性病害均有较好的预防效果，并可兼防一些细菌性病害。目前，在落叶果树生产中常用于防控：苹果树的轮纹病、炭疽病、褐腐病、褐斑病、斑点落叶病、黑星病、花腐病、锈病、黑腐病、果实斑点病，梨树的轮纹病、炭疽病、褐腐病、黑星病、黑斑病、褐斑病、锈病、果实黑点病，葡萄的霜霉病、炭疽病、褐斑病、黑痘病，桃树的炭疽病、黑星病（疮痂病）、褐腐病、缩叶病、锈病、真菌性穿孔病、细菌性穿孔病，杏树和李树的花腐病、炭疽病、褐腐病、黑星病、真菌性及细菌性穿孔病，枣树的轮纹病、炭疽病、锈病、果实斑点病、褐斑病，核桃的炭疽病、黑斑病、褐斑病，板栗的炭疽病、叶斑病，柿树的圆斑病、角斑病、炭疽病，山楂的花腐病、锈病，草莓的灰霉病、叶斑病，石榴的炭疽病、麻皮病、叶斑病。

使用技术　代森锌主要通过喷雾防控各种果树病害，只有在病害发生前或发生初期喷药才能获得较好的预防效果。

（1）苹果病害　苹果全生长期均可喷施。从病害发生前或初见病斑时开始喷药，7～10天1次，与戊唑·多菌灵、甲硫·戊唑醇、甲基硫菌灵、多菌灵、戊唑醇、苯醚甲环唑、吡唑醚菌酯等药剂交替使用。代森锌一般使用80%可湿性粉剂600～800倍液、或65%可湿性粉剂或65%水分散粒剂500～600倍液均匀喷雾。

（2）梨树病害　从梨树落花后至生长后期的全生长期均可喷施，掌握在病害发生前或初见病斑时立即喷药即可。7～10天1次，与苯醚甲环唑、腈菌唑、戊唑醇、甲基硫菌灵、戊唑·多菌灵、甲硫·戊唑醇、克菌丹、代森锰锌等药剂交替喷洒。代森锌一般使用65%可湿性粉剂或65%水分散粒剂500～600倍液、或80%可湿性粉剂600～800倍液均匀喷雾。

（3）葡萄霜霉病、炭疽病、褐斑病、黑痘病　开花前、落花后各喷药1次，有效防控幼穗期的黑痘病、霜霉病；以后从田间初见霜霉病病斑时立即开始连续喷药，7天左右1次，与烯酰吗啉、氟吗啉、波尔·甲霜灵、波尔·霜脲氰、霜脲·锰锌等霜霉病专用治疗性药剂交替使用或混用，兼防炭疽病、褐斑病，直到生长后期。代森锌一般使用65%可湿性粉剂或65%水分散粒剂400～600倍液、或80%可湿性粉剂500～700倍液喷雾，注意喷洒叶片背面。

（4）桃树病害　萌芽期喷药1～2次，有效防控缩叶病的发生；以后从落花后20天左右开始喷药，7～10天1次，连喷2～4次，有效防控黑星病、炭疽病及穿孔病的发生为害；往年褐腐病发生较重的果园，在果实采收前1～1.5个月喷药预防，7～10天1次，连喷2次左右。代森锌一般使用65％可湿性粉剂或65％水分散粒剂500～600倍液、或80％可湿性粉剂600～800倍液均匀喷雾，病害发生后注意与相应治疗性药剂混用或交替使用。

（5）**杏树和李树病害** 花芽露红时和落花后各喷药1次，有效防控花腐病的发生；以后从落花后20天左右开始喷药，7～10天1次，连喷2～4次，有效防控黑星病、炭疽病及穿孔病；往年褐腐病发生较重的果园，在果实采收前1个月喷药预防，7～10天1次，连喷2次左右。代森锌一般使用65％可湿性粉剂或65％水分散粒剂500～600倍液、或80％可湿性粉剂600～800倍液均匀喷雾，病害发生后注意与相应治疗性药剂混用或交替使用。

（6）**枣树病害** 开花前喷药1次，一茬果坐住后再喷药1次，有效防控褐斑病的发生；以后从6月中下旬（华北枣区）开始连续喷药，7～10天1次，与不同类型药剂交替使用或混用，连喷4～6次，有效防控锈病、轮纹病、炭疽病的发生。代森锌一般使用65％可湿性粉剂或65％水分散粒剂400～500倍液、或80％可湿性粉剂600～800倍液均匀喷雾。

（7）**核桃炭疽病、黑斑病、褐斑病** 防控黑斑病时，从果园内初见病叶时开始喷药，7～10天1次，连喷2～4次，最好与不同类型药剂交替使用。防控炭疽病时，从幼果开始快速膨大时开始喷药，7～10天1次，连喷2～4次，与不同类型药剂交替使用效果最好。代森锌喷施倍数同"枣树病害"。

（8）**板栗炭疽病、叶斑病** 从病害发生初期开始喷药，7～10天1次，连喷2次左右。药剂喷施倍数同"枣树病害"。

（9）**柿树圆斑病、角斑病、炭疽病** 防控圆斑病、角斑病时，从落花后半月左右开始喷药，7～10天1次，连喷2～3次，兼防炭疽病早期侵染；防控炭疽病时，多从果实膨大期开始喷药，7～10天1次，连喷2～4次。连续喷药时，注意与不同类型药剂交替使用或混用。代森锌喷施倍数同"枣树病害"。

（10）**山楂花腐病、锈病** 开花前喷药1次，落花后喷药1～2次（间隔期7～10天），即可有效控制花腐病和锈病。药剂喷施倍数同"枣树病害"。

（11）**草莓灰霉病、叶斑病** 防控灰霉病时，多从花蕾期开始喷药，7～10天1次，连喷2～4次。防控叶斑病时，从病害发生初期开始喷药，7～10天1次，连喷2～3次。药剂喷施倍数同"枣树病害"。

（12）**石榴炭疽病、麻皮病、叶斑病** 花蕾期喷药1次；以后从小幼果期开始连续喷药，7～10天1次，连喷4～6次，注意与不同类型药剂交替使用。代森锌喷施倍数同"枣树病害"。

注意事项 代森锌可混用性好，可与正规的酸性、中性杀虫剂、杀螨剂、杀菌剂及叶面肥混用，但不能与铜制剂及碱性药物混用；对烟草及葫芦科植物较敏感，果园内间作有该类植物时需慎重用药。本品为保护性杀菌剂，最佳用药时期为病害发生前至发病初期，且喷药应均匀周到。连续用药时，注意与相应治疗性杀菌剂交替使用或混用。苹果树和梨树上使用的安全间隔期均为 28 天，每季均最多使用 6 次。

代森锰锌　mancozeb

常见商标名称　太盛、统盛、茗盛、大生、达生、龙生、丈生、共生、赛生、胜生、艾生、澳生、皇生、凯生、回生、贝生、冠生、倚生、美生、美丰、美邦、美雨、美沃、美道、美星、奇星、克星、喷克、刷克、碧奥、奥巧、淘益、福采、宝灵、爱诺、诺胜、桑兰、九蓝、蓝丰、蓝卡、蓝丽、蓝驼、易宁、冠威、北联、博农、绿晶、绿士、世品、粹品、娇翠、翠滴、尔福、浮云、云大、大赞、大猛、杜邦、华邦、荣邦、龙灯、国光、惠光、禾易、贺森、恒田、宇田、集琦、上格、志信、利民、外尔、韩孚、韩农、劲隆、叶隆、叶率、并好、好意、虎蛙、佳卡、骄阳、金浪、金燕、京津、京蓬、凯明、康护、金络、络典、勤耕、青园、园晶、运精、拳牌、世质、瑞果、真管、润扬、进富、正艳、森象、胜爽、鑫马、叶宝、赢科、御击、维纳、允锐、中晋、茁青、海讯、和欣、凯泰、树荣、天怡、表帅、山德生、新万生、新猛生、新玉生、金富生、兴农生、好太生、润达生、敖合生、保叶生、络利生、嘉利生、福立生、必得利、利得利、先利达、先正达、年年丰、喷得绿、喷迪宁、喷富露、美洋洋、美陶氏、美尔果、锌尔奇、韦尔奇、中迅金、金锰铬、金络克、好利特、格兰特、津绿宝、瑞德丰、顾地丰、啄木鸟、施普乐、施多富、宜生富、富美实、富克秀、猛飞灵、菲林德、双吉牌、肥猪牌、农猎手、蒙特森、汤普森、森泰安、陶斯安、砂煤尽、普田丰、安道麦、百灵树、邦佳威、美尔-80、伊诺大生、绿润大生、志信万生、大方户生、曹氏金生、碧奥康生、燕化久生、燕化优生、燕化蓝代、冠龙农化、海特农化、曹达农化、仕邦农化、仕邦福蛙、美邦农药、双星农药、亿农高科、亿生 M-46、陶氏益农、利民领秀、国光络泰、中国农资、中农联合、西大华特、安德瑞普、艾格利亚、中天邦正、中航三利、航天西诺、树荣化工、美国代锰、美尔果络生、年年丰大生、瑞德丰太生、巴菲特代锰、达世丰保泰、新禾丰净清、诺普信络合生。

主要含量与剂型　50%、70%、80%、85%可湿性粉剂，70%、75%、80%水分散粒剂，30%、40%、48%、420 克/升、430 克/升悬浮剂。

产品特点　代森锰锌是一种硫代氨基甲酸酯类广谱保护性低毒杀菌剂，主要通过金属离子杀菌，喷施后在植物表面形成致密保护药膜，黏着性好，耐雨水冲刷。其杀菌机理是与病菌中氨基酸的巯基和相关酶反应，干扰脂质代谢、呼吸作用和能量的供应，最终导致病菌死亡；该反应具有多个作用位点，病菌极难产生抗药性，所以生产中常与内吸治疗性杀菌剂混配使用，以延缓后者抗药性的产生。

目前市场上的代森锰锌类产品分为两类，一类为全络合态结构、一类为非全络合态结构（又称"普通代森锰锌"）。全络合态产品使用安全，防病效果稳定，并具有促进果面亮洁、提高果品质量的作用。非全络合态结构的产品，防病效果不稳定，使用相对不安全，使用不当经常造成不同程度的药害，严重时对果品质量影响很大。

代森锰锌常与百菌清、硫黄、福美双、多菌灵、甲基硫菌灵、苯菌灵、三乙膦酸铝、甲霜灵、精甲霜灵、霜脲氰、噁霜灵、烯酰吗啉、氟吗啉、噁唑菌酮、腈菌唑、烯唑醇、三唑酮、苯醚甲环唑、戊唑醇、氟硅唑、异菌脲、苯酰菌胺、氟吡菌胺、吡唑醚菌酯、嘧菌酯、二氰蒽醌、多抗霉素、波尔多液等杀菌成分混配，用于生产复配杀菌剂。

适用果树及防控对象　代森锰锌适用落叶果树种类和防控病害范围极广，对许多种真菌性病害均有很好的预防效果。目前，在落叶果树生产中主要用于防控：苹果树的轮纹病、炭疽病、褐斑病、斑点落叶病、霉心病、锈病、花腐病、褐腐病、黑星病、套袋果斑点病、疫腐病，梨树的黑星病、黑斑病、锈病、轮纹病、炭疽病、套袋果黑点病、褐斑病、白粉病，葡萄的霜霉病、黑痘病、炭疽病、白腐病、穗轴褐枯病、褐斑病、房枯病、黑腐病，桃树、杏树、李树的炭疽病、黑星病（疮痂病）、褐腐病、真菌性穿孔病，樱桃的叶斑病、真菌性穿孔病、早期落叶病，枣树的锈病、轮纹病、炭疽病、褐斑病、果实斑点病，柿树的炭疽病、圆斑病、角斑病，板栗的炭疽病、叶斑病，核桃的炭疽病、叶斑病，石榴的麻皮病、炭疽病、褐斑病，草莓的腐霉果腐病、叶斑病、炭疽病，山楂的炭疽病、轮纹病、叶斑病，猕猴桃的炭疽病、叶斑病，花椒的锈病、黑斑病，蓝莓的叶斑病、炭疽病，枸杞的炭疽病、黑斑病。

使用技术　代森锰锌属保护性杀菌剂，对病害没有治疗作用，只有在病菌侵害寄主植物前喷施才能获得理想的防控效果；若病害发生后用药，必须与相应治疗性杀菌剂混配使用或交替使用。代森锰锌可以连续多次使用，病菌极难产生抗药性。在落叶果树上喷雾时，全络合态产品80%可湿性粉剂或85%可湿性粉剂及75%水分散粒剂或80%水分散粒剂一般使用600～800倍液均匀喷雾；普通代森锰锌为避免发生药害，一般使用80%可湿性粉剂或85%可湿性粉剂1200～1500倍液、或70%可湿性粉剂或70%水分散粒剂1000～1200倍液、或50%可湿性粉剂700～800倍液喷雾；使用悬浮剂时，48%悬浮剂、420克/升悬浮剂、430克/升悬浮剂一般喷施500～600倍液，40%悬浮剂一般喷施400～500倍液，30%悬浮剂一般喷施300～400倍液。需要说明，由于代森锰锌生产企业很多，产品质量也存在一定差异，因此具体应用时还应参考其标签说明。

（1）苹果病害　在花芽露红期和落花后各喷药1次，防控锈病、花腐病。盛花末期喷施1次全络合态产品80%可湿性粉剂或80%水分散粒剂或75%水分散粒剂600～800倍液，防控霉心病。从苹果落花后7～10天开始喷施，10天左右1次，连喷3次药后套袋，防控轮纹病、炭疽病、斑点落叶病、黑星病、套袋果斑点病，兼防褐斑病，套袋苹果的第3次喷药特别重要。套袋后连续喷药3～5次，防控褐斑病、斑点落叶病、黑星病；不套袋苹果还可兼防轮纹病、炭疽病、褐腐病、疫腐病等多种病害，且应增加喷药 2 次左右，以提高对果实病害的防控效果。落花后 1.5 个月内以选用全络合态代森锰锌较好，避免对幼果造成药害、后期形成果锈。

（2）**梨树病害**　从落花后 10 天左右开始喷药，10～15 天 1 次，连续喷施，直到果实采收。具体喷药间隔期及喷药次数根据降雨情况而定，雨多多喷，雨少少喷。落花后 1.5 个月内以选用全络合态代森锰锌较好，避免对幼果造成药害、形成果锈。

（3）**葡萄病害**　开花前、落花后各喷药 1 次，防控黑痘病和穗轴褐枯病，兼防霜霉病；以后从落花后 10 天左右开始继续喷药，10 天左右 1 次，连续喷施，直到果实采收或雨季结束，具体喷药时间及次数根据降雨情况而定，雨多多喷，雨少少喷，多雨潮湿年份果实采收后还需喷药 1～2 次，以防后期发生霜霉病。不套袋葡萄，采收前 1.5 个月内不建议喷施本剂，以防药剂污染果面。

（4）**桃树、杏树、李树病害**　防控黑星病时，从落花后 20 天左右开始喷药，10～15 天 1 次，到果实采收前 1 个月结束，兼防炭疽病、真菌性穿孔病；防控褐腐病时，从采收前 1.5 个月开始喷药，10～15 天 1 次，直到果实采收前一周，兼防炭疽病、真菌性穿孔病。核果类果树上尽量选用全络合态产品，以免发生药害。

（5）**樱桃病害**　从病害发生初期开始喷药，10～15 天 1 次，连喷 2～3 次，可有效防控叶斑病、穿孔病、早期落叶病等多种病害。

（6）**枣树病害**　开花前、落花后各喷药 1 次，防控褐斑病，兼防果实斑点病；而后从落花后（一茬花）半月左右开始连续喷药，10～15 天 1 次，连喷 4～7 次，防控锈病及多种果实病害。幼果期尽量选用全络合态产品，以免造成果面果锈。

（7）**柿树病害**　一般果园从落花后 15 天左右开始喷药，15 天左右 1 次，连喷 2～3 次，即可有效防控一般柿树园的圆斑病、角斑病及炭疽病；炭疽病发生严重品种或果园（特别是南方柿区），应连续喷药 4～6 次，甚至更多。

（8）**板栗病害**　从病害发生初期开始喷药，10～15 天 1 次，连喷 2 次左右，即可有效防控炭疽病及叶斑病。

（9）**核桃病害**　从落花后 1 个月左右开始喷药，10～15 天 1 次，连喷 2～3 次，能有效防控炭疽病，并兼防叶斑病。

（10）**石榴病害**　开花前喷药 1 次，防控褐斑病，兼防炭疽病；大部分花坐果后开始连续喷药，10～15 天 1 次，连喷 2～4 次，有效防控炭疽病、干腐病、褐斑病、麻皮病等多种病害。

（11）**草莓病害**　从病害发生初期或初见病斑时开始喷药，10 天左右 1 次，连喷 2～3 次，可有效防控腐霉果腐病、叶斑病等多种病害；育苗地防控炭疽病时，需连续喷药 3～5 次。

（12）**山楂病害**　一般果园从落花后 20 天左右开始喷药，10～15 天 1 次，连喷 3～5 次，即可有效防控炭疽病、轮纹病、叶斑病。

（13）**猕猴桃病害** 一般果园从落花后 1 个月左右开始喷药，10～15 天 1 次，连喷 3～5 次，即可有效防控炭疽病、叶斑病。

（14）**花椒病害** 一般果园从病害发生初期或初见病斑时开始喷药，10 天左右 1 次，每期连喷 3 次左右，即可有效防控锈病、黑斑病。

（15）**蓝莓病害** 一般果园从病害发生初期或初见病斑时开始喷药，10 天左右 1 次，连喷 2～3 次，即可有效防控叶斑病、炭疽病。

（16）**枸杞病害** 防控果实炭疽病时，从每茬花落花后 10～15 天开始喷药，10 天左右 1 次，每茬连喷 2 次左右；防控黑斑病时，一般从初见病斑时或病害发生初期开始喷药，10 天左右 1 次，连喷 2～3 次。

注意事项 代森锰锌不建议与铜制剂混合使用，也不能与碱性药剂混用，且喷药时必须均匀周到。连续喷药时，最好与相应治疗性药剂交替使用或混用，以提高防控效果。有些果树的幼叶、幼果期需慎重使用普通代森锰锌，以免发生药害，生产优质高档果品时应特别注意。高温多雨季节用药时，应适当缩短喷药间隔期；少雨干旱时，喷药间隔期可适当延长。苹果树和梨树上使用的安全间隔期均为 10 天，每季均最多使用 3 次；葡萄上使用的安全间隔期为 28 天，每季最多使用 3 次。

丙森锌　propineb

常见商标名称 拜耳、利民、上格、恒田、苏垦、中达、华邦、美邦、美星、外瑞、兴农、永农、永翠、翠江、佳惠、柳惠、鼎品、凯赞、垄欣、龙生、千新、迅超、叶率、绚蓝、长功、农泰乐、络泰欣、好锌泰、锌保利、锌瑞泰、泰百星、苏垦安、安泰生、冠林生、艾特生、喜多生、法纳拉、安收多、田悦收、利蒙特、诺普信、瑞德丰、瑞立博、替若增、双吉牌、韦尔奇、韩德收、西大华特、曹达农化、绿色农华、农华佑康、中农民昌、标正宝源、胜邦绿野、信邦泰普生、诺普信惠宝生。

主要含量与剂型 70％、80％可湿性粉剂，70％、80％水分散粒剂。

产品特点 丙森锌是一种硫代氨基甲酸酯类广谱保护性低毒杀菌剂，具有较好的速效性，其杀菌机理是抑制病菌体内丙酮酸的氧化而导致病菌死亡，具有多个杀菌作用位点，属蛋白质合成抑制剂。该药使用安全，并对作物有一定的补锌效果。对蜜蜂无毒，对兔皮肤和眼睛无刺激。

丙森锌常与多菌灵、甲基硫菌灵、戊唑醇、己唑醇、苯醚甲环唑、腈菌唑、咪鲜胺、咪鲜胺锰盐、异菌脲、吡唑醚菌酯、醚菌酯、嘧菌酯、缬霉威、烯酰吗啉、霜脲氰、氰霜唑、甲霜灵、精甲霜灵、三乙膦酸铝、多抗霉素等杀菌剂成分混配，用于生产复配杀菌剂。

适用果树及防控对象 丙森锌适用于多种落叶果树，对许多种真菌性病害均有较好的预防效果。目前，在落叶果树生产中主要用于防控：苹果树的斑点落叶病、褐斑病、轮纹病、炭疽病、锈病、黑星病、花腐病，梨树的黑星病、黑斑病、轮纹病、炭疽病、锈病、白粉病，葡萄的霜霉病、黑痘病、穗轴褐枯病、炭疽病、褐斑病，桃树的黑星病、褐腐病、穿孔病，李树的红点病、炭疽病、褐腐病、穿孔病，杏树的黑星病、穿孔病，柿树的圆斑病、角斑病、炭疽病，山楂的锈病、白粉病、叶斑病，核桃的炭疽病、褐斑病、白粉病，枣树的褐斑病、轮纹病、炭疽病、锈病，石榴的褐斑病、炭疽病、麻皮病。

使用技术 丙森锌主要通过喷雾防控各种病害，必须在病害发生前或始发期喷施，且喷药应均匀周到，使叶片正面、背面、果实表面都要着药。

（1）**苹果病害** 防控锈病、花腐病时，在花序分离期和落花后各喷药1次；防控斑点落叶病时，在春梢生长期和秋梢生长期各喷药2次左右，间隔期7～10天，同时兼防轮纹病、炭疽病、褐斑病、黑星病；防控轮纹病、炭疽病时，从落花后10天左右开始喷药，10天左右1次，连喷3次药后套袋，不套袋苹果需继续喷药4～7次，兼防褐斑病、黑星病、斑点落叶病；防控褐斑病时，从落花后1个月左右开始喷药，10天左右1次，连喷4～6次，兼防黑星病、斑点落叶病。丙森锌一般使用70％可湿性粉剂或70％水分散粒剂500～700倍液、或80％可湿性粉剂或80％水分散粒剂600～800倍液均匀喷雾；连续喷药时，注意与相应治疗性杀菌剂交替使用或混用。

（2）**梨树病害** 防控锈病时，在花序分离期和落花后各喷药1次；防控轮纹病、炭疽病时，从落花后10天左右开始喷药，10天左右1次，连喷3次药后套袋，不套袋梨需继续喷药4～6次，兼防黑星病、黑斑病；防控黑星病时，从初见病梢时开始喷药，10天左右1次，至麦收前后连喷3～4次，采收前1.5个月再连喷3次左右，兼防黑斑病、轮纹病、炭疽病、白粉病；防控白粉病时，从初见病斑时开始喷药，10天左右1次，连喷2～3次，兼防黑星病。丙森锌喷施倍数及原则同"苹果病害"。

（3）**葡萄病害** 防控黑痘病、穗轴褐枯病时，在开花前、落花后各喷药1次，往年黑痘病严重果园，落花后15天左右再喷药1次，兼防霜霉病（为害果穗）；防控霜霉病时，从初见病斑时开始喷药，7～10天1次，连续喷施，直到雨季及雾露等高湿条件结束时，兼防炭疽病、褐斑病；防控炭疽病时，从果粒膨大后期开始喷药，7～10天1次，连续喷施，鲜食品种到果实采收前一周结束，兼防褐斑病、霜霉病；防控褐斑病时，从初见病斑时开始喷药，10天左右1次，连喷3～4次，兼防霜霉病、炭疽病。丙森锌一般使用70％可湿性粉剂或70％水分散粒剂500～600倍液、或80％可湿性粉剂或80％水分散粒剂600～700倍液均匀喷雾；连续喷药时，注意与相应治疗性杀菌剂交替使用或混用。

（4）**桃树病害** 防控黑星病时，从落花后20天左右开始喷药，10～15天1次，连喷3～4次，兼防穿孔病；防控褐腐病时，从果实采收前1.5个月开始喷药，10天左右1次，连喷3次左右，兼防黑星病、穿孔病。丙森锌一般使用70％可湿性粉剂或 70％水分散粒剂 500～700 倍液、或 80％可湿性粉剂或 80％水分散粒剂 600～800 倍液均匀喷雾；连续喷药时，注意与相应治疗性杀菌剂交替使用或混用。

（5）李树病害 防控红点病时，从落花后 10～15 天开始喷药，10～15 天 1 次，连喷 3～4 次，兼防炭疽病、穿孔病；防控炭疽病时，在防控红点病的基础上增加喷药 1～2 次，兼防穿孔病；防控褐腐病时，从果实成熟采收前 1.5 个月开始喷药，10 天左右 1 次，连喷 2～3 次，兼防穿孔病。药剂喷施倍数及原则同"桃树病害"。

（6）杏树病害 防控黑星病时，从落花后 20 天左右开始喷药，10～15 天 1 次，连喷 3 次左右，兼防穿孔病；防控穿孔病时，从病害发生初期开始喷药，10～15 天 1 次，连喷 3 次左右。药剂喷施倍数及原则同"桃树病害"。

（7）柿树病害 多从柿树落花后半月左右开始喷药，10～15 天 1 次，连喷 2～3 次，有效防控圆斑病、角斑病及炭疽病；南方甜柿产区或往年炭疽病发生严重果园，开花前需增加喷药 1 次，中后期需增加喷药 2～4 次。丙森锌一般使用 70％可湿性粉剂或 70％水分散粒剂 500～700 倍液、或 80％可湿性粉剂或 80％水分散粒剂 600～800 倍液均匀喷雾；连续喷药时，注意与相应治疗性杀菌剂交替使用或混用。

（8）山楂病害 防控锈病、白粉病时，在开花前、落花后各喷药 1 次；防控叶斑病时，从病害发生初期开始喷药，10 天左右 1 次，连喷 2～3 次。丙森锌一般使用 70％可湿性粉剂或 70％水分散粒剂 500～600 倍液、或 80％可湿性粉剂或 80％水分散粒剂 600～700 倍液均匀喷雾；连续喷药时，注意与相应治疗性杀菌剂交替使用或混用。

（9）核桃病害 防控炭疽病时，多从幼果膨大初期开始喷药，10～15 天 1 次，连喷 2～3 次，兼防褐斑病；防控褐斑病、白粉病时，从病害发生初期或初见病斑时开始喷药，10～15 天 1 次，连喷 2～3 次。药剂喷施倍数及原则同"山楂病害"。

（10）枣树病害 首先在枣树开花前和（一茬花）落花后各喷药 1 次，可有效防控褐斑病发生；然后从（一茬花）落花后 10～15 天开始连续喷药，10～15 天 1 次，连喷 4～6 次，有效防控轮纹病、炭疽病、锈病。药剂喷施倍数及原则同"山楂病害"。

（11）石榴病害 一般石榴园首先在石榴开花前（一茬花）喷药 1 次，然后从（一茬花）落花后 10 天左右开始连续喷药，10～15 天 1 次，连喷 3～6 次，即可有效防控褐斑病、炭疽病、麻皮病。药剂喷施倍数及原则同"山楂病害"。

注意事项 丙森锌不能与碱性农药及含铜的农药混用，且前、后应分别间隔 7 天以上。与其他杀菌剂混用时，应先进行少量混用试验，以避免发生药害或药物分解。丙森锌为保护性杀菌剂，连续喷药时注意与相应治疗性药剂交替使用或混用。苹果树和葡萄上使用的安全间隔期均为 14 天，每季均最多使用 4 次。

波尔多液 Bordeaux mixture

常见商标名称　必备、佳铜、普展、沃普思、都是爱。

主要含量与剂型　80％可湿性粉剂，86％水分散粒剂，28％悬浮剂；不同配制比例的悬浮液。

产品特点　波尔多液是一种矿物源广谱保护性低毒杀菌剂，铜离子为主要杀菌成分，喷施后于植物表面形成一层致密的保护药膜，具有展着性好、黏着性强、耐雨水冲刷、持效期长、防病范围广等特点，在发病前或发病初期喷施效果最佳。药剂喷施后，在空气、雨露、水等作用下，逐渐解离出具有杀菌活性的铜离子，与病菌蛋白质的一些活性基团结合，通过阻碍和抑制病菌的代谢过程，而导致病菌死亡。铜离子的杀菌作用位点多，病菌很难产生抗药性，可以连续多次使用。目前生产中常用的波尔多液分为工业化生产的制剂（可湿性粉剂、水分散粒剂、悬浮液）和个人配制的天蓝色黏稠状悬浮液两种。

工业化生产的制剂品质稳定，使用方便，颗粒微细，悬浮性好，喷施后植物表面没有明显药斑污染，有利于叶片光合作用。药液多呈微酸性，能与不忌铜的普通非碱性药剂混用。

个人配制的波尔多液（天蓝色液体）是由硫酸铜和生石灰为主料而配制的，液体呈碱性，对金属有腐蚀作用，稳定性差，久置即沉淀，并产生结晶，逐渐变质降效。其中硫酸铜和生石灰的比例不同，配制的波尔多液药效、持效期、耐雨水冲刷能力及安全性均不相同。硫酸铜比例越高、生石灰比例越低，波尔多液药效越高、持效期越短、耐雨水冲刷能力越弱、越容易发生药害；相反，硫酸铜比例越低、生石灰比例越高，波尔多液药效越低、持效期越长、耐雨水冲刷能力越强、安全性越高。另外，生石灰比例越高，对植物表面污染越严重。

不同植物对波尔多液的反应不同，使用时要特别注意硫酸铜和石灰对植物的安全性。对石灰敏感的落叶果树有葡萄等，这些果树使用波尔多液后，在高温干燥条件下易发生药害，因此要用石灰少量式或半量式波尔多液。对铜非常敏感的落叶果树有桃树、李树、杏树等，生长期不能使用波尔多液。对铜较敏感的落叶果树有梨树、苹果树、柿树等，这些果树在潮湿多雨条件下易发生药害，应使用石灰倍量式或多量式波尔多液。

工业化生产的波尔多液制剂有时与代森锰锌、甲霜灵、霜脲氰、烯酰吗啉等杀菌剂成分混配，用于生产复配杀菌剂。

配制方法　自制波尔多液常用的配制比例有石灰少量式：硫酸铜：生石灰：水＝1：（0.3～0.7）：X；石灰半量式：硫酸铜：生石灰：水＝1：0.5：X；石灰等量式：硫酸铜：生石灰：水＝1：1：X；石灰倍量式：硫酸铜：生石灰：水＝1：（2～3）：X；石灰多量式：硫酸铜：生石灰：水＝1：（4～6）：X。

波尔多液常用的配制方法通常有如下两种。

（1）**两液对等配制法（两液法）**　取优质的硫酸铜晶体和生石灰，分别先用少量水消化生石灰和少量热水溶解硫酸铜，然后分别各加入全水量的一半，制成硫酸铜液和石灰水，待两种液体的温度相等且不高于环境温度时，将两种液体同时缓缓注入第三个容器内，边注入边搅拌即成。此法配制的波尔多液质量高，防病效果好。

（2）**稀硫酸铜液注入浓石灰乳配制法（稀铜浓灰法）**　用90％的水溶解硫酸铜、10％的水消化生石灰（搅拌成石灰乳），然后将稀硫酸铜溶液缓慢注入浓石灰乳中（如喷入石灰乳中效果更好），边倒入边搅拌即成。绝不能将石灰乳倒入硫酸铜溶液中，否则会产生大量沉淀，降低药效，甚至造成药害。

适用果树及防控对象　波尔多液适用于多种对铜离子不敏感的落叶果树，对许多种病害均有良好的预防效果。目前，在落叶果树生产中主要用于防控：苹果树的褐斑病、黑星病、轮纹病、炭疽病、疫腐病、褐腐病，梨树的黑星病、褐斑病、炭疽病、轮纹病、褐腐病，葡萄的霜霉病、褐斑病、炭疽病、房枯病，枣树的锈病、轮纹病、炭疽病、褐斑病，桃树、杏树、李树及樱桃树的流胶病（发芽前），柿树的圆斑病、角斑病、炭疽病，核桃的黑斑病、炭疽病。

使用技术　波尔多液为保护性杀菌剂，只有在病菌侵入前用药才能获得理想的防控效果，且喷药必须均匀周到。

（1）**苹果病害**　从落花后1.5个月开始喷施波尔多液（最好是全套袋后），15天左右1次，可以连续喷施，能有效防控中后期的褐斑病、黑星病、轮纹病、炭疽病、疫腐病、褐腐病。幼果期尽量不要喷施，以避免造成果锈。一般使用1：（2～3）：（200～240）倍波尔多液、或80％可湿性粉剂500～600倍液、或86％水分散粒剂600～700倍液、或28％悬浮剂300～400倍液均匀喷雾。

（2）**梨树病害**　从落花后1.5个月开始喷施波尔多液（最好是全套袋后），15天左右1次，可以连续喷施，能有效防控中后期的黑星病、褐斑病、炭疽病、轮纹病、褐腐病。幼果期尽量不要喷施，以避免造成果锈。药剂使用倍数同"苹果病害"。

（3）**葡萄病害**　以防控霜霉病为主，兼防褐斑病、炭疽病、房枯病。从霜霉病发生初期开始喷药（开花前、后尽量不要喷施），10～15天1次，连续喷施。一般使用1：（0.5～0.7）：（160～240）倍波尔多液、或80％可湿性粉剂400～500倍液、或86％水分散粒剂500～600倍液、或28％悬浮剂200～300倍液均匀喷雾。

（4）**枣树病害**　从落花后（一茬花）20天左右开始喷药，15天左右1次，连喷4～6次（最好与其他不同类型药剂交替使用），能有效防控锈病、轮纹病、炭疽病及褐斑病。一般使用1：2：200倍波尔多液、或80％可湿性粉剂600～700倍液、或86％水分散粒剂600～800倍液、或28％悬浮剂300～400倍液均匀喷雾。高温干旱季节适当降低用药浓度。

（5）桃树、杏树、李树及樱桃树的流胶病　在花芽膨大期喷施 1 次，可有效防控流胶病，并具清园杀菌作用，但生长期禁止喷施。一般使用 1∶1∶100 倍波尔多液、或 80％可湿性粉剂 200～300 倍液、或 86％水分散粒剂 300～350 倍液、或 28％悬浮剂 80～100 倍液喷洒枝干。

（6）柿树病害　从落花后半月左右开始喷药，10～15 天 1 次，连喷 2～3 次，能有效防控圆斑病、角斑病及炭疽病。一般使用 1∶（3～5）∶（400～600）倍波尔多液、或 80％可湿性粉剂 1000～1200 倍液、或 86％水分散粒剂 1200～1500 倍液、或 28％悬浮剂 400～500 倍液均匀喷雾。

（7）核桃病害　核桃展叶期、落花后、幼果期及近成果期各喷药 1 次，可有效防控黑斑病及炭疽病。一般使用 1∶1∶200 倍波尔多液、或 80％可湿性粉剂 800～1000 倍液、或 86％水分散粒剂 1000～1200 倍液、或 28％悬浮剂300～400 倍液均匀喷雾。

注意事项　波尔多液尽量不要与其他农药混用，尤其是自己配制的波尔多液。自己配制的波尔多液长时间放置易产生沉淀，应现用现配，且不能使用金属容器。果实近成熟期（采收前 30 天左右）不要使用自己配制的波尔多液，以免污染果面。桃树、杏树、李树、樱桃树对铜离子非常敏感，生长期使用会引起严重药害，造成大量落叶、落果。阴雨连绵或露水未干时喷施波尔多液易发生药害，有时在高温干燥条件下使用也易产生药害，需要特别注意。苹果树上使用的安全间隔期为 20 天，每季最多使用 4 次；葡萄上使用的安全间隔期为 14 天，每季最多使用 4 次。

硫酸铜钙　copper calcium sulphate

常见商标名称　多宁、高欣、龙灯、惠可谱、安道麦。

主要含量与剂型　77％可湿性粉剂。

产品特点　硫酸铜钙是一种矿物源广谱保护性低毒杀菌剂，通过释放的铜离子而起杀菌作用，相当于工业化生产的"波尔多粉"，但喷施后对叶面没有明显药斑污染。其杀菌机理是通过释放的铜离子与病原真菌或细菌体内的多种生物基团结合，形成铜的络合物等物质，使蛋白质变性，进而阻碍和抑制代谢过程，导致病菌死亡。独特的"铜"、"钙"大分子络合物，遇水或水膜时缓慢释放出杀菌的铜离子，与病菌的萌发、侵染同步，杀菌、防病及时彻底，持效期较长，并对真菌性和细菌性病害同时有效。硫酸铜钙与普通波尔多液不同，药液呈微酸性，可与不含金属离子的非碱性农药混用，使用方便。制剂颗粒微细，呈绒毛状结构，喷施后能均匀分布并紧密黏附在果树的叶片、果实及枝干表面，耐雨水冲刷能力强。另外，硫酸铜钙含 12％的硫酸钙，在有效防控病害的同时，还具有一定的补钙功效。

硫酸铜钙可与多菌灵、甲霜灵、霜脲氰、烯酰吗啉等杀菌剂成分混配，用于生产复配杀菌剂。

适用果树及防控对象　硫酸铜钙适用于对铜离子不敏感的多种落叶果树，对许多种真菌性与细菌性病害均有很好的预防效果。目前，在落叶果树生产中主要用于防控：苹果树、梨树、葡萄、桃树、杏树、李树、枣树等落叶果树的枝干病害（腐烂病、干腐病等），苹果树、梨树、葡萄的根部病害（根朽病、紫纹羽病、白纹羽病等），苹果树的褐斑病、黑星病，梨树的黑星病、炭疽病、褐斑病、白粉病，葡萄的霜霉病、炭疽病、褐斑病、黑痘病，枣树的锈病、轮纹病、炭疽病、褐斑病，核桃的黑斑病、炭疽病、褐斑病，柿树的角斑病、圆斑病，山楂的叶斑病、黑星病。

使用技术　硫酸铜钙主要用于喷雾，有时也可用于灌根，喷雾时必须在病菌侵染前均匀喷洒才能获得较好的防控效果。

（1）**苹果树、梨树等落叶果树的枝干病害**　果树萌芽期（发芽前），喷施1次77%可湿性粉剂200～400倍液，可有效铲除树体表面病菌（清园），防控枝干病害。

（2）**苹果树、梨树、葡萄的根部病害**　清除病组织后，使用77%可湿性粉剂500～600倍液浇灌病树主要根区范围，杀死残余病菌，促进根系恢复生长。

（3）**苹果树褐斑病、黑星病**　从果实全套袋后开始喷施，10～15天1次，连喷4次左右。一般使用77%可湿性粉剂500～700倍液均匀喷雾，重点喷洒树冠下部及内膛。不是全套袋的苹果树慎重使用，或使用800～1000倍液喷雾。

（4）**梨树黑星病、炭疽病、褐斑病、白粉病**　从果实全套袋后开始喷施，10～15天1次，连喷4～5次。一般使用77%可湿性粉剂600～800倍液均匀喷雾；在酥梨上，建议喷施1000～1200倍液。

（5）**葡萄霜霉病、炭疽病、褐斑病、黑痘病**　开花前、落花后、落花后10～15天各喷药1次，有效防控黑痘病及幼穗霜霉病；以后从叶片上初见霜霉病病斑时开始继续喷药，7～10天1次，连续喷药到采收前半月，对霜霉病、炭疽病、褐斑病均有很好的防控效果。一般使用77%可湿性粉剂500～600倍液均匀喷雾；已有霜霉病发生时，建议与相应治疗性药剂交替使用或混用。

（6）**枣树锈病、轮纹病、炭疽病、褐斑病**　从6月下旬（华北枣区）或落花后（一茬花）20天左右开始喷药，10～15天1次，连喷5～7次。一般使用77%可湿性粉剂600～800倍液均匀喷雾，高温干旱季节用药时适当提高喷施倍数。

（7）**核桃黑斑病、褐斑病、炭疽病**　防控黑斑病、褐斑病时，从叶片上初见病斑时开始喷药，10～15天1次，连喷3次左右，兼防炭疽病；防控炭疽病时，从幼果膨大初期开始喷药，10～15天1次，连喷2～3次，兼防黑斑病、褐斑病。一般使用77%可湿性粉剂700～800倍液均匀喷雾。

（8）**柿树角斑病、圆斑病**　一般柿园从落花后20～30天开始喷药，10～15天1次，连喷2～3次。一般使用77%可湿性粉剂800～1000倍液均匀喷雾。

（9）**山楂叶斑病、黑星病**　从病害发生初期或初见病斑时开始喷药，10～15天1次，连喷2～4次。一般使用77%可湿性粉剂600～700倍液均匀喷雾。

注意事项 硫酸铜钙可与大多数杀虫剂、杀螨剂混合使用，但不能与含有其他金属离子的药剂和微量元素肥料混合使用，也不宜与强碱性或强酸性物质混用。桃树、李树、杏树、樱桃树等对铜离子敏感，生长期不宜使用。苹果树、梨树的花期、幼果期对铜离子敏感，应当慎用。阴雨连绵季节或地区慎用，高温干旱时应适当提高喷施倍数，以免发生药害。连续喷药时，注意与相应治疗性杀菌剂交替使用或混用。本剂对鱼类等水生生物有毒，残余药液及清洗药械的废液严禁污染河流、湖泊、池塘等水域。苹果树上使用的安全间隔期为 28 天，每季最多使用 4 次；葡萄上使用的安全间隔期为 34 天，每季最多使用 4 次。

碱式硫酸铜 copper sulfate basic

常见商标名称 绿得保、害立平、铜高尚、统掌柜、纽发姆、海利尔、瑞德丰、丁锐可、鸿波、皇盾、上格、外尔、金阿依达、中澳科技。

主要含量与剂型 27.12%、30%悬浮剂，70%水分散粒剂。

产品特点 碱式硫酸铜是一种矿物源广谱保护性低毒杀菌剂，药剂喷施后黏附性强，耐雨水冲刷，在植物表面形成致密的保护药膜，有效预防病菌侵染，持效期较长。其杀菌机理是有效成分中逐渐解离出铜离子，该铜离子与病菌体内蛋白质中的—SH、—NH$_2$、—COOH、—OH 等基团结合，使蛋白质变性凝固，抑制病菌孢子萌发及菌丝生长，进而导致病菌死亡。铜离子杀菌，病菌不易产生抗药性，可以连续多次使用。

碱式硫酸铜可与井冈霉素、硫酸锌、三氮唑核苷等杀菌剂成分混配，用于生产复配杀菌剂。

适用果树及防控对象 碱式硫酸铜适用于多种对铜离子不敏感的落叶果树，对许多种真菌性和细菌性病害均有很好的防控效果。目前，在落叶果树生产中主要用于防控：苹果树的轮纹病、炭疽病、褐斑病、黑星病，梨树的黑星病、炭疽病、轮纹病、褐斑病、白粉病，葡萄的黑痘病、霜霉病、褐斑病、炭疽病，枣树的锈病、炭疽病、轮纹病、褐斑病，核桃的黑斑病、炭疽病、褐斑病，柿树的角斑病、圆斑病，山楂的叶斑病、黑星病。

使用技术 碱式硫酸铜主要用于喷雾，必须在病菌侵染前均匀喷药才能获得较好的防控效果。

（1）**苹果树轮纹病、炭疽病、褐斑病、黑星病** 从苹果落花后 1.5 个月开始使用本剂，15 天左右 1 次，连喷 4～6 次，与相应内吸治疗性杀菌剂交替使用效果更好。碱式硫酸铜一般使用 27.12%悬浮剂或 30%悬浮剂 400～500 倍液、或 70%水分散粒剂 700～800 倍液均匀喷雾。幼果期不建议使用本剂，以免对幼果表面造成刺激伤害，形成果锈。

（2）**梨树黑星病、炭疽病、轮纹病、褐斑病、白粉病** 从梨树落花后 1.5 个月开始使用本剂，15 天左右 1 次，连喷 4～7 次，与相应内吸治疗性杀菌剂交替使用效果更好。碱式硫酸铜一般使用 27.12％悬浮剂或 30％悬浮剂 400～500 倍液、或 70％水分散粒剂 700～800 倍液均匀喷雾。幼果期不建议使用本剂，以免对幼果表面造成刺激伤害，形成果锈。

（3）**葡萄黑痘病、霜霉病、褐斑病、炭疽病** 首先在葡萄花蕾穗期（开花前）和落花后各喷药 1 次，有效预防幼穗期的黑痘病、霜霉病；然后一般葡萄园从幼果期或叶片上初见霜霉病病斑时开始继续喷药，10 天左右 1 次，连续喷药至采收前一周，与相应内吸治疗性杀菌剂交替使用效果更好。碱式硫酸铜一般使用 27.12％悬浮剂或 30％悬浮剂 300～400 倍液、或 70％水分散粒剂 500～600 倍液均匀喷雾。

（4）**枣树锈病、炭疽病、轮纹病、褐斑病** 首先在枣树开花前喷药 1 次，有效预防褐斑病发生；然后从枣树一茬花坐住果后开始继续喷施本剂，15 天左右 1 次，连喷 4～6 次，与相应内吸治疗性杀菌剂交替使用效果更好。碱式硫酸铜一般使用 27.12％悬浮剂或 30％悬浮剂 400～500 倍液、或 70％水分散粒剂 700～800 倍液均匀喷雾。高温干旱季节用药，应适当提高喷施倍数，避免出现铜制剂药害。

（5）**核桃黑斑病、褐斑病、炭疽病** 防控黑斑病、褐斑病时，从叶片上初见病斑时开始喷药，10～15 天 1 次，连喷 3 次左右，兼防炭疽病；防控炭疽病时，多从幼果膨大初期开始喷药，10～15 天 1 次，连喷 2～3 次，兼防黑斑病、褐斑病。一般使用 27.12％悬浮剂或 30％悬浮剂 400～500 倍液、或 70％水分散粒剂 700～800 倍液均匀喷雾。

（6）**柿树角斑病、圆斑病** 一般柿园从落花后 20～30 天开始喷药，10～15 天 1 次，连喷 2～3 次；南方甜柿产区或病害发生严重果园，需增加喷药 2～3 次。一般使用 27.12％悬浮剂或 30％悬浮剂 400～600 倍液、或 70％水分散粒剂 800～1000 倍液均匀喷雾。

（7）**山楂叶斑病、黑星病** 从病害发生初期或初见病斑时开始喷药，10～15 天 1 次，连喷 2～4 次。一般使用 27.12％悬浮剂或 30％悬浮剂 400～500 倍液、或 70％水分散粒剂 700～800 倍液均匀喷雾。

注意事项 碱式硫酸铜为保护性杀菌剂，必须在病菌侵染前喷施才能获得较好的防控效果。不宜在早晨有露水或刚下过雨后施药，在高温环境下使用时应适当提高喷洒倍数。本剂不能与碱性药剂、强酸性药剂、忌铜药剂及含金属离子的药剂混合使用。喷药时避免药液飘移到对铜敏感的作物上，亦不能在对铜离子敏感的时期用药。本品对鱼类有毒，残余药液及清洗药械的废液严禁污染河流、湖泊、池塘等水域。苹果树和梨树上使用的安全间隔期均为 20 天，每季均最多使用 2 次。

氢氧化铜 copper hydroxide

常见商标名称 美邦、杜邦、蓝丰、蓝润、妙刺、瑞扑、亿嘉、细攻、细绝、天鸟、冠菌铜、冠菌清、冠菌乐、细尔克、巴克丁、纽发姆、安道麦、施普乐、农多福、志信101、志信2000、志信杀得、双星农药、可杀得贰千、可杀得叁千。

主要含量与剂型 46％、53.8％、57.6％、77％水分散粒剂，53.8％、77％可湿性粉剂，37.5％悬浮剂。

产品特点 氢氧化铜是一种矿物源类无机铜素广谱保护性低毒杀菌剂，对真菌性和细菌性病害均有很好的防控效果。其杀菌机理是通过释放的铜离子与病原菌体内或芽管内蛋白质中的—SH、—NH$_2$、—COOH、—OH 等基团结合，形成铜的络合物，使蛋白质变性，进而阻碍和抑制病菌代谢，最终导致病菌死亡。该药杀菌防病范围广，渗透性好，但没有内吸作用，且使用不当易发生药害。喷施在植物表面后没有明显药斑残留。药剂对兔眼睛有较强的刺激作用，对兔皮肤有轻微刺激作用，对鱼类有毒，但对人畜安全，没有残留问题。

氢氧化铜可与多菌灵、霜脲氰、代森锰锌、叶枯唑等杀菌剂成分混配，用于生产复配杀菌剂。

适用果树及防控对象 氢氧化铜适用于多种对铜离子不敏感的落叶果树，既可有效防控多种真菌性病害，又可有效防控细菌性病害。目前，在落叶果树生产中主要用于防控：葡萄的黑痘病、霜霉病、穗轴褐枯病、褐斑病、炭疽病，苹果树、梨树、山楂树的烂根病、腐烂病、干腐病、枝干轮纹病，桃树、杏树、李树及樱桃树的流胶病。

使用技术 氢氧化铜主要应用于喷雾，有时也可灌根用药、涂抹用药等。喷雾时必须及时均匀周到，但不要在高温、高湿环境下使用。

（1）**葡萄黑痘病、霜霉病、穗轴褐枯病、褐斑病、炭疽病** 开花前、落花后、落花后15天左右各喷药1次，有效防控穗轴褐枯病、黑痘病及幼穗霜霉病；然后从叶片上初见霜霉病病斑时开始继续喷药，10天左右1次，与不同类型药剂交替使用，连喷5～7次，有效防控霜霉病、褐斑病、炭疽病。一般使用77％可湿性粉剂或77％水分散粒剂1500～2000倍液、或53.8％可湿性粉剂或53.8％水分散粒剂或57.6％水分散粒剂1200～1500倍液、或46％水分散粒剂1000～1200倍液、或37.5％悬浮剂800～1000倍液均匀喷雾。

（2）**苹果树、梨树、山楂树的烂根病、腐烂病、干腐病、枝干轮纹病** 治疗烂根病时，将病残组织清除后直接灌药治疗，灌药液量要求将病树的主要根区渗透，一般使用77％可湿性粉剂或77％水分散粒剂1200～1500倍液、或53.8％可湿性粉剂或53.8％水分散粒剂或57.6％水分散粒剂1000～1200倍液、或46％水分散粒剂800～1000倍液、或37.5％悬浮剂500～600倍液浇灌。预防腐烂病等枝干病害时，在树体发芽前喷药清园，一般使用77％可湿性粉剂或77％水分散粒剂600～800倍液、或53.8％可湿性粉剂或53.8％水分散粒剂或57.6％水分散粒剂500～600倍液、或46％水分散粒剂400～500倍液、或37.5％悬浮剂300～400倍液喷洒枝干。腐烂病及干腐病病斑刮除后，也可在病斑表面涂抹用药，一般使用77％可湿性粉剂或77％水分散粒剂200～300倍液、或53.8％可湿性粉剂或53.8％水分散粒剂或 57.6％水分散粒剂 150～200 倍液、或 46％水分散粒剂 100～150 倍液、或 37.5％悬浮剂 80～100 倍液涂药。

（3）桃树、杏树、李树及樱桃树的流胶病 在树体发芽前对枝干喷药 1 次即可，生长期严禁使用。一般使用 77％可湿性粉剂或 77％水分散粒剂 700～800 倍液、或 53.8％可湿性粉剂或 53.8％水分散粒剂或 57.6％水分散粒剂 600～700 倍液、或 46％水分散粒剂 500～600 倍液、或 37.5％悬浮剂 400～500 倍液喷洒枝干。

注意事项 氢氧化铜不能与碱性农药、强酸性农药、三乙膦酸铝、多硫化钙及忌铜农药混用。在桃树、杏树、李树、樱桃树等核果类果树上仅限于发芽前喷施，发芽后的生长期禁止使用。苹果树、梨树的花期和幼果期禁用，以免发生药害。阴雨天、多雾天及露水未干时不要施药，高温、高湿天气应当慎用。严格按使用说明的推荐用药量使用，不要随意加大药量，以免发生药害。远离水产养殖区用药，禁止在河塘等水体中清洗施药器具，避免药液污染水源地。葡萄上使用的安全间隔期为 14 天，每季最多使用 3 次。

松脂酸铜 copper abietate

常见商标名称 绿户、细喜、细诛、铜圣、战溃、禾易、伯爵、柳惠、施可康、施普乐、满福庄园。

主要含量与剂型 12％、18％、23％、30％乳油，20％水乳剂，20％可湿性粉剂。

产品特点 松脂酸铜是一种有机铜类广谱保护性低毒杀菌剂，喷施后在植物表面黏附力强，成膜性好，耐雨水冲刷，铜离子释放均匀，受气候环境影响较小，药效稳定，安全性相对较好。其杀菌机理是药剂中缓慢释放出铜离子，该铜离子具有较强的氧化性，可使病菌细胞膜上的蛋白质变性凝固，而进入细胞内的铜离子可与某些酶结合进而影响酶的活性，最终导致病菌死亡。

松脂酸铜有时与咪鲜胺等杀菌剂成分混配，用于生产复配杀菌剂。

适用果树及防控对象 松脂酸铜适用于多种对铜离子不敏感的落叶果树，既可有效防控多种真菌性病害，又可有效防控细菌性病害。目前，在落叶果树生产中主要用于防控：葡萄的黑痘病、霜霉病、褐斑病、炭疽病，苹果树、梨树的烂根病、腐烂病、干腐病、枝干轮纹病，桃树、杏树、李树及樱桃树的流胶病。

使用技术 松脂酸铜主要应用于喷雾，有时也可灌根用药、涂抹用药等。喷雾时必须及时均匀周到，但不要在高温、高湿环境下使用。

（1）葡萄黑痘病、霜霉病、褐斑病、炭疽病 开花前、落花后、落花后 15 天左右各喷药 1 次，有效防控黑痘病及幼穗霜霉病；然后从叶片上初见霜霉病病斑时开始继续喷药，10 天左右 1 次，与不同类型药剂交替使用，连喷 5～7 次，有效防控霜霉病、褐斑病、炭疽病。一般使用 20％可湿性粉剂 500～700 倍液、或 20％水乳剂或 18％乳油 600～800 倍液、或 30％乳油 1000～1200 倍液、或 23％乳油 700～

900 倍液、或 12％乳油 400～500 倍液均匀喷雾。

（2）苹果树、梨树的烂根病、腐烂病、干腐病、枝干轮纹病 治疗烂根病时，将病残组织清除后直接灌药治疗，灌药液量要求将病树的主要根区渗透，一般使用 20％可湿性粉剂 400～500 倍液、或 20％水乳剂或 18％乳油 500～600 倍液、或 30％乳油 800～1000 倍液、或 23％乳油 600～700 倍液、或 12％乳油 300～400 倍液浇灌。预防腐烂病等枝干病害时，在树体发芽前喷药清园，一般使用 20％可湿性粉剂 200～300 倍液、或 20％水乳剂或 18％乳油 200～300 倍液、或 30％乳油 300～400 倍液、或 23％乳油 250～300 倍液、或 12％乳油 100～150 倍液喷洒枝干。腐烂病及干腐病病斑刮除后，也可在病斑表面涂抹用药，一般使用 20％可湿性粉剂 80～100 倍液、或 20％水乳剂或 18％乳油 100～120 倍液、或 30％乳油 120～150 倍液、或 23％乳油 100～120 倍液、或 12％乳油 50～70 倍液涂药。

（3）桃树、杏树、李树及樱桃树的流胶病 在树体发芽前对枝干喷药 1 次即可，生长期严禁使用。一般使用 20％可湿性粉剂 250～300 倍液、或 20％水乳剂或 18％乳油 250～300 倍液、或 30％乳油 400～500 倍液、或 23％乳油 300～350 倍液、或 12％乳油 150～200 倍液喷洒枝干。

注意事项 本剂不能与强酸或强碱性农药及肥料混用。生长季节喷药时，必须按照规定药量喷雾，不能随意加大药量；阴雨天及露水未干时不能进行用药。残余药液及清洗药械的废液严禁污染河流、池塘、湖泊等水域。葡萄上使用的安全间隔期为 7 天，每季最多使用 4 次。

腐植酸铜　HA-Cu

常见商标名称 果腐康、愈合灵、腐剑、843 康复剂。

主要含量与剂型 2.12％、2.2％水剂。

产品特点 腐植酸铜是一种由腐植酸、硫酸铜及辅助成分组成的有机铜素低毒杀菌剂，属螯合态亲水胶体，在果树表面涂抹后逐渐释放出铜离子而起杀菌作用，以保护作用为主，耐雨水冲刷性能好，持效期长，使用安全，无药害，低残留，不污染环境。该药呈弱碱性，在碱性溶液中化学性质较稳定。其杀菌机理是缓慢释放出的铜离子一方面使病菌细胞膜上的蛋白质变性凝固，另一方面进入细胞内的铜离子能与某些酶结合而影响其活性，最终导致病菌死亡。另外，腐植酸能够刺激植株组织生长，具有促进伤口愈合作用。

适用果树及防控对象 腐植酸铜适用于多种落叶果树，主要用于防控枝干病害。如：苹果树和梨树的腐烂病、干腐病，桃树、杏树、李树及樱桃树的流胶病，枣树腐烂病、干腐病，板栗树干枯病，核桃树腐烂病，山楂树腐烂病。

使用技术 腐植酸铜主要用于涂抹果树枝干病斑，有时也用于果树修剪后剪锯口的保护（封口剂），伤口涂抹该药后愈合快，有利于树势恢复。

（1）苹果树、梨树、枣树、山楂树及板栗树的枝干病害 首先将病斑刮除干净，刮至病斑边缘光滑无刺，然后用毛刷将药液（制剂原液）均匀涂抹在病斑表面，涂药超出病斑边缘2～4厘米，用药量一般为每平方米200克制剂。

（2）桃树、杏树、李树及樱桃树的流胶病　用刀轻刮流胶部位，然后在病斑表面均匀涂药。涂药方法及用药量同"苹果树枝干病害"。

（3）核桃树腐烂病　首先用刀在病斑表面均匀划道，刀口间距0.5厘米，深达木质部；然后在病斑表面均匀涂药。涂药方法及用药量同"苹果树枝干病害"。

注意事项　本剂不用加水稀释，直接用于涂抹，仅适用于果树树体的枝干部位，但使用前应将药剂搅拌均匀。

喹啉铜 oxine-copper

常见商标名称　必绿、添秀、海正、联卫、兴农、净果精、美果铜、中国农资。

主要含量与剂型　33.5%、40%悬浮剂，50%可湿性粉剂，50%水分散粒剂。

产品特点　喹啉铜是一种螯合态广谱低毒铜制剂，以保护作用为主，兼有一定的内吸治疗效果，喷施后在植物表面形成一层严密的保护药膜，与植物亲和力强，耐雨水冲刷，使用安全；铜离子缓控释放，药效较稳定，持效期较长。不仅铜离子具有广谱杀菌功效，其结构中的喹啉基团也有广泛的杀菌活性。释放出的铜离子一方面导致病菌细胞膜上的蛋白质变性凝固，另一方面进入细胞内的铜离子可与某些酶结合而影响其活性，最终导致病菌死亡。

喹啉铜可与春雷霉素、多抗霉素、戊唑醇、噻菌灵、霜脲氰、烯酰吗啉、吡唑醚菌酯、肟菌酯等杀菌剂成分混配，用于生产复配杀菌剂。

适用果树及防控对象　喹啉铜适用于多种对铜离子不敏感的落叶果树，对许多种真菌性和细菌性病害均有较好的防控效果。目前，在落叶果树生产中主要用于防控：苹果树的腐烂病、干腐病、枝干轮纹病等枝干病害及轮纹病、炭疽病、褐斑病、斑点落叶病、黑星病，梨树的腐烂病、干腐病、枝干轮纹病等枝干病害及黑星病、轮纹病、炭疽病、褐斑病、黑斑病、白粉病，葡萄的霜霉病、黑痘病、炭疽病、褐斑病、白粉病，核桃的干腐病、腐烂病、溃疡病、轮纹病、黑斑病、炭疽病、褐斑病。

使用技术　喹啉铜既可用于喷雾，又可用于枝干或病斑涂抹。

（1）苹果病害　防控腐烂病、干腐病、枝干轮纹病等枝干病害时，首先在早春树体发芽前喷洒1次干枝进行清园，一般使用50%可湿性粉剂或50%水分散粒剂1000～1200倍液、或40%悬浮剂800～1000倍液、或33.5%悬浮剂600～700倍液均匀喷雾；其次，在治疗病斑后药剂涂抹病斑伤口，杀灭残余病菌并促进伤口愈合，一般使用50%可湿性粉剂或50%水分散粒剂200～300倍液、或40%悬浮剂150～200倍液、或33.5%悬浮剂120～150倍液涂抹病疤。防控轮纹病、炭疽病等果实病害时，一般从落花后10天左右开始喷药，10天左右1次，连喷3次药后套袋，不套袋苹果需继续喷药 4～6 次，兼防褐斑病、斑点落叶病、黑星病；套袋苹果套袋后继续喷药 4 次左右，间隔期 10～15 天，有效防控褐斑病、斑点落叶病、黑星病；一般使用 50% 可湿性粉剂或 50% 水分散粒剂 2500～3000 倍液、或 40% 悬浮剂 2000～2500 倍液、或 33.5% 悬浮剂 1800～2000 倍液均匀喷雾。连续喷药时，注意与相应治疗性杀菌剂交替使用或混用。

（2）**梨树病害** 防控腐烂病、干腐病、枝干轮纹病等枝干病害时，首先在早春树体发芽前喷洒 1 次干枝进行清园，一般使用 50% 可湿性粉剂或 50% 水分散粒剂 1000～1200 倍液、或 40% 悬浮剂 800～1000 倍液、或 33.5% 悬浮剂 600～700 倍液均匀喷雾；其次，在治疗病斑后药剂涂抹病斑伤口，杀灭残余病菌并促进伤口愈合，一般使用 50% 可湿性粉剂或 50% 水分散粒剂 200～300 倍液、或 40% 悬浮剂 150～200 倍液、或 33.5% 悬浮剂 120～150 倍液涂抹病疤。防控黑星病、轮纹病、炭疽病、褐斑病、黑斑病、白粉病时，从梨树落花后 10 天左右开始喷药，10～15 天 1 次，连续喷施，直到生长后期，注意与相应治疗性杀菌剂交替使用或混用，喹啉铜一般使用 50% 可湿性粉剂或 50% 水分散粒剂 2500～3000 倍液、或 40% 悬浮剂 2000～2500 倍液、或 33.5% 悬浮剂 1800～2000 倍液均匀喷雾。

（3）**葡萄病害** 首先在幼穗开花前、落花后及落花后 10 天左右各喷药 1 次，有效防控黑痘病，兼防霜霉病为害幼穗；然后从叶片上初见霜霉病病斑时开始连续喷药，10 天左右 1 次，直到生长后期，注意与相应治疗性杀菌剂交替使用或混用，有效防控霜霉病、炭疽病、褐斑病、白粉病。喹啉铜一般使用 50% 可湿性粉剂或 50% 水分散粒剂 1500～2000 倍液、或 40% 悬浮剂 1000～1500 倍液、或 33.5% 悬浮剂 800～1000 倍液均匀喷雾。

（4）**核桃病害** 防控干腐病、腐烂病、溃疡病、轮纹病等枝干病害时，首先在早春树体发芽前喷洒 1 次干枝进行清园，一般使用 50% 可湿性粉剂或 50% 水分散粒剂 1000～1200 倍液、或 40% 悬浮剂 800～1000 倍液、或 33.5% 悬浮剂 600～700 倍液均匀喷雾；其次，在病斑划道切割后表面涂药，对病斑进行治疗，一般使用 50% 可湿性粉剂或 50% 水分散粒剂 500～600 倍液、或 40% 悬浮剂 300～400 倍液、或 33.5% 悬浮剂 250～300 倍液涂抹病疤。防控黑斑病、炭疽病、褐斑病时，从病害发生初期或初见病斑时开始喷药，10～15 天 1 次，连喷 2～4 次，注意与相应治疗性杀菌剂交替使用或混用。喹啉铜一般使用 50% 可湿性粉剂或 50% 水分散粒剂 3000～4000 倍液、或 40% 悬浮剂 2500～3000 倍液、或 33.5% 悬浮剂 2000～2500 倍液均匀喷雾。

注意事项 喹啉铜不能与碱性药剂、强酸性药剂混用。本剂对鱼类等水生生物有毒，严禁药液污染河流、湖泊、池塘等水域，也不能在上述水域内清洗施药器械。苹果树上使用的安全间隔期为 21 天，每季最多使用 3 次。

噻唑锌 zinc-thiazole

常见商标名称 新农、碧生、碧火。

主要含量与剂型 20%、30%、40%悬浮剂。

产品特点 噻唑锌是一种噻唑类有机锌广谱低毒杀菌剂，具有很好的保护作用和治疗作用，内吸性好，正常使用技术下对作物安全，对多种真菌性病害和细菌性病害均有较好的防控效果。

噻唑锌可与戊唑醇、甲基硫菌灵、嘧菌酯、吡唑醚菌酯、春雷霉素等杀菌剂成分混配，用于生产复配杀菌剂。

适用果树及防控对象 噻唑锌适用于多种落叶果树，主要用于防控细菌性病害。目前，在落叶果树生产中可用于防控：桃树、李树、杏树、樱桃树的细菌性穿孔病，苹果泡斑病，猕猴桃溃疡病，核桃黑斑病。

使用技术

（1）桃树、李树、杏树及樱桃树的细菌性穿孔病 首先在早春发芽前喷施1次药剂清园，杀灭在枝条上的越冬病菌，一般使用20%悬浮剂70～100倍液、或30%悬浮剂100～150倍液、或40%悬浮剂150～200倍液均匀喷洒枝干；然后生长期从病害发生初期或叶片上初见病斑时开始继续喷药，10～15天1次，连喷2～4次，一般使用20%悬浮剂300～500倍液、或30%悬浮剂500～700倍液、或40%悬浮剂700～1000倍液均匀喷雾。

（2）苹果泡斑病 从落花后10天左右开始喷药，10天左右1次，连喷2次左右。一般使用20%悬浮剂300～400倍液、或30%悬浮剂500～600倍液、或40%悬浮剂600～800倍液均匀喷雾。

（3）猕猴桃溃疡病 首先在早春发芽前喷施1次药剂清园（春清园），铲除枝蔓病菌，一般使用20%悬浮剂70～100倍液、或30%悬浮剂100～150倍液、或40%悬浮剂150～200倍液均匀喷洒枝蔓；然后再于果实采收后均匀喷药1次清园（秋清园），防控病菌侵染等，一般使用20%悬浮剂200～300倍液、或30%悬浮剂300～400倍液、或40%悬浮剂400～600倍液均匀喷雾。

（4）核桃黑斑病 从病害发生初期或叶片上初见病斑时开始喷药，10天左右1次，连喷2～4次。一般使用20%悬浮剂300～400倍液、或30%悬浮剂500～600倍液、或40%悬浮剂600～800倍液均匀喷雾。

注意事项 噻唑锌不能与碱性药剂、强酸性药剂混用；连续喷药时，注意与不同类型药剂交替使用或混用。本剂对鱼类等水生生物有毒，残余药液及洗涤药械的废液严禁污染河流、湖泊、池塘等水域。桃树上使用的安全间隔期为21天，每季最多使用3次。

噻霉酮　benziothiazolinone

常见商标名称　金霉唑、好立挺、好愉快、细刹、易除、辉丰、西大华特。

主要含量与剂型　1.5%水乳剂，1.6%涂抹剂，3%可湿性粉剂，3%水分散粒剂，3%微乳剂，5%悬浮剂。

产品特点　噻霉酮是一种噻唑类广谱低毒杀菌剂，对许多种真菌性和细菌性病害均有预防保护和治疗作用。耐雨水冲刷，使用安全。其杀菌作用机理具有两种：一是破坏病菌细胞核结构；二是干扰病菌细胞的新陈代谢，使病菌出现生理活动紊乱，最终导致其死亡。

噻霉酮常与苯醚甲环唑、戊唑醇、嘧菌酯、噻呋酰胺、烯酰吗啉、春雷霉素、氨基寡糖素等杀菌剂成分混配，用于生产复配杀菌剂。

适用果树及防控对象　噻霉酮适用于多种落叶果树，对多种真菌性和细菌性病害具有较好的防控效果。目前，在落叶果树生产中主要用于防控：苹果树的腐烂病、干腐病、轮纹病、炭疽病、黑星病，梨树的腐烂病、干腐病、黑星病、轮纹病、炭疽病、火疫病，桃树的黑星病、炭疽病、穿孔病（真菌性、细菌性），葡萄的黑痘病、炭疽病。

使用技术

（1）苹果树腐烂病、干腐病、轮纹病、炭疽病、黑星病　防控腐烂病、干腐病时，在病斑手术治疗的基础上于病疤表面涂药，使用1.6%涂抹剂直接涂抹病疤表面，一般每平方米使用制剂80～120克。防控轮纹病、炭疽病时，从苹果落花后10天左右开始喷药，10天左右1次，连喷3次药后套袋，不套袋苹果需继续喷药4～6次（间隔期10～15天），兼防黑星病；防控黑星病时，一般果园从初见黑星病病斑时开始喷药，10～15天1次，连喷2～3次。苹果生长期一般使用1.5%水乳剂500～600倍液、或3%可湿性粉剂或3%水分散粒剂或3%微乳剂1000～1200倍液、或5%悬浮剂1500～2000倍液均匀喷雾，连续喷药时最好与不同作用机理药剂交替使用或混用。

（2）梨树的腐烂病、干腐病、黑星病、轮纹病、炭疽病、火疫病　防控腐烂病、干腐病时，在病斑手术治疗的基础上于病疤表面涂药，使用1.6%涂抹剂直接涂抹病疤表面，一般每平方米使用制剂80～120克。防控火疫病时，首先在早春发芽前喷施1次清园药剂，一般使用1.5%水乳剂200～300倍液、或3%可湿性粉剂或3%水分散粒剂或3%微乳剂400～600倍液、或5%悬浮剂800～1000倍液均匀喷洒枝干；然后再在发芽后开花前、落花后及落花后10～15天各喷药1次。防控黑星病、轮纹病、炭疽病时，从黑星病发生初期或落花后10天左右开始喷药，10～15天1次，直到采收前期，注意与不同作用机理药剂交替使用或混用。梨树生长期噻霉酮一般使用1.5%水乳剂500～600倍液、或3%可湿性粉剂或3%水分散粒剂或3%微乳剂1000～1200倍液、或5%悬浮剂1500～2000倍液均匀喷雾。

（3）**桃树黑星病、炭疽病、穿孔病**　一般桃园从桃树落花后半月左右开始喷药，10～15 天 1 次，连喷 3～5 次。一般使用 1.5％水乳剂 500～600 倍液、或 3％可湿性粉剂或 3％水分散粒剂或 3％微乳剂 1000～1200 倍液、或 5％悬浮剂 1500～2000 倍液均匀喷雾，连续喷药时注意与不同作用机理药剂交替使用或混用。

（4）**葡萄黑痘病、炭疽病**　防控黑痘病时，在幼穗开花前、落花后及落花后 10～15 天各喷药 1 次；防控炭疽病时，从葡萄果粒膨大中期开始喷药，10 天左右 1 次，连喷 3～4 次。噻霉酮喷施倍数同"桃树黑星病"。

注意事项　噻霉酮不能与碱性药剂及强酸性药剂混用；连续喷药时，注意与不同作用机理药剂交替使用或混用，以延缓病菌产生抗药性。残余药液及洗涤药械的废液严禁污染河流、湖泊、池塘等水域。苹果上和梨树上使用的安全间隔期均为 14 天，每季均最多使用 4 次。

氟噻唑吡乙酮　oxathiapiprolin

常见商标名称　增威赢绿、杜邦。

主要含量与剂型　10％可分散油悬浮剂。

产品特点　氟噻唑吡乙酮是一种哌啶基噻唑异噁唑啉类新型高效微毒杀菌剂，专用于防控低等真菌性病害，具有保护、治疗和抑制病菌产孢等多重功效，与常规防控低等真菌性病害药剂无交互抗性。药剂喷施后在植物表面能快速被蜡质层吸收，并可在植物体内输导，跨层传导和向顶传导能力较强，对新生组织保护作用更佳。适用于病菌发育的各阶段，药效稳定，耐雨水冲刷，持效期较长，使用安全。其作用机理是通过强力抑制氧化固醇结合蛋白（OSBP）而达到杀菌作用，由于其作用点单一，故抗性风险较大，需注意与其他不同作用机理的药剂交替使用或混用。

氟噻唑吡乙酮常与噁唑菌酮等杀菌剂成分混配，用于生产复配杀菌剂。

适用果树及防控对象　氟噻唑吡乙酮适用于多种落叶果树，专用于防控低等真菌性病害。目前，在落叶果树生产中可用于防控：葡萄霜霉病，苹果疫腐病，梨疫腐病。

使用技术

（1）**葡萄霜霉病**　首先在幼穗开花前和落花后各喷药 1 次，有效防控霜霉病为害幼穗；然后从叶片上初见病斑时开始连续喷药，10 天左右 1 次，直到生长后期（雨、雾、露等高湿环境结束时）。一般使用 10％可分散油悬浮剂 2000～3000 倍液均匀喷雾，连续喷药时注意与不同作用机理药剂交替使用或混用。

（2）**苹果疫腐病**　从病害发生初期或初见病果时开始喷药，10 天左右 1 次，连喷 1～2 次，重点喷洒树冠中下部。一般使用 10％可分散油悬浮剂 2000～3000 倍液喷雾。

（3）**梨疫腐病**　从病害发生初期或初见病果时开始喷药，10 天左右 1 次，连喷 1～2 次，重点喷洒树冠中下部。一般使用 10％可分散油悬浮剂 2000～3000 倍液喷雾。

注意事项　氟噻唑吡乙酮不能与碱性药剂及强酸性药剂混用。用药时注意安全防护，不要将药液粘到衣服及溅入眼睛，误入眼睛后立即用大量清水冲洗，并及时就医。残余药液及洗涤药械的废液严禁污染河流、湖泊、池塘等水域。葡萄上使用的安全间隔期为 14 天，每季最多使用 2 次。

多菌灵　*carbendazim*

常见商标名称　统旺、旺品、银品、银喜、银多、妙多、韦多、韦尔、美丰、美雨、胜美、领美、美邦、乐邦、华邦、华星、奇星、美星、星丹、星冠、原冠、闲克、鼎优、飞达、中达、昌达、极尊、可通、沧佳、佳典、丰信、丰叶、红保、海利、深白、禾易、全益、沪联、悦联、劲隆、开霸、凯威、惠宇、永绿、绿丰、绿晶、绿禾、林禾、嘉禾、和欣、铲净、卡菌、粒成、金浪、金闯、鑫谷、亮颖、米亮、秦丰、蓝丰、蓝靓、兰月、暴蓝、叶爽、明品、品翠、韩孚、韩农、扬农、兴农、贝农、滋农、农本、农友、蕲松、青苗、清佳、锐普、温泰、赤宁、喜托、迪巧、卓翠、盈克、肖克、智领、苏滨、苏中、剑玺、迅超、迅靓、良马、浏港、智海、神蛙、正盛、都灵、雷克、上格、上翠、随化、燕化、华阳、京蓬、龙灯、新安、国光、豫东、正业、贝芬替、利时捷、益禾康、农百金、金三角、金翠白、金铲净、超铲净、一喷净、通玉净、皇多灵、顺福灵、保利果、业班迪、大富生、赛迪生、轮果停、奥果赛、美尔果、果洁美、立佳新、克力尔、助农兴、农特爱、农百金、百灵树、顾地丰、双可丰、先利达、小露珠、新长山、至纯白、孚普润、韩初星、津海蓝、津绿宝、艾维宝、瑞宝德、瑞德丰、瑞福林、乐施泰、施普乐、双吉牌、万绿牌、吴农牌、遍净牌、三山牌、云农牌、肥猪牌、曹达农化、冠龙农化、鼎烽农药、美邦农药、罗邦生物、润鸿生化、丰田菌克、中航三利、科赛基农、雷克双刺、丰禾立健、新炭斑胜、科利隆生化、华星病克丹、诺普信绿颜。

主要含量与剂型　25％、40％、50％、80％可湿性粉剂，40％、50％、500克/升悬浮剂，50％、75％、80％、90％水分散粒剂。

产品特点　多菌灵是一种苯并咪唑类内吸治疗性广谱低毒杀菌剂，对许多种高等真菌性病害均具有预防保护和内吸治疗作用，可混用性好，使用安全。其杀菌机理是通过干扰真菌细胞有丝分裂中纺锤体的形成，进而影响细胞分裂，而导致病菌死亡。药剂喷施后通过叶片渗入到植物体内，耐雨水冲刷，持效期较长。其在植物体内的传导和分布与植物的蒸腾作用有关，蒸腾作用强，传导分布快；蒸腾作用弱，传导分布慢。在蒸腾作用较强的部位，如叶片上药剂分布量较多；在蒸腾作用较弱的器官，如花、果上药剂分布较少。酸性条件下，能够增加多菌灵的水溶性，提高药剂的渗透和输导能力。多菌灵酸化后，透过植物表面角质层的移动力比未酸化时增大 4 倍。

多菌灵常与硫黄、百菌清、福美双、丙森锌、代森锰锌、克菌丹、硫酸铜钙、氢氧化铜、三唑酮、三唑醇、三环唑、丙环唑、氟硅唑、氟环唑、氟菌唑、腈菌唑、苯醚甲环唑、戊唑醇、己唑醇、烯唑醇、萎锈灵、乙霉威、异菌脲、嘧霉胺、腐霉利、三乙膦酸铝、溴菌腈、咪鲜胺、咪鲜胺锰盐、甲霜灵、吡唑醚菌酯、醚菌酯、嘧菌酯、烯肟菌酯、中生菌素、井冈霉素、春雷霉素、五氯硝基苯等杀菌剂成分混配，用于生产复配杀菌剂。

适用果树及防控对象　多菌灵适用于多种落叶果树，对根部、叶片、花、果实及贮运期的许多种高等真菌性病害均有较好的防控效果。目前，在落叶果树生产中常用于防控：各种落叶果树的根朽病、紫纹羽病、白纹羽病、白绢病，苹果树的轮纹烂果病、炭疽病、褐斑病、花腐病、褐腐病、黑星病、锈病、水锈病及采后烂果病，梨树的黑星病、轮纹病、炭疽病、锈病、褐斑病，葡萄的黑痘病、炭疽病、褐斑病、房枯病，桃树的缩叶病、炭疽病、真菌性穿孔病、黑星病、褐腐病、锈病，杏树的黑星病、杏疔病、真菌性穿孔病，李树的红点病、袋果病、炭疽病、黑星病、褐腐病、真菌性穿孔病，樱桃的褐腐病、炭疽病、真菌性穿孔病，核桃的炭疽病、枝枯病、叶斑病，枣树的褐斑病、轮纹病、炭疽病、锈病，柿树的角斑病、圆斑病、炭疽病，板栗的炭疽病、叶斑病，猕猴桃的炭疽病、叶斑病，石榴的炭疽病、麻皮病、叶斑病，山楂的轮纹病、叶斑病、锈病、炭疽病、黑星病，草莓的根腐病、褐斑病、炭疽病，花椒的锈病、炭疽病、黑斑病，蓝莓的炭疽病、叶斑病，枸杞的炭疽病、白粉病、叶斑病。

使用技术　多菌灵使用方法灵活多样，除常规喷雾用药外，还可用于灌根、涂抹、浸泡、土壤消毒等。

（1）落叶果树的根部病害　在清除病根组织的基础上，使用药液浇灌果树根部，浇灌药液量因树体大小而异，一般以树体的主要根区土壤湿润为宜。一般使用25％可湿性粉剂250～300倍液、或40％可湿性粉剂或40％悬浮剂400～500倍液、或50％可湿性粉剂或50％水分散粒剂或50％悬浮剂或500克/升悬浮剂500～600倍液、或75％水分散粒剂700～800倍液、或80％可湿性粉剂或80％水分散粒剂800～1000倍液、或90％水分散粒剂1000～1200倍液进行浇灌。根部病害防控在早春进行较好，但整体要立足于早发现早治疗。

（2）苹果病害　开花前后阴雨潮湿时或在风景绿化区的果园，首先在开花前、落花后各喷药1次，有效防控花腐病、锈病，兼防白粉病；然后从落花后10天左右开始连续喷药，10天左右1次，连喷3次药后套袋，套袋后继续喷药4次左右（间隔期10～15天）；不套袋苹果则10～15天喷药1次，需连续喷药7～10次，对轮纹烂果病、炭疽病、褐斑病、褐腐病、黑星病、水锈病均具有较好的防控效果。具体喷药时间及次数根据降雨情况灵活掌握，雨多多喷，雨少少喷；连续喷药时，最好与不同类型药剂交替使用或混用，套袋前以与全络合态代森锰锌、克菌丹、吡唑醚菌酯、戊唑醇等药剂交替使用或混合使用效果较好。多菌灵一般使用25％可湿性粉剂 250～300 倍液、或 40％可湿性粉剂 400～500 倍液、或 50％可湿性粉剂或 50％水分散粒剂或 40％悬浮剂 500～600 倍液、或 50％悬浮剂或 500 克/升悬浮剂 600～800 倍液、或 75％水分散粒剂 800～1000 倍液、或 80％可湿性粉剂或 80％水分散粒剂 1000～1200 倍液、或 90％水分散粒剂 1200～1500 倍液均匀喷雾。不套袋苹果采收后，用上述药液浸果 20～30 秒，捞出晾干后贮运，对采后烂果病也有较好的控制效果。

（3）**梨树病害** 在风景绿化区的果园，于开花前、落花后各喷药 1 次，可有效防控锈病。以后从落花后 10 天左右开始连续喷药，10～15 天 1 次，与腈菌唑、烯唑醇、苯醚甲环唑、戊唑醇、克菌丹、全络合态代森锰锌、吡唑醚菌酯等药剂交替使用或混用，需连续喷药 7～10 次，可有效控制黑星病、轮纹病、炭疽病、褐斑病。具体喷药时间及次数根据降雨情况灵活掌握，雨多多喷，雨少少喷。多菌灵喷施倍数同"苹果病害"。

（4）**葡萄病害** 在葡萄开花前、落花后各喷药 1 次，有效防控黑痘病；防控褐斑病时，从初见病斑时开始喷药，10 天左右 1 次，连喷 3～4 次，兼防炭疽病；然后从果粒膨大中后期开始继续喷药，7～10 天 1 次，连喷 3～5 次，有效防控炭疽病，兼防房枯病、褐斑病。多菌灵喷施倍数同"苹果病害"，注意与不同类型药剂交替使用或混用。

（5）**桃树病害** 花芽露红期，喷施 1 次 25％可湿性粉剂 100～150 倍液、或 40％可湿性粉剂 150～200 倍液、或 50％可湿性粉剂或 50％水分散粒剂或 40％悬浮剂 200～300 倍液、或 75％水分散粒剂或 80％可湿性粉剂或 80％水分散粒剂或 50％悬浮剂或 500 克/升悬浮剂 300～500 倍液、或 90％水分散粒剂 500～600 倍液，有效防控缩叶病。然后从落花后 20 天左右开始继续喷药，10～15 天 1 次，与不同类型药剂交替使用或混用，连喷 3～4 次，可有效防控黑星病、炭疽病、真菌性穿孔病及锈病；往年褐腐病较重果园，从果实采收前 1.5 个月开始喷药防控，10 天左右 1 次，连喷 2～3 次，兼防炭疽病、锈病；往年锈病发生较重的果园，从叶片上初见病斑时开始喷药，10 天左右 1 次，连喷 2 次左右。落花后多菌灵喷施倍数同"苹果病害"。

（6）**杏树病害** 一般杏园从落花后 15 天左右开始喷药，10～15 天 1 次，与不同类型药剂交替使用或混用，连喷 2～4 次，可有效防控黑星病、真菌性穿孔病；杏疔病较重果园，在落花后 5～7 天增加 1 次喷药即可。多菌灵喷施倍数同"苹果病害"。

（7）**李树病害** 首先在萌芽后开花前和落花后各喷药 1 次，可有效防控袋果病；然后从落花后 15 天左右开始喷药，10～15 天 1 次，与不同类型药剂交替使用或混用，连喷 3～5 次，可有效防控红点病、黑星病、炭疽病、真菌性穿孔病及褐腐病。多菌灵喷施倍数同"苹果病害"。

（8）**樱桃病害** 从落花后 20 天左右开始喷药，10～15 天 1 次，连喷 2～3 次，可有效防控炭疽病、真菌性穿孔病及褐腐病。多菌灵喷施倍数同"苹果病害"。

（9）**核桃病害** 以防控炭疽病为害为主，兼防枝枯病、叶斑病。一般果园从落花后1个月左右或病害发生初期开始喷药，10~15天1次，连喷2~3次。多菌灵喷施倍数同"苹果病害"。

（10）**枣树病害** 首先在（一茬花）开花前、落花后各喷药1次，可有效防控褐斑病；然后从落花后半月左右开始继续喷药，10~15天1次，与不同类型药剂交替使用或混用，连喷4~7次，可有效防控锈病、炭疽病、轮纹病及褐斑病。多菌灵喷施倍数同"苹果病害"。

（11）**柿树病害** 一般柿园从落花后半月左右开始喷药，10~15天1次，连喷2~3次，可有效防控角斑病、圆斑病及炭疽病；炭疽病发生严重的南方柿区，开花前增加喷药1~2次，中后期需增加喷药2~4次。连续喷药时注意与不同类型药剂交替使用或混用。多菌灵喷施倍数同"苹果病害"。

（12）**板栗病害** 以防控炭疽病、叶斑病为主，从病害发生初期开始喷药，10~15天1次，连喷2~3次。多菌灵喷施倍数同"苹果病害"。

（13）**猕猴桃病害** 首先在开花前喷药1次，然后从落花后半月左右开始连续喷药，10~15天1次，与不同类型药剂交替使用或混用，连喷3~5次，可有效防控炭疽病及叶斑病。多菌灵喷施倍数同"苹果病害"。

（14）**石榴病害** 从开花初期开始喷药，10~15天1次，与不同类型药剂交替使用或混用，连喷4~6次，对炭疽病、麻皮病及叶斑病均有较好的防控效果。多菌灵喷施倍数同"苹果病害"。

（15）**山楂病害** 在山楂展叶期、初花期和落花后10天各喷药1次，有效防控锈病，兼防叶斑病；防控黑星病时，从初见病斑时开始喷药，10~15天1次，连喷2~3次，兼防炭疽病、叶斑病；防控轮纹病、炭疽病时，从落花后10天左右开始喷药，10~15天1次，连喷3~4次，兼防叶斑病。连续喷药时，注意与不同类型药剂交替使用或混用。多菌灵喷施倍数同"苹果病害"。

（16）**草莓病害** 从花蕾期开始，使用多菌灵药液灌根，10~15天后再浇灌1次，对根腐病具有较好的防控效果，药剂灌根浓度同"果树根部病害"。防控褐斑病、炭疽病时，从初见病斑时开始喷药，10~15天1次，与不同类型药剂交替使用或混用，连喷2~4次，多菌灵喷施倍数同"苹果病害"。

（17）**花椒病害** 以防控锈病为主，兼防黑斑病、炭疽病即可。从锈病发生初期或初见病斑时开始喷药，10~15天1次，与不同类型药剂交替使用或混用，连喷2~4次。多菌灵喷施倍数同"苹果病害"。

（18）**蓝莓炭疽病、叶斑病** 从病害发生初期或初见病斑时开始喷药，10~15天1次，连喷2~3次。多菌灵喷施倍数同"苹果病害"。

（19）**枸杞炭疽病、白粉病、叶斑病** 从病害发生初期或初见病斑时开始喷药，10天左右1次，连喷2~3次。多菌灵喷施倍数同"苹果病害"。

注意事项 多菌灵可与非碱性杀虫剂、杀螨剂桶混使用，但不能与波尔多液、石硫合剂等碱性农药混用。连续喷药时，注意与不同类型杀菌剂交替使用或混用。悬浮剂型有时可能会有一些沉淀，摇匀后使用不影响药效。由于多菌灵残留具有一定的生殖毒性（雄性），目前有些果区已经限制使用含有多菌灵成分的药剂，所以具体使用时还需结合当地管理要求酌情选择。苹果树和梨树上使用的安全间隔期均为28天，每季最多均使用3次。

甲基硫菌灵 thiophanate-methyl

常见商标名称 甲托、嘉托、宝托、标托、曹托、翠托、达托、冠托、果托、豪托、皇托、红托、凯托、康托、可托、快托、津托、杰托、劲托、俊托、美托、瑞托、强托、升托、上托、世托、天托、雪托、鲜托、星托、洋托、珍托、正托、尊托、旺托、稳托、稳保、东宝、海利、海讯、海日、日曹、恒田、佳田、宇田、美田、美星、奇星、禾益、禾宜、禾晶、韩农、扬农、吴农、兴农、农友、桑兰、绚蓝、蓝润、蓝丰、碧奥、新安、安泰、金泰、金雀、飞润、飞达、中达、银凯、凯悬、翠美、开霸、北联、国光、惠光、惠宇、比露、邦露、安邦、标邦、美邦、荣邦、华邦、华阳、托宁、喷康、丽致、富尔、松尔、外尔、尔福、绿云、绿禾、绿士、绿晶、绿爱、爱诺、爱慕、龙脊、拂扫、京蓬、京津、品倍、品治、易清、清佳、青园、欣锐、运精、开霸、默赛、木春、丰信、能孚、韩孚、劲瑞、剑尚、明龙、新兴、石花、帅刀、妙极、苏灵、灵单、智海、赞峰、上格、布托净、珍托津、美托津、日布津、康正津、康倍津、好白津、津海蓝、津绿宝、果康宝、害立平、大丰托、大佳托、鑫佳托、金家托、金泰托、森真托、中迅托、康倍托、凯丰托、倍倍托、一品托、奥力托、破力托、韦尔托、韦尔奇、威尔达、安赛达、达世丰、顾地丰、瑞德丰、诺普信、汤普森、海启明、海利尔、杀灭尔、银妙尔、千枝荣、膜立康、赛迪生、泰达生、保叶生、安涂生、树医生、圆春清、科腐清、朴而清、艾普兰、艾米佳、百灵树、护卫鸟、大光明、大运来、德立邦、多保净、孚普润、灰斯乐、乐哈哈、好日子、好旺特、爱极美、美尔果、美千顷、稼得利、先利达、韩药师、新长山、兴正露、植物龙、表光保、百果瑞、至纯白、航佳悬、富来登、农特爱、农百金、吴农牌、云农牌、遍净牌、万绿牌、浏港牌、美邦甲托、新益甲托、蓝丰甲托、曹氏甲托、华星甲托、罗邦甲托、丰禾甲托、神舟甲托、日友甲托、日本甲托、纯品佳托、中达高托、中达冠托、四友日托、绿士霸托、碧奥白托、金尔金托、安普瑞托、安德瑞普、江甲托津、中航三利、中澳益宇、兴农超露、科赛基农、标正多备、航天西诺、丰禾立健、韩孚清园、百农思达、西大华特、中达科技、曹达农化、罗邦生物、美邦农药、双星农药、中国农资、甲基托布津、巴菲特甲托、韦尔奇甲托、威尔达甲托、燕化托上托、绿士特力托、吴农上等托、标正标托津、科利隆生化、新加坡利农、诺普信纯百托、诺普信上好托。

主要含量与剂型 50％、70％、80％可湿性粉剂，70％、75％、80％水分散粒剂，36％、48.5％、50％、56％、500克/升悬浮剂，3％、8％糊剂。

产品特点 甲基硫菌灵是一种取代苯类内吸治疗性广谱低毒杀菌剂，具有预防、治疗及内吸传到多种作用方式。其杀菌机理有两个，一是在植物体内部分转化为多菌灵，干扰病菌有丝分裂中纺锤体的形成，影响细胞分裂，导致病菌死亡；二是甲基硫菌灵直接作用于病菌，阻碍其呼吸过程，影响病菌孢子的产生、萌发及菌丝体生长，而导致病菌死亡。该药可混用性好，使用方便，安全性高，残留低。对鱼类有毒，对鸟类低毒，对蜜蜂低毒，但对蜜蜂无接触毒性。悬浮剂相对加工颗粒微细、黏着性好、耐雨水冲刷、药效利用率高，使用方便、环保。

甲基硫菌灵常与硫黄、福美双、丙森锌、代森锰锌、百菌清、乙霉威、苯醚甲环唑、腈菌唑、氟硅唑、氟环唑、丙环唑、三环唑、三唑酮、烯唑醇、戊唑醇、己唑醇、异菌脲、吡唑醚菌酯、醚菌酯、嘧菌酯、咪鲜胺、咪鲜胺锰盐、噻呋酰胺、嘧菌环胺、乙醚酚、甲霜灵、噁霉灵、中生菌素等杀菌剂成分混配，用于生产复配杀菌剂。

适用果树及防控对象 甲基硫菌灵广泛适用于多种落叶果树，对许多种高等真菌性病害均有很好的防控效果。目前，在落叶果树生产中常用于防控：落叶果树的真菌性根部病害（根朽病、紫纹羽病、白纹羽病、白绢病），苹果树和梨树的腐烂病、干腐病、枝干轮纹病，苹果的霉心病、花腐病、轮纹烂果病、炭疽病、褐腐病、套袋果斑点病、褐斑病、黑星病、白粉病、锈病、霉污病及采后烂果病，梨树的黑星病、轮纹病、炭疽病、锈病、白粉病、褐斑病、褐腐病、套袋果黑点病、霉污病、采后烂果病，葡萄的黑痘病、炭疽病、白粉病、褐斑病、灰霉病、房枯病，桃树的缩叶病、炭疽病、真菌性穿孔病、黑星病、褐腐病、锈病，杏树的黑星病、杏疔病、真菌性穿孔病，李树的红点病、袋果病、炭疽病、褐腐病、真菌性穿孔病，樱桃的褐腐病、炭疽病、真菌性穿孔病，核桃的腐烂病、干腐病、溃疡病、炭疽病、枝枯病、真菌性叶斑病，枣树的褐斑病、轮纹病、炭疽病、锈病，柿树的角斑病、圆斑病、炭疽病、白粉病，板栗的炭疽病、叶斑病，猕猴桃的炭疽病、叶斑病，石榴的炭疽病、麻皮病、叶斑病，山楂的轮纹病、叶斑病、锈病、炭疽病、黑星病，草莓的根腐病、褐斑病、炭疽病，花椒的锈病、炭疽病、黑斑病，蓝莓的炭疽病、叶斑病，枸杞的炭疽病、白粉病、叶斑病。

使用技术 甲基硫菌灵主要应用于喷雾，亦常用于枝干病斑涂抹、果树灌根及果实的采后处理等。

（1）落叶果树真菌性根部病害 在清除或刮除病根组织的基础上，于树盘下用土培埂浇灌，每年早春施药效果最好。一般使用70％可湿性粉剂或80％可湿性粉剂或70％水分散粒剂或75％水分散粒剂或80％水分散粒剂800～1000倍液、或50％可湿性粉剂或48.5％悬浮剂或50％悬浮剂或56％悬浮剂或500克/升悬浮剂500～600倍液、或36％悬浮剂300～400倍液浇灌。浇灌药液量因树体大小而异，以药液将树体大部分根区土壤渗透为宜。

（2）**苹果树和梨树的腐烂病、干腐病**　在刮除病斑的基础上，使用3%糊剂原液、或8%糊剂3～5倍液、或36%悬浮剂10～15倍液、或50%可湿性粉剂或48.5%悬浮剂或50%悬浮剂或56%悬浮剂或500克/升悬浮剂20～30倍液、或70%可湿性粉剂或80%可湿性粉剂或70%水分散粒剂或75%水分散粒剂或80%水分散粒剂30～50倍液在病斑表面涂抹。一个月后再涂药1次效果更好。

（3）**苹果树和梨树的枝干轮纹病**　春季轻刮病瘤后涂药。一般使用70%可湿性粉剂与植物油按1：（20～25）、或80%可湿性粉剂与植物油按1：（25～30）、或50%可湿性粉剂与植物油按1：（15～20）的比例，充分搅拌均匀后涂抹枝干。

（4）**苹果和梨的轮纹烂果病、炭疽病**　从落花后7～10天开始喷药，10天左右1次，连喷3次药后套袋；不套袋果仍需继续喷药，10～15天1次，需再喷药4～7次。具体喷药间隔期根据降雨情况而定，多雨潮湿时间隔期宜短，少雨干旱时间隔期宜长；不套袋苹果或梨的具体喷药结束期因品种成熟早晚而有一些差异，需根据品种特性、病害防控水平及果实生长后期的降雨情况而灵活掌握；连续喷药时，注意与其他不同类型药剂交替使用或混用，特别是临近套袋前的药剂最好与不同类型药剂混合使用。一般使用70%可湿性粉剂或80%可湿性粉剂或70%水分散粒剂或75%水分散粒剂或80%水分散粒剂800～1000倍液、或48.5%悬浮剂或50%悬浮剂或500克/升悬浮剂600～800倍液、或56%悬浮剂700～800倍液、或50%可湿性粉剂500～600倍液、或36%悬浮剂400～500倍液均匀喷雾。

（5）**苹果和梨的锈病**　萌芽后开花前（花序分离期）、落花后各喷药1次即可，严重果园或风景绿化区内的果园落花后10天左右需再喷药1次。药剂喷施倍数同"苹果轮纹烂果病"。

（6）**苹果白粉病**　萌芽后开花前（花序分离期）、落花后及落花后10～15天为药剂防控关键期，需各喷药1次；白粉病严重果园，在7～9月份的花芽分化期再喷药2次左右（间隔期10～15天）。甲基硫菌灵喷施倍数同"苹果轮纹烂果病"，最好与烯唑醇、戊唑醇、腈菌唑、苯醚甲环唑等药剂交替使用或混用。

（7）**苹果和梨的花腐病**　春季多雨潮湿地区果园，在花序分离期和落花后各喷药1次；一般果园只需在花序分离期至开花前喷药1次即可。药剂喷施倍数同"苹果轮纹烂果病"。

（8）**苹果和梨的霉心病**　盛花末期喷药1次即可，落花后用药基本无效。一般使用70%可湿性粉剂或80%可湿性粉剂或70%水分散粒剂或75%水分散粒剂或80%水分散粒剂700～800倍液、或48.5%悬浮剂或50%可湿性粉剂400～500倍液、或50%悬浮剂或56%悬浮剂或500克/升悬浮剂500～600倍液、或36%悬浮剂350～400倍液均匀喷雾，与多抗霉素或全络合态代森锰锌混用效果更好。

（9）**苹果和梨的套袋果斑（黑）点病**　套袋前5天内喷药效果最好。一般使用70%可湿性粉剂或80%可湿性粉剂或70%水分散粒剂或75%水分散粒剂或80%水分散粒剂700～800倍液、或48.5%悬浮剂或50%可湿性粉剂400～500倍液、或 50%悬浮剂或 56%悬浮剂或 500 克/升悬浮剂 500～600 倍液、或 36%悬浮剂 400～500 倍液均匀喷雾,与全络合态代森锰锌或克菌丹混用效果更好。

(10) **苹果褐斑病** 从历年初见病斑前 10 天左右的降雨后(多为 5 月下旬至 6 月上旬)开始第 1 次喷药,以后视降雨情况 10～15 天喷药 1 次,连喷 4～6 次。药剂喷施倍数同"苹果轮纹烂果病",与戊唑•多菌灵、戊唑醇、硫酸铜钙(仅适用于全套袋后的苹果)等药剂交替使用效果最好。

(11) **苹果和梨的褐腐病** 不套袋果褐腐病发生较重的果园,从采收前 1.5 个月(中熟品种)至 2 个月(晚熟品种)开始喷药,10～15 天 1 次,连喷 2 次即可有效控制该病的发生。药剂喷施倍数同"苹果轮纹烂果病"。

(12) **苹果黑星病** 一般发生地区或果园,多从 5 月中下旬开始喷药,10～15 天 1 次,连喷 2～4 次;病害较重果园,秋梢期再喷药 1～2 次。药剂喷施倍数同"苹果轮纹烂果病",最好与腈菌唑、苯醚甲环唑、戊唑醇、烯唑醇、戊唑•多菌灵等药剂交替使用。

(13) **苹果和梨的霉污病** 往年病害发生较重的不套袋果园,一般从 7 月下旬开始喷药,10～15 天 1 次,连喷 2～4 次即可。药剂喷施倍数同"苹果轮纹烂果病",与克菌丹混合使用效果更好。

(14) **苹果和梨的采后烂果病** 采后包装贮运前,一般使用 70%可湿性粉剂或 80%可湿性粉剂或 70%水分散粒剂或 75%水分散粒剂或 80%水分散粒剂 800～1000 倍液、或 48.5%悬浮剂或 50%可湿性粉剂 500～600 倍液、或 50%悬浮剂或 56%悬浮剂或 500 克/升悬浮剂 600～700 倍液、或 36%悬浮剂 400～500 倍液浸果,0.5～1 分钟后捞出晾干即可。

(15) **梨树黑星病** 从初见病梢(乌码)或病叶、病果时开始喷药,往年黑星病较重果园需从落花后即开始喷药,以后每隔 10～15 天喷药 1 次,一般幼果期需喷药 2～3 次,中后期需喷药 4～6 次。具体喷药间隔期视降雨情况而定,多雨潮湿时间隔期应适当缩短。一般使用 70%可湿性粉剂或 80%可湿性粉剂或 70%水分散粒剂或 75%水分散粒剂或 80%水分散粒剂 800～1000 倍液、或 48.5%悬浮剂或 50%可湿性粉剂 500～600 倍液、或 50%悬浮剂或 56%悬浮剂或 500 克/升悬浮剂 600～700 倍液、或 36%悬浮剂 400～500 倍液均匀喷雾。为避免病菌产生抗性,最好与苯醚甲环唑、腈菌唑、戊唑醇、烯唑醇、全络合态代森锰锌、克菌丹等杀菌剂交替使用或混用。

(16) **梨树褐斑病** 从病害发生初期或初见病斑时(北方梨区多为 7 月中下旬)开始喷药,一般果园连喷 2 次即可有效控制病情。药剂喷施倍数同"梨树黑星病"。

(17) **梨树白粉病** 从病害发生初期或初见病斑时开始喷药,10～15 天 1 次,连喷 2～3 次,注意喷洒叶片背面。药剂喷施倍数同"梨树黑星病"。

(18) **葡萄黑痘病** 葡萄开花前(花蕾期)、落花 70%～80%及落花后 10 天左右是防控黑痘病的关键时期，各喷药 1 次即可有效控制该病的发生。药剂喷施倍数同"梨树黑星病"。

（19）**葡萄炭疽病、房枯病**　一般从葡萄果粒膨大中期开始喷药，10 天左右 1 次，连喷 4～6 次；套袋葡萄，套袋后不再喷药。药剂喷施倍数同"梨树黑星病"。

（20）**葡萄褐斑病**　从病害发生初期或初见病斑时开始喷药，10 天左右 1 次，连喷 3～4 次。药剂喷施倍数同"梨树黑星病"。

（21）**葡萄灰霉病**　葡萄开花前（幼穗期）、落花后各喷药 1 次，防控幼果穗受害；套袋果套袋前 5 天内喷药 1 次，防控套袋后果穗受害；不套袋果在果粒膨大后期至采收前的发病初期开始喷药，7～10 天 1 次，连喷 2 次左右。药剂喷施倍数同"梨树黑星病"，与腐霉利、异菌脲、嘧霉胺等药剂交替使用或混合使用效果更好。

（22）**葡萄白粉病**　从病害发生初期或初见病斑时开始喷药，7～10 天 1 次，连喷 2～3 次，即可有效控制白粉病。药剂喷施倍数同"梨树黑星病"，注意与不同类型药剂交替使用。

（23）**桃树缩叶病**　在桃芽露红但尚未展开时进行喷药，一般桃园喷药 1 次即可有效控制缩叶病，往年缩叶病严重桃园落花后再喷药 1 次。一般使用 70％可湿性粉剂或 80％可湿性粉剂或 70％水分散粒剂或 75％水分散粒剂或 80％水分散粒剂 500～600 倍液、或 48.5％悬浮剂或 50％可湿性粉剂 300～400 倍液、或 50％悬浮剂或 56％悬浮剂或 500 克/升悬浮剂 400～500 倍液、或 36％悬浮剂 250～300 倍液均匀喷雾。

（24）**桃炭疽病**　不套袋桃从果实采收前 1.5 个月开始喷药，10～15 天 1 次，连喷 2～4 次；套袋桃仅在套袋前喷药 1 次即可。一般使用 70％可湿性粉剂或 80％可湿性粉剂或 70％水分散粒剂或 75％水分散粒剂或 80％水分散粒剂 800～1000 倍液、或 48.5％悬浮剂或 50％可湿性粉剂 500～600 倍液、或 50％悬浮剂或 56％悬浮剂或 500 克/升悬浮剂 600～700 倍液、或 36％悬浮剂 400～500 倍液均匀喷雾，连续喷药时注意与不同类型药剂交替使用。

（25）**桃树真菌性穿孔病**　一般果园从落花后 20 天左右或病害发生初期开始喷药，10～15 天 1 次，连喷 2～4 次。药剂喷施倍数同"桃炭疽病"，注意与不同类型药剂交替使用。

（26）**桃树黑星病（疮痂病）**　从落花后 1 个月左右开始喷药，10～15 天 1 次，直到采收前 1 个月结束（套袋果套袋后不再喷药）。药剂喷施倍数同"桃炭疽病"，注意与不同类型药剂交替使用。

（27）**桃树褐腐病**　防控花腐及幼果褐腐时，在初花期、落花后及落花后半月各喷药 1 次；防控近成熟果褐腐时，一般从果实成熟前 1 个月左右开始喷药，7～10 天 1 次，连喷 2～3 次。药剂喷施倍数同"桃炭疽病"，注意与不同类型药剂交替使用。

（28）**桃树锈病**　从病害发生初期或初见病斑时开始喷药，10～15 天 1 次，连喷 2 次左右。药剂喷施倍数同"桃炭疽病"。

（29）**李红点病**　从落花后 10 天左右开始喷药，10～15 天 1 次，与不同类型药剂交替使用或混用，连喷 2～4 次。甲基硫菌灵喷施倍数同"桃炭疽病"。

（30）**李袋果病**　萌芽后开花前和落花后各喷药 1 次，即可有效防控袋果病。药剂喷施倍数同"桃炭疽病"。

（31）**李炭疽病、真菌性穿孔病**　从落花后 20 天左右或真菌性穿孔病发生初期开始喷药，10～15 天 1 次，连喷 2～4 次。药剂喷施倍数同"桃炭疽病"。

（32）**李褐腐病**　从果实成熟前 1.5 个月左右开始喷药，10～15 天 1 次，连喷 2 次左右。药剂喷施倍数同"桃炭疽病"。

（33）**杏疔病**　从杏树落花后 5～7 天开始喷药，10～15 天 1 次，连喷 2 次左右。药剂喷施倍数同"桃炭疽病"。

（34）**杏黑星病、真菌性穿孔病**　从杏树落花后 20 天左右或真菌性穿孔病发生初期开始喷药，10～15 天 1 次，与不同类型药剂交替使用，连喷 2～4 次。甲基硫菌灵喷施倍数同"桃炭疽病"。

（35）**樱桃炭疽病、褐腐病**　从樱桃落花后 20 天左右开始喷药，10～15 天 1 次，连喷 2～3 次。药剂喷施倍数同"桃炭疽病"。

（36）**樱桃真菌性穿孔病**　从病害发生初期或初见病斑时开始喷药，10～15 天 1 次，连喷 2～3 次。药剂喷施倍数同"桃炭疽病"。

（37）**核桃树腐烂病、干腐病、溃疡病**　首先对病斑进行划道割治，然后在割治病斑表面涂抹药剂治疗。一般使用 3％糊剂原液、或 8％糊剂 3～5 倍液、或 36％悬浮剂 10～15 倍液、或 50％可湿性粉剂或 48.5％悬浮剂或 50％悬浮剂或 56％悬浮剂或 500 克/升悬浮剂 20～30 倍液、或 70％可湿性粉剂或 80％可湿性粉剂或 70％水分散粒剂或 75％水分散粒剂或 80％水分散粒剂 30～50 倍液在病斑表面涂抹。一个月后再涂药 1 次效果更好。

（38）**核桃炭疽病、真菌性叶斑病、枝枯病**　一般核桃园从幼果膨大中期开始喷药，10～15 天 1 次，与不同类型药剂交替使用，连喷 2～4 次，防控炭疽病前期喷药最为关键。一般使用 70％可湿性粉剂或 80％可湿性粉剂或 70％水分散粒剂或 75％水分散粒剂或 80％水分散粒剂 800～1000 倍液、或 48.5％悬浮剂或 50％可湿性粉剂 500～600 倍液、或 50％悬浮剂或 56％悬浮剂或 500 克/升悬浮剂 600～700 倍液、或 36％悬浮剂 400～500 倍液均匀喷雾。

（39）**枣树褐斑病、轮纹病、炭疽病、锈病**　首先在（一茬花）开花前喷药 1 次，有效防控褐斑病的早期发生；然后从（一茬花）落花后 10～15 天开始连续喷药，10～15 天 1 次，与不同类型药剂交替使用，连喷 5～7 次。具体喷药间隔期及次数视降雨情况灵活掌握，阴雨潮湿多喷、无雨干旱少喷。一般使用 70％可湿性粉剂或 80％可湿性粉剂或 70％水分散粒剂或 75％水分散粒剂或 80％水分散粒剂

800～1000 倍液、或 48.5％悬浮剂或 50％可湿性粉剂 500～600 倍液、或 50％悬浮剂或 56％悬浮剂或 500 克/升悬浮剂 600～700 倍液、或 36％悬浮剂 400～500 倍液均匀喷雾。

（40）**柿树角斑病、圆斑病、炭疽病、白粉病**　从柿树落花后半月左右开始喷药，15 天左右 1 次，一般柿园连喷 2～3 次即可有效控制角斑病、圆斑病及炭疽病；但在南方甜柿产区，开花前需增加喷药 1～2 次、中后期还需继续喷药 2～4 次；防控白粉病时，从病害发生初期开始喷药，10～15 天 1 次，连喷 1～2 次即可。甲基硫菌灵喷施倍数同"枣树褐斑病"，连续喷药时注意与不同类型药剂交替使用。

（41）**板栗炭疽病、叶斑病**　从病害发生初期开始喷药，10～15 天 1 次，连喷 2～3 次。药剂喷施倍数同"枣树褐斑病"。

（42）**猕猴桃炭疽病、叶斑病**　首先在开花前喷药 1 次，然后从落花后半月左右开始连续喷药，10～15 天 1 次，与不同类型药剂交替使用，连喷 3～5 次。甲基硫菌灵喷施倍数同"枣树褐斑病"。

（43）**石榴炭疽病、麻皮病、叶斑病**　首先在开花初期喷药 1 次，然后从（一茬花）坐住果后开始连续喷药，10～15 天 1 次，与不同类型药剂交替使用，连喷 3～5 次。甲基硫菌灵喷施倍数同"枣树褐斑病"。

（44）**山楂锈病、叶斑病、黑星病、轮纹病、炭疽病**　在山楂展叶期、初花期和落花后 10 天各喷药 1 次，有效防控锈病，兼防叶斑病；防控黑星病时，从初见病斑时开始喷药，10～15 天 1 次，连喷 2～3 次，兼防炭疽病、叶斑病；防控轮纹病、炭疽病时，从落花后 10 天左右开始喷药，10～15 天 1 次，连喷 3～4 次，兼防叶斑病。药剂喷施倍数同"枣树褐斑病"，连续喷药时注意与不同类型药剂交替使用。

（45）**草莓病害**　从花蕾期开始，使用甲基硫菌灵药液灌根，10～15 天后再浇灌 1 次，对根腐病具有较好的防控效果，药剂灌根浓度同"果树根部病害"。防控褐斑病、炭疽病时，从初见病斑时开始喷药，10～15 天 1 次，与不同类型药剂交替使用，连喷 2～4 次，药剂喷施倍数同"枣树褐斑病"。

（46）**花椒病害**　以防控锈病为主，兼防黑斑病、炭疽病即可。从锈病发生初期或初见病斑时开始喷药，10～15 天 1 次，与不同类型药剂交替使用，连喷 2～4 次。甲基硫菌灵喷施倍数同"枣树褐斑病"。

（47）**蓝莓炭疽病、叶斑病**　从病害发生初期或初见病斑时开始喷药，10～15 天 1 次，连喷 2～3 次。药剂喷施倍数同"枣树褐斑病"。

（48）**枸杞炭疽病、白粉病、叶斑病**　从病害发生初期或初见病斑时开始喷药，10 天左右 1 次，连喷 2～3 次。药剂喷施倍数同"枣树褐斑病"。

注意事项　甲基硫菌灵不能与铜制剂及碱性农药混用。连续多次使用时，注意与不同类型药剂交替使用或混用。悬浮剂型可能会有一些沉淀，摇匀后使用不影响药效。残余药液及洗涤药械的废液严禁污染河流、湖泊、池塘等水域。用药时注意安全防护，若药液不慎溅入眼睛，应立即用清水或2%苏打水冲洗；若误食引起急性中毒，应立即携带药剂包装送医院诊治。苹果树上使用的安全间隔期为21天，每季最多使用2次。

三唑酮 triadimefon

常见商标名称 翠通、斗粉、粉艳、粉派、粉碎、外尔、尔福、飞达、云大、大成、秀泰、禾健、万坦、万克、克胜、七洲、川研、渠光、国光、燕化、荣邦、景宏、普星、灶星、清佳、全麦、上格、森白、天人、天容、三颖、喜令、勇将、禾苗、旺苗、艾苗、黄龙、韩农、兴农、建农、剑福、悦联、神骅、骅港、绿士、绿霸、蕲松、勤耕、豫珠、复活、粉锈清、粉力斯、去粉佳、白文秀、百理通、菌通散、施普乐、汤普森、瑞德丰、红太阳、农必安、麦斗欣、龙田丰、天保丰、稼得利、韦尔奇、新长山、代士高、富力特、静白特、护卫鸟、啄木鸟、肥猪牌、松鹿牌、罗邦生物、中天邦正、科利隆生化、瑞德丰宝通、瑞德丰秀粉通。

主要含量与剂型 15%、25%可湿性粉剂，20%乳油，15%水乳剂，44%悬浮剂。

产品特点 三唑酮是一种三唑类内吸治疗性高效低毒杀菌剂，使用安全，持效期较长，残留低，易被植物吸收，并可在植物体内传导，对锈病和白粉病具有预防、治疗、铲除和熏蒸等多种作用。其杀菌机理主要是通过抑制病菌体内麦角甾醇的生物合成，进而影响病菌附着胞及吸器的发育、菌丝的生长和孢子的形成，最终导致病菌死亡。药剂对皮肤和黏膜无明显刺激作用，对蜜蜂无毒，对鱼和鸟类安全。

三唑酮常与硫黄、福美双、百菌清、代森锰锌、甲基硫菌灵、多菌灵、萎锈灵、腈菌唑、三环唑、戊唑醇、烯唑醇、咪鲜胺、井冈霉素、乙蒜素等杀菌剂成分混配，用于生产复配杀菌剂。

适用果树及防控对象 三唑酮适用于多种落叶果树，对锈病、白粉病、黑星病等多种高等真菌性病害具有很好的防控效果。目前，在落叶果树生产中主要用于防控：苹果树和山楂树的白粉病、锈病、黑星病，梨树的白粉病、锈病、黑星病，葡萄的白粉病、锈病，桃树的白粉病、锈病、黑星病，板栗白粉病，核桃白粉病，枣树锈病，草莓白粉病，花椒锈病，枸杞白粉病。

使用技术

（1）**苹果树和山楂树的白粉病、锈病、黑星病** 防控白粉病、锈病时，一般果园在发芽后开花前和落花后各喷药1次，严重果园落花后10～15天再喷药1次；防控黑星病时，从病害发生初期开始喷药，10～15天1次，连喷2～3次。一般使用15%可湿性粉剂或15%水乳剂1200～1500倍液、或20%乳油1500～2000倍液、或25%可湿性粉剂2000～2500倍液、或44%悬浮剂4000～5000倍液均匀喷雾。

连续喷药时，注意与不同类型药剂交替使用。

（2）**梨树白粉病、锈病、黑星病**　首先在发芽后开花前和落花后各喷药 1 次，防控锈病，兼防黑星病；然后从落花后或初见黑星病病梢或病叶或病果时开始连续喷药，10～15 天 1 次，与不同类型药剂交替使用，连喷 5～7 次，有效防控黑星病，兼防白粉病；单独防控白粉病时，从初见病斑时或病害发生初期开始喷药，10～15 天 1 次，连喷 2～3 次，兼防黑星病。三唑酮喷施倍数同"苹果树白粉病"。

（3）**葡萄白粉病、锈病**　从病害发生初期或初见病斑时开始喷药，10～15 天 1 次，连喷 2～3 次。药剂喷施倍数同"苹果树白粉病"。

（4）**桃树白粉病、锈病、黑星病**　防控白粉病、锈病时，从病害发生初期或初见病斑时开始喷药，10～15 天 1 次，连喷 2～3 次；防控黑星病时，一般桃园从桃树落花后 20 天左右开始喷药，10～15 天 1 次，连喷 2～4 次。药剂喷施倍数同"苹果树白粉病"，注意与不同类型药剂交替使用。

（5）**板栗白粉病**　从病害发生初期或初见病斑时开始喷药，10～15 天 1 次，连喷 2 次左右。药剂喷施倍数同"苹果树白粉病"。

（6）**核桃白粉病**　从病害发生初期或初见病斑时开始喷药，10～15 天 1 次，连喷 2 次左右。药剂喷施倍数同"苹果树白粉病"。

（7）**枣树锈病**　从初见病叶时或 6 月下旬至 7 月初（华北枣区）开始喷药，10～15 天 1 次，连喷 4～6 次，注意与不同类型药剂交替使用。三唑酮喷施倍数同"苹果树白粉病"。

（8）**花椒锈病**　从病害发生初期或初见病斑时开始喷药，10～15 天 1 次，连喷 3～5 次。药剂喷施倍数同"苹果树白粉病"。

（9）**枸杞白粉病**　从病害发生初期或初见病斑时开始喷药，10～15 天 1 次，连喷 2～3 次。药剂喷施倍数同"苹果树白粉病"。

（10）**草莓白粉病**　在花蕾期、盛花期、末花期、幼果期各喷药 1 次，即可有效控制白粉病。一般使用 15％ 可湿性粉剂或 15％ 水乳剂 1200～1500 倍液、或 20％ 乳油 1500～2000 倍液、或 25％ 可湿性粉剂 2000～2500 倍液、或 44％ 悬浮剂 4000～5000 倍液均匀喷雾。

注意事项　三唑酮已使用多年，有些地区抗药性较重，用药时不要随意加大药量，以免发生药害，并注意与不同类型杀菌剂混用或交替使用。该药可与多种非碱性药剂混用。药量过大时的主要药害表现为：叶片小而紧簇、厚而脆、颜色深绿、植株生长缓慢、株型矮化等。本剂对鱼类等水生生物有毒，应远离水产养殖区施药，并禁止在河塘等水体中清洗施药器具。每季作物建议最多使用 2 次，安全间隔期一般为 20 天。

烯唑醇　diniconazole

常见商标名称　辉丰、丰收、国光、黄龙、乐邦、七洲、奇星、勤耕、红盾、世赫、苏研、天宁、托球、沃科、长青、志信、中迅、嘉果、果辅、骅港、建农、剑荣、志信星、沙隆达、允达利、金果利、少用力、敌力康、科利隆、海利尔、中保索菌。

主要含量与剂型 12.5％可湿性粉剂，10％、25％乳油，30％悬浮剂，50％水分散粒剂。

产品特点 烯唑醇是一种三唑类内吸治疗性高效低毒杀菌剂，对许多种高等真菌性病害均有预防保护和内吸治疗效果。其杀菌机理是通过抑制病菌细胞膜成分麦角甾醇的生物合成，使真菌细胞膜不能正常形成，而最终导致病菌死亡。该药既可抑制病菌孢子芽管生长，阻止病菌侵染；又可通过茎叶内吸到植物体内，杀死已经侵入到植物体内的病菌；还具有优秀的向顶传导性，保护新生叶片不受病菌侵染；同时还能抑制病菌产生孢子，起到清除病菌的作用。药剂持效期较长，对人畜、有益昆虫及环境安全，但连续使用易诱使病菌产生抗药性。

烯唑醇常与福美双、百菌清、代森锰锌、三环唑、三唑酮、多菌灵、甲基硫菌灵、井冈霉素等杀菌剂成分混配，用于生产复配杀菌剂。

适用果树及防控对象 烯唑醇适用于多种落叶果树，对许多种高等真菌性病害均有良好的防控效果。目前，在落叶果树生产中主要用于防控：梨树的黑星病、锈病、白粉病，苹果树的白粉病、锈病、黑星病、斑点落叶病，桃树的黑星病、锈病，葡萄的黑痘病、炭疽病、白粉病，枣树锈病，核桃白粉病，山楂的白粉病、锈病，花椒锈病。

使用技术

（1）梨树黑星病、锈病、白粉病 首先在花序分离期、落花后和落花后10天左右各喷药1次，有效预防锈病、黑星病；然后从黑星病发生初期或初见病梢或病叶或病果时开始连续喷药，15天左右1次，与不同类型药剂交替使用，连喷4～6次，防控黑星病，兼防白粉。防控白粉病时，从初见病叶时开始喷药，10～15天1次，连喷2次左右。一般使用12.5％可湿性粉剂2000～2500倍液、或10％乳油1800～2000倍液、或25％乳油4000～5000倍液、或30％悬浮剂5000～6000倍液、或50％水分散粒剂8000～10000倍液均匀喷雾。

（2）苹果树白粉病、锈病、黑星病、斑点落叶病 花序分离期、落花约80％及落花后10～15天各喷药1次，有效防控白粉病、锈病，兼防黑星病、斑点落叶病。防控黑星病时，从病害发生初期开始喷药，15天左右1次，连喷2～3次，兼防斑点落叶病。防控斑点落叶病时，在春梢生长期和秋梢生长期各喷药2～3次，间隔期10～15天。药剂喷施倍数同"梨树黑星病"，注意与不同类型药剂交替使用。

（3）桃树黑星病、锈病 从桃树落花后20～30天开始喷药，15天左右1次，连喷2～4次，有效防控黑星病病害。防控锈病时，从病害发生初期开始喷药，10～15天1次，连喷2次左右。药剂喷施倍数同"梨树黑星病"。

（4）**葡萄黑痘病、炭疽病、白粉病**　葡萄开花前（花蕾穗期）、落花后及落花后半月各喷药 1 次，有效防控黑痘病。防控炭疽病时，从葡萄果粒膨大中后期开始喷药，10～15 天 1 次，连喷 2～4 次。防控白粉病时，从病害发生初期开始喷药，10～15 天 1 次，连喷 2 次左右。药剂喷施倍数同"梨树黑星病"。

（5）**枣树锈病**　从锈病发生初期或田间初见锈病病叶时开始喷药，15 天左右 1 次，连喷 3～5 次。药剂喷施倍数同"梨树黑星病"。

（6）**核桃白粉病**　从白粉病发生初期或初见病斑时开始喷药，10～15 天 1 次，连喷 2 次左右。药剂喷施倍数同"梨树黑星病"。

（7）**山楂白粉病、锈病**　在花序分离期、落花后及落花后 10～15 天各喷药 1 次即可。药剂喷施倍数同"梨树黑星病"。

（8）**花椒锈病**　从病害发生初期或初见病斑时开始喷药，10～15 天 1 次，与不同类型药剂交替使用，连喷 3～5 次。药剂喷施倍数同"梨树黑星病"。

注意事项　烯唑醇不能与碱性药剂混用。连续喷药时注意与不同类型药剂交替使用或混用，以延缓病菌产生抗药性。用药时做好安全防护，避免药液溅及皮肤及眼睛，用药结束后及时用肥皂和清水冲洗手、脸及裸露部位。残余药液及清洗药械的废液，严禁污染池塘、湖泊及河流等水域。落叶果树上使用的安全间隔期建议为 21 天，每季建议最多使用 3 次。

戊唑醇　tebuconazole

常见商标名称　碧奥、奥宁、奥坤、奥巧、巧玲、巧禾、坤猛、翠富、翠峰、翠生、翠果、翠好、翠宝、东宝、富宝、富动、保富、保镖、宝屏、中达、亨达、百转、标攻、标头、除夫、顶优、辉隆、辉丰、丰山、丰登、拜耳、建农、兴农、吴农、永农、卫农、卫园、禾易、和欣、欢馨、戊净、红彩、信邦、华邦、华星、多亮、智海、黄海、黄龙、龙灯、龙生、瀚生、瀚祥、果盾、爱果、福果、嘉果、嘉星、奇星、美星、美泰、醇美、大王、降喜、金喜、金珠、金尔、外尔、得惠、惠光、新安、新秀、盛秀、绝秀、斗秀、万秀、秀友、秀库、越库、智库、领库、福库、金库、优库、优兴、恒欣、克胜、科胜、强盛、览博、超润、超喜、绿云、安歌、凯歌、凯清、默赛、七洲、钱江、景宏、全丰、护丰、丰登、丰艳、新颖、细盈、莹旭、润扬、盖帽、欢彩、顶彩、乐彩、真彩、彩望、上福、上格、格调、高调、苏利、托管、优冠、优泽、品泽、品赢、赢佳、清佳、亿嘉、银狼、银山、玥鸣、菲展、绿霸、击迪、用喜、护苗、优苗、卡点、世靓、华阳、双宁、安万思、阿尔捷、韦尔奇、贝嘉尔、海利尔、范斯高、治粉高、高唑克、贺农喜、喜赢农、农特爱、发事达、威尔达、赛迪生、瑞德丰、叶枝丰、大地丰、大光明、富力库、富满库、啄木鸟、谷丰鸟、谷绿来、好力克、好收成、剑力多、剑力通、健力克、金施凯、金有望、金强盛、优醇胜、红种子、果叶清、果利秀、真风采、施普乐、喜士多、西北狼、曲文欣、巧金利、景田福、嘉力挫、麦三郎、萨克精、四季秀、诺普信、万绿牌、戊净80、安德瑞普、碧奥泽美、标正翠高、滨农科技、曹达农化、东生尚美、黄龙鼎秀、沪联顶极、绿色农华、美邦顶端、美邦农药、胜邦绿野、坤丰利剑、农新禾丰、金尔清靓、钱江普乐、七洲同好、三江益农、双星农药、升华拜克、中达金彩、中国农资、中化农化、中农联合、中天邦正、西大华特、亿嘉卓立、颖泰嘉和、爱诺施多克、绿野快立克、标正好克利、标正保叶库、农基纯斑轮、升联康之收、安格诺双保、美尔果多盛、科利隆生化、诺普信特克美、马克西姆欧利思、汤普森生物科技。

主要含量与剂型 12.5%、25%、30%、43%、45%、50%、430克/升悬浮剂，12.5%、25%、250克/升水乳剂，12.5%微乳剂，25%、250克/升乳油，30%、50%、70%、80%、85%水分散粒剂，25%、40%、80%可湿性粉剂，1%糊剂。

产品特点 戊唑醇是一种三唑类内吸治疗性广谱低毒杀菌剂，杀菌活性高，持效期长，使用较安全。使用后，既可杀灭植物表面的病菌，也可在植物体内向顶（上）传导，进而杀死植物体内的病菌。其杀菌机理是通过抑制病菌细胞膜上麦角甾醇的去甲基化，使病菌无法形成细胞膜，进而杀死病原菌。制剂对蜜蜂无毒，对鸟类低毒，对鱼中等毒性，试验剂量下无致畸、致癌、致突变作用。

戊唑醇常与硫黄、福美双、喹啉铜、噻唑锌、噻森铜、噻霉酮、丙森锌、代森联、代森锰锌、克菌丹、百菌清、稻瘟酰胺、井冈霉素、宁南霉素、中生菌素、春雷霉素、多抗霉素、氨基寡糖素、甲霜灵、精甲霜灵、甲基硫菌灵、多菌灵、异菌脲、腐霉利、菌核净、苯醚甲环唑、腈菌唑、丙环唑、三环唑、三唑酮、二氰蒽醌、吡唑醚菌酯、醚菌酯、嘧菌酯、肟菌酯、丁香菌酯、氰烯菌酯、烯肟菌胺、氟吡菌酰胺、噻呋酰胺、氟啶胺、咪鲜胺、咪鲜胺锰盐、咯菌腈、萎锈灵、溴菌腈等杀菌剂成分混配，用于生产复配杀菌剂。

适用果树及防控对象 戊唑醇适用于多种落叶果树，对许多种高等真菌性病害均有很好的防控效果。目前，在落叶果树生产中主要用于防控：苹果树的腐烂病、干腐病、白粉病、锈病、花腐病、黑星病、炭疽病、轮纹病、斑点落叶病、褐斑病，梨树的腐烂病、干腐病、黑星病、锈病、白粉病、黑斑病、炭疽病、轮纹病、褐斑病，葡萄的黑痘病、穗轴褐枯病、炭疽病、白腐病、褐斑病、溃疡病、房枯病、白粉病，桃树的黑星病（疮痂病）、炭疽病、真菌性穿孔病、锈病、白粉病、褐腐病，杏树的杏疔病、黑星病、真菌性穿孔病、褐腐病，李树的袋果病、红点病、炭疽病、白粉病、真菌性穿孔病、褐腐病，枣树的锈病、炭疽病、轮纹病、褐斑病、果实斑点病，核桃的腐烂病、干腐病、溃疡病、白粉病、褐斑病、炭疽病，柿树的角斑病、圆斑病、炭疽病、白粉病，山楂的白粉病、锈病、炭疽病、轮纹病、叶斑病，石榴的褐斑病、炭疽病、麻皮病，草莓的白粉病、褐斑病、炭疽病，猕猴桃叶斑病，花椒锈病，蓝莓叶斑病，枸杞的白粉病、黑斑病、灰斑病。

使用技术 戊唑醇在落叶果树上主要用于喷雾，有时也用于病斑涂抹。喷雾用药时，一般使用12.5％悬浮剂或12.5％水乳剂或12.5％微乳剂1000～1200倍液、25％悬浮剂或25％水乳剂或25％乳油或250克/升水乳剂或250克/升乳油或25％可湿性粉剂2000～2500倍液、30％悬浮剂或30％水分散粒剂2500～3000倍液、40％可湿性粉剂3000～3500倍液、43％悬浮剂或45％悬浮剂或430克/升悬浮剂3000～4000倍液、50％悬浮剂或50％水分散粒剂4000～5000倍液、70％水分散粒剂6000～7000倍液、80％可湿性粉剂或80％水分散粒剂或85％水分散粒剂7000～8000倍液均匀喷雾。多次单一药剂喷雾时易使病菌产生抗药性，连续喷药时注意与不同类型药剂交替使用或混用。

(1) 苹果病害 防控腐烂病、干腐病时，在手术治疗病斑的基础上，使用1％糊剂直接涂抹病疤，杀灭残余病菌，并促进伤口愈合，1个月后再涂药1次效果更好。防控叶片及果实病害时，首先在花序分离期和落花后各喷药1次，有效防控锈病、白粉病及花腐病，兼防黑星病；然后从落花后10天左右开始连续喷药，10～15天1次，与不同类型药剂交替使用，连喷6～8次，可有效控制炭疽病、轮纹病、黑星病、斑点落叶病及褐斑病。斑点落叶病的防控关键为春梢生长期和秋梢生长期及时喷药，褐斑病的防控关键一般为5月底6月初至8月中旬左右及早喷药。戊唑醇喷施倍数同前述。

(2) 梨树病害 防控腐烂病、干腐病时，在手术治疗病斑的基础上，使用1％糊剂直接涂抹病疤，杀灭残余病菌，并促进伤口愈合，1个月后再涂药1次效果更好。防控叶片及果实病害时，首先在花序分离期和落花后各喷药1次，有效防控锈病为害及控制黑星病病梢形成；然后从落花后10天左右开始连续喷药，10～15天1次，与不同类型药剂交替使用，连喷6～8次，对炭疽病、轮纹病、黑星病及黑斑病均有很好的防控效果，并兼防白粉病及褐斑病。戊唑醇喷施倍数同前述。

(3) 葡萄病害 开花前（花蕾穗期）、落花后各喷药1次，有效防控黑痘病、穗轴褐枯病，往年黑痘病严重果园，落花后10～15天再喷药1次；防控套袋葡萄的炭疽病、白腐病、溃疡病时，在套袋前5天内喷药1次即可；防控不套袋葡萄的炭疽病、白腐病、溃疡病时，从果粒膨大中后期开始喷药，10天左右1次，与不同类型药剂交替连续喷施，直到果实采收前一周，同时兼防溃疡病、房枯病、白粉病；防控褐斑病时，从初见病斑时开始喷药，10～15天1次，连喷2～4次，兼防白粉病。戊唑醇喷施倍数同前述。

(4) 桃树病害 防控黑星病（疮痂病）时，从桃树落花后20天左右开始喷药，10～15天1次，直到采收前1个月结束（套袋果套袋后不再喷药），兼防炭疽病、真菌性穿孔病；防控不套袋果褐腐病时，从果实采收前1～1.5个月开始喷药，10～15天1次，连喷2次左右，兼防炭疽病、真菌性穿孔病、锈病，防控真菌性穿孔病、锈病、白粉病等叶部病害时，从病害发生初期开始喷药，10～15天1次，连喷2～3次。戊唑醇喷施倍数同前述。

(5) 杏树病害 防控杏疗病时，从杏树落花后5～7天开始喷药，10～15天1

次，连喷1～2次；防控黑星病时，从杏树落花后20天左右开始喷药，10～15天1次，连喷2次左右，兼防真菌性穿孔病；防控褐腐病时，从果实采收前1个月开始喷药，10天左右1次，连喷2次左右，兼防真菌性穿孔病。戊唑醇喷施倍数同前述。

（6）李树病害　防控袋果病时，在花芽露红期和落花后各喷药1次；防控红点病时，从落花后半月左右开始喷药，10～15天1次，连喷2～4次，兼防炭疽病、真菌性穿孔病；防控白粉病时，从病害发生初期开始喷药，10～15天1次，连喷1～2次；防控褐腐病时，从果实采收前1～1.5个月开始喷药，10～15天1次，连喷2次左右，兼防真菌性穿孔病、炭疽病。戊唑醇喷施倍数同前述。

（7）枣树病害　首先在（一茬花）开花前、落花后各喷药1次，有效防控褐斑病的早期发生；然后从（一茬花）落花后20天左右开始继续喷药，10～15天1次，与不同类型药剂交替使用，连喷4～7次，有效防控锈病、炭疽病、轮纹病、果实斑点病及褐斑病。药剂喷施倍数同前述。

（8）核桃病害　防控腐烂病、干腐病、溃疡病时，首先对病斑进行划道切割，然后使用1‰糊剂在病斑表面涂药，1个月后再涂药1次。防控白粉病、褐斑病时，从病害发生初期或初见病斑时开始喷药，10～15天1次，连喷2～3次；防控炭疽病时，从果实膨大初期开始喷药，10～15天1次，连喷2～4次。药剂喷施倍数同前述。

（9）柿树病害　在落花后15～20天开始喷药，15～20天喷药1次，连喷2次，有效防控角斑病、圆斑病，兼防白粉病；主要防控白粉病时，在初见病斑时喷药1次即可；主要防控炭疽病时，从落花后半月左右开始喷药，10～15天1次，连喷2～3次（南方柿区需喷药4～6次）。药剂喷施倍数同前述。

（10）山楂病害　首先在花序分离期和落花后各喷药1次，可有效防控白粉病、锈病；防控炭疽病、轮纹病时，从果实膨大期开始喷药，10～15天1次，连喷2～3次；防控叶斑病时，从病害发生初期开始喷药，10～15天1次，连喷2次左右。药剂喷施倍数同前述。

（11）石榴褐斑病、炭疽病、麻皮病　首先在（一茬花）开花前喷药1次，兼防三种病害；然后从（一茬花）落花后10～15天开始连续喷药，10～15天1次，连喷3～5次。药剂喷施倍数同前述。

（12）草莓白粉病、褐斑病、炭疽病　从病害发生初期或初见病斑时开始喷药，10～15天1次，连喷2～4次。药剂喷施倍数同前述。

（13）猕猴桃叶斑病　从病害发生初期或初见病斑时开始喷药，10～15天1次，连喷2～3次。药剂喷施倍数同前述。

（14）花椒锈病　从病害发生初期或初见病斑时开始喷药，10～15天1次，连喷3～5次。药剂喷施倍数同前述。

（15）蓝莓叶斑病　从病害发生初期或初见病斑时开始喷药，10～15天1次，连喷 2 次左右。药剂喷施倍数同前述。

（16）枸杞白粉病、黑斑病、灰斑病 从病害发生初期或初见病斑时开始喷药，10～15 天 1 次，连喷 2～4 次。药剂喷施倍数同前述。

注意事项 戊唑醇可混用性好，但不能与碱性药剂混用；连续喷药时，注意与不同作用机理药剂交替使用或混用，以延缓病菌产生抗药性。本剂对水生生物有毒，严禁将药剂、药液及洗涤药械的废液污染河流、湖泊、池塘等水域。该药在一定浓度下具有刺激植物生长作用，但用量过大时则显著抑制植物生长。苹果树和梨树上使用的安全间隔期均为 21 天，每季均最多使用 4 次。

己唑醇 hexaconazole

常见商标名称 禾易、鼎尊、首艾、齐锐、妙锐、长青、青颖、清佳、华邦、美邦、邦露、拜托、立本、外尔、碧奥、碧美、势美、开美、美颖、美星、奇星、星点、星秀、垄秀、秀兴、穗爽、穗丽、利鞘、常惠、剑华、剑丰、丰登、丰功、聚好、聚瑞、谷格、格艳、赤艳、红彦、福能、贵贏、百勇、吉仓、建农、凯妙、凯威、凯翠、珍翠、纯翠、翠赢、赢力、致盈、安盈、盈收、盈千、览博、黄龙、龙灯、龙誉、龙生、圣击、金己、绿宇、绿云、罗克、醇品、品信、七洲、头彩、恒彩、上格、苏科、苏灵、灵单、妙极、中达、中迅、迅超、安菲、大器、融枯、银山、银戈、辉隆、宇田、品典、治杰、特收、爱金菀、力托金、金满囤、金纹粉、金苏灵、金秀美、茎加美、加本达、加特秀、叶清秀、叶维康、无极限、妙灵邦、纹定乐、施普乐、乐哈哈、大运来、绿管家、博士威、啄木鸟、头等功、瑞德丰、海利尔、威尔达、韦尔奇、保尔丰、丰乐龙、富保罗、嘉奖令、中国农资、中农联合、中天邦正、三江益农、爱诺仓盛、七洲同囍、银邦乐稼、上格叶秀、果美谷靓、康禾米优、黄龙穗欢、博嘉农业、青岛金尔、利尔作物、道元生物、海阔利斯、源丰纹清、源丰炭秀宁、燕化绿满天。

主要含量与剂型 10％、25％、30％、40％、250 克/升悬浮剂，10％乳油，10％微乳剂，50％可湿性粉剂，30％、40％、50％、70％、80％水分散粒剂。

产品特点 己唑醇是一种三唑类内吸治疗性广谱高效低毒杀菌剂，具有预防、保护及治疗多重作用。其杀菌机理是通过抑制病菌麦角甾醇的生物合成，使病菌细胞膜功能受到破坏，进而阻止菌丝生长和孢子形成，最终导致病菌死亡。该药内吸渗透性好，持效期较长，但连续使用易诱使病菌产生抗药性。药剂对蜜蜂、鱼类等水生生物及家蚕有毒。

己唑醇可与丙森锌、多菌灵、甲基硫菌灵、苯醚甲环唑、三环唑、咪鲜胺、咪鲜胺锰盐、稻瘟灵、稻瘟酰胺、噻呋酰胺、氟醚菌酰胺、吡唑醚菌酯、醚菌酯、嘧菌酯、肟菌酯、氰烯菌酯、乙嘧酚磺酸酯、腐霉利、双胍三辛烷基苯磺酸盐、四霉素、井冈霉素、春雷霉素、多抗霉素等杀菌剂成分混配，用于生产复配杀菌剂。

适用果树及防控对象 己唑醇适用于多种落叶果树，对许多种高等真菌性病害均有较好的防控效果。目前，在落叶果树生产中主要用于防控：苹果树的斑点落叶病、褐斑病、白粉病，葡萄的白粉病、褐斑病，梨树的黑星病、白粉病，桃树锈病，枣树锈病，核桃白粉病，花椒锈病。

使用技术

（1）**苹果树白粉病、斑点落叶病、褐斑病** 防控白粉病时，在花序分离期、落花后及落花后10～15天各喷药1次，兼防斑点落叶病；防控斑点落叶病时，在春梢生长期和秋梢生长期各喷药2次左右，间隔期10～15天，兼防褐斑病；防控褐斑病时，从苹果落花后1个月左右开始喷药，10～15天1次，连喷4～6次，兼防斑点落叶病。一般使用10%悬浮剂或10%乳油或10%微乳剂1500～2000倍液、或25%悬浮剂或250克/升悬浮剂4000～5000倍液、或30%悬浮剂或30%水分散粒剂5000～6000倍液、或40%悬浮剂或40%水分散粒剂6000～8000倍液、或50%水分散粒剂或50%可湿性粉剂8000～10000倍液、或70%水分散粒剂11000～14000倍液、或80%水分散粒剂12000～15000倍液均匀喷雾，连续喷药时注意与不同类型药剂交替使用。

（2）**葡萄白粉病、褐斑病** 从病害发生初期或初见病斑时开始喷药，10～15天1次，连喷2～4次。药剂喷施倍数同"苹果树白粉病"。

（3）**梨树黑星病、白粉病** 防控黑星病时，首先在花序分离期和落花后各喷药1次；然后从果园内初见黑星病病梢或病叶或病果时开始连续喷药，15天左右1次，与不同类型药剂交替使用，连喷4～6次，兼防白粉病发生。防控白粉病时，在果园内初见病叶时开始喷药，10～15天1次，连喷2次左右，重点喷洒叶片背面，兼防后期黑星病为害。己唑醇喷施倍数同"苹果树白粉病"。

（4）**桃树锈病** 从病害发生初期或初见病叶时开始喷药，10～15天1次，连喷2次左右。药剂喷施倍数同"苹果树白粉病"。

（5）**枣树锈病** 从病害发生初期或初见病叶时开始喷药，10～15天1次，与不同类型药剂交替使用，连喷4～5次。己唑醇喷施倍数同"苹果树白粉病"。

（6）**核桃白粉病** 从病害发生初期或初见病斑时开始喷药，10～15天1次，连喷2～3次。药剂喷施倍数同"苹果树白粉病"。

（7）**花椒锈病** 从病害发生初期或初见病叶时开始喷药，10～15天1次，与不同类型药剂交替使用，连喷3～5次。己唑醇喷施倍数同"苹果树白粉病"。

注意事项 己唑醇不能与碱性药剂或肥料混用。连续喷药时，注意与不同类型杀菌剂交替使用或混用，以延缓病菌产生抗药性。本剂对蜜蜂、鱼类等水生生物及家蚕有毒，用药时避免对周围蜂群造成影响，开花植物花期、蚕室和桑园附近禁止使用；并远离水产养殖区施药，禁止药液及洗涤药械的废液污染河流、池塘及湖泊等水域。苹果树、梨树及葡萄上使用的安全间隔期均为21天，每季最多均使用3次。

腈菌唑 myclobutanil

常见商标名称 信生、喷生、生花、必楚、夺目、冠信、森冠、势冠、世俊、俊亮、美丰、全盖、上宝、上格、倾城、允净、纯通、飞达、大鹏、富尔、粉耕、耕耘、耘翠、恒星、红泽、沪联、联农、乐邦、荣邦、华邦、品帅、秋实、海讯、倾止、天音、仙桃、仙福、一帆、长青、中保、瀚吉、巨挫、东旺、福名、阿诺太、百保清、秀可多、施可得、瑞力脱、瑞德丰、啄木鸟、太行牌、标正多彩、中国农资、中农联合、中保高信、陶氏益农、燕化倍绿、美邦农药、万胜粉白、升华拜克、曹达农化、仙隆化工、航天西诺、瑞德丰金爽。

主要含量与剂型 12%、12.5%、25%乳油，12.5%水乳剂，12.5%、20%微乳剂，20%、40%悬浮剂，12.5%、40%可湿性粉剂，40%水分散粒剂。

产品特点 腈菌唑是一种三唑类内吸治疗性高效广谱低毒杀菌剂，具有预防保护和内吸治疗双重作用。其杀菌机理是抑制病菌麦角甾醇的生物合成，使病菌细胞膜不正常，而最终导致病菌死亡。既可抑制病菌菌丝生长蔓延、有效阻止病斑扩展，又可抑制病菌孢子形成与产生。该药内吸性强，药效高，持效期长，对作物安全，并具有一定刺激生长作用。药剂对蜜蜂无毒，对兔眼睛有轻微刺激性，对皮肤无刺激性。

腈菌唑常与福美双、代森锰锌、丙森锌、多菌灵、甲基硫菌灵、三唑酮、戊唑醇、咪鲜胺、乙嘧酚等杀菌剂成分混配，用于生产复配杀菌剂。

适用果树及防控对象 腈菌唑适用于多种落叶果树，对许多种高等真菌性病害均有较好的防控效果。目前，在落叶果树生产中主要用于防控：梨树的黑星病、锈病、白粉病、黑斑病、炭疽病，苹果树的白粉病、锈病、黑星病、炭疽病、斑点落叶病，桃树的黑星病、白粉病、锈病、炭疽病，杏树的杏疔病、黑星病，李树的红点病、炭疽病，葡萄的白粉病、炭疽病、白腐病、黑痘病、穗轴褐枯病，山楂的白粉病、黑星病、锈病，核桃的白粉病、炭疽病，板栗的白粉病、炭疽病，柿树的圆斑病、角斑病、黑星病、炭疽病，枣树的锈病、炭疽病，草莓的白粉病、炭疽病，石榴的褐斑病、黑斑病、炭疽病、麻皮病，花椒锈病，枸杞的白粉病、炭疽病。

使用技术

（1）梨树黑星病、锈病、白粉病、黑斑病、炭疽病 首先在花序分离期和落花后各喷药1次，有效防控锈病发生及黑星病病梢形成；而后从出现黑星病病梢或病叶或病果时开始继续喷药，10～15天1次，与其他不同类型药剂交替使用，连喷6～8次，有效防控黑星病，兼防黑斑病、炭疽病、白粉病；防控白粉病时，从病害发生初期开始喷药，10～15天1次，连喷2～3次，重点喷洒叶片背面。一般使用12%乳油或12.5%乳油或12.5%水乳剂或12.5%微乳剂或12.5%可湿性粉剂2000～2500倍液、或20%微乳剂或20%悬浮剂3500～4000倍液、或25%乳油4000～5000倍液、或40%可湿性粉剂或40%水分散粒剂或40%悬浮剂7000～

8000 倍液均匀喷雾。

（2）**苹果树锈病、白粉病、黑星病、炭疽病、斑点落叶病**　首先在花序分离期和落花后各喷药 1 次，有效防控锈病、白粉病；往年白粉病严重果园，落花后 10~15 天再喷药 1 次。防控黑星病时，从落花后一周左右开始喷药，10~15 天 1 次，连喷 2~4 次，兼防春梢期斑点落叶病及早期炭疽病。防控炭疽病时，从落花后 10~15 天开始喷药，10~15 天 1 次，连喷 4~7 次（套袋苹果套袋后不再喷药），兼防斑点落叶病。防控斑点落叶病时，在春梢生长期和秋梢生长期各喷药 2 次左右，间隔期 10~15 天。药剂喷施倍数同"梨树黑星病"。

（3）**桃树黑星病、炭疽病、白粉病、锈病**　防控黑星病、炭疽病时，从落花后 20~30 天开始喷药，10~15 天 1 次，连喷 2~4 次；防控白粉病、锈病时，从病害发生初期开始喷药，10~15 天 1 次，连喷 1~2 次。药剂喷施倍数同"梨树黑星病"。

（4）**杏树杏疔病、黑星病**　防控杏疔病时，从杏树展叶期开始喷药，10~15 天 1 次，连喷 2 次；防控黑星病时，从落花后 20 天左右开始喷药，10~15 天 1 次，连喷 2~3 次。药剂喷施倍数同"梨树黑星病"。

（5）**李树红点病、炭疽病**　从落花后半月左右开始喷药，10~15 天 1 次，与不同类型药剂交替使用，连喷 3~4 次。药剂喷施倍数同"梨树黑星病"。

（6）**葡萄黑痘病、穗轴褐枯病、白粉病、炭疽病、白腐病**　首先在葡萄花蕾穗期、落花后及落花后 10~15 天各喷药 1 次，有效防控黑痘病、穗轴褐枯病；然后从果粒膨大中后期开始继续喷药，10 天左右 1 次，连喷 3~5 次，防控炭疽病、白腐病，兼防白粉病；若白粉病发生较早，则从白粉病发生初期开始喷药，10 天左右 1 次，连喷 2 次。药剂喷施倍数同"梨树黑星病"。

（7）**山楂白粉病、锈病、黑星病**　首先在山楂花序分离期、落花后及落花后 10~15 天各喷药 1 次，有效防控锈病、白粉病；然后从黑星病发生初期开始继续喷药，10~15 天 1 次，连喷 2 次左右。药剂喷施倍数同"梨树黑星病"。

（8）**核桃白粉病、炭疽病**　防控白粉病时，从初见病斑时开始喷药，10~15 天 1 次，连喷 2 次左右；防控炭疽病时，从幼果膨大期开始喷药，10~15 天 1 次，连喷 2~4 次。药剂喷施倍数同"梨树黑星病"。

（9）**板栗白粉病、炭疽病**　从病害发生初期开始喷药，10~15 天 1 次，连喷 2 次左右。药剂喷施倍数同"梨树黑星病"。

（10）**柿树圆斑病、角斑病、黑星病、炭疽病**　多从柿树落花后 10~15 天开始喷药，10~15 天 1 次，连喷 2~3 次，有效防控柿树病害；南方炭疽病发生严重果区，需在开花前喷药 1 次和中后期继续喷药 2~4 次。药剂喷施倍数同"梨树黑星病"。

（11）**枣树锈病、炭疽病**　从锈病发生初期或小幼果期开始喷药，10~15 天 1 次，与不同类型药剂交替使用，连喷 4~6 次。腈菌唑喷施倍数同"梨树黑星病"。

（12）**草莓白粉病、炭疽病** 从病害发生初期或初见病斑时开始喷药，10～15天1次，连喷2～4次。药剂喷施倍数同"梨树黑星病"。

（13）**石榴褐斑病、黑斑病、炭疽病、麻皮病** 一般果园从（一茬花）坐住果后10天左右开始喷药，10～15天1次，与不同类型药剂交替使用，连喷4～6次。腈菌唑喷施倍数同"梨树黑星病"。

（14）**花椒锈病** 从病害发生初期或初见病斑时开始喷药，10～15天1次，与不同类型药剂交替使用，连喷3～5次。腈菌唑喷施倍数同"梨树黑星病"。

（15）**枸杞白粉病、炭疽病** 防控白粉病时，从病害发生初期开始喷药，10～15天1次，连喷2次左右；防控炭疽病时，从每茬果的落花后10～15天开始喷药，10～15天1次，连喷1～2次。药剂喷施倍数同"梨树黑星病"。

注意事项 腈菌唑不能与铜制剂、碱性农药及肥料混用。连续喷药时易诱使病菌产生抗药性，注意与不同类型杀菌剂交替使用或混用。本剂对鱼类等水生生物有毒，严禁残余药液及洗涤药械的废液污染池塘、河流、湖泊等水域。苹果树和梨树上使用的安全间隔期均为7天，每季最多均使用3次；葡萄上使用的安全间隔期为21天，每季最多使用3次。

腈苯唑 fenbuconazole

常见商标名称 应得、初秋、陶氏益农。

主要含量与剂型 24％悬浮剂。

产品特点 腈苯唑是一种三唑类内吸传导型广谱高效低毒杀菌剂，具有预防保护和内吸治疗双重功效。其杀菌机理是通过抑制病菌细胞膜成分麦角甾醇的生物合成，使病菌细胞膜不能正常形成，而导致病菌死亡。该药既可抑制病菌菌丝伸长、阻止孢子发芽，又可杀死潜育期病菌、防止病菌产孢。制剂使用安全，对幼叶、幼果均无药害；渗透性较强，活性较高，持效期较长；喷施后不影响光合作用和果实转色。

适用果树及防控对象 腈苯唑适用于多种落叶果树，对许多种高等真菌性病害均有较好的防控效果。目前，在落叶果树生产中主要用于防控：桃、李、杏的褐腐病，梨褐腐病，苹果树的花腐病、白粉病、黑星病，葡萄白粉病，核桃白粉病。

使用技术

（1）**桃、李、杏褐腐病** 一般果园从果实采收前1～1.5个月开始喷药，10～15天1次，连喷2～3次；开花期多雨潮湿果园，最好再在开花前、落花后各喷药1次，有效防控花期及幼果期的褐腐病。一般使用24％悬浮剂2000～3000倍液均匀喷雾。

（2）**梨褐腐病** 仅适用于不套袋梨果。从果实采收前1.5个月左右开始喷药，10～15天1次，连喷2～3次。一般使用24％悬浮剂2000～3000倍液均匀喷雾。

（3）**苹果树花腐病、白粉病、黑星病** 首先在花序分离期、落花后及落花后半月左右各喷药1次，有效防控花腐病、白粉病及黑星病的早期病害；往年白粉病发生严重果园，在8～9月份的花芽分化期再喷药2次左右，防控病菌侵染芽，兼防黑星病的后期发生。一般使用24％悬浮剂2000～3000倍液均匀喷雾。

（4）**葡萄白粉病**　从病害发生初期开始喷药，10～15天1次，连喷2～3次。一般使用24％悬浮剂2000～3000倍液均匀喷雾。

（5）**核桃白粉病**　从病害发生初期开始喷药，10～15天1次，连喷1～2次。一般使用24％悬浮剂2000～3000倍液均匀喷雾。

注意事项　腈苯唑不能与碱性药剂及肥料混用，连续喷药时注意与不同类型药剂交替使用或混用。用药时注意安全保护，避免药剂直接接触皮肤、或溅入眼睛。本剂对鱼类等水生生物有毒，用药时应远离水产养殖区，残余药液及洗涤药械的废液严禁污染湖泊、池塘、河流等水域。桃树上使用的安全间隔期为14天，每季最多使用3次。

丙环唑　propiconazole

常见商标名称　俊彩、辉耀、科惠、慧博、博歌、超秀、豪秀、欣秀、翠秀、俊秀、内秀、秀特、高成、高润、恬润、润扬、润皇、攻抗、美波、美雨、美星、奇星、硕星、品味、凯越、凯威、完胜、胜风、盛宁、盛唐、世尊、正势、亿嘉、斑达、中达、中迅、中保、应保、科献、兴农、永农、农趣、东泰、安泰、上格、格治、帅印、好帅、好妙、浩尔、外尔、傲行、北联、碧枝、标斑、扮绿、绿霸、绿亨、恒诚、恒田、独冠、众冠、居冠、冠誉、真管、炫力、强力、韩孚、圣疗、黄龙、吉苗、金汇、巨能、康硕、康露、丰登、乐茂、悦青、利民、龙脊、安克、能克、七洲、本能、青点、青园、荣邦、华邦、壮焦、壮丁、世冀、双珠、天宁、天尊、挺把、香鲜、炫瑞、瑞果、捷托、展靓、志信、代言、厚爱、必朴尔、利蒙特、百灵树、巴那利、先正达、先利达、恒利达、达利盈、达必佳、澳美加、得利克、斑迪力、斑斯乐、斑无敌、金力敌、敌利冠、敌力脱、倍敌脱、阿敌脱、新力托、施力科、红太阳、啄木鸟、即可福、韦尔奇、龙普清、灭绝清、亚戈农、农百金、农博士、博士威、珠丽叶、叶冠秀、叶力青、美尔果、果多采、点无踪、赛纳松、赛迪生、顾地丰、瑞德丰、龙田丰、康而新、康福宁、爱育宁、金阿泰、金满乐、奥斯倍克、百农思达、标正天冠、滨农科技、曹达农化、东泰贝格、国欣诺农、航天西诺、利尔作物、罗邦生物、美邦农药、双星农药、青岛金尔、润鸿生化、升华拜克、三江益农、陶氏益农、西大华特、龙金敌力、颖泰嘉和、志信敌脱、中科亚达、科利隆生化、瑞德丰金世、瑞德丰冠杰、诺普信天秀、马克西姆必扑尔。

主要含量与剂型　20％、40％、45％、50％、55％微乳剂，25％、50％、62％、250克/升乳油，25％、45％水乳剂，40％悬浮剂。

产品特点　丙环唑是一种三唑类内吸性广谱低毒杀菌剂，属甾醇合成抑制剂类，具有保护和治疗双重作用，能被根、茎、叶部吸收，并能很快地在植株体内向上传导。其杀菌机理是通过抑制麦角甾醇的生物合成，使病菌的细胞膜功能受到破坏，最终导致细胞死亡，而起到杀菌、防病和治病的功效。该药内吸治疗性好，持效期长、可达一个月左右。对许多高等真菌性病害均有较好的防控效果，但对卵菌病害无效。

丙环唑常与福美双、多菌灵、苯醚甲环唑、三环唑、戊唑醇、咪鲜胺、苯锈啶、稻瘟灵、稻瘟酰胺、吡唑醚菌酯、嘧菌酯、啶氧菌酯、肟菌酯、井冈霉素等杀菌剂成分混配，用于生产复配杀菌剂。

适用果树及防控对象 丙环唑适用于多种对三唑类农药不敏感的落叶果树，对许多种高等真菌性病害均有较好的防控效果。目前，在落叶果树生产中主要用于防控：苹果树的褐斑病、斑点落叶病，葡萄的白粉病、炭疽病，核桃白粉病。

使用技术

（1）苹果树褐斑病、斑点落叶病 防控褐斑病时，从苹果落花后 1 个月左右或田间初见病斑时开始喷药，半月左右 1 次，连喷 3～5 次；防控斑点落叶病时，在春梢生长期和秋梢生长期各喷药 2 次左右（间隔期半月左右）。一般使用 20％微乳剂 800～1000 倍液、或 25％乳油或 25％水乳剂或 250 克/升乳油 1000～1500 倍液、或 40％微乳剂或 40％悬浮剂或 45％微乳剂或 45％水乳剂 1500～2000 倍液、或 50％乳油或 50％微乳剂 2000～3000 倍液、或 55％微乳剂 2500～3500 倍液均匀喷雾。

（2）葡萄白粉病、炭疽病 防控白粉病时，从初见病斑时开始喷药，15～20天 1 次，连喷 2 次左右，兼防炭疽病；防控套袋葡萄的炭疽病时，在套袋前喷药 1 次即可；防控不套袋葡萄的炭疽病时，从果粒膨大中后期开始喷药，10～15 天 1 次，与其他不同类型药剂交替使用，连喷 3～4 次，兼防白粉病。一般使用 20％微乳剂 3000～4000 倍液、或 25％乳油或 25％水乳剂或 250 克/升乳油 4000～5000 倍液、或 40％微乳剂或 40％悬浮剂或 45％微乳剂或 45％水乳剂 7000～8000 倍液、或 50％乳油或 50％微乳剂 8000～10000 倍液、或 55％微乳剂 9000～12000 倍液均匀喷雾。

（3）核桃白粉病 从病害发生初期开始喷药，10～15 天 1 次，连喷 2 次左右。药剂喷施倍数同"苹果树褐斑病"。

注意事项 丙环唑不能与碱性药剂、强酸性药剂混用；连续喷药时，注意与不同类型药剂交替使用。有些作物可能对该药敏感，高浓度下抑制植株生长，用药时应严格控制好用药量。贮存温度不能超过 35℃。本剂对鱼类等水生生物有毒，应远离水产养殖区施药，且残余药液及洗涤药械的废液严禁污染水塘、河流、湖泊等水域。苹果树上使用的安全间隔期为 28 天，每季最多使用 4 次。

氟硅唑 flusilazole

常见商标名称 龙生、瀚生、珍浩、中保、保园、康比、康涂、实佳、荣邦、逍邦、美邦、贵美、宜美、承美、卓美、卓星、美星、典星、怯星、富星、胜星、硕星、托星、采星、帅星、品星、惠星、斑星、星标、星奋、斑配、鼎效、贵秀、禾易、禾益、落芬、绿云、千露、柳惠、辉隆、紫迅、碧奥、超欣、银山、独顶、独冠、精福、福高、福杰、恒田、华典、娇炎、久日、开富、凯威、外尔、建农、永农、兴农、兴升、志信、尊靓、赛福、世飞、香鲜、同翠、翠鸟、翠如意、韦尔奇、好日子、泰易净、施普乐、施必保、亚戈农、庄稼人、绿赛林、赛迪生、瑞德丰、喜乐收、博士威、博尔佳、啄木鸟、妙力多彩、绿色农华、百农思达、七彩娇星、志信富星、福星高照、双星农药、中保秋福、碧奥福喜、航天西诺、郑氏化工、利尔作物、青青世界、科利隆生化、格林治生物。

主要含量与剂型　40%、400克/升乳油，10%、15%、20%、25%水乳剂，8%、20%、25%、30%微乳剂，10%水分散粒剂，20%可湿性粉剂。

产品特点　氟硅唑是一种三唑类内吸性高效广谱低毒杀菌剂，具有预防保护和内吸治疗双重作用，喷施后药剂能随降雨和蒸汽进行再分配，耐雨水冲刷，药效发挥充分。其杀菌机理是通过破坏和阻止病菌代谢过程中麦角甾醇的生物合成，使细胞膜不能形成，而导致病菌死亡。该药对高等真菌性病害效果好，对卵菌病害无效。药剂对兔皮肤和眼睛有轻微刺激，但无致突变性。

氟硅唑有时与代森锰锌、噁唑菌酮、多菌灵、甲基硫菌灵、咪鲜胺、苯醚甲环唑、吡唑醚菌酯、嘧菌酯、氨基寡糖素等杀菌剂成分混配，用于生产复配杀菌剂。

适用果树及防控对象　氟硅唑适用于多种落叶果树，对许多种高等真菌性病害均有较好的防控效果。目前，在落叶果树生产中主要用于防控：苹果树和梨树的腐烂病、干腐病，梨树的黑星病、锈病（赤星病）、白粉病、炭疽病、黑斑病，苹果树的锈病、白粉病、黑星病、褐斑病、斑点落叶病，葡萄的黑痘病、穗轴褐枯病、白粉病、褐斑病、白腐病、炭疽病，桃树、李树、杏树的黑星病（疮痂病）、褐腐病、白粉病，枣树的锈病、轮纹病、炭疽病。

使用技术

（1）苹果树和梨树的腐烂病、干腐病　主要应用于清园灭菌，即在早春发芽前，使用40%乳油或400克/升乳油3000～4000倍液、或25%水乳剂或25%微乳剂或30%微乳剂2000～2500倍液、或20%水乳剂或20%微乳剂或20%可湿性粉剂1500～2000倍液、或15%水乳剂1000～1500倍液、或8%微乳剂或10%水乳剂或10%水分散粒剂800～1000倍液均匀喷洒枝干1次。

（2）梨树黑星病、锈病、白粉病、炭疽病、黑斑病　首先在花序分离期、落花后各喷药1次，有效防控锈病发生和控制黑星病病梢形成；然后从初见黑星病病梢或病叶或病果时开始继续喷药，10～15天1次，与不同类型药剂交替使用，连喷5～7次，防控黑星病，兼防黑斑病、炭疽病、白粉病；白粉病较重果园，后期从白粉病发生初期开始再次继续喷药，10～15天1次，连喷2次左右。一般使用40%乳油或400克/升乳油6000～8000倍液、或30%微乳剂5000～6000倍液、或

25％微乳剂或 25％水乳剂 4000～5000 倍液、或 20％水乳剂或 20％微乳剂或 20％可湿性粉剂 3500～4000 倍液、或 15％水乳剂 2500～3000 倍液、或 10％水乳剂或 10％水分散粒剂 1500～2000 倍液、或 8％微乳剂 1200～1500 倍液均匀喷雾。需要指出，酥梨系品种幼果期慎用，以免导致果面产生果锈。

（3）**苹果树锈病、白粉病、黑星病、褐斑病、斑点落叶病**　首先在花序分离期、落花后和落花后 10～15 天各喷药 1 次，有效防控锈病、白粉病及黑星病的早期为害，兼防斑点落叶病；然后从落花后 1 个月左右开始继续喷药，10～15 天 1 次，与不同类型药剂交替使用，连喷 4～6 次，有效防控褐斑病，兼防斑点落叶病；斑点落叶病发生较重的地区或果园，在春梢生长期和秋梢生长期各喷药 2 次左右，间隔期 10～15 天；黑星病发生较重果园，在苹果生长中后期从病害发生初期开始再次喷药，10～15 天 1 次，连喷 2 次左右。药剂喷施倍数同"梨树黑星病"。

（4）**葡萄黑痘病、穗轴褐枯病、白粉病、褐斑病、白腐病、炭疽病**　首先在花蕾穗期、落花 80％和落花后 10 天各喷药 1 次，有效防控黑痘病、穗轴褐枯病；防控白粉病、褐斑病时，从初见病斑时开始喷药，10～15 天 1 次，连喷 2～4 次；防控炭疽病、白腐病时，从果粒膨大中后期开始喷药，10 天左右 1 次，到果实采收前一周结束，兼防褐斑病、白粉病。药剂喷施倍数同"梨树黑星病"。果实采收前 1.5 个月内，不套袋葡萄避免使用乳油剂型，以免影响果面蜡粉。

（5）**桃树、李树、杏树的黑星病、褐腐病、白粉病**　防控黑星病时，从落花后 20～30 天开始喷药，10～15 天 1 次，连喷 2～4 次，兼防白粉病；防控褐腐病时，从果实采收前 1～1.5 个月开始喷药，10～15 天 1 次，连喷 1～2 次，兼防白粉病。药剂喷施倍数同"梨树黑星病"。

（6）**枣树锈病、轮纹病、炭疽病**　从初见锈病病叶时或（一茬花）落花后 10～15 天开始喷药，10～15 天 1 次，与不同类型药剂交替使用，连喷 4～6 次。氟硅唑喷施倍数同"梨树黑星病"。

注意事项　氟硅唑不能与碱性药剂及肥料混用。连续喷药时，注意与其他不同类型杀菌剂交替使用或混用，以延缓病菌产生抗药性。水果的幼果期尽量避免使用乳油剂型，以免对幼果表面造成伤害。本剂对蜜蜂、鱼类等水生生物及家蚕有毒，用药时避免对周围蜂群的影响，并禁止在开花植物花期及蚕室和桑园附近使用；残余药液及洗涤药械的废液严禁污染河流、湖泊、池塘等水域。梨树上使用的安全间隔期为 21 天，每季最多使用 2 次；葡萄上使用的安全间隔期为 28 天，每季最多使用 3 次。

氟环唑　epoxiconazole

常见商标名称　欧宝、欧得、欧秀、欧纹、欧抑、欧博、览博、悠博、博讯、多靓、好靓、丰靓、凯威、膜威、威灿、酷戈、共歌、永农、辉映、辉丰、至丰、丰登、美邦、华邦、中达、奇星、艾奇、爱诺、诺普、福坐、富春、卡尊、红裕、捷径、喜帅、雷切、绿霸、米拓、妙垄、品巧、克胜、外尔、七洲、庆苗、优硕、上格、首肯、巴斯夫、海利尔、谷丰鸟、富美实、福满门、米高力、纽发姆、农博士、汤普森、特恩施、西北狼、尤美达、博嘉农业、多米妙彩、华特霜采、利尔作物、康禾高博、美邦农药、七洲同欢、三江益农、西大华特、宇龙赛欧、中化农化、中国农资、中农联合。

主要含量与剂型　75克/升乳油，12.5％、25％、30％、50％、125克/升悬浮剂，50％、70％水分散粒剂。

产品特点　氟环唑是一种含氟的三唑类广谱低毒杀菌剂，兼有预防保护和内吸治疗双重功效。其作用机理是通过抑制病菌甾醇脱甲基化酶的活性，阻碍病菌细胞膜形成，进而抑制和杀灭病菌。正常使用对作物安全、无药害，持效期较长。喷施后，药剂能被植物的茎、叶吸收，并可向上、向下传导。

氟环唑可与福美双、稻瘟灵、多菌灵、甲基硫菌灵、苯醚甲环唑、三环唑、氟菌唑、吡唑醚菌酯、嘧菌酯、醚菌酯、肟菌酯、烯肟菌酯、烯肟菌胺、氟唑菌酰胺、噻呋酰胺、咪鲜胺、咪鲜胺铜盐、井冈霉素、嘧啶核苷类抗菌素等杀菌剂成分混配，用于生产复配杀菌剂。

适用果树及防控对象　氟环唑适用于多种落叶果树，对许多种高等真菌性病害均有较好的防控效果。目前，在落叶果树生产中主要用于防控：苹果树的褐斑病、斑点落叶病，葡萄的炭疽病、褐斑病、白粉病。

使用技术

（1）苹果树褐斑病、斑点落叶病　防控褐斑病时，一般从苹果落花后1个月左右开始喷药，10～15天1次，与不同类型药剂交替使用，连喷4～5次；防控斑点落叶病时，在春梢生长期喷药1～2次，秋梢生长期喷药2～3次，间隔期10～15天。一般使用75克/升乳油600～800倍液、或12.5％悬浮剂或125克/升悬浮剂1000～1200倍液、或25％悬浮剂2000～2500倍液、或30％悬浮剂2500～3000倍液、或50％悬浮剂或50％水分散粒剂4000～5000倍、或70％水分散粒剂6000～7000倍液均匀喷雾。

（2）葡萄炭疽病、褐斑病、白粉病　防控炭疽病时，从葡萄果粒膨大中后期开始喷药，10～15天1次，直到采收前一周左右（套袋葡萄套袋后不再喷药）；防控褐斑病、白粉病时，从病害发生初期或初见病斑时开始喷药，10～15天1次，连喷3次左右。药剂喷施倍数同"苹果树褐斑病"。

注意事项　氟环唑不能与碱性或强酸性药剂及肥料混用。连续喷药时，注意与不同类型药剂交替使用或混用。本剂对鱼类等水生生物有毒，应远离水产品养殖区用药，并禁止残余药液及洗涤药械的废液污染河流、湖泊、池塘等水域。苹果树上使用的安全间隔期为28天，每季最多使用3次；葡萄上使用的安全间隔期为30天，每季最多使用2次。

氟菌唑 triflumizole

常见商标名称 特富灵、贝加尔、冠多康、可米达、君斗士、喜打粉、韦尔奇、治忧宝、粉靓、恒田、美邦、日曹、外尔、显赫、卓绿、永农、功夫小子。

主要含量与剂型 30％、35％、40％可湿性粉剂。

产品特点 氟菌唑是一种咪唑类内吸治疗性广谱低毒杀菌剂，具有预防保护和内吸治疗双重功效，属甾醇脱甲基化抑制剂。其杀菌作用机理是通过抑制病菌麦角甾醇的生物合成，使病菌细胞膜不能正常形成，而导致病菌死亡。制剂使用安全，渗透性较强，速效性好，持效期较长。

氟菌唑有时与多菌灵、醚菌酯、宁南霉素等杀菌剂成分混配，用于生产复配杀菌剂。

适用果树及防控对象 氟菌唑适用于多种落叶果树，对许多种高等真菌性病害均有较好的防控效果。目前，在落叶果树生产中主要用于防控：梨树的锈病、黑星病、白粉病，苹果树的白粉病、锈病、黑星病，葡萄白粉病，桃树的白粉病、锈病、褐腐病，柿树白粉病，草莓白粉病。

使用技术

(1) 梨树锈病、黑星病、白粉病 首先在花序分离期、落花后及落花后 10～15 天各喷药 1 次，有效防控锈病及黑星病的早期为害；然后从初见黑星病病梢或病叶或病果时开始继续喷药，10～15 天 1 次，与不同类型药剂交替使用，连喷 5～7 次，有效防控黑星病，兼防白粉病。白粉病发生较重果园，从初见病斑时再次开始喷药，10～15 天 1 次，连喷 2 次左右。氟菌唑一般使用 30％可湿性粉剂 3000～3500 倍液、或 35％可湿性粉剂 3500～4000 倍液、或 40％可湿性粉剂 4000～5000 倍液均匀喷雾。

(2) 苹果树白粉病、锈病、黑星病 首先在花序分离期、落花 80％和落花后 10 天左右各喷药 1 次，有效防控白粉病、锈病及黑星病的早期为害；白粉病发生较重果园，再于 8～9 月份的花芽分化期喷药 2 次，间隔期 15 天左右，兼防黑星病的中后期为害。氟菌唑喷施倍数同"梨树锈病"。

(3) 葡萄白粉病 从病害发生初期开始喷药，10～15 天 1 次，连喷 2～3 次。药剂喷施倍数同"梨树锈病"。

(4) 桃树白粉病、锈病、褐腐病 防控白粉病、锈病时，从病害发生初期开始喷药，10～15 天 1 次，连喷 2 次左右；防控褐腐病时（不套袋果），从果实采收前 1～1.5 个月开始喷药，10～15 天 1 次，连喷 2～3 次。药剂喷施倍数同"梨树锈病"。

(5) 柿树白粉病 从病害发生初期开始喷药，10～15 天 1 次，连喷 1～2 次。药剂喷施倍数同"梨树锈病"。

(6) 草莓白粉病 从病害发生初期开始喷药，10～15 天 1 次，连喷 2～4 次。

药剂喷施倍数同"梨树锈病"。

注意事项 氟菌唑不能与波尔多液等碱性药剂及强酸性药剂混用。连续喷药时，注意与不同类型药剂交替使用。本剂对鱼类等水生生物有毒，残余药液及洗涤药械的废液严禁污染河流、湖泊、池塘等水域。梨树上使用的安全间隔期为7天，每季最多使用2次；葡萄上使用的安全间隔期为7天，每季最多使用3次；草莓上使用的安全间隔期为5天，每季最多使用3次。

氰霜唑 cyazofamid

常见商标名称 科佳、科妙、美邦、荣邦、华邦、世君、健极、激劲、巨易、锐普、上格、典凡、霜靓、霜悦、霜星、哒霜唯、利时捷、洗霜霜、康禾立丰、泰格伟德、中国农资、海利尔化工。

主要含量与剂型 20%、35%、50%、100克/升悬浮剂，25%可湿性粉剂，50%水分散粒剂。

产品特点 氰霜唑是一种磺胺咪唑类低毒专用杀菌剂，以保护作用为主，对卵菌的各生长阶段均有杀灭活性，用药时期灵活，持效期较长，尤其对甲霜灵等产生抗药性的病害仍有很高的防控效果。其杀菌机理是通过阻断卵菌线粒体内细胞色素bc1复合体的电子传递，干扰能量供应，而导致病菌死亡，与其他类型杀菌剂无交互抗性。因其作用点对靶标酶的差异性表现高度敏感，所以其对病菌具有显著选择活性。该药剂杀菌活性高，耐雨水冲刷，正常使用对作物安全。

氰霜唑可与百菌清、丙森锌、代森联、噁唑菌酮、烯酰吗啉、霜脲氰、霜霉威盐酸盐、精甲霜灵、氟啶胺、氟吡菌胺、苯酰菌胺、嘧菌酯、吡唑醚菌酯等杀菌剂成分混配，用于生产复配杀菌剂。

适用果树及防控对象 氰霜唑适用于多种落叶果树，对多种低等真菌性病害均有很好的防控效果。目前，在落叶果树生产中主要用于防控葡萄霜霉病。

使用技术 首先在葡萄花蕾穗期、落花后各喷药1次，有效防控霜霉病为害幼果穗；然后从霜霉病发生初期或初见病斑时开始连续喷药，10天左右1次，与不同类型药剂交替使用，直到生长后期。氰霜唑一般使用100克/升悬浮剂2000～2500倍液、或20%悬浮剂4000～5000倍液、或25%可湿性粉剂5000～6000倍液、或35%悬浮剂7000～8000倍液、或50%悬浮剂或50%水分散粒剂10000～12000倍液均匀喷雾，注意喷洒叶片背面。

注意事项 氰霜唑不能与碱性药剂及强酸性药剂混用。连续喷药时，注意与不同类型药剂交替使用，以避免或延缓病菌产生抗药性。本剂仅对低等真菌性病害有效，若有高等真菌性病害同时发生时，应注意与其他有效药剂配合使用。葡萄上使用的安全间隔期为7天，每季最多使用4次。

四氟醚唑　tetraconazole

常见商标名称　朵麦可、意莎可、时惠宝、汤普森、粉霸、稳妥、上格、宇龙美杰。

主要含量与剂型　4%、12.5%、25%水乳剂。

产品特点　四氟醚唑是一种含氟原子的三唑类内吸治疗性广谱高效低毒杀菌剂，属第二代含氟品种，杀菌活性是第一代的2～3倍，具有预防保护、内吸治疗和铲除作用，持效期较长，并有很好的内吸传导性能。其杀菌机理是通过抑制甾醇脱甲基化酶的活性，使麦角甾醇合成受阻，细胞膜不能正常合成，而导致病菌死亡。

四氟醚唑常与嘧菌酯、肟菌酯等杀菌剂成分混配，用于生产复配杀菌剂。

适用果树及防控对象　四氟醚唑适用于多种落叶果树，对许多种高等真菌性病害均有较好的防控效果。目前，在落叶果树生产中主要用于防控：梨树的黑星病、白粉病，葡萄白粉病，草莓白粉病。

使用技术

（1）**梨树黑星病、白粉病**　首先在花序分离期和落花后各喷药1次，有效防控黑星病的早期为害；然后从初见黑星病病梢或病叶或病果时开始连续喷药，10～15天1次，与不同类型药剂交替使用，连喷5～7次。防控白粉病时，从白粉病发生初期开始喷药，10～15天1次，连喷2次左右，重点喷洒叶片背面。一般使用4%水乳剂1000～1200倍液、或12.5%水乳剂3000～4000倍液、或25%水乳剂6000～8000倍液均匀喷雾。

（2）**葡萄白粉病**　从病害发生初期开始喷药，10～15天1次，连喷2～4次。药剂喷施倍数同"梨树黑星病"。

（3）**草莓白粉病**　从病害发生初期开始喷药，10～15天1次，连喷2～4次。药剂喷施倍数同"梨树黑星病"。

注意事项　四氟醚唑不能与波尔多液等碱性药剂及强酸性药剂混用。连续喷药时，注意与不同类型药剂交替使用，以延缓病菌产生抗药性。本剂对水生生物有毒，严禁将残余药液及洗涤药械的废液倒入河流、湖泊、池塘等水体中。果树上使用的安全间隔期建议为14天，每季建议最多使用3次。

苯醚甲环唑　difenoconazole

常见商标名称　顶悦、悦弘、锐盾、巴顿、览博、京博、博洁、杰润、库润、采润、墨润、易润、亿嘉、丰登、东泰、万星、美星、森美、美世、胜世、世标、世典、世高、世冠、世浩、世欢、世凯、世蓝、世亮、世击、世佳、世爵、世米、世清、世生、世鹰、傲世、超势、盛势、卓势、鑫势、势翠、势科、势克、势丽、势宁、势润、势捷、势秀、势贝、贝迪、利民、博邦、华邦、美邦、荣邦、新秀、选秀、卓典、典秀、典冠、苯冠、冠诺、兴农、永农、耘农、耕耘、百倍、百助、果粹、显粹、豪俊、禾俊、禾易、明义、上格、上顶、上景、天库、纯生、龙生、瀚生、丰艳、语艳、众艳、闪避、香鲜、迅超、战炭、燕清、保泰、中保、中达、天沐、芳泽、柳惠、惠叶、惠高、易高、斯高、崇高、高看、高筑、高靓、靓俏、双亮、苏研、彩铎、叶欢、劲质、春露、展露、海真、外尔、炫护、绿士、绿银、银砣、碧奥、更胜、久治、标安、贝泽、贝萃、黑翠、飘翠、精翠、茗翠、格翠、翠花、和欣、厚铎、华灵、凯威、纳珠、蓝仓、蓝醇、灵动、苗信、品胜、七洲、全择、瑞东、先丹、怡田、申酉、至汇、质环、首欢、雅宁、博士威、本迷佳、佳家闲、佳丽奇、待克力、好势头、好日子、千秋保、保丰得、普优旺、优乐思、斯力高、金士高、真士高、毕达旺、先正达、大本赢、瑞德丰、汤普森、尼贝纳、剑净康、金秀彩、美尔果、百佳乐、施普乐、世介勇、力可收、韦尔奇、西北狼、袁大夫、叶知春、意中品、颖泰嘉、植物龙、啄木鸟、爱诺清翠、碧奥世冠、百农思达、曹达农化、海特农化、东泰贝克、丰禾立健、国欣诺农、利尔作物、绿康思高、绿色农华、农华叶亮、美邦农药、明德立达、七洲同盈、三江益农、生农世泽、升华拜克、双星农药、双星一本、泰格伟德、泰生美瑞、星牌千绿、星牌粉贝、维特美克、西大华特、燕化优果、源丰世秀、源丰凯泰、中澳益宇、中达科技、中航三利、中国农资、中农联合、正业正佳、安格诺世超、北农华赛高、博瑞特真高、博士威捷菌、海利尔化工、甲基保利特、美尔果顶高、美尔果思高、汤普森生物科技。

主要含量与剂型 10％、15％、20％、30％、37％、60％水分散粒剂，10％、30％可湿性粉剂，10％、20％、25％、40％水乳剂，10％、20％、25％、30％微乳剂，25％、30％、40％、250 克/升乳油，10％、15％、25％、30％、40％、45％悬浮剂。

产品特点 苯醚甲环唑是一种含杂环的三唑类内吸治疗性广谱低毒杀菌剂，具有预防保护和内吸治疗双重功效，内吸性好，安全性高，持效期较长。其杀菌机理是通过抑制病菌甾醇脱甲基化作用，使麦角甾醇生物合成受阻，造成病菌细胞膜难以形成，而最终导致病菌死亡。既干扰病菌正常生长，又抑制病菌孢子形成。制剂对蜜蜂无毒，对鱼及水生生物有毒，对兔皮肤和眼睛有刺激作用。

苯醚甲环唑常与硫黄、百菌清、福美双、克菌丹、丙森锌、代森联、代森锰锌、多菌灵、甲基硫菌灵、丙环唑、氟环唑、氟硅唑、抑霉唑、戊唑醇、己唑醇、咪鲜胺、咪鲜胺锰盐、噻呋酰胺、氟唑环菌胺、氟唑菌酰胺、烯肟菌胺、溴菌腈、咯菌腈、噻霉酮、精甲霜灵、霜霉威盐酸盐、吡唑醚菌酯、嘧菌酯、醚菌酯、肟菌酯、啶氧菌酯、二氰蒽醌、多抗霉素、井冈霉素、中生菌素、嘧啶核苷类抗菌素等杀菌剂成分混配，用于生产复配杀菌剂。

适用果树及防控对象 苯醚甲环唑适用于多种落叶果树，对许多种高等真菌性病害均有良好的防控效果。目前，在落叶果树生产中可用于防控：梨树的黑星病、锈病、白粉病、黑斑病、炭疽病、轮纹病、褐斑病、套袋果黑点病，苹果树的锈病、白粉病、黑星病、花腐病、斑点落叶病、褐斑病、炭疽病、轮纹病、套袋果斑点病，葡萄的黑痘病、穗轴褐枯病、炭疽病、白腐病、房枯病、褐斑病、白粉病、溃疡病，桃树的黑星病、炭疽病、白粉病、锈病、真菌性穿孔病，李树的袋果病、红点病、炭疽病、真菌性穿孔病，杏树的杏疔病、黑星病、真菌性穿孔病，樱桃真菌性穿孔病，枣树的褐斑病、锈病、炭疽病、轮纹病，草莓的白粉病、褐斑病、炭疽病，石榴的麻皮病、炭疽病、叶斑病，核桃的炭疽病、褐斑病、白粉病，柿树的炭疽病、角斑病、圆斑病、白粉病，板栗的炭疽病、叶斑病，山楂的白粉病、锈病、轮纹病、炭疽病、褐斑病，猕猴桃的炭疽病、叶斑病，花椒的锈病、黑斑病、炭疽病，蓝莓的炭疽病、叶斑病，枸杞的炭疽病、白粉病、灰斑病、黑斑病。

使用技术　苯醚甲环唑在落叶果树上主要用于树上喷雾，于病害发生前或发生初期喷施防控效果最佳。一般使用10%水分散粒剂或10%可湿性粉剂或10%水乳剂或10%微乳剂或10%悬浮剂1500～2000倍液、或15%水分散粒剂或15%悬浮剂2500～3000倍液、或20%水分散粒剂或20%水乳剂或20%微乳剂3000～4000倍液、或25%水乳剂或25%微乳剂或25%悬浮剂或25%乳油或250克/升乳油4000～5000倍液、或30%水分散粒剂或30%可湿性粉剂或30%微乳剂或30%悬浮剂或30%乳油5000～6000倍液、或37%水分散粒剂6000～7000倍液、或40%水乳剂或40%悬浮剂或40%乳油6000～8000倍液、或45%悬浮剂7000～9000倍液、或60%水分散粒剂10000～12000倍液均匀喷雾。连续喷药时，注意与不同类型药剂交替使用。本剂生产企业众多，不同企业间的产品可能存在较大差异，具体选用时还请注意其标签说明。

（1）梨树病害　首先在花序分离期和落花后各喷药1次，有效防控锈病为害、并控制黑星病病梢形成；然后从初见黑星病病梢或病叶或病果时开始继续喷药，10～15天1次，与不同类型药剂交替使用，连喷5～8次，有效防控黑星病，兼防黑斑病、炭疽病、轮纹病、套袋果黑点病、褐斑病及白粉病；往年套袋果黑点病发生较重果园，套袋前5天内最好选用苯醚甲环唑与全络合态代森锰锌或克菌丹或吡唑醚菌酯混合喷药1次；往年白粉病发生较重果园，从白粉病发生初期开始喷药，10～15天1次，连喷2～3次，重点喷洒叶片背面。苯醚甲环唑喷施倍数同前述。

（2）苹果树病害　首先在花序分离期和落花后各喷药1次，有效防控锈病、白粉病及花腐病，兼防黑星病；然后从落花后10天左右开始连续喷药，10～15天1次，与不同类型药剂交替使用，连喷6～8次，可有效防控斑点落叶病、褐斑病、炭疽病、轮纹病、套袋果斑点病及黑星病；往年套袋果斑点病发生较重果园，套袋前5天内最好使用苯醚甲环唑与全络合态代森锰锌或克菌丹或吡唑醚菌酯混合喷药1次；往年白粉病发生较重果园，在8～9月份的花芽分化期注意喷药2～3次，防控病菌侵染芽。苯醚甲环唑喷施倍数同前述。

（3）葡萄病害　首先在花蕾穗期和落花后各喷药1次，有效防控黑痘病、穗轴褐枯病，往年黑痘病发生较重果园落花后 10 天左右再喷药 1 次；防控炭疽病、白腐病时，从果粒膨大中后期开始喷药，10～15 天 1 次，与不同类型药剂交替使用，直到采收前一周结束（套袋葡萄套袋后不再喷药），兼防房枯病、溃疡病；防控褐斑病、白粉病时，从病害发生初期开始喷药，10～15 天 1 次，连喷 2～3 次。苯醚甲环唑喷施倍数同前述。

（4）**桃树病害**　防控黑星病、炭疽病时，从桃树落花后 20～30 天开始喷药，10～15 天 1 次，连喷 2～4 次，兼防真菌性穿孔病及白粉病、锈病；防控白粉病、锈病时，从病害发生初期开始喷药，10～15 天 1 次，连喷 2 次左右，兼防真菌性穿孔病。药剂喷施倍数同前述。

（5）**李树病害**　防控袋果病时，在花芽膨大后开花前和落花后各喷药 1 次，兼防红点病；防控红点病时，从落花后开始喷药，10～15 天 1 次，与不同类型药剂交替使用，连喷 2～4 次，兼防炭疽病及真菌性穿孔病；防控炭疽病时，从落花后半月左右开始喷药，10～15 天 1 次，连喷 2～4 次，兼防真菌性穿孔病。药剂喷施倍数同前述。

（6）**杏树病害**　防控杏疔病时，从落花后立即开始喷药，10～15 天 1 次，连喷 2 次；防控黑星病时，从落花后半月左右开始喷药，10～15 天 1 次，连喷 2～3 次，兼防真菌性穿孔病。药剂喷施倍数同前述。

（7）**樱桃真菌性穿孔病**　从病害发生初期开始喷药，10～15 天 1 次，连喷 2～3 次。药剂喷施倍数同前述。

（8）**枣树病害**　首先在（一茬花）开花前和落花后各喷药 1 次，有效防控褐斑病的早期为害；然后从（一茬花）坐住果后半月左右或锈病发生初期开始继续喷药，10～15 天 1 次，连喷 4～6 次，有效防控锈病、炭疽病、轮纹病，兼防褐斑病。药剂喷施倍数同前述。

（9）**草莓白粉病、褐斑病、炭疽病**　从病害发生初期开始喷药，10～15 天 1 次，连喷 2～4 次。药剂喷施倍数同前述。

（10）**石榴麻皮病、炭疽病、叶斑病**　首先在（一茬花）开花前喷药 1 次，然后从（一茬花）落花后半月左右继续喷药，10～15 天 1 次，连喷 3～5 次。药剂喷施倍数同前述。

（11）**核桃炭疽病、褐斑病、白粉病**　防控炭疽病时，从果实膨大中期开始喷药，10～15 天 1 次，连喷 2～3 次；防控褐斑病、白粉病时，从病害发生初期开始喷药，10～15 天 1 次，连喷 2 次左右。药剂喷施倍数同前述。

（12）**柿树炭疽病、角斑病、圆斑病、白粉病**　一般柿园从落花后 20～30 天开始喷药，15 天左右 1 次，连喷 2～3 次，有效防控角斑病、圆斑病及炭疽病，兼防白粉病；南方炭疽病发生较重的柿区，需在开花前增加 1 次喷药、落花后增加 1～2 次喷药、果实膨大中后期增加 2 次喷药。苯醚甲环唑喷施倍数同前述。

（13）**板栗炭疽病、叶斑病**　从病害发生初期开始喷药，10～15 天 1 次，连喷

2 次左右。药剂喷施倍数同前述。

（14）山楂白粉病、锈病、轮纹病、炭疽病、褐斑病　首先在花序分离期、落花后和落花后 10～15 天各喷药 1 次，有效防控白粉病和锈病；然后从落花后 20～30 天开始继续喷药，10～15 天 1 次，连喷 2～4 次，有效防控轮纹病、炭疽病及褐斑病。苯醚甲环唑喷施倍数同前述。

（15）猕猴桃炭疽病、叶斑病　从病害发生初期开始喷药，10～15 天 1 次，连喷 2～3 次。药剂喷施倍数同前述。

（16）花椒锈病、黑斑病、炭疽病　从锈病发生初期开始喷药，10～15 天 1 次，连喷 2～4 次，即可有效防控锈病，兼防黑斑病、炭疽病。苯醚甲环唑喷施倍数同前述。

（17）蓝莓炭疽病、叶斑病　从病害发生初期开始喷药，10～15 天 1 次，连喷 2 次左右。药剂喷施倍数同前述。

（18）枸杞炭疽病、白粉病、灰斑病、黑斑病　防控炭疽病时，从每茬果的膨大中后期开始喷药，10～15 天 1 次，每茬连喷 1～2 次，兼防白粉病、灰斑病及黑斑病；防控白粉病、灰斑病、黑斑病时，从病害发生初期开始喷药，10～15 天 1 次，连喷 2 次左右。药剂喷施倍数同前述。

注意事项　苯醚甲环唑不能与碱性药剂混用，不宜与铜制剂混用。连续使用时，注意与不同作用机理的药剂交替使用或混用。本剂对鱼类等水生生物有毒，残余药液及洗涤药械的废液不能污染河流、湖泊、池塘等水域。梨树上使用的安全间隔期为 14 天，每季最多使用 4 次；苹果树上使用的安全间隔期为 21 天，每季最多使用 2 次；葡萄上使用的安全间隔期为 21 天，每季最多使用 3 次；石榴树上使用的安全间隔期为 14 天，每季最多使用 3 次。

抑霉唑　imazalil

常见商标名称　万利得、戴挫霉、超音刀、德立邦、树大夫、小露珠、冠丽、美邦、美亮、美雨、柳惠、金世、仙保、燕化、上格、上格美艳、美邦农药、仕邦农化。

主要含量与剂型　22.2%、50%、500 克/升乳油，10%、20%、22% 水乳剂，3% 膏剂。

产品特点　抑霉唑是一种咪唑类内吸性广谱低毒杀菌剂，具有预防保护和内吸治疗双重作用，广泛用于水果采后的防腐保鲜处理，可显著延长果品的货架期；生长期用药，使用安全，持效期较长。其杀菌机理主要是通过抑制麦角甾醇脱甲基化酶的活性，使麦角甾醇生物合成受阻，病菌细胞膜不能正常形成，而导致病菌死亡。

抑霉唑有时与咪鲜胺、苯醚甲环唑、双胍三辛烷基苯磺酸盐等杀菌剂成分混配，用于生产复配杀菌剂。

适用果树及防控对象　抑霉唑主要应用于水果的采后防腐处理，也可用于防控有些落叶果树的生长期病害。目前，在落叶果树生产中主要用于防控：苹果和梨果实的青霉病、绿霉病，苹果树的腐烂病、炭疽病，梨炭疽病，葡萄的炭疽病、灰霉病，草莓炭疽病，柿炭疽病。

使用技术

（1）苹果和梨果实的青霉病、绿霉病　果实采摘并经过初步挑选后，使用50%乳油或500克/升乳油1000～1500倍液、或22.2%乳油或22%水乳剂或20%水乳剂400～600倍液、或10%水乳剂200～250倍液浸泡果实，浸果0.5～1分钟后捞起、晾干，而后包装、贮运。

（2）苹果树腐烂病　刮治病斑后伤口涂药。一般使用3%膏剂直接涂抹刮治后的病斑伤口，每平方米需涂抹该药剂200～300克。

（3）苹果炭疽病　从苹果落花后10天左右开始喷药，10天左右1次，连喷3次药后套袋；不套袋苹果需继续喷药，15天左右1次，再需喷药3～5次。注意与不同类型药剂交替使用。一般使用50%乳油或500克/升乳油2000～2500倍液、或22.2%乳油或22%水乳剂或20%水乳剂1000～1500倍液、或10%水乳剂500～700倍液均匀喷雾。

（4）梨炭疽病　从梨树落花后10～15天开始喷药，10天左右1次，连喷3次药后套袋；不套袋梨需继续喷药，15天左右1次，再需喷药3～5次。注意与不同类型药剂交替使用。抑霉唑喷施倍数同"苹果炭疽病"。

（5）葡萄炭疽病、灰霉病　防控炭疽病时，从果粒膨大中期开始喷药，10～15天1次，连喷3～5次（套袋葡萄套袋后不再喷药），注意与不同类型药剂交替使用；防控灰霉病时，一般在花蕾穗期（开花前）、落花后及果穗套袋前各喷药1次，不套袋葡萄近成熟期的发病初期需再喷药1～2次（间隔期10天左右）。药剂喷施倍数同"苹果炭疽病"。

（6）草莓炭疽病　主要应用于育秧田。从炭疽病发生初期开始喷药，10～15天1次，连喷3～4次。药剂喷施倍数同"苹果炭疽病"。

（7）柿炭疽病　主要应用于南方甜柿产区。一般先在开花前喷药1次，然后从落花后10天左右开始连续喷药，15天左右1次，与不同类型药剂交替使用，连喷4～6次。抑霉唑喷施倍数同"苹果炭疽病"。

注意事项　处理水果后的残余药液，严禁倒入河流、湖泊、池塘等水域，避免污染水源。喷雾用药时不能与碱性农药混用，用药浓度也不能随意加大。喷雾用药时安全间隔期建议为14天，每季最多使用3次。

腐霉利　procymidone

常见商标名称　速克灵、速美克、克无霜、攻敌灰、灰久宁、灰久青、黑灰净、哈维斯、稼佳乐、韦尔奇、威尔达、松鹿牌、国光、恒田、海讯、禾益、灰佳、灰赢、灰扫、红星、龙灯、冷发、绿青、凯威、日友、锐普、润丰、全丰、上格、住友、正冠、壮丁、熏克、美邦农药、兴农悦购、亿农高科、远见助农、绿园速克灵、瑞德丰速科灵。

主要含量与剂型 50％、80％可湿性粉剂，80％水分散粒剂，20％、35％、43％悬浮剂，10％、15％烟剂。

产品特点 腐霉利是一种二甲酰亚胺类内吸治疗性低毒杀菌剂，具有保护和治疗双重作用，使用安全，持效期较长，在发病前使用或发病初期使用均可获得满意防控效果。该药应用适期长，耐雨水冲刷，内吸作用突出，可渗透到病原菌的内部，对病菌菌丝生长和孢子萌发均有很强的抑制作用。其杀菌机理是作用于病菌有丝分裂原激活的蛋白组氨酸激酶，使病菌细胞分裂异常，而导致病菌死亡。该杀菌机理与苯并咪唑类不同，对苯并咪唑类药剂有抗药性的病菌，使用腐霉利仍可获得很好的防控效果。制剂对皮肤、眼睛有刺激作用。

腐霉利常与福美双、百菌清、多菌灵、异菌脲、乙霉威、己唑醇、戊唑醇、嘧菌酯、啶酰菌胺等杀菌剂成分混配，用于生产复配杀菌剂。

适用果树及防控对象 腐霉利适用于多种落叶果树，对灰霉病类果树病害具有突出的防控效果。目前，在落叶果树生产中主要用于防控：葡萄、桃、杏、樱桃、草莓等保护地果树的灰霉病，葡萄的灰霉病、白腐病，桃、杏、李的灰霉病、花腐病、褐腐病，樱桃褐腐病，苹果的花腐病、褐腐病、斑点落叶病，梨褐腐病，草莓灰霉病。

使用技术 腐霉利在落叶果树上主要用于喷雾，在保护地内也常使用烟剂密闭熏烟。

（1）葡萄、桃、杏、樱桃、草莓等保护地果树的灰霉病 既可喷雾预防，又可密闭熏烟防控。喷雾防控病害时，一般在开花前至幼果期遭遇持续阴天2天后及时喷药，7天左右1次，连喷2次。一般使用50％可湿性粉剂或43％悬浮剂1000～1500倍液、或80％可湿性粉剂或80％水分散粒剂2000～2500倍液、或35％悬浮剂800～1000倍液、或20％悬浮剂400～500倍液均匀喷雾。密闭熏烟防控病害时，在阴天不能正常放风的傍晚密闭放烟熏蒸。一般每亩棚室每次使用15％烟剂300～400克、或10％烟剂500～600克，从内向外均匀分多点依次点燃，而后密闭一夜，第二天通风后才能进入棚室内开展农事活动。

（2）葡萄灰霉病、白腐病 首先在花蕾穗期（开花前）和落花后各喷药1次，有效防控灰霉病为害幼穗；然后于套袋前喷药1次，有效防控灰霉病、白腐病；不套袋葡萄从果粒大小基本长成时或增糖转色期开始继续喷药，7～10天1次，直到采收前一周。一般使用50％可湿性粉剂或43％悬浮剂1000～1500倍液、或80％可湿性粉剂或80％水分散粒剂1500～2000倍液、或35％悬浮剂800～1000倍液、或20％悬浮剂400～500倍液喷雾，重点喷洒果穗即可。

（3）桃、杏、李的灰霉病、花腐病、褐腐病 开花前（花芽露红期）、落花后各喷药1次，有效防控灰霉病、花腐病；防控褐腐病时，从初见病斑时或果实采收前1～1.5个月开始喷药，7～10天1次，连喷2～3次。药剂喷施倍数同"葡萄灰霉病"。

（4）樱桃褐腐病　开花前、落花后、成熟前10天左右各喷药1次即可。药剂喷施倍数同"葡萄灰霉病"。

（5）苹果花腐病、褐腐病、斑点落叶病　花序分离期、落花后各喷药1次，有效防控花腐病；春梢生长期、秋梢生长期各喷药2次左右（间隔期10～15天），防控斑点落叶病；防控褐腐病时，从初见病斑时开始喷药，7～10天1次，连喷1～2次。药剂喷施倍数同"葡萄灰霉病"。

（6）梨褐腐病　从病害发生初期或初见病果时开始喷药，7～10天1次，连喷2次左右。药剂喷施倍数同"葡萄灰霉病"。

（7）草莓灰霉病　初花期、盛花期、末花期各喷药1次。一般使用50%可湿性粉剂或43%悬浮剂800～1000倍液、或80%可湿性粉剂或80%水分散粒剂1200～1500倍液、或35%悬浮剂600～800倍液、或20%悬浮剂300～400倍液均匀喷雾。

注意事项　腐霉利不能与石硫合剂、波尔多液等碱性农药及肥料混用，也不宜与有机磷类农药混配。连续使用时病菌易产生抗药性，注意与其他不同类型杀菌剂交替使用。本剂对蜜蜂有影响，施药时应当特别注意。残余药液及洗涤药械的废液，严禁污染河流、湖泊、池塘等水域。葡萄上使用的安全间隔期为14天，每季最多使用2次。

异菌脲　iprodione

常见商标名称　扑海因、金扑因、大扑因、冠普因、包正青、病可丹、富美实、果福星、鲜果星、黑灰净、力冠音、利好多、欧来宁、普朗克、瑞德丰、泰美露、韦尔奇、喜打班、允发旺、真绿色、啄木鸟、翠洁、高扑、华邦、灰腾、灰克、辉铲、辉丰、蓝丰、丰灿、海普、普因、兰因、凯扬、快达、中达、佳境、狄戈、福露、兴农、禾易、禾益、鹤神、累万、龙灯、龙生、上格、响彻、奇星、美星、美玉、统俊、统秀、新秀、益秀、勤耕、怪客、妙净、润艳、恒田、秋红、曹达农化、冠龙农化、丰禾立健、广农汇泽、禾易高招、禾益化工、航天西诺、蓝丰美因、科赛基农、美邦农药、青青世界、润鸿生化、三农扑灰、星牌海欣、中国农资、中农联合、正业疫加米、星牌普克因、瑞德丰倍扑因。

主要含量与剂型　50%可湿性粉剂，25%、45%、255克/升、500克/升悬浮剂。

产品特点　异菌脲是一种二酰亚胺类触杀型广谱保护性低毒杀菌剂，能够渗透到植物体内，具有一定的治疗作用，使用安全。其杀菌机理是抑制病菌蛋白激酶，干扰细胞内信号和碳水化合物正常进入细胞组分等，而导致病菌死亡；该机理作用于病菌生长为害的各个发育阶段，既可抑制病菌孢子萌发，又可抑制菌丝生长，还可抑制病菌孢子的产生。

异菌脲常与福美双、百菌清、代森锰锌、丙森锌、咪鲜胺、嘧霉胺、腐霉利、多菌灵、甲基硫菌灵、戊唑醇、烯酰吗啉、氟啶胺、啶酰菌胺、嘧菌环胺、肟菌酯、吡唑醚菌酯等杀菌剂成分混配，用于生产复配杀菌剂。

适用果树及防控对象　异菌脲适用于多种落叶果树，对许多种高等真菌性病害均有很好的防控效果。目前，在落叶果树生产中主要用于防控：苹果、梨、桃、李果实贮运期的青霉病、绿霉病、褐腐病，苹果树的花腐病、褐腐病、褐斑病、斑点落叶病、轮纹病、炭疽病，梨树的黑斑病、褐腐病，葡萄的穗轴褐枯病、灰霉病，桃、杏、李、樱桃的花腐病、褐腐病、灰霉病，草莓灰霉病。

使用技术　异菌脲主要用于喷雾防控各种病害，也可通过药液浸果用于水果的贮运期防腐。

（1）苹果、梨、桃、李果实的贮运期防腐　果实采摘并经过初步挑选后，使用25％悬浮剂或255克/升悬浮剂400～500倍液、或50％可湿性粉剂或45％悬浮剂或500克/升悬浮剂800～1000倍液浸泡果实，浸果0.5～1分钟后捞起、晾干，而后包装、贮运。

（2）苹果树花腐病、褐斑病、斑点落叶病、轮纹病、炭疽病、褐腐病　首先在花序分离期和落花后各喷药1次，有效防控花腐病；然后从苹果落花后10天左右开始继续喷药，10～15天1次，连喷3次药后套袋，套袋后继续喷药3～4次（注意与不同类型药剂交替使用），有效防控轮纹病、炭疽病及褐斑病，兼防斑点落叶病；斑点落叶病发生较重的果园或品种，注重在春梢生长期和秋梢生长期各喷药2次，间隔期10～15天；不套袋果采收前1.5个月和1个月各喷药1次，有效防控褐腐病，兼防其他病害。异菌脲一般使用50％可湿性粉剂或45％悬浮剂或500克/升悬浮剂1000～1500倍液、或25％悬浮剂或255克/升悬浮剂600～800倍液均匀喷雾。

（3）梨树黑斑病、褐腐病　防控黑斑病时，从病害发生初期或初见病斑时开始喷药，10～15天1次，连喷2～4次；防控不套袋果的褐腐病时，从病害发生初期开始喷药，10～15天1次，连喷2次左右。药剂喷施倍数同"苹果树花腐病"。

（4）葡萄穗轴褐枯病、灰霉病　花蕾穗期（开花前）、落花后各喷药1次，有效防控穗轴褐枯病及幼穗灰霉病；套袋葡萄在果穗套袋前喷洒1次果穗，防控灰霉病为害果穗；不套袋葡萄在果穗近成熟期，从初见灰霉病病果时开始喷药，10天左右1次，连喷2次左右，重点喷洒果穗即可。药剂喷施倍数同"苹果树花腐病"。

（5）桃、杏、李、樱桃的花腐病、褐腐病、灰霉病　首先在开花前、落花后各喷药1次，有效防控花腐病，兼防灰霉病；然后在果实近成熟采收期从初见病果时立即开始喷药，10天左右1次，连喷2次左右，有效防控果实近成熟期的褐腐病、灰霉病。药剂喷施倍数同"苹果树花腐病"。

（6）**草莓灰霉病** 初花期、盛花期、末花期各喷药1次即可。一般每亩次使用50%可湿性粉剂60～80克、或500克/升悬浮剂或45%悬浮剂50～60毫升、或25%悬浮剂或255克/升悬浮剂100～120毫升，兑水30～45千克均匀喷雾。

注意事项 异菌脲不能与波尔多液等碱性药剂或强酸性药剂及肥料混用，也不能与腐霉利、乙烯菌核利、乙霉威等杀菌原理相同的药剂混用或交替使用。本剂对鱼类等水生生物有毒，应远离水产养殖区施药，并禁止在河流、池塘、湖泊等水体中清洗施药器具。悬浮剂可能会有一些沉淀，摇匀后使用不影响药效。苹果树上使用的安全间隔期为7天，每季最多使用3次；葡萄上使用的安全间隔期为14天，每季最多使用3次。

二氰蒽醌 dithianon

常见商标名称 吉选、博青、外尔、美邦、禾益、贝佳丽、丰利诺。

主要含量与剂型 50%可湿性粉剂，66%、70%、71%水分散粒剂，22.7%、40%、50%悬浮剂。

产品特点 二氰蒽醌是一种蒽醌类广谱低毒杀菌剂，具有很好的保护活性，并兼有一定的治疗作用。使用推荐剂量对大多数落叶果树安全，但对某些苹果树品种（金冠）有药害表现。其杀菌活性具有多个作用位点，通过与硫醇基团反应、干扰细胞呼吸作用，而影响病菌酶类活性，最终导致病菌死亡。

二氰蒽醌常与代森锰锌、戊唑醇、苯醚甲环唑、烯酰吗啉、吡唑醚菌酯、肟菌酯等杀菌剂成分混配，用于生产复配杀菌剂。

适用果树及防控对象 二氰蒽醌适用于多种落叶果树，对许多种真菌性病害具有较好的防控效果。目前，在落叶果树生产中主要用于防控：苹果的轮纹病、炭疽病，梨的炭疽病、轮纹病，葡萄的炭疽病、锈病，桃树的缩叶病、锈病、褐腐病，杏褐腐病，草莓蛇眼病。

使用技术

（1）**苹果轮纹病、炭疽病** 从苹果落花后7～10天开始喷药，10天左右1次，连喷3次药后套袋；不套袋苹果仍需继续喷药，10～15天1次，与不同类型药剂交替使用，连喷4～6次。二氰蒽醌一般使用50%可湿性粉剂或50%悬浮剂800～1000倍液、或66%水分散粒剂1000～1200倍液、或70%水分散粒剂或71%水分散粒剂1200～1500倍液、或40%悬浮剂600～800倍液、或22.7%悬浮剂400～500倍液均匀喷雾。

（2）**梨炭疽病、轮纹病** 从梨树落花后10天左右开始喷药，10天左右1次，连喷3次药后套袋；不套袋梨仍需继续喷药，10～15天1次，与不同类型药剂交替使用，连喷4～6次。二氰蒽醌喷施倍数同"苹果轮纹病"。

（3）**葡萄炭疽病、锈病** 防控炭疽病时，从果粒膨大中期开始喷药，10～15

天 1 次，套袋葡萄至套袋后结束，不套袋葡萄注意与其他不同类型药剂交替使用，直到采收前一周结束；防控锈病时，从病害发生初期或初见病斑时开始喷药，10～15 天 1 次，连喷 2～3 次。二氰蒽醌使用倍数同"苹果轮纹病"。

（4）桃树缩叶病、锈病、褐腐病　防控缩叶病时，在花芽膨大露红期和落花后各喷药 1 次；防控锈病时，从病害发生初期或初见病斑时开始喷药，10～15 天 1 次，连喷 2 次左右；防控褐腐病时，从果实采收前 1～1.5 个月或初见病果时开始喷药，10 天左右 1 次，连喷 2 次左右。二氰蒽醌喷施倍数同"苹果轮纹病"。

（5）杏褐腐病　从果实采收前 1 个月左右或初见病果时开始喷药，10 天左右 1 次，连喷 2 次左右。药剂喷施倍数同"苹果轮纹病"。

（6）草莓蛇眼病　从病害发生初期或初见病叶时开始喷药，10～15 天 1 次，连喷 2～3 次。药剂喷施倍数同"苹果轮纹病"。

注意事项　二氰蒽醌不能与碱性农药及矿物油混用。本剂对鱼类、藻类等水生生物毒性较高，水产养殖区及水塘附近禁止使用，并严禁在湖泊、池塘、河流等水域内清洗施药器械。用药时注意安全防护，若药液不慎溅入眼睛，立即用清水冲洗至少 15 分钟；不慎误服，立即携带标签送医院对症治疗，本品无特殊解毒药剂。苹果树上使用的安全间隔期为 21 天，每季最多使用 3 次，金冠品种上需慎重使用。

嘧霉胺　pyrimethanil

常见商标名称　爱诺、拜耳、博荣、丹荣、碧奥、果宝、铲灰、淘灰、漩灰、灰标、灰复、灰酷、灰煌、灰卡、灰落、灰平、灰雄、灰止、耕耘、庄洁、韩孚、卡荣、荣邦、华邦、恒田、集琦、览博、京博、京津、巨能、笑收、凯威、劲舒、快达、利民、靓贝、靓库、酷尖、欧诺、上格、生花、天宁、万胜、烟科、昆农、永农、赛杰、点峰、国光、俊典、源典、核点、豪壮、美灿、奇星、菌萨、丰登、新贵、信邦、外尔、中保、中迅、博士威、赤星雷、翠玲珑、达世丰、海启明、灰劲特、灰快丁、灰力脱、灰溜净、卡霉多、嘧施立、美尔果、美清乐、喷灰嘉、汤普森、施佳乐、思嗪彤、银霉清、标正恢典、曹达农化、东泰金网、冠龙润克、利民化工、沪联灰飞、绿色农华、康禾光芒、美邦农药、双星农药、中天邦正、碧奥美多安、京博施美特、美尔果灰宝、上格美芜痕、中保施灰乐、安格诺灰美佳、汤普森生物科技。

主要含量与剂型　20%、30%、40%、400 克/升悬浮剂，20%、25%、40%可湿性粉剂，40%、70%、80%水分散粒剂。

产品特点　嘧霉胺是一种苯氨基嘧啶类低毒杀菌剂，以触杀作用为主，兼有较好的治疗和铲除作用，属防控灰霉类病害专用药剂。其杀菌机理是通过抑制病菌细胞中蛋氨酸的生物合成，进而影响侵染酶的产生而阻止病菌侵染，并能迅速渗透至植物组织内杀死病菌，而抑制病害扩展蔓延，与苯并咪唑类、二羧酰胺类、乙霉威等杀菌剂没有交互抗性。该药具有内吸传导和熏蒸活性，施药后可迅速到达植株的花、幼果等新鲜幼嫩组织而杀死病菌,药效快而稳定,黏着性好,持效期较长。嘧霉胺对温度不敏感,低温时也能充分发挥药效。

嘧霉胺常与福美双、百菌清、多菌灵、异菌脲、乙霉威、啶酰菌胺、中生菌素、氨基寡糖素等杀菌剂成分混配,用于生产复配杀菌剂。

适用果树及防控对象 嘧霉胺适用于多种落叶果树,主要用于防控灰霉类植物病害。目前,在落叶果树生产中主要用于防控:草莓灰霉病,葡萄灰霉病,桃、李、樱桃的灰霉病、褐腐病,苹果的花腐病、黑星病,梨树黑星病、褐腐病,柿灰霉病,蓝莓灰霉病。

使用技术

(1)**草莓灰霉病** 初花期、盛花期、末花期、幼果期各喷药1次即可。一般每亩次使用20%悬浮剂80～120毫升、或20%可湿性粉剂80～120克、或25%可湿性粉剂80～100克、或30%悬浮剂60～90毫升、或40%悬浮剂或400克/升悬浮剂40～60毫升、或40%可湿性粉剂或40%水分散粒剂40～60克、或70%水分散粒剂25～35克、或80%水分散粒剂20～30克,兑水30～45千克均匀喷雾。

(2)**葡萄灰霉病** 首先在花蕾穗期和落花后各喷药1次,有效防控灰霉病侵害幼穗;然后套袋葡萄于套袋前喷药1次,不套袋葡萄于果粒转色期或采收前1个月喷药1～2次(间隔期10天左右),有效防控近成熟穗受害。一般使用20%悬浮剂或20%可湿性粉剂500～600倍液、或25%可湿性粉剂600～700倍液、或30%悬浮剂800～1000倍液、或400克/升悬浮剂或40%悬浮剂或40%可湿性粉剂或40%水分散粒剂1000～1500倍液、或70%水分散粒剂2000～2500倍液、或80%水分散粒剂2000～3000倍液喷雾,重点喷洒果穗即可。

(3)**桃、李、樱桃的灰霉病** 从病害发生初期开始喷药,7天左右1次,连喷1～2次。药剂喷施倍数同"葡萄灰霉病"。

(4)**桃、李的褐腐病** 从病害发生初期或果实采收前1个月开始喷药,10天左右1次,连喷2次左右。药剂喷施倍数同"葡萄灰霉病"。

(5)**苹果花腐病、黑星病** 苹果花序分离期、落花后各喷药1次,有效防控花腐病,兼防黑星病;然后从黑星病发生初期开始喷药,10～15天1次,连喷2～3次。药剂喷施倍数同"葡萄灰霉病"。

(6)**梨树黑星病、褐腐病** 防控黑星病时,从病害发生初期、或田间初见黑星病病梢或病叶或病果时开始喷药,10～15天1次,与不同类型药剂交替使用,连喷5～7次;防控褐腐病(不套袋果)时,从病害发生初期开始喷药,10天左右1次,连喷2次左右。药剂喷施倍数同"葡萄灰霉病"。

(7)**柿灰霉病** 南方柿树开花期遇多雨潮湿气候时,在开花前、落花后各喷药1次,即可有效防控灰霉病,药剂喷施倍数同"葡萄灰霉病"。

(8)**蓝莓灰霉病** 从病害发生初期开始喷药,10天左右1次,连喷2次左右。药剂喷施倍数同"葡萄灰霉病"。

注意事项 嘧霉胺不能与强酸性药剂或碱性药剂及肥料混用。连续喷药时，注意与不同类型药剂交替使用，避免病菌产生抗药性。在通风不良的棚室中使用时，浓度过高可能会导致有些作物的叶片上出现褐色斑点。本剂对鱼类等水生生物有毒，严禁在水产养殖区施药，并禁止将残余药液及洗涤药械的废液排至河流、池塘、湖泊等水域。草莓上、葡萄上使用的安全间隔期分别为3天、7天，每季均最多使用3次。

啶酰菌胺 boscalid

常见商标名称 凯泽、灰秀、毕亮、洁打、途冠、美邦、标正、恒田、巴斯夫、霉易克、世科姆、宇龙美泽。

主要含量与剂型 50％水分散粒剂，30％、43％悬浮剂。

产品特点 啶酰菌胺是一种吡啶甲酰胺类广谱低毒杀菌剂，以保护作用为主，并兼有一定治疗活性，属线粒体电子传递链中的琥珀酸泛醌还原酶（复合体Ⅱ）抑制剂。其杀菌机理主要是通过抑制病菌呼吸作用中线粒体的琥珀酸酯脱氢酶活性，使细胞无法获得正常代谢所需能量而导致病菌死亡，对病菌孢子萌发、芽管伸长、菌丝生长及孢子产生等整个生长环节均有作用。该成分在植物叶片上具有层间传导和向顶传导作用，叶面喷雾后表现出卓越的耐雨水冲刷和持效性能。与多菌灵、腐霉利等无交互抗性。

啶酰菌胺可与菌核净、异菌脲、腐霉利、氟环唑、嘧霉胺、醚菌酯、吡唑醚菌酯、嘧菌酯、肟菌酯、嘧菌环胺、乙嘧酚、氟菌唑、抑霉唑、咯菌腈等杀菌剂成分混配，用于生产复配杀菌剂。

适用果树及防控对象 啶酰菌胺适用于多种落叶果树，对许多种高等真菌性病害均有较好的预防保护和治疗效果。目前，在落叶果树生产中主要用于防控：葡萄的灰霉病、白粉病、炭疽病、黑痘病，苹果白粉病，草莓的灰霉病、白粉病。

使用技术

（1）**葡萄灰霉病、白粉病、炭疽病、黑痘病** 首先在葡萄花蕾穗期和落花后各喷药1次，防控幼穗灰霉病，兼防黑痘病；然后再于落花后10～15天喷药1次，防控黑痘病；套袋葡萄套袋前喷药1次，有效防控灰霉病、炭疽病，兼防白粉病；不套袋葡萄多从果粒膨大中期开始喷药预防炭疽病，兼防白粉病、灰霉病，10～15天1次，与不同类型药剂交替使用，连喷4～6次；防控白粉病时，从病害发生初期开始喷药，10～15天1次，连喷2～3次。一般使用50％水分散粒剂或43％悬浮剂1500～2000倍液、或30％悬浮剂1000～1200倍液均匀喷雾。

（2）**苹果白粉病** 苹果花序分离期、落花80％及落花后15天左右各喷药1次，有效防控白粉病病梢形成及白粉病的早期传播扩散；往年病害严重果园，在8～9月份再喷药1～2次，有效防控病菌侵染芽，降低芽的带菌率，减少第二年病梢。药剂喷施倍数同"葡萄灰霉病"。

（3）**草莓灰霉病、白粉病**　从草莓初花期或病害发生初期开始喷药，10～15天1次，与不同类型药剂交替使用，连喷3～4次。一般每亩次使用50%水分散粒剂30～45克，或43%悬浮剂30～45毫升，或30%悬浮剂45～60毫升，兑水45～60千克均匀喷雾。

注意事项　啶酰菌胺不能与强酸性及碱性药剂或肥料混用。连续喷药时，注意与不同类型药剂交替使用或混用，以延缓病菌产生抗药性。用药时注意安全保护，避免药剂接触皮肤及溅及眼睛。不能污染各类水域，桑园及家蚕养殖区禁止使用。草莓上和葡萄上使用的安全间隔期分别为3天、7天，每季均最多使用3次。

嘧菌环胺　cyprodinil

常见商标名称　瑞镇、先正达、韦尔奇。

主要含量与剂型　50%水分散粒剂，50%可湿性粉剂，30%、40%悬浮剂。

产品特点　嘧菌环胺是一种苯胺基嘧啶类内吸治疗性广谱低毒杀菌剂，具有预防保护和内吸治疗双重活性，既可用于病菌侵入期，又可用于菌丝生长期，且持效期较长。其杀菌机理是通过抑制病菌细胞中蛋氨酸的生物合成和水解酶活性，从而干扰病菌细胞的蛋白质正常代谢，最终导致病菌死亡。与苯并咪唑类、氨基甲酸酯类、二甲酰亚胺类、咪唑类、吗啉类、三唑类杀菌剂没有交互抗性。

嘧菌环胺常与甲基硫菌灵、腐霉利、戊唑醇、啶酰菌胺、萘吡菌胺、咯菌腈等杀菌剂成分混配，用于生产复配杀菌剂。

适用果树及防控对象　嘧菌环胺适用于多种落叶果树，对许多种高等真菌性病害均有较好的防控效果。目前，在落叶果树生产中主要用于防控：葡萄的灰霉病、穗轴褐枯病、白粉病，苹果树的斑点落叶病、黑星病、褐腐病，桃树的黑星病、褐腐病，草莓的灰霉病、白粉病。

使用技术

（1）**葡萄灰霉病、穗轴褐枯病、白粉病**　首先在葡萄花蕾穗期和落花后各喷药1次，有效防控穗轴褐枯病及灰霉病侵害幼穗；然后在葡萄套袋前喷药1次，或不套袋葡萄近成熟期的灰霉病发生初期开始喷药，10天左右1次，连喷2次左右，有效防控灰霉病为害近成熟期果穗；防控白粉病时，从病害发生初期开始喷药，10天左右1次，连喷2～3次。一般使用50%水分散粒剂或50%可湿性粉剂800～1000倍液、或30%悬浮剂500～600倍液、或40%悬浮剂600～800倍液喷雾。

（2）**苹果树斑点落叶病、黑星病、褐腐病**　防控斑点落叶病时，在春梢生长期和秋梢生长期各喷药2次左右，间隔期10～15天；防控黑星病时，从病害发生初期或初见病斑时开始喷药，10～15天1次，连喷2～3次；防控褐腐病时（不套袋苹果），从病害发生初期或采收前1～1.5个月开始喷药，10～15天1次，连喷2次左右。一般使用50%水分散粒剂或50%可湿性粉剂2000～2500倍液、或30%悬浮剂1200～1500倍液、或40%悬浮剂1500～2000倍液均匀喷雾。

（3）桃树黑星病、褐腐病 防控黑星病时，从落花后 20～30 天开始喷药，10～15 天 1 次，连喷 2～4 次（或到果实采收前 1 个月结束；套袋桃全套袋后结束）；防控不套袋果的褐腐病时，从果实采收前 1～1.5 个月开始喷药，10～15 天 1 次，连喷 2 次左右。药剂喷施倍数同"苹果树斑点落叶病"。

（4）草莓灰霉病、白粉病 从病害发生初期或初花期开始喷药，10～15 天 1 次，与不同类型药剂交替使用，连喷 3～5 次。药剂喷施倍数同"葡萄灰霉病"。

注意事项 嘧菌环胺不能与碱性药剂混用，发病前或发病初期用药效果最好。本剂耐雨水冲刷，施药 2 小时后遇雨基本不影响药效。用药时注意安全防护，避免药液接触皮肤、眼睛和污染衣物，避免吸入雾滴，并禁止在施药时饮水、进食及吸烟。葡萄上使用的安全间隔期为 14 天，每季最多使用 2 次。

烯肟菌胺 fenaminstrobin

常见商标名称 高扑、双工、菌图。

主要含量与剂型 5%乳油。

产品特点 烯肟菌胺是一种甲氧基丙烯酸酯类广谱低毒杀菌剂，对许多种真菌性病害具有预防和治疗效果，杀菌活性高，使用安全，并对作物生长有明显的改善作用。其杀菌机理是作用于病菌的线粒体呼吸系统，通过与线粒体电子传递链中复合物Ⅲ（细胞色素 bc1 复合物）的结合，阻断电子传递，破坏病菌的能量（ATP）合成，进而达到抑制或杀死病菌的作用。

烯肟菌胺有时与苯醚甲环唑、氟环唑、三环唑、戊唑醇等杀菌剂成分混配，用于生产复配杀菌剂。

适用果树及防控对象 烯肟菌胺适用于多种落叶果树，对许多种真菌性病害均有较好的防控效果。目前，在落叶果树生产中主要用于防控：苹果树的白粉病、锈病、斑点落叶病，梨树的黑星病、锈病、白粉病，葡萄的白粉病、锈病，草莓白粉病。

使用技术

（1）苹果树白粉病、锈病、斑点落叶病 首先在花序分离期、落花 80%和落花后 10 天左右各喷药 1 次，有效防控白粉病、锈病，兼防斑点落叶病；往年白粉病发生较重果园，在 8～9 月份再喷药 1～2 次，防控病菌侵染芽，减少病菌越冬数量；防控斑点落叶病时，在春梢生长期和秋梢生长期各喷药 2 次左右（间隔期10～15天）。一般使用 5%乳油 800～1000 倍液均匀喷雾，并注意与不同类型药剂交替使用。

（2）梨树黑星病、锈病、白粉病 首先在花序分离期、落花后及落花后 10 天左右各喷药 1 次，有效防控锈病及早期黑星病发生；然后从初见黑星病病梢或病叶或病果时开始连续喷药，半月左右 1 次，与不同类型药剂交替使用，连喷 5～7 次，有效防控黑星病的中后期为害；防控白粉病时，从白粉病发生初期或初见白粉病病叶时开始喷药，10～15天1次，连喷2次左右，重点喷洒叶片背面。烯肟菌胺一般使用5％乳油800～1000倍液喷雾。

（3）葡萄白粉病、锈病 从病害发生初期开始喷药，10～15天1次，连喷2～3次。一般使用5％乳油800～1000倍液均匀喷雾。

（4）草莓白粉病 从病害发生初期或初见病叶或病果时开始喷药，10天左右1次，与不同类型药剂交替使用，连喷3～5次。烯肟菌胺使用5％乳油600～800倍液均匀喷雾。

注意事项 烯肟菌胺不能与碱性药剂混用。连续喷药时，注意与不同类型药剂交替使用。残余药液及洗涤药械的废液不能污染河流、湖泊、池塘等水域。

咪鲜胺 prochloraz

常见商标名称 华阳、华邦、荣邦、美邦、美艳、美介、美星、美鲜、常鲜、增鲜、香鲜、优鲜、鲜峰、鲜亮、剑安、安大、兴农、宜农、农佳、清佳、佳蕴、福蕴、国光、鼎越、兰月、辉丰、秦丰、丰秋、龙灯、中达、亨达、护欣、江山、柳惠、苏灵、苏盾、鑫谷、渝西、中研、普青、比彩、珍优、滴翠、翠点、翠挺、翠喜、翠兴、顶秀、高艳、满艳、品艳、富宝、禾易、恒田、晶玛、盈靓、靓彩、靓歌、扫描、上格、申西、舒米、太清、胜炭、侦炭、炭科、炭龙、炭威、炭星、炭鲜、炭冠、冠惠、冠萌、诺普、强尔、外尔、呐喜、亿嘉、酷轮、安疽尔、百保秀、百力强、百使特、博士威、长青藤、大赢家、公道宁、好日子、好年丰、好佳丰、瑞德丰、红太阳、福鲜士、允发富、韦尔奇、全聚得、使百克、施铂克、施保克、施保利、施得果、施普乐、富而乐、富美实、庆丰牌、舒果清、坦阻克、真绿色、优施克、穗源康、鲜丽果、新长山、欣佰泰、泰丽保、啄木鸟、曹达农化、利尔作物、柳惠果威、绿色农华、美邦农药、农林卫士、双丰瑞尔、双丰化工、双星农药、中国农资、中化农化、维特美克、标正好施保、沪联施保乐、辉丰使百克、马克西姆扑霉灵。

主要含量与剂型 25％、45％、250克/升、450克/升乳油，15％、20％、25％、45％微乳剂，20％、25％、40％、45％、250克/升、450克/升水乳剂，50％悬浮剂、50％可湿性粉剂。

产品特点 咪鲜胺是一种咪唑类广谱低毒杀菌剂，具有保护和触杀作用，无内吸作用，但有一定的渗透传导性能，对许多种高等真菌性病害均有很好的防控效果，属甾醇脱甲基化抑制剂。其杀菌机理主要是通过抑制麦角甾醇的生物合成，影响细胞膜形成，最终导致病菌死亡。本剂对鱼类中毒，对兔皮肤和眼睛有中度刺激。

咪鲜胺常与福美双、百菌清、丙森锌、多菌灵、甲基硫菌灵、异菌脲、三唑酮、三环唑、丙环唑、腈菌唑、氟环唑、氟硅唑、苯醚甲环唑、抑霉唑、戊唑醇、己唑醇、双胍三辛烷基苯磺酸盐、嘧菌酯、吡唑醚菌酯、噻呋酰胺、稻瘟酰胺、稻瘟灵、噁霉灵、甲霜灵、烯酰吗啉、咯菌腈、溴菌腈、松脂酸铜、井冈霉素、乙蒜素等杀菌剂成分混配，用于生产复配杀菌剂。

适用果树及防控对象 咪鲜胺适用于多种落叶果树，对许多种高等真菌性病害特别是水果采后病害（防腐保鲜）均有很好的防控效果。目前，在落叶果树生产中主要用于防控：苹果的青霉病、绿霉病、褐腐病、炭疽病、炭疽叶枯病，梨的青霉病、绿霉病、褐腐病、炭疽病，桃的褐腐病、炭疽病，葡萄的黑痘病、炭疽病，枣炭疽病，核桃炭疽病。

使用技术 咪鲜胺防控水果采后病害时，常用于药剂浸果；防控树上病害时，主要应用于叶面喷雾。

（1）水果的防腐保鲜 主要用于防控苹果（青霉病、绿霉病、褐腐病）、梨（青霉病、绿霉病、褐腐病）及桃（褐腐病）等水果的采后病害，当天采收当天进行药剂处理。一般使用15％微乳剂350～500倍液、或20％微乳剂或20％水乳剂500～600倍液、或25％水乳剂或25％微乳剂或25％乳油或250克/升水乳剂或250克/升乳油600～800倍液、或40％水乳剂1000～1200倍液、或45％水乳剂或45％微乳剂或45％乳油或450克/升水乳剂或450克/升乳油1000～1500倍液、或50％悬浮剂或50％可湿性粉剂1200～1500倍液浸果，浸果1分钟后捞出晾干、包装、贮存。

（2）苹果炭疽病、炭疽叶枯病 防控炭疽病时，从落花后20天左右开始喷药，10～15天1次，与不同类型药剂交替使用，连喷4～6次（套袋果套袋后停止喷药）；防控炭疽叶枯病时，一般在雨季到来前及时喷药，10～15天1次，连喷2～3次。咪鲜胺一般使用15％微乳剂500～600倍液、或20％微乳剂或20％水乳剂600～800倍液、或25％水乳剂或25％微乳剂或25％乳油或250克/升水乳剂或250克/升乳油800～1000倍液、或40％水乳剂1200～1500倍液、或45％微乳剂或45％水乳剂或45％乳油或450克/升水乳剂或450克/升乳油1500～2000倍液、或50％悬浮剂或50％可湿性粉剂1500～2000倍液均匀喷雾。

（3）梨炭疽病 从落花后20天左右开始喷药，10～15天1次，与不同类型药剂交替使用，连喷5～7次（套袋果套袋后停止喷药）。咪鲜胺喷施倍数同"苹果炭疽病"。

（4）桃褐腐病、炭疽病 主要适用于不套袋桃。多从采收前2个月开始喷药，10～15天1次，连喷3～4次。药剂喷施倍数同"苹果炭疽病"。

（5）葡萄黑痘病、炭疽病 首先在葡萄花蕾穗期、落花后及落花后10～15天各喷药1次，有效防控黑痘病；然后从果粒膨大中期开始喷药防控炭疽病，10天左右1次，与不同类型药剂交替使用，到采收前一周结束（套袋葡萄套袋后结束）。咪鲜胺喷施倍数同"苹果炭疽病"。需要指出，不套袋葡萄采收前1个月内喷施咪鲜胺可能会对葡萄风味有一定影响，具体应用时需要慎重。

（6）枣炭疽病 从坐住果后半月左右开始喷药，10～15天1次，与不同类型药剂交替使用，连喷 4~6 次。咪鲜胺喷施倍数同"苹果炭疽病"。

(7) 核桃炭疽病 从果实膨大期开始喷药，10~15 天 1 次，连喷 2~3 次。药剂喷施倍数同"苹果炭疽病"。

注意事项 咪鲜胺不能与强酸性及碱性药剂混用。用于水果防腐保鲜时，当天采收的果实应当天用药处理完毕；且浸果前必须将药剂搅拌均匀，并剔除病虫伤果。本品对鱼类等水生生物有毒，残余药液及洗涤药械的废液严禁污染鱼塘、湖泊、河流等水域。苹果上使用的安全间隔期为 21 天，每季最多使用 4 次；葡萄上使用的安全间隔期为 10 天，每季最多使用 2 次。

咪鲜胺锰盐 prochloraz-manganese chloride complex

常见商标名称 翠欣、庆春、辉丰、江山、菌威、疸浐、商赢、世可、鲜名、达世丰、富美实、红太阳、使百功、施保功、韦尔奇、恒田保克、美邦农药、郑氏化工。

主要含量与剂型 25%、50%、60%可湿性粉剂。

产品特点 咪鲜胺锰盐是咪鲜胺与氯化锰的复合物，属咪唑类广谱低毒杀菌剂，比咪鲜胺的使用安全性有所提高，以保护和触杀作用为主，无内吸性，但有一定的渗透传导性能。其杀菌机理是通过抑制病菌麦角甾醇的生物合成，使细胞膜不能正常形成，而导致病菌死亡。另外，其释放的锰离子对病菌的孢子萌发和菌丝生长也有一定抑制作用。本剂对鱼类中毒，对兔皮肤和眼睛有中度刺激。

咪鲜胺锰盐常与代森联、丙森锌、多菌灵、甲基硫菌灵、苯醚甲环唑、己唑醇、戊唑醇、甲霜灵、双胍三辛烷基苯磺酸盐、春雷霉素等杀菌剂成分混配，用于生产复配杀菌剂。

适用果树及防控对象 咪鲜胺锰盐适用于多种落叶果树，对许多种高等真菌性病害特别是水果采后病害（防腐保鲜）均有很好的防控效果。目前，在落叶果树生产中主要用于防控：苹果的青霉病、绿霉病、褐腐病、炭疽病、炭疽叶枯病，梨的青霉病、绿霉病、褐腐病、炭疽病，桃的褐腐病、炭疽病，葡萄的黑痘病、炭疽病，枣炭疽病，核桃炭疽病。

使用技术 咪鲜胺锰盐防控水果采后病害时，多使用药液浸果；防控树上病害时，主要用于叶面喷雾。

(1) 水果的防腐保鲜 主要用于防控苹果（青霉病、绿霉病、褐腐病）、梨（青霉病、绿霉病、褐腐病）及桃（褐腐病）等水果的采后病害，当天采收当天进行药剂处理。一般使用 25%可湿性粉剂 500~600 倍液、或 50%可湿性粉剂 1000~1200 倍液、或 60%可湿性粉剂 1200~1500 倍液浸果，浸果 1 分钟后捞出晾干、包装、贮存。

(2) 苹果炭疽病、炭疽叶枯病 防控炭疽病时，从落花后 20 天左右开始喷药，10~15 天 1 次，与不同类型药剂交替使用，连喷 4~6 次（套袋苹果套袋后停止喷药）；防控炭疽叶枯病时，一般在雨季到来前及时喷药，10～15天1次，连喷2～3次。一般使用25%可湿性粉剂600～800倍液、或50%可湿性粉剂1200～1500倍液、或60%可湿性粉剂1500～2000倍液均匀喷雾。

（3）梨炭疽病　从落花后20天左右开始喷药，10～15天1次，与不同类型药剂交替使用，连喷5～7次（套袋果套袋后结束喷药）。咪鲜胺锰盐喷施倍数同"苹果炭疽病"。

（4）桃褐腐病、炭疽病　主要适用于不套袋桃。多从采收前2个月开始喷药，10～15天1次，连喷3～4次。药剂喷施倍数同"苹果炭疽病"。

（5）葡萄黑痘病、炭疽病　首先在葡萄花蕾穗期、落花后及落花后10～15天各喷药1次，有效防控黑痘病；然后从果粒膨大中期开始连续喷药防控炭疽病，10天左右1次，与不同类型药剂交替使用，直到果实采收前一周结束（套袋葡萄套袋后不再喷药）。咪鲜胺锰盐喷施倍数同"苹果炭疽病"。需要指出，不套袋葡萄采收前1个月内喷施咪鲜胺锰盐可能会对葡萄风味有一定影响，具体应用时需要慎重。

（6）枣炭疽病　从坐住果后半月左右开始喷药，10～15天1次，与不同类型药剂交替使用，连喷4～6次。咪鲜胺锰盐喷施倍数同"苹果炭疽病"。

（7）核桃炭疽病　从果实膨大中期开始喷药，10～15天1次，连喷2～3次。药剂喷施倍数同"苹果炭疽病"。

注意事项　咪鲜胺锰盐不能与强酸性或碱性药剂混用。连续喷药时，注意与不同类型药剂交替使用。水果防腐保鲜时，当天采收的果实应当天用药处理完毕；浸果前先将药剂搅拌均匀，并剔除病虫伤果。本剂对鱼类等水生生物有毒，残余药液及洗涤药械的废液严禁污染鱼塘、湖泊、河流等水域。苹果上使用的安全间隔期为21天，每季最多使用3次；葡萄上使用的安全间隔期为10天，每季最多使用2次。

双炔酰菌胺　mandipropamid

常见商标名称　瑞凡、先正达。

主要含量与剂型　23.4%悬浮剂

产品特点　双炔酰菌胺是一种酰胺类微毒专用杀菌剂，具有预防保护和内吸治疗双重功效，对地上部的绝大多数低等真菌性病害均有很好的防控效果。既对处于萌发阶段的病菌孢子具有极高的活性，又可抑制菌丝生长和孢子的形成，还对处于潜伏期的病害有较强的治疗作用。其杀菌机理是通过抑制病菌细胞磷脂的生物合成和细胞壁的生物合成，而导致病菌死亡。喷施后药剂与植物表面的蜡质层亲和力较强，耐雨水冲刷，持效期较长。

双炔酰菌胺常与百菌清、代森锰锌等杀菌剂成分混配，用于生产复配杀菌剂。

适用果树及防控对象　双炔酰菌胺适用于多种落叶果树，专用于防控低等真菌性病害。目前，在落叶果树生产中主要用于防控：葡萄霜霉病，梨疫腐病。

使用技术

（1）葡萄霜霉病　首先在葡萄花蕾穗期和落花后各喷药 1 次，有效防控霜霉病为害幼穗；然后从叶片上初见霜霉病病斑时开始连续喷药，10 天左右 1 次，与不同类型药剂交替使用或混用，直到生长后期。双炔酰菌胺一般使用 23.4％悬浮剂 1500～2000 倍液喷雾，防控叶片受害时注意喷洒叶片背面。

（2）梨疫腐病　主要适用于不套袋梨。多从病害发生初期或初见病果时开始喷药，10 天左右 1 次，连喷 2 次左右。药剂喷施倍数同"葡萄霜霉病"。

注意事项　双炔酰菌胺不能与强酸性及碱性药剂、肥料混用。连续喷药时，注意与不同类型药剂交替使用或混用。用药时注意安全保护，避免药液接触皮肤、眼睛和污染衣物，避免吸入雾滴。残余药液及清洗药械的废液严禁污染各类水域、土壤等环境。葡萄上使用的安全间隔期为 3 天，每季最多使用 3 次。

烯酰吗啉　dimethomorph

常见商标名称　安克、安库、安玛、安洗、川安、精安、宝标、碧叶、碧奥、拔翠、纯翠、灵翠、优翠、翠锦、翠网、北联、必和、超赞、斗疫、扶生、康宪、凯越、龙生、盖帽、润扬、优润、高润、高嘉、来高、国光、觉博、京博、奔冠、尊冠、冠翼、冠诺、诺顿、辉丰、龙灯、福盈、露克、邦露、华邦、美邦、美波、美泽、美质、美星、奇星、新农、农丹、科品、酷品、上品、品宁、霜安、霜电、霜戈、霜品、霜雷、霜快、霜玛、霜逝、霜刹、霜润、霜尽、霜刃、霜泰、霜锉、傲霜、斗霜、格霜、伏霜、凯霜、良霜、千霜、大爽、天宁、先达、亨达、信玛、艾荣、迅超、祛霉、卡尊、极典、尚典、竞绿、挺绿、绿欧、绿杀、默赛、佳激、清佳、清爽、山青、上格、世耘、耕耘、亿嘉、太妙、快洁、双杰、双移、可林、剑盾、蓝剿、外尔、喜鲜、喜致、悦动、禾益、和欣、正业、中保、中达、阿克白、艾法利、安培喜、巴斯夫、碧霜葆、博士威、达世丰、丰乐龙、福玛利、海利尔、好日子、惠特克、卡美达、科泰稳、拉尔因、丽克来、克莱尔、金霜电、茎加美、妙叶思、每刻靓、诺普信、瑞德丰、施普乐、世科姆、爽天下、霜福莱、霜草宁、霜克宁、汤普森、万托霖、西北狼、稀尔美、先利达、韦尔奇、优力士、啄木鸟、滨农科技、标正安凡、标正品顶、标正先萃、曹达农化、大方方佳、弗兰西达、冠龙农化、利尔作物、绿色农华、美邦农药、青岛金尔、升华拜克、仕邦农化、双星农药、思达霜克、天下无双、威远生化、威远喜双、沃野翱翔、祥龙霜威、烯玛安克、星牌秀丽、一代霜娇、掌上名钻、中保霜克、中航三利、中天邦正、科利隆生化、韦尔奇双怕、诺普信安法利、汤普森生物科技。

主要含量与剂型　40％、50％、80％水分散粒剂，25％、30％、40％、50％、80％可湿性粉剂，10％、20％、25％、40％、50％悬浮剂，25％微乳剂，10％、15％水乳剂。

产品特点 烯酰吗啉是一种肉桂酰胺类内吸治疗性低毒杀菌剂，专用于防控卵菌类植物病害，具有内吸治疗和预防保护双重作用，内吸性强，耐雨水冲刷，持效期较长。其作用机理是通过抑制磷脂的生物合成和细胞壁的形成而导致病菌死亡。在卵菌生活史中除游动孢子形成和孢子游动期外，对其余各个阶段均有作用，尤其对孢囊梗、孢子囊和卵孢子的形成阶段更敏感，若在孢子囊和卵孢子形成前用药，则可完全抑制孢子的产生。烯酰吗啉与甲霜灵等苯基酰胺类杀菌剂没有交互抗性，但单一使用易诱使病菌产生抗药性。药剂对兔皮肤无刺激性，对兔眼睛有轻微刺激，对蜜蜂和鸟低毒，对鱼中毒。

烯酰吗啉常与福美双、百菌清、代森锰锌、代森联、丙森锌、硫酸铜钙、王铜、松脂酸铜、喹啉铜、噻霉酮、噁唑菌酮、甲霜灵、霜脲氰、氰霜唑、氟啶胺、三乙膦酸铝、咪鲜胺、异菌脲、唑嘧菌胺、氟醚菌酰胺、二氰蒽醌、嘧菌酯、醚菌酯、吡唑醚菌酯、中生菌素、氨基寡糖素等杀菌剂成分混配，用于生产复配杀菌剂，以延缓病菌产生抗药性。

适用果树及防控对象 烯酰吗啉适用于多种落叶果树，专用于防控卵菌纲真菌性病害。目前，在落叶果树生产中主要用于防控：葡萄霜霉病，苹果疫腐病，梨疫腐病。

使用技术

(1)葡萄霜霉病 首先在葡萄花蕾穗期和落花后各喷药 1 次，有效防控霜霉病为害幼果穗；然后从叶片上初见霜霉病病斑时开始再次喷药，10 天左右 1 次，与不同类型药剂交替使用，直到生长后期。一般使用 10％水乳剂或 10％悬浮剂 400～500 倍液、或 15％水乳剂 600～800 倍液、或 20％悬浮剂 800～1000 倍液、或 25％微乳剂或 25％悬浮剂或 25％可湿性粉剂 1000～1200 倍液、或 30％可湿性粉剂 1200～1500 倍液、或 40％悬浮剂或 40％水分散粒剂或 40％可湿性粉剂 1500～2000 倍液、或 50％悬浮剂或 50％可湿性粉剂或 50％水分散粒剂 2000～2500 倍液、或 80％水分散粒剂或 80％可湿性粉剂 3000～4000 倍液均匀喷雾，防控叶片受害时注意喷洒叶片背面。

(2)苹果疫腐病 主要是防控不套袋果实的病害，从病害发生初期或初见病果时开始喷药，10 天左右 1 次，连喷 2 次左右，重点喷洒中下部果实。药剂喷施倍数同"葡萄霜霉病"。

(3)梨疫腐病 主要是防控不套袋果实的病害，从病害发生初期或初见病果时开始喷药，10 天左右 1 次，连喷 2 次左右，重点喷洒中下部果实。药剂喷施倍数同"葡萄霜霉病"。

注意事项 烯酰吗啉不能与碱性药剂混用。本剂虽为内吸治疗性药剂，但具体喷药时还应尽量早喷，并喷洒均匀周到。连续喷药时，注意与其他不同类型药剂交替使用、或与代森锰锌等药剂混用，以延缓病菌产生抗药性。残余药液及洗涤药械的废液，严禁污染河流、湖泊、池塘等水域。葡萄上使用的安全间隔期为 14 天，每季最多使用 3 次。

氟吗啉 flumorph

常见商标名称 金福灵、中化农化。

主要含量与剂型 20％、25％可湿性粉剂，30％悬浮剂，60％水分散粒剂。

产品特点 氟吗啉是一种肉桂酰胺类内吸治疗性低毒杀菌剂，专用于防控低等真菌性病害（卵菌病害），具有预防保护和内吸治疗双重作用，药效高，残留低，持效期较长，使用安全，可混用性好。其杀菌机理是通过抑制病菌磷脂的生物合成及细胞壁的合成，而导致病菌死亡。该药能明显抑制休止孢子萌发、芽管伸长、附着胞和吸器的形成、菌丝生长、孢囊梗的形成和孢子囊的产生，但对游动孢子的释放、游动及休止孢子形成没有影响。另外，其含有的氟原子还具有模拟效应、电子效应、阻碍效应、渗透效应，使其防病效果明显高于同类产品。

氟吗啉常与代森锰锌、丙森锌、喹啉铜、二氰蒽醌、三乙膦酸铝、唑菌酯、精甲霜灵、氟啶胺等杀菌剂成分混配，用于生产复配杀菌剂。

适用果树及防控对象 氟吗啉适用于多种落叶果树，专用于防控低等真菌性病害。目前，在落叶果树生产中主要用于防控：葡萄霜霉病，苹果疫腐病，梨疫腐病。

使用技术

（1）葡萄霜霉病 首先在葡萄花蕾穗期和落花后各喷药 1 次，有效防控霜霉病侵害幼果穗；然后从叶片上初见霜霉病病斑时开始连续喷药，10 天左右 1 次，与不同类型药剂交替使用，直到生长后期。一般使用 20％可湿性粉剂 1000～1200 倍液、或 25％可湿性粉剂 1200～1500 倍液、或 30％悬浮剂 1500～2000 倍液、或 60％水分散粒剂 3000～4000 倍液均匀喷雾，防控叶片受害时注意喷洒叶片背面。

（2）苹果疫腐病 主要是防控不套袋果实的病害，从病害发生初期或初见病果时开始喷药，10 天左右 1 次，连喷 2 次左右，重点喷洒中下部果实。药剂喷施倍数同"葡萄霜霉病"。

（3）梨疫腐病 主要是防控不套袋果实的病害，从病害发生初期或初见病果时开始喷药，10 天左右 1 次，连喷 2 次左右，重点喷洒中下部果实。药剂喷施倍数同"葡萄霜霉病"。

注意事项 氟吗啉不能与碱性药剂混用。连续喷药时，注意与其他不同类型药剂交替使用或混用，以延缓病菌产生抗药性。残余药液及洗涤药械的废液严禁污染河流、湖泊、池塘等水域。葡萄上使用的安全间隔期建议为 7 天，每季最多使用 3 次。

三乙膦酸铝 fosetyl-aluminium

常见商标名称 百生、碧奥、暴蓝、吡圣、赤宁、纯喜、冠盖、丰达、国光、恒田、嘉华、兰月、乐邦、美邦、绿洲、罗拉、利民、娄农、品巧、叶爽、顺爽、武夫、上格、霜动、鑫马、新安、休顿、卓冠、奥得丰、保特丽、谷丰鸟、果丽奇、稼得利、瑞德丰、世科姆、施普乐、双可丰、韦尔奇、辛普强、啄木鸟、碧奥双美、兴农敏佳、中航三利、科利隆生化。

主要含量与剂型 40％、80％可湿性粉剂，80％水分散粒剂，90％可溶粉剂。

产品特点 三乙膦酸铝是一种有机磷类内吸治疗性高效广谱低毒杀菌剂，具有保护和治疗双重作用，对低等真菌性病害和高等真菌性病害均有很好的防控效果。通过有效阻止孢子萌发、抑制菌丝体生长和孢子的形成而达到杀菌防病作用。该药水溶性好，内吸渗透性强，持效期较长，使用较安全，但喷施浓度过高时对黄瓜、白菜有轻微药害。本剂对皮肤、眼睛无刺激作用，对蜜蜂及野生生物较安全。

三乙膦酸铝常与福美双、百菌清、灭菌丹、代森锌、代森锰锌、丙森锌、乙酸铜、琥胶肥酸铜、多菌灵、氟吡菌胺、咪唑菌酮、霜霉威、甲霜灵、氟吗啉、烯酰吗啉等杀菌剂成分混配，用于生产复配杀菌剂。

适用果树及防控对象 三乙膦酸铝适用于多种落叶果树，对许多种真菌性病害均有较好的防控效果。目前，在落叶果树生产中主要用于防控：葡萄的霜霉病、疫腐病，苹果的疫腐病、轮纹病、炭疽病，梨树的疫腐病、黑星病、轮纹病、炭疽病、白粉病，草莓疫腐病。

使用技术 三乙膦酸铝主要应用于喷雾，也常用于浇灌或灌根等。从病害发生前或发生初期开始用药防病效果较好，并注意与不同类型药剂交替使用或混用。

（1）葡萄霜霉病、疫腐病 防控霜霉病时，首先在葡萄花蕾穗期和落花后各喷药1次，有效防控霜霉病侵害幼果穗；然后从叶片上初见病斑时立即开始喷药，10天左右1次，与不同类型药剂交替使用，直到生长后期。一般使用40％可湿性粉剂300～400倍液、或80％可湿性粉剂或80％水分散粒剂600～700倍液、或90％可溶粉剂700～800倍液均匀喷雾。防控疫腐病时，从植株初显症状时开始用药液浇灌植株基部（从病斑上部向下淋灌），10～15天1次，连灌2次。浇灌药液浓度同喷雾。

（2）苹果疫腐病、轮纹病、炭疽病 从落花后7～10天开始喷药，10天左右1次，连喷3次药后套袋；不套袋苹果以后每10～15天喷药1次，与不同类型药剂交替使用，需继续喷药3～5次。药剂喷施倍数同"葡萄霜霉病"。

（3）梨树疫腐病、黑星病、轮纹病、炭疽病、白粉病 以防控黑星病为主，兼防其他病害。从初见黑星病病梢或病叶或病果时开始喷药，10～15天1次，与不同类型药剂交替使用，连喷6～8次。药剂喷施倍数同"葡萄霜霉病"。

（4）草莓疫腐病 从病害发生初期开始用药液灌根。10～15天1次，连灌2次。浇灌药液浓度同"葡萄霜霉病"。

注意事项 三乙膦酸铝不能与强酸性或碱性药剂混用，以免分解失效；与多菌灵、代森锰锌等药剂混用，可显著提高防控效果、扩大防病范围。本剂易吸潮结块，贮运中应注意密封干燥保存，如遇结块，不影响药效。药剂对鱼类有毒，用药时注意保护环境，避免污染水源。葡萄上使用的安全间隔期为 14 天，每季最多使用 3 次。

霜霉威盐酸盐 propamocarb hydrochloride

常见商标名称 普力克、宝力克、博士威、卡莱理、卡普多、金法瑞、免劳露、农特爱、扑霉特、普而富、瑞德丰、施普乐、霜法利、威普科、拜耳、安克、克霜、霜虎、霜剑、霜敏、霜雄、蓝丰、丰叶、联农、兴农、绿动、勤耕、复苏、疫格、亿嘉、迅康、荣邦、华邦、双危、美波、美星、七星、伟亮、上格、广成、世佳、瑞泽、捷宝、中保、一帆、强尔双泰、仕邦福蛙、仕邦农化、双星农药、中保露洁、中国农资、中农联合、科利隆生化、诺普信金发利。

主要含量与剂型 35％、66.5％、722 克/升水剂。

产品特点 霜霉威盐酸盐是一种氨基甲酸酯类内吸治疗性低毒杀菌剂，专用于防控低等真菌性病害，具有预防保护和内吸治疗双重作用，与其他类型杀菌剂无交互抗性。通过植物的根和叶片吸收，向顶传导，使用安全，并对根、茎、叶有明显的刺激生长作用。其杀菌机理是通过抑制病菌细胞膜成分的磷脂和脂肪酸的生物合成，而影响细胞膜透性，进而抑制菌丝生长、孢子囊形成和萌发等。

霜霉威盐酸盐常与辛菌胺醋酸盐、噁霉灵、甲霜灵、精甲霜灵、氟啶胺、烯酰吗啉、氟吡菌胺、咪唑菌酮、三乙膦酸铝、苯醚甲环唑、嘧菌酯、春雷霉素等杀菌剂成分混配，用于生产复配杀菌剂。

适用果树及防控对象 霜霉威盐酸盐适用于多种落叶果树，对低等真菌性病害具有独特防效。目前，在落叶果树生产中主要用于防控葡萄霜霉病。

使用技术 防控葡萄霜霉病时，首先在葡萄花蕾穗期和落花后各喷药 1 次，有效防控霜霉病为害幼果穗；然后再从叶片上初见霜霉病病斑时立即继续喷药，10 天左右 1 次，与不同类型药剂交替使用，直到生长后期（雨雾露等高湿条件不再出现时）。霜霉威盐酸盐一般使用 35％水剂 300～400 倍液、或 66.5％或 722 克/升水剂 600～800 倍液喷雾，防控叶片受害时重点喷洒叶片背面。

注意事项 霜霉威盐酸盐不能与碱性药剂混用。连续喷药时注意与其他不同类型药剂交替使用或混用，以延缓病菌产生抗药性。施药时远离水产养殖区，并禁止在河塘、湖泊等水体中清洗施药器具。葡萄上使用的安全间隔期建议为 28 天，每季最多使用 3 次。

多抗霉素 polyoxin

常见商标名称 宝丽安、宝粒精、榜中榜、百丰达、多氧清、灰卡奇、田秀才、百妥、保亮、博财、翠环、蓝翠、国丰、韩农、兴农、农情、灵细、乐收、龙生、绿欢、金抗、量美、美邦、奇星、清佳、神喜、天池、旺腾、雅致、叶赛、标正秀明、绿色农华、美邦农药、神星药业、颖泰嘉和。

主要含量与剂型 1.5%、3%、10%、15%可湿性粉剂，1%、1.5%、3%、5%水剂。

产品特点 多抗霉素是一种农用抗生素类高效广谱低毒杀菌剂，由金色链霉菌代谢产生，具有较好的内吸传导作用，杀菌力强。其作用机理是干扰病菌细胞壁几丁质的生物合成，芽管和菌丝体接触药剂后，局部膨大、破裂，细胞内含物溢出，不能正常发育而最终死亡；同时，还有抑制病菌产孢和病斑扩大的作用。本剂使用安全，对人、畜基本无毒，不污染环境，对鱼类及蜜蜂低毒。对兔皮肤和眼睛无刺激作用，在动物体内无蓄积，能很快排出体外。

多抗霉素可与福美双、克菌丹、丙森锌、代森锰锌、喹啉铜、苯醚甲环唑、戊唑醇、己唑醇、吡唑醚菌酯、中生菌素、嘧肽霉素等杀菌剂成分混配，用于生产复配杀菌剂。

适用果树及防控对象 多抗霉素适用于多种落叶果树，对许多种高等真菌性病害均有较好的防控效果。目前，在落叶果树生产中主要用于防控：苹果的霉心病、斑点落叶病、轮纹病、炭疽病、套袋果斑点病，梨树的黑斑病、黑星病、白粉病、轮纹病、炭疽病、套袋果黑点病，葡萄的穗轴褐枯病、灰霉病、炭疽病，桃的黑星病、炭疽病，草莓的灰霉病、白粉病。

使用技术 多抗霉素主要应用于喷雾，在病害发生前或初见病斑时开始用药效果最好，且喷药应均匀周到。

（1）苹果病害 首先在花序分离后开花前和盛花末期各喷药1次，有效防控霉心病，兼防斑点落叶病；然后从落花后10天左右开始喷药，10天左右1次，连喷3次药后套袋，有效防控轮纹病、炭疽病、套袋果斑点病及春梢期的斑点落叶病；秋梢生长期再喷药2次左右，间隔10～15天，有效防控秋梢期的斑点落叶病。一般使用1%水剂200～300倍液、或1.5%可湿性粉剂或1.5%水剂300～400倍液、或3%可湿性粉剂或3%水剂400～600倍液、或5%水剂600～800倍液、或10%可湿性粉剂1000～1500倍液、或15%可湿性粉剂1500～2000倍液均匀喷雾。

（2）梨树病害 从初见黑斑病病叶、或黑星病病叶或病果时开始喷药，10～15天1次，与不同类型药剂交替使用，连喷4～6次，有效防控黑斑病、黑星病及套袋果黑点病，兼防轮纹病、炭疽病；秋季初见白粉病病斑时再次开始喷药，10天左右1次，连喷2～3次，兼防黑星病。药剂喷施倍数同"苹果病害"。

（3）葡萄穗轴褐枯病、灰霉病、炭疽病 首先在葡萄花蕾穗期和落花后各喷药1次，有效防控穗轴褐枯病及幼果期灰霉病；然后于果穗套袋前再喷施1次，有效预防果穗灰霉病，兼防炭疽病；不套袋葡萄则从果粒膨大中期开始喷药，10天左右1次，与不同类型药剂交替使用，连喷3～5次，有效防控炭疽病，兼防灰霉病。药剂喷施倍数同"苹果病害"。不套袋葡萄近成熟期喷药时，应尽量选用水剂，以免污染果面。

（4）桃黑星病、炭疽病　从落花后 20～30 天开始喷药，10～15 天 1 次，连喷 2～4 次。药剂喷施倍数同"苹果病害"。

（5）草莓灰霉病、白粉病　在初花期、盛花期、末花期及幼果期各喷药 1 次即可。药剂喷施倍数同"苹果病害"，应尽量选择使用水剂，以免污染果实。

注意事项　多抗霉素不能与强酸性及碱性药剂混用。连续喷药时，注意与其他不同类型药剂交替使用。用药时注意安全防护，如药剂接触到皮肤或眼睛，立即用大量清水冲洗干净；如误服，立即送医院对症治疗。残余药液及清洗施药器械的废液严禁污染河流、湖泊、池塘等水域。苹果上使用的安全间隔期为 7 天，每季最多使用 3 次；葡萄上使用的安全间隔期为 7 天，每季最多使用 3 次。

中生菌素　zhongshengmycin

常见商标名称　大康、佳爽、快爽、群达、修细、细欣、鲜润、中生、瑞德丰、啄木鸟、凯立克康、凯立生物。

主要含量与剂型　3%、5%、12% 可湿性粉剂，3% 水剂。

产品特点　中生菌素是由淡紫灰链霉菌海南变种发酵产生的一种 N-糖苷类农用抗生素类高效广谱低毒杀菌剂，具有触杀和渗透作用，保护效果明显，对多种真菌性病害均有较好的防控效果，对部分细菌性病害也有一定的抑制作用。其杀菌机理主要是抑制病菌菌体蛋白质的合成，并能使丝状真菌畸形，抑制孢子萌发和杀死孢子。该药残留低、无污染，喷施后能够刺激植物体内植保素及木质素的前体物质的生成，进而提高植株的抗病能力。

中生菌素可与代森锌、乙酸铜、多菌灵、甲基硫菌灵、苯醚甲环唑、戊唑醇、嘧霉胺、烯酰吗啉、醚菌酯、春雷霉素、多抗霉素、氨基寡糖素等杀菌剂成分混配，用于生产复配杀菌剂。

适用果树及防控对象　中生菌素适用于多种落叶果树，对多种细菌性及真菌性病害均有较好的防控效果。目前，在落叶果树生产中主要用于防控：苹果的霉心病、轮纹病、炭疽病、斑点落叶病，桃树、李树、杏树的黑星病（疮痂病）、细菌性穿孔病，核桃黑斑病。

使用技术

（1）苹果霉心病、轮纹病、炭疽病、斑点落叶病　首先在花序分离后开花前和盛花末期各喷药 1 次，有效防控霉心病，兼防斑点落叶病；然后从落花后 7～10 天开始继续喷药，10 天左右 1 次，连喷 3 次药后套袋，有效防控轮纹病、炭疽病及春梢期的斑点落叶病；秋梢生长期，间隔 10～15 天再喷药 2 次左右，防控秋梢期的斑点落叶病。一般使用 3% 可湿性粉剂或 3% 水剂 700～800 倍液、或 5% 可湿性粉剂 1200～1500 倍液、或 12% 可湿性粉剂 3000～3500 倍液均匀喷雾。

（2）桃树、李树、杏树的黑星病、细菌性穿孔病　多从落花后 20～30 天开始喷药，10～15 天 1 次，连喷 2～4 次。一般使用 3% 可湿性粉剂或 3% 水剂 600～

700 倍液、或 5％可湿性粉剂 1000～1200 倍液、或 12％可湿性粉剂 2500～3000 倍液均匀喷雾。

（3）核桃黑斑病 从病害发生初期开始喷药，10～15 天 1 次，连喷 2～4 次。药剂喷施倍数同"桃树黑星病"。

注意事项 中生菌素不能与碱性药剂及肥料混用。喷药时需现配现用，不能久存。可湿性粉剂容易吸潮，使用过程中开过包装的药剂应及时封口保存。用药时注意安全防护，并远离水产养殖区施药，禁止在河塘等水域内清洗施药器具。苹果上使用的安全间隔期为 7 天，每季最多使用 3 次。

春雷霉素　kasugamycin

常见商标名称 彩隆、禾易、乐收、美星、靓星、万度、群达、天池、细极、细雷、雷爽、欣卫、永冠、傲方、外尔、吉喆、卡艳、科诺、科雨、千安、兴农、绿盾、福苗、米朵、颖顺、宇田、博士威、多米加、加收米、加伦多、德丰富、粉嘧咯、盖乐宝、拉尔米、施克佳、细米欧、新天生、唯它灵、韦尔奇、中春胜、爱诺春雷、爱诺迅雷、博嘉农业、东生细锉、国欣诺农、绿色农华、美邦农药、上格惊雷、泰格伟德、泰生索格、韦尔奇美思达。

主要含量与剂型 2％、4％、6％水剂，2％、4％可溶液剂，2％、4％、6％、10％可湿性粉剂，2％、20％水分散粒剂。

产品特点 春雷霉素是由春日链霉菌发酵产生的一种农用抗生素类低毒杀菌剂，具有较强的渗透性和内吸性，可在植物体内移动。喷施后见效快，耐雨水冲刷，持效期较长，对植物病害具有预防和显著的治疗作用。其杀菌机理是通过干扰病菌氨基酸代谢的酯酶系统，进而影响蛋白质的生物合成，使菌丝伸长受到抑制，造成细胞颗粒化，而导致病菌死亡，但对孢子萌发没有影响。

春雷霉素可与硫黄、王铜、喹啉铜、壬菌铜、噻唑锌、噻霉酮、氯溴异氰尿酸、稻瘟灵、多菌灵、戊唑醇、己唑醇、三环唑、溴菌腈、咪鲜胺锰盐、霜霉威盐酸盐、中生菌素、氨基寡糖素等杀菌剂成分混配，用于生产复配杀菌剂。

适用果树及防控对象 春雷霉素适用于多种落叶果树，对许多种病害均有较好的防控效果。目前，在落叶果树生产中主要用于防控：桃树、杏树、李树的细菌性穿孔病、真菌性穿孔病，核桃黑斑病，猕猴桃溃疡病。

使用技术

（1）桃树、杏树、李树的细菌性穿孔病、真菌性穿孔病 从病害发生初期开始喷药，10～15 天 1 次，连喷 2～3 次。一般使用 2％水剂或 2％可溶液剂或 2％可湿性粉剂或 2％水分散粒剂 200～300 倍液、或 4％水剂或 4％可溶液剂或 4％湿性粉剂 500～600 倍液、或 6％水剂或 6％可湿性粉剂 600～800 倍液、或 10％可湿性粉剂 1000～1500 倍液、或 20％水分散粒剂 2000～3000 倍液均匀喷雾。

（2）核桃黑斑病 从病害发生初期开始喷药，10～15 天 1 次，连喷 2～4 次。

药剂喷施倍数同"桃树穿孔病"。

（3）**猕猴桃溃疡病** 首先在冬剪后立即喷药1次，然后于早春发芽前再喷药1次，进行清园灭菌，一般使用2%水剂或2%可溶液剂或2%可湿性粉剂或2%水分散粒剂100～150倍液、或4%水剂或4%可溶液剂或4%可湿性粉剂200～300倍液、或6%水剂或6%可湿性粉剂300～400倍液、或10%可湿性粉剂500～700倍液、或20%水分散粒剂1000～1200倍液均匀喷洒枝蔓。生长期在发芽后至开花前喷药，10～15天1次，连喷2次左右，药剂喷施倍数同"桃树穿孔病"。

注意事项 春雷霉素不能与碱性药剂混用。连续喷药时，注意与不同类型药剂交替使用。本剂对大豆、豌豆、蚕豆较敏感，施药时避免药液飘移到该类作物上；也不要将药液污染到杉树（特别是苗木）上；葡萄和苹果上有轻微药害，需要慎用。

宁南霉素 ningnanmycin

常见商标名称 德当、德紫、稻亨、独揽、亮叶、宁朴、纹采。

主要含量与剂型 2%、4%、8%水剂，10%可溶粉剂。

产品特点 宁南霉素是由诺尔斯链霉菌西昌变种发酵产生的一种胞嘧啶核苷肽型农用抗生素类广谱低毒杀菌剂，具有预防保护和内吸治疗双重作用，对病毒类病害和部分真菌性病害具有较好的防控效果。其作用机理是可抑制病毒的核酸复制及外壳蛋白的合成，进而破坏病毒颗粒体的结构，而发挥对病毒病的防控作用；还可通过抑制蛋白质的生物合成，使真菌菌丝生长受阻，实现对真菌病害的防控；同时，还能诱导植物体产生抗性蛋白，提高植物体自身的免疫能力。

宁南霉素有时与氟菌唑、戊唑醇、嘧菌酯等杀菌剂成分混配，用于生产复配杀菌剂。

适用果树及防控对象 宁南霉素适用于多种落叶果树，对多种病毒类病害及真菌性病害均有较好的防控效果。目前，在落叶果树生产中主要用于防控苹果树斑点落叶病。

使用技术 防控苹果树斑点落叶病时，在春梢生长期和秋梢生长期各喷药2次左右，间隔期10～15天。一般使用2%水剂500～700倍液、或4%水剂1000～1500倍液、或8%水剂2000～2500倍液、或10%可溶粉剂2500～3000倍液均匀喷雾。

注意事项 宁南霉素不能与碱性药剂混用。连续喷药时，注意与不同类型药剂交替使用。残余药液及洗涤药械的废液严禁污染河流、湖泊、池塘等水域。苹果上使用的安全间隔期为14天，每季最多使用3次。

乙蒜素 ethylicin

常见商标名称 鼎苗、华邦、裕邦、鸿安、木春、舒农、中威、正萎舒、大地农化、还春神枪、逍遥懒汉。

主要含量与剂型　20％、30％、41％、80％乳油，15％可湿性粉剂。

产品特点　乙蒜素是一种有机硫类广谱杀菌剂，系大蒜素的乙基同系物，低毒至中等毒性，对植物病害具有保护和治疗作用，并有刺激植物生长的功效。其杀菌机理是药剂与病菌中含—SH的物质反应，干扰蛋白质的生物合成，进而抑制病菌正常生理代谢，最终导致病菌死亡。制剂有大蒜臭味，对皮肤和黏膜有强烈的刺激作用，但试验剂量下无致畸、致癌、致突变作用。

乙蒜素有时与噁霉灵、三唑酮、咪鲜胺、氨基寡糖素等杀菌剂成分混配，用于生产复配杀菌剂。

适用果树及防控对象　乙蒜素适用于多种落叶果树，对许多种真菌性及细菌性病害均有较好的防控效果。目前，在落叶果树生产中主要用于防控：苹果树的腐烂病、根腐病、褐斑病，梨树腐烂病，葡萄根癌病，桃树、杏树、李树及樱桃树的根癌病、流胶病，板栗干枯病，猕猴桃溃疡病。

使用技术

(1) 苹果树腐烂病、根腐病、褐斑病　防控腐烂病时，首先彻底刮除病斑组织，然后使用20％乳油15～20倍液、或30％乳油20～30倍液、或41％乳油30～50倍液、或80％乳油50～100倍液涂抹病斑，1个月后再涂抹1次。防控根腐病时，首先找到病根部位，然后将病根及病变组织彻底清除，随后用涂抹腐烂病斑的药剂浓度涂抹根部伤口，对伤口消毒保护、并促进伤口愈合。防控褐斑病时，从苹果落花后1个月左右或病害发生初期开始喷药，10～15天1次，与不同类型药剂交替使用，连喷4～6次，一般使用15％可湿性粉剂150～200倍液、或20％乳油200～250倍液、或30％乳油300～400倍液、或41％乳油400～500倍液、或80％乳油800～1000倍液均匀喷雾。

(2) 梨树腐烂病　首先将腐烂病斑组织刮除，然后伤口表面涂药消毒、并保护伤口；当树势强壮时，也可轻刮病斑或病斑划道后直接涂药。一般使用20％乳油15～20倍液、或30％乳油20～30倍液、或41％乳油30～50倍液、或80％乳油50～100倍液涂抹，1个月后再涂药1次。

(3) 葡萄根癌病　首先彻底刮除病组织，然后用药剂涂抹病斑处及伤口，1个月后再涂抹1次。涂抹用药浓度同"梨树腐烂病"。

(4) 桃树、杏树、李树及樱桃树的根癌病、流胶病　防控根癌病时，发现病树后，首先彻底刮除病瘤组织，然后用药剂涂抹病斑处及伤口，1个月后再涂药1次，涂抹用药浓度同"梨树腐烂病"。防控流胶病时，在树体发芽前喷药清园，一般使用15％可湿性粉剂80～100倍液、或20％乳油100～120倍液、或30％乳油150～200倍液、或41％乳油200～250倍液、或80％乳油400～500倍液均匀喷洒干枝。

(5) 板栗干枯病　防控病斑时，首先彻底刮除病斑组织，然后用药剂涂抹病斑处及伤口，1个月后再涂抹1次，涂抹用药浓度同"梨树腐烂病"。预防干枯病发生时，主要是在板栗发芽前喷洒枝干清园，清园用药浓度同"桃树流胶病发芽前清园"。

（6）猕猴桃溃疡　预防溃疡病发生时，分别在猕猴桃冬剪后和发芽前喷洒枝蔓清园，清园用药浓度同"桃树流胶病发芽前清园"。防控溃疡病病斑时，首先彻底刮除病斑组织，然后用药剂涂抹病斑处及伤口，1个月后再涂抹1次，涂抹用药浓度同"梨树腐烂病"。

注意事项　乙蒜素不能与碱性药剂混用。乳油剂型对铁质容器有腐蚀作用，不能使用铁器存放。用药时注意安全保护，避免皮肤及眼睛触及药液，不慎沾染药剂后立即用清水冲洗。残余药液及洗涤药械的废液，严禁污染河流、湖泊、池塘等水域。在作物上本剂的半衰期不超过4天，对收获期的产品是安全的。

溴菌腈　bromothalonil

常见商标名称　炭特灵、托球。

主要含量与剂型　25%乳油，25%微乳剂，25%可湿性粉剂。

产品特点　溴菌腈是一种甲基溴类广谱低毒杀菌剂，具有独特的预防保护、内吸治疗和铲除杀菌多重作用，对许多病害均有较好的防控效果，尤其对炭疽病有独特防效。药剂接触病菌后能够快速被菌体细胞吸收，进而干扰菌体细胞的正常发育，而起到抑菌、杀菌的作用。同时。该药能够刺激植物体内多种酶的活性，增加光合作用，提高作物品质和产量。溴菌腈残留低，使用安全，在植物表面黏附性好，耐雨水冲刷，持效期较长，对人、畜低毒。

溴菌腈可与福美双、克菌丹、壬菌铜、多菌灵、戊唑醇、苯醚甲环唑、咪鲜胺、春雷霉素、五氯硝基苯等杀菌剂成分混配，用于生产复配杀菌剂。

适用果树及防控对象　溴菌腈适用于多种落叶果树，对许多高等真菌性病害均有较好的防控效果，尤其对炭疽病有特效。目前，在落叶果树生产中主要用于防控：苹果的炭疽病、炭疽叶枯病，梨炭疽病，桃、李炭疽病，葡萄炭疽病，核桃炭疽病，枣炭疽病，石榴炭疽病，草莓炭疽病。

使用技术

（1）苹果炭疽病、炭疽叶枯病　防控炭疽病时，从落花后10天左右开始喷药，10天左右1次，连喷3次药后套袋（套袋后结束喷药）；不套袋苹果继续喷药3～4次，10～15天1次，注意与不同类型药剂交替使用。防控炭疽叶枯病时，多从雨季到来前开始喷药，10～15天1次，连喷2～3次。一般使用25%乳油或25%微乳剂或25%可湿性粉剂800～1000倍液均匀喷雾。

（2）梨炭疽病　从落花后半月左右开始喷药，10天左右1次，连喷2～3次药后套袋（套袋后结束喷药）；不套袋梨继续喷药3～5次，10～15天1次，与不同类型药剂交替使用。溴菌腈喷施倍数同"苹果炭疽病"。

（3）**桃、李的炭疽病**　从落花后1个月左右开始喷药，10～15天1次，与不同类型药剂交替使用，连喷2～4次。溴菌腈喷施倍数同"苹果炭疽病"。

（4）**葡萄炭疽病**　套袋葡萄在套袋前喷药1次即可；不套袋葡萄从果粒膨大中期开始喷药，10天左右1次，与不同类型药剂交替使用，直到采收前一周结束。溴菌腈喷施倍数同"苹果炭疽病"。

（5）**核桃炭疽病**　从果实膨大中期或病害发生初期开始喷药，10～15天1次，连喷2～3次。药剂喷施倍数同"苹果炭疽病"。

（6）**枣炭疽病**　从枣果坐住后20天左右开始喷药，10～15天1次，与不同类型药剂交替使用，连喷3～5次。溴菌腈喷施倍数同"苹果炭疽病"。

（7）**石榴炭疽病**　从（一茬花）落花后半月左右开始喷药，10～15天1次，与不同类型药剂交替使用，连喷3～5次（套袋石榴套袋后不再喷药）。溴菌腈喷施倍数同"苹果炭疽病"。

（8）**草莓炭疽病**　主要应用于育苗田。从病害发生初期开始喷药，10天左右1次，连喷3～4次。药剂喷施倍数同"苹果炭疽病"。

注意事项　溴菌腈不能与碱性药剂混用。套袋的苹果、梨套袋前用药时，尽量避免使用乳油剂型。用药时注意安全保护，并避免在高温时段用药。禁止在河塘等水域内清洗施药器具，避免污染水源。一般果树上使用的安全间隔期建议为14天，每季最多使用3次。

嘧菌酯　azoxystrobin

常见商标名称　艾富、艾胜、安越、保泰、传奇、海讯、东宝、粉康、丰翘、丰山、菲绿、富宝、广从、黄龙、美邦、美星、奇星、海利、海正、华邦、华戎、和欣、禾媄、禾运、禾易、恒田、亨达、辉丰、辉隆、绘绿、绿符、凯威、康良、克胜、闪胜、利民、乐吉、柳惠、龙灯、垄优、捷佳、默佳、清佳、集琦、剑优、钜鼎、菌杰、千杰、金嘧、京博、景宏、嘧打、妙极、明阔、品逸、钱江、抢治、巧颖、青岚、日友、瑞旺、上格、圣露、势泽、苏利、苏灵、灵单、淘今、图哥、外尔、万妙、希施、仙耙、鲜翠、源翠、翠恩、绣星、炫丽、迅彩、永农、叶胜、益秀、银山、颖农、颖园、耘威、耘星、卓旺、中保、阿加特、阿加西、阿米佳、阿米宁、保绿安、博士威、川福华、达世丰、丰乐龙、德倍尔、福乐宝、富春江、高米西、瑞德丰、瑞嘧冠、红太阳、嘧利达、米克拉、诺普信、世科姆、纽发姆、谷丰鸟、谷绿来、好为农、叶惠美、卡迪迅、金珍稼、妙灵邦、久必治、泰美利、新长山、威尔达、先正达、斯米达、优米达、西普达、西北狼、炫立克、韦尔奇、喜开泰、亚托敏、优必佳、啄木鸟、阿米翠泽、阿米东道、阿米瑞特、阿米西达、阿迷西林、艾嘧西达、比阿米优、多米尼西、汇丰青易、利尔作物、明德立达、钱江瑞丰、瑞邦西达、双星农药、威远生化、野田金星、颖泰嘉和、中保京彩、中国农资、中农联合、钱江田哈哈。

主要含量与剂型 25％、30％、35％、50％、250 克/升、500 克/升悬浮剂，20％、25％、50％、60％、70％、80％水分散粒剂，20％、40％可湿性粉剂。

产品特点 嘧菌酯是一种甲氧基丙烯酸酯类内吸性高效广谱低毒杀菌剂，具有保护、治疗、铲除、渗透、内吸及缓慢向顶移动活性，属线粒体呼吸抑制剂。其杀菌机理是通过抑制细胞色素 b 向 c1 间电子转移，进而抑制线粒体的呼吸，破坏病菌的能量形成，最终使病菌因饥饿而死亡。通过抑制孢子萌发、菌丝生长及孢子产生而发挥防病作用。对 14-脱甲基化酶抑制剂、苯甲酰胺类、二羧酰胺类和苯并咪唑类产生抗性的菌株有效。另外，该药在一定程度上还可诱导植物表现出潜在抗性，防止病菌侵染。

嘧菌酯常与百菌清、代森锰锌、丙森锌、噻唑锌、噻霉酮、噁唑菌酮、多菌灵、甲基硫菌灵、丙环唑、三环唑、氟环唑、氟硅唑、苯醚甲环唑、四氟醚唑、戊唑醇、己唑醇、粉唑醇、烯酰吗啉、霜霉威盐酸盐、甲霜灵、精甲霜灵、霜脲氰、氰霜唑、氟啶胺、咪鲜胺、咪鲜胺铜盐、腐霉利、乙嘧酚、氟酰胺、啶酰菌胺、吡唑萘菌胺、噻呋酰胺、硝苯菌酯、咯菌腈、宁南霉素、井冈霉素、氨基寡糖素、几丁聚糖等杀菌剂成分混配，用于生产复配杀菌剂。

适用果树及防控对象 嘧菌酯适用于多种落叶果树，对许多种真菌性病害均有较好的防控效果。目前，在落叶果树生产中主要用于防控：葡萄的霜霉病、黑痘病、白腐病、炭疽病、白粉病，梨的炭疽病、套袋果黑点病，桃的褐腐病、黑星病（疮痂病），枣树的炭疽病、轮纹病、锈病，草莓炭疽病。

使用技术 嘧菌酯主要应用于喷雾，只有在病害发生前或发生初期开始用药，才能充分发挥药效、保证防控效果，且喷药应及时均匀周到。

（1）葡萄霜霉病、黑痘病、白腐病、炭疽病、白粉病 以防控霜霉病为主导，兼防其他病害。首先在葡萄花蕾穗期、落花 80％和落花后 10～15 天各喷药 1 次，有效防控黑痘病及霜霉病为害幼穗；然后从叶片上初见霜霉病病斑时开始连续喷药，10 天左右 1 次，与不同类型药剂交替使用，直到生长后期。一般使用 20％水分散粒剂或 20％可湿性粉剂 700～1000 倍液、或 25％水分散粒剂或 25％悬浮剂或250 克/升悬浮剂 1000～1200 倍液、或 30％悬浮剂 1000～1500 倍液、或 35％悬浮剂 1200～1700 倍液、或 40％可湿性粉剂 1500～2000 倍液、或 50％水分散粒剂或50％悬浮剂或 500 克/升悬浮剂 2000～2500 倍液、或 60％水分散粒剂 2500～3000倍液、或 70％水分散粒剂 3000～3500 倍液、或 80％水分散粒剂 3500～4000 倍液喷雾，防控叶片霜霉病时重点喷洒叶片背面。

（2）梨炭疽病、套袋果黑点病 从梨树落花后半月左右开始喷药，10～15 天1 次，连喷 2～3 次药后套袋（套袋后不再喷药）；不套袋果实需继续喷药 3～5 次，间隔期 10～15 天，与其他不同类型药剂交替使用。需要指出，嘧菌酯在梨树上使用应当单独喷洒，不能与其他药剂混用（特别是乳油类产品），以防有些品种出现药害。嘧菌酯喷施倍数同"葡萄霜霉病"。

（3）**桃褐腐病、黑星病**　防控黑星病时，从桃树落花后 20～30 天开始喷药，10～15 天 1 次，连喷 2～4 次；防控褐腐病时（不套袋果），从果实采收前 1～1.5 个月开始喷药，10 天左右 1 次，连喷 2 次左右。药剂喷施倍数同"葡萄霜霉病"。

（4）**枣树炭疽病、轮纹病、锈病**　一般枣园从一茬花坐住果后半月左右或初见锈病时开始喷药，15 天左右 1 次，与不同类型药剂交替使用，连喷 5～7 次。嘧菌酯一般使用 20％水分散粒剂或 20％可湿性粉剂 1000～1200 倍液、或 25％水分散粒剂或 25％悬浮剂或 250 克/升悬浮剂 1200～1500 倍液、或 30％悬浮剂 1500～1800 倍液、或 35％悬浮剂 1500～2000 倍液、或 40％可湿性粉剂 2000～2500 倍液、或 50％水分散粒剂或 50％悬浮剂或 500 克/升悬浮剂 2500～3000 倍液、或 60％水分散粒剂 3000～3500 倍液、或 70％水分散粒剂 3500～4000 倍液、或 80％水分散粒剂 4000～5000 倍液均匀喷雾。

（5）**草莓炭疽病**　主要应用于育苗田。从病害发生初期开始喷药，10～15 天 1 次，连喷 3～5 次，注意与不同类型药剂交替使用。嘧菌酯喷施倍数同"枣炭疽病"。

注意事项　嘧菌酯不能与碱性药剂或肥料混用。连续喷药时，注意与不同类型药剂交替使用，以延缓病菌产生抗性。苹果和樱桃较敏感，请勿在苹果和樱桃树上使用。本剂对鱼类有毒，严禁将残余药液及洗涤药械的废液污染池塘、沟渠、河流及湖泊等水域。葡萄上使用的安全间隔期为 14 天，每季最多使用 4 次。

醚菌酯　kresoxim-methyl

常见商标名称　奥靓、百美、百歌、碧奥、翠贝、翠风、翠贵、翠效、翠真、倍翠、粉翠、护翠、净翠、远翠、东宝、高亮、华星、华邦、美邦、美丰、美星、福至、禾益、农骄、金尔、惊鸿、京博、君盼、满靓、诺田、欧奔、令健、朗怡、康泽、凯白、龙盾、品劲、畦妙、钱江、山青、上格、世兴、省鑫、帅佳、佳艺、天盾、旺歌、信赖、欣世、迅超、耀都、亿嘉、钟爱、众享、巴斯夫、博士威、丰乐龙、佳福灵、美尔果、美姿泰、农博士、农开颜、瑞德丰、泰隆丰、韦尔奇、阿润凯腾、宝利佳美、碧奥润泽、利尔作物、金尔秀贝、金尔凯润、金尔凯美、金尔鲜靓、美邦农药、双星农药、西大华特、银农科技、中航三利、安格诺新护、美尔果喜贝、钱江田无忧、钱江农哈哈。

主要含量与剂型　10％水乳剂，10％、30％、40％悬浮剂，30％、50％可湿性粉剂，50％、60％、80％水分散粒剂。

产品特点　醚菌酯是一种甲氧基丙烯酸酯类高效广谱低毒杀菌剂，对病害具有预防保护、内吸治疗和铲除作用，并可诱导植物在一定程度上表达其潜在抗病性。其杀菌机理主要是破坏病菌细胞内线粒体呼吸链上从细胞色素 b 向 c1 的电子传递，阻止能量形成，而导致病菌死亡。该药能作用于病害发生的各个阶段，通过抑制孢子萌发、阻止病菌芽管侵入、抑制菌丝生长、抑制产孢等作用控制病害的发生。醚菌酯具有渗透层移活性，药剂分布均匀，药效稳定；亲脂性好，易被叶片和果实的表面蜡质层吸收，并呈气态扩散，可长时间缓慢释放，耐雨水冲刷，持效期较长。该药对蜜蜂、扑食螨、蚯蚓等有益生物毒性低，正常使用对环境较安全，但对鱼和水生生物有毒。

醚菌酯常与丙森锌、代森联、多菌灵、甲基硫菌灵、苯醚甲环唑、氟菌唑、氟环唑、戊唑醇、己唑醇、乙嘧酚、甲霜灵、烯酰吗啉、丁苯吗啉、啶酰菌胺、噻呋酰胺、稻瘟酰胺、氟酰胺、氟唑菌酰胺、中生菌素等杀菌剂成分混配，用于生产复配杀菌剂。

适用果树及防控对象 醚菌酯适用于多种落叶果树，对许多种真菌性病害均有较好的防控效果。目前，在落叶果树生产中主要用于防控：苹果树的斑点落叶病、黑星病、白粉病、套袋果斑点病，梨树的黑星病、黑斑病、炭疽病、套袋果黑点病、白粉病，葡萄的炭疽病、黑痘病、白粉病，草莓白粉病。

使用技术 醚菌酯主要应用于喷雾，在病害发生前用药效果最好，并可诱导植物在一定程度上表达其潜在的免疫抗病能力。

（1）**苹果树斑点落叶病、黑星病、白粉病、套袋果斑点病** 首先在花序分离期、落花80%时和落花后10～15天各喷药1次，有效防控白粉病的早期发生，兼防黑星病、斑点落叶病；春梢生长期和秋梢生长期各喷药2次，有效防控斑点落叶病，兼防其他病害；苹果套袋前喷施1次，有效防控套袋果斑点病，兼防其他病害；8～9月份再喷药1～2次，防控白粉病菌侵害芽，兼防斑点落叶病、黑星病。一般使用10%水乳剂或10%悬浮剂500～600倍液、或30%悬浮剂或30%可湿性粉剂1500～2000倍液、或40%悬浮剂2000～2500倍液、或50%水分散粒剂或50%可湿性粉剂2500～3000倍液、或60%水分散粒剂3000～4000倍液、或80%水分散粒剂4000～5000倍液均匀喷雾。

（2）**梨树黑星病、黑斑病、炭疽病、套袋果黑点病、白粉病** 以防控黑星病为主导，兼防其他病害。一般从初见黑星病梢或病叶或病果时立即开始喷药，15天左右1次，与其他不同类型药剂交替使用，连喷5～7次；防控套袋果黑点病时，在临近套袋前喷施1次即可；防控白粉病时，从病害发生初期开始喷药，10～15天1次，连喷1～2次。醚菌酯喷施倍数同"苹果树斑点落叶病"。

（3）**葡萄炭疽病、黑痘病、白粉病** 首先在葡萄花蕾穗期、落花后及落花后半月各喷药1次，有效防控黑痘病，兼防白粉病；然后从果粒膨大中期开始继续喷药，10～15天1次，连喷3～5次，有效防控炭疽病，兼防白粉病。药剂喷施倍数同"苹果树斑点落叶病"。

（4）**草莓白粉病** 从病害发生初期开始喷药，10～15天1次，连喷2～4次。一般每亩次使用10%水乳剂或10%悬浮剂100～120毫升、或30%悬浮剂30～40毫升、或30%可湿性粉剂30～40克、或40%悬浮剂25～30毫升、或50%水分散粒剂或50%可湿性粉剂20～25克、或60%水分散粒剂16～20克、或80%水分散粒剂 12～15 克，兑水 30～45 千克均匀喷雾。

注意事项　醚菌酯不能与碱性农药及肥料混用，连续喷药时注意与不同类型杀菌剂交替使用。残余药液及洗涤药械的废液严禁污染河流、湖泊、池塘等水源。本剂在樱桃上使用易产生药害。苹果树和梨树上使用的安全间隔期均为 45 天，每季最多均使用 3 次；草莓上使用的安全间隔期为 3 天，每季最多使用 3 次。

吡唑醚菌酯　pyraclostrobin

常见商标名称　翠雷、丰蕉、蕉喜、耕耘、果粹、和欣、恒田、红颖、华邦、健陀、凯靓、凯越、凯润、扩润、极润、泰润、润歌、利民、农唱、绿安、绿霸、绿琦、满力、美星、星绽、柯欧、悦艳、妙托、外尔、名悦、唯尚、温泽、盈彩、安诺信、安鲜多、巴斯夫、海利尔、高八喜、谷丰鸟、凯泽拉、康乐加、可得净、快利克、金优福、诺普信、瑞德丰、瑞立博、施乐健、霜得青、特拉神、威尔达、啄木鸟、广农汇泽、巨能文字、龙灯赛伯、青岛金尔、胜邦绿野、双星农药、泰格伟德、天王强盛、银农科技、希普高露达。

主要含量与剂型　20％、30％、250 克/升乳油，15％、20％、25％、30％悬浮剂，25％、30％水乳剂，10％、15％、25％微乳剂，20％、25％微囊悬浮剂，24％可分散液剂，30％、50％水分散粒剂，20％、25％可湿性粉剂。

产品特点　吡唑醚菌酯是一种含有吡唑结构的甲氧基丙烯酸酯类广谱低毒（或中毒）杀菌剂，属线粒体呼吸抑制剂，具有保护、治疗、铲除、渗透及较强内吸作用，对许多种真菌性病害均有较好的预防和治疗效果，通过抑制孢子萌发和菌丝生长而发挥药效。该药杀菌活性高，作用迅速，持效期较长，耐雨水冲刷，使用安全，对环境友好，并能在一定程度上诱发植株产生抗病能力，促进植株生长健壮、提高农产品质量。其杀菌机理是通过阻止线粒体呼吸链中细胞色素 b 和 c1 间的电子传递，使呼吸作用受到抑制，不能产生和提供细胞正常代谢所需能量（ATP），而最终导致病菌死亡。喷施后，刺激叶片叶绿素含量提高，光合作用增强，营养物质积累增加，并提高植物抗病菌侵害能力和抗逆能力。

吡唑醚菌酯常与代森联、代森锌、丙森锌、代森锰锌、百菌清、福美双、克菌丹、喹啉铜、壬菌铜、噁唑菌酮、多菌灵、甲基硫菌灵、萎锈灵、戊唑醇、己唑醇、丙环唑、氟环唑、氟硅唑、苯醚甲环唑、腈菌唑、灭菌唑、啶菌噁唑、四氟醚唑、抑霉唑、氟唑菌酰胺、噻呋酰胺、啶酰菌胺、咪鲜胺、乙醚酚、腐霉利、异菌脲、咯菌腈、二氰蒽醌、精甲霜灵、霜脲氰、氰霜唑、烯酰吗啉、氟啶胺、双胍三辛烷基苯磺酸盐、井冈霉素、多抗霉素、氨基寡糖素、盐酸吗啉胍等杀菌剂成分混配，用于生产复配杀菌剂。

适用果树及防控对象　吡唑醚菌酯适用于多种落叶果树，对许多种真菌性病害均有较好的防控效果，并表现出一定的促进健康生长功能。目前，在落叶果树生产中主要用于防控：苹果树的腐烂病、炭疽病、褐斑病、斑点落叶病、炭疽叶枯病，梨树的黑星病、黑斑病、炭疽病、褐斑病、白粉病，葡萄的霜霉病、白粉病、灰霉病、炭疽病，枣炭疽病，草莓白粉病、灰霉病。

使用技术

（1）**苹果树腐烂病** 治疗腐烂病病斑时，在手术治疗（刮治）的基础上于病疤伤口表面涂药，一般使用10%微乳剂15～20倍液、或15%悬浮剂或15%微乳剂20～30倍液、或20%乳油或20%悬浮剂或20%微囊悬浮剂或20%可湿性粉剂30～40倍液、或25%悬浮剂或25%水乳剂或25%微乳剂或25%微囊悬浮剂或24%可分散液剂或25%可湿性粉剂或250克/升乳油30～50倍液、或30%乳油或30%悬浮剂或30%水乳剂或30%水分散粒剂40～60倍液、或50%水分散粒剂80～100倍液涂抹伤口，一个月后再涂抹1次效果更好。预防腐烂病发生时，分别在7～8月份、11月份及早春发芽前涂抹较大枝干，一般使用10%微乳剂100～120倍液、或15%悬浮剂或15%微乳剂150～200倍液、或20%乳油或20%悬浮剂或20%微囊悬浮剂或20%可湿性粉剂200～250倍液、或25%悬浮剂或25%水乳剂或25%微乳剂或25%微囊悬浮剂或24%可分散液剂或25%可湿性粉剂或250克/升乳油250～300倍液、或30%乳油或30%悬浮剂或30%水乳剂或30%水分散粒剂300～400倍液、或50%水分散粒剂500～600倍液涂刷枝干。

（2）**苹果炭疽病、褐斑病、斑点落叶病、炭疽叶枯病** 防控炭疽病时，从苹果落花后7～10天开始喷药，10天左右1次，连喷3次药后套袋，兼防褐斑病、斑点落叶病；不套袋苹果继续喷药3～5次，间隔期10～15天，兼防褐斑病、斑点落叶病及炭疽叶枯病。防控褐斑病时，从落花后1个月左右或初见病叶时开始喷药，10～15天1次，连喷4～6次，兼防斑点落叶病、炭疽叶枯病。防控斑点落叶病时，在春梢生长期和秋梢生长期各喷药2次左右，间隔期10～15天。防控炭疽叶枯病时，在7～8月份雨季的降雨前2～3天喷药，每次有效降雨前喷药1次。一般使用10%微乳剂700～1000倍液、或15%悬浮剂或15%微乳剂1000～1500倍液、或20%乳油或20%悬浮剂或20%微囊悬浮剂或20%可湿性粉剂1500～2000倍液、或25%悬浮剂或25%水乳剂或25%微乳剂或25%微囊悬浮剂或24%可分散液剂或25%可湿性粉剂或250克/升乳油2000～2500倍液、或30%乳油或30%悬浮剂或30%水乳剂或30%水分散粒剂2500～3000倍液、或50%水分散粒剂4000～5000倍液均匀喷雾，连续喷药时注意与不同类型药剂交替使用。

（3）**梨树黑星病、黑斑病、炭疽病、褐斑病、白粉病** 以防控黑星病为主导，兼防其他病害即可。一般果园从落花后即开始喷药，10～15天1次，连喷2～3次药后套袋，套袋后继续喷药3～5次；中后期白粉病较重果园，需增加喷药1～2次。连续喷药时注意与不同类型药剂交替使用，吡唑醚菌酯喷施倍数同"苹果炭疽病"。

（4）**葡萄霜霉病、白粉病、灰霉病、炭疽病** 首先在葡萄花蕾穗期和落花后各喷药1次，有效防控幼穗期受害；然后从叶片上初显霜霉病病斑时立即开始连续喷药，10天左右1次，与不同类型药剂交替使用，直到生长后期。吡唑醚菌酯喷施倍数同"苹果炭疽病"。

（5）枣炭疽病 从枣树一茬花坐住果后20天左右开始喷药，10～15天1次，连喷4～6次，注意与不同类型药剂交替使用。吡唑醚菌酯喷施倍数同"苹果炭疽病"。

（6）草莓白粉病、灰霉病 从病害发生初期或初见病斑时开始喷药，10～15天1次，连喷3～5次，注意与不同类型药剂交替使用。吡唑醚菌酯一般每亩次使用10%微乳剂80～100毫升、或15%悬浮剂或15%微乳剂50～65毫升、或20%乳油或20%悬浮剂或20%微囊悬浮剂40～50毫升、或20%可湿性粉剂40～50克、或25%悬浮剂或25%水乳剂或25%微乳剂或25%微囊悬浮剂或24%可分散液剂或250克/升乳油30～40毫升、或25%可湿性粉剂30～40克、或30%乳油或30%悬浮剂或30%水乳剂25～30毫升、或30%水分散粒剂25～30克、或50%水分散粒剂15～20克，兑水45～60千克均匀喷雾。

注意事项 吡唑醚菌酯不能与强酸性及碱性药剂混用。连续喷药时，注意与其他不同类型药剂交替使用。吡唑醚菌酯对冬枣果实较敏感，特别是棚室内，用药时需要注意。残余药液及洗涤药械的废液，严禁污染河流、湖泊、池塘等水域。苹果树上使用的安全间隔期为28天，每季最多使用4次；葡萄上使用的安全间隔期为7天，每季最多使用3次。

啶氧菌酯 picoxystrobin

常见商标名称 阿砣。

主要含量与剂型 22.5%、30%悬浮剂，50%、70%水分散粒剂。

产品特点 啶氧菌酯是一种甲氧基丙烯酸酯类内吸性高效广谱低毒杀菌剂，属线粒体呼吸抑制剂，具有使用方便、耐雨水冲刷、药效稳定等特点。其杀菌机理是作用于细胞复合体bc1上，通过与细胞色素b结合，阻止细胞色素b和c1间的电子传递，阻断氧化磷酸化作用，抑制线粒体呼吸，使病菌无法获得能量，而导致病菌不能生长、繁殖和产孢。药剂喷施后，在叶片蜡质层均匀扩散，渗透力强，内吸性好，并通过木质部向植物新生组织传导，有效保护新生组织，能够在植物体内均匀分布。此外，啶氧菌酯还能有效降低乙烯合成，减少落叶，延缓植株衰老，提高抗逆性；增加叶绿素含量，叶片更浓绿，植株更健壮，有利于提高产量和果实品质。能有效防控对14-脱甲基化酶抑制剂、苯甲酰胺类、二羧酰胺类和苯并咪唑类产生抗性的病菌菌株。该药对蜜蜂及其他传粉昆虫无影响，对鸟类和哺乳动物低毒，对蚯蚓中等毒性。

啶氧菌酯常与百菌清、代森联、喹啉铜、壬菌铜、丙环唑、氟环唑、苯醚甲环唑、丙硫菌唑、戊唑醇、粉唑醇、异菌脲、氟吡菌胺、嘧菌环胺、吡唑醚菌酯、春雷霉素等杀菌剂成分混配，用于生产复配杀菌剂。

适用果树及防控对象 啶氧菌酯适用于多种落叶果树，对许多种真菌性病害均有较好的防控效果。目前，在落叶果树生产中主要用于防控：葡萄的黑痘病、霜霉病、白粉病、白腐病，苹果的黑星病、炭疽病，枣树锈病。

使用技术

（1）葡萄黑痘病、霜霉病、白粉病、白腐病 首先在葡萄花蕾穗期、落花后及落花后10～15天各喷药1次，有效防控黑痘病及霜霉病为害葡萄幼穗；然后从叶片上初见霜霉病病斑时立即开始继续喷施，10天左右1次，与不同类型药剂交替使用，直到生长中后期。一般使用22.5%悬浮剂1500～2000倍液、或30%悬浮剂2000～2500倍液、或50%水分散粒剂3000～4000倍液、或70%水分散粒剂5000～6000倍液均匀喷雾。防控叶部霜霉病时，注意喷洒叶片背面。

（2）苹果黑星病、炭疽病 防控黑星病时，从病害发生初期或初见病斑时开始喷药，10～15天1次，连喷2～3次；防控炭疽病时，从苹果落花后10～15天开始喷药，10～15天1次，连喷2～3次药后套袋（套袋后停止喷药），不套袋苹果需继续喷药3～5次（间隔期10～15天），并注意与不同类型药剂交替使用。啶氧菌酯喷施倍数同"葡萄黑痘病"。

（3）枣树锈病 从叶片上初见锈病病斑时或枣果膨大初期开始喷药，10～15天1次，与不同类型药剂交替使用，连喷4～6次。啶氧菌酯喷施倍数同"葡萄黑痘病"。

注意事项 啶氧菌酯不能与强酸性及碱性药剂混用。连续喷药时，注意与不同类型药剂交替使用。残余药液及洗涤药械的废液，严禁污染河流、湖泊、池塘等各类水域。用药时注意安全防护，避免药液溅到皮肤、眼睛及衣服上。葡萄上使用的安全间隔期为14天，每季最多使用3次；枣树上使用的安全间隔期为21天，每季最多使用3次。

丁香菌酯　coumoxystrobin

常见商标名称 亨达、武灵士。

主要含量与剂型 0.15%、20%悬浮剂。

产品特点 丁香菌酯是一种甲氧基丙烯酸酯类高效广谱低毒杀菌剂，对真菌性植物病害具有良好的预防保护和免疫作用，使用安全。其杀菌机理是通过阻碍病菌线粒体细胞色素b和细胞色素c间的电子传递，抑制真菌细胞的呼吸作用，干扰细胞能量供给，进而导致病菌死亡。该成分结构中含有丁香内酯族基团，不仅具有杀菌功能，还能诱使侵入菌丝找不到契合位点而迷向；同时，能够刺激植物启动应急反应和抗病因子，加强自身抑菌系统，加速植物组织愈伤，使植物表现出对真菌病害的免疫功能，并促进植物改善品质，有利于增产、增收。

丁香菌酯可与代森联、喹啉铜、多菌灵、甲基硫菌灵、戊唑醇、苯醚甲环唑、丙环唑、啶酰菌胺、噻呋酰胺、乙嘧酚、烯酰吗啉等杀菌剂成分混配，用于生产复配杀菌剂。

适用果树及防控对象 丁香菌酯适用于多种落叶果树，对许多种真菌性病害均有较好的防控效果。目前，在落叶果树生产中常用于防控：苹果树的腐烂病、轮纹病、炭疽病、斑点落叶病、褐斑病，梨树的腐烂病、轮纹病、炭疽病、黑星病，葡萄的霜霉病、白粉病、炭疽病，枣树的锈病、炭疽病、轮纹病，桃树的炭疽病、疮痂病、褐腐病。

使用技术

（1）**苹果树和梨树的腐烂病、枝干轮纹病** 预防病害发生时，既可在春季树体萌芽前使用20%悬浮剂500～600倍液均匀喷洒干枝，又可在生长季节使用20%悬浮剂300～400倍液涂抹较粗大枝干；治疗病斑时，在手术刮治病斑的基础上使用20%悬浮剂150～200倍液、或0.15%悬浮剂原液涂抹病疤伤口，1个月后再涂抹1次效果更好。

（2）**苹果轮纹病、炭疽病、斑点落叶病、褐斑病** 防控轮纹病及炭疽病时，从苹果落花后7～10天开始喷药，10天左右1次，连喷3次药后套袋，兼防斑点落叶病、褐斑病；不套袋果需继续喷药4～6次，10～15天1次，与不同类型药剂交替使用。防控斑点落叶病时，在春梢生长期和秋梢生长期各喷药2次左右，间隔期10～15天，兼防褐斑病。防控褐斑病时，从落花后1个月左右开始喷药，或临近套袋的用药为第1次喷药，10～15天1次，与不同类型药剂交替使用，连喷4～5次。丁香菌酯一般使用20%悬浮剂2000～2500倍液均匀喷雾。

（3）**梨树轮纹病、炭疽病、黑星病** 以防控黑星病为主，兼防轮纹病、炭疽病即可。一般梨园从初见黑星病病梢或病叶或病果时开始喷药，也可从落花后7～10天开始喷药，10～15天1次，与不同类型药剂交替使用，连喷6～8次。丁香菌酯一般使用20%悬浮剂2000～2500倍液均匀喷雾。

（4）**葡萄霜霉病、白粉病、炭疽病** 首先在葡萄花蕾穗期和落花后各喷药1次，有效防控霜霉病为害幼果穗；然后从叶片上初见霜霉病病斑时或落花后20天左右开始连续喷药，10天左右1次，与不同类型药剂交替使用，直到生长后期。丁香菌酯一般使用20%悬浮剂1500～2000倍液均匀喷雾。

（5）**枣树锈病、炭疽病、轮纹病** 多从（一茬花）落花后半月左右开始喷药，10～15天1次，与不同类型药剂交替使用，连喷5～7次。丁香菌酯一般使用20%悬浮剂2000～2500倍液均匀喷雾。

（6）**桃树炭疽病、疮痂病、褐腐病** 防控疮痂病时，多从落花后20～30天开始喷药，半月左右1次，连喷2～4次，兼防炭疽病；防控褐腐病时，多从果实采收前1～1.5个月开始喷药，10～15天1次，连喷2次左右，兼防炭疽病。一般使用20%悬浮剂1000～1500倍液均匀喷雾。

注意事项 丁香菌酯不能与碱性及强酸性药剂混用。连续喷药时，注意与不同类型药剂交替使用或混用。为充分发挥本剂激活植物自身的防御潜能，使用本剂时应较其他普通杀菌剂稍早些喷雾。在新作物上使用时，应先试验安全后再推广应用，以避免造成药害。丁香菌酯对鱼类为高毒，用药时严禁污染水源，并禁止在河塘等水域中清洗施药器械。苹果树上使用的安全间隔期为收获期，每季最多使用2次。

肟菌酯 trifloxystrobin

常见商标名称 奇约、耕耘、耘锦、无扰、海欧斯、中国农资、中农联合。

主要含量与剂型 25％、30％、40％悬浮剂，50％、60％水分散粒剂。

产品特点 肟菌酯是一种含氟原子的甲氧基丙烯酸酯类高效广谱低毒杀菌剂，以保护作用为主，兼有一定的治疗活性，喷施后药剂渗透性强、分布快，并可内吸向顶传导，对许多种真菌性病害均有较好的防控效果，且药剂活性不受环境因素影响。其杀菌机理是通过抑制病菌线粒体中细胞色素 b 与 c1 间的电子传递，阻止细胞 ATP 酶合成，进而抑制线粒体的呼吸作用，使细胞无法获得正常萌发及生长代谢所需的能量，而导致病菌死亡。但其作用位点相对单一，易诱使病菌产生抗性，故不宜单独使用，最好与不同作用机理的药剂复配或混合使用。本剂耐雨水冲刷，使用安全，对环境友好，于发病初期使用效果最佳。

肟菌酯可与代森联、克菌丹、多菌灵、丙环唑、氟环唑、丙硫菌唑、苯醚甲环唑、四氟醚唑、戊唑醇、己唑醇、二氰蒽醌、啶酰菌胺、氟吡菌酰胺、异噻菌胺、乙嘧酚、霜脲氰等杀菌剂成分混配，用于生产复配杀菌剂。

适用果树及防控对象 肟菌酯适用于多种落叶果树，对许多种真菌性病害均有较好的防控效果。目前，在落叶果树生产中主要用于防控：苹果树的褐斑病、斑点落叶病、炭疽叶枯病、白粉病，梨树的褐斑病、白粉病，葡萄的黑痘病、穗轴褐枯病、霜霉病、白粉病、炭疽病、白腐病，桃树白粉病，枣炭疽病，草莓白粉病。

使用技术

（1）**苹果树褐斑病、斑点落叶病、炭疽叶枯病、白粉病** 首先在花序分离期、落花80％和落花后10～15天各喷药1次，有效防控白粉病的早期为害，兼防斑点落叶病；往年白粉病发生较重果园，再于8～9月份的花芽分化期喷药1～2次（间隔期10～15天），有效防控病菌侵害芽，控制越冬菌量。防控褐斑病时，从落花后1个月左右开始喷药，10～15天1次，与不同类型药剂交替使用，连喷4～6次，兼防斑点落叶病、炭疽叶枯病；防控斑点落叶病时，在春梢生长期和秋梢生长期各喷药2次左右（间隔期10～15天）；防控炭疽叶枯病时，在7～8月份的降雨前2～3天及时喷药，最好每次有效降雨前喷药1次。肟菌酯一般使用25％悬浮剂2500～3000倍液、或30％悬浮剂3000～3500倍液、或40％悬浮剂4000～5000倍液、或50％水分散粒剂5000～6000倍液、或60％水分散粒剂6000～7000倍液均匀喷雾。

（2）**梨树褐斑病、白粉病** 从病害发生初期开始喷药，10～15天1次，连喷2～3次。药剂喷施倍数同"苹果树褐斑病"。

（3）**葡萄黑痘病、穗轴褐枯病、霜霉病、白粉病、炭疽病、白腐病**　首先在葡萄花蕾穗期、落花后及落花后 10～15 天各喷药 1 次，有效防控黑痘病、穗轴褐枯病及霜霉病侵害幼果穗；然后从叶片上初见霜霉病病斑时立即开始继续喷药，10天左右 1 次，与相应不同类型药剂交替使用，直到生长后期，有效防控霜霉病侵害叶片，兼防白粉病、炭疽病、白腐病。肟菌酯一般使用 25％悬浮剂 1500～2000 倍液、或 30％悬浮剂 2000～2500 倍液、或 40％悬浮剂 2500～3000 倍液、或 50％水分散粒剂 3000～4000 倍液、或 60％水分散粒剂 4000～5000 倍液均匀喷雾，防控叶片霜霉病时注意喷洒叶片背面。

（4）**桃树白粉病**　从病害发生初期开始喷药，10～15 天 1 次，连喷 2 次左右。药剂喷施倍数同"葡萄黑痘病"。

（5）**枣炭疽病**　从幼果膨大中期开始喷药，10～15 天 1 次，与不同类型药剂交替使用，连喷 3～5 次。肟菌酯喷施倍数同"葡萄黑痘病"。

（6）**草莓白粉病**　从病害发生初期开始喷药，10 天左右 1 次，与不同类型药剂交替使用，连喷 3～5 次。肟菌酯喷施倍数同"葡萄黑痘病"。

注意事项　肟菌酯不能与波尔多液等碱性药剂混用。连续喷药时，注意与不同类型药剂交替使用或混用。本剂对鱼类、水蚤、藻类毒性较高，水产养殖区、河塘等水体附近尽量避免使用，并禁止在河塘等水体中清洗施药器具。苹果树上使用的安全间隔期为 14 天，每季最多使用 3 次；葡萄上使用的安全间隔期为 7 天，每季最多使用 2 次。

双胍三辛烷基苯磺酸盐　iminoctadine tris（albesilate）

常见商标名称　百可得、日曹。

主要含量与剂型　40％可湿性粉剂。

产品特点　双胍三辛烷基苯磺酸盐是一种双胍类广谱保护性低毒杀菌剂，具有触杀和预防作用，局部渗透性较强。其杀菌机理主要是影响病菌类脂化合物的生物合成和细胞膜机能，具有两个作用位点，表现为抑制孢子萌发、芽管伸长、附着胞和菌丝的形成，可作用于病害发生的整个过程。与三唑类、苯并咪唑类、二甲酰亚胺类杀菌剂的作用机理不同，没有交互抗性。本剂对鱼类、蜜蜂及鸟类低毒，对兔皮肤和眼睛有轻微刺激作用。

双胍三辛烷基苯磺酸盐有时与克菌丹、咪鲜胺、咪鲜胺锰盐、己唑醇、抑霉唑、吡唑醚菌酯等杀菌剂成分混配，用于生产复配杀菌剂。

适用果树及防控对象　双胍三辛烷基苯磺酸盐适用于多种落叶果树，对许多种高等真菌性病害均有较好的防控效果。目前，在落叶果树生产中可用于防控：苹果树的斑点落叶病、褐腐病、霉污病、蝇粪病、炭疽病，葡萄的灰霉病、白粉病、炭疽病，梨树的黑星病、褐腐病、白粉病、炭疽病，桃、杏、李的黑星病、褐腐病，柿树的黑星病、炭疽病、白粉病，猕猴桃灰霉病，草莓的灰霉病、白粉病。

使用技术

（1）**苹果树斑点落叶病、褐腐病、霉污病、蝇粪病、炭疽病** 防控斑点落叶病时，在春梢生长期和秋梢生长期各喷药 2 次左右，间隔期 10～15 天；防控不套袋苹果的褐腐病时，从采收前 1.5 个月开始喷药，10～15 天 1 次，连喷 2 次左右，兼防炭疽病、霉污病、蝇粪病；防控不套袋苹果的霉污病、蝇粪病时，从 8 月中下旬开始喷药，10～15 天 1 次，连喷 2 次左右，兼防炭疽病。一般使用 40%可湿性粉剂 1500～2000 倍液均匀喷雾。

（2）**葡萄灰霉病、白粉病、炭疽病** 首先在葡萄花蕾穗期和落花后各喷药 1 次，有效防控灰霉病侵害幼穗；防控白粉病时，从病害发生初期开始喷药，10 天左右 1 次，连喷 2～3 次；果穗套袋葡萄，在套袋前重点喷洒 1 次果穗，有效控制灰霉病和炭疽病的病害；不套袋葡萄从果粒膨大中期开始喷药，10～15 天 1 次，与不同类型药剂交替使用，连喷 3～5 次，有效防控炭疽病，兼防灰霉病。一般使用 40%可湿性粉剂 1500～2000 倍液均匀喷雾。

（3）**梨树黑星病、褐腐病、白粉病、炭疽病** 以防控黑星病为主，兼防炭疽病、白粉病、褐腐病。从初见黑星病病梢或病叶或病果时开始喷药，10～15 天 1 次，与不同类型药剂交替使用，连喷 5～7 次。一般使用 40%可湿性粉剂 1500～2000 倍液均匀喷雾。

（4）**桃、杏、李的黑星病、褐腐病** 防控黑星病时，从落花后 20～30 天开始喷药，10～15 天 1 次，连喷 2～3 次；防控褐腐病时，从果实采收前 1～1.5 个月开始喷药，10 天左右 1 次，连喷 2 次左右。一般使用 40%可湿性粉剂 1500～2000 倍液均匀喷雾。

（5）**柿树黑星病、炭疽病、白粉病** 防控黑星病、白粉病时，从病害发生初期开始喷药，10～15 天 1 次，连喷 2～3 次；防控炭疽病时，一般柿园从落花后 10 天左右开始喷药，10～15 天 1 次，连喷 2～5 次（南方甜柿产区喷药次数较多，且最好再在开花前增加 1 次喷药）。一般使用 40%可湿性粉剂 1500～2000 倍液均匀喷雾。

（6）**猕猴桃灰霉病** 从病害发生初期或初见病斑时开始喷药，10 天左右 1 次，连喷 2～3 次。一般使用 40%可湿性粉剂 1500～2000 倍液均匀喷雾。

（7）**草莓灰霉病、白粉病** 在初花期、盛花期、末花期及幼果期各喷药 1 次即可；或从病害发生初期开始喷药，10 天左右 1 次，连喷 3～5 次。一般使用 40%可湿性粉剂 1000～1500 倍液均匀喷雾。

注意事项 双胍三辛烷基苯磺酸盐不能与强酸性及碱性药剂混用。喷药时应均匀周到，在发病前或初期开始喷药效果较好。在苹果、梨落花后 20 天之内喷雾会造成果锈，应当慎用。避免药液接触到玫瑰花等花卉上。苹果树上使用的安全间隔期为 21 天，每季最多使用 3 次；葡萄上使用的安全间隔期为 10 天，每季最多使用 2 次。

辛菌胺醋酸盐

常见商标名称 神骓、美星、斯米康、星牌细美。

主要含量与剂型 1.8%、5%、8%、20%水剂，3%可湿性粉剂。

产品特点 辛菌胺醋酸盐是一种甘氨酸类内吸性高效广谱低毒杀菌剂，具有一定的内吸和渗透作用，对许多病菌的菌丝生长及孢子萌发均有较强的杀灭和抑制活性，对侵入树皮内的潜伏病菌也有一定的铲除作用。其杀菌机理是通过破坏病菌细胞膜、凝固蛋白质、抑制呼吸系统和生物酶活性等方式，起到抑菌和杀菌效果。该药内吸渗透性好，耐雨水冲刷，持效期较长，使用安全，低毒、低残留，不污染环境。

辛菌胺醋酸盐有时与霜霉威盐酸盐、盐酸吗啉胍、四霉素等杀菌剂成分混配，用于生产复配杀菌剂。

适用果树及防控对象 辛菌胺醋酸盐适用于多种落叶果树，对许多种病害均有较好的防控效果。目前，在生产中主要用于防控多种落叶果树的枝干病害，如苹果树的腐烂病、干腐病、枝干轮纹病，梨树的腐烂病、枝干轮纹病，桃树、李树、杏树、樱桃树的流胶病，猕猴桃溃疡病，葡萄根癌病，核桃的腐烂病、溃疡病、干腐病，山楂腐烂病，板栗干枯病。

使用技术

（1）**苹果树腐烂病、干腐病、枝干轮纹病** 既可手术治疗（刮治、割治）病斑后涂药治疗病疤，又可直接枝干涂药（或喷淋）预防发病。病疤涂药时，一般使用1.8%水剂15～20倍液、或5%水剂40～50倍液、或8%水剂80～100倍液、或20%水剂150～200倍液、或3%可湿性粉剂30～40倍液涂抹病疤；枝干用药时，一般使用1.8%水剂80～100倍液、或5%水剂200～250倍液、或8%水剂400～500倍液、或20%水剂800～1000倍液、或3%可湿性粉剂150～200倍液涂抹或喷淋枝干。

（2）**梨树腐烂病、枝干轮纹病** 既可手术治疗（刮治、割治）病斑后涂药治疗病疤，又可直接枝干涂药（或喷淋）预防发病。药剂使用方法及用药量同"苹果树腐烂病"。

（3）**桃树、李树、杏树、樱桃树的流胶病** 发芽前药剂喷洒枝干清园。一般使用1.8%水剂60～80倍液、或5%水剂150～200倍液、或8%水剂250～300倍液、或20%水剂600～800倍液、或3%可湿性粉剂100～120倍液均匀喷洒枝干。

（4）**猕猴桃溃疡病** 一般果园，发芽前喷洒1次枝蔓药剂清园；病害严重果园，7～9月份再涂抹药剂或喷淋主蔓1次。药剂喷洒或涂抹倍数同"桃树流胶病"。

（5）**葡萄根癌病** 刮除病瘤后涂药。药剂涂抹倍数同"苹果树腐烂病病疤涂药"。

（6）**核桃腐烂病、溃疡病、干腐病** 既可在病斑割治后涂抹病疤，又可在发芽前喷洒枝干清园。药剂使用倍数同"苹果树腐烂病相应用药"。

（7）**山楂腐烂病** 主要用于病斑治疗，可在病斑手术治疗（刮治、割治）后药剂涂抹病疤。药剂涂抹倍数同"苹果树腐烂病"。

（8）**板栗干枯病** 主要用于病斑治疗，可在病斑手术治疗（刮治、割治）后药剂涂抹病疤。药剂涂抹倍数同"苹果树腐烂病"。

注意事项 辛菌胺醋酸盐不能与强酸性及碱性药剂混用。气温较低时，制剂中会出现结晶沉淀，用温水浴热全部溶解后使用不影响药效。施药时避免对水源、鱼塘的污染，施药后不要在河塘中清洗施药器械。用药时注意安全防护，避免药剂溅及皮肤、眼睛等，用药后立即清洗手、脸等裸露部位。苹果树上使用的安全间隔期为 7 天，每季最多使用 3 次。

▓▓▓ 第二节　混配制剂 ▓▓▓

苯甲·多菌灵

有效成分 苯醚甲环唑（difenoconazole）＋多菌灵（carbendazim）。

常见商标名称 高灿、美邦、翠霸、翠丹、先瑞、势标、一帆、益比益、代士高、美邦农药。

主要含量与剂型 20％（5％＋15％）、30％（3％＋27％）、40％（5％＋35％；10％＋30％）、50％（5％＋45％）悬浮剂，30％（5％＋25％）、32.8％（6％＋26.8％）、55％（5％＋50％）、60％（6％＋54％）可湿性粉剂。括号内有效成分含量均为"苯醚甲环唑的含量＋多菌灵的含量"。

产品特点 苯甲·多菌灵是一种由苯醚甲环唑与多菌灵按一定比例混配的广谱治疗性低毒复合杀菌剂，防病范围更广、防病治病效果更好，具有两种杀菌机理，病菌很难产生抗药性，混剂残留低，使用方便安全。

苯醚甲环唑属三唑类内吸治疗性广谱低毒杀菌成分，具有内吸性好、持效期较长、使用安全等特点，对许多高等真菌性病害均有治疗和保护作用；其杀菌机理是抑制病菌细胞膜成分麦角甾醇的脱甲基化，使病菌细胞膜难以形成而导致病菌死亡。多菌灵属苯并咪唑类广谱内吸治疗性低毒杀菌成分，对许多高等真菌性病害均有较好的保护和治疗作用，耐雨水冲刷，持效期较长，酸性条件下能显著提高药效；其作用机理是通过干扰真菌细胞有丝分裂中纺锤体的形成而影响细胞分裂，最终导致病菌死亡。

适用果树及防控对象 苯甲·多菌灵适用于多种落叶果树，对许多种高等真菌性病害均有很好的防控效果。目前，在落叶果树生产中主要用于防控：苹果树的轮纹病、炭疽病、斑点落叶病、褐斑病、黑星病，梨树的黑星病、炭疽病、褐斑病、轮纹病、黑斑病、白粉病，桃树的黑星病（疮痂病）、炭疽病、锈病、真菌性穿孔病，杏树的黑星病、杏疗病、真菌性穿孔病，李树的红点病、炭疽病、真菌性穿孔病，葡萄的炭疽病、褐斑病、黑痘病，核桃炭疽病，枣树的炭疽病、轮纹病、褐斑病，山楂的锈病、白粉病、炭疽病，板栗炭疽病，柿树的炭疽病、圆斑病、角斑病，猕猴桃的褐斑病、黑斑病，石榴的炭疽病、麻皮病、褐斑病，花椒锈病，草莓的炭疽病、蛇眼病。

使用技术 苯甲·多菌灵主要应用于喷雾，一般使用 20％悬浮剂 600～800 倍液、30％悬浮剂 400～500 倍液、30％可湿性粉剂 800～1000 倍液、32.8％可湿性粉剂 1000～1200 倍液、40％悬浮剂 1000～2000 倍液、50％悬浮剂 1000～1200 倍液、55％可湿性粉剂 1000～1500 倍液、60％可湿性粉剂 1200～1500 倍液均匀喷雾。连续喷药时，注意与不同类型药剂交替使用。

（1）苹果树轮纹病、炭疽病、斑点落叶病、褐斑病、黑星病 防控轮纹病、炭疽病时，从落花后 7～10 天开始喷药，10 天左右 1 次，连喷 3 次药后套袋；不套袋苹果，仍需继续喷药 4～6 次，10～15 天 1 次。防控斑点落叶病时，在春梢生长期和秋梢生长期各喷药 2 次左右，间隔期 10～15 天。防控褐斑病时，从落花后 1 个月左右或初见病叶时开始喷药，10～15 天 1 次，连喷 4～5 次。防控黑星病时，从病害发生初期或初见病斑时开始喷药，10 天左右 1 次，连喷 2～3 次。苯甲·多菌灵喷施倍数同前述。

（2）梨树黑星病、炭疽病、轮纹病、褐斑病、黑斑病、白粉病 以防控黑星病为主导，从落花后即开始喷药，10～15 天 1 次，连续喷施，直到采收前 1 周左右。苯甲·多菌灵喷施倍数同前述。

（3）桃树黑星病、炭疽病、锈病、真菌性穿孔病 一般桃园从落花后 20～30 天开始喷药，10～15 天 1 次，连喷 3～4 次，即可有效防控黑星病、炭疽病及真菌性穿孔病，兼防锈病；锈病发生较重桃园，从锈病发生初期开始喷药，10～15 天 1 次，连喷 2 次左右即可。苯甲·多菌灵喷施倍数同前述。

（4）李树红点病、炭疽病、真菌性穿孔病 一般李园从落花后 10 天左右开始喷药，10～15 天 1 次，连喷 3～4 次即可；后期真菌性穿孔病发生较重果园，再增加喷药 1～2 次。苯甲·多菌灵喷施倍数同前述。

（5）杏树黑星病、杏疔病、真菌性穿孔病 防控杏疔病时，从展叶期开始喷药，10～15 天 1 次，连喷 2 次左右，兼防黑星病；防控黑星病时，从落花后半月左右开始喷药，10～15 天 1 次，连喷 2～3 次，兼防真菌性穿孔病；防控真菌性穿孔病时，从病害发生初期开始喷药，10～15 天 1 次，连喷 2～3 次。苯甲·多菌灵喷施倍数同前述。

（6）葡萄炭疽病、褐斑病、黑痘病 防控炭疽病、褐斑病时，从病害发生初期或果粒膨大中期开始喷药，10～15 天 1 次，连喷 3～4 次。防控黑痘病时，在花蕾穗期、落花 70％～80％时及落花后半月各喷药 1 次即可。苯甲·多菌灵喷施倍数同前述。

（7）核桃炭疽病 一般果园从果实膨大中期开始喷药，10～15 天 1 次，连喷 2～3 次即可。苯甲·多菌灵喷施倍数同前述。

（8）**枣树炭疽病、轮纹病、褐斑病**　首先在（一茬花）开花前喷药1次，防控褐斑病的早期病害；然后从（一茬花）坐住果后再次开始喷药，10～15天1次，连喷4～6次。苯甲·多菌灵喷施倍数同前述。

（9）**山楂锈病、白粉病、炭疽病**　首先在花序分离期和落花后各喷药1次，然后从落花后半月左右开始继续喷药，10～15天1次，连喷2～4次。苯甲·多菌灵喷施倍数同前述。

（10）**板栗炭疽病**　从病害发生初期开始喷药，10～15天1次，连喷2次左右。苯甲·多菌灵喷施倍数同前述。

（11）**柿树炭疽病、圆斑病、角斑病**　一般柿园，从落花后20天左右开始喷药，10～15天1次，连喷2～3次即可；南方甜柿产区炭疽病发生较重果园，首先需要在开花前喷药1次，然后从落花后10～15天开始继续喷药，10～15天1次，连喷4～6次。苯甲·多菌灵喷施倍数同前述。

（12）**猕猴桃褐斑病、黑斑病**　从病害发生初期开始喷药，10～15天1次，连喷2次左右。苯甲·多菌灵喷施倍数同前述。

（13）**石榴炭疽病、麻皮病、褐斑病**　一般果园首先在开花前喷药1次，然后从（一茬花）坐住果后10～15天开始继续喷药，10～15天1次，连喷3～5次。苯甲·多菌灵喷施倍数同前述。

（14）**花椒锈病**　从病害发生初期开始喷药，10～15天1次，连喷3～5次。苯甲·多菌灵喷施倍数同前述。

（15）**草莓炭疽病、蛇眼病**　主要应用于育秧田喷药。多从病害发生初期或初见病斑时开始喷药，10～15天1次，需连喷3～5次。苯甲·多菌灵喷施倍数同前述。

注意事项　苯甲·多菌灵不能与碱性农药及强酸性药剂混用，也不宜与铜制剂混用，与杀虫剂、杀螨剂混用时须现混现用，不能长时间放置。残余药液及洗涤药械的废液不能污染河流、湖泊、鱼塘等水域，避免对水生生物造成毒害。本剂生产企业较多，且有效成分比例多不相同，所以具体用药时请以标签说明为准。苹果树上使用的安全间隔期为21天，每季最多使用3次；梨树上使用的安全间隔期为28天，每季最多使用3次。

苯甲·锰锌

有效成分　苯醚甲环唑（difenoconazole）＋代森锰锌（mancozeb1）。

常见商标名称　星保、美润、禾易、富生美、赞菌美、瑞德丰、标正翠朗、利尔作物、美邦农药。

主要含量与剂型　30％（10％＋20％）悬浮剂，30％（2％＋28％）、45％（3％＋42％）、55％（5％＋50％）、64％（8％＋56％）可湿性粉剂。括号内有效成分含量均为"苯醚甲环唑的含量＋代森锰锌的含量"。

产品特点 苯甲·锰锌是一种由苯醚甲环唑与代森锰锌按一定比例混配的广谱低毒复合杀菌剂,具有预防保护和内吸治疗两种杀菌活性。混剂黏着性好,耐雨水冲刷,持效期较长,使用安全方便,具有双重杀菌机制,病菌不易产生抗药性。

苯醚甲环唑属三唑类内吸治疗性广谱低毒杀菌成分,具有内吸性好、持效期较长等特点,对多种高等真菌性病害均有良好的治疗及保护活性;其杀菌机理是通过抑制病菌麦角甾醇的脱甲基化,使病菌细胞膜难以形成而导致病菌死亡。代森锰锌属硫代氨基甲酸酯类广谱保护性低毒杀菌成分,喷施后在植物表面形成致密保护药膜,黏着性好,耐雨水冲刷;其杀菌机理是与病菌中氨基酸的巯基和相关酶反应,干扰脂质代谢、呼吸作用和能量的供应,最终导致病菌死亡;该反应具有多个作用位点,病菌很难产生抗药性。

适用果树及防控对象 苯甲·锰锌适用于多种落叶果树,对许多种高等真菌性病害均有较好的防控效果。目前,在落叶果树生产中主要用于防控:梨树的黑星病、炭疽病、轮纹病、黑斑病、褐斑病、锈病,苹果树的锈病、斑点落叶病、褐斑病、黑星病、炭疽病、轮纹病,葡萄的黑痘病、炭疽病、褐斑病,桃树的黑星病、真菌性穿孔病,枣树的锈病、轮纹病、炭疽病,柿树的炭疽病、角斑病、圆斑病,核桃的炭疽病、褐斑病,石榴的炭疽病、麻皮病、褐斑病,花椒的锈病、黑斑病,草莓的炭疽病、蛇眼病。

使用技术

(1)**梨树黑星病、炭疽病、轮纹病、黑斑病、褐斑病、锈病** 以防控黑星病为主导,兼防其他病害即可。一般梨园首先在花序分离期喷药1次,然后从落花后7~10天开始连续喷药,半月左右1次,与相应不同类型药剂交替使用,直到采收前10天左右。苯甲·锰锌一般使用30%悬浮剂2000~2500倍液、或30%可湿性粉剂500~600倍液、或45%可湿性粉剂800~1000倍液、或55%可湿性粉剂1500~2000倍液、或64%可湿性粉剂2000~2500倍液均匀喷雾。

(2)**苹果树锈病、斑点落叶病、褐斑病、黑星病、炭疽病、轮纹病** 防控锈病时,在花序分离期和落花后各喷药1次。防控斑点落叶病时,在春梢生长期内和秋梢生长期内各喷药2次左右,间隔期10~15天。防控褐斑病时,多从落花后1个月左右或初见病叶时开始喷药,10~15天1次,连喷4~6次。防控黑星病时,从病害发生初期开始喷药,10~15天1次,连喷2~3次。防控炭疽病、轮纹病时,从落花后7~10天开始喷药,10天左右1次,连喷3次药后套袋;不套袋苹果,3次药后仍需继续喷药4~6次,间隔期10~15天。具体喷药时,注意与不同类型药剂交替使用。苯甲·锰锌一般使用30%悬浮剂1500~2000倍液、或30%可湿性粉剂400~500倍液、或45%可湿性粉剂600~800倍液、或55%可湿性粉剂1000~1200倍液、或64%可湿性粉剂1500~2000倍液均匀喷雾。

(3)**葡萄黑痘病、炭疽病、褐斑病** 首先在葡萄花蕾穗期、落花80%时和落花后10天左右各喷药1次,有效防控黑痘病发生;然后再从果粒膨大中期开始喷药，10～15 天 1 次，连喷 3～5 次，注意与不同类型药剂交替使用。苯甲·锰锌喷施倍数同"苹果树锈病"。

（4）桃树黑星病、真菌性穿孔病 一般桃园从落花后 20 天左右开始喷药，10～15 天 1 次，连喷 2～4 次；往年病害严重桃园，需连续喷药至采收前 1 个月。苯甲·锰锌喷施倍数同"苹果树锈病"。

（5）枣树锈病、轮纹病、炭疽病 从（一茬花）坐住果后 10 天左右或初见锈病病叶时开始喷药，10～15 天 1 次，连喷 5～7 次，注意与不同类型药剂交替使用。苯甲·锰锌喷施倍数同"苹果树锈病"。

（6）柿树炭疽病、角斑病、圆斑病 一般柿园从落花后 20 天左右开始喷药，10～15 天 1 次，连喷 2～3 次即可；南方甜柿产区炭疽病发生较重果园，需在开花前增加喷药 1 次、中后期增加喷药 3～4 次，并注意与不同类型药剂交替使用。苯甲·锰锌喷施倍数同"苹果树锈病"。

（7）核桃炭疽病、褐斑病 从果实膨大中期开始喷药，10～15 天 1 次，连喷 2～4 次。苯甲·锰锌喷施倍数同"苹果树锈病"。

（8）石榴炭疽病、麻皮病、褐斑病 一般果园在（一茬花）开花前、落花后、幼果期、套袋前及套袋后各喷药 1 次，即可有效控制病害发生，注意与不同类型药剂交替使用。苯甲·锰锌喷施倍数同"苹果树锈病"。

（9）花椒锈病、黑斑病 以防控锈病为主，兼防黑斑病即可。从锈病发生初期开始喷药，10～15 天 1 次，连喷 3～5 次，注意与不同类型药剂交替使用。苯甲·锰锌喷施倍数同"苹果树锈病"。

（10）草莓炭疽病、蛇眼病 主要应用于育秧田的病害防控。从病害发生初期开始喷药，10 天左右 1 次，连喷 3～4 次，注意与不同类型药剂交替使用。苯甲·锰锌喷施倍数同"苹果树锈病"。

注意事项 苯甲·锰锌不能与碱性药剂及含铜药剂混用，与含铜药剂前后相邻使用时应间隔 1 周以上。喷药时尽量早期使用，使用越早效果越好，且喷药应均匀周到。本剂对鱼类及水生生物有毒，残余药液及洗涤药械的废液严禁污染河流、湖泊、池塘等水域。用药时注意安全保护，避免药液溅及皮肤及眼睛。苹果树上使用的安全间隔期为 14 天，每季最多使用 3 次；梨树上使用的安全间隔期为 10 天，每季最多使用 3 次。

苯甲·丙森锌

有效成分 苯醚甲环唑（difenoconazole）＋丙森锌（propineb）。

常见商标名称 慧巧、无斑娇、美邦农药。

主要含量与剂型 50%（5%＋45%）、70%（6%＋64%）可湿性粉剂。括号内有效成分含量均为"苯醚甲环唑的含量＋丙森锌的含量"。

产品特点 苯甲·丙森锌是一种由苯醚甲环唑与丙森锌按一定比例混配的广谱

低毒复合杀菌剂，具有保护和治疗双重杀菌作用。混剂黏着性好，耐雨水冲刷，使用安全，持效期较长，具有双重杀菌机制，病菌不易产生抗药性。

苯醚甲环唑属三唑类内吸治疗性广谱低毒杀菌成分，内吸传导性好，持效期较长，对高等真菌性病害具有良好的治疗与保护活性；其杀菌机理是通过抑制病菌细胞膜上麦角甾醇的脱甲基化，使病菌细胞膜难以形成而导致病菌死亡，但连续多次使用易诱使病菌产生抗药性。丙森锌属硫代氨基甲酸酯类保护性广谱低毒杀菌成分，含有易被果树吸收的锌元素，有利于促进果树生长并提高果品质量；其杀菌机理是作用于真菌细胞壁和蛋白质的合成，通过抑制孢子的萌发、侵染及菌丝体的生长，而导致其变形、死亡。

适用果树及防控对象　苯甲·丙森锌适用于多种落叶果树，对许多种高等真菌性病害均有较好的防控效果。目前，在落叶果树生产中主要用于防控：梨树的黑星病、锈病、轮纹病、炭疽病、黑斑病、白粉病，苹果树的斑点落叶病、褐斑病、锈病、黑星病、轮纹病、炭疽病，桃树的黑星病、炭疽病、真菌性穿孔病，李树的炭疽病、真菌性穿孔病，葡萄的黑痘病、炭疽病、褐斑病，枣树的褐斑病、锈病、轮纹病、炭疽病，核桃的炭疽病、褐斑病，柿树的炭疽病、黑星病、角斑病、圆斑病，石榴的炭疽病、麻皮病、褐斑病，花椒锈病。

使用技术

（1）梨树黑星病、锈病、轮纹病、炭疽病、黑斑病、白粉病　以防控黑星病为主导，兼防其他病害即可。一般梨园首先在花序分离期和落花后各喷药1次，然后从落花后10～15天开始连续喷药，10～15天1次，与相应不同类型药剂交替使用，直到采收前10天左右。苯甲·丙森锌一般使用50%可湿性粉剂1000～1500倍液、或70%可湿性粉剂1200～1800倍液均匀喷雾。中后期防控白粉病时，注意喷洒叶片背面。

（2）苹果树斑点落叶病、褐斑病、锈病、黑星病、轮纹病、炭疽病　防控斑点落叶病时，在春梢生长期内和秋梢生长期内各喷药2次左右，间隔期10～15天。防控褐斑病时，从落花后1个月左右或初见褐斑病病叶时开始喷药，10～15天1次，连喷4～6次。防控锈病时，在花序分离期和落花后各喷药1次。防控黑星病时，从病害发生初期开始喷药，10～15天1次，连喷2～3次。防控轮纹病、炭疽病时，从落花后7～10天开始喷药，10天左右1次，连喷3次药后套袋；不套袋苹果，3次药后仍需继续喷药4～6次，喷药间隔期10～15天。连续喷药时，注意与不同类型药剂交替使用。苯甲·丙森锌一般使用50%可湿性粉剂1000～1200倍液、或70%可湿性粉剂1200～1500倍液均匀喷雾。

（3）桃树黑星病、炭疽病、真菌性穿孔病　从落花后20天左右开始喷药，10～15天1次，连喷2～4次；往年病害严重桃园，需增加喷药1～2次。药剂喷施倍数同"苹果树斑点落叶病"。

（4）李树炭疽病、真菌性穿孔病　从落花后20天左右开始喷药，10～15天1

次，连喷 2～4 次；往年病害严重果园，需增加喷药 1～2 次。药剂喷施倍数同 "苹果树斑点落叶病"。

（5）**葡萄黑痘病、炭疽病、褐斑病**　首先在葡萄花蕾穗期、落花 80％和落花后 10 天左右各喷药 1 次，有效防控黑痘病；然后从葡萄果粒膨大中期开始继续喷药，10 天左右 1 次，与不同类型药剂交替使用，连喷 3～5 次，有效防控炭疽病、褐斑病。苯甲·丙森锌喷施倍数同 "苹果树斑点落叶病"。

（6）**枣树褐斑病、锈病、轮纹病、炭疽病**　首先在（一茬花）开花前喷药 1 次，防控褐斑病的早期病害；然后从（一茬花）坐住果后 10～15 天或初见锈病病叶时开始继续喷药，10～15 天 1 次，与不同类型药剂交替使用，连喷 5～7 次。苯甲·丙森锌喷施倍数同 "苹果树斑点落叶病"。

（7）**核桃炭疽病、褐斑病**　一般果园从果实膨大中期开始喷药，10～15 天 1 次，连喷 2～4 次。药剂喷施倍数同 "苹果树斑点落叶病"。

（8）**柿树炭疽病、黑星病、角斑病、圆斑病**　一般柿园从落花后 20 天左右开始喷药，10～15 天 1 次，连喷 2～3 次即可；南方甜柿产区炭疽病发生较重果园，需在开花前增加喷药 1 次、中后期增加喷药 2～3 次。连续喷药时，注意与不同类型药剂交替使用。苯甲·丙森锌喷施倍数同 "苹果树斑点落叶病"。

（9）**石榴炭疽病、麻皮病、褐斑病**　一般果园在（一茬花）开花前、落花后、幼果期、套袋前及套袋后各喷药 1 次，即可有效控制病害发生，注意与不同类型药剂交替使用。苯甲·丙森锌喷施倍数同 "苹果树斑点落叶病"。

（10）**花椒锈病**　从病害发生初期或初见病斑时开始喷药，10～15 天 1 次，与不同类型药剂交替使用，连喷 3～5 次。苯甲·丙森锌喷施倍数同 "苹果树斑点落叶病"。

注意事项　苯甲·丙森锌不能与碱性药剂及含铜药剂混用，与含铜药剂前后相邻使用时应间隔 1 周以上。喷药时尽量早期使用，且喷药应均匀周到。本剂对鱼类及水生生物有毒，残余药液及洗涤药械的废液严禁污染河流、湖泊、池塘等水域。用药时注意安全保护，避免药液溅及皮肤及眼睛。苹果树上使用的安全间隔期为 14 天，每季最多使用 3 次。

苯甲·代森联

有效成分　苯醚甲环唑（difenoconazole）＋代森联（metiram）。

常见商标名称　韦尔奇。

主要含量与剂型　45％（5％＋40％）、68％（10％＋58％）可湿性粉剂，45％（5％＋40％）水分散粒剂。括号内有效成分含量均为 "苯醚甲环唑的含量＋代森联的含量"。

产品特点　苯甲·代森联是一种由苯醚甲环唑与代森联按一定比例混配的广谱低毒复合杀菌剂，具有预防保护和内吸治疗双重活性，喷施后在植物表面形成致密保护药膜，耐雨水冲刷。混剂使用安全方便，防病范围更广，两种杀菌机理，可显著延缓病菌产生抗药性。

苯醚甲环唑属三唑类内吸治疗性广谱低毒杀菌成分，内吸传导性好，持效期较长，对高等真菌性病害具有良好的治疗与保护活性；其杀菌机理是通过抑制病菌细胞膜上麦角甾醇的脱甲基化，使病菌细胞膜难以形成而导致病菌死亡，但连续多次使用易诱使病菌产生抗药性。代森联属有机硫类广谱保护性低毒杀菌成分，使用安全，持效期较长，耐雨水冲刷，连续使用病菌不易产生抗药性；其杀菌机理是通过抑制病菌细胞内多种酶的活性，影响呼吸作用及能量形成，而有效阻止孢子萌发、干扰芽管伸长和菌丝的生长。

适用果树及防控对象　苯甲·代森联适用于多种落叶果树，对许多种高等真菌性病害均有较好的防控效果。目前，在落叶果树生产中主要用于防控：苹果树的斑点落叶病、褐斑病、锈病、黑星病、轮纹病、炭疽病，梨树的黑星病、锈病、炭疽病、轮纹病、白粉病，葡萄的黑痘病、炭疽病、房枯病、褐斑病，桃树的缩叶病、黑星病、炭疽病、真菌性穿孔病、锈病，核桃的炭疽病、褐斑病，柿树的炭疽病、黑星病、角斑病、圆斑病，枣树的褐斑病、锈病、轮纹病、炭疽病。

使用技术

（1）苹果树斑点落叶病、褐斑病、锈病、黑星病、轮纹病、炭疽病　防控斑点落叶病时，在春梢生长期内和秋梢生长期内各喷药 2 次左右，间隔期 10～15 天。防控褐斑病时，多从苹果落花后 1 个月左右或初见褐斑病病叶时开始喷药，10～15 天 1 次，连喷 4～6 次。防控锈病时，在花序分离期和落花后各喷药 1 次。防控黑星病时，从病害发生初期开始喷药，10～15 天 1 次，连喷 2～3 次。防控轮纹病、炭疽病时，从苹果落花后 7～10 天开始喷药，10 天左右 1 次，连喷 3 次药后套袋；不套袋苹果需继续喷药 4～6 次，间隔期 10～15 天。连续喷药时，注意与不同类型药剂交替使用。苯甲·代森联一般使用 45％可湿性粉剂或 45％水分散粒剂 800～1000 倍液、或 68％可湿性粉剂 1500～2000 倍液均匀喷雾。

（2）梨树黑星病、锈病、炭疽病、轮纹病、白粉病　以防控黑星病为主导，兼防其他病害即可。首先在花序分离期和落花 80％时各喷药 1 次，然后从落花后 10～15 天开始连续喷药，10～15 天 1 次，与不同类型药剂交替使用，直到采收前一周左右（早熟品种采收后仍需喷药 1～2 次）；白粉病发生较重梨园，中后期喷药时注意喷洒叶片背面。苯甲·代森联喷施倍数同"苹果树斑点落叶病"。

（3）葡萄黑痘病、炭疽病、房枯病、褐斑病　首先在葡萄花蕾穗期、落花 80％和落花后 10 天左右各喷药 1 次，有效防控黑痘病；然后从葡萄果粒膨大中期开始连续喷药，10～15 天 1 次，与不同类型药剂交替使用，连喷 3～4 次，或不套袋葡萄至采收前一周左右结束。苯甲·代森联喷施倍数同"苹果树斑点落叶病"。

（4）桃树缩叶病、黑星病、炭疽病、真菌性穿孔病、锈病　首先在花芽露红期和落花后各喷药 1 次，有效防控缩叶病；然后从落花后 20 天左右开始连续喷药，

10～15 天 1 次，与不同类型药剂交替使用，连喷 3～4 次；后期锈病发生较重桃园，从锈病发生初期开始再次喷药，10～15 天 1 次，连喷 1～2 次。苯甲·代森联喷施倍数同"苹果树斑点落叶病"。

（5）**核桃炭疽病、褐斑病** 一般果园从果实膨大中期开始喷药，10～15 天 1 次，连喷 2～4 次。药剂喷施倍数同"苹果树斑点落叶病"。

（6）**柿树炭疽病、黑星病、角斑病、圆斑病** 一般柿园从落花后 20 天左右开始喷药，10～15 天 1 次，连喷 2～3 次即可；南方甜柿产区炭疽病发生较重果园，需在开花前增加喷药 1 次、中后期增加喷药 2～3 次。连续喷药时，注意与不同类型药剂交替使用，苯甲·代森联喷施倍数同"苹果树斑点落叶病"。

（7）**枣树褐斑病、锈病、轮纹病、炭疽病** 首先在（一茬花）开花前喷药 1 次，防控褐斑病的早期病害；然后从（一茬花）坐住果后 10 天左右开始连续喷药，10～15 天 1 次，与不同类型药剂交替使用，连喷 4～6 次。苯甲·代森联喷施倍数同"苹果树斑点落叶病"。

注意事项 苯甲·代森联不能与碱性药剂及肥料混用。连续喷药时，注意与不同类型药剂交替使用。本剂对鱼类等水生生物有毒，残余药液及洗涤药械的废液严禁污染河流、湖泊、池塘等水域。用药时注意安全防护，避免药液溅及皮肤及眼睛，并禁止在施药期间进食和饮水。苹果树上使用的安全间隔期为 14 天，每季最多使用 3 次。

苯甲·克菌丹

有效成分 苯醚甲环唑（difenoconazole）＋克菌丹（captan）。

常见商标名称 冠龙。

主要含量与剂型 50％（10％＋40％）、55％（5％＋50％）水分散粒剂。括号内有效成分含量均为"苯醚甲环唑的含量＋克菌丹的含量"。

产品特点 苯甲·克菌丹是一种由苯醚甲环唑与克菌丹按一定比例混配的广谱低毒复合杀菌剂，对多种高等真菌性病害具有保护和治疗双重作用，喷施后在植物表面形成保护药膜，耐雨水冲刷。混剂使用安全方便，防病范围更广，并对果面有一定美容作用；多种杀菌机理，能有效避免病菌抗药性的产生。

苯醚甲环唑属三唑类内吸治疗性广谱低毒杀菌成分，内吸传导性好，持效期较长，对高等真菌性病害具有良好的治疗与保护活性；其杀菌机理是通过抑制病菌细胞膜上麦角甾醇的脱甲基化，使病菌细胞膜难以形成而导致病菌死亡，但连续多次使用易诱使病菌产生抗药性。克菌丹属邻苯二甲酰亚胺类保护性广谱低毒杀菌成分，黏着性好，持效期较长，对许多真菌性病害均有较好的预防效果，是一种非特异性硫醇反应剂；其杀菌活性具有多个作用位点，既可影响丙酮酸的脱羧、使之不能进入三羧酸循环，又可抑制呼吸作用中一些酶或辅酶的活性、干扰病菌的呼吸过程，还可干扰病菌细胞膜的形成与细胞分裂。

适用果树及防控对象　苯甲·克菌丹适用于多种落叶果树，对许多种真菌性病害均有较好的防控效果。目前，在落叶果树生产中主要用于防控：苹果树的斑点落叶病、褐斑病、黑星病、炭疽病、轮纹病、蝇粪病、霉污病，梨树的黑星病、黑斑病、褐斑病、炭疽病、轮纹病、霉污病，桃树的黑星病、炭疽病、真菌性穿孔病。

使用技术

（1）苹果树斑点落叶病、褐斑病、黑星病、炭疽病、轮纹病、蝇粪病、霉污病　防控斑点落叶病时，在春梢生长期内和秋梢生长期内各喷药2次左右，间隔期10～15天。防控褐斑病时，多从落花后1个月左右或初见褐斑病病叶时开始喷药，10～15天1次，连喷4～6次。防控黑星病时，从病害发生初期开始喷药，10～15天1次，连喷2～3次。防控炭疽病、轮纹病时，从落花后7～10天开始喷药，10天左右1次，连喷3次药后套袋；不套袋苹果仍需继续喷药4～6次，间隔期10～15天。防控不套袋苹果的蝇粪病、霉污病时，从果实膨大后期或转色前开始喷药，10～15天1次，连喷2～3次。连续喷药时，注意与不同类型药剂交替使用。苯甲·克菌丹一般使用50％水分散粒剂2000～2500倍液、或55％水分散粒剂1000～1200倍液均匀喷雾。

（2）梨树黑星病、黑斑病、褐斑病、炭疽病、轮纹病、霉污病　以防控黑星病为主导，兼防其他病害。一般梨园从落花后开始喷药，10～15天1次，与不同类型药剂交替使用，直到果实采收前一周左右或生长后期（中早熟品种采收后仍需喷药1～2次）。苯甲·克菌丹喷施倍数同"苹果树斑点落叶病"。

（3）桃树黑星病、炭疽病、真菌性穿孔病　一般桃园从落花后20天左右开始喷药，10～15天1次，与不同类型药剂交替使用，连喷3～5次。苯甲·克菌丹喷施倍数同"苹果树斑点落叶病"。

注意事项　苯甲·克菌丹不能与石硫合剂、波尔多液等碱性药剂混用，也不能与矿物油类物质混用，与乳油类农药混用时需要慎重。连续喷药时，注意与不同类型药剂交替使用。红提葡萄果穗对克菌丹较敏感，应当慎重使用；高温干旱环境下冬枣上需要慎用。本剂对水生生物毒性较高，水产养殖区、河塘、湖泊等水域附近禁止使用，并禁止在上述水体中清洗施药器械。苹果树上使用的安全间隔期为14天，每季最多使用3次。

苯甲·丙环唑

有效成分　苯醚甲环唑（difenoconazole）＋丙环唑（propiconazol）。

常见商标名称　艾米、爱盾、爱妙、爱苗、安苗、伴苗、翠苗、冠苗、享苗、宏苗、沪苗、靓苗、佳苗、洁苗、世苗、永苗、苗娇、澳丹、安泰、倍欣、碧润、谱润、翠壮、灿都、超爱、长青、青俊、东泰、东宝、高宝、耕耘、丰登、丰山、富御、富泽、禾本、本力、红裕、鸿途、亨达、辉隆、克胜、嘉润、嘉悦、茂隆、美谐、美星、美雨、明科、妙靓、妙冠、双管、世爱、世隆、靓道、炫击、穗冠、穗浓、京博、巨能、利民、六清、龙生、七洲、旗正、威牛、瑞东、极影、田书、捷标、竞美、上格、喜彩、笑收、亿嘉、扬农、兴农、永农、豫珠、银山、真壮、正业、卓迪、奥班农、贝尼达、达农化、稻果乐、好日子、好禾保、利农福、农博士、农师傅、纽发姆、扑生畏、庆丰牌、瑞德丰、五星冠、韦尔奇、喜多成、新长山、先正达、亿乐翁、亿之冠、植物龙、曹达百分、东生美瑞、东泰艾苗、绿色农华、利尔作物、美邦农药、七洲艳苗、三江益农、仕邦农化、双星农药、银农科技、中国农资、中农联合、中农民昌、壮谷动力、诺普信爱米、诺普信金极冠。

主要含量与剂型 30%（15%＋15%）、50%（25%＋25%）、60%（30%＋30%）、300 克/升（150 克/升＋150 克/升；100 克/升＋200 克/升）、500 克/升（250 克/升＋250 克/升）乳油，30%（15%＋15%）悬浮剂，30%（15%＋15%）、40%（20%＋20%）、50%（25%＋25%）、300 克/升（150 克/升＋150 克/升）微乳剂，30%（15%＋15%）、50%（25%＋25%）、60%（30%＋30%）、300 克/升（150 克/升＋150 克/升）水乳剂。括号内有效成分含量均为"苯醚甲环唑的含量＋丙环唑的含量"。

产品特点 苯甲·丙环唑是一种由苯醚甲环唑与丙环唑按一定比例混配的内吸治疗性广谱低毒复合杀菌剂，具有保护、治疗和内吸传导作用，与丙环唑单剂相比使用较安全。两种三唑类杀菌成分混配，协同增效作用明显，防病范围更广，施药后能快速被叶片吸收，耐雨水冲刷能力更强。

苯醚甲环唑属三唑类内吸治疗性广谱低毒杀菌成分，内吸传导性好，持效期较长，对高等真菌性病害具有良好的治疗与保护活性；其杀菌机理是通过抑制病菌细胞膜上麦角甾醇的脱甲基化，使病菌细胞膜难以形成而导致病菌死亡，但连续多次使用易诱使病菌产生抗药性。丙环唑属三唑类内吸性广谱低毒杀菌成分，既具有良好的内吸治疗性，又具有一定的保护作用，持效期较长，对多种高等真菌性病害具有较好的防控效果；其杀菌机理是通过抑制病菌细胞膜上麦角甾醇的脱甲基化，使病菌细胞膜无法形成而导致病菌死亡。

适用果树及防控对象 苯甲·丙环唑适用于多种落叶果树，对许多种高等真菌性病害均有较好的防控效果。目前，在落叶果树生产中主要用于防控：苹果树的褐斑病、斑点落叶病、黑星病，葡萄的白粉病、炭疽病、黑痘病，核桃白粉病，榛子树白粉病。

使用技术

（1）苹果树褐斑病、斑点落叶病、黑星病 防控褐斑病时，多从苹果落花后 1 个月左右或初见褐斑病病叶时开始喷药，10～15 天 1 次，连喷 4～6 次；防控斑点落叶病时，在春梢生长期和秋梢生长期各喷药 2 次左右，间隔期 10～15 天；防控黑星病时，从病害发生初期开始喷药，10～15 天 1 次，连喷 2～3 次。一般使用 30%乳油或 30%悬浮剂或 30%微乳剂或 30%水乳剂或 300 克/升乳油或 300 克/升微乳剂或 300 克/升水乳剂 2000～3000 倍液、或 40%微乳剂 3000～4000 倍液、或 50%乳油或 50%微乳剂或 50%水乳剂或 500 克/升乳油 4000～5000 倍液、或 60%

乳油或 60％水乳剂 5000～6000 倍液均匀喷雾。连续喷药时，注意与不同类型药剂交替使用。苹果幼果期或套袋前尽量避免使用乳油制剂。

（2）**葡萄白粉病、炭疽病、黑痘病** 防控白粉病时，从病害发生初期开始喷药，10～15 天 1 次，连喷 2～3 次。防控炭疽病时，从葡萄果粒膨大中期开始喷药，10～15 天 1 次，到套袋后结束或采收前一周（不套袋葡萄）结束。防控黑痘病时，在葡萄花蕾穗期、落花 80％时及落花后 10 天左右各喷药 1 次。苯甲·丙环唑喷施倍数同"苹果树褐斑病"。不套袋葡萄采收前 1 个月内尽量避免使用乳油制剂。

（3）**核桃白粉病** 从病害发生初期开始喷药，10～15 天 1 次，连喷 2 次左右。药剂喷施倍数同"苹果树褐斑病"。

（4）**榛子树白粉病** 从病害发生初期开始喷药，10～15 天 1 次，连喷 2 次左右。药剂喷施倍数同"苹果树褐斑病"。

注意事项 苯甲·丙环唑不能与碱性药剂及肥料混用。连续喷药时，注意与不同类型药剂交替使用。用药时注意安全保护，避免药液接触皮肤和眼睛。残余药液不要污染池塘、湖泊、河流等水域，避免对鱼类及水生生物造成影响。在瓜果类蔬菜上慎重使用，以免抑制植株生长。苹果树上使用的安全间隔期为 28 天，每季最多使用 3 次。

苯甲·咪鲜胺

有效成分 苯醚甲环唑（difenoconazole）＋咪鲜胺（prochloraz）。

常见商标名称 班典、禾易、恒田、妙可、炭伏、硕喜、雪火、金喜达、凯氟隆、施嘉翠、园胜冠、双星农药、中农民昌、泰生金叶子、禾宜施特好。

主要含量与剂型 20％（4％＋16％；5％＋15％）、35％（10％＋25％）、40％（10％＋30％）水乳剂，20％（5％＋15％）微乳剂，25％（7.5％＋17.5％）、30％（5％＋25％）悬浮剂，70％（30％＋40％）可湿性粉剂。括号内有效成分含量均为"苯醚甲环唑的含量＋咪鲜胺的含量"。

产品特点 苯甲·咪鲜胺是一种由苯醚甲环唑与咪鲜胺按一定比例混配的内吸治疗性广谱低毒复合杀菌剂，对病菌孢子形成具有较强的抑制作用，防病范围广，内吸传导性好，使用较安全，并有明显的协同增效作用。

苯醚甲环唑属三唑类内吸治疗性广谱低毒杀菌成分，内吸传导性好，持效期较长，对高等真菌性病害具有良好的治疗与保护活性；其杀菌机理是通过抑制病菌细胞膜上麦角甾醇的脱甲基化，使病菌细胞膜难以形成而导致病菌死亡，但连续多次使用易诱使病菌产生抗药性。咪鲜胺属咪唑类广谱低毒杀菌成分，具有保护和铲除作用，无内吸性，但有一定的渗透传导性能，对多种高等真菌性病害有特效；其杀菌机理是通过抑制麦角甾醇生物合成中的其他位点，阻断细胞膜形成而导致病菌死亡。

适用果树及防控对象　苯甲·咪鲜胺适用于多种落叶果树，对许多种高等真菌性病害均有较好的防控效果。目前，在落叶果树生产中主要用于防控：苹果的炭疽病、轮纹病、炭疽叶枯病，梨树的黑星病、炭疽病、轮纹病，枣树的炭疽病、轮纹病，桃树的炭疽病、黑星病，枸杞炭疽病。

使用技术

（1）苹果炭疽病、轮纹病、炭疽叶枯病　防控炭疽病、轮纹病时，从苹果落花后7～10天开始喷药，10天左右1次，连喷3次药后套袋；不套袋苹果仍需继续喷药3～5次，间隔期10～15天。防控炭疽叶枯病时，在7～8月份的雨季到来初期开始喷药，10～15天1次，连喷2～3次。一般使用20％水乳剂或20％微乳剂800～1000倍液、或25％悬浮剂1200～1500倍液、或30％悬浮剂1000～1200倍液、或35％水乳剂1500～2000倍液、或40％水乳剂1800～2000倍液、或70％可湿性粉剂5000～6000倍液均匀喷雾。连续喷药时，注意与不同类型药剂交替使用。

（2）梨树黑星病、炭疽病、轮纹病　以防控黑星病为主导，兼防炭疽病、轮纹病。一般梨园从落花后即开始喷药，10～15天1次，与不同类型药剂交替使用，连喷6～8次。苯甲·咪鲜胺喷施倍数同"苹果炭疽病"。

（3）枣树炭疽病、轮纹病　从（一茬花）坐住枣后10～15天开始喷药，10～15天1次，与不同类型药剂交替使用，连喷4～6次。苯甲·咪鲜胺喷施倍数同"苹果炭疽病"。

（4）桃树炭疽病、黑星病　从桃树落花后20天左右开始喷药，10～15天1次，连喷2～3次；往年病害严重果园，需加喷1～2次。苯甲·咪鲜胺喷施倍数同"苹果炭疽病"。

（5）枸杞炭疽病　从果实膨大中后期开始喷药，10～15天1次，每茬果喷药1～2次。药剂喷施倍数同"苹果炭疽病"。

注意事项　苯甲·咪鲜胺不能与碱性药剂及肥料混用。连续喷药时，注意与不同类型药剂交替使用。残余药液及洗涤药械的废液严禁污染河流、湖泊、池塘等水域，避免对鱼类及水生生物造成毒害。苹果树上使用的安全间隔期为21天，每季最多使用2次；梨树上使用的安全间隔期为14天，每季最多使用3次；枸杞上使用的安全间隔期为3天，每季最多使用3次。

苯甲·氟酰胺

有效成分　苯醚甲环唑（difenoconazole）＋氟唑菌酰胺（fluxapyroxad）。

常见商标名称　健攻、巴斯夫。

主要含量与剂型　12％（5％苯醚甲环唑＋7％氟唑菌酰胺）悬浮剂。

产品特点　苯甲·氟酰胺是一种由苯醚甲环唑与氟唑菌酰胺按一定比例混配的内吸治疗性广谱低毒复合杀菌剂，对多种高等真菌性病害具有保护、治疗及铲除功效。混剂配比科学合理，增效作用明显，安全性高，绿色环保，可给予果树系统性的保护。

苯醚甲环唑属三唑类内吸治疗性广谱低毒杀菌成分，内吸传导性好，持效期较长，对高等真菌性病害具有良好的治疗与保护活性；其杀菌机理是通过抑制病菌细胞膜上麦角甾醇的脱甲基化，使病菌细胞膜难以形成而导致病菌死亡，但连续多次使用易诱使病菌产生抗药性。氟唑菌酰胺属吡唑酰胺类内吸治疗性低毒杀菌成分，其杀菌机理是通过抑制病菌琥珀酸脱氢酶的活性，阻断线粒体呼吸链的电子传递，影响正常能量代谢而导致病菌死亡；既可抑制孢子发芽及芽管伸长，又可抑制菌丝生长与孢子产生。

适用果树及防控对象 苯甲·氟酰胺适用于多种落叶果树，对多种高等真菌性病害均有较好的防控效果。目前，在落叶果树生产中主要用于防控：苹果树斑点落叶病，梨树的黑星病、黑斑病、白粉病。

使用技术

（1）苹果树斑点落叶病 在春梢生长期内和秋梢生长期内各喷药 2 次左右，从病害发生初期开始喷药，间隔期 10～15 天。一般使用 12％悬浮剂 1500～2000 倍液均匀喷雾。

（2）梨树黑星病、黑斑病、白粉病 以防控黑星病为主导，兼防黑斑病、白粉病。一般梨园从落花后即开始喷药，10～15 天 1 次，与不同类型药剂交替使用，直到生长后期。一般使用 12％悬浮剂 1500～2000 倍液均匀喷雾，防控白粉病时注意喷洒叶片背面。

注意事项 苯甲·氟酰胺不能与波尔多液等碱性药剂混用。连续喷药时，注意与不同类型药剂交替使用。残余药液及洗涤药械的废液，严禁污染河流、湖泊、池塘等水域。苹果树上使用的安全间隔期为 28 天，每季最多使用 2 次。

<h1 style="text-align:center">苯甲·嘧菌酯</h1>

有效成分 苯醚甲环唑（difenoconazole）＋嘧菌酯（azoxystrobin）。

常见商标名称 顶妙、肥妙、优妙、妙盾、妙艳、福递、复原、禾易、禾善、键尔、外尔、菌酷、凯典、凯尊、科硕、克胜、乐收、利民、龙彩、佶采、青稚、满润、美邦、美星、奇星、嘧甲、统好、垄翠、银翠、亿嘉、兴农、秀泽、耘胜、真保、中保、至壮、多米妙、丰乐龙、富美实、海利尔、立比多、绿吉通、居首星、美西达、每时乐、妙先收、农精灵、农流行、瑞德丰、世科姆、旺利发、先正达、秀丽多、植物龙、阿米妙收、海阔利斯、绿色农华、金尔翠爽、默赛喜奥、青岛金尔、全能阿米、三江益农、双星农药、泰格伟德、威远生化、威远多彩、宇龙美收、银农科技、中保京彩、中国农资、中农联合、中芯妙收、海利尔化工、新势立标志。

主要含量与剂型 30％（8％＋22％；11％＋19％；11.5％＋18.5％；12％＋

18%；15%＋15%；18%＋12%；18.5%＋11.5%）、32%（12%＋20%）、32.5%（12.5%＋20%）、35%（15%＋20%；20%＋15%）、40%（15%＋25%）、48%（18%＋30%）、325克/升（125克/升＋200克/升；200克/升＋125克/升；217克/升＋108克/升）悬浮剂，60%（20%＋40%）水分散粒剂。括号内有效成分含量均为"苯醚甲环唑的含量＋嘧菌酯的含量"。

产品特点 苯甲·嘧菌酯是一种由苯醚甲环唑与嘧菌酯按一定比例混配的预防及治疗性广谱低毒复合杀菌剂。两者混配，优势互补，协同增效，两种杀菌作用机理，防病范围更广，预防、治疗效果更好，病菌不易产生抗药性，使用方便，适用于多种果树病害的抗药性和综合治理。

苯醚甲环唑属三唑类内吸治疗性广谱低毒杀菌成分，内吸传导性好，持效期较长，使用安全，对高等真菌性病害具有良好的治疗与保护活性；其杀菌机理是通过抑制病菌细胞膜上麦角甾醇的脱甲基化，使病菌细胞膜难以形成而导致病菌死亡，但连续多次使用易诱使病菌产生抗药性。嘧菌酯属甲氧基丙烯酸酯类内吸性广谱低毒杀菌成分，具有保护、治疗、铲除、渗透、内吸等多种活性；其杀菌机理是通过抑制细胞色素 b 和 c1 间的电子转移，进而抑制线粒体的呼吸作用，使病菌能量合成受阻，而最终导致病菌死亡。

适用果树及防控对象 苯甲·嘧菌酯适用于多种落叶果树，对许多种高等真菌性病害均有较好的防控效果。目前，在落叶果树生产中主要用于防控：葡萄的白腐病、炭疽病、白粉病，梨树的黑星病、炭疽病、白粉病，桃树的黑星病、炭疽病、真菌性穿孔病，石榴的炭疽病、褐斑病，枣树的轮纹病、炭疽病、褐斑病。

使用技术

（1）**葡萄白腐病、炭疽病、白粉病** 防控白腐病、炭疽病时，套袋葡萄在套袋前喷药 1 次即可，不套袋葡萄则需从果粒膨大中期开始连续喷药，10 天左右 1 次，与不同类型药剂交替使用，连喷 3～5 次；防控白粉病时，从病害发生初期开始喷药，10 天左右 1 次，连喷 2 次左右。一般使用 30%悬浮剂或 32%悬浮剂或 32.5%悬浮剂或 325 克/升悬浮剂 2000～3000 倍液、或 35%悬浮剂 3000～4000 倍液、或40%悬浮剂 3000～3500 倍液、或 48%悬浮剂 3500～4000 倍液、或 60%水分散粒剂 3500～4000 倍液均匀喷雾。需要指出，不同企业产品配方比例差异较大，具体应用时还应以产品标签说明为准。

（2）**梨树黑星病、炭疽病、白粉病** 以防控黑星病为主导，兼防炭疽病、白粉病。一般梨园从落花后即开始喷药，10～15 天 1 次，与不同类型药剂交替使用，直到生长后期（中早熟品种果实采收后还应喷药 1～2 次）。白粉病发生较重果园，中后期喷药时注意喷洒叶片背面。苯甲·嘧菌酯喷施倍数同"葡萄白腐病"。

（3）**桃树黑星病、炭疽病、真菌性穿孔病** 一般桃园从落花后 20 天左右开始喷药，10～15 天 1 次，与不同类型药剂交替使用，连喷 3～5 次。苯甲·嘧菌酯喷施倍数同"葡萄白腐病"。

（4）石榴炭疽病、褐斑病 在（一茬花）开花前、落花后、幼果期、套袋前及套袋后各喷药 1 次，即可有效防控该病的发生。苯甲·嘧菌酯喷施倍数同"葡萄白腐病"，注意与不同类型药剂交替使用。

（5）枣树轮纹病、炭疽病、褐斑病 首先在（一茬花）开花前喷药 1 次，防控褐斑病的早期为害；然后从枣果坐住后 10 天左右开始继续喷药，10～15 天 1 次，与不同类型药剂交替使用，连喷 4～6 次。苯甲·嘧菌酯喷施倍数同"葡萄白腐病"。

注意事项 苯甲·嘧菌酯不能与碱性药剂及肥料混合使用，也不建议与乳油类药剂及有机硅类助剂混用。连续喷药时，注意与不同类型药剂交替使用。悬浮剂型可能会有沉淀或沉降，使用时应当先进行摇匀。残余药液及洗涤药械的废液不能污染河流、湖泊、池塘等水域，以免对鱼类及水生生物造成毒害。苹果和樱桃的许多品种对嘧菌酯较敏感，不建议在苹果树和樱桃树上使用本剂。本品生产企业较多，配方比例也有较大差异，具体选用时喷施倍数还应以标签说明为准。葡萄上使用的安全间隔期为 14 天，每季最多使用 3 次；枣树上使用的安全间隔期为 21 天，每季最多使用 3 次。

苯甲·醚菌酯

有效成分 苯醚甲环唑（difenoconazole）＋醚菌酯（kresoxim-methyl）。

常见商标名称 博得、果娇、冠净、京博、美邦、森白、大势博、康赛德、美尔果、全冠清、速来宝、汤普森、韦尔奇、标正彩田、京博盈美、双星农药、现代绿风、中新翠倍。

主要含量与剂型 23％（9％＋14％）、30％（10％＋20％）、40％（13.3％＋26.7％）悬浮剂，40％（10％＋30％）、60％（20％＋40％）、80％（30％＋50％）可湿性粉剂，30％（10％＋20％）、40％（10％＋30％）、50％（25％＋25％）、52％（20％＋32％）、72％（18％＋54％）水分散粒剂。括号内有效成分含量均为"苯醚甲环唑的含量＋醚菌酯的含量"。

产品特点 苯甲·醚菌酯是一种由苯醚甲环唑和醚菌酯按一定比例混配的内吸治疗性广谱低毒复合杀菌剂，两种有效成分协同增效，病菌不易产生抗药性，防病范围更广。混剂使用安全，持效期较长，对环境友好。

苯醚甲环唑属三唑类内吸治疗性广谱低毒杀菌成分，内吸传导性好，持效期较长，对高等真菌性病害具有良好的治疗与保护活性；其杀菌机理是通过抑制病菌细胞膜上麦角甾醇的脱甲基化，使病菌细胞膜难以形成而导致病菌死亡，但连续多次使用易诱使病菌产生抗药性。醚菌酯属甲氧基丙烯酸酯类广谱低毒杀菌成分，具有保护、治疗和铲除活性，并可在一定程度上诱导植物激活潜在抗病性，持效期较长；其杀菌机理是通过阻断线粒体中细胞色素 b 和 c1 间的电子转移，破坏能量形成，使病菌呼吸受到抑制，而最终导致菌体死亡。

适用果树及防控对象　苯甲·醚菌酯适用于多种落叶果树，对许多种高等真菌性病害均有较好的防控效果。目前，在落叶果树生产中主要用于防控：苹果树的斑点落叶病、黑星病、白粉病，梨树的黑星病、白粉病，葡萄白粉病，枸杞白粉病。

使用技术

（1）**苹果树斑点落叶病、黑星病、白粉病**　防控斑点落叶病时，在春梢生长期内和秋梢生长期内各喷药 2 次左右，间隔期 10～15 天。防控黑星病时，从病害发生初期开始喷药，10～15 天 1 次，连喷 2 次左右。防控白粉病时，在花序分离期、落花 80% 和落花后 10 天左右各喷药 1 次，即可有效防控白粉病的早期为害；往年白粉病发生较重果园，再于 8～9 月份的花芽分化期喷药 1～2 次，防控病菌侵染芽，减少越冬菌量。连续喷药时，注意与不同类型药剂交替使用。苯甲·醚菌酯一般使用 23% 悬浮剂 1200～1500 倍液、或 30% 悬浮剂或 30% 可湿性粉剂 1500～2000 倍液、或 40% 悬浮剂 2000～2500 倍液、或 40% 可湿性粉剂或 40% 水分散粒剂 1800～2000 倍液、或 50% 水分散粒剂或 52% 水分散粒剂或 72% 水分散粒剂或 60% 可湿性粉剂 3500～4000 倍液、或 80% 可湿性粉剂 5000～6000 倍液均匀喷雾。

（2）**梨树黑星病、白粉病**　防控黑星病时，一般梨园从落花后开始喷药，10～15 天 1 次，与不同类型药剂交替使用，连喷 5～7 次；防控白粉病时，从病害发生初期开始喷药，10～15 天 1 次，连喷 2 次左右，重点喷洒叶片背面。苯甲·醚菌酯喷施倍数同"苹果树斑点落叶病"。

（3）**葡萄白粉病**　从病害发生初期开始喷药，10～15 天 1 次，连喷 2 次左右。药剂喷施倍数同"苹果树斑点落叶病"。

（4）**枸杞白粉病**　从病害发生初期开始喷药，10～15 天 1 次，连喷 2 次左右。药剂喷施倍数同"苹果树斑点落叶病"。

注意事项　苯甲·醚菌酯不能与碱性药剂、铜制剂混用。连续喷药时，注意与不同类型药剂交替使用。本剂对许多水生生物毒性较高，禁止在鱼塘、湖泊、河流等水域周边使用，并严禁将残余药液及洗涤药械的废液排入上述水域。苹果树上使用的安全间隔期为 21 天，每季最多使用 3 次；枸杞上使用的安全间隔期为 5 天，每季最多使用 3 次。

苯甲·肟菌酯

有效成分　苯醚甲环唑（difenoconazole）＋肟菌酯（trifloxystrobin）。

常见商标名称　标正、美邦、科利隆、瑞德丰、韦尔奇。

主要含量与剂型　32%（18%＋14%）、40%（20%＋20%）悬浮剂，40%（25%＋15%）、50%（25%＋25%）水分散粒剂。括号内有效成分含量均为"苯醚甲环唑的含量＋肟菌酯的含量"。

产品特点　苯甲·肟菌酯是一种由苯醚甲环唑与肟菌酯按一定比例混配的内吸

治疗性广谱低毒复合杀菌剂，具有保护、治疗、铲除、渗透等作用。混剂内吸性强，耐雨水冲刷，持效期较长；两种杀菌机理，防病范围更广，病菌不易产生抗药性。

苯醚甲环唑属三唑类内吸治疗性广谱低毒杀菌成分，内吸传导性好，持效期较长，对高等真菌性病害具有良好的治疗与保护活性；其杀菌机理是通过抑制病菌细胞膜上麦角甾醇的脱甲基化，使病菌细胞膜难以形成而导致病菌死亡，但连续多次使用易诱使病菌产生抗药性。肟菌酯属甲氧基丙烯酸酯类广谱低毒杀菌成分，以保护作用为主，兼有一定的内吸渗透性，耐雨水冲刷；其杀菌机理是通过阻止细胞色素 b 与 c1 间的电子传递，抑制线粒体的呼吸作用，使细胞无法获得能量供应而导致病菌死亡。

适用果树及防控对象 苯甲·肟菌酯适用于多种落叶果树，对许多种真菌性病害均有较好的防控效果。目前，在落叶果树生产中主要用于防控：苹果树的褐斑病、轮纹病、炭疽病，梨树的黑星病、炭疽病、轮纹病、白粉病，桃树的黑星病、炭疽病，葡萄的黑痘病、炭疽病、白粉病。

使用技术

(1)苹果树褐斑病、轮纹病、炭疽病 防控褐斑病时，多从苹果落花后 1 个月左右或初见褐斑病病叶时开始喷药，10～15 天 1 次，连喷 4～6 次。防控轮纹病、炭疽病时，从苹果落花后 7～10 天开始喷药，10 天左右 1 次，连喷 3 次药后套袋（套袋后结束喷药）；不套袋苹果需继续喷药 4～6 次，间隔期 10～15 天。连续喷药时，注意与不同类型药剂交替使用。苯甲·肟菌酯一般使用 32％悬浮剂 3000～3500倍液、或 40％悬浮剂 3000～4000 倍液、或 40％水分散粒剂 4000～5000 倍液、或50％水分散粒剂 4500～5000 倍液均匀喷雾。

(2)梨树黑星病、炭疽病、轮纹病、白粉病 以防控黑星病为主导，兼防其他病害。一般梨园从落花后开始喷药，10～15 天 1 次，与不同类型药剂交替使用，直到生长后期；白粉病发生较重果园，中后期喷药时注意喷洒叶片背面。苯甲·肟菌酯喷施倍数同"苹果树褐斑病"。

(3)桃树黑星病、炭疽病 一般桃园从落花后 20 天左右开始喷药，10～15 天1 次，与不同类型药剂交替使用，连喷 3～5 次（套袋果套袋后即停止喷药）。苯甲·肟菌酯喷施倍数同"苹果树褐斑病"。

(4)葡萄黑痘病、炭疽病、白粉病 防控黑痘病时，在葡萄花蕾穗期、落花80％和落花后 10 天各喷药 1 次即可；防控炭疽病时，套袋葡萄于套袋前喷药 1 次即可，不套袋葡萄从果粒膨大中期开始喷药，10～15 天 1 次，与不同类型药剂交替使用，直到采收前 1 周左右；防控白粉病时，从病害发生初期开始喷药，10～15天 1 次，连喷 2～3 次。苯甲·肟菌酯喷施倍数同"苹果树褐斑病"。

注意事项 苯甲·肟菌酯不能与波尔多液等碱性药剂混用。连续喷药时，注意与不同类型药剂交替使用。本剂对鱼类等水生生物有毒，避免在水产养殖区、湖泊、河流等水域附近使用，且残余药液及洗涤药械的废液严禁污染上述水域。苹果树上使用的安全间隔期为 14 天，每季最多使用 3 次。

苯甲·吡唑酯

有效成分　苯醚甲环唑（difenoconazole）＋吡唑醚菌酯（pyraclostrobin）。

常见商标名称　东泰、美邦、耘农、中达、众和、诺普信、韦尔奇。

主要含量与剂型　24%（9%＋15%）、25%（10%＋15%）、30%（15%＋15%；20%＋10%；22%＋8%）、35%（10%＋25%）、40%（15%＋25%；25%＋15%；30%＋10%）悬浮剂，30%（10%＋20%；20%＋10%）、40%（20%＋20%；25%＋15%）、50%（30%＋20%）乳油，30%（10%＋20%）可湿性粉剂，25%（10%＋15%）、40%（15%＋25%）、50%（25%＋25%）水分散粒剂。括号内有效成分含量均为"苯醚甲环唑的含量＋吡唑醚菌酯的含量"。

产品特点　苯甲·吡唑酯是一种由苯醚甲环唑与吡唑醚菌酯按一定比例混配的内吸治疗性广谱低毒复合杀菌剂，具有预防保护、内吸治疗和一定的诱抗作用。混剂使用安全方便，防病范围广，两种有效成分协同增效，病菌不易产生抗药性，适用于病害的综合治理。

苯醚甲环唑属三唑类内吸治疗性广谱低毒杀菌成分，内吸传导性好，持效期较长，对高等真菌性病害具有良好的治疗与保护活性；其杀菌机理是通过抑制病菌细胞膜上麦角甾醇的去甲基化，使病菌细胞膜难以形成而导致病菌死亡，但连续多次使用易诱使病菌产生抗药性。吡唑醚菌酯属甲氧基丙烯酸酯类广谱高效低毒杀菌成分，具有保护、治疗、铲除、渗透及较强的内吸作用，通过抑制孢子萌发和菌丝生长而发挥药效；持效期较长，耐雨水冲刷，使用安全，并能在一定程度上诱发植株产生抗病能力，促进植株生长健壮、提高果品质量；其杀菌机理是通过阻止线粒体呼吸链中细胞色素 b 和 c1 间的电子传递，抑制呼吸作用，使细胞不能获得正常代谢所需能量，而最终导致病菌饥饿死亡。

适用果树及防控对象　苯甲·吡唑酯适用于多种落叶果树，对许多种真菌性病害均有较好的防控效果。目前，在落叶果树生产中主要用于防控：苹果的轮纹病、炭疽病、套袋果斑点病、斑点落叶病、褐斑病，梨树的黑星病、黑斑病、炭疽病、轮纹病、褐斑病、白粉病，葡萄的穗轴褐枯病、黑痘病、炭疽病、白腐病、溃疡病、白粉病，枣树的褐斑病、炭疽病、轮纹病、锈病，草莓的炭疽病、白粉病。

使用技术　苯甲·吡唑酯主要应用于喷雾，一般果树喷施倍数为：24%悬浮剂或 25%悬浮剂或 25%水分散粒剂 1200～1500 倍液、30%可湿性粉剂 1500～2000 倍液、30%悬浮剂或 30%乳油 2000～3000 倍液、35%悬浮剂 2000～2500 倍液、40%悬浮剂 2000～4000 倍液、40%乳油 3000～4000 倍液、40%水分散粒剂 2000～3000 倍液、50%乳油 4000～5000 倍液、50%水分散粒剂 3500～4000 倍液。本剂生产企业较多，配方比例差异较大，具体应用时还应以标签说明为准。

（1）苹果轮纹病、炭疽病、套袋果斑点病、斑点落叶病、褐斑病　防控轮纹病、炭疽病及套袋果斑点病时，从苹果落花后 7～10 天开始喷药，10 天左右 1 次，连喷 3 次药后套袋；不套袋苹果需继续喷药 4～6 次，间隔期 10～15 天。防控斑点落叶病时，在春梢生长期内和秋梢生长期内各喷药 2 次左右，间隔期 10～15 天。防控褐斑病时，一般果园从落花后 1 个月左右或苹果套袋前或初见褐斑病病叶时开始喷药，10～15 天 1 次，连喷 4～6 次。连续喷药时，注意与不同类型药剂交替使用。苯甲·吡唑酯喷施倍数同上述。

（2）梨树黑星病、黑斑病、炭疽病、轮纹病、褐斑病、白粉病　以防控黑星病为主导，兼防其他病害。一般梨园从梨树落花后即开始喷药，10～15 天 1 次，与不同类型药剂交替使用，直到生长后期；白粉病发生较重果园，中后期喷药时注意喷洒叶片背面。苯甲·吡唑酯喷施倍数同上述。

（3）葡萄穗轴褐枯病、黑痘病、炭疽病、白腐病、溃疡病、白粉病　首先在葡萄花蕾穗期、落花后及落花后 10 天各喷药 1 次，可有效防控穗轴褐枯病和黑痘病；然后套袋葡萄于套袋前喷药 1 次，可有效防控炭疽病、白腐病、溃疡病；不套袋葡萄则从果粒膨大中期开始连续喷药，10～15 天 1 次，与不同类型药剂交替使用，直到采收前 1 周左右，有效防控不套袋葡萄的炭疽病、白腐病、溃疡病，兼防白粉病。防控白粉病时，从病害发生初期开始喷药，10～15 天 1 次，连喷 2 次左右。苯甲·吡唑酯喷施倍数同上述。

（4）枣树褐斑病、炭疽病、轮纹病、锈病　首先在（一茬花）开花前喷药 1 次，有效防控褐斑病的早期为害；然后从（一茬花）坐住果后 10 天左右开始连续喷药，10～15 天 1 次，与不同类型药剂交替使用，连喷 4～6 次。苯甲·吡唑酯喷施倍数同上述。

（5）草莓炭疽病、白粉病　防控育秧田炭疽病时，从病害发生初期开始喷药，10～15 天 1 次，连喷 3～5 次，注意与不同类型药剂交替使用；防控白粉病时，从病害发生初期开始喷药，10～15 天 1 次，连喷 2～4 次。苯甲·吡唑酯喷施倍数同上述。

注意事项　苯甲·吡唑酯不能与碱性药剂及肥料混用。连续喷药时，注意与不同类型药剂交替使用。吡唑醚菌酯对冬枣果实较敏感，特别是棚室内，用药时需要注意。本剂对鱼类等水生生物有毒，应远离水产养殖区、河塘、湖泊等水域施药，且残余药液严禁污染上述水域，并禁止在河塘、湖泊等水域内清洗施药器具。苹果树上使用的安全间隔期为 21 天，每季最多使用 3 次；葡萄上使用的安全间隔期为 14 天，每季最多使用 3 次。不套袋葡萄采收前 1 个月内尽量避免选用乳油制剂，以免影响果粉。

苯甲·中生

有效成分　苯醚甲环唑（difenoconazole）＋中生菌素（zhongshengmycin）。

常见商标名称　佳作、凯壮、品源、势赢、瑞德丰、啄木鸟、凯立生物。

主要含量与剂型 8%（5%＋3%）、16%（14%＋2%）可湿性粉剂。括号内有效成分含量均为"苯醚甲环唑的含量＋中生菌素的含量"。

产品特点 苯甲·中生是一种由苯醚甲环唑与中生菌素按一定比例混配的广谱低毒复合杀菌剂，具有保护和治疗作用，使用安全，能有效防控多种真菌性病害，并对细菌性病害也有一定抑制效果。

苯醚甲环唑属三唑类内吸治疗性广谱低毒杀菌成分，内吸传导性好，持效期较长，对高等真菌性病害具有良好的治疗与保护活性；其杀菌机理是通过抑制病菌细胞膜上麦角甾醇的脱甲基化，使病菌细胞膜难以形成而导致病菌死亡，但连续多次使用易诱使病菌产生抗药性。中生菌素属 N-糖苷类农用抗菌素类广谱低毒杀菌成分，能有效抑制孢子萌发等，对有些真菌性病害和细菌性病害均具有较好的防控效果；其杀菌机理主要是抑制病菌蛋白质的合成，使丝状菌丝体畸形，而导致病菌死亡。

适用果树及防控对象 苯甲·中生适用于多种落叶果树，对多种真菌性病害和细菌性病害均有较好的防控效果，特别适用于真菌性病害和细菌性病害混合发生期使用。目前，在落叶果树生产中主要用于防控：苹果的斑点落叶病、轮纹病、炭疽病，桃树、杏树及李树的疮痂病、真菌性穿孔病、细菌性穿孔病，核桃的黑斑病、炭疽病。

使用技术

（1）苹果斑点落叶病、轮纹病、炭疽病 防控斑点落叶病时，在春梢生长期内和秋梢生长期内各喷药 2 次左右，间隔期 10～15 天。防控轮纹病、炭疽病时，从落花后 7～10 天开始喷药，10 天左右 1 次，连喷 3 次药后套袋（套袋后不再喷药）；不套袋苹果需继续喷药 4～6 次，间隔期 10～15 天。连续喷药时，注意与不同类型药剂交替使用。苯甲·中生一般使用 8%可湿性粉剂 1500～2000 倍液、或 16%可湿性粉剂 2500～3000 倍液均匀喷雾。

（2）桃树、杏树及李树的疮痂病、真菌性穿孔病、细菌性穿孔病 一般果园从落花后 20 天左右开始喷药，10～15 天 1 次，与不同类型药剂交替使用，连喷 2～5 次。苯甲·中生一般使用 8%可湿性粉剂 1000～1200 倍液、或 16%可湿性粉剂 2000～2500 倍液均匀喷雾。

（3）核桃黑斑病、炭疽病 一般果园从黑斑病发生初期或果实膨大中期开始喷药，10～15 天 1 次，连喷 2～4 次。苯甲·中生一般使用 8%可湿性粉剂 1000～1500 倍液、或 16%可湿性粉剂 2000～2500 倍液均匀喷雾。

注意事项 苯甲·中生不能与碱性药剂及肥料混用。连续喷药时，注意与不同类型药剂交替使用。本剂对鱼类等水生生物有毒，应远离水产养殖区施药，且残余药液及洗涤药械的废液严禁污染河流、湖泊、池塘等水域。苹果树上使用的安全间隔期为 14 天，每季最多使用 3 次。

苯醚·甲硫

有效成分 苯醚甲环唑（difenoconazole）＋甲基硫菌灵（thiophanate－methyl）。

常见商标名称 翠硕、励精、绿士、美邦、诺点、七颗星、韦尔奇、卓之选。

主要含量与剂型 25％（3％＋22％）、40％（5％＋35％）、45％（5％＋40％）、50％（6％＋44％）、70％（8.4％＋61.6％）可湿性粉剂，40％（5％＋35％）、50％（8％＋42％）悬浮剂。括号内有效成分含量均为"苯醚甲环唑的含量＋甲基硫菌灵的含量"。

产品特点 苯醚·甲硫是一种由苯醚甲环唑与甲基硫菌灵按一定比例混配的内吸治疗性广谱低毒复合杀菌剂，具有预防保护和内吸治疗作用，防病范围广，使用安全，多种杀菌机理，病菌不易产生抗药性。

苯醚甲环唑属三唑类内吸治疗性广谱低毒杀菌成分，内吸传导性好，持效期较长，对高等真菌性病害具有良好的治疗与保护活性；其杀菌机理是通过抑制病菌细胞膜上麦角甾醇的脱甲基化，使病菌细胞膜难以形成而导致病菌死亡，但连续多次使用易诱使病菌产生抗药性。甲基硫菌灵属取代苯类内吸治疗性广谱低毒杀菌成分，对许多种高等真菌性病害均有较好的预防保护和内吸治疗作用，使用安全，混配性好，相当于杀菌剂之"母药"。其杀菌机理具有两个方面，一是直接作用于病菌，阻碍其呼吸过程，影响病菌孢子的产生、萌发及菌丝体生长；二是在植物体内转化为多菌灵，通过干扰病菌有丝分裂中纺锤体的形成，影响细胞分裂，而导致病菌死亡。

适用果树及防控对象 苯醚·甲硫适用于多种落叶果树，对许多种高等真菌性病害均有良好的防控效果。目前，在落叶果树生产中主要用于防控：苹果的炭疽病、轮纹病、斑点落叶病、褐斑病、黑星病、白粉病，梨树的黑星病、轮纹病、炭疽病、褐斑病、白粉病，桃树的黑星病、炭疽病、真菌性穿孔病，李树的红点病、炭疽病、真菌性穿孔病，葡萄的黑痘病、炭疽病、褐斑病，柿树的炭疽病、角斑病、圆斑病、黑星病，枣树的炭疽病、轮纹病，核桃的炭疽病、褐斑病、白粉病，山楂的炭疽病、轮纹病、叶斑病，石榴的褐斑病、黑斑病、炭疽病、麻皮病，花椒锈病，草莓炭疽病。

使用技术

（1）苹果炭疽病、轮纹病、斑点落叶病、褐斑病、黑星病、白粉病 防控炭疽病、轮纹病时，从苹果落花后7～10天开始喷药，10天左右1次，连喷3次药后套袋（套袋后不再喷药）；不套袋苹果需继续喷药4～6次，间隔期10～15天。防控斑点落叶病时，在春梢生长期内和秋梢生长期内各喷药2次左右，间隔期10～15天。防控褐斑病时，一般果园从落花后1个月左右或套袋前或初见褐斑病病叶时开始喷药，10～15天1次，连喷4～6次。防控黑星病时，从病害发生初期开始喷药，10～15 天 1 次，连喷 2～3 次。防控白粉病时，在花序分离期、落花 80％及落花后 10 天左右各喷药 1 次；往年病害严重果园，再于 8～9 月份花芽分化期增加喷药 1～2 次，防控病菌侵染芽。具体喷药时，注意与不同类型药剂交替使用。苯醚·甲硫一般使用 25％可湿性粉剂 500～600 倍液、或 40％可湿性粉剂或 45％可湿性粉剂 800～1000 倍液、或 40％悬浮剂或 50％可湿性粉剂 1000～1200 倍液、或 50％悬浮剂或 70％可湿性粉剂 1200～1500 倍液均匀喷雾。

（2）**梨树黑星病、轮纹病、炭疽病、褐斑病、白粉病**　以防控黑星病为主导，兼防其他病害。一般梨园从落花后即开始喷药，10～15 天 1 次，与不同类型药剂交替使用，直到生长后期，中早熟品种果实采收后还需喷药 1～2 次。中后期喷药防控白粉病时，注意喷洒叶片背面。苯醚·甲硫喷施倍数同"苹果炭疽病"。

（3）**桃树黑星病、炭疽病、真菌性穿孔病**　一般桃园从落花后 20 天左右开始喷药，10～15 天 1 次，连喷 2～3 次；往年病害发生较重桃园，需增加喷药 1～2 次。苯醚·甲硫喷施倍数同"苹果炭疽病"。

（4）**李树红点病、炭疽病、真菌性穿孔病**　防控红点病时，从展叶期开始喷药，10～15 天 1 次，连喷 2～4 次，兼防炭疽病；防控炭疽病时，一般从落花后半月左右开始喷药，10～15 天 1 次，连喷 3～5 次，兼防真菌性穿孔病；防控真菌性穿孔病时，从病害发生初期开始喷药，10～15 天 1 次，连喷 2～3 次。连续喷药时，注意与不同类型药剂交替使用。苯醚·甲硫喷施倍数同"苹果炭疽病"。

（5）**葡萄黑痘病、炭疽病、褐斑病**　防控黑痘病时，在葡萄花蕾穗期、落花 80％和落花后 10～15 天各喷药 1 次即可。防控炭疽病时，套袋葡萄套袋前喷药 1 次即可；不套袋葡萄需从果粒膨大中后期开始喷药，10 天左右 1 次，与不同类型药剂交替使用，直到采收前 1 周左右，兼防褐斑病。防控褐斑病时，从病害发生初期开始喷药，10～15 天 1 次，连喷 2～4 次。苯醚·甲硫喷施倍数同"苹果炭疽病"。

（6）**柿树炭疽病、角斑病、圆斑病、黑星病**　南方甜柿产区，首先在柿树开花前喷药 1 次，然后从落花后 10 天左右开始连续喷药，10～15 天 1 次，与不同类型药剂交替使用，直到生长后期；北方柿区，一般从落花后 20 天左右开始喷药，15 天左右 1 次，连喷 2～3 次。苯醚·甲硫喷施倍数同"苹果炭疽病"。

（7）**枣树炭疽病、轮纹病**　一般枣园从枣果坐住后 10 天左右开始喷药，10～15 天 1 次，与不同类型药剂交替使用，连喷 5～7 次。苯醚·甲硫喷施倍数同"苹果炭疽病"。

（8）**核桃炭疽病、褐斑病、白粉病**　防控炭疽病时，一般果园从果实膨大中期开始喷药，10～15 天 1 次，连喷 2～4 次，兼防褐斑病；防控褐斑病时，从病害发生初期开始喷药，10～15 天 1 次，连喷 2 次左右；防控白粉病时，从病害发生初期开始喷药，10～15 天 1 次，连喷 1～2 次。苯醚·甲硫喷施倍数同"苹果炭疽病"。

（9）**山楂炭疽病、轮纹病、叶斑病**　从落花后半月左右开始喷药，10～15 天 1 次，连喷 2～4 次即可。苯醚·甲硫喷施倍数同"苹果炭疽病"。

（10）**石榴褐斑病、黑斑病、炭疽病、麻皮病**　一般果园在开花前、落花后、幼果期、套袋前及套袋后各喷药 1 次即可，注意与不同类型药剂交替使用。苯醚·甲硫喷施倍数同"苹果炭疽病"。

（11）**花椒锈病**　从病害发生初期开始喷药，10～15 天 1 次，与不同类型药剂交替使用，连喷 2～5 次。苯醚·甲硫喷施倍数同"苹果炭疽病"。

（12）**草莓炭疽病**　主要应用于育秧田。从炭疽病发生初期开始喷药，10～15 天 1 次，与不同类型药剂交替使用，连喷 3～5 次。苯醚·甲硫喷施倍数同"苹果炭疽病"。

注意事项　苯醚·甲硫不能与碱性药剂及强酸性药剂混用，也不建议与铜制剂混用。连续喷药时，注意与不同类型药剂交替使用。用药时注意安全保护，避免药液溅及皮肤及眼睛。残余药液及洗涤器械的废液不能污染河流、湖泊、池塘等水域，避免对鱼类及水生生物造成毒害。苹果树上使用的安全间隔期为 30 天，每季最多使用 2 次；梨树上使用的安全间隔期为 21 天，每季最多使用 2 次。

苯醚·戊唑醇

有效成分　苯醚甲环唑（difenoconazole）＋戊唑醇（tebuconazole）。

常见商标名称　爽杰、金尔、汤普森。

主要含量与剂型　20％（2％＋18％）可湿性粉剂，20％（2％＋18％）水分散粒剂，40％（20％＋20％）、45％（20％＋25％）悬浮剂。括号内有效成分含量均为"苯醚甲环唑的含量＋戊唑醇的含量"。

产品特点　苯醚·戊唑醇是一种由苯醚甲环唑与戊唑醇按一定比例混配的内吸治疗性高效广谱低毒复合杀菌剂，对多种高等真菌性病害具有保护和治疗作用。两种有效成分协同增效，防病范围更广，用药时期更宽，使用更方便。

苯醚甲环唑属三唑类内吸治疗性广谱低毒杀菌成分，内吸传导性好，持效期较长，对高等真菌性病害具有良好的治疗与保护活性；其杀菌机理是通过抑制病菌细胞膜上麦角甾醇的脱甲基化，使病菌细胞膜难以形成而导致病菌死亡。戊唑醇同属三唑类内吸治疗性广谱低毒杀菌成分，许多形状及作用机理与苯醚甲环唑相同，但其具体作用位点有差异。

适用果树及防控对象　苯醚·戊唑醇适用于多种落叶果树，对许多种高等真菌性病害均有较好的防控效果。目前，在落叶果树生产中可用于防控：苹果的轮纹病、炭疽病、斑点落叶病、褐斑病、黑星病、白粉病、锈病，梨树的黑星病、轮纹病、炭疽病、黑斑病、褐斑病、白粉病、锈病，葡萄的炭疽病、褐斑病、白粉病，桃树的黑星病、炭疽病、真菌性穿孔病、锈病，李树的红点病、炭疽病、真菌性穿孔病，杏树的黑星病、真菌性穿孔病，核桃的炭疽病、褐斑病、白粉病，板栗的炭疽病、叶斑病，柿树的炭疽病、圆斑病、角斑病、白粉病、黑星病，枣树的褐斑病、锈病、轮纹病、炭疽病，山楂的白粉病、锈病、叶斑病、炭疽病、轮纹病，石榴的褐斑病、黑斑病、炭疽病、麻皮病，花椒锈病。

使用技术

（1）苹果轮纹病、炭疽病、斑点落叶病、褐斑病、黑星病、白粉病、锈病　首先在花序分离期、落花80%和落花后10天左右各喷药1次，有效防控白粉病、锈病、兼防轮纹病、炭疽病及斑点落叶病；然后从落花后20天左右开始继续喷药，10～15天1次，与不同类型药剂交替使用，连喷5～7次，有效防控轮纹病、炭疽病、褐斑病、斑点落叶病；往年白粉病较重果园，在8～9月份花芽分化期再增加喷药1～2次。苯醚•戊唑醇一般使用20%可湿性粉剂或20%水分散粒剂1000～1200倍液、或40%悬浮剂或50%悬浮剂3000～4000倍液均匀喷雾。

（2）梨树黑星病、轮纹病、炭疽病、黑斑病、褐斑病、白粉病、锈病　首先在花序分离期、落花80%和落花后10天左右各喷药1次，有效防控锈病及黑星病的早期为害；然后从落花后20天左右开始连续喷药，10～15天1次，与不同类型药剂交替使用，直到生长后期，中早熟品种果实采收后仍需喷药1～2次；白粉病较重果园，中后期喷药时注意喷洒叶片背面。苯醚•戊唑醇喷施倍数同"苹果轮纹病"。

（3）葡萄炭疽病、褐斑病、白粉病　套袋葡萄在套袋前喷药1次，即可有效防控炭疽病；不套袋葡萄从果粒膨大中期开始喷药，10～15天1次，与不同类型药剂交替使用，直到采收前1周左右，有效防控炭疽病，兼防褐斑病、白粉病；后期白粉病较重果园，葡萄采收后再喷药1～2次。苯醚•戊唑醇喷施倍数同"苹果轮纹病"。

（4）桃树黑星病、炭疽病、真菌性穿孔病、锈病　一般桃园从落花后20天左右开始喷药，10～15天1次，与不同类型药剂交替使用，连喷3～5次；后期锈病较重果园，从病害发生初期开始喷药，10～15天1次，再连喷1～2次。苯醚•戊唑醇喷施倍数同"苹果轮纹病"。

（5）李树红点病、炭疽病、真菌性穿孔病　从叶片展开期开始喷药，10～15天1次，连喷2～4次；晚熟品种或中后期真菌性穿孔病较重果园，中后期再增加喷药2次左右。苯醚•戊唑醇喷施倍数同"苹果轮纹病"。

（6）杏树黑星病、真菌性穿孔病　一般果园从落花后20天左右开始喷药，10～15天1次，连喷2～3次；中后期真菌性穿孔病较重果园，需再增加喷药1～2次。苯醚•戊唑醇喷施倍数同"苹果轮纹病"。

（7）核桃炭疽病、褐斑病、白粉病　一般果园从果实膨大中期开始喷药，10～15天1次，连喷2～4次；中后期褐斑病、白粉病较重果园，需再增加喷药1～2次。苯醚•戊唑醇喷施倍数同"苹果轮纹病"。

（8）板栗炭疽病、叶斑病　从病害发生初期开始喷药，10～15天1次，连喷2

次左右。苯醚·戊唑醇喷施倍数同"苹果轮纹病"。

（9）**柿树炭疽病、圆斑病、角斑病、白粉病、黑星病**　一般柿园从落花后20天左右开始喷药，半月左右1次，连喷2~3次即可；南方甜柿产区病害较重果园，首先在开花前喷药1次，然后从落花后10天左右开始连续喷药，10~15天1次，需连喷4~7次。苯醚·戊唑醇喷施倍数同"苹果轮纹病"。

（10）**枣树褐斑病、锈病、轮纹病、炭疽病**　首先在（一茬花）开花前喷药1次，有效防控褐斑病的早期为害；然后从坐住果后10天左右或初见锈病病叶时开始继续喷药，10~15天1次，连喷4~6次。苯醚·戊唑醇喷施倍数同"苹果轮纹病"。

（11）**山楂白粉病、锈病、叶斑病、炭疽病、轮纹病**　首先在花序分离期、落花后和落花后7~10天各喷药1次，有效防控白粉病、锈病；然后从落花后20天左右开始继续喷药，10~15天1次，连喷2~5次，有效防控叶斑病、炭疽病及轮纹病。苯醚·戊唑醇喷施倍数同"苹果轮纹病"。

（12）**石榴褐斑病、黑斑病、炭疽病、麻皮病**　一般果园在（一茬花）开花前、落花后、幼果期、套袋前及套袋后各喷药1次即可；后期雨水较多时，再增加喷药1~2次。苯醚·戊唑醇喷施倍数同"苹果轮纹病"。

（13）**花椒锈病**　从病害发生初期开始喷药，10~15天1次，连喷2~5次。苯醚·戊唑醇喷施倍数同"苹果轮纹病"。

注意事项　苯醚·戊唑醇不能与碱性药剂及肥料混用。连续喷药时，注意与不同类型药剂交替使用。本剂对蜜蜂、家蚕和鱼类等水生生物有毒，施药期间应避免对周围蜂群的影响，禁止在开花期和蚕室及桑园附近使用，远离水产养殖区、池塘、湖泊等水域施药，残余药液及洗涤药械的废液严禁污染上述水域。梨树上使用的安全间隔期为21天，每季最多使用3次。

丙唑·多菌灵

有效成分　丙环唑（propiconazol）＋多菌灵（carbendazim）。

常见商标名称　辉隆、莲檬、三联、银山、中达。

主要含量与剂型　25%（11.4%＋13.6%）、35%（7%＋28%）、36%（2.5%＋33.5%）悬浮剂。括号内有效成分含量均为"丙环唑的含量＋多菌灵的含量"。

产品特点　丙唑·多菌灵是一种由丙环唑和多菌灵按一定比例混配的内吸性广谱低毒复合杀菌剂，对多种高等真菌性病害具有较好的防控效果。混剂渗透性好，持效期较长，两种作用机理，病菌不易产生抗药性。

丙环唑属三唑类内吸治疗性广谱低毒杀菌成分，具有保护和治疗双重活性，能被茎、叶吸收，持效期较长；其杀菌机理是通过抑制麦角甾醇的生物合成，导致病菌细胞膜难以形成，而使病菌死亡。多菌灵属苯并咪唑类内吸治疗性广谱低毒杀菌成分，内吸渗透性好，耐雨水冲刷，持效期较长；其杀菌机理是通过干扰病菌有丝分裂中纺锤体的形成，影响细胞分裂，而起到杀菌防病作用。

适用果树及防控对象 丙唑·多菌灵适用于多种落叶果树，对许多种高等真菌性病害均有较好的防控效果。目前，在落叶果树生产中主要用于防控：苹果树的腐烂病、枝干轮纹病、褐斑病、轮纹烂果病、炭疽病，葡萄的白粉病、炭疽病，核桃白粉病。

使用技术

（1）苹果树腐烂病、枝干轮纹病 预防腐烂病及枝干轮纹病时，一般果园使用 25％悬浮剂或 35％悬浮剂或 36％悬浮剂 200～300 倍液，于早春喷洒枝干清园；病害发生较重地区或果园，也可使用 25％悬浮剂或 35％悬浮剂或 36％悬浮剂 100～150 倍液，在发芽前和套袋后（7～9 月份）分别涂刷枝干。治疗病斑时，在手术刮治病斑的基础上，使用 25％悬浮剂或 35％悬浮剂或 36％悬浮剂 50～70 倍液涂抹病疤，1 个月后再涂药 1 次。

（2）苹果褐斑病、轮纹烂果病、炭疽病 防控褐斑病时，一般果园从落花后 1 个月左右或初见褐斑病病叶时或套袋前开始喷药，10～15 天 1 次，连喷 4～6 次。防控轮纹烂果病及炭疽病时，从苹果落花后 7～10 天开始喷药，10 天左右 1 次，连喷 3 次药后套袋（套袋后结束喷药）；不套袋苹果需继续喷药 4～6 次，间隔期 10～15 天。连续喷药时，注意与不同类型药剂交替使用。丙唑·多菌灵一般使用 25％悬浮剂或 35％悬浮剂或 36％悬浮剂 600～800 倍液均匀喷雾。

（3）葡萄白粉病、炭疽病 防控白粉病时，从病害发生初期开始喷药，10～15 天 1 次，连喷 2～3 次。防控炭疽病时，套袋葡萄于套袋前喷药 1 次即可；不套袋葡萄从果粒膨大中期开始喷药，10～15 天 1 次，与不同类型药剂交替使用，直到采收前 1 周左右。丙唑·多菌灵一般使用 25％悬浮剂或 35％悬浮剂或 36％悬浮剂 600～800 倍液均匀喷雾。

（4）核桃白粉病 从病害发生初期开始喷药，10～15 天 1 次，连喷 2 次左右。一般使用 25％悬浮剂或 35％悬浮剂或 36％悬浮剂 600～800 倍液均匀喷雾。

注意事项 丙唑·多菌灵不能与碱性药剂及强酸性药剂混用。连续喷药时，注意与不同类型药剂交替使用。本剂对蜜蜂、家蚕及鱼类等水生生物有毒，不能在果树开花期使用，也不能在蚕室和桑园内及其附近使用，并远离水产养殖区、湖泊、河流等水域施药，且残余药液及洗涤药械的废液严禁污染上述水域。苹果树上使用的安全间隔期为 30 天，每季最多使用 2 次。

丙环·嘧菌酯

有效成分 丙环唑（propiconazol）＋嘧菌酯（azoxystrobin）。

常见商标名称 点灵、俊秀、极彩、扬彩、上格、安普博、百禾佳、先正达。

主要含量与剂型 18.7％（11.7％＋7％）、19％（11.8％＋7.2％）、25％（15％＋10％）、28％（17.5％＋10.5％）、30％（18％＋12％）、32％（12％＋

20%）、40%（24%＋16%）悬浮剂。括号内有效成分含量均为"丙环唑的含量＋嘧菌酯的含量"。

产品特点　丙环·嘧菌酯是一种由丙环唑与嘧菌酯按一定比例混配的内吸治疗性广谱低毒复合杀菌剂，具有诱导抗性、预防保护和治疗多重功效，内吸渗透性好，耐雨水冲刷。混剂包含两种杀菌作用机理，病菌不易产生抗药性，使用方便。

丙环唑属三唑类内吸性广谱低毒杀菌成分，既有良好的内吸治疗性，又有一定的保护作用，且内吸传导性好，持效期较长，对多种高等真菌性病害均有较好的防控效果；其杀菌机理是通过抑制病菌细胞膜上麦角甾醇的脱甲基化，使病菌细胞膜无法形成，而导致病菌死亡。嘧菌酯属甲氧基丙烯酸酯类内吸性广谱低毒杀菌成分，具有保护、治疗、铲除、渗透、内吸及缓慢向顶移动活性，通过抑制孢子产生和萌发及菌丝生长而发挥药效，并能在一定程度上诱导寄主植物产生抗病性，防止病菌侵染；其杀菌机理是通过影响细胞色素 b 与细胞色素 c1 间的电子转移而抑制线粒体的呼吸，阻止病菌能量形成，最终导致病菌死亡。

适用果树及防控对象　丙环·嘧菌酯适用于多种落叶果树，对多种真菌性病害均有较好的防控效果。目前，在落叶果树生产中主要用于防控：葡萄的白粉病、炭疽病，核桃白粉病。

使用技术

（1）葡萄白粉病、炭疽病　防控白粉病时，从病害发生初期开始喷药，10～15 天 1 次，连喷 2～3 次。防控炭疽病时，套袋葡萄于套袋前喷药 1 次即可；不套袋葡萄从果粒膨大中期开始喷药，10～15 天 1 次，与不同类型药剂交替使用，直到采收前 1 周左右。丙环·嘧菌酯一般使用 18.7%悬浮剂或 19%悬浮剂 600～800倍液、或 25%悬浮剂 800～1000 倍液、或 28%悬浮剂或 30%悬浮剂或 32%悬浮剂 1000～1200 倍液、或 40%悬浮剂 1200～1500 倍液均匀喷雾。

（2）核桃白粉病　从病害发生初期开始喷药，10～15 天 1 次，连喷 2 次左右。药剂喷施倍数同"葡萄白粉病"。

注意事项　丙环·嘧菌酯不能与碱性药剂及强酸性药剂混用，与非上述药剂混用时也应先进行小面积试验。苹果的某些品种对嘧菌酯较敏感，尽量避免在苹果树上使用。连续喷药时，注意与不同类型药剂交替使用。残余药液及洗涤药械的废液，严禁污染河流、湖泊、池塘等水域，避免对鱼类及水生生物造成毒害。

丙森·多菌灵

有效成分　丙森锌（propineb）＋多菌灵（carbendazim）。

常见商标名称　傲凯、点泰、靓果、清佳、荣邦、美意邦、农百金、赛普生、康派伟业、美邦农药。

主要含量与剂型　53%（45%＋8%）、70%（30%＋40%）、75%（50%＋25%）可湿性粉剂。括号内有效成分含量均为"丙森锌的含量＋多菌灵的含量"。

产品特点 丙森·多菌灵是一种由丙森锌与多菌灵按一定比例混配的广谱低毒复合杀菌剂，具有保护和治疗双重作用。混剂防病范围广，使用安全方便，持效期较长，病菌不易产生抗药性，并对植物生长具有一定补锌作用。

丙森锌属硫代氨基甲酸酯类广谱保护性低毒杀菌成分，以保护作用为主，对许多真菌性病害均有较好的预防效果，其含有的锌元素易被果树吸收，有利于促进果树生长及提高果品质量；其杀菌机理是作用于真菌细胞壁和蛋白质的合成，通过抑制孢子萌发、侵染及菌丝体的生长，而导致其变形、死亡。多菌灵属苯并咪唑类内吸治疗性广谱低毒杀菌成分，对多种高等真菌性病害具有较好的保护和治疗作用；其杀菌机理是通过干扰真菌细胞有丝分裂中纺锤体的形成，进而影响细胞分裂，最终导致病菌死亡。

适用果树及防控对象 丙森·多菌灵适用于多种落叶果树，对许多种高等真菌性病害均有较好的防控效果。目前，在落叶果树生产中主要用于防控：苹果树的斑点落叶病、褐斑病、黑星病、轮纹病、炭疽病，梨树的黑星病、黑斑病、褐斑病、轮纹病、炭疽病，葡萄的黑痘病、炭疽病、褐斑病，桃树的黑星病、真菌性穿孔病、炭疽病，李树的红点病、炭疽病，柿树的炭疽病、角斑病、圆斑病，核桃炭疽病，枣树的轮纹病、炭疽病、褐斑病，石榴的疮痂病、炭疽病、褐斑病。

使用技术

（1）苹果树斑点落叶病、褐斑病、黑星病、轮纹病、炭疽病 防控斑点落叶病时，在春梢生长期内和秋梢生长期内各喷药 2 次左右，间隔期 10～15 天。防控褐斑病时，一般从落花后 1 个月左右或初见褐斑病病叶时或套袋前开始喷药，10～15天 1 次，连喷 4～6 次。防控黑星病时，从病害发生初期开始喷药，10～15 天 1次，连喷 2～3 次。防控轮纹病、炭疽病时，从落花后 7～10 天开始喷药，10 天左右 1 次，连喷 3 次药后套袋（套袋后停止喷药）；不套袋苹果则需继续喷药 4～6次，间隔期 10～15 天。丙森·多菌灵一般使用 53％可湿性粉剂 400～500 倍液、或70％可湿性粉剂 600～800 倍液、或 75％可湿性粉剂 800～1000 倍液均匀喷雾。具体喷药时，注意与不同类型药剂交替使用。

（2）梨树黑星病、黑斑病、褐斑病、轮纹病、炭疽病 以防控黑星病为主导，兼防其他病害。一般梨园从落花后即开始喷药，10～15 天 1 次，与不同类型药剂交替使用，直到生长后期，中早熟品种果实采收后还需喷药 1～2 次。丙森·多菌灵喷施倍数同"苹果树斑点落叶病"。

（3）葡萄黑痘病、炭疽病、褐斑病 防控黑痘病时，在葡萄花蕾穗期、落花80％及落花后 10 天左右各喷药 1 次即可。防控炭疽病时，套袋葡萄在套袋前喷药1 次即可；不套袋葡萄需从果粒膨大中期开始喷药，10～15 天 1 次，与不同类型药剂交替使用，直到采收前 1 周左右。防控褐斑病时，从病害发生初期开始喷药，10～15 天 1 次，连喷 2～4 次。丙森·多菌灵喷施倍数同"苹果树斑点落叶病"。

（4）桃树黑星病、真菌性穿孔病、炭疽病 防控黑星病、炭疽病时，从落花后

20 天左右开始喷药，10～15 天 1 次，一般连喷 2～4 次；往年病害发生较重桃园，需增加喷药 1～2 次。防控真菌性穿孔病时，从病害发生初期开始喷药，10～15 天 1 次，连喷 2～3 次即可。丙森·多菌灵喷施倍数同"苹果树斑点落叶病"，注意与不同类型药剂交替使用。

（5）李树红点病、炭疽病　防控红点病时，从叶片展开期开始喷药，10～15 天 1 次，连喷 3～4 次；防控炭疽病时，从落花后半月左右开始喷药，10～15 天 1 次，连喷 2～4 次。丙森·多菌灵喷施倍数同"苹果树斑点落叶病"。

（6）柿树炭疽病、角斑病、圆斑病　一般柿树园从落花后 20 天左右开始喷药，10～15 天 1 次，连喷 2～3 次即可；南方甜柿产区病害发生较重地区或果园，首先在开花前喷药 1 次，然后从落花后 10 天左右开始连续喷药，10～15 天 1 次，与不同类型药剂交替使用，连喷 4～6 次。丙森·多菌灵喷施倍数同"苹果树斑点落叶病"。

（7）核桃炭疽病　一般核桃园从果实膨大中期开始喷药，10～15 天 1 次，连喷 2～3 次即可。丙森·多菌灵喷施倍数同"苹果树斑点落叶病"。

（8）枣树轮纹病、炭疽病、褐斑病　首先在开花前喷药 1 次，有效防控褐斑病的早期病害；然后从枣果坐住后 10 天左右开始继续喷药，10～15 天 1 次，与不同类型药剂交替使用，连喷 5～7 次。丙森·多菌灵喷施倍数同"苹果树斑点落叶病"。

（9）石榴疮痂病、炭疽病、褐斑病　一般石榴园在开花前、落花后、幼果期、套袋前及套袋后各喷药 1 次即可；多雨潮湿地区，后期适当增加喷药 1～2 次。丙森·多菌灵喷施倍数同"苹果树斑点落叶病"，注意与不同类型药剂交替使用。

注意事项　丙森·多菌灵不能与碱性药剂及含铜的农药混用，且使用前后间隔期均应在 7 天以上。连续喷药时，注意与不同类型药剂交替使用。本剂对鱼类等水生生物有毒，残余药液及洗涤药械的废液严禁污染河流、池塘、湖泊等水域。苹果树上使用的安全间隔期为 21 天，每季最多使用 3 次。

丙森·腈菌唑

有效成分　丙森锌（propineb）＋腈菌唑（myclobutanil）。

常见商标名称　星探、韦尔奇。

主要含量与剂型　45％（40％丙森锌＋5％腈菌唑）可湿性粉剂，45％（40％丙森锌＋5％腈菌唑）水分散粒剂。

产品特点　丙森·腈菌唑是一种由丙森锌与腈菌唑按一定比例混配的广谱低毒复合杀菌剂，对高等真菌性病害具有预防保护和一定的治疗作用，使用安全方便。两种有效成分杀菌机理互补，病菌不易产生抗药性。

丙森锌属硫代氨基甲酸酯类广谱保护性低毒杀菌成分，以保护作用为主，对许多真菌性病害均有较好的预防效果，其含有的锌元素易被果树吸收，有利于促进果树生长及提高果品质量；其杀菌机理是作用于真菌细胞壁和蛋白质的合成，通过抑制孢子萌发、侵染及菌丝体的生长，而导致其变形、死亡。腈菌唑属三唑类内吸治疗性广谱高效低毒杀菌成分，具有预防保护和内吸治疗双重作用，内吸性强，持效期较长；其杀菌机理是通过抑制病菌麦角甾醇的脱甲基化作用，使病菌细胞膜不能正常形成，而导致病菌死亡。

适用果树及防控对象 丙森·腈菌唑适用于多种落叶果树，对许多种高等真菌性病害均有较好的防控效果。目前，在落叶果树生产中主要用于防控：梨树的黑星病、黑斑病、白粉病，苹果树的斑点落叶病、黑星病，桃树的黑星病、炭疽病，葡萄的黑痘病、炭疽病、褐斑病，核桃白粉病，草莓炭疽病。

使用技术

（1）**梨树黑星病、黑斑病、白粉病** 以防控黑星病为主导，兼防黑斑病、白粉病。一般梨园从落花后即开始喷药，10～15天1次，与不同类型药剂交替使用，直到生长后期，中早熟品种果实采收后仍需喷药1～2次；后期白粉病较重果园，中后期喷药时注意喷洒叶片背面。丙森·腈菌唑一般使用45%可湿性粉剂或45%水分散粒剂600～800倍液均匀喷雾。

（2）**苹果树斑点落叶病、黑星病** 防控斑点落叶病时，在春梢生长期内和秋梢生长期内各喷药2次左右，间隔期10～15天；防控黑星病时，从病害发生初期开始喷药，10～15天1次，连喷2～3次。一般使用45%可湿性粉剂或45%水分散粒剂800～1000倍液均匀喷雾。

（3）**桃树黑星病、炭疽病** 一般桃园从桃树落花后20天左右开始喷药，10～15天1次，连喷2～4次。一般使用45%可湿性粉剂或45%水分散粒剂700～800倍液均匀喷雾。

（4）**葡萄黑痘病、炭疽病、褐斑病** 防控黑痘病时，在葡萄花蕾穗期、落花80%和落花后10天左右各喷药1次即可。防控炭疽病时，套袋葡萄于套袋前喷药1次即可；不套袋葡萄一般从果粒膨大中期开始喷药，10～15天1次，与不同类型药剂交替使用，直到采收前1周左右。防控褐斑病时，从病害发生初期开始喷药，10～15天1次，连喷2～4次。一般使用45%可湿性粉剂或45%水分散粒剂600～800倍液均匀喷雾。

（5）**核桃白粉病** 从病害发生初期开始喷药，10～15天1次，连喷2～3次。一般使用45%可湿性粉剂或45%水分散粒剂600～800倍液均匀喷雾。

（6）**草莓炭疽病** 主要应用于育秧田。从病害发生初期开始喷药，10～15天1次，连喷3～5次。一般使用45%可湿性粉剂或45%水分散粒剂700～800倍液均匀喷雾。

注意事项 丙森·腈菌唑不能与碱性药剂及含铜药剂混用。连续喷药时，注意与不同类型药剂交替使用。本剂对鱼类等水生生物有毒，应远离水产养殖区施药，且残余药液及洗涤药械的废液严禁污染河流、湖泊、池塘等水域。苹果树上使用的安全间隔期为 21 天，每季最多使用 3 次。

丙森·醚菌酯

有效成分 丙森锌（propineb）＋醚菌酯（kresoxim-methyl）。

常见商标名称 绿动、闪泰、百得喜、韦尔奇、爱诺丰采。

主要含量与剂型 48%（40%＋8%）、56%（52%＋4%）、75%（65%＋10%）可湿性粉剂，48%（40%＋8%）、55%（45%＋10%）、60%（50%＋10%）、70%（57.3%＋12.7%）水分散粒剂。括号内有效成分含量均为"丙森锌的含量＋醚菌酯的含量"。

产品特点 丙森·醚菌酯是一种由丙森锌与醚菌酯按一定比例混配的广谱低毒复合杀菌剂，具有保护和治疗作用，使用安全方便，病害发生的早期喷洒效果更加优异。两种有效成分协同增效，病菌很难产生抗药性。

丙森锌属硫代氨基甲酸酯类广谱保护性低毒杀菌成分，以保护作用为主，对许多真菌性病害均有较好的预防效果，其含有的锌元素易被果树吸收，有利于促进果树生长及提高果品质量；其杀菌机理是作用于真菌细胞壁和蛋白质的合成，通过抑制孢子萌发、侵染及菌丝体的生长，而导致其变形、死亡。醚菌酯属甲氧基丙烯酸酯类内吸性广谱低毒杀菌成分，具有保护、治疗和铲除活性，并能在一定程度上诱使寄主植物表现其潜在抗病性，持效期较长；其杀菌机理是通过阻断病菌细胞线粒体中细胞色素 b 和细胞色素 c1 间的电子传递，干扰病菌的呼吸功能，使细胞不能获取正常代谢所需能量，导致最终因饥饿而死亡。

适用果树及防控对象 丙森·醚菌酯适用于多种落叶果树，对许多种真菌性病害均有较好的防控效果。目前，在落叶果树生产中主要用于防控：苹果树的斑点落叶病、褐斑病、白粉病、锈病、黑星病，梨树的黑星病、白粉病，葡萄的黑痘病、白粉病，草莓白粉病。

使用技术

（1）**苹果树斑点落叶病、褐斑病、白粉病、锈病、黑星病** 防控斑点落叶病时，在春梢生长期内和秋梢生长期内各喷药 2 次左右，间隔期 10～15 天；防控褐斑病时，一般果园从落花后 1 个月左右或初见褐斑病病叶时或套袋前开始喷药，10～15 天 1 次，连喷 4～6 次；防控白粉病、锈病时，在花序分离期、落花 80% 和落花后 10 天左右各喷药 1 次；防控黑星病时，从病害发生初期开始喷药，10～15天 1 次，连喷 2～3 次。连续喷药时，注意与不同类型药剂交替使用。丙森·醚菌酯一般使用 48% 可湿性粉剂或 48% 水分散粒剂 600～800 倍液、或 55% 水分散粒剂 700～800 倍液、或 56% 可湿性粉剂 500～600 倍液、或 60% 水分散粒剂 700～900 倍液、或 70% 水分散粒剂或 75% 可湿性粉剂 1000～1200 倍液均匀喷雾。

（2）**梨树黑星病、白粉病** 防控黑星病时，一般梨园从落花后即开始喷药，10～15 天 1 次，与不同类型药剂交替使用，连喷 5～7 次；防控白粉病时，从病害发生初期开始喷药，10～15 天 1 次，连喷 2 次左右，重点喷洒叶片背面。丙森·醚菌酯喷施倍数同"苹果树斑点落叶病"。

（3）葡萄黑痘病、白粉病 防控黑痘病时，在葡萄花蕾穗期、落花 80％和落花后 10 天左右各喷药 1 次即可；防控白粉病时，从病害发生初期开始喷药，10～15 天 1 次，连喷 2～3 次。丙森·醚菌酯喷施倍数同"苹果树斑点落叶病"。

（4）草莓白粉病 从病害发生初期开始喷药，10～15 天 1 次，与不同类型药剂交替使用，连喷 3～5 次。丙森·醚菌酯喷施倍数同"苹果树斑点落叶病"。

注意事项 丙森·醚菌酯不能与碱性药剂及含铜药剂混用。连续喷药时，注意与不同类型药剂交替使用。本剂对鱼类等水生生物有毒，应远离水产养殖区施药，且残余药液及洗涤药械的废液严禁污染河流、湖泊、池塘等水域。苹果树上使用的安全间隔期为 21 天，每季最多使用 3 次。

波尔·锰锌

有效成分 波尔多液（bordeaux mixture）＋代森锰锌（mancozeb）。

常见商标名称 科博。

主要含量与剂型 78％（48％波尔多液＋30％代森锰锌）可湿性粉剂。

产品特点 波尔·锰锌是一种由工业化生产的波尔多液与代森锰锌按一定比例混配的广谱保护性低毒复合杀菌剂，以保护作用为主，使用方便，相对安全，杀菌作用位点多，病菌不易产生抗药性。喷施后在植物表面形成一层黏着力较强的保护药膜，耐雨水冲刷，持效期较长。混剂中含有锰、锌、铜、钙等微量元素，预防病害的同时还具有一定的微肥功效。

波尔多液属无机铜素广谱低毒杀菌成分，以保护作用为主，通过释放铜离子起杀菌防病作用；其杀菌机理是铜离子与病菌体内的多种生物活性基团结合，使蛋白质变性或影响酶的活性，进而阻碍和抑制病菌的生理代谢，最终导致病菌死亡。代森锰锌属硫代氨基甲酸酯类广谱保护性低毒杀菌成分，喷施后在植物表面形成致密保护药膜，黏着性好，耐雨水冲刷；其杀菌机理是与病菌中氨基酸的巯基和相关酶反应，干扰脂质代谢、呼吸作用和能量的供应，最终导致病菌死亡；该反应具有多个作用位点，病菌很难产生抗药性。

适用果树及防控对象 波尔·锰锌适用于对铜离子不敏感的多种落叶果树，对许多种真菌性病害均有很好的预防效果。目前，在落叶果树生产中主要用于防控：苹果树的斑点落叶、褐斑病、黑星病，葡萄的霜霉病、褐斑病、炭疽病、白腐病，枣树的锈病、轮纹病、炭疽病。

使用技术

（1）苹果树斑点落叶病、褐斑病、黑星病 一般果园从苹果套袋后开始使用本剂，10～15 天 1 次，与相应治疗性药剂交替使用，连喷 4～5 次。波尔·锰锌一般使用78％可湿性粉剂500～600倍液均匀喷雾。

（2）葡萄霜霉病、褐斑病、炭疽病、白腐病　葡萄落花20天后开始使用本剂，10天左右1次，与相应治疗性药剂交替使用，直到生长后期。中早熟品种葡萄采收后仍需喷药2次左右。一般使用78％可湿性粉剂500～600倍液均匀喷雾，防控霜霉病时重点喷洒叶片背面。

（3）枣树锈病、轮纹病、炭疽病　一般枣园从枣果坐住后半月左右开始喷药，10～15天1次，与相应治疗性药剂交替使用，连喷4～6次。一般使用78％可湿性粉剂500～600倍液均匀喷雾。

注意事项　波尔·锰锌不能与碱性农药及强酸性药剂或肥料混用。本剂属保护性药剂，必须在病害发生前用药才能获得良好的防控效果，且喷药应及时均匀周到。连续喷药时，与相应治疗性药剂交替使用效果更好。对铜离子敏感的果树如桃树、李树、杏树、梅树、柿树等易产生药害，需要慎重使用。本剂对鱼类等水生生物有毒，残余药液及洗涤药械的废液，严禁污染河流、湖泊、池塘等水域。苹果树上使用的安全间隔期为10天，每季最多使用3次；葡萄上使用的安全间隔期为21天，每季最多使用2次。

波尔·甲霜灵

有效成分　波尔多液（bordeaux mixture）＋甲霜灵（metalaxyl）。

常见商标名称　龙灯、异果定。

主要含量与剂型　85％（77％波尔多液＋8％甲霜灵）可湿性粉剂。

产品特点　波尔·甲霜灵是一种由工业化生产的波尔多液（粉）与甲霜灵按一定比例混配的低毒复合杀菌剂，主要用于防控低等真菌性病害，兼防多种高等真菌性病害和细菌性病害，具有保护和治疗作用。混剂既具有铜制剂杀菌谱广、杀菌作用位点多、病菌不易产生抗药性等特点，又具有甲霜灵内吸传导性好、杀菌迅速彻底的优势。喷施后在果树表面形成一层黏着力较强的保护药膜，耐雨水冲刷，持效期较长。

波尔多液属无机铜素广谱低毒杀菌成分，通过释放铜离子起杀菌防病作用，以保护作用为主；其杀菌机理是铜离子与病菌体内的多种生物活性基团结合，使蛋白质变性或影响酶的活性，进而阻碍和抑制病菌的生理代谢，最终导致病菌死亡。甲霜灵属苯基酰胺类内吸性低毒杀菌成分，具有预防保护和内吸治疗双重杀菌功效，内吸渗透性好，但连续使用易诱使病菌产生抗药性；其杀菌机理是通过阻断核糖核酸的生物合成（主要是RNA的合成）来抑制病菌蛋白质的合成，最终导致病菌死亡。

适用果树及防控对象　波尔·甲霜灵适用于对铜制剂不敏感的多种落叶果树，主要用于防控低等真菌性病害。目前，在落叶果树生产中主要用于防控：葡萄霜霉病，苹果树疫腐病，梨树疫腐病。

使用技术

（1）葡萄霜霉病 首先在葡萄花蕾穗期和落花后各喷药 1 次，以有效预防幼穗受害；然后从落花后半月左右或叶片上初见病斑时立即开始连续喷药，10 天左右 1 次，与不同类型药剂交替使用，直到生长后期，中早熟品种采收后仍需喷药 2～3 次。一般使用 85％可湿性粉剂 500～700 倍液均匀喷雾，尤其注意喷洒叶片背面。

（2）苹果树疫腐病 防控茎基部受害时，使用 85％可湿性粉剂 300～400 倍液喷淋茎基部；茎基部发病后，首先将病组织刮除，然后再进行药液喷淋或涂抹。防控不套袋的果实受害时，从病害发生初期开始喷药，10 天左右 1 次，连喷 1～2 次，重点喷洒树冠中下部果实，一般使用 85％可湿性粉剂 600～800 倍液喷雾。

（3）梨树疫腐病 防控茎基部受害时，使用 85％可湿性粉剂 300～400 倍液喷淋茎基部；茎基部发病后，首先将病组织刮除，然后再进行药液喷淋或涂抹。防控不套袋的果实受害时，从病害发生初期开始喷药，10 天左右 1 次，连喷 1～2 次，重点喷洒树冠中下部果实，一般使用 85％可湿性粉剂 600～800 倍液喷雾。

注意事项 波尔·甲霜灵不能与碱性药剂及强酸性药剂混用，也不能与含有其他金属离子的药剂混用。用药时应现配现用，并避免在阴湿天气或露水未干前喷药。连续喷药时，注意与不同类型药剂交替使用。禁止在对铜离子敏感的果树上使用，如桃树、杏树、李树、梅树、柿树及梨幼果期等。药袋打开后一次未用完时，要密封后在阴凉干燥处保存，并在短期内用完。建议使用安全间隔期为 7 天，每季最多使用 3 次。

波尔·霜脲氰

有效成分 波尔多液（bordeaux mixture）＋霜脲氰（cymoxanil）。

常见商标名称 龙灯、克普定。

主要含量与剂型 85％（77％波尔多液＋8％霜脲氰）可湿性粉剂。

产品特点 波尔·霜脲氰是一种由工业化生产的波尔多液（粉）与霜脲氰按科学比例混配的低毒复合杀菌剂，具有预防保护和内吸治疗作用，主要用于防控低等真菌性病害，兼防多种高等真菌性病害和细菌性病害。两种杀菌机理优势互补，可显著延缓病菌产生抗药性，能够连续多次使用。喷施后药剂黏着力强，并迅速渗透内吸，耐雨水冲刷，持效期较长。

波尔多液属无机铜素广谱低毒杀菌成分，通过释放铜离子起杀菌防病作用，以保护作用为主；其杀菌机理是铜离子与病菌体内的多种生物活性基团结合，使蛋白质变性或影响酶的活性，进而阻碍和抑制病菌的生理代谢，最终导致病菌死亡。霜脲氰属酰胺脲类内吸治疗性低毒杀菌成分，专用于防控低等真菌性病害，具有接触和局部内吸作用，既可阻止病菌孢子萌发，又对侵入植物体内的病菌具有很好的杀灭效果；但该成分持效期较短，且连续使用易诱使病菌产生抗药性。

适用果树及防控对象　波尔·霜脲氰适用于对铜制剂不敏感的多种落叶果树，主要用于防控低等真菌性病害。目前，在落叶果树生产中主要用于防控：葡萄霜霉病，苹果树疫腐病，梨树疫腐病。

使用技术

（1）葡萄霜霉病　首先在葡萄花蕾穗期和落花后各喷药 1 次，以有效预防幼穗受害；然后从落花后半月左右或叶片上初见病斑时立即开始连续喷药，10 天左右 1 次，与不同类型药剂交替使用，直到生长后期，中早熟品种采收后仍需喷药 2～3 次。一般使用 85％可湿性粉剂 600～800 倍液均匀喷雾，尤其注意喷洒叶片背面。

（2）苹果树疫腐病　防控茎基部受害时，使用 85％可湿性粉剂 300～400 倍液喷淋茎基部；茎基部发病后，首先将病组织刮除，然后再进行药液喷淋或涂抹。防控不套袋的果实受害时，从病害发生初期开始喷药，10 天左右 1 次，连喷 1～2 次，重点喷洒树冠中下部果实，一般使用 85％可湿性粉剂 600～800 倍液喷雾。

（3）梨树疫腐病　防控茎基部受害时，使用 85％可湿性粉剂 300～400 倍液喷淋茎基部；茎基部发病后，首先将病组织刮除，然后再进行药液喷淋或涂抹。防控不套袋的果实受害时，从病害发生初期开始喷药，10 天左右 1 次，连喷 1～2 次，重点喷洒树冠中下部果实，一般使用 85％可湿性粉剂 600～800 倍液喷雾。

注意事项　波尔·霜脲氰不能与碱性药剂及强酸性药剂混用，也不能与含有其他金属离子的药剂混用。用药时应现配现用，并避免在阴湿天气或露水未干前喷药。连续喷药时，注意与不同类型药剂交替使用。桃树、杏树、李树、梅树、柿树对铜离子敏感，禁止在上述果树上使用，也不能在梨的幼果期使用，以免发生药害。药袋打开后一次未用完时，应密封后在阴凉干燥处保存，并在短期内用完。建议使用的安全间隔期为 7 天，每季最多使用 3 次。

代锰·戊唑醇

有效成分　代森锰锌（mancozeb）＋戊唑醇（tebuconazole）。

常见商标名称　美翠、果美利、卡希尔、美邦农药。

主要含量与剂型　25％（22.7％＋2.3％）、50％（45％＋5％）、70％（63.6％＋6.4％）可湿性粉剂。括号内有效成分含量均为"代森锰锌的含量＋戊唑醇的含量"。

产品特点　代锰·戊唑醇是一种由代森锰锌与戊唑醇按一定比例混配的低毒复合杀菌剂，具有预防保护和一定的内吸治疗作用。混剂两种杀菌机理，病菌不易产生抗药性，使用方便安全，防病范围更广，耐雨水冲刷，持效期较长。

代森锰锌属硫代氨基甲酸酯类广谱保护性低毒杀菌成分，主要通过金属离子杀菌，以保护作用为主，喷施后在植物表面形成黏着性较强的保护药膜，耐雨水冲刷；其杀菌机理是与病菌中氨基酸的巯基及相关酶反应，干扰脂质代谢、呼吸作用和能量的供应，最终导致病菌死亡；该反应具有多个作用位点，病菌很难产生抗药性。戊唑醇属三唑类内吸治疗性广谱低毒杀菌成分，内吸传导性好，杀菌活性高，持效期较长，但连续使用易诱使病菌产生抗药性；其杀菌机理是通过抑制病菌细胞膜上麦角甾醇的脱甲基化，使病菌无法形成细胞膜，而导致病菌死亡。

适用果树及防控对象　代锰·戊唑醇适用于多种落叶果树，对许多种高等真菌性病害均有较好的防控效果。目前，在落叶果树生产中主要用于防控：苹果树的斑点落叶病、褐斑病、黑星病、轮纹病、炭疽病，梨树的黑星病、黑斑病、褐斑病、炭疽病、轮纹病，葡萄的褐斑病、白粉病，枣树的褐斑病、炭疽病、轮纹病，石榴的褐斑病、黑斑病、炭疽病、麻皮病，草莓炭疽病，花椒锈病。

使用技术

（1）苹果树斑点落叶病、褐斑病、黑星病、轮纹病、炭疽病　防控斑点落叶病时，在春梢生长期内和秋梢生长期内各喷药 2 次左右，间隔期 10~15 天。防控褐斑病时，一般果园从苹果落花后 1 个月左右或初见褐斑病病叶时或套袋前开始喷药，10~15 天 1 次，连喷 4~6 次。防控黑星病时，从病害发生初期或初见病斑时开始喷药，10~15 天 1 次，连喷 2~3 次。防控轮纹病、炭疽病时，从落花后 7~10 天开始喷药，10 天左右 1 次，连喷 3 次药后套袋（套袋后停止喷药）；不套袋苹果仍需继续喷药 4~6 次，间隔期 10~15 天。具体喷药时，注意与不同类型药剂交替使用，且喷药应及时均匀周到。代锰·戊唑醇一般使用 25% 可湿性粉剂 400~500 倍液、或 50% 可湿性粉剂 600~800 倍液、或 70% 可湿性粉剂 800~1000 倍液均匀喷雾。

（2）梨树黑星病、黑斑病、褐斑病、炭疽病、轮纹病　以防控黑星病为主导，兼防其他病害。一般梨园从落花后即开始喷药，10~15 天 1 次，与不同类型药剂交替使用，直到生长后期，中早熟品种果实采收后仍需喷药 1~2 次。代锰·戊唑醇喷施倍数同"苹果树斑点落叶病"。

（3）葡萄褐斑病、白粉病　从病害发生初期开始喷药，10~15 天 1 次，连喷 2~4 次。代锰·戊唑醇喷施倍数同"苹果树斑点落叶病"。

（4）枣树褐斑病、炭疽病、轮纹病　首先在（一茬花）开花前喷药 1 次，有效防控褐斑病的早期为害；然后从枣果坐住后开始继续喷药，10~15 天 1 次，与不同类型药剂交替使用，连喷 5~7 次。代锰·戊唑醇喷施倍数同"苹果树斑点落叶病"。

（5）石榴褐斑病、黑斑病、炭疽病、麻皮病　一般果园在开花前、落花后、幼果期、套袋前及套袋后各喷药 1 次即可，中后期多雨潮湿果园或地区，中后期需增加喷药 1~2 次，间隔期 10~15 天。代锰·戊唑醇喷施倍数同"苹果树斑点落叶病"。

（6）草莓炭疽病　主要应用于育秧田。从病害发生初期开始喷药，10~15 天 1 次，与不同类型药剂交替使用，连喷 3~5 次。代锰·戊唑醇喷施倍数同"苹果树斑点落叶病"。

（7）花椒锈病　从病害发生初期开始喷药，10～15天1次，与不同类型药剂交替使用，连喷2～5次。代锰·戊唑醇喷施倍数同"苹果树斑点落叶病"。

注意事项　代锰·戊唑醇不能与碱性药剂、强酸性药剂及含铜药剂混合使用，与含铜药剂或碱性药剂相邻使用时，前、后均应间隔7天以上。连续喷药时，注意与不同类型药剂交替使用。用药时注意安全保护，避免药液溅及皮肤及眼睛。残余药液及洗涤药械的废液，严禁污染河流、湖泊、池塘等水域。苹果树上使用的安全间隔期为30天，每季最多使用3次。

多·福

有效成分　多菌灵（carbendazim）＋福美双（thiram）。

常见商标名称　宝宁、碧奥、必楚、东泰、多弗、鹤丰、丰叶、富歌、勤耕、耕普、海普、海讯、韩孚、韩农、滋农、破黑、黑亮、恒诚、华邦、荣邦、约惠、惠宇、四友、深白、珍巧、巧心、金梢、劲叶、龙脊、美田、奇星、企达、赛红、申酉、十联、舒展、双工、双收、桃乡、品新、千生、万胜、唯尚、迅尔、外尔、仙迪、显康、鲜润、烟科、亿嘉、悦联、倍得利、德立邦、果洁美、好利特、好日子、恒利达、可得净、劲安青、普朗克、瑞德丰、农百金、赛迪生、泰易净、田太医、施得果、施普乐、太行牌、桃利奇、先利达、至纯白、啄木鸟、露易-85、安德瑞普、曹达农化、东泰泰克、冠龙农化、航天西诺、润达黑霜、神星药业、树荣化工、双星农药、中达科技、中化农化、中天邦正、格林治生物、四友苗菌敌。

主要含量与剂型　30%（4%＋26%；5%＋25%；15%＋15%）、40%（5%＋35%；10%＋30%；15%＋25%；20%＋20%；25%＋15%；35%＋5%）、45%（6%＋39%；9%＋36%；15%＋30%）、50%（6.5%＋43.5%；8%＋42%；10%＋40%；12.5%＋37.5%；15%＋35%；16.6%＋33.4%；20%＋30%；25%＋25%）、60%（8%＋52%；30%＋30%）、64%（8%＋56%）、70%（10%＋60%）、80%（10%＋70%；30%＋50%）可湿性粉剂。括号内有效成分含量均为"多菌灵的含量＋福美双的含量"。

产品特点　多·福是一种由多菌灵与福美双按一定比例混配的广谱低毒（或中等毒）复合杀菌剂，具有保护和一定的治疗作用，两种成分优势互补，应用范围更广，防控病害种类多，不易诱使病菌产生抗药性，使用较安全。

多菌灵属苯并咪唑类内吸治疗性广谱低毒杀菌成分，对多种高等真菌性病害均有较好的保护和治疗作用，内吸性好，耐雨水冲刷，持效期较长；其杀菌机理是通过干扰真菌细胞有丝分裂中纺锤体的形成，而影响细胞分裂，最终导致病菌死亡。福美双属硫代氨基甲酸酯类广谱中毒杀菌成分，以保护作用为主，兼有一定渗透性，在土壤中持效期较长，对皮肤和黏膜有刺激性，对鱼类有毒；其杀菌机理是通过抑制病菌一些酶的活性和干扰三羧酸代谢循环而导致病菌死亡。

适用果树及防控对象　多·福适用于多种落叶果树，对许多种真菌性病害均有较好的防控效果。目前，在落叶果树生产中主要用于防控：苹果的轮纹病、炭疽病、褐斑病，梨树的黑星病、轮纹病、炭疽病、褐斑病，葡萄的炭疽病、白腐病、褐斑病，枣树的轮纹病、炭疽病，草莓炭疽病。

使用技术 多·福主要应用于喷雾，一般使用30％可湿性粉剂300～400倍液、40％可湿性粉剂400～500倍液、45％可湿性粉剂400～600倍液、50％可湿性粉剂500～700倍液、60％可湿性粉剂600～800倍液、64％可湿性粉剂700～800倍液、70％可湿性粉剂700～900倍液、80％可湿性粉剂800～1000倍液均匀喷雾。本剂生产企业较多，配方比例差异较大，具体使用时还应以相应产品的标签说明为准。

（1）苹果轮纹病、炭疽病、褐斑病 防控轮纹病、炭疽病时，从苹果落花后7～10天开始喷药，10天左右1次，连喷3次药后套袋（套袋后停止喷药）；不套袋苹果需继续喷药，10～15天1次，与不同类型药剂交替使用，连喷4～6次。防控褐斑病时，一般果园从落花后1个月左右或初见褐斑病病叶时或套袋前开始喷药，10～15天1次，与不同类型药剂交替使用，连喷4～6次。多·福喷施倍数同前述。

（2）梨树黑星病、轮纹病、炭疽病、褐斑病 一般果园以防控黑星病为主导，兼防其他病害。多从梨树落花后即开始喷药，10～15天1次，与不同类型药剂交替使用，直到生长后期，中早熟品种果实采收后仍需喷药1～2次。多·福喷施倍数同前述。

（3）葡萄炭疽病、白腐病、褐斑病 防控炭疽病、白腐病时，套袋葡萄在套袋前喷药1次即可；不套袋葡萄一般从果粒膨大中期开始喷药，10天左右1次，与不同类型药剂交替使用，直到采收前1周左右。防控褐斑病时，从病害发生初期开始喷药，10～15天1次，连喷2～4次。多·福喷施倍数同前述。

（4）枣树轮纹病、炭疽病 从枣树坐果后半月左右开始喷药，10～15天1次，与不同类型药剂交替使用，连喷5～7次。多·福喷施倍数同前述。

（5）草莓炭疽病 主要应用于育秧田。从病害发生初期开始喷药，10～15天1次，与不同类型药剂交替使用，连喷3～5次。多·福喷施倍数同前述。

注意事项 多·福不能与碱性药剂及强酸性药剂混用。连续喷药时，注意与不同类型药剂交替使用。用药时注意安全保护，避免药剂接触皮肤或溅入眼睛等。残余药液及洗涤药械的废液严禁污染河流、湖泊、池塘等水域，以免对鱼类等水生生物造成毒害。葡萄上使用的安全间隔期为21天，每季最多使用2次；苹果树和梨树上使用的安全间隔期均为28天，每季最多均使用3次。

多·锰锌

有效成分 多菌灵（carbendazim）＋代森锰锌（mancozeb）。

常见商标名称 博农、榜首、倍亮、翠佳、揽翠、大保、毒露、飒复、国光、果通、同福、黑卡、黄杀、韩孚、韩农、禾易、华邦、华阳、好蓝、蓝纵、蓝典、蓝丰、绿霸、龙生、柳惠、甲刻、劲隆、美田、美星、诺保、欧抑、奇星、青苗、青园、生金、圣鹏、盛兰、胜招、帅君、双丰、外尔、沃克、翔林、徐康、英纳、叶率、引领、亿嘉、正招、中达、伏凯因、福多泰、谷丰鸟、果丽康、果奴朗、果卫士、害立平、海利尔、海启明、好利特、恒利达、乐普生、绿太宝、菌立帕、美尔果、诺斯曼、岁金得、炭立秀、叶施佳、标正可保、曹达农化、海特农化、航天西诺、黑星立克、齐鲁科海、双丰化工、双星农药、泰源科技、西大华特、粤科植保、永生药业、中航三利、美尔果多彩、中达果叶安。

主要含量与剂型 35％（17.5％＋17.5％）、36％（12％＋24％）、40％（6％＋34％；16％＋24％；20％＋20％）、50％（6％＋44％；8％＋42％；10％＋40％；15％＋35％；16％＋34％；20％＋30％）、60％（20％＋40％；25％＋35％）、62％（30％＋32％）、70％（10％＋60％；12％＋58％；20％＋50％；30％＋40％）、75％（12％＋63％）、80％（15％＋65％；20％＋60％；30％＋50％）可湿性粉剂。括号内有效成分含量均为"多菌灵的含量＋代森锰锌的含量"。

产品特点 多·锰锌又称锰锌·多菌灵，是一种由多菌灵与代森锰锌按一定比例混配的广谱低毒复合杀菌剂，具有保护和治疗双重作用，两种杀菌机理优势互补，病菌不宜产生抗药性。混剂耐雨水冲刷，持效期较长，使用方便。

多菌灵属苯并咪唑类内吸治疗性广谱低毒杀菌成分，具有较好的保护和治疗作用，耐雨水冲刷，持效期较长；其杀菌机理是通过干扰真菌细胞有丝分裂中纺锤体的形成，而影响细胞分裂，最终导致病菌死亡。代森锰锌属硫代氨基甲酸酯类广谱保护性低毒杀菌成分，主要通过金属离子杀菌，黏着性好，耐雨水冲刷；其杀菌机理是与病菌中氨基酸的疏基及相关酶反应，干扰脂质代谢、呼吸作用和能量的供应，最终导致病菌死亡；该反应具有多个作用位点，病菌很难产生抗药性。

适用果树及防控对象 多·锰锌适用于多种落叶果树，对许多种高等真菌性病害均有较好的防控效果。目前，在落叶果树生产中主要用于防控：苹果的轮纹病、炭疽病、褐斑病、斑点落叶病、黑星病，梨树的黑星病、褐斑病、轮纹病、炭疽病，葡萄的黑痘病、炭疽病、褐斑病，桃树的黑星病、炭疽病、真菌性穿孔病，李树的红点病、炭疽病、真菌性穿孔病，枣树的轮纹病、炭疽病，核桃的炭疽病、褐斑病，柿树的炭疽病、角斑病、圆斑病，石榴的褐斑病、黑斑病、炭疽病、麻皮病，草莓炭疽病。

使用技术 多·锰锌主要应用于喷雾，一般使用35％可湿性粉剂或36％可湿性粉剂300～350倍液、40％可湿性粉剂300～400倍液、50％可湿性粉剂400～500倍液、60％可湿性粉剂或62％可湿性粉剂500～600倍液、70％可湿性粉剂或75％可湿性粉剂600～700倍液、80％可湿性粉剂700～800倍液均匀喷雾。本剂生产企业较多，配方比例差异较大，具体使用时还应以相应产品的标签说明为准。

（1）苹果轮纹病、炭疽病、褐斑病、斑点落叶病、黑星病 防控轮纹病、炭疽病时，从落花后7～10天开始喷药，10天左右1次，连喷3次药后套袋（套袋后结束喷药）；不套袋苹果需继续喷药，10～15 天 1 次，连喷 4～6 次。防控褐斑病时，一般果园从苹果落花后 1 个月左右或初见褐斑病病叶时或套袋前开始喷药，10～15 天 1 次，连喷 4～6 次，重点喷洒植株中下部。防控斑点落叶病时，在春梢生长期内和秋梢生长期内各喷药 2 次左右，间隔期 10～15 天。防控黑星病时，从病害发生初期开始喷药，10～15 天 1 次，连喷 2～3 次。连续喷药时，注意与不同类型药剂交替使用。多·锰锌喷施倍数同前述。

（2）梨树黑星病、褐斑病、轮纹病、炭疽病　以防控黑星病为主导，兼防褐斑病、轮纹病、炭疽病。一般梨园从梨树落花后即开始喷药，10～15 天 1 次，与不同类型药剂交替使用，连喷 5～7 次；中早熟品种果实采收后仍需喷药 1～2 次。多·锰锌喷施倍数同前述。

（3）葡萄黑痘病、炭疽病、褐斑病　防控黑痘病时，在葡萄花蕾穗期、落花 80％和落花后 10 天左右各喷药 1 次。防控炭疽病时，套袋葡萄在套袋前喷药 1 次即可，不套袋葡萄一般从果粒膨大中期开始喷药，10～15 天 1 次，与不同类型药剂交替使用，直到采收前 1 周左右。防控褐斑病时，从病害发生初期开始喷药，10～15 天 1 次，连喷 2～4 次。多·锰锌喷施倍数同前述。

（4）桃树黑星病、炭疽病、真菌性穿孔病　一般桃园从桃树落花后 20 天左右开始喷药，10～15 天 1 次，连喷 2～4 次；病害发生较重时，中后期再增加喷药 1～2次。多·锰锌喷施倍数同前述。

（5）李树红点病、炭疽病、真菌性穿孔病　防控红点病时，从叶片展开期开始喷药，10～15 天 1 次，连喷 3～4 次；防控炭疽病及真菌性穿孔病时，一般从李树落花后 20 天左右开始喷药，10～15 天 1 次，连喷 3～4 次；病害发生较重时，中后期增加喷药 1～2 次。连续喷药时，注意与不同类型药剂交替使用。多·锰锌喷施倍数同前述。

（6）枣树轮纹病、炭疽病　从枣树（一茬花）坐住果后半月左右开始喷药，10～15 天 1 次，与不同类型药剂交替使用，连喷 4～6 次。多·锰锌喷施倍数同前述。

（7）核桃炭疽病、褐斑病　一般果园从核桃果实膨大中期开始喷药，10～15天 1 次，连喷 2～4 次。多·锰锌喷施倍数同前述。

（8）柿树炭疽病、角斑病、圆斑病　北方柿树产区，一般从落花后 20 天左右开始喷药，10～15 天 1 次，连喷 2～3 次；南方柿树产区病害发生较重时，首先在开花前喷药 1 次，然后从落花后 10 天左右开始连续喷药，与不同类型药剂交替使用，连喷 4～7 次。多·锰锌喷施倍数同前述。

（9）石榴褐斑病、黑斑病、炭疽病、麻皮病　一般果园在开花前、落花后、幼果期、套袋前、套袋后及套袋后 15～20 天各喷药 1 次即可；中后期多雨潮湿病害发生较重时，再增加喷药 1～2 次。连续喷药时，注意与不同类型药剂交替使用。多·锰锌喷施倍数同前述。

（10）**草莓炭疽病** 主要应用于育秧田。从病害发生初期开始喷药，10～15 天 1 次，连喷 3～5 次。多·锰锌喷施倍数同前述。

注意事项 多·锰锌不能与碱性药剂及含铜药剂混用。连续喷药时，注意与不同类型药剂交替使用。残余药液及洗涤药械的废液严禁污染河流、湖泊、池塘等水域。用药时注意安全保护，避免药剂溅及皮肤、眼睛等部位，用药后及时清洗手、脸等裸露部位。苹果树和梨树上使用的安全间隔期均为 28 天，每季最多均使用 3 次。

多抗·丙森锌

有效成分 多抗霉素（polyoxins）＋丙森锌（propineb）。

常见商标名称 腾杰、美邦、汤普森。

主要含量与剂型 55%（1%＋54%）、62%（2%＋60%）、70%（1.5%＋68.5%）可湿性粉剂。括号内有效成分含量均为"多抗霉素的含量＋丙森锌的含量"。

产品特点 多抗·丙森锌是一种由多抗霉素与丙森锌按一定比例混配的广谱低毒复合杀菌剂，以保护作用为主，对多种真菌性病害具有较好的防控作用，使用安全，不污染环境，并对果树生长有一定补锌效果。

多抗霉素属农用抗生素类高效广谱低毒杀菌成分，具有较好的内吸传导作用，杀菌力强，不污染环境；其杀菌机理是通过抑制病菌几丁质的合成，使病菌细胞壁无法形成，而导致病菌死亡。丙森锌属硫代氨基甲酸酯类广谱保护性低毒杀菌成分，以保护作用为主，对许多真菌性病害均有较好的预防效果，并含有易被果树吸收利用的锌元素；其杀菌机理是作用于真菌细胞壁和蛋白质的合成，通过抑制孢子萌发、侵染及菌丝体的生长，而导致其变形、死亡。

适用果树及防控对象 多抗·丙森锌适用于多种落叶果树，对许多种高等真菌性病害具有较好的防控效果。目前，在落叶果树生产中主要用于防控：苹果的霉心病、斑点落叶病、套袋果斑点病，梨树的黑斑病、套袋果黑点病，葡萄穗轴褐枯病。

使用技术

（1）**苹果霉心病、斑点落叶病、套袋果斑点病** 防控霉心病时，在苹果盛花末期喷药 1 次即可；防控斑点落叶病时，在春梢生长期内和秋梢生长期内各喷药 2 次左右，间隔期 10～15 天；防控套袋果斑点病时，在套袋前 5 天内喷药 1 次即可。多抗·丙森锌一般使用 55% 可湿性粉剂 500～600 倍液、或 62% 可湿性粉剂 600～700 倍液、或 70% 可湿性粉剂 700～800 倍液均匀喷雾。

（2）**梨树黑斑病、套袋果黑点病** 防控黑斑病时，从病害发生初期开始喷药，10～15 天 1 次，连喷 2～3 次；防控套袋果黑点病时，在套袋前 5 天内喷药 1 次即可。多抗·锰锌喷施倍数同"苹果霉心病"。

（3）**葡萄穗轴褐枯病**　在葡萄花蕾穗期和落花后各喷药1次即可。多抗·锰锌喷施倍数同"苹果霉心病"。

注意事项　多抗·丙森锌不能与碱性药剂及含铜制剂混用。连续喷药时，注意与不同类型药剂交替使用。本剂对鱼类等水生生物有毒，残余药液及洗涤药械的废液严禁污染池塘、湖泊、河流等水域。苹果树上使用的安全间隔期为21天，每季最多使用3次。

多抗·戊唑醇

有效成分　多抗霉素（polyoxins）＋戊唑醇（tebuconazole）。

常见商标名称　美邦、宝佳醇。

主要含量与剂型　30%（10%＋20%）、35%（10%＋25%）可湿性粉剂。括号内有效成分含量均为"多抗霉素的含量＋戊唑醇的含量"。

产品特点　多抗·戊唑醇是一种由多抗霉素与戊唑醇按一定比例混配的内吸治疗性高效广谱低毒复合杀菌剂，具有预防保护和内吸治疗作用，使用安全，药效稳定。两种杀菌作用机理，病菌不易产生抗药性。

多抗霉素属农用抗生素类高效广谱低毒杀菌成分，具有较好的内吸传导作用，杀菌力强，不污染环境；其杀菌机理是通过抑制病菌几丁质的合成，使病菌细胞壁无法形成，而导致病菌死亡。戊唑醇属三唑类内吸治疗性广谱低毒杀菌成分，内吸传导性好，杀菌活性高，持效期较长，但连续使用易诱使病菌产生抗药性；其杀菌机理是通过抑制病菌细胞膜上麦角甾醇的脱甲基化，使病菌无法形成细胞膜，而导致病菌死亡。

适用果树及防控对象　多抗·戊唑醇适用于多种落叶果树，对许多种高等真菌性病害具有较好的防控效果。目前，在落叶果树生产中主要用于防控：苹果树的褐斑病、斑点落叶病、霉心病、套袋果斑点病，梨树的黑斑病、套袋果黑点病，葡萄的穗轴褐枯病、褐斑病，桃树黑星病。

使用技术

（1）**苹果树褐斑病、斑点落叶病、霉心病、套袋果斑点病**　防控褐斑病时，一般果园从落花后1个月左右或初见褐斑病病叶时或套袋前开始喷药，10～15天1次，与不同类型药剂交替使用，连喷4～6次；防控斑点落叶病时，在春梢生长期内和秋梢生长期内各喷药2次左右，间隔期10～15天；防控霉心病时，在盛花末期喷药1次即可；防控套袋果斑点病时，在套袋前5天内喷药1次即可。多抗·戊唑醇一般使用30%可湿性粉剂1500～2000倍液、或35%可湿性粉剂1500～2500倍液均匀喷雾。

（2）**梨树黑斑病、套袋果黑点病**　防控黑斑病时，从病害发生初期开始喷药，10～15天1次，连喷2～4次；防控套袋果黑点病时，在套袋前5天内喷药1次即可。多抗·戊唑醇一般使用30%可湿性粉剂1500～2000倍液、或35%可湿性粉剂

2000～2500 倍液均匀喷雾。

（3）**葡萄穗轴褐枯病、褐斑病** 防控穗轴褐枯病时，在葡萄花蕾穗期和落花后各喷药 1 次即可；防控褐斑病时，从病害发生初期开始喷药，10～15 天 1 次，连喷 2～4 次。多抗·戊唑醇喷施倍数同"梨树黑斑病"。

（4）**桃树黑星病** 一般桃园从落花后 20 天左右开始喷药，10～15 天 1 次，与不同类型药剂交替使用，直到采收前 1 个月结束（套袋桃套袋后不再喷药）。多抗·戊唑醇喷施倍数同"梨树黑斑病"。

注意事项 多抗·戊唑醇不能与碱性药剂混用。连续喷药时，注意与不同类型药剂交替使用。本剂对鱼类等水生生物有毒，水产养殖区及河塘等水体附近应当慎用，残余药液及洗涤药械的废液严禁污染池塘、湖泊、河流等水域。苹果树上使用的安全间隔期为 30 天，每季最多使用 3 次。

噁霜·锰锌

有效成分 噁霜灵（oxadixyl）＋代森锰锌（mancozeb）。

常见商标名称 金矾、飞矾、赛凡、恒田、华邦、捷创、景润、美星、霜博、震旦、阿米安、病可丹、达世丰、大光明、德立邦、卡霉通、卡多矾、康正凡、康赛德、金可凡、瑞德丰、农百金、诺富先、杀毒矾、施普乐、先正达、银可利、啄木鸟、曹达农化、恒田猛矾、兴农永宁、郑氏化工、诺普信银凡利。

主要含量与剂型 64％（8％噁霜灵＋56％代森锰锌）可湿性粉剂。

产品特点 噁霜·锰锌是一种由噁霜灵与代森锰锌按一定比例混配的低毒复合杀菌剂，专用于防控低等真菌性病害，具有预防保护、内吸治疗及铲除作用。混剂使用安全方便，持效期较长，两种杀菌作用机理，病菌不易产生抗药性。

噁霜灵属苯基酰胺类内吸治疗性低毒杀菌成分，具有接触杀菌和内吸传导活性，专用于防控低等真菌性病害，但连续使用易诱使病菌产生抗药性；其杀菌机理是通过抑制 RNA 聚合酶的活性，使 RNA 的生物合成受阻，最终导致病菌死亡。代森锰锌属硫代氨基甲酸酯类广谱保护性低毒杀菌成分，喷施后在植物表面形成致密保护药膜，黏着性好，耐雨水冲刷；其杀菌机理是与病菌中氨基酸的巯基及相关酶反应，干扰脂质代谢、呼吸作用和能量的供应，最终导致病菌死亡；该反应具有多个作用位点，病菌很难产生抗药性。

适用果树及防控对象 噁霜·锰锌适用于多种落叶果树，专用于防控低等真菌性病害。目前，在落叶果树生产中主要用于防控：葡萄霜霉病，苹果树和梨树的疫腐病。

使用技术

（1）**葡萄霜霉病** 首先在葡萄花蕾穗期和落花后各喷药 1 次，有效防控幼果穗受害；然后从叶片上初见病斑时立即开始连续喷药，10 天左右 1 次，与不同类型药剂交替使用，直到生长后期；中早熟品种果实采收后仍需喷药 1～2 次。一般使用 64％可湿性粉剂 600～800 倍液均匀喷雾，中后期喷药时重点喷洒叶片背面。

（2）**苹果树和梨树的疫腐病**　防控树干茎基部受害时，一般使用 64％可湿性粉剂 300～400 倍液喷淋用药，或使用 64％可湿性粉剂 100～150 倍液喷涂茎基部。防控不套袋的苹果或梨果实受害时，多从果园内初见病果时立即开始喷药，10 天左右 1 次，连喷 1～2 次，重点喷洒树冠中下部果实及地面，一般使用 64％可湿性粉剂 600～800 倍液喷雾。

注意事项　噁霜·锰锌不能与碱性药剂、强酸性药剂及含铜药剂混用。连续喷药时，注意与不同类型药剂交替使用。用药时注意安全保护，避免药剂接触皮肤或溅及眼睛。残余药液及洗涤药械的废液严禁污染河流、湖泊、池塘等水域，以免对鱼类等水生生物造成毒害。

噁酮·锰锌

有效成分　噁唑菌酮（famoxadone）＋代森锰锌（mancozeb）。

常见商标名称　易保、利民。

主要含量与剂型　68.75％（噁唑菌酮 6.25％＋代森锰锌 62.5％）水分散粒剂。

产品特点　噁酮·锰锌是一种由噁唑菌酮与代森锰锌按一定比例混配的广谱保护性低毒复合杀菌剂，其防病范围广、黏着性强、耐雨水冲刷、持效期较长，两种杀菌作用机理，病菌不易产生抗药性。

噁唑菌酮属噁唑烷酮类广谱保护性低毒杀菌成分，兼有一定的渗透和细胞吸收活性，亲脂性很强，能与植物叶表蜡质层结合，耐雨水冲刷，持效期较长；其杀菌机理主要是通过抑制细胞线粒体复合物Ⅲ中的电子传递和氧化磷酸化作用，使病菌细胞丧失能量来源（ATP）而死亡。代森锰锌属硫代氨基甲酸酯类广谱保护性低毒杀菌成分，以保护作用为主，黏着性强，耐雨水冲刷；其杀菌机理是与病菌中氨基酸的巯基及相关酶反应，干扰脂质代谢、呼吸作用和能量的供应，最终导致病菌死亡；该反应具有多个作用位点，病菌很难产生抗药性。

适用果树及防控对象　噁酮·锰锌适用于多种落叶果树，对许多种真菌性病害均有较好的预防效果。目前，在落叶果树生产中主要用于防控：苹果的轮纹病、炭疽病、斑点落叶病、褐斑病，梨树的炭疽病、轮纹病、黑斑病，葡萄的霜霉病、黑痘病、炭疽病，枣树的轮纹病、炭疽病，石榴的炭疽病、褐斑病。

使用技术

（1）**苹果轮纹病、炭疽病、斑点落叶病、褐斑病**　从苹果落花后 7～10 天开始喷药，10 天左右 1 次，连喷 3 次药后套袋，有效防控套袋苹果的轮纹病、炭疽病和春梢期斑点落叶病，兼防褐斑病；套袋后继续喷药，10～15 天 1 次，连喷 4～6 次，有效防控褐斑病、秋梢期斑点落叶病及不套袋苹果的轮纹病、炭疽病。连续喷药时，注意与相应治疗性药剂交替使用，且喷药应均匀周到。一般使用 68.75％水分散粒剂 1000～1200 倍液均匀喷雾。

（2）梨树炭疽病、轮纹病、黑斑病 从梨树落花后 10 天左右开始喷药，10 天左右 1 次，连喷 2～3 次药后套袋，有效防控套袋梨的炭疽病、轮纹病，兼防黑斑病；套袋后，从黑斑病发生初期开始继续喷药，10～15 天 1 次，连喷 2～3 次，有效防控套袋梨的黑斑病；不套袋梨，幼果期 2～3 次药后仍需继续喷药 4～6 次，间隔期 10～15 天，有效防控不套袋梨的炭疽病、轮纹病、黑斑病等。一般使用 68.75％水分散粒剂 1000～1200 倍液均匀喷雾。注意与相应治疗性药剂交替使用。

（3）葡萄霜霉病、黑痘病、炭疽病 首先在葡萄花蕾穗期、落花后及落花后 10～15 天各喷药 1 次，有效防控黑痘病与幼穗期霜霉病；然后从叶片上初显霜霉病病斑时立即开始喷药，10 天左右 1 次，直到生长后期，有效防控霜霉病、炭疽病。连续喷药时，注意与相应治疗性药剂交替使用。一般使用 68.75％水分散粒剂 800～1000 倍液均匀喷雾，中后期注意喷洒叶片背面。

（4）枣树轮纹病、炭疽病 从枣果坐住后半月左右开始喷药，10～15 天 1 次，与不同类型药剂交替使用，连喷 5～7 次。一般使用 68.75％水分散粒剂 1000～1200 倍液均匀喷雾。

（5）石榴炭疽病、褐斑病 一般果园在开花前、落花后、幼果期、套袋前、套袋后及套袋后 10～15 天各喷药 1 次即可；中后期多雨潮湿或病害发生较重时，再增加喷药 1～2 次。注意与不同类型药剂交替使用。噁酮·锰锌一般使用 68.75％水分散粒剂 1000～1200 倍液均匀喷雾。

注意事项 噁酮·锰锌不能与碱性药剂及含铜药剂混用。连续喷药时，注意与相应治疗性杀菌剂交替使用。用药时注意安全防护，避免药剂接触皮肤及眼睛。本剂对鱼类等水生生物有毒，严禁将残余药液及洗涤药械的废液污染河流、湖泊、池塘等水域。苹果树上使用的安全间隔期为 7 天，每季最多使用 4 次；葡萄上使用的安全间隔期为 21 天，每季最多使用 4 次。

噁酮·氟硅唑

有效成分 噁唑菌酮（famoxadone）＋氟硅唑（flusilazole）。

常见商标名称 万兴、杜邦、克胜。

主要含量与剂型 206.7 克/升（100 克/升噁唑菌酮＋106.7 克/升氟硅唑）、30％（15％噁唑菌酮＋15％氟硅唑）乳油。

产品特点 噁酮·氟硅唑是一种由噁唑菌酮与氟硅唑按一定比例混配的广谱低毒复合杀菌剂，对多种高等真菌性病害具有预防保护与内吸治疗作用，耐雨水冲刷，持效期较长，使用安全方便。两种杀菌作用机理，显著延缓病菌产生抗药性。

噁唑菌酮属噁唑烷酮类广谱保护性低毒杀菌成分，具有一定的渗透和细胞吸收活性，亲脂性强，耐雨水冲刷，持效期较长；其杀菌机理主要是通过抑制细胞线粒体复合物Ⅲ中的电子传递，使病菌细胞丧失能量来源（ATP）而死亡。氟硅唑属三唑类内吸治疗性广谱低毒杀菌成分，具有内吸治疗和预防保护双重作用，对多种高等真菌性病害均有较好的防控效果；其杀菌机理是通过抑制病菌细胞膜成分麦角甾醇的生物合成，使细胞膜不能形成，而导致病菌死亡。

适用果树及防控对象　噁酮·氟硅唑适用于多种落叶果树，对许多种高等真菌性病害均有较好的防控效果。目前，在落叶果树生产中主要用于防控：苹果的轮纹病、炭疽病、褐斑病，梨树的黑星病、锈病、轮纹病、炭疽病、白粉病，葡萄的黑痘病、白粉病、褐斑病、锈病，枣树的锈病、轮纹病、炭疽病。

使用技术

（1）**苹果轮纹病、炭疽病、褐斑病**　防控轮纹病、炭疽病时，从苹果落花后7～10天开始喷药，10天左右1次，连喷3次药后套袋（套袋后不再喷药）；不套袋苹果需继续喷药4～6次，间隔期10～15天。防控褐斑病时，一般果园从落花后1个月左右或初见褐斑病病叶时或套袋前开始喷药，10～15天1次，连喷4～6次。连续喷药时，注意与不同类型药剂交替使用。噁酮·氟硅唑一般使用206.7克/升乳油2000～2500倍液、或30％乳油3000～4000倍液均匀喷雾。

（2）**梨树黑星病、锈病、轮纹病、炭疽病、白粉病**　首先在花序分离期、落花后及落花后10～15天各喷药1次，有效防控锈病及黑星病的早期为害，兼防轮纹病、炭疽病；然后从落花后20天左右开始继续喷药，10～15天1次，与不同类型药剂交替使用，直到生长后期。噁酮·氟硅唑一般使用206.7克/升乳油2000～2500倍液、或30％乳油3000～4000倍液均匀喷雾。

（3）**葡萄黑痘病、白粉病、褐斑病、锈病**　防控黑痘病时，在葡萄花蕾穗期、落花后及落花后10～15天各喷药1次即可；防控白粉病、褐斑病及锈病时，从相应病害发生初期开始喷药，10～15天1次，连喷2～4次。噁酮·氟硅唑一般使用206.7克/升乳油1500～2000倍液、或30％乳油2500～3000倍液均匀喷雾。

（4）**枣树锈病、轮纹病、炭疽病**　从枣果坐住后半月左右开始喷药，10～15天1次，连喷5～7次。噁酮·氟硅唑一般使用206.7克/升乳油2000～2500倍液、或30％乳油3000～4000倍液均匀喷雾。连续喷药时，注意与不同类型药剂交替使用。

注意事项　噁酮·氟硅唑不能与碱性药剂或肥料混用。连续喷药时，注意与不同类型药剂交替使用。酥梨幼果期对氟硅唑较敏感，应当慎用，避免造成药害、形成果锈。不套袋葡萄中后期慎用，以防影响果粒表面的果粉。残余药液及洗涤药械的废液严禁污染河流、湖泊、池塘等水域，以防对鱼类等水生生物造成毒害。苹果树上使用的安全间隔期为21天，每季最多使用3次；枣树上使用的安全间隔期为28天，每季最多使用3次。

噁酮·霜脲氰

有效成分　噁唑菌酮（famoxadone）＋霜脲氰（cymoxanil）。

常见商标名称 杜邦、收悦、兴农、安果好、富丽美、韦尔奇、抑快净、世佳科霜、宇龙美净。

主要含量与剂型 52.5%（22.5%噁唑菌酮+30%霜脲氰）水分散粒剂，40%（17%噁唑菌酮+23%霜脲氰）悬浮剂。

产品特点 噁酮·霜脲氰是一种由噁唑菌酮与霜脲氰按一定比例混配的内吸治疗性低毒复合杀菌剂，专用于防控低等真菌性病害，兼有保护和治疗作用，对病害发生的全过程均有很好的控制效果。混剂耐雨水冲刷，持效期较长，使用安全，在叶片和果实表面没有明显药斑残留。

噁唑菌酮属噁唑烷酮类广谱保护性低毒杀菌成分，以保护作用为主，兼有一定的渗透和细胞吸收活性，亲脂性很强，耐雨水冲刷，持效期较长；其杀菌机理主要是通过抑制细胞线粒体复合物Ⅲ中的电子传递，使病菌细胞丧失能量来源（ATP）而死亡。霜脲氰属酰胺脲类内吸治疗性低毒杀菌成分，专用于防控低等真菌性病害，具有接触和局部较强地内吸作用，既可阻止病菌孢子萌发，又对侵入植物体内的病菌具有很好的杀灭效果；该成分持效期短，连续使用易诱使病菌产生抗药性；其杀菌机理主要是抑制病菌麦角甾醇的生物合成，使病菌细胞膜难以形成，而导致病菌死亡。

适用果树及防控对象 噁酮·霜脲氰适用于多种落叶果树，专用于防控低等真菌性病害。目前，在落叶果树生产中主要用于防控：葡萄霜霉病，苹果和梨的疫腐病。

使用技术

（1）葡萄霜霉病 首先在葡萄花蕾穗期和落花后各喷药1次，有效预防幼果穗受害；然后从叶片上初见霜霉病病斑时立即开始连续喷药，10天左右1次，与不同类型药剂交替使用，直到生长后期或雨露雾高湿环境不再出现时。一般使用52.5%水分散粒剂2000～2500倍液、或40%悬浮剂1500～2000倍液喷雾，防控叶片受害时重点喷洒叶背。

（2）苹果和梨的疫腐病 适用于不套袋的苹果或梨。从果园内初见病果时立即开始喷药，10天左右1次，连喷1～2次，重点喷洒树冠中下部果实及地面。一般使用52.5%水分散粒剂2000～2500倍液、或40%悬浮剂1500～2000倍液均匀喷雾。

注意事项 噁酮·霜脲氰不能与碱性药剂及肥料混用。连续喷药时，注意与不同类型药剂交替使用。喷药时应均匀周到，从发病前或发病初期开始喷药效果最好。用药时注意安全保护，不慎中毒立即送医院对症治疗。残余药液及洗涤药械的废液，严禁污染河流、湖泊、池塘等水域。

噁酮·吡唑酯

有效成分 噁唑菌酮（famoxadone）+吡唑醚菌酯（pyraclostrobin）。

常见商标名称　韦尔奇。

主要含量与剂型　30％（15％噁唑菌酮＋15％吡唑醚菌酯）水分散粒剂。

产品特点　噁酮·吡唑酯是一种由噁唑菌酮与吡唑醚菌酯按一定比例混配的低毒复合杀菌剂，对多种真菌性病害具有预防保护和一定的治疗作用，黏着性好，耐雨水冲刷，使用安全。两种杀菌作用机理，病菌不易产生抗药性。

噁唑菌酮属噁唑烷酮类广谱保护性低毒杀菌成分，具有一定的渗透和细胞吸收活性，亲脂性强，耐雨水冲刷，持效期较长；其杀菌机理主要是通过抑制细胞线粒体复合物Ⅲ中的电子传递，使病菌细胞丧失能量来源（ATP）而死亡。吡唑醚菌酯属甲氧基丙烯酸酯类广谱高效低毒杀菌成分，具有保护、治疗、铲除、渗透及较强的内吸作用，通过抑制孢子萌发和菌丝生长而发挥药效；持效期较长，耐雨水冲刷，使用安全，并能在一定程度上诱发植株产生抗病能力；其杀菌机理是通过阻止线粒体呼吸链中细胞色素 b 和 c1 间的电子传递，抑制呼吸作用，使细胞不能获得正常代谢所需能量，而最终导致病菌饥饿死亡。

适用果树及防控对象　噁酮·吡唑酯适用于多种落叶果树，对多种真菌性病害均有较好的防控效果。目前，在落叶果树生产中主要用于防控：葡萄的霜霉病、炭疽病、白腐病，苹果树的斑点落叶病、褐斑病、套袋果斑点病。

使用技术

（1）葡萄霜霉病、炭疽病、白腐病　防控霜霉病时，首先在葡萄花蕾穗期和落花后各喷药 1 次，有效预防幼穗受害；然后从初见霜霉病病叶时立即开始连续喷药，10 天左右 1 次，与不同类型药剂交替使用，直到生长后期。防控炭疽病、白腐病时，套袋葡萄在套袋前喷药 1 次即可；不套袋葡萄多从果粒膨大中期开始喷药，10～15 天 1 次，与不同类型药剂交替使用，直到采收前 1 周左右。噁酮·吡唑酯一般使用 30％水分散粒剂 2000～2500 倍液均匀喷雾。

（2）苹果树斑点落叶病、褐斑病、套袋果斑点病　防控斑点落叶病时，在春梢生长期内和秋梢生长期内各喷药 2 次左右，间隔期 10～15 天；防控褐斑病时，多从落花后 1 个月左右或初见褐斑病病叶时或套袋前开始喷药，10～15 天 1 次，与不同类型药剂交替使用，连喷 4～6 次；防控套袋果斑点病时，在套袋前 5 天内喷药 1 次即可。噁酮·吡唑酯一般使用 30％水分散粒剂 2000～2500 倍液均匀喷雾。

注意事项　噁酮·吡唑酯不能与碱性药剂及肥料混用。连续喷药时，注意与不同类型药剂交替使用。本剂对鱼类等水生生物有毒，尽量避免在池塘、湖泊等水产养殖区附近使用，残余药液及洗涤药械的废液严禁污染河流、湖泊、池塘等水域。葡萄上使用的安全间隔期为 14 天，每季最多使用 2 次。

二氰·吡唑酯

有效成分　二氰蒽醌（dithianon）＋吡唑醚菌酯（pyraclostrobin）。

常见商标名称　美邦、巴斯夫、海利尔、汤普森、明德立达。

主要含量与剂型 16％（12％＋4％）、21％（15.8％＋5.2％）、24％（18％＋6％）可湿性粉剂，16％（12％＋4％）、64％（48％＋16％）水分散粒剂，20％（15％＋5％）、25％（20％＋5％）、40％（30％＋10％）悬浮剂。括号内有效成分含量均为"二氰蒽醌的含量＋吡唑醚菌酯的含量"。

产品特点 二氰·吡唑酯是一种由二氰蒽醌与吡唑醚菌酯按一定比例混配的广谱低毒复合杀菌剂，以保护作用为主，兼有一定的治疗效果。两种作用机理优势互补、协同增效，药剂持效期较长，使用安全。

二氰蒽醌属蒽醌类广谱低毒杀菌成分，具有较好的保护性和一定的治疗作用；其杀菌活性有多个作用位点，通过与硫醇基团反应、干扰细胞呼吸作用，而影响病菌酶类活性，最终导致病菌死亡。吡唑醚菌酯属甲氧基丙烯酸酯类广谱高效低毒杀菌成分，具有保护、治疗、铲除、渗透及较强的内吸作用，通过抑制孢子萌发和菌丝生长而发挥药效；持效期较长，耐雨水冲刷，使用安全，并能在一定程度上诱发植株产生潜在抗病性；其杀菌机理是通过阻止线粒体呼吸链中细胞色素 b 和 c1 间的电子传递，抑制呼吸作用，使细胞不能获得正常代谢所需能量，而最终导致病菌饥饿死亡。

适用果树及防控对象 二氰·吡唑酯适用于多种落叶果树，对许多种真菌性病害均有较好的防控效果。目前，在落叶果树生产中主要用于防控：苹果的轮纹病、炭疽病、褐斑病，梨树的褐斑病、炭疽病，桃树的缩叶病、炭疽病、褐腐病、锈病，杏树的杏疔病、褐腐病，葡萄的黑痘病、炭疽病，枣树炭疽病，草莓的蛇眼病、褐斑病、炭疽病。

使用技术

（1）苹果轮纹病、炭疽病、褐斑病 防控轮纹病、炭疽病时，从落花后 7～10 天开始喷药，10 天左右 1 次，连喷 3 次药后套袋（套袋后不再喷药）；不套袋苹果继续喷药 4～6 次，间隔期 10～15 天。防控褐斑病时，多从落花后 1 个月左右或初见褐斑病病叶时或套袋前开始喷药，10～15 天 1 次，连喷 4～6 次。连续喷药时，注意与不同类型药剂交替使用。二氰·吡唑酯一般使用 16％可湿性粉剂或 16％水分散粒剂 500～700 倍液、或 20％悬浮剂或 21％可湿性粉剂 800～1000 倍液、或 24％可湿性粉剂或 25％悬浮剂 1000～1200 倍液、或 40％悬浮剂 1500～2000 倍液、或 64％水分散粒剂 2500～3000 倍液均匀喷雾。

（2）梨树褐斑病、炭疽病 防控褐斑病时，从病害发生初期开始喷药，10～15 天 1 次，连喷 2～3 次。防控炭疽病时，多从落花后 15～20 天开始喷药，10～15 天 1 次，连喷 2 次药后套袋（套袋后停止喷药）；不套袋梨继续喷药，直到采收前 1 周左右。连续喷药时，注意与不同类型药剂交替使用。二氰·吡唑酯喷施倍数同"苹果轮纹病"。

（3）桃树缩叶病、炭疽病、褐腐病、锈病 防控缩叶病时，在花芽露红期和落花后各喷药 1 次；防控炭疽病时，多从落花后 20 天左右开始喷药，10～15 天 1

次，直到采收前 10 天左右（套袋桃套袋后不再喷药）；防控不套袋果的褐腐病时，从病害发生初期或初见病果时立即开始喷药，10～15 天 1 次，连喷 2 次左右；防控锈病时，从病害发生初期开始喷药，10～15 天 1 次，连喷 2 次左右。连续喷药时，注意与不同类型药剂交替使用。二氰·吡唑酯喷施倍数同"苹果轮纹病"。

（4）杏树杏疗病、褐腐病　防控杏疗病时，从叶片展开期开始喷药，10～15 天 1 次，连喷 1～2 次；防控褐腐病时，从初见病果时立即开始喷药，10～15 天 1 次，连喷 2 次左右。二氰·吡唑酯喷施倍数同"苹果轮纹病"。

（5）葡萄黑痘病、炭疽病　防控黑痘病时，在葡萄花蕾穗期、落花后及落花后 10～15 天各喷药 1 次。防控炭疽病时，套袋葡萄在套袋前喷药 1 次即可；不套袋葡萄从果粒膨大中期开始喷药，10～15 天 1 次，与不同类型药剂交替使用，直到采收前 1 周左右。二氰·吡唑酯喷施倍数同"苹果轮纹病"。

（6）枣树炭疽病　从枣果坐住后半月左右开始喷药，10～15 天 1 次，与不同类型药剂交替使用，连喷 4～6 次。二氰·吡唑酯喷施倍数同"苹果轮纹病"。

（7）草莓蛇眼病、褐斑病、炭疽病　主要应用于育秧田。从病害发生初期开始喷药，10～15 天 1 次，与不同类型药剂交替使用，连喷 3～5 次。二氰·吡唑酯喷施倍数同"苹果轮纹病"。

注意事项　二氰·吡唑酯不能与碱性药剂混用。连续喷药时，注意与不同类型药剂交替使用。苹果的某些品种（金冠等）对二氰蒽醌较敏感，果园喷药时需要慎重；吡唑醚菌酯对冬枣果实较敏感，特别是棚室内，用药时需要注意。本剂对鱼类等水生生物有毒，残余药液及洗涤药械的废液严禁污染河流、湖泊、池塘等水域。苹果树上使用的安全间隔期为 35 天，每季最多使用 3 次。

二氰·戊唑醇

有效成分　二氰蒽醌（dithianon）＋戊唑醇（tebuconazole）。

常见商标名称　农华、汤普森。

主要含量与剂型　60%（40%二氰蒽醌＋20%戊唑醇）水分散粒剂，35%（20%二氰蒽醌＋15%戊唑醇）悬浮剂。

产品特点　二氰·戊唑醇是一种由二氰蒽醌与戊唑醇按一定比例混配的广谱低毒复合杀菌剂，具有预防保护和较好的内吸治疗作用，使用安全方便，病菌不易产生抗药性。

二氰蒽醌属蒽醌类广谱低毒杀菌成分，具有较好的保护性和一定的治疗作用；其杀菌活性具有多个作用位点，通过与硫醇基团反应、干扰细胞呼吸作用，而影响病菌酶类活性，最终导致病菌死亡。戊唑醇属三唑类内吸治疗性广谱低毒杀菌成分，内吸传导性好，杀菌活性高，持效期较长，但连续使用易诱使病菌产生抗药性；其杀菌机理是通过抑制病菌细胞膜上麦角甾醇的脱甲基化，使病菌无法形成细胞膜，而导致病菌死亡。

适用果树及防控对象 二氰·戊唑醇适用于多种落叶果树，对许多种高等真菌性病害具有较好的防控效果。目前，在落叶果树生产中主要用于防控：苹果的轮纹病、褐斑病，梨树褐斑病，葡萄褐斑病，桃树真菌性穿孔病，草莓蛇眼病。

使用技术

（1）苹果轮纹病、褐斑病 防控轮纹病时，从苹果落花后 7～10 天开始喷药，10 天左右 1 次，连喷 3 次药后套袋（套袋后停止喷药）；不套袋苹果需继续喷药 4～6 次，间隔期 10～15 天。防控褐斑病时，多从苹果落花后 1 个月左右或初见褐斑病病叶时或套袋前开始喷药，10～15 天 1 次，连喷 4～6 次。连续喷药时，注意与不同类型药剂交替使用。二氰·戊唑醇一般使用 60％水分散粒剂 2000～2500 倍液、或 35％悬浮剂 1500～2000 倍液均匀喷雾。

（2）梨树褐斑病 从病害发生初期开始喷药，10～15 天 1 次，连喷 2～4 次。二氰·戊唑醇喷施倍数同"苹果轮纹病"。

（3）葡萄褐斑病 从病害发生初期开始喷药，10～15 天 1 次，连喷 2～4 次。二氰·戊唑醇喷施倍数同"苹果轮纹病"。

（4）桃树真菌性穿孔病 从病害发生初期开始喷药，10～15 天 1 次，连喷 2～4 次。二氰·戊唑醇喷施倍数同"苹果轮纹病"。

（5）草莓蛇眼病 主要应用于育秧田。从病害发生初期开始喷药，10 天左右 1 次，连喷 3～5 次，注意与不同类型药剂交替使用。二氰·戊唑醇喷施倍数同"苹果轮纹病"。

注意事项 二氰·戊唑醇不能与碱性药剂及矿物油类混用。连续喷药时，注意与不同类型药剂交替使用。本剂对鱼类等水生生物有毒，水产养殖区、河塘、湖泊等水体附近禁用，并禁止将残余药液及洗涤药械的废液排入上述水域。二氰蒽醌对某些苹果树品种（金冠）较敏感，具体应用时需要慎重。苹果树上使用的安全间隔期为 30 天，每季最多使用 3 次。

氟菌·戊唑醇

有效成分 氟吡菌酰胺（fluopyram）＋戊唑醇（tebuconazole）。

常见商标名称 露娜润、拜耳。

主要含量与剂型 35％（17.5％氟吡菌酰胺＋17.5％戊唑醇）悬浮剂。

产品特点 氟菌·戊唑醇是一种由氟吡菌酰胺与戊唑醇按科学比例混配的广谱低毒复合杀菌剂，具有预防保护和内吸治疗作用，杀菌活性高，内吸性良好，持效期较长，使用安全。

氟吡菌酰胺属吡啶乙基苯酰胺类内吸治疗性广谱低毒杀菌成分，其杀菌机理是通过抑制病菌呼吸链中琥珀酸脱氢酶的活性，使细胞无法获得正常代谢所需能量，导致病菌孢子萌发、芽管伸长和菌丝生长受到抑制，而最终病菌死亡。戊唑醇属三唑类内吸治疗性广谱低毒杀菌成分，内吸传导性好，杀菌活性高，持效期较长，但连续使用易诱使病菌产生抗药性；其杀菌机理是通过抑制病菌细胞膜上麦角甾醇的脱甲基化，使病菌无法形成细胞膜，而导致病菌死亡。

适用果树及防控对象　氟菌·戊唑醇适用于多种落叶果树，对许多种高等真菌性病害均有较好的防控效果。目前，在落叶果树生产中主要用于防控：苹果树的斑点落叶病、褐斑病，梨树的黑斑病、褐斑病、白粉病、褐腐病，葡萄的褐斑病、白粉病。

使用技术

（1）苹果树斑点落叶病、褐斑病　防控斑点落叶病时，在春梢生长期内和秋梢生长期内各喷药2次左右，间隔期10～15天；防控褐斑病时，多从落花后1个月左右或初见褐斑病病叶时或套袋前开始喷药，10～15天1次，连喷4～6次。连续喷药时，注意与不同类型药剂交替使用。氟菌·戊唑醇一般使用35％悬浮剂2000～3000倍液均匀喷雾。

（2）梨树黑斑病、褐斑病、白粉病、褐腐病　从相应病害发生初期开始喷药，10～15天1次，连喷2～3次。一般使用35％悬浮剂2000～3000倍液均匀喷雾。

（3）葡萄褐斑病、白粉病　从相应病害发生初期开始喷药，10～15天1次，连喷2～3次。一般使用35％悬浮剂2000～3000倍液均匀喷雾。

注意事项　氟菌·戊唑醇不能与碱性药剂及肥料混用。连续喷药时，注意与不同类型药剂交替使用。本剂对有些水生生物有毒，严禁在水产养殖区、河塘、沟渠、湖泊等水域附近使用，并严禁将残余药液及洗涤药械的废液排入上述水域。苹果树和梨树上使用的安全间隔期均为15天，每季均最多使用3次。

氟菌·肟菌酯

有效成分　氟吡菌酰胺（fluopyram）＋肟菌酯（trifloxystrobin）。

常见商标名称　拜耳、露娜森。

主要含量与剂型　43％（21.5％氟吡菌酰胺＋21.5％肟菌酯）悬浮剂。

产品特点　氟菌·肟菌酯是一种由氟吡菌酰胺与肟菌酯按一定比例混配的广谱低毒复合杀菌剂，具有较强的保护作用和一定的治疗作用，杀菌活性高，持效期较长，使用安全。两种有效成分协同增效作用显著。

氟吡菌酰胺属吡啶乙基苯酰胺类内吸治疗性广谱低毒杀菌成分，其杀菌机理是通过抑制病菌呼吸链中琥珀酸脱氢酶的活性，使细胞无法获得正常代谢所需能量，导致病菌孢子萌发、芽管伸长和菌丝生长受到抑制，而最终病菌死亡。肟菌酯属甲氧基丙烯酸酯类广谱低毒杀菌成分，以保护作用为主，兼有一定的内吸性，耐雨水冲刷；其杀菌机理是通过抑制病菌线粒体中细胞色素 b 与 c1 间的电子传递，使线粒体的呼吸作用受到抑制，导致细胞无法获得正常萌发、生长代谢所需能量而死亡。

适用果树及防控对象　氟菌·肟菌酯适用于多种落叶果树，对许多种真菌性病害均有较好的防控效果。目前，在落叶果树生产中主要用于防控：草莓的白粉病、灰霉病，葡萄的黑痘病、灰霉病、白腐病。

使用技术

（1）草莓白粉病、灰霉病　从病害发生初期开始喷药，10天左右1次，与不同类型药剂交替使用，连喷3～5次。氟菌·肟菌酯一般每亩次使用43%悬浮剂20～30毫升，兑水30～45千克均匀喷雾。

（2）葡萄黑痘病、灰霉病、白腐病　防控黑痘病时，在葡萄花蕾穗期、落花80%和落花后10天左右各喷药1次，兼防灰霉病为害幼穗。防控灰霉病为害成穗时，套袋葡萄在套袋前喷药1次即可，兼防白腐病；不套袋葡萄在近成熟期果穗上初见灰霉病发生时立即开始喷药，10天左右1次，连喷2次左右。防控不套袋葡萄白腐病时，多从果粒膨大后期或转色初期开始喷药，10天左右1次，与不同类型药剂交替使用，直到采收前一周左右。氟菌·肟菌酯一般使用43%悬浮剂2000～3000倍液均匀喷雾。

注意事项　氟菌·肟菌酯不能与碱性药剂及肥料混用。连续喷药时，注意与不同类型药剂交替使用。本剂对鱼类等水生生物毒性较高，禁止在水产养殖区、河塘、湖泊等水体附近使用，且残余药液及洗涤药械的废液严禁污染上述水域。建议草莓和葡萄上的使用安全间隔期为7天，每季最多使用3次。

氟菌·霜霉威

有效成分　氟吡菌胺（fluopicolide）＋霜霉威盐酸盐（propamocarb hydrochloride）。

常见商标名称　银法利、拜耳、绿霸、美邦。

主要含量与剂型　687.5克/升（62.5克/升＋625克/升）、70%（7%＋63%）悬浮剂。括号内有效成分含量均为"氟吡菌胺的含量＋霜霉威盐酸盐的含量"。

产品特点　氟菌·霜霉威是一种由氟吡菌胺与霜霉威盐酸盐按一定比例混配的内吸治疗性低毒复合杀菌剂，专用于防控低等真菌性病害，具有预防保护和内吸治疗作用，耐雨水冲刷，病菌不易产生抗药性，使用安全，持效期较长。

氟吡菌胺属苯甲酰胺类低毒杀菌成分，对低等真菌性病害具有保护和治疗作用，渗透性较强，能从叶片上表面向下表面渗透、从叶基向叶尖传导，耐雨水冲刷；其杀菌机理是作用于病菌细胞膜与细胞间的特异性蛋白，使细胞膜收缩蛋白难以定位，而导致病菌死亡。霜霉威盐酸盐属氨基甲酸酯类低毒专用杀菌成分，喷施后分解为霜霉威而发挥药效，内吸传导性好，对植株有系统性保护作用；其杀菌机理是霜霉威能够抑制磷脂和脂肪酸的生物合成，造成病菌细胞膜难以形成，进而抑制菌丝生长、孢子囊产生及萌发等，而实现抑菌、杀菌作用。

适用果树及防控对象　氟菌·霜霉威适用于多种落叶果树，专用于防控低等真菌性病害。目前，在落叶果树生产中主要用于防控葡萄霜霉病。

使用技术 防控霜霉病为害幼果穗时，需在葡萄花蕾穗期和落花后各喷药 1 次；防控霜霉病为害叶片时，多从叶片上初见霜霉病病斑时立即开始喷药，10 天左右 1 次，与不同类型药剂交替使用，直到生长后期（中早熟葡萄采收后仍需喷药 1～2 次）。氟菌·霜霉威一般使用 687.5 克/升悬浮剂或 70％悬浮剂 600～800 倍液均匀喷雾。

注意事项 氟菌·霜霉威不能与碱性药剂及肥料混用。连续喷药时，注意与不同类型药剂交替使用，以延缓病菌产生抗药性。本剂对鱼类有毒，应远离水产养殖区施药，且残余药液及洗涤药械的废液严禁污染河流、湖泊、池塘等水域。葡萄上使用的安全间隔期建议为 7 天，每季最多使用 3 次。

硅唑·多菌灵

有效成分 氟硅唑（flusilazole）＋多菌灵（carbendazim）。

常见商标名称 标正、美邦、夺锦、清佳、诺星、星牌、瑞德丰。

主要含量与剂型 21％（5％＋16％）、40％（12.5％＋27.5％）悬浮剂，50％（5％＋45％）、55％（5％＋50％）可湿性粉剂。括号内有效成分含量均为"氟硅唑的含量＋多菌灵的含量"。

产品特点 硅唑·多菌灵是一种由氟硅唑与多菌灵按一定比例混配的内吸治疗性广谱低毒复合杀菌剂，具有预防保护和内吸治疗作用；两种杀菌作用机理优势互补、协同增效，病菌不易产生抗药性，使用较安全。

氟硅唑属三唑类内吸治疗性高效广谱低毒杀菌成分，具有预防保护和内吸治疗双重作用，对多种高等真菌性病害均有较好的防控效果，但连续使用易诱使病菌产生抗药性；其杀菌机理是通过破坏和阻止病菌细胞膜成分麦角甾醇的生物合成，使细胞膜不能正常形成，而导致病菌死亡。多菌灵属苯并咪唑类内吸治疗性广谱低毒杀菌成分，对多种高等真菌性病害均有较好的保护和治疗作用，耐雨水冲刷，持效期较长；其杀菌机理是通过干扰真菌细胞有丝分裂中纺锤体的形成，进而影响细胞分裂，最终导致病菌死亡。

适用果树及防控对象 硅唑·多菌灵适用于多种落叶果树，对许多种高等真菌性病害均有较好的防控效果。目前，在落叶果树生产中主要用于防控：苹果的轮纹病、炭疽病、套袋果斑点病、褐斑病、黑星病，梨树的黑星病、黑斑病、白粉病、炭疽病、轮纹病，葡萄的褐斑病、炭疽病、白腐病，枣树的锈病、轮纹病、炭疽病，核桃炭疽病，石榴的褐斑病、炭疽病、麻皮病。

使用技术

（1）苹果轮纹病、炭疽病、套袋果斑点病、褐斑病、黑星病 防控轮纹病、炭疽病、套袋果斑点病时，从苹果落花后 7～10 天开始喷药，10 天左右 1 次，连喷 3 次药后套袋（套袋后停止喷药）；不套袋苹果需继续喷药 4～6 次，间隔期 10～15

天1次。防控褐斑病时，多从落花后1个月左右或初见褐斑病病叶时或套袋前开始喷药，10～15天1次，连喷4～6次。防控黑星病时，从病害发生初期开始喷药，10～15天1次，连喷2～3次。连续喷药时，注意与不同类型药剂交替使用。硅唑·多菌灵一般使用21%悬浮剂800～1000倍液、或40%悬浮剂2000～2500倍液、或50%可湿性粉剂或55%可湿性粉剂1000～1200倍液均匀喷雾。

（2）**梨树黑星病、黑斑病、白粉病、炭疽病、轮纹病** 以防控黑星病为主导，兼防其他病害。多从落花后即开始喷药，10～15天1次，与不同类型药剂交替使用，直到生长后期。喷药时必须及时均匀周到，特别要喷洒到叶片背面。硅唑·多菌灵喷施倍数同"苹果轮纹病"。

（3）**葡萄褐斑病、炭疽病、白腐病** 防控褐斑病时，从病害发生初期开始喷药，10～15天1次，连喷2～4次。防控炭疽病、白腐病时，套袋葡萄在果穗套袋前喷药1次即可；不套袋葡萄多从果粒膨大中期开始喷药，10天左右1次，与不同类型药剂交替使用，直到采收前1周左右。硅唑·多菌灵喷施倍数同"苹果轮纹病"。

（4）**枣树锈病、轮纹病、炭疽病** 从枣果坐住后10天左右开始喷药，10～15天1次，连喷5～7次，注意与不同类型药剂交替使用。硅唑·多菌灵喷施倍数同"苹果轮纹病"。

（5）**核桃炭疽病** 多从核桃果实膨大中期开始喷药，10～15天1次，连喷2～3次。硅唑·多菌灵喷施倍数同"苹果轮纹病"。

（6）**石榴褐斑病、炭疽病、麻皮病** 一般果园在（一茬花）开花前、落花后、幼果期、套袋前及套袋后各喷药1次即可，中后期多雨潮湿时再增加喷药1～2次。硅唑·多菌灵喷施倍数同"苹果轮纹病"。

注意事项 硅唑·多菌灵不能与碱性药剂及肥料混用，也不能与硫酸铜等金属盐类药剂混用。连续喷药时，注意与不同类型药剂交替使用。酥梨幼果期对氟硅唑较敏感，需要慎重使用。本剂对鱼类等水生生物有毒，残余药液及洗涤药械的废液严禁污染河流、湖泊、池塘等水域。梨树上使用的安全间隔期为21天，每季最多使用2次；苹果树上使用的安全间隔期为28天，每季最多使用3次。

甲硫·福美双

有效成分 甲基硫菌灵（thiophanate-methyl）＋福美双（thiram）。

常见商标名称 斑达、博臣、博农、大力、东冠、果喜、高见、华阳、华邦、美邦、彩托、纯托、高托、甲托、龙托、胜托、外托、沸蓝、蓝丰、兰月、海讯、韩孚、恒诚、凯明、根康、绿海、绿晶、绿士、美星、美沃、金雀、全透、通秀、翔林、银硕、外尔、万胜、赞峰、德立邦、恒利达、凯丰托、绿贝托、晴菌爽、施普乐、曹达70、曹达农化、大方根喜、冠龙农化、海讯甲托、蓝丰金福、安格诺丙托。

主要含量与剂型　40%（15%＋25%；25%＋15%）、50%（10%＋40%；20%＋30%；25%＋25%；30%＋20%）、70%（15%＋55%；20%＋50%；30%＋40%；35%＋35%；40%＋30%；48%＋22%）、81%（33%＋48%）可湿性粉剂，30%（10%＋20%；13.5%＋16.5%）、40%（20%＋20%）悬浮剂。括号内有效成分含量均为"甲基硫菌灵的含量＋福美双的含量"。

产品特点　甲硫·福美双是一种由甲基硫菌灵与福美双按一定比例混配的广谱低毒（或中毒）复合杀菌剂，具有保护和治疗双重作用，持效期较长，效果稳定；三种杀菌机制，优势互补，病菌不宜产生抗药性，使用方便。

甲基硫菌灵属取代苯类内吸治疗性广谱低毒杀菌成分，对许多高等真菌性病害均有较好的预防保护和内吸治疗作用，使用安全，混配性好；其杀菌机理具有两个方面，一是直接作用于病菌，阻碍其呼吸过程，影响病菌孢子的产生、萌发及菌丝体生长；二是在植物体内转化为多菌灵，通过干扰病菌有丝分裂中纺锤体的形成，影响细胞分裂，而导致病菌死亡。福美双属硫代氨基甲酸酯类广谱中毒杀菌成分，以保护作用为主，兼有一定的渗透性，使用方便；其杀菌机理是通过抑制病菌一些酶的活性和干扰三羧酸代谢循环而导致病菌死亡；具有多个作用位点，病菌不易产生抗药性。

适用果树及防控对象　甲硫·福美双适用于多种落叶果树，对许多种高等真菌性病害均有较好的防控效果。目前，在落叶果树生产中主要用于防控：苹果树、梨树、桃树等果树的根腐病，苹果的轮纹病、炭疽病、褐斑病、黑星病，梨树的黑星病、轮纹病、炭疽病、褐斑病，桃树的黑星病、炭疽病、真菌性穿孔病，葡萄的炭疽病、褐斑病，枣树的轮纹病、炭疽病，核桃炭疽病，石榴的褐斑病、炭疽病、麻皮病。

使用技术

（1）苹果树、梨树、桃树等果树的根腐病　发现病树后，首先尽量去除有病根部，然后对树冠根区范围内进行浇灌，使药液将大部分根区渗透。一般使用30%悬浮剂200～250倍液、或40%悬浮剂或40%可湿性粉剂300～350倍液、或50%可湿性粉剂400～500倍液、或70%可湿性粉剂600～700倍液、或81%可湿性粉剂500～600倍液树下浇灌。

（2）苹果轮纹病、炭疽病、褐斑病、黑星病　防控轮纹病、炭疽病时，从苹果落花后7～10天开始喷药，10天左右1次，连喷3次药后套袋（套袋后停止喷药）；不套袋苹果需继续喷药4～6次，间隔期10～15天。防控褐斑病时，多从苹果落花后1个月左右或初见褐斑病病叶时或套袋前开始喷药，10～15天1次，连喷4～6次。防控黑星病时，从病害发生初期开始喷药，10～15天1次，连喷2次左右。连续喷药时，注意与不同类型药剂交替使用。甲硫·福美双一般使用50%可湿性粉剂500～600倍液、或70%可湿性粉剂或81%可湿性粉剂600～800倍液均匀喷雾。

（3）**梨树黑星病、轮纹病、炭疽病、褐斑病** 以防控黑星病为主导，兼防其他病害。一般梨园从梨树落花后开始喷药，10～15 天 1 次，与不同类型药剂交替使用，直到生长后期（中早熟品种果实采收后仍需喷药 1～2 次）。甲硫•福美双喷施倍数同"苹果轮纹病"。

（4）**桃树黑星病、炭疽病、真菌性穿孔病** 多从桃树落花后 20 天左右开始喷药，10～15 天 1 次，连喷 2～4 次，注意与不同类型药剂交替使用。甲硫•福美双喷施倍数同"苹果轮纹病"。

（5）**葡萄炭疽病、褐斑病** 防控炭疽病时，套袋葡萄在套袋前喷药 1 次即可；不套袋葡萄从果粒膨大中期开始喷药，10 天左右 1 次，与不同类型药剂交替使用，直到采收前 1 周左右。防控褐斑病时，从病害发生初期开始喷药，10～15 天 1 次，连喷 2～4 次。甲硫•福美双喷施倍数同"苹果轮纹病"。

（6）**枣树轮纹病、炭疽病** 多从枣果坐住后半月左右开始喷药，10～15 天 1 次，与不同类型药剂交替使用，连喷 4～6 次。甲硫•福美双喷施倍数同"苹果轮纹病"。

（7）**核桃炭疽病** 多从果实膨大中期开始喷药，10～15 天 1 次，连喷 2～4 次。甲硫•福美双喷施倍数同"苹果轮纹病"。

（8）**石榴褐斑病、炭疽病、麻皮病** 一般果园在（一茬花）开花前、落花后、幼果期、套袋前及套袋后各喷药 1 次即可，中后期多雨潮湿时再增加喷药 1～2 次。甲硫•福美双喷施倍数同"苹果轮纹病"。

注意事项 苯甲•福美双不能与碱性药剂及含铜药剂混用。连续喷药时，注意与不同类型药剂交替使用。本剂虽有一定治疗作用，但还是在病菌侵染前或病害发生初期开始用药效果较好。用药时注意安全保护，避免皮肤及眼睛接触药剂。残余药液及洗涤药械的废液禁止污染河流、湖泊、池塘等水域。本剂生产企业较多，配方比例有较大差异，具体用药时还应以标签说明为准。苹果树上使用的安全间隔期为 15 天，每季最多使用 3 次；梨树上使用的安全间隔期为 21 天，每季最多使用 2 次。

甲硫•锰锌

有效成分 甲基硫菌灵（thiophanate-methyl）＋代森锰锌（mancozeb）。

常见商标名称 标誉、利民、绿龙、康沃、亿嘉、中达、泰润生、隆平高科、双星农药、北京比荣达。

主要含量与剂型 50％（15％＋35％；20％＋30％）、60％（15％＋45％）、75％（25％＋50％）可湿性粉剂。括号内有效成分含量均为"甲基硫菌灵的含量＋代森锰锌的含量"。

产品特点 甲硫•锰锌是一种由甲基硫菌灵与代森锰锌按一定比例混配的广谱低毒复合杀菌剂，属传统杀菌剂的优良组合，具有良好的预防保护作用和一定的内吸治疗效果，持效期较长；三种杀菌机理，病菌不宜产生抗药性，使用方便。

甲基硫菌灵属取代苯类内吸治疗性广谱低毒杀菌成分，对许多种高等真菌性病害均有较好的预防保护和内吸治疗作用，使用安全，混配性好；其杀菌机理具有两个方面，一是直接作用于病菌，阻碍其呼吸过程，影响病菌孢子的产生、萌发及菌丝体生长；二是在植物体内转化为多菌灵，通过干扰病菌有丝分裂中纺锤体的形成，影响细胞分裂，而导致病菌死亡。代森锰锌属硫代氨基甲酸酯类广谱保护性低毒杀菌成分，喷施后在植物表面形成致密保护药膜，黏着性好，耐雨水冲刷，持效期较长；其杀菌机理是与病菌中氨基酸的巯基及相关酶反应，干扰脂质代谢、呼吸作用和能量的供应，最终导致病菌死亡；该反应具有多个作用位点，病菌很难产生抗药性。

适用果树及防控对象　甲硫·锰锌适用于多种落叶果树，对许多种高等真菌性病害均有较好的防控效果。目前，在落叶果树生产中主要用于防控：苹果的炭疽病、轮纹病、褐斑病、黑星病，梨树的黑星病、炭疽病、轮纹病、褐斑病，葡萄的炭疽病、褐斑病，桃树的黑星病、炭疽病、真菌性穿孔病，李树的炭疽病、真菌性穿孔病，枣树的褐斑病、炭疽病、轮纹病，柿树的圆斑病、角斑病、炭疽病，石榴的炭疽病、褐斑病、麻皮病，核桃炭疽病。

使用技术

（1）**苹果炭疽病、轮纹病、褐斑病、黑星病**　防控炭疽病、轮纹病时，从苹果落花后 7～10 天开始喷药，10 天左右 1 次，连喷 3 次药后套袋（套袋后停止喷药）；不套袋苹果需继续喷药 4～6 次，间隔期 10～15 天。防控褐斑病时，多从落花后 1 个月左右或初见褐斑病病叶时或套袋前开始喷药，10～15 天 1 次，连喷 4～6 次。防控黑星病时，从病害发生初期开始喷药，10～15 天 1 次，连喷 2～3 次。连续喷药时，注意与不同类型药剂交替使用。甲硫·锰锌一般使用 50％可湿性粉剂 500～600 倍液、或 60％可湿性粉剂 600～700 倍液、或 75％可湿性粉剂 700～800 倍液均匀喷雾。

（2）**梨树黑星病、炭疽病、轮纹病、褐斑病**　以防控黑星病为主导，兼防其他病害。多从落花后开始喷药，10～15 天 1 次，与不同类型药剂交替使用，直到生长后期（中早熟品种果实采收后仍需喷药 1～2 次）。甲硫·锰锌喷施倍数同"苹果炭疽病"。

（3）**葡萄炭疽病、褐斑病**　防控炭疽病时，套袋葡萄在套袋前喷药 1 次即可；不套袋葡萄多从果粒膨大中期开始喷药，10 天左右 1 次，与不同类型药剂交替使用，直到采收前 1 周左右。防控褐斑病时，从病害发生初期开始喷药，10～15 天 1 次，连喷 2～4 次。甲硫·锰锌喷施倍数同"苹果炭疽病"。

（4）**桃树黑星病、炭疽病、真菌性穿孔病**　多从落花后 20 天左右开始喷药，10～15 天 1 次，连喷 2～4 次。甲硫·锰锌喷施倍数同"苹果炭疽病"。

（5）**李树炭疽病、真菌性穿孔病**　多从落花后半月左右开始喷药，10～15 天

1 次，连喷 2～4 次。甲硫·锰锌喷施倍数同"苹果炭疽病"。

（6）枣树褐斑病、轮纹病、炭疽病　首先在（一茬花）开花前喷药 1 次，有效防控褐斑病的早期为害；然后从枣果坐住后半月左右开始连续喷药，10～15 天 1 次，与不同类型药剂交替使用，连喷 5～7 次。甲硫·锰锌喷施倍数同"苹果炭疽病"。

（7）柿树圆斑病、角斑病、炭疽病　北方柿区，多从柿树落花后半月左右开始喷药，15 天左右 1 次，连喷 2～3 次；南方柿区病害发生较重果园，首先在开花前喷药 1 次，然后从落花后 10 天左右开始连续喷药，10～15 天 1 次，与不同类型药剂交替使用，连喷 5～7 次。甲硫·锰锌喷施倍数同"苹果炭疽病"。

（8）石榴炭疽病、褐斑病、麻皮病　一般果园在开花前、落花后、幼果期、套袋前、套袋后及套袋后 15～20 天各喷药 1 次即可。甲硫·锰锌喷施倍数同"苹果炭疽病"。

（9）核桃炭疽病　多从核桃果实膨大中期开始喷药，10～15 天 1 次，连喷 2～4 次。甲硫·锰锌喷施倍数同"苹果炭疽病"。

注意事项　甲硫·锰锌不能与碱性药剂及含有金属离子的药剂混用。连续喷药时，注意与不同类型药剂交替使用。用药时注意安全保护，避免皮肤、眼睛接触药剂，用药后及时用清水清洗手、脸等裸露部位。残余药液及洗涤药械的废液严禁污染河流、湖泊、池塘等水域，以免对鱼类等水生生物造成毒害。苹果树和梨树上使用的安全间隔期均为 21 天，每季均最多使用 2 次。

甲硫·戊唑醇

有效成分　甲基硫菌灵（thiophanate－methyl）＋戊唑醇（tebuconazole）。

常见商标名称　翠晶、日曹、顶双、荣泽、万穗、稳达、戊嘉、先彩、伊能、正歌、中达、伦班克、诺普信、韦尔奇、中达佳瑞、奥迪斯喜瑞。

主要含量与剂型　30%（25%＋5%）、35%（25%＋10%）、41%（34.2%＋6.8%）、43%（30%＋13%）、48%（36%＋12%）悬浮剂，48%（38%＋10%）、55%（45%＋10%）、60%（50%＋10%）、80%（72%＋8%）可湿性粉剂，60%（50%＋10%）、80%（72%＋8%）水分散粒剂。括号内有效成分含量均为"甲基硫菌灵的含量＋戊唑醇的含量"。

产品特点　甲硫·戊唑醇是一种由甲基硫菌灵与戊唑醇按一定比例混配的内吸性广谱低毒复合杀菌剂，具有预防保护和内吸治疗双重活性；两种杀菌机理优势互补，防病范围更广，防病效果更好，且病菌不宜产生抗药性。

甲基硫菌灵属取代苯类内吸治疗性广谱低毒杀菌成分，对多种高等真菌性病害均有较好的预防保护和内吸治疗作用，使用安全，混配性好；其杀菌机理具有两个方面，一是直接作用于病菌，阻碍其呼吸过程，影响病菌孢子的产生、萌发及菌丝体生长；二是在植物体内转化为多菌灵，通过干扰病菌有丝分裂中纺锤体的形成，影响细胞分裂，而导致病菌死亡。戊唑醇属三唑类内吸治疗性广谱低毒杀菌成分，内吸传导性好，杀菌活性高，持效期较长，但连续使用易诱使病菌产生抗药性；其杀菌机理是通过抑制病菌细胞膜上麦角甾醇的脱甲基化，使病菌无法形成细胞膜，而导致病菌死亡。

适用果树及防控对象 甲硫·戊唑醇适用于多种落叶果树，对许多种高等真菌性病害均有较好的防控效果。目前，在落叶果树生产中主要用于防控：苹果树和梨树的腐烂病、枝干轮纹病，苹果的轮纹病、炭疽病、套袋果斑点病、斑点落叶病、褐斑病、黑星病、白粉病，梨树的黑星病、轮纹病、炭疽病、套袋果黑点病、黑斑病、褐斑病、白粉病，葡萄的黑痘病、炭疽病、白腐病、褐斑病、白粉病，枣树的褐斑病、轮纹病、炭疽病、锈病，桃树的缩叶病、黑星病、炭疽病、真菌性穿孔病、锈病，李树的红点病、炭疽病、真菌性穿孔病，柿树的炭疽病、圆斑病、角斑病，核桃炭疽病，板栗炭疽病，山楂的锈病、白粉病、叶斑病，草莓的炭疽病、蛇眼病，石榴的炭疽病、褐斑病、麻皮病，花椒锈病。

使用技术

（1）苹果树和梨树的腐烂病、枝干轮纹病 预防病害发生时，一般果园在早春发芽前喷洒1次干枝；病害发生较严重果区，还可在7～9月份药剂喷涂枝干1次。治疗腐烂病病斑时，刮治病斑后于病疤表面涂药，1个月后再涂1次效果更好；治疗枝干轮纹病时，轻刮病瘤后表面涂药。早春喷洒枝干时，一般使用30%悬浮剂150～200倍液、或35%悬浮剂350～400倍液、或41%悬浮剂300～400倍液、或43%悬浮剂或48%悬浮剂500～600倍液、或48%可湿性粉剂400～500倍液、或55%可湿性粉剂或60%可湿性粉剂或60%水分散粒剂或80%可湿性粉剂或80%水分散粒剂500～600倍液均匀喷雾；生长期喷涂枝干时，药剂喷涂倍数同上述。刮治病斑后涂药时，一般使用30%悬浮剂15～20倍液、或35%悬浮剂或41%悬浮剂30～40倍液、或43%悬浮剂或48%悬浮剂60～70倍液、或48%可湿性粉剂50～60倍液、或55%可湿性粉剂或60%可湿性粉剂或60%水分散粒剂或80%可湿性粉剂或80%水分散粒剂60～80倍液涂抹病疤。

（2）苹果轮纹病、炭疽病、套袋果斑点病、斑点落叶病、褐斑病、黑星病、白粉病 防控轮纹病、炭疽病、套袋果斑点病时，多从苹果落花后7～10天开始喷药，10天左右1次，连喷3次药后套袋（套袋后停止喷药）；不套袋苹果需继续喷药4～6次，间隔期10～15天。防控斑点落叶病时，在春梢生长期内和秋梢生长期内各喷药2次左右，间隔期10～15天。防控褐斑病时，多从落花后1个月左右或初见褐斑病病叶时或套袋前开始喷药，10～15天1次，连喷4～6次。防控黑星病时，从病害发生初期开始喷药，10～15天1次，连喷2～3次。防控白粉病时，一般果园在花序分离期、落花80%和落花后10天左右各喷药1次即可；往年病害发生严重果园，在8～9月份的花芽分化期再增加喷药1～2次。具体喷药时，注意与不同类型药剂交替使用。甲硫·戊唑醇一般使用30%悬浮剂400～500倍液、或

35％悬浮剂 800～1000 倍液、或 41％悬浮剂 700～800 倍液、或 43％悬浮剂或 48％悬浮剂 1000～1200 倍液、或 48％可湿性粉剂 800～1000 倍液、或 55％可湿性粉剂或 60％可湿性粉剂或 60％水分散粒剂或 80％可湿性粉剂或 80％水分散粒剂 1000～1200 倍液均匀喷雾。

（3）梨树黑星病、轮纹病、炭疽病、套袋果黑点病、黑斑病、褐斑病、白粉病　以防控黑星病为主导，兼防其他病害。一般果园从梨树落花后即开始喷药，10～15 天 1 次，与不同类型药剂交替使用，直到生长后期；中早熟品种果实采收后仍需喷药 1～2 次。防控套袋果黑点病时，套袋前 5～7 天内喷药是该病的防控关键；防控白粉病时，应重点喷洒叶片背面。甲硫•戊唑醇喷施倍数同"苹果轮纹病"。

（4）葡萄黑痘病、炭疽病、白腐病、褐斑病、白粉病　防控黑痘病时，在葡萄花蕾穗期、落花 80％及落花后 10 天左右各喷药 1 次。防控炭疽病、白腐病时，套袋葡萄在套袋前喷药 1 次即可；不套袋葡萄需从果粒膨大中期开始喷药，10 天左右 1 次，直到采收前一周左右。防控褐斑病、白粉病时，从该病害发生初期开始喷药，10～15 天 1 次，连喷 2～4 次。连续喷药时，注意与不同类型药剂交替使用。甲硫•戊唑醇喷施倍数同"苹果轮纹病"。

（5）枣树褐斑病、轮纹病、炭疽病、锈病　首先在开花前喷药 1 次，有效防控褐斑病的早期病害；然后从枣果坐住后半月左右开始连续喷药，10～15 天 1 次，与不同类型药剂交替使用，连喷 5～7 次。甲硫•戊唑醇喷施倍数同"苹果轮纹病"。

（6）桃树缩叶病、黑星病、炭疽病、真菌性穿孔病、锈病　防控缩叶病时，在花芽露红期和落花后各喷药 1 次即可。防控黑星病时，从落花后 20 天左右开始喷药，10～15 天 1 次，连喷 2～3 次；如往年黑星病发生较重，需连续喷药到采收前一个月（套袋桃套袋后停止喷药）。防控炭疽病时，在防控黑星病的基础上继续喷药，到采收前 1 周左右结束（套袋桃套袋后停止喷药）。防控真菌性穿孔病时，从病害发生初期开始喷药，10～15 天 1 次，连喷 2～4 次。防控锈病时，从病害发生初期开始喷药，10～15 天 1 次，连喷 2 次左右。连续喷药时，注意与不同类型药剂交替使用。甲硫•戊唑醇喷施倍数同"苹果轮纹病"。

（7）李树红点病、炭疽病、真菌性穿孔病　防控红点病时，从叶片展开期开始喷药，10～15 天 1 次，连喷 3～5 次；防控炭疽病时，从落花后半月左右开始喷药，10～15 天 1 次，连喷 2～4 次；防控真菌性穿孔病时，从病害发生初期开始喷药，10～15 天 1 次，连喷 2～3 次。连续喷药时，注意与不同类型药剂交替使用。甲硫•戊唑醇喷施倍数同"苹果轮纹病"。

（8）柿树炭疽病、圆斑病、角斑病　北方柿区，多从落花后 20 天左右开始喷药，10～15 天 1 次，连喷 2～3 次；南方柿区病害发生较重果园，首先在开花前喷药 1 次，然后从落花后 10 天左右开始连续喷药，10～15 天 1 次，与不同类型药剂交替使用，连喷 4～6 次。甲硫·戊唑醇喷施倍数同"苹果轮纹病"。

（9）**核桃炭疽病** 多从核桃果实膨大中期开始喷药，10～15 天 1 次，连喷 2～4 次。甲硫·戊唑醇喷施倍数同"苹果轮纹病"。

（10）**板栗炭疽病** 从病害发生初期开始喷药，10～15 天 1 次，连喷 1～2 次。甲硫·戊唑醇喷施倍数同"苹果轮纹病"。

（11）**山楂锈病、白粉病、叶斑病** 防控锈病、白粉病时，在花序分离期、落花后及落花后 10～15 天各喷药 1 次即可；防控叶斑病时，从病害发生初期开始喷药，10～15 天 1 次，连喷 2～4 次。连续喷药时，注意与不同类型药剂交替使用。甲硫·戊唑醇喷施倍数同"苹果轮纹病"。

（12）**草莓炭疽病、蛇眼病** 主要应用于育秧田。从病害发生初期开始喷药，10～15 天 1 次，与不同类型药剂交替使用，连喷 3～5 次。甲硫·戊唑醇喷施倍数同"苹果轮纹病"。

（13）**石榴炭疽病、褐斑病、麻皮病** 一般果园在开花前、落花后、幼果期、套袋前、套袋后及套袋后 10～15 天各喷药 1 次即可；中后期多雨潮湿时，需增加喷药 1～2 次。甲硫·戊唑醇喷施倍数同"苹果轮纹病"。连续喷药时，注意与不同类型药剂交替使用。

（14）**花椒锈病** 从病害发生初期开始喷药，10～15 天 1 次，与不同类型药剂交替使用，连喷 3～5 次。甲硫·戊唑醇喷施倍数同"苹果轮纹病"。

注意事项 甲硫·戊唑醇不能与碱性药剂及含铜药剂混用。连续喷药时，注意与不同类型药剂交替使用。本剂对鱼类等水生生物有毒，残余药液及洗涤药械的废液严禁污染湖泊、河流、池塘等水域。不同企业生产的甲硫·戊唑醇配方比例不同，具体选用时还应以相应标签说明为准。苹果树上使用的安全间隔期为 28 天，每季最多使用 2 次。

甲硫·氟硅唑

有效成分 甲基硫菌灵（thiophanate-methyl）＋氟硅唑（flusilazole）。

常见商标名称 吉选、美邦、外尔、盈动、海利尔。

主要含量与剂型 55％（50％甲基硫菌灵＋5％氟硅唑）、70％（60％甲基硫菌灵＋10％氟硅唑）可湿性粉剂。

产品特点 甲硫·氟硅唑是一种由甲基硫菌灵与氟硅唑按一定比例混配的内吸治疗性广谱低毒复合杀菌剂，具有预防保护和内吸治疗作用，效果稳定，持效期较长，使用方便，病菌较难产生抗药性。

甲基硫菌灵属取代苯类内吸治疗性广谱低毒杀菌成分，对许多种高等真菌性病害均有较好的保护和治疗作用，使用安全，混配性好；其杀菌机理具有两个方面，一是直接作用于病菌，阻碍其呼吸过程，影响病菌孢子的产生、萌发及菌丝体生长；二是在植物体内转化为多菌灵，通过干扰病菌有丝分裂中纺锤体的形成，影响细胞分裂，而导致病菌死亡。氟硅唑属三唑类内吸治疗性广谱低毒杀菌成分，具有治疗、铲除及保护活性，药效高，持效期较长；其杀菌机理是通过抑制麦角甾醇脱甲基化酶的活性，使细胞膜成分麦角甾醇合成受阻，细胞膜不能正常形成，而导致病菌死亡。

适用果树及防控对象　甲硫·氟硅唑适用于多种落叶果树，对许多种高等真菌性病害具有较好的防控效果。目前，在落叶果树生产中主要用于防控：苹果树和梨树的腐烂病、枝干轮纹病，苹果的轮纹病、炭疽病、褐斑病、黑星病，梨树的黑星病、轮纹病、炭疽病、褐斑病、白粉病，葡萄的黑痘病、褐斑病、白粉病，桃黑星病。

使用技术

（1）**苹果树和梨树的腐烂病、枝干轮纹病**　预防病害发生时，一般果园在早春发芽前喷洒1次干枝；病害发生较严重果区，还可在7～9月份药剂喷涂枝干1次。治疗腐烂病病斑时，刮治病斑后于病疤表面涂药，1个月后再涂1次效果更好；治疗枝干轮纹病时，轻刮病瘤后表面涂药。早春喷洒枝干时，一般使用55%可湿性粉剂400～500倍液、或70%可湿性粉剂600～800倍液均匀喷雾；生长期喷涂枝干时，药剂喷涂倍数同上述。刮治病斑后涂药时，一般使用55%可湿性粉剂40～50倍液、或70%可湿性粉剂70～80倍液涂抹病疤。

（2）**苹果轮纹病、炭疽病、褐斑病、黑星病**　防控轮纹病、炭疽病时，从苹果落花后7～10天开始喷药，10天左右1次，连喷3次药后套袋（套袋后停止喷药）；不套袋苹果需继续喷药4～6次，间隔期10～15天。防控褐斑病时，多从落花后1个月左右或初见褐斑病病叶时或套袋前开始喷药，10～15天1次，连喷4～6次。防控黑星病时，从病害发生初期开始喷药，10～15天1次，连喷2～3次。连续喷药时，注意与不同类型药剂交替使用。甲硫·氟硅唑一般使用55%可湿性粉剂800～1000倍液、或70%可湿性粉剂1500～2000倍液均匀喷雾。

（3）**梨树黑星病、轮纹病、炭疽病、褐斑病、白粉病**　以防控黑星病为主导，兼防其他病害。多从梨树落花后开始喷药，10～15天1次，与不同类型药剂交替使用，直到生长后期（中早熟品种果实采收后仍需喷药1～2次）。中后期防控白粉病时，注意喷洒叶片背面。甲硫·氟硅唑喷施倍数同"苹果轮纹病"。

（4）**葡萄黑痘病、褐斑病、白粉病**　防控黑痘病时，在葡萄花蕾穗期、落花80%及落花后10天左右各喷药1次即可；防控褐斑病、白粉病时，从该病害发生初期开始喷药，10～15天1次，连喷2～4次。连续喷药时，注意与不同类型药剂交替使用。甲硫·氟硅唑喷施倍数同"苹果轮纹病"。

（5）**桃黑星病**　多从桃树落花后20天左右开始喷药，10～15天1次，连喷2～4次（套袋桃套袋后结束喷药）。甲硫·氟硅唑喷施倍数同"苹果轮纹病"。

注意事项　甲硫·氟硅唑不能与碱性药剂及铜制剂混用。连续喷药时，注意与不同类型药剂交替使用。酥梨幼果对氟硅唑较敏感，具体用药时需要慎重。本剂对水生生物毒性较高，残余药液及洗涤药械的废液严禁污染河流、湖泊、池塘等水系。苹果树上使用的安全间隔期为 30 天，每季最多使用 2 次；梨树上使用的安全间隔期为 21 天，每季最多使用 2 次。

甲硫·腈菌唑

有效成分 甲基硫菌灵（thiophanate-methyl）＋腈菌唑（myclobutanil）。

常见商标名称 日曹、上格、新安、早尊。

主要含量与剂型 80%（71.2%＋8.8%）可湿性粉剂，45%（40%＋5%）水分散粒剂，40%（30%＋10%）悬浮剂。括号内有效成分含量均为"甲基硫菌灵的含量＋腈菌唑的含量"。

产品特点 甲硫·腈菌唑是一种由甲基硫菌灵与腈菌唑按一定比例混配的内吸治疗性广谱低毒复合杀菌剂，具有预防保护、治疗和铲除作用，内吸性好，效果稳定，持效期较长，使用较安全，病菌不易产生抗药性。

甲基硫菌灵属取代苯类内吸治疗性广谱低毒杀菌成分，对许多种高等真菌性病害均有较好的保护和治疗作用，使用安全，混配性好；其杀菌机理具有两个方面，一是直接作用于病菌，阻碍其呼吸过程，影响病菌孢子的产生、萌发及菌丝体生长；二是在植物体内转化为多菌灵，通过干扰病菌有丝分裂中纺锤体的形成，影响细胞分裂，而导致病菌死亡。腈菌唑属三唑类内吸治疗性广谱低毒杀菌成分，具有预防保护、内吸治疗及铲除活性，药效高，持效期较长；其杀菌机理是通过抑制麦角甾醇的脱甲基化作用，使病菌细胞膜成分麦角甾醇的合成受阻，而导致病菌死亡。

适用果树及防控对象 甲硫·腈菌唑适用于多种落叶果树，对许多种高等真菌性病害均有较好的防控效果。目前，在落叶果树生产中主要用于防控：苹果的轮纹病、炭疽病、黑星病，梨树的黑星病、轮纹病、炭疽病、白粉病，葡萄的黑痘病、炭疽病、褐斑病、白粉病，桃树的黑星病、炭疽病、锈病，枣树的锈病、轮纹病、炭疽病。

使用技术

（1）**苹果轮纹病、炭疽病、黑星病** 防控轮纹病、炭疽病时，从苹果落花后 7～10 天开始喷药，10 天左右 1 次，连喷 3 次药后套袋（套袋后停止喷药）；不套袋苹果需继续喷药 4～6 次，间隔期 10～15 天。防控黑星病时，从病害发生初期开始喷药，10～15 天 1 次，连喷 2～3 次。连续喷药时，注意与不同类型药剂交替使用。甲硫·腈菌唑一般使用 80% 可湿性粉剂 1000～1200 倍液、或 45% 水分散粒剂 600～800 倍液、或 40% 悬浮剂 1500～2000 倍液均匀喷雾。

（2）**梨树黑星病、轮纹病、炭疽病、白粉病** 以防控黑星病为主导，兼防其他病害。多从梨树落花后开始喷药，10～15 天 1 次，与不同类型药剂交替使用，直到生长后期（中早熟品种果实采收后仍需喷药 1～2 次）。中后期防控白粉病时，注意喷洒叶片背面。甲硫·腈菌唑喷施倍数同"苹果轮纹病"。

（3）葡萄黑痘病、炭疽病、褐斑病、白粉病　防控黑痘病时，在葡萄花蕾穗期、落花后及落花后10～15天各喷药1次即可。防控炭疽病时，套袋葡萄在套袋前喷药1次即可；不套袋葡萄从果实膨大中期开始喷药，10天左右1次，与不同类型药剂交替使用，直到采收前1周左右。防控褐斑病、白粉病时，从该病害发生初期开始喷药，10～15天1次，连喷2～4次。甲硫·腈菌唑喷施倍数同"苹果轮纹病"。

（4）桃树黑星病、炭疽病、锈病　防控黑星病、炭疽病时，多从桃树落花后15～20天开始喷药，10～15天1次，连喷3～5次（套袋桃套袋后停止喷药）；防控锈病时，从病害发生初期开始喷药，10～15天1次，连喷2次左右。连续喷药时，注意与不同类型药剂交替使用。甲硫·腈菌唑喷施倍数同"苹果轮纹病"。

（5）枣树锈病、轮纹病、炭疽病　多从枣果坐住后半月左右开始喷药，10～15天1次，与不同类型药剂交替使用，连喷4～6次。甲硫·腈菌唑喷施倍数同"苹果轮纹病"。

注意事项　甲硫·腈菌唑不能与波尔多液等碱性药剂混用。连续喷药时，注意与不同类型药剂交替使用。本剂对鱼类等水生生物有毒，残余药液及洗涤药械的废液严禁污染河流、湖泊、池塘等水域。苹果树上使用的安全间隔期为14天，每季最多使用3次。

甲硫·醚菌酯

有效成分　甲基硫菌灵（thiophanate-methyl）＋醚菌酯（kresoxim-methyl）。

常见商标名称　美邦、美艳、喜采、韦尔奇。

主要含量与剂型　50％（40％＋10％）可湿性粉剂，50％（40％＋10％）水分散粒剂，25％（20％＋5％）、30％（24％＋6％）、39％（26％＋13％）、50％（40％＋10％）悬浮剂。括号内有效成分含量均为"甲基硫菌灵的含量＋醚菌酯的含量"。

产品特点　甲硫·醚菌酯是一种由甲基硫菌灵与醚菌酯按一定比例混配的内吸治疗性广谱低毒复合杀菌剂，具有预防保护和内吸治疗作用，杀菌活性较高，使用安全，病菌不易产生抗药性。

甲基硫菌灵属取代苯类内吸治疗性广谱低毒杀菌成分，对许多种高等真菌性病害均有较好的保护和治疗作用，使用安全，混配性好；其杀菌机理具有两个方面，一是直接作用于病菌，阻碍其呼吸过程，影响病菌孢子的产生、萌发及菌丝体生长；二是在植物体内转化为多菌灵，通过干扰病菌有丝分裂中纺锤体的形成，影响细胞分裂，而导致病菌死亡。醚菌酯属甲氧基丙烯酸酯类广谱低毒杀菌成分，具有预防保护、诱导抗性及一定的内吸治疗作用；其杀菌机理是通过阻断细胞线粒体中从细胞色素 b 向 c1 的电子转移，破坏能量形成，使病菌呼吸作用受到抑制，最终导致菌体死亡。

适用果树及防控对象　甲硫·醚菌酯适用于多种落叶果树，对许多种高等真菌性病害均有较好的防控效果。目前，在落叶果树生产中主要用于防控：苹果的轮纹病、炭疽病，梨树的轮纹病、炭疽病、白粉病，葡萄的黑痘病、白粉病，草莓白粉病，枸杞白粉病。

使用技术

（1）苹果轮纹病、炭疽病　从苹果落花后 7～10 天开始喷药，10 天左右 1 次，连喷 3 次药后套袋（套袋后结束喷药）；不套袋苹果需继续喷药 4～6 次，间隔期 10～15 天。连续喷药时，注意与不同类型药剂交替使用。甲硫·醚菌酯一般使用 25％悬浮剂 600～800 倍液、或 30％悬浮剂 800～1000 倍液、或 39％悬浮剂 2000～2500 倍液、或 50％可湿性粉剂或 50％水分散粒剂或 50％悬浮剂 1500～2000 倍液均匀喷雾。

（2）梨树轮纹病、炭疽病、白粉病　防控轮纹病、炭疽病时，从梨树落花后 10 天左右开始喷药，10 天左右 1 次，连喷 3 次药后套袋（套袋后结束喷药）；不套袋梨需继续喷药 4～6 次，间隔期 10～15 天。防控白粉病时，从病害发生初期开始喷药，10～15 天 1 次，连喷 2 次左右。连续喷药时，注意与不同类型药剂交替使用。甲硫·醚菌酯喷施倍数同"苹果轮纹病"。

（3）葡萄黑痘病、白粉病　防控黑痘病时，在葡萄花蕾穗期、落花后及落花后 10～15 天各喷药 1 次即可；防控白粉病时，从病害发生初期开始喷药，10～15 天 1 次，连喷 2～3 次。甲硫·醚菌酯喷施倍数同"苹果轮纹病"。

（4）草莓白粉病　从病害发生初期开始喷药，10～15 天 1 次，与不同类型药剂交替使用，连喷 3～5 次。甲硫·醚菌酯喷施倍数同"苹果轮纹病"。

（5）枸杞白粉病　从病害发生初期开始喷药，10～15 天 1 次，连喷 2 次左右。药剂喷施倍数同"苹果轮纹病"。

注意事项　甲硫·醚菌酯不能与碱性药剂及铜制剂混用。连续喷药时，注意与不同类型药剂交替使用。本剂对鱼类等水生生物有毒，残余药液及洗涤药械的废液严禁污染河流、湖泊、池塘等水域。苹果树上使用的安全间隔期为 21 天，每季最多使用 3 次。

甲霜·百菌清

有效成分　甲霜灵（metalaxyl）＋百菌清（chlorothalonil）。

常见商标名称　多定、龙灯、牛城、永农、再生仙、诺普信美润。

主要含量与剂型　81％（9％甲霜灵＋72％百菌清）、72％（8％甲霜灵＋64％百菌清）可湿性粉剂，12.5％（2.5％甲霜灵＋10％百菌清）烟剂。

产品特点　甲霜·百菌清是一种由甲霜灵与百菌清按一定比例混配的低毒复合

杀菌剂，专用于防控低等真菌性病害，具有保护和治疗双重作用。施药后在植物表面形成致密的保护药膜，黏着性好，耐雨水冲刷，可有效阻止病菌孢子的萌发和侵入。

甲霜灵属苯基酰胺类低毒杀菌成分，具有保护和治疗双重杀菌活性，内吸渗透性好，能有效杀灭已经侵染到植物体内的病菌，并在内部起保护作用，但连续使用易诱使病菌产生抗药性；其杀菌机理是通过影响病菌 RNA 的生物合成来抑制蛋白质合成，最终导致病菌死亡。百菌清属有机氯类广谱保护性低毒杀菌成分，没有内吸传导作用，施用后在植物表面黏着性好，耐雨水冲刷，持效期较长，且连续使用病菌不易产生抗药性；其杀菌机理是与真菌细胞中的 3-磷酸甘油醛脱氢酶中含半胱氨酸的蛋白质结合，破坏细胞的新陈代谢而导致病菌死亡。

适用果树及防控对象　甲霜·百菌清适用于多种落叶果树，主要用于防控低等真菌性病害。目前，在落叶果树生产中主要用于防控：葡萄霜霉病，苹果疫腐病，梨疫腐病。

使用技术

（1）葡萄霜霉病　首先在葡萄花蕾穗期和落花后各喷药 1 次，有效预防幼果穗受害；然后从叶片上初见病斑时立即开始连续喷药，10 天左右 1 次，与不同类型药剂交替使用，直到生长后期，重点喷洒叶片背面。一般使用 81% 可湿性粉剂 600～800 倍液、或 72% 可湿性粉剂 500～700 倍液喷雾。对于棚室栽培的保护地葡萄，除喷雾用药外，还可熏烟用药；每亩次使用 12.5% 烟剂 350～400 克，于傍晚从内向外均匀分布多点，依次点燃后密闭熏烟一整夜，第二天放风后方可进行农事操作。

（2）苹果疫腐病　适用于不套袋苹果。在果实膨大后期的多雨季节，从果园内初见病果时立即开始喷药，10 天左右 1 次，连喷 1～2 次，重点喷洒树冠中下部果实及地面。一般使用 81% 可湿性粉剂 600～800 倍液、或 72% 可湿性粉剂 500～700 倍液喷雾。

（3）梨疫腐病　适用于不套袋梨。在果实膨大后期的多雨季节，从果园内初见病果时立即开始喷药，10 天左右 1 次，连喷 1～2 次，重点喷洒树冠中下部果实及地面。药剂喷施倍数同"苹果疫腐病"。

注意事项　甲霜·百菌清不能与碱性及强酸性药剂或肥料混用。本剂对鱼类等水生生物有毒，残余药液及洗涤药械的废液严禁污染河流、湖泊、池塘等水域。用药时注意安全防护，避免药液溅及皮肤及眼睛。红提葡萄套袋前禁止使用，避免造成果实药害。苹果和梨的有些品种对百菌清较敏感，具体用药时要先进行小范围试验。葡萄上使用的安全间隔期为 14 天，每季最多使用 2 次。

甲霜·锰锌

有效成分　甲霜灵（metalaxyl）＋代森锰锌（mancozeb）。

常见商标名称 艾德、宝灵、碧奥、捕霜、敌霜、昌达、超雷、高雷、甲雷、纳雷、祥雷、优雷、鼎爽、国光、丰化、禾本、贺森、恒田、华邦、欢美、惠光、兰月、利民、龙灯、鲁生、罗东、集琦、金泰、金燕、进金、玛贺、美星、美邦、喷康、秦邮、瑞旺、上格、树荣、赛深、霜扑、霜锐、双福、天将、和欣、稳好、五洲、小矾、兴农、亿嘉、优驰、振亚、植丰、中威、中达、爱葡生、安康津、宝大森、宝多生、大光明、顾地丰、海启明、辉常赞、康正雷、露速净、拿霜稳、农百金、农士旺、普霜娇、瑞德丰、施普乐、霜多力、爽可清、速克霜、先利达、亚戈农、易力克、尤利瑞、允发丽、碧奥霜赢、标正佳雷、道元生物、航天西诺、华特霜安、罗邦生物、美邦农药、双星农药、树荣化工、天下无霜、西大华特、中航三利、中农科美、中达瑞毒霉、诺普信雷佳米、诺普信金诺杜美。

主要含量与剂型 72%（8%＋64%）、70%（10%＋60%）、60%（10%＋50%）、58%（10%＋48%）可湿性粉剂，72%（8%＋64%）水分散粒剂，36%（4%＋32%）悬浮剂。括号内有效成分含量均为"甲霜灵的含量＋代森锰锌的含量"。

产品特点 甲霜·锰锌是一种由甲霜灵与代森锰锌按一定比例混配的广谱低毒复合杀菌剂，专用于防控低等真菌性病害，具有保护和治疗双重活性，使用方便；两种杀菌机理优势互补、协同增效，一定程度上延缓了病菌产生抗药性。

甲霜灵属苯基酰胺类低毒杀菌成分，具有保护和治疗双重杀菌活性，内吸渗透性好，能有效杀灭已经侵染到植物体内的病菌，并在内部起保护作用，但连续使用易诱使病菌产生抗药性；其杀菌机理是通过影响病菌 RNA 的生物合成来抑制蛋白质合成，最终导致病菌死亡。代森锰锌属硫代氨基甲酸酯类广谱保护性低毒杀菌成分，喷施后在植物表面形成致密保护药膜，黏着性好，耐雨水冲刷；其杀菌机理是与病菌中氨基酸的巯基及相关酶反应，干扰脂质代谢、呼吸作用和能量的供应，最终导致病菌死亡；该反应具有多个作用位点，病菌很难产生抗药性。

适用果树及防控对象 甲霜·锰锌适用于多种落叶果树，对低等真菌性病害具有较好的防控效果。目前，在落叶果树生产中主要用于防控：葡萄霜霉病，苹果疫腐病，梨疫腐病。

使用技术

（1）葡萄霜霉病 首先在葡萄花蕾穗期和落花后各喷药 1 次，有效预防幼果穗受害；然后从叶片上初见病斑时立即开始连续喷药，10 天左右 1 次，与不同类型药剂交替使用，直到生长后期，并重点喷洒叶片背面。甲霜·锰锌一般使用 72% 可湿性粉剂或 72% 水分散粒剂 500～600 倍液、或 70% 可湿性粉剂 600～700 倍液、或 60% 可湿性粉剂或 58% 可湿性粉剂 500～700 倍液、或 36% 悬浮剂 300～400 倍液喷雾。

（2）苹果疫腐病 适用于不套袋苹果。在果实膨大后期的多雨季节，从果园内初见病果时立即开始喷药，10 天左右 1 次，连喷 1～2 次，重点喷洒树冠中下部果实及地面。药剂喷施倍数同"葡萄霜霉病"。

（3）**梨疫腐病** 适用于不套袋梨。在果实膨大后期的多雨季节，从果园内初见病果时立即开始喷药，10 天左右 1 次，连喷 1～2 次，重点喷洒树冠中下部果实及地面。药剂喷施倍数同"葡萄霜霉病"。

注意事项 甲霜·锰锌不能与碱性药剂或肥料混用。连续喷药时，注意与不同类型药剂交替使用。尽量在发病前或发病初期开始用药，且喷药应均匀周到。用药时注意安全保护，避免药液接触皮肤、或溅入眼睛。残余药液及洗涤药械的废液，严禁污染河流、湖泊、池塘等水域，避免对鱼类及水生生物造成毒害。葡萄上使用的安全间隔期为 21 天，每季最多使用 2 次。

克菌·戊唑醇

有效成分 克菌丹（captan）＋戊唑醇（tebuconazole）。

常见商标名称 乐谱道、汤普森、冠龙、美邦。

主要含量与剂型 80%（64%＋16%）水分散粒剂，40%（32%＋8%）、400克/升（320 克/升＋80 克/升）悬浮剂。括号内有效成分含量均为"克菌丹的含量＋戊唑醇的含量"。

产品特点 克菌·戊唑醇是一种由克菌丹与戊唑醇按一定比例混配的广谱低毒复合杀菌剂，具有预防保护和内吸治疗作用，使用较安全，按规范使用不污染果面、不伤害果霜，并对果面有一定的美容、去斑、促进果面光洁靓丽的效果，特别适用于对铜制剂农药敏感的果树。

克菌丹属邻苯二甲酰亚胺类广谱低毒杀菌成分，以保护作用为主，兼有一定的治疗效果，连续多次使用很难诱使病菌产生抗药性；其杀菌活性具有多个作用位点，既可影响丙酮酸的脱羧、使之不能进入三羧酸循环，又可抑制呼吸作用中一些酶或辅酶的活性，进而干扰病菌的呼吸过程，导致病菌难以获得正常代谢所需能量而死亡。戊唑醇属三唑类内吸治疗性广谱低毒杀菌成分，内吸传导性好，杀菌活性高，持效期较长，但连续使用易诱使病菌产生抗药性；其杀菌机理是通过抑制病菌细胞膜上麦角甾醇的脱甲基化，使病菌无法形成细胞膜，而导致病菌死亡。

适用果树及防控对象 克菌·戊唑醇适用于多种落叶果树，对许多种高等真菌性病害均有较好的防控效果。目前，在落叶果树生产中主要用于防控：苹果树的褐斑病、斑点落叶病、轮纹病、炭疽病、霉污病，梨树的黑星病、轮纹病、炭疽病、黑斑病、霉污病、白粉病，葡萄的褐斑病、炭疽病、白腐病，桃树的黑星病、炭疽病、真菌性穿孔病。

使用技术

（1）**苹果树褐斑病、斑点落叶病、轮纹病、炭疽病、霉污病** 防控褐斑病时，多从苹果落花后 1 个月左右或初见褐斑病病叶时或套袋前开始喷药，10～15 天 1次，连喷 4～6 次。防控斑点落叶病时，在春梢生长期内和秋梢生长期内各喷药 2

次左右，间隔期 10～15 天。防控轮纹病、炭疽病时，从苹果落花后 7～10 天开始喷药，10 天左右 1 次，连喷 3 次药后套袋（套袋后不再喷药）；不套袋苹果需继续喷药 4～6 次，间隔期 10～15 天，兼防霉污病。连续喷药时，注意与不同类型药剂交替使用。克菌·戊唑醇一般使用 80％水分散粒剂 1500～2000 倍液、或 40％悬浮剂或 400 克/升悬浮剂 1000～1200 倍液均匀喷雾。

（2）**梨树黑星病、轮纹病、炭疽病、黑斑病、霉污病、白粉病**　以防控黑星病为主导，兼防其他病害。多从梨树落花后开始喷药，10～15 天 1 次，与不同类型药剂交替使用，直到生长后期（中早熟品种果实采收后仍需喷药 1～2 次）。克菌·戊唑醇喷施倍数同"苹果树褐斑病"。

（3）**葡萄褐斑病、炭疽病、白腐病**　防控褐斑病时，从病害发生初期开始喷药，10～15 天 1 次，连喷 3～4 次。防控炭疽病、白腐病时，套袋葡萄在套袋前喷药 1 次即可；不套袋葡萄多从果粒膨大中期开始喷药，10 天左右 1 次，直到采收前 1 周左右。连续喷药时，注意与不同类型药剂交替使用。克菌·戊唑醇喷施倍数同"苹果树褐斑病"。需要指出，红提葡萄果实对克菌丹较敏感，其果穗裸露期（套袋前）避免使用。

（4）**桃树黑星病、炭疽病、真菌性穿孔病**　多从桃树落花后 20 天左右开始喷药，10～15 天 1 次，与不同类型药剂交替使用，连喷 3～5 次。克菌·戊唑醇喷施倍数同"苹果树褐斑病"。

注意事项　克菌·戊唑醇不能与碱性药剂或肥料混用，也不能与乳油类药剂混用（尤其在葡萄上）。连续喷药时，注意与不同类型药剂交替使用。残余药液及洗涤药械的废液严禁污染河流、湖泊、池塘等水域。用药时注意安全防护，避免药剂接触皮肤或溅及眼睛。苹果树上使用的安全间隔期为 28 天，每季最多使用 3 次；葡萄上使用的安全间隔期为 7 天，每季最多使用 3 次。

锰锌·腈菌唑

有效成分　代森锰锌（mancozeb）＋腈菌唑（myclobutanil）。

常见商标名称　比纯、比托、超卓、多能、飞达、禾易、惠光、惠生、凯威、竞翠、妙生、青苗、秋实、生花、仙桃、仙生、仙星、亿贝、优化、优托、外尔、中保、中达、百保魁、粉红令、好日子、康利来、施得果、泰达生、泰高正、威尔达、先利达、绿色农华、仙隆化工、中保飞歌、中化农化。

主要含量与剂型　40％（35％＋5％）、47％（42％＋5％）、50％（48％＋2％）、60％（58％＋2％；57％＋3％）、62.25％（60％＋2.25％）、62.5％（60％＋2.5％）可湿性粉剂。括号内有效成分含量均为"代森锰锌的含量＋腈菌唑的含量"。

产品特点　锰锌·腈菌唑是一种由代森锰锌与腈菌唑按一定比例混配的广谱低毒复合杀菌剂，具有保护和治疗双重作用，两种杀菌机理，病菌不易产生抗药性。

制剂黏着性好，耐雨水冲刷，持效期较长，使用方便、安全。

代森锰锌属硫代氨基甲酸酯类广谱保护性低毒杀菌成分，喷施后在植物表面形成致密保护药膜，黏着性好，耐雨水冲刷；其杀菌机理是与病菌中氨基酸的疏基及相关酶反应，干扰脂质代谢、呼吸作用和能量的供应，最终导致病菌死亡；该反应具有多个作用位点，病菌很难产生抗药性。腈菌唑属三唑类内吸治疗性广谱高效低毒杀菌成分，具有预防、治疗双重作用，杀菌效力强，持效期较长，使用安全；其杀菌机理是通过抑制病菌麦角甾醇的生物合成，使细胞膜不正常，而最终导致病菌死亡。

适用果树及防控对象 锰锌·腈菌唑适用于多种落叶果树，对许多种高等真菌性病害均有较好的防控效果，尤其对黑星病、白粉病、锈病防效突出。目前，在落叶果树生产中主要用于防控：梨树的黑星病、白粉病、锈病，苹果树的黑星病、锈病，葡萄白粉病，桃树的黑星病、白粉病、锈病，柿树白粉病，核桃白粉病，枣树锈病，花椒锈病。

使用技术

（1）**梨树黑星病、白粉病、锈病** 首先在花序分离期和落花后各喷药 1 次，有效防控锈病，兼防黑星病；以后以防控黑星病为主导，兼防白粉病，多从初见黑星病病梢或病果或病叶时开始继续喷药；10～15 天 1 次，与不同类型药剂交替使用，连喷 6～8 次。锰锌·腈菌唑一般使用 40％可湿性粉剂 600～800 倍液、或 47％可湿性粉剂 700～900 倍液、或 50％可湿性粉剂或 60％可湿性粉剂或 62.25％可湿性粉剂或 62.5％可湿性粉剂 500～700 倍液均匀喷雾。

（2）**苹果树黑星病、锈病** 首先在花序分离期和落花后各喷药 1 次，有效防控锈病，兼防黑星病；防控黑星病时，从初见病叶或病果时开始喷药，10～15 天 1 次，连喷 2～3 次。锰锌·腈菌唑喷施倍数同"梨树黑星病"。

（3）**葡萄白粉病** 从白粉病发生初期开始喷药，10 天左右 1 次，连喷 2～4 次。锰锌·腈菌唑喷施倍数同"梨树黑星病"。

（4）**桃树黑星病、白粉病、锈病** 防控黑星病时，多从落花后 20～30 天开始喷药，10～15 天 1 次，连喷 2～3 次，往年病害严重桃园需连续喷药至采收前 1 个月；套袋桃园，套袋后不再喷药。防控白粉病、锈病时，从相应病害发生初期开始喷药，10～15 天 1 次，连喷 1～2 次。锰锌·腈菌唑喷施倍数同"梨树黑星病"。

（5）**柿树白粉病** 从病害发生初期开始喷药，10～15 天 1 次，连喷 2 次左右。药剂喷施倍数同"梨树黑星病"。

（6）**核桃白粉病** 从病害发生初期开始喷药，10～15 天 1 次，连喷 2 次左右。药剂喷施倍数同"梨树黑星病"。

（7）**枣树锈病** 从枣果坐住后半月左右或初见锈病病叶时开始喷药，10～15 天 1 次，与不同类型药剂交替使用，连喷 5～7 次。锰锌·腈菌唑喷施倍数同"梨树黑星病"。

（8）**花椒锈病** 从病害发生初期或初见病叶时开始喷药，10～15 天 1 次，与不同类型药剂交替使用，连喷 3～5 次。锰锌·腈菌唑喷施倍数同"梨树黑星病"。

注意事项 锰锌·腈菌唑不能与碱性药剂及含铜药剂混用。连续喷药时，注意与不同类型药剂交替使用。用药时注意安全保护，避免皮肤、眼睛接触药剂。残余药液及洗涤药械的废液严禁污染河流、湖泊、池塘等水域。梨树和苹果树上使用的安全间隔期均为 14 天，每季均最多使用 5 次。

锰锌·烯唑醇

有效成分 代森锰锌（mancozeb）＋烯唑醇（diniconazole）。

常见商标名称 翠金、定康、美邦、奇星、舒农、苏研、威远麦晟、威远生化。

主要含量与剂型 32.5％（30％代森锰锌＋2.5％烯唑醇）、40％（37％代森锰锌＋3％烯唑醇）可湿性粉剂。

产品特点 锰锌·烯唑醇是一种由代森锰锌与烯唑醇按一定比例混配的广谱低毒复合杀菌剂，具有保护和治疗双重作用，两种杀菌机理，病菌不易产生抗药性。制剂黏着性好，耐雨水冲刷，持效期较长，使用安全方便。

代森锰锌属硫代氨基甲酸酯类广谱保护性低毒杀菌成分，喷施后在植物表面形成致密保护药膜，黏着性好，耐雨水冲刷；其杀菌机理是与病菌中氨基酸的巯基及相关酶反应，干扰脂质代谢、呼吸作用和能量的供应，最终导致病菌死亡；该反应具有多个作用位点，病菌很难产生抗药性。烯唑醇属三唑类内吸治疗性广谱高效低毒杀菌成分，具有预防、治疗及铲除作用，杀菌活性高，持效期较长，使用安全；其杀菌机理是通过抑制病菌麦角甾醇的脱甲基化作用，使麦角甾醇合成不正常，导致真菌细胞膜不能形成，而最终致使病菌死亡。

适用果树及防控对象 锰锌·烯唑醇适用于多种落叶果树，对许多种高等真菌性病害均有较好的防控效果。目前，在落叶果树生产中主要用于防控：梨树的黑星病、白粉病、锈病，苹果树的斑点落叶病、黑星病、锈病，桃树的黑星病、白粉病、锈病，核桃白粉病，枣树锈病，花椒锈病。

使用技术

（1）**梨树黑星病、白粉病、锈病** 首先在花序分离期和落花后各喷药 1 次，有效防控锈病，兼防黑星病；以后以防控黑星病为主导，兼防白粉病，多从初见黑星病病梢或病果或病叶时开始继续喷药，10～15 天 1 次，与不同类型药剂交替使用，连喷 6～8 次。锰锌·烯唑醇一般使用 32.5％可湿性粉剂 400～500 倍液、或 40％可湿性粉剂 600～800 倍液均匀喷雾。

（2）**苹果树斑点落叶病、黑星病、锈病** 防控斑点落叶病时，在春梢生长期内和秋梢生长期内各喷药 2 次左右，间隔期 10～15 天；防控黑星病时，从初见黑星病病叶或病果时开始喷药，10～15 天 1 次，连喷 2～3 次；防控锈病时，在花序分离期和落花后各喷药 1 次，兼防黑星病、斑点落叶病。锰锌·烯唑醇喷施倍数同"梨树黑星病"。

（3）桃树黑星病、白粉病、锈病 防控黑星病时，多从落花后 20～30 天开始喷药，10～15 天 1 次，连喷 2～3 次，往年病害严重桃园需连续喷药至采收前 1 个月；套袋桃园，套袋后不再喷药。防控白粉病、锈病时，从相应病害发生初期开始喷药，10～15 天 1 次，连喷 1～2 次。锰锌·烯唑醇喷施倍数同"梨树黑星病"。

（4）核桃白粉病 从病害发生初期开始喷药，10～15 天 1 次，连喷 2 次左右。药剂喷施倍数同"梨树黑星病"。

（5）枣树锈病 从枣果坐住后半月左右或初见锈病病叶时开始喷药，10～15 天 1 次，与不同类型药剂交替使用，连喷 5～7 次。锰锌·烯唑醇喷施倍数同"梨树黑星病"。

（6）花椒锈病 从病害发生初期或初见病叶时开始喷药，10～15 天 1 次，与不同类型药剂交替使用，连喷 3～5 次。锰锌·烯唑醇喷施倍数同"梨树黑星病"。

注意事项 锰锌·烯唑醇不能与碱性药剂及铜制剂混用。连续喷药时，注意与不同类型药剂交替使用。残余药液及洗涤药械的废液，严禁污染河流、湖泊、池塘等水域，避免对鱼类等水生生物造成毒害。用药时注意安全防护，避免药剂沾染皮肤或溅入眼睛。梨树上和苹果树上使用的安全间隔期均为 21 天，每季均最多使用 3 次。

锰锌·异菌脲

有效成分 代森锰锌（mancozeb）＋异菌脲（iprodione）。

常见商标名称 惠叶、利民。

主要含量与剂型 50%（37.5%代森锰锌＋12.5%异菌脲）可湿性粉剂。

产品特点 锰锌·异菌脲是一种由代森锰锌与异菌脲按科学一定混配的广谱低毒复合杀菌剂，以保护作用为主，兼有一定的治疗作用，黏着性好，耐雨水冲刷，持效期较长，使用方便；两种杀菌机理，病菌不易产生抗药性。

代森锰锌属硫代氨基甲酸酯类广谱保护性低毒杀菌成分，喷施后在植物表面形成致密保护药膜，黏着性好，耐雨水冲刷；其杀菌机理是与病菌中氨基酸的巯基及相关酶反应，干扰脂质代谢、呼吸作用和能量的供应，最终导致病菌死亡；该反应具有多个作用位点，病菌很难产生抗药性。异菌脲属二酰亚胺类触杀型广谱低毒杀菌成分，以保护作用为主，兼有一定渗透性和治疗活性，作用于病菌生长为害的各个发育阶段，能有效抑制孢子萌发和菌丝生长；其杀菌机理是通过抑制病菌蛋白激酶，控制细胞的多种功能信号，干扰碳水化合物进入细胞，而导致病菌死亡。

适用果树及防控对象 锰锌·异菌脲适用于多种落叶果树，对许多种高等真菌性病害均有较好的防控效果。目前，在落叶果树生产中主要用于防控：苹果树的斑点落叶病、花腐病，梨树黑斑病，葡萄的穗轴褐枯病、灰霉病，桃、李、杏的褐腐病，草莓灰霉病。

使用技术

（1）苹果树斑点落叶病、花腐病 防控斑点落叶病时，在春梢生长期内和秋梢生长期内各喷药 2 次左右，间隔期 10～15 天；防控花腐病时，在花序分离期和落花 80％时各喷药 1 次。一般使用 50％可湿性粉剂 500～600 倍液均匀喷雾。

（2）梨树黑斑病 从病害发生初期开始喷药，10～15 天 1 次，连喷 2～4 次。一般使用 50％可湿性粉剂 500～600 倍液均匀喷雾。

（3）葡萄穗轴褐枯病、灰霉病 首先在葡萄花蕾穗期和落花后各喷药 1 次，有效防控穗轴褐枯病和灰霉病为害幼穗；防控套袋葡萄的灰霉病时，在套袋前喷药 1 次即可；防控不套袋葡萄的灰霉病时，从近成熟期葡萄果穗上初见灰霉病时开始喷药，10 天左右 1 次，连喷 1～2 次。一般使用 50％可湿性粉剂 500～600 倍液均匀喷雾。

（4）桃、李、杏的褐腐病 从褐腐病发生初期或初见褐腐病病果时开始喷药，10 天左右 1 次，连喷 1～2 次。一般使用 50％可湿性粉剂 500～600 倍液均匀喷雾。

（5）草莓灰霉病 从灰霉病发生初期或初见灰霉病病果或病叶时、或持续阴天 2 天时开始喷药，10 天左右 1 次，连喷 2～4 次。一般使用 50％可湿性粉剂 500～600 倍液均匀喷雾。

注意事项 锰锌·异菌脲不能与碱性药剂及铜制剂混用。连续喷药时，注意与不同类型药剂交替使用。残余药液及洗涤药械的废液，严禁污染河流、湖泊、池塘等水域，避免对鱼类等水生生物造成毒害。不套袋葡萄近成熟期和草莓上喷施时，可能会遗留较明显药斑，具体应用时应酌情考虑。苹果树上使用的安全间隔期为 20 天，每剂最多使用 3 次。

醚菌·啶酰菌

有效成分 醚菌酯（kresoxim-methyl）＋啶酰菌胺（boscalid）。

常见商标名称 翠泽、京博、神星。

主要含量与剂型 300 克/升（100 克/升醚菌酯＋200 克/升啶酰菌胺）、30％（10％醚菌酯＋20％啶酰菌胺）悬浮剂。

产品特点 醚菌·啶酰菌是一种由醚菌酯与啶酰菌胺按一定比例混配的广谱低毒复合杀菌剂，对许多真菌性病害均有较好的预防与治疗作用，内吸渗透性好，耐雨水冲刷，使用方便。两种有效成分均为呼吸作用抑制剂，但作用位点不同，能有效延缓病菌产生抗药性。

醚菌酯属甲氧基丙烯酸酯类广谱低毒杀菌成分，作用于病害发生的各个阶段，具有预防保护、内吸治疗和铲除作用，并能在一定程度上诱发植物表达其潜在抗病性；亲脂性好，耐雨水冲刷，持效期较长；其杀菌机理主要是通过破坏病菌线粒体呼吸链中从细胞色素 b 向 c1 的电子传递，阻止能量形成，而导致病菌死亡。啶酰菌胺属吡啶甲酰胺类广谱低毒杀菌成分，以保护作用为主，兼有一定治疗活性，内吸渗透性好，耐雨水冲刷，施药适期长；其杀菌机理是通过抑制病菌线粒体电子传递过程中琥珀酸泛醌还原酶的活性，使细胞无法获得正常代谢所需能量，而导致病菌死亡。

适用果树及防控对象　醚菌·啶酰菌适用于多种落叶果树，对多种高等真菌性病害均有较好的防控效果。目前，在落叶果树生产中主要用于防控：苹果树的白粉病、斑点落叶病，葡萄的穗轴褐枯病、白粉病，草莓白粉病。

使用技术

（1）苹果树白粉病、斑点落叶病　防控白粉病时，一般果园在花序分离期、落花后和落花后 10～15 天各喷药 1 次即可；往年病害较重果园，再于 8～9 月份的花芽分化期增加喷药 1～2 次。防控斑点落叶病时，在春梢形成期内和秋梢形成期内各喷药 2 次左右，间隔期 10 天左右。连续喷药时，注意与不同类型药剂交替使用。醚菌·啶酰菌一般使用 300 克/升悬浮剂或 30％悬浮剂 1000～1500 倍液均匀喷雾。

（2）葡萄穗轴褐枯病、白粉病　防控穗轴褐枯病时，在葡萄花蕾穗期和落花后各喷药 1 次；防控白粉病时，从病害发生初期开始喷药，10 天左右 1 次，与不同类型药剂交替使用，连喷 2～4 次。醚菌·啶酰菌一般使用 300 克/升悬浮剂或 30％悬浮剂 1000～1500 倍液均匀喷雾。

（3）草莓白粉病　从病害发生初期开始喷药，10 天左右 1 次，与不同类型药剂交替使用，连喷 3～5 次。醚菌·啶酰菌每亩次使用 300 克/升悬浮剂或 30％悬浮剂 30～50 毫升，兑水 30～45 千克均匀喷雾。

注意事项　醚菌·啶酰菌不能与碱性药剂混合使用。连续喷药时，注意与不同类型药剂交替使用。残余药液及洗涤药械的废液，严禁污染河流、湖泊、池塘等水域。苹果树、葡萄及草莓上使用的安全间隔期均为 7 天，每季均最多使用 3 次。

噻呋·苯醚甲

有效成分　噻呋酰胺（thifluzamide）＋苯醚甲环唑（difenoconazole）。

常见商标名称　龙灯福赛。

主要含量与剂型　27.8％（13.9％噻呋酰胺＋13.9％苯醚甲环唑）悬浮剂。

产品特点　噻呋·苯醚甲是一种由噻呋酰胺与苯醚甲环唑按一定比例混配的广谱低毒复合杀菌剂，具有预防保护和内吸治疗双重作用，内吸传导性好，持效期较长，病菌不易产生抗药性。

噻呋酰胺属噻唑酰胺类广谱低毒杀菌成分，杀菌活性高，内吸传导性好，持效期较长；其杀菌机理是通过抑制病菌线粒体上琥珀酸脱氢酶的活性，阻断呼吸链的电子传递，使菌体无法获得新陈代谢所需的足够能量，而导致病菌死亡。苯醚甲环唑属三唑类内吸治疗性广谱低毒杀菌成分，具有预防保护和内吸治疗作用，持效期较长；其杀菌机理是通过抑制麦角甾醇的脱甲基化作用，使麦角甾醇的生物合成受阻，造成病菌细胞膜难以形成，而导致病菌死亡。

适用果树及防控对象　噻呋·苯醚甲适用于多种落叶果树，对多种高等真菌性病害均有较好的防控效果。目前，在落叶果树生产中主要用于防控：苹果树锈病，梨树锈病，枣树锈病。

使用技术

（1）苹果树锈病　一般果园在花序分离期和落花后各喷药1次即可；往年病害较重果园，需在落花后10～15天增加1次喷药。噻呋·苯醚甲使用27.8%悬浮剂3000～4000倍液均匀喷雾。

（2）梨树锈病　一般果园在花序分离期和落花后各喷药1次即可；往年病害较重果园，需在落花后10～15天增加喷药1次。噻呋·苯醚甲使用27.8%悬浮剂3000～4000倍液均匀喷雾。

（3）枣树锈病　多从枣果坐住后15～20天或初见锈病病叶时开始喷药，15天左右1次，与不同类型药剂交替使用，连喷4～6次。噻呋·苯醚甲使用27.8%悬浮剂3000～4000倍液均匀喷雾。

注意事项　噻呋·苯醚甲不能与碱性药剂混合使用。连续喷药时，注意与不同类型药剂交替使用。本剂对鱼类、虾蟹类毒性较高，应远离水产养殖区、河塘、湖泊等水体施药，并禁止将残余药液及洗涤药械的废液排入上述水域。有些树种或品种可能对噻呋酰胺较敏感，使用不当会造成一定药害，所以具体使用时应先进行小范围试验。

霜脲·锰锌

有效成分　霜脲氰（cymoxanil）＋代森锰锌（mancozeb）。

常见商标名称　碧奥、保泰、北联、晨环、翠诗、德露、斗露、锋露、克露、尼露、锐露、赛露、双露、优露、杜邦、鹤神、恒田、恒霜、亨达、红泽、集琦、京博、京蓬、凯迪、凯明、凯威、垦原、利民、露星、美丰、美沃、山青、上格、妥冻、四友、霜霸、霜骏、霜科、霜快、霜磊、霜能、霜洗、霜尊、双丰、晚绝、稳得、鑫马、兴农、亿嘉、云大、中保、走红、阻霜、艾朴生、比尔富、大美露、好日子、利蒙特、绿业元、金霜克、农利来、扑他林、普喜金、瑞德丰、斯佩斯、速抑康、霜溜溜、双吉牌、西北狼、幸福露、银霉清、啄木鸟、阿米金迪、碧奥雷旺、曹达农化、绿色农华、树荣化工、双丰化工、霜霉疫净、双易立克、威远生化、正业中农、中航三利、京博霜疫力克、瑞德丰科露净。

主要含量与剂型　72%（8%＋64%）、36%（4%＋32%）可湿性粉剂，44%（4%＋40%）水分散粒剂，36%（4%＋32%）悬浮剂。括号内有效成分含量均为"霜脲氰的含量＋代森锰锌的含量"。

产品特点　霜脲·锰锌是一种由霜脲氰与代森锰锌按科学比例混配的低毒复合

杀菌剂，专用于防控低等真菌性病害，具有保护和治疗双重作用。两种杀菌机理优势互补，病菌不易产生抗药性，使用方便安全。

霜脲氰属酰胺脲类内吸治疗性低毒杀菌成分，专用于防控低等真菌性病害，具有局部内吸作用，既可阻止病菌孢子萌发，又对侵入植物体内的病菌有较好的杀灭效果，但持效期较短，且易诱使病菌产生抗药性。代森锰锌属硫代氨基甲酸酯类广谱保护性低毒杀菌成分，喷施后在植物表面形成致密保护药膜，黏着性好，耐雨水冲刷；其杀菌机理是与病菌中氨基酸的巯基及相关酶反应，干扰脂质代谢、呼吸作用和能量的供应，最终导致病菌死亡；该反应具有多个作用位点，病菌很难产生抗药性。

适用果树及防控对象　霜脲·锰锌适用于多种落叶果树，专用于防控低等真菌性病害。目前，在落叶果树生产中主要用于防控：葡萄霜霉病，苹果疫腐病，梨疫腐病。

使用技术

（1）葡萄霜霉病　首先在葡萄花蕾穗期和落花后各喷药 1 次，有效预防幼果穗受害；然后从叶片上初见霜霉病病斑时立即开始连续喷药，10 天左右 1 次，与不同类型药剂交替使用，直到生长后期。防控叶片霜霉病时，重点喷洒叶片背面。一般使用 72％可湿性粉剂 600～800 倍液、或 44％水分散粒剂 350～450 倍液、或 36％可湿性粉剂或 36％悬浮剂 300～400 倍液喷雾。

（2）苹果疫腐病　适用于不套袋苹果。在果实膨大后期的多雨季节，从果园内初见病果时立即开始喷药，10 天左右 1 次，连喷 1～2 次，重点喷洒树冠中下部果实及地面。霜脲·锰锌喷施倍数同"葡萄霜霉病"。

（3）梨疫腐病　适用于不套袋梨。在果实膨大后期的多雨季节，从果园内初见病果时立即开始喷药，10 天左右 1 次，连喷 1～2 次，重点喷洒树冠中下部果实及地面。霜脲·锰锌喷施倍数同"葡萄霜霉病"。

注意事项　霜脲·锰锌不能与碱性药剂、强酸性药剂及含铜药剂混用。连续喷药时，注意与不同类型药剂交替使用。本剂对鱼类等水生生物有毒，残余药液及洗涤药械的废液严禁污染河流、湖泊、池塘等水域。用药时注意安全保护，避免药液沾染皮肤与溅及眼睛。葡萄上使用的安全间隔期为 21 天，每季最多使用 3 次。

铜钙·多菌灵

有效成分　硫酸铜钙（copper calcium sulphate）＋多菌灵（carbendazim）。

常见商标名称　统佳、龙灯。

主要含量与剂型　60％（40％硫酸铜钙＋20％多菌灵）可湿性粉剂。

产品特点　铜钙·多菌灵是一种由硫酸铜钙与多菌灵按一定比例混配的广谱低毒复合杀菌剂，具有治疗、保护和铲除多重作用。两种杀菌机理优势互补、协同增效，防病范围更广，且病菌不易产生抗药性。制剂颗粒微细，黏着性好，渗透性强，耐雨水冲刷，使用方便。

硫酸铜钙属广谱保护性低毒铜素杀菌成分，遇水或水膜时缓慢释放出杀菌的铜离子，与病菌的萌发、侵染同步，杀菌、防病及时彻底，对真菌性和细菌性病害均有良好的保护作用；其杀菌机理是铜离子与病菌体内的多种生物基团结合，使蛋白质变性或一些酶丧失活性，进而阻碍和抑制新陈代谢，而导致病菌死亡。多菌灵属苯并咪唑类内吸治疗性广谱低毒杀菌成分，具有保护和治疗双重作用，耐雨水冲刷，持效期较长；其杀菌机理是通过干扰真菌细胞有丝分裂中纺锤体的形成，进而影响细胞分裂，而导致病菌死亡。

适用果树及防控对象　铜钙·多菌灵适用于对铜离子不敏感的多种落叶果树，对多种真菌性病害均有较好的防控效果，并兼防细菌性病害。目前，在落叶果树生产中主要用于防控：苹果树、梨树、葡萄、桃树、李树、杏树、樱桃树、枣树、石榴树、柿树等落叶果树的枝干病害（轮纹病、干腐病、腐烂病、流胶病）、根部病害（根朽病、紫纹羽病、白纹羽病），苹果树褐斑病，梨树的黑星病、炭疽病、轮纹病，葡萄褐斑病，枣树的轮纹病、炭疽病、褐斑病，草莓根腐病。

使用技术

（1）落叶果树的枝干病害　果树发芽前，全园普遍喷施 1 次 60％可湿性粉剂 300～400 倍液进行清园。连续几年后，对枝干病害的防控效果非常显著。

（2）落叶果树的根部病害　发现根部病害并去除发病部位后（病害发生中早期），首先在树冠正投影下培起土埂，然后使用 60％可湿性粉剂 500～600 倍液浇灌，使药液渗透至大部分根区，较重病树半月后需再浇灌 1 次。

（3）苹果树褐斑病　全套袋苹果全套袋后开始喷药，10～15 天 1 次，连喷 3～4 次。一般使用 60％可湿性粉剂 500～700 倍液均匀喷雾。需要注意，不套袋苹果及苹果套袋前不建议使用本剂，否则在阴雨潮湿季节可能会出现药害斑。

（4）梨树黑星病、炭疽病、轮纹病　从梨树落花后 1 个月开始选用本剂喷雾，10～15 天 1 次，与不同类型药剂交替使用。一般使用 60％可湿性粉剂 600～800 倍液均匀喷雾。落花后 1 个月内不建议使用本剂。

（5）葡萄褐斑病　从病害发生初期开始喷药，10 天左右 1 次，连喷 3～4 次。一般使用 60％可湿性粉剂 500～600 倍液均匀喷雾。

（6）枣树轮纹病、炭疽病、褐斑病　首先在枣树开花前喷药 1 次，有效防控褐斑病的早期病害；然后从枣树坐住果后半月左右开始继续喷药，10～15 天 1 次，与不同类型药剂交替使用，连喷 5～7 次。铜钙·多菌灵一般使用 60％可湿性粉剂 500～700 倍液均匀喷雾。

（7）草莓根腐病　首先在移栽前将定植沟用药剂消毒，即每亩使用 60％可湿性粉剂 1～1.5 千克，拌一定量细土后均匀撒施于定植沟内，而后移栽定植；也可定植后使用 60％可湿性粉剂 500～600 倍液浇灌定植药水，每株（穴）浇灌药液 200～300 毫升。然后再从发病初期开始用药液灌根，10～15 天 1 次，连灌 2 次，一般使用 60% 可湿性粉剂 500～600 倍液灌根，每株次浇灌药液 250～300 毫升。

注意事项　铜钙·多菌灵不能与碱性药剂及含有金属离子的药剂混用。连续用药时，注意与不同类型药剂交替使用。桃树、杏树、李树、樱桃树、梅树、柿树对铜制剂敏感，不能在生长期喷施。残余药液及洗涤药械的废液严禁污染河流、湖泊、池塘等水域。苹果树上使用的安全间隔期为 28 天，每季最多使用 3 次。

肟菌·戊唑醇

有效成分　肟菌酯（trifloxystrobin）＋戊唑醇（tebuconazole）。

常见商标名称　拜耳、佳途、浪尖、美邦、荣邦、社喜、悦阳、拿敌稳、韦尔奇、新长山、长山金灿。

主要含量与剂型　70%（20%＋50%）、75%（25%＋50%）、80%（25%＋55%）水分散粒剂，75%（25%＋50%）可湿性粉剂，30%（10%＋20%）、36%（12%＋24%）、42%（14%＋28%）、45%（15%＋30%）、48%（16%＋32%）悬浮剂。括号内有效成分含量均为"肟菌酯的含量＋戊唑醇的含量"。

产品特点　肟菌·戊唑醇是一种由肟菌酯与戊唑醇按一定比例混配的广谱低毒复合杀菌剂，具有治疗、铲除及保护多重防病活性，在病菌侵染前、侵染初期及侵染后使用均可获得良好的防病效果。两种杀菌机理活性互补、协同增效，病菌不易产生抗药性，杀菌活性较高，内吸性较强，持效期较长，耐雨水冲刷，使用安全。

肟菌酯属甲氧基丙烯酸酯类广谱低毒杀菌成分，以保护作用为主，能被植物的蜡质层吸收，渗透到植物组织中，耐雨水冲刷，持效期较长；其杀菌机理是通过阻断病菌线粒体呼吸链中细胞色素 b 与 c1 间的电子传递，使能量形成受到抑制，而导致病菌孢子不能发芽，并抑制菌丝生长和产孢。戊唑醇属三唑类内吸治疗性广谱低毒杀菌成分，具有保护、治疗和铲除活性，内吸传导性好，杀菌活性高，持效期较长，但连续使用易诱使病菌产生抗药性；其杀菌机理是通过抑制病菌细胞膜上麦角甾醇合成中 C14- 的脱甲基化作用，使病菌无法形成细胞膜，而导致病菌死亡。

适用果树及防控对象　肟菌·戊唑醇适用于多种落叶果树，对许多种高等真菌性病害均有较好的防控效果。目前，在落叶果树生产中主要用于防控：苹果树的褐斑病、斑点落叶病、轮纹病、炭疽病、套袋果斑点病，梨树的轮纹病、炭疽病、套袋果黑点病、黑斑病，葡萄的黑痘病、白腐病、炭疽病，桃树的真菌性穿孔病、黑星病、炭疽病，草莓白粉病。

使用技术

（1）苹果树褐斑病、斑点落叶病、轮纹病、炭疽病、套袋果斑点病　防控褐斑病时，多从苹果落花后 1 个月左右或初见褐斑病病叶时或套袋前开始喷药，10～15天 1 次，连喷 4～6 次。防控斑点落叶病时，在春梢生长期内和秋梢生长期内各喷药 2 次左右，间隔期 10～15 天。防控轮纹病、炭疽病及套袋果斑点病时，从苹果落花后 7～10 天开始喷药，10 天左右 1 次，连喷 3 次药后套袋（套袋后停止喷药）；不套袋苹果需继续喷药 4~6 次，间隔期 10~15 天。连续喷药时，注意与不同类型药剂交替使用。肟菌·戊唑醇一般使用 70%水分散粒剂 3500~4000 倍液、或 75%水分散粒剂或 75%可湿性粉剂 4000~5000 倍液、或 80%水分散粒剂 4000~6000 倍液、或 30%悬浮剂 1500~2000 倍液、或 36%悬浮剂 2000~2500 倍液、或 42%悬浮剂 2500~3000 倍液、或 45%悬浮剂 3000~3500 倍液、或 48%悬浮剂 3000~4000 倍液均匀喷雾。

（2）梨树轮纹病、炭疽病、套袋果黑点病、黑斑病　防控轮纹病、炭疽病、套袋果黑点病时，从梨树落花后 10 天左右开始喷药，10 天左右 1 次，连喷 2~3 次药后套袋（套袋后停止喷药）；不套袋梨需继续喷药 4~6 次，间隔期 10~15 天。防控黑斑病时，从病害发生初期或初见病叶时开始喷药，10~15 天 1 次，连喷 2~4 次。连续喷药时，注意与不同类型药剂交替使用。肟菌·戊唑醇喷施倍数同"苹果树褐斑病"。

（3）葡萄黑痘病、白腐病、炭疽病　防控黑痘病时，在葡萄花蕾穗期、落花 80%和落花后 10 天左右各喷药 1 次。防控白腐病、炭疽病时，套袋葡萄在果穗套袋前喷药 1 次即可；不套袋葡萄多从果粒膨大中期开始喷药，10 天左右 1 次，与不同类型药剂交替使用，直到采收前 1 周左右。肟菌·戊唑醇喷施倍数同"苹果树褐斑病"。

（4）桃树真菌性穿孔病、黑星病、炭疽病　多从桃树落花后 15~20 天开始喷药，10~15 天 1 次，连喷 2~4 次；往年病害发生较重果园，需增加喷药 1~2 次。肟菌·戊唑醇喷施倍数同"苹果树褐斑病"。

（5）草莓白粉病　从病害发生初期开始喷药，10 天左右 1 次，与不同类型药剂交替使用，连喷 3~5 次。肟菌·戊唑醇喷施倍数同"苹果树褐斑病"。

注意事项　肟菌·戊唑醇不能与碱性药剂或肥料混用。连续喷药时，注意与不同类型药剂交替使用。用药时注意安全保护，避免皮肤及眼睛接触药液，用药后及时清洗手、脸等裸露部位。残余药液及洗涤药械的废液严禁污染河流、湖泊、池塘等水域。苹果树和葡萄上使用的安全间隔期均为 14 天，每季均最多使用 3 次。

戊唑·多菌灵

有效成分　戊唑醇（tebuconazole）＋多菌灵（carbendazim）。

常见商标名称　翠彩、东宝、华阳、禾易、红裕、绿欢、龙灯、美星、奇星、统宁、弯月、炫击、叶库、福多收、高安胜、高胜美、果园红、剑生园、瑞德丰、韦尔奇、新风景、啄木鸟、爱诺乐施、曹达农化、龙灯福连。

主要含量与剂型　24%（12%＋12%）、30%（8%＋22%）、32%（8%＋24%）、40%（5%＋35%）、42%（12%＋30%）、50%（22%＋28%）悬浮剂，30%（8%＋22%）、45%（6%＋39%）、55%（25%＋30%）、80%（16%＋64%；30%＋50%）可湿性粉剂，45%（6%＋39%）、60%（15%＋45%）水分散粒剂。

括号内有效成分含量均为"戊唑醇的含量＋多菌灵的含量"。

产品特点　戊唑·多菌灵是一种由戊唑醇与多菌灵按一定比例混配的广谱低毒复合杀菌剂，具有保护和治疗双重作用。两种有效成分优势互补，协同增效，防病范围更广，杀菌治病更彻底，病菌很难产生抗药性。优质悬浮剂型颗粒微细，性能稳定，黏着性好，渗透性强，耐雨水冲刷，使用安全，连续喷施后，果面光洁靓丽，外观质量显著提高。

戊唑醇属三唑类内吸治疗性广谱低毒杀菌成分，内吸传导性好，杀菌活性高，持效期较长，但连续使用易诱使病菌产生抗药性；其杀菌机理是通过抑制病菌细胞膜上麦角甾醇的脱甲基化，使病菌无法形成细胞膜，而导致病菌死亡。多菌灵属苯并咪唑类内吸治疗性广谱低毒杀菌成分，具有较好的保护和治疗作用，耐雨水冲刷，持效期较长，酸性条件下渗透与内吸能力显著提高；其杀菌机理是通过干扰病菌细胞有丝分裂中纺锤体的形成，而影响细胞分裂，最终导致病菌死亡。

适用果树及防控对象　戊唑·多菌灵适用于多种落叶果树，对许多种高等真菌性病害均有很好的防控效果。目前，在落叶果树生产中主要用于防控：苹果树和梨树的腐烂病、干腐病、枝干轮纹病，苹果的炭疽病、果实轮纹病、套袋果斑点病、褐斑病、斑点落叶病、锈病、白粉病、黑星病、花腐病，梨树的黑星病、黑斑病、轮纹病、炭疽病、套袋果黑点病、锈病、白粉病、褐斑病，山楂的锈病、白粉病、炭疽病、轮纹病，葡萄的黑痘病、穗轴褐枯病、白腐病、炭疽病、房枯病、黑腐病、褐斑病、白粉病，桃树和杏树的黑星病（疮痂病）、炭疽病、褐腐病、真菌性流胶病，李树的红点病、真菌性流胶病，枣树的锈病、轮纹病、炭疽病、黑斑病、褐斑病，核桃的炭疽病、白粉病，柿树的炭疽病、黑星病、角斑病、圆斑病，石榴的炭疽病、褐斑病、麻皮病，花椒的炭疽病、锈病，草莓的蛇眼病、炭疽病，枸杞白粉病。

使用技术

（1）苹果树和梨树的腐烂病、干腐病、枝干轮纹病　预防病害发生时，首先在树体萌芽前喷洒1次干枝清园，铲除树体上的潜伏携带病菌，一般使用24％悬浮剂500～600倍液、或30％悬浮剂或32％悬浮剂400～600倍液、或40％悬浮剂或30％可湿性粉剂或45％可湿性粉剂或45％水分散粒剂400～500倍液、或42％悬浮剂600～800倍液、或50％悬浮剂或55％可湿性粉剂1000～1200倍液、或60％水分散粒剂800～1000倍液、或80％（16％＋64％）可湿性粉剂1000～1200倍液、或80％（30％＋50％）可湿性粉剂1200～1500倍液均匀喷洒；病害发生严重地区或果园，再于果实套袋后或7～9月份，进行1次枝干喷涂用药，预防病菌侵染并杀灭携带病菌，一般使用24％悬浮剂或42％悬浮剂200～250倍液、或30％悬浮剂或32％悬浮剂或40％悬浮剂或30％可湿性粉剂或45％可湿性粉剂或45％水分散粒剂150～200倍液、或50％悬浮剂或55％可湿性粉剂或80％（16％＋64％）可湿性粉剂400～500倍液、或60％水分散粒剂300～350倍液、或80％（30％＋

50%）可湿性粉剂 500～600 倍液喷涂主干及较大主侧枝。治疗相应病斑时，在刮治病斑的基础上于病疤表面涂药，1 个月后再涂抹 1 次效果更好，一般使用 24％悬浮剂或 42％悬浮剂 100～120 倍液、或 30％悬浮剂或 32％悬浮剂或 40％悬浮剂或 30％可湿性粉剂或 45％可湿性粉剂或 45％水分散粒剂 80～100 倍液、或 50％悬浮剂或 55％可湿性粉剂或 80％（16％＋64％）可湿性粉剂 200～250 倍液、或 60％水分散粒剂 150～200 倍液、或 80％（30％＋50％）可湿性粉剂 250～300 倍液涂抹病疤。

（2）**苹果炭疽病、果实轮纹病、套袋果斑点病、褐斑病、斑点落叶病、锈病、白粉病、黑星病、花腐病** 首先在花序分离期和落花后各喷药 1 次，有效防控锈病、白粉病，兼防斑点落叶病、黑星病、花腐病；然后从落花后 10 天左右开始连续喷药，10 天左右 1 次，连喷 3 次药后套袋，有效防控炭疽病、果实轮纹病、套袋果斑点，兼防锈病、白粉病、黑星病、褐斑病及斑点落叶病；苹果套袋后或不套袋苹果的 3 次药后继续喷药，10～15 天 1 次，连喷 4～6 次，有效防控褐斑病、斑点落叶病及不套袋苹果的炭疽病、果实轮纹病，兼防黑星病、白粉病。连续喷药时，注意与不同类型药剂交替使用。一般使用 24％悬浮剂 800～1000 倍液、或 30％悬浮剂或 32％悬浮剂 700～900 倍液、或 40％悬浮剂或 30％可湿性粉剂或 45％可湿性粉剂或 45％水分散粒剂 600～800 倍液、或 42％悬浮剂 1000～1200 倍液、或 50％悬浮剂或 55％可湿性粉剂 2000～2500 倍液、或 60％水分散粒剂 1200～1500 倍液、或 80％（16％＋64％）可湿性粉剂 1500～1800 倍液、或 80％（30％＋50％）可湿性粉剂 2500～3000 倍液均匀喷雾。

（3）**梨树黑星病、黑斑病、轮纹病、炭疽病、套袋果黑点病、锈病、白粉病、褐斑病** 首先在花序分离期和落花后各喷药 1 次，有效防控锈病，兼防黑星病；然后从落花后 10 天左右开始继续喷药，10 天左右 1 次，连喷 2～3 次药后套袋，有效防控黑星病、轮纹病、炭疽病、套袋果黑点病，兼防锈病、黑斑病、褐斑病；果实套袋后或不套袋果的 2～3 次药后继续喷药，10～15 天 1 次，直到生长后期，有效防控黑星病、黑斑病、褐斑病及不套袋果的轮纹病、炭疽病，兼防白粉病。连续喷药时，注意与不同类型药剂交替使用。戊唑•多菌灵喷施倍数同"苹果炭疽病"。

（4）**山楂锈病、白粉病、炭疽病、轮纹病、叶斑病** 首先在花序分离期、落花 80％和落花后 10 天左右各喷药 1 次，有效防控锈病、白粉病；然后从落花后 20～30 天开始连续喷药，10～15 天 1 次，连喷 3～5 次，有效防控炭疽病、轮纹病、叶斑病。连续喷药时，注意与不同类型药剂交替使用。戊唑•多菌灵喷施倍数同"苹果炭疽病"。

（5）**葡萄黑痘病、穗轴褐枯病、白腐病、炭疽病、房枯病、黑腐病、褐斑病、白粉病** 首先在葡萄发芽前喷药 1 次清园，铲除枝蔓表面携带病菌，药剂喷施倍数同"苹果树腐烂病清园喷药"。其次在葡萄花蕾穗期、落花后和落花后 10～15 天各喷药 1 次，有效防控穗轴褐枯病、黑痘病；然后从葡萄果粒膨大中期开始继续喷药，10天左右1次，与不同类型药剂交替使用，连喷4～6次，有效防控白腐病、炭疽病、褐斑病、白粉病、房枯病、黑腐病。葡萄生长期戊唑·多菌灵喷施倍数同"苹果炭疽病"。

（6）桃树和杏树的黑星病、炭疽病、褐腐病、真菌性流胶病　首先在树体萌芽前喷药1次清园，铲除树体病菌，药剂喷施倍数同"苹果树腐烂病清园喷药"。然后从落花后20天左右开始继续喷药，10～15天1次，连喷2～4次，有效防控黑星病、炭疽病、真菌性流胶病，兼防褐腐病；不套袋果在果实成熟前1个月内再喷药1～2次，有效防控褐腐病，兼防真菌性流胶病。落花后用药戊唑·多菌灵喷施倍数同"苹果炭疽病"。连续喷药时，注意与不同类型药剂交替使用。

（7）李树红点病、真菌性流胶病　首先在萌芽前喷药1次清园，铲除树体携带病菌，药剂喷施倍数同"苹果树腐烂病清园喷药"。然后从落花后叶片展开时继续喷药，10～15天1次，与不同类型药剂交替使用，连喷3～5次，戊唑·多菌灵喷施倍数同"苹果炭疽病"。

（8）枣树锈病、轮纹病、炭疽病、黑斑病、褐斑病　首先在枣树开花前喷药1次，有效防控褐斑病的早期为害；然后从枣果坐住后10～15天开始连续喷药，10～15天1次，与不同类型药剂交替使用，连喷5～7次。戊唑·多菌灵喷施倍数同"苹果炭疽病"。

（9）核桃炭疽病、白粉病　防控炭疽病时，多从果实膨大中期开始喷药，10～15天1次，连喷2～4次；防控白粉病时，从病害发生初期开始喷药，10～15天1次，连喷2次左右。连续喷药时，注意与不同类型药剂交替使用。戊唑·多菌灵喷施倍数同"苹果炭疽病"。

（10）柿树炭疽病、黑星病、角斑病、圆斑病　南方柿区病害发生较重果园首先在柿树开花前喷药1次，然后从落花后10天左右开始连续喷药，10～15天1次，连喷5～7次；北方柿区多从落花后20天左右开始喷药，10～15天1次，连喷2～3次。连续喷药时，注意与不同类型药剂交替使用。戊唑·多菌灵喷施倍数同"苹果炭疽病"。

（11）石榴炭疽病、褐斑病、麻皮病　一般果园在开花前、落花后、幼果期、套袋前及套袋后各喷药1次即可；中后期病害较重时，需酌情增加喷药1～2次，间隔期10～15天。连续喷药时，注意与不同类型药剂交替使用。戊唑·多菌灵喷施倍数同"苹果炭疽病"。

（12）花椒炭疽病、锈病　防控炭疽病时，多从果实转色初期开始喷药，10～15天1次，连喷2次左右；防控锈病时，从病害发生初期开始喷药，10～15天1次，连喷3～5次。连续喷药时，注意与不同类型药剂交替使用。戊唑·多菌灵喷施倍数同"苹果炭疽病"。

（13）草莓蛇眼病、炭疽病　多应用于育秧田。从病害发生初期开始喷药，10

天左右 1 次，与不同类型药剂交替使用，连喷 3～5 次。戊唑·多菌灵喷施倍数同"苹果炭疽病"。

（14）枸杞白粉病 从病害发生初期开始喷药，10～15 天 1 次，连喷 2 次左右。戊唑·多菌灵喷施倍数同"苹果炭疽病"。

注意事项 戊唑·多菌灵不能与碱性药剂及肥料混用。连续喷药时，注意与不同类型药剂交替使用。悬浮剂型可能会有一些沉淀，摇匀后使用不影响药效。残余药液及洗涤药械的废液，严禁倒入河流、湖泊、池塘等水域，避免造成污染。本剂生产企业较多，配方比例也有较大差异，上述推荐使用倍数是根据上述配方比例确定的，实际用药时，还应参照具体产品的标签说明使用。苹果树上使用的安全间隔期为 28 天，每季最多使用 2 次；葡萄上使用的安全间隔期为 10 天，每季最多使用 2 次。

戊唑·丙森锌

有效成分 戊唑醇（tebuconazole）＋丙森锌（propineb）。

常见商标名称 海讯、好艳、禾宜、科实、库欣、竞典、美帅、剑康、图丰、追源、阿扑生、丰利源、乐得欣、克宝丽、美欣乐、农博士、统园士、韦尔奇、优果利、优菓乐、丰禾立健、美邦农药、燕化美意。

主要含量与剂型 48％（10％＋38％）、55％（5％＋50％）、60％（10％＋50％）、65％（5％＋60％）、70％（5％＋65％；10％＋60％；30％＋40％）可湿性粉剂，70％（10％＋60％；30％＋40％）水分散粒剂。括号内有效成分含量均为"戊唑醇的含量＋丙森锌的含量"。

产品特点 戊唑·丙森锌是一种由戊唑醇与丙森锌按一定比例混配的广谱低毒复合杀菌剂，具有保护和治疗双重作用，耐雨水冲刷，并对果树生长有一定补锌功效。两种杀菌机理优势互补，病菌不易产生抗药性，使用安全方便。

戊唑醇属三唑类内吸治疗性广谱低毒杀菌成分，具有保护、治疗和铲除活性，杀菌活性高，持效期较长，但连续使用易诱使病菌产生抗药性；其杀菌机理是通过抑制病菌细胞膜上麦角甾醇的脱甲基化，使病菌无法形成细胞膜，而导致病菌死亡。丙森锌属硫代氨基甲酸酯类广谱保护性低毒杀菌成分，以保护作用为主，含有易被植物吸收的锌元素，有利于促进果树生长及提高果品质量；其杀菌机理是作用于真菌细胞壁和蛋白质的合成，通过抑制孢子萌发、侵染和菌丝体的生长，而导致其变形、死亡。

适用果树及防控对象 戊唑·丙森锌适用于多种落叶果树，对许多种高等真菌性病害均有较好的防控效果。目前，在落叶果树生产中主要用于防控：苹果的轮纹病、炭疽病、斑点落叶病、褐斑病、黑星病，梨树的黑星病、炭疽病、轮纹病、褐斑病、黑斑病、白粉病，葡萄的炭疽病、褐斑病，桃树的黑星病、炭疽病、真菌性穿孔病，李树的红点病、炭疽病、真菌性穿孔病，枣树的轮纹病、炭疽病、褐斑病、锈病，柿树的炭疽病、角斑病、圆斑病，石榴的炭疽病、褐斑病、麻皮病。

使用技术

（1）**苹果轮纹病、炭疽病、斑点落叶病、褐斑病、黑星病**　防控轮纹病、炭疽病时，从苹果落花后 7～10 天开始喷药，10 天左右 1 次，连喷 3 次药后套袋（套袋后停止喷药）；不套袋苹果需继续喷药，10～15 天 1 次，与不同类型药剂交替使用，仍需喷药 4～6 次。防控斑点落叶病时，在春梢生长期内和秋梢生长期内各喷药 2 次左右，间隔期 10～15 天。防控褐斑病时，一般果园从落花后 1 个月左右或初见褐斑病病叶时或套袋前开始喷药，10～15 天 1 次，与不同类型药剂交替使用，连喷 4～6 次。防控黑星病时，从病害发生初期开始喷药，10～15 天 1 次，连喷 2～3 次。戊唑·丙森锌一般使用 48％可湿性粉剂 800～1000 倍液、或 55％可湿性粉剂 500～700 倍液、或 60％可湿性粉剂 800～1200 倍液、或 65％可湿性粉剂 600～800 倍液、或 70％（5％＋65％；10％＋60％）可湿性粉剂或 70％（10％＋60％）水分散粒剂 1000～1200 倍液、或 70％（30％＋40％）可湿性粉剂或 70％（30％＋40％）水分散粒剂 2500～3000 倍液均匀喷雾。

（2）**梨树黑星病、炭疽病、轮纹病、褐斑病、黑斑病、白粉病**　以防控黑星病为主导，兼防其他病害。一般梨园从梨树落花后即开始喷药，10～15 天 1 次，与不同类型药剂交替使用，直到生长后期，中早熟品种果实采收后仍需喷药 1～2 次；白粉病发生较重果园，中后期注意喷洒叶片背面。戊唑·丙森锌喷施倍数同"苹果轮纹病"。

（3）**葡萄炭疽病、褐斑病**　防控炭疽病时，套袋葡萄于套袋前喷药 1 次即可；不套袋葡萄从果粒膨大中期开始喷药，10～15 天 1 次，与不同类型药剂交替使用，直到采收前 1 周左右。防控褐斑病时，从褐斑病发生初期开始喷药，10～15 天 1 次，连喷 2～4 次。戊唑·丙森锌喷施倍数同"苹果轮纹病"。

（4）**桃树黑星病、炭疽病、真菌性穿孔病**　一般桃园从桃树落花后 20 天左右开始喷药，10～15 天 1 次，连喷 2～4 次；病害发生较重果园，需增加喷药 1～2 次。戊唑·丙森锌喷施倍数同"苹果轮纹病"，注意与不同类型药剂交替使用。

（5）**李树红点病、炭疽病、真菌性穿孔病**　防控红点病时，从叶片展开期开始喷药，10～15 天 1 次，连喷 3～4 次；防控炭疽病及真菌性穿孔病时，多从落花后 20 天左右开始喷药，10～15 天 1 次，连喷 2～4 次。戊唑·丙森锌喷施倍数同"苹果轮纹病"，注意与不同类型药剂交替使用。

（6）**枣树轮纹病、炭疽病、褐斑病、锈病**　首先在（一茬花）开花前喷药 1 次，有效防控褐斑病的早期病害；然后从枣果坐住后 10～15 天或初见锈病病叶时开始连续喷药，10～15 天 1 次，与不同类型药剂交替使用，连喷 5～7 次。戊唑·丙森锌喷施倍数同"苹果轮纹病"。

（7）**柿树炭疽病、角斑病、圆斑病**　一般柿园从落花后 20 天左右开始喷药，

10~15 天 1 次，连喷 2~3 次即可；南方甜柿产区病害发生较重柿园，首先应在开花前喷药 1 次，然后从落花后 10 天左右开始连续喷药，10~15 天 1 次，与不同类型药剂交替使用，连喷 5~7 次。戊唑·丙森锌喷施倍数同"苹果轮纹病"。

（8）石榴炭疽病、褐斑病、麻皮病 一般果园在开花前、落花后、幼果期、套袋前及套袋后各喷药 1 次，即可有效防控上述病害；中后期多雨潮湿时，需增加喷药 1~2 次。戊唑·丙森锌喷施倍数同"苹果轮纹病"。

注意事项 戊唑·丙森锌不能与碱性药剂及含铜药剂混用。连续用药时，注意与不同类型药剂交替使用。用药时注意安全保护，避免皮肤及眼睛接触药剂。本剂对鱼类等水生生物毒性较高，残余药液及洗涤药械的废液严禁倒入河流、湖泊、池塘等水域，避免污染水源。苹果树上使用的安全间隔期为 30 天，每季最多使用 3 次。

戊唑·异菌脲

有效成分 戊唑醇（tebuconazole）＋异菌脲（iprodione）。

常见商标名称 大秀、顶靓、靓秀、禾易、美星、扑乐、清懊、同赞、炫福、迅美、禾润冠、韦尔奇。

主要含量与剂型 20%（8%＋12%）、25%（5%＋20%；10%＋15%）、30%（10%＋20%）悬浮剂。括号内有效成分含量均为"戊唑醇的含量＋异菌脲的含量"。

产品特点 戊唑·异菌脲是一种由戊唑醇与异菌脲按一定比例混配的广谱低毒复合杀菌剂，具有预防保护和内吸治疗双重作用，持效期较长。两种杀菌机理优势互补，病菌不易产生抗药性，使用安全方便。

戊唑醇属三唑类内吸治疗性广谱低毒杀菌成分，内吸传导性好，杀菌活性高，持效期较长，但连续使用易诱使病菌产生抗药性；其杀菌机理是通过抑制病菌细胞膜上麦角甾醇的脱甲基化，使病菌无法形成细胞膜，而导致病菌死亡。异菌脲属二羧甲酰亚胺类触杀型广谱低毒杀菌成分，以保护作用为主，兼有一定的治疗活性，使用适期长，既可抑制病菌孢子的产生与萌发，又可抑制菌丝体生长；其杀菌机理是通过抑制病菌蛋白激酶，干扰细胞内信号和碳水化合物正常进入细胞组分等，而导致病菌死亡。

适用果树及防控对象 戊唑·异菌脲适用于多种落叶果树，对许多种高等真菌性病害均有较好的防控效果。目前，在落叶果树生产中主要用于防控：苹果的斑点落叶病、霉心病，梨树黑斑病；葡萄的穗轴褐枯病、灰霉病。

使用技术

（1）苹果斑点落叶病、霉心病 防控斑点落叶病时，在春梢生长期内和秋梢生长期内各喷药 2 次左右，间隔期 10~15 天；防控霉心病时，在苹果花序分离后开花前和落花 80% 时各喷药 1 次即可。一般使用 20% 悬浮剂 800~1000 倍液、或

25％悬浮剂 1000～1200 倍液、或 30％悬浮剂 1000～1500 倍液均匀喷雾。

（2）梨树黑斑病 从病害发生初期开始喷药，10～15 天 1 次，连喷 3～5 次。药剂喷施倍数同"苹果斑点落叶病"。

（3）葡萄穗轴褐枯病、灰霉病 首先在葡萄花蕾穗期和落花后各喷药 1 次，有效防控穗轴褐枯病和幼穗期的灰霉病；然后于果穗套袋前再喷药 1 次，防控套袋果穗的灰霉病；不套袋葡萄，在果穗近成熟期的灰霉病发生初期开始喷药，10 天左右 1 次，连喷 2 次左右，有效防控果穗灰霉病。药剂喷施倍数同"苹果斑点落叶病"。

注意事项 戊唑·异菌脲不能与碱性药剂及肥料混用。连续喷药时，注意与不同类型药剂交替使用。残余药液及洗涤药械的废液，严禁污染河流、湖泊、池塘等水域。苹果树上使用的安全间隔期为 21 天，每季最多使用 3 次。

戊唑·嘧菌酯

有效成分 戊唑醇（tebuconazole）＋嘧菌酯（azoxystrobin）。

常见商标名称 彩钻、华邦、禾技、和欣、龙灯、美邦、三爽、戊优、叶友、安富农、禾家乐、农博士、海阔利斯、康禾福音、山农美贝、泰格伟德、海利尔化工。

主要含量与剂型 22％（14.8％＋7.2％）、29％（18％＋11％）、30％（20％＋10％）、32％（20％＋12％）、40％（25％＋15％；30％＋10％）、44％（29.6％＋14.4％）、45％（15％＋30％；30％＋15％）、50％（30％＋20％）悬浮剂，45％（35％＋10％）、75％（50％＋25％）、80％（56％＋24％）水分散粒剂。括号内有效成分含量均为"戊唑醇的含量＋嘧菌酯的含量"。

产品特点 戊唑·嘧菌酯是一种由戊唑醇与嘧菌酯按一定比例混配的广谱低毒复合杀菌剂，具有良好的预防、治疗和诱抗作用，杀菌活性高，内吸性强，持效期较长。两种有效成分优势互补、协同增效，病菌不易产生抗药性，有利于病害的综合治理。

戊唑醇属三唑类内吸治疗性广谱低毒杀菌成分，内吸传导性好，杀菌活性高，持效期较长，但连续使用易诱使病菌产生抗药性；其杀菌机理是通过抑制病菌细胞膜上麦角甾醇的脱甲基化，使病菌无法形成细胞膜，而导致病菌死亡。嘧菌酯属甲氧基丙烯酸酯类内吸性广谱低毒杀菌成分，具有保护、治疗、渗透、内吸及缓慢向顶移动活性；其杀菌机理是通过影响病菌线粒体中细胞色素 b 和细胞色素 c1 间的电子传递，使线粒体呼吸作用受到抑制，能量形成受到影响，而最终导致病菌死亡。

适用果树及防控对象 戊唑·嘧菌酯适用于多种落叶果树，对许多种高等真菌性病害均有较好的防控效果。目前，在落叶果树生产中主要用于防控：葡萄的白腐病、炭疽病，枣树的锈病、轮纹病、炭疽病。

使用技术

（1）葡萄白腐病、炭疽病 套袋葡萄在套袋前喷药1次即可；不套袋葡萄，从果粒膨大中期开始喷药，10天左右1次，与不同类型药剂交替使用，直到采收前1周左右。一般使用22％悬浮剂1000～1500倍液、或29％悬浮剂或30％悬浮剂或32％悬浮剂1500～1800倍液、或40％悬浮剂1500～2000倍液、或44％悬浮剂或45％悬浮剂或45％水分散粒剂2500～3000倍液、或50％悬浮剂3000～4000倍液、或75％水分散粒剂4000～5000倍液、或80％水分散粒剂5000～6000倍液均匀喷雾。

（2）枣树锈病、轮纹病、炭疽病 多从枣果坐住后半月左右或初见锈病病叶时开始喷药，10～15天1次，与不同类型药剂交替使用，连喷4～6次。戊唑·嘧菌酯喷施倍数同"葡萄白腐病"。

注意事项 戊唑·嘧菌酯不能与碱性药剂及肥料混配使用。连续喷药时，注意与不同类型药剂交替使用。本剂对鱼类等水生生物有毒，应远离水产养殖区、河塘、湖泊等水域施药，并禁止将残余药液及洗涤药械的废液排入上水体。嘎啦、夏红、美八、藤木等许多苹果品种对嘧菌酯敏感，不要在苹果树上使用。葡萄上使用的安全间隔期为21天，每季最多使用2次。

戊唑·醚菌酯

有效成分 戊唑醇（tebuconazole）＋醚菌酯（kresoxim-methyl）。

常见商标名称 美邦、苏研、世靓、炫杰、尊杰、好保稳、韦尔奇、准拿敌、康禾主道、标正好精神。

主要含量与剂型 30％（15％＋15％；20％＋10％）、40％（15％＋25％；25％＋15％）、45％（30％＋15％）悬浮剂，45％（15％＋30％）可湿性粉剂，30％（15％＋15％）、48％（40％＋8％）、60％（40％＋20％）、70％（35％＋35％；40％＋30％；50％＋20％）、75％（50％＋25％）水分散粒剂。括号内有效成分含量均为"戊唑醇的含量＋醚菌酯的含量"。

产品特点 戊唑·醚菌酯是一种由戊唑醇与醚菌酯按一定比例混配的广谱低毒复合杀菌剂，具有良好的预防和治疗作用，持效期较长，使用安全。在防控病害的同时，还具有增强植株抗性、提高果品质量等作用。

戊唑醇属三唑类内吸治疗性广谱低毒杀菌成分，内吸传导性好，杀菌活性高，持效期较长，但连续使用易诱使病菌产生抗药性；其杀菌机理是通过抑制病菌细胞膜上麦角甾醇的脱甲基化，使病菌无法形成细胞膜，而导致病菌死亡。醚菌酯属甲氧基丙烯酸酯类广谱低毒杀菌成分，作用于病害发生的各个阶段，具有预防保护、内吸治疗和铲除作用，并能在一定程度上诱导植物表达其潜在抗病性；喷施后易被叶片和果实表面的蜡质层吸收，耐雨水冲刷，药效稳定，持效期较长；其杀菌机理主要是通过破坏病菌线粒体呼吸链中从细胞色素b向c1的电子传递，阻止能量形成，而导致病菌死亡。

适用果树及防控对象 戊唑·醚菌酯适用于多种落叶果树，对许多种高等真菌性病害均有较好的防控效果。目前，在落叶果树生产中主要用于防控：苹果树的褐斑病、斑点落叶病、轮纹病，梨树的黑星病、白粉病，葡萄白粉病，草莓白粉病。

使用技术

（1）苹果树褐斑病、斑点落叶病、轮纹病 防控褐斑病时，多从苹果落花后1个月左右或初见褐斑病病叶时或套袋前开始喷药，10～15天1次，连喷4～6次。防控斑点落叶病时，在春梢生长期内和秋梢生长期内各喷药2次左右，间隔期10～15天。防控轮纹病时，从苹果落花后7～10天开始喷药，10天左右1次，连喷3次药后套袋（套袋后停止喷药）；不套袋苹果需继续喷药4～6次，间隔期10～15天。连续喷药时，注意与不同类型药剂交替使用。戊唑·醚菌酯一般使用30%悬浮剂或30%水分散粒剂2000～2500倍液、或40%悬浮剂或45%可湿性粉剂2500～3000倍液、或45%悬浮剂3000～3500倍液、或48%水分散粒剂或60%水分散粒剂3500～4000倍液、或70%水分散粒剂或75%水分散粒剂5000～6000倍液均匀喷雾。

（2）梨树黑星病、白粉病 以防控黑星病为主，兼防白粉病。一般果园从黑星病发生初期或初见黑星病病叶或病果或病梢时立即开始喷药，15天左右1次，与不同类型药剂交替使用，连喷6～8次。戊唑·醚菌酯喷施倍数同"苹果树褐斑病"。

（3）葡萄白粉病 从病害发生初期或初见病斑时开始喷药，10～15天1次，连喷2～4次。戊唑·醚菌酯喷施倍数同"苹果树褐斑病"。

（4）草莓白粉病 从病害发生初期开始喷药，10～15天1次，与不同类型药剂交替使用，连喷3～5次。戊唑·醚菌酯喷施倍数同"苹果树褐斑病"。

注意事项 戊唑·醚菌酯不能与碱性药剂及肥料混用。连续喷药时，注意与不同类型药剂交替使用。本剂对鱼类、大型溞及藻类毒性较高，水产养殖区、河塘、湖泊等水体附近禁止使用，残余药液及洗涤药械的废液严禁污染上述水体。苹果树上使用的安全间隔期为28天，每季最多使用3次；梨树上使用的安全间隔期为21天，每季最多使用3次。

烯酰·锰锌

有效成分 烯酰吗啉（dimethomorph）＋代森锰锌（mancozeb）。

常见商标名称 倍嘉、博优、长青、川安、翠冠、丰收、富朗、甘霜、韩孚、瀚生、海讯、禾易、欢颜、辉丰、利民、乐净、雷米、龙灯、龙生、久胜、巧用、庆丰、荣邦、圣鹏、双收、霜移、添绘、旺克、先标、先达、亿嘉、永农、宇辰、达世丰、肥猪牌、富利霜、丰乐龙、好利特、好双红、恒利达、金氟吗、霉尔欣、霜冠威、双吉牌、烯尔嘧、希金斯、易得施、正安格、康禾顶佳、利尔作物、利民禾悦、绿色农华、美邦农药、双星农药、先达万度、伊诺安克。

主要含量与剂型　50％（6％＋44％；6.5％＋43.5％）、60％（12％＋48％）、69％（8％＋61％；9％＋60％）、72％（12％＋60％）、80％（10％＋70％）可湿性粉剂，69％（9％＋60％）水分散粒剂。括号内有效成分含量均为"烯酰吗啉的含量＋代森锰锌的含量"。

产品特点　烯酰·锰锌是一种由烯酰吗啉与代森锰锌按一定比例混配的低毒复合杀菌剂，主要用于防控低等真菌性病害，具有内吸治疗和预防保护双重活性。两种杀菌机理作用互补，可延缓病菌产生抗药性，使用方便。

烯酰吗啉属肉桂酰胺类内吸治疗性低毒杀菌成分，具有内吸治疗和预防保护双重作用，专用于防控低等真菌性病害，对孢囊梗、孢子囊及卵孢子的形成阶段非常敏感；内吸性强，耐雨水冲刷，持效期较长，但连续使用易诱使病菌产生抗药性；其杀菌机理是通过抑制磷脂生物合成和细胞壁的形成，而致使病菌死亡。代森锰锌属硫代氨基甲酸酯类广谱保护性低毒杀菌成分，喷施后在植物表面形成致密保护药膜，黏着性好，耐雨水冲刷；其杀菌机理是与病菌中氨基酸的巯基及相关酶反应，干扰脂质代谢、呼吸作用和能量的供应，最终导致病菌死亡；该反应具有多个作用位点，病菌很难产生抗药性。

适用果树及防控对象　烯酰·锰锌适用于多种落叶果树，对低等真菌性病害具有很好的防控效果。目前，在落叶果树生产中主要用于防控：葡萄霜霉病，苹果和梨的疫腐病。

使用技术

（1）葡萄霜霉病　首先在葡萄花蕾穗期和落花后各喷药 1 次，以有效防控幼果穗受害；然后从叶片上初见霜霉病病斑时或病害发生初期开始连续喷药，10 天左右 1 次，与不同类型药剂交替使用，直到生长后期或雨露雾高湿环境不再出现时。烯酰·锰锌一般使用 50％可湿性粉剂 400～500 倍液、或 60％可湿性粉剂或 72％可湿性粉剂 800～1000 倍液、或 69％可湿性粉剂或 69％水分散粒剂 600～700 倍液、或 80％可湿性粉剂 700～800 倍液喷雾，防控叶片受害时重点喷洒叶片背面。

（2）苹果和梨的疫腐病　应用于不套袋的苹果或梨。在果实膨大后期的多雨季节，从果园内初见病果时立即开始喷药，10 天左右 1 次，连喷 1～2 次，重点喷洒树冠中下部果实及地面。药剂喷施倍数同"葡萄霜霉病"。

注意事项　烯酰·锰锌不能与碱性药剂及含有金属离子的药剂混用。连续喷药时，注意与不同类型药剂交替使用。用药时注意安全保护，避免皮肤及眼睛触及药剂。本剂对鱼类等水生生物有毒，严禁将残余药液及洗涤药械的废液污染河流、湖泊、池塘等水域。葡萄上使用的安全间隔期为 28 天，每季最多使用 3 次。

烯酰·铜钙

有效成分　烯酰吗啉（dimethomorph）＋硫酸铜钙（copper calcium sulphate)。

常见商标名称　龙灯、好富奇。

主要含量与剂型　75％（10％烯酰吗啉＋65％硫酸铜钙）可湿性粉剂。

产品特点　烯酰·铜钙是一种由烯酰吗啉与硫酸铜钙按一定比例混配的低毒复合杀菌剂，专用于防控低等真菌性病害，具有预防保护和内吸治疗双重作用，黏着性好、耐雨水冲刷，持效期较长；两种杀菌机理优势互补、协同增效，病菌不易产生抗药性。

烯酰吗啉属肉桂酰胺类内吸治疗性低毒杀菌成分，具有内吸治疗和预防保护双重作用，专用于防控低等真菌性病害，对孢囊梗、孢子囊及卵孢子的形成阶段非常敏感；内吸性强，耐雨水冲刷，持效期较长，但连续使用易诱使病菌产生抗药性；其杀菌机理是通过抑制磷脂生物合成和细胞壁的形成，而致使病菌死亡。硫酸铜钙属广谱保护性低毒铜素杀菌成分，黏着性好，耐雨水冲刷，遇水或水膜时缓慢释放出杀菌的铜离子，与病菌的萌发、侵染同步，杀菌、防病及时彻底；其杀菌机理是铜离子与病菌体内的多种生物基团结合，使蛋白质变性或一些酶丧失活性，进而阻碍和抑制新陈代谢，而导致病菌死亡。

适用果树及防控对象　烯酰·铜钙适用于多种对铜离子不敏感的落叶果树，专用于防控低等真菌性病害。目前，在落叶果树生产中主要用于防控葡萄霜霉病。

使用技术　首先在葡萄花蕾穗期和落花后各喷药1次，以防控霜霉病为害幼穗；然后从葡萄叶片上初显霜霉病病斑时立即开始再次喷药，10天左右1次，与不同类型药剂交替使用，连续喷药至生长后期或雨雾露高湿环境不再出现时。烯酰·铜钙一般使用75％可湿性粉剂600～800倍液喷雾，中后期重点喷洒叶片背面。

注意事项　烯酰·铜钙不能与碱性药剂及含有游离态金属离子的药剂或肥料混用。连续喷药时，注意与不同类型药剂交替使用。桃树、李树、梅树、杏树、柿树、白菜、菜豆、莴苣、荸荠等作物对铜离子较敏感，不宜使用；苹果及梨树的花期、幼果期对铜离子敏感，应当慎用；施药时避免药液漂移到上述作物上。葡萄上使用的安全间隔期建议为10天，每季建议最多使用3次。

烯酰·霜脲氰

有效成分　烯酰吗啉（dimethomorph）＋霜脲氰（cymoxanil）。

常见商标名称　禾易、恒田、晶玛、美邦、荣邦、明安、玛琳亮、菌霜杰、双无阻、霜得乐、易媄露、易霜清、明德立达、中澳益宇。

主要含量与剂型　25％（20％＋5％）、50％（40％＋10％）可湿性粉剂，70％（50％＋20％）水分散粒剂，35％（30％＋5％）、40％（25％＋15％；30％＋10％）、48％（40％＋8％）悬浮剂。括号内有效成分含量均为"烯酰吗啉的含量＋霜脲氰的含量"。

产品特点　烯酰·霜脲氰是一种由烯酰吗啉与霜脲氰按一定比例混配的低毒复

合杀菌剂，专用于防控低等真菌性病害，具有良好的内吸治疗活性，持效期较长。两种杀菌机理作用互补，显著延缓病菌产生抗药性，使用方便。

烯酰吗啉属肉桂酰胺类内吸治疗性低毒杀菌成分，具有内吸治疗和预防保护双重作用，专用于防控低等真菌性病害，对孢囊梗、孢子囊及卵孢子的形成阶段非常敏感；内吸性强，耐雨水冲刷，持效期较长，但连续使用易诱使病菌产生抗药性；其杀菌机理是通过抑制磷脂生物合成和细胞壁的形成，而致使病菌死亡。霜脲氰属酰胺脲类内吸治疗性低毒杀菌成分，专用于防控低等真菌性病害，具有接触和局部内吸作用，既可阻止病菌孢子萌发，又对侵入植物体内的病菌具有很好的杀灭效果；但持效期较短，且易诱使病菌产生抗药性。

适用果树及防控对象　烯酰·霜脲氰适用于多种落叶果树，专用于防控低等真菌性病害。目前，在落叶果树生产中主要用于防控：葡萄霜霉病，苹果和梨的疫腐病。

使用技术

（1）葡萄霜霉病　首先在葡萄花蕾穗期和落花后各喷药 1 次，以有效防控幼果穗受害；然后从叶片上初见霜霉病病斑时立即开始连续喷药，10 天左右 1 次，与不同类型药剂交替使用，直到生长后期或雨露雾高湿环境不再出现时。烯酰·霜脲氰一般使用 25％可湿性粉剂 1000～1200 倍液、或 35％悬浮剂 1200～1500 倍液、或 40％悬浮剂 1500～2000 倍液、或 48％悬浮剂或 50％可湿性粉剂 2000～2500 倍液、或 70％水分散粒剂 2500～3000 倍液喷雾，防控叶片受害时重点喷洒叶片背面。

（2）苹果和梨的疫腐病　应用于不套袋的苹果或梨。在果实膨大后期的多雨季节，从果园内初见病果时立即开始喷药，10 天左右 1 次，连喷 1～2 次，重点喷洒树冠中下部果实及地面。药剂喷施倍数同"葡萄霜霉病"。

注意事项　烯酰·霜脲氰不能与碱性药剂及肥料混用。连续喷药时，注意与不同类型药剂交替使用。本剂对鱼类等水生生物有毒，残余药液及洗涤药械的废液严禁污染河流、湖泊、池塘等水域。葡萄上使用的安全间隔期为 14 天，每季最多使用 4 次。

烯酰·氰霜唑

有效成分　烯酰吗啉（dimethomorph）＋氰霜唑（cyazofamid）。

常见商标名称　满优、诺普信、卡咪迪彩。

主要含量与剂型　30％（25％＋5％）、40％（30％＋10％；32％＋8％）、48％（40％＋8％）悬浮剂。括号内有效成分含量均为"烯酰吗啉的含量＋氰霜唑的含量"。

产品特点　烯酰·氰霜唑是一种由烯酰吗啉与氰霜唑按一定比例混配的内吸治疗性低毒复合杀菌剂，专用于防控低等真菌性病害，使用安全、高效，持效期较长；两种杀菌机理作用互补，病菌不易产生抗药性。

烯酰吗啉属肉桂酰胺类内吸治疗性低毒杀菌成分，具有内吸治疗和预防保护双重作用，专用于防控低等真菌性病害，对孢囊梗、孢子囊及卵孢子的形成阶段非常敏感；内吸性强，耐雨水冲刷，持效期较长，但连续使用易诱使病菌产生抗药性；其杀菌机理是通过抑制磷脂生物合成和细胞壁的形成，而致使病菌死亡。氰霜唑属咪唑酰胺类低毒杀菌成分，专用于防控低等真菌性病害，杀菌活性高，耐雨水冲刷，持效期较长；其杀菌机理是作用于病菌的呼吸系统，与辅酶Q结合，阻断线粒体中细胞色素bc1复合体的电子传递，干扰能量的形成与供应，而导致病菌死亡。

适用果树及防控对象　烯酰·氰霜唑适用于多种落叶果树，专用于防控低等真菌性病害。目前，在落叶果树生产中主要用于防控葡萄霜霉病。

使用技术　首先在葡萄花蕾穗期和落花后各喷药1次，以有效防控霜霉病为害幼穗；然后从叶片上初见霜霉病病斑时立即开始喷药，10天左右1次，与不同类型药剂交替使用，直到生长后期或雨雾露等高湿环境不再出现时。烯酰·氰霜唑一般使用30%悬浮剂1200～1500倍液、或40%悬浮剂2000～2500倍液、或48%悬浮剂2500～3000倍液喷雾，防控叶片受害时重点喷洒叶片背面。

注意事项　烯酰·氰霜唑不能与碱性药剂及肥料混用。连续喷药时，注意与不同类型药剂交替使用。本剂对鱼类等水生生物有毒，应远离水产养殖区及河流、湖泊等水域施药，并严禁将残余药液及洗涤药械的废液排入上述水体。葡萄上使用的安全间隔期为14天，每季最多使用3次。

烯酰·吡唑酯

有效成分　烯酰吗啉（dimethomorph）＋吡唑醚菌酯（pyraclostrobin）。

常见商标名称　苍焰、耕耘、凯特、极客、京博、霜怡、选翠、巴斯夫、多利润、谷丰鸟、瑞德丰、施乐健、韦尔奇、啄木鸟、冠龙农化、京博阿卡奇。

主要含量与剂型　22%（14%＋8%）、37%（24%＋13%）、40%（25%＋15%）、45%（30%＋15%）、47%（35%＋12%）悬浮剂，18.7%（12%＋6.7%）、19%（12.3%＋6.7%）、27%（17.5%＋9.5%）、45%（30%＋15%）、48%（32%＋16%，38%＋10%）、56%（36%＋20%）、60%（45%＋15%）、66%（60%＋6%）、78%（50%＋28%）水分散粒剂。括号内有效成分含量均为"烯酰吗啉的含量＋吡唑醚菌酯的含量"。

产品特点　烯酰·吡唑酯是一种由烯酰吗啉与吡唑醚菌酯按一定比例混配的低毒复合杀菌剂，专用于防控低等真菌性病害，作用迅速，使用安全，持效期较长；既可有效阻止病菌侵染，又能抑制病菌扩展和杀死体内病菌，早期使用还能提高寄主抗病性，降低发病程度、减少用药次数。

烯酰吗啉属肉桂酰胺类内吸治疗性低毒杀菌成分，具有保护和治疗双重作用，专用于防控低等真菌性病害，对孢囊梗、孢子囊及卵孢子的形成阶段非常敏感；内吸性强，耐雨水冲刷，持效期较长，但连续使用易诱使病菌产生抗药性；其杀菌机理是通过抑制磷脂生物合成和细胞壁的形成，而致使病菌死亡。吡唑醚菌酯属甲氧基丙烯酸酯类广谱高效低毒杀菌成分，具有保护、治疗、渗透及较强的内吸作用，通过抑制孢子萌发和菌丝生长而发挥药效；持效期较长，耐雨水冲刷，使用安全，并能在一定程度上诱发植株产生抗病性能；其杀菌机理是通过阻止线粒体呼吸链中细胞色素 b 和 c1 间的电子传递，抑制呼吸作用，影响能量形成，而最终导致病菌死亡。

适用果树及防控对象　烯酰•吡唑酯适用于多种落叶果树，专用于防控低等真菌性病害。目前，在落叶果树生产中主要用于防控：葡萄霜霉病，苹果和梨的疫腐病。

使用技术

（1）葡萄霜霉病　首先在葡萄花蕾穗期和落花后各喷药 1 次，以有效防控霜霉病为害幼穗；然后从叶片上初见霜霉病病斑时立即开始连续喷药，10 天左右 1 次，与不同类型药剂交替使用，直到生长后期或雨露雾高湿环境不再出现时。烯酰•吡唑酯一般使用 18.7％水分散粒剂或 19％水分散粒剂 600～800 倍液、或 22％悬浮剂 800～1000 倍液、或 27％水分散粒剂 1000～1200 倍液、或 37％悬浮剂或 40％悬浮剂 1200～1500 倍液、或 45％悬浮剂或 45％水分散粒剂 1500～2000 倍液、或 47％悬浮剂或 48％水分散粒剂 2000～2500 倍液、或 56％水分散粒剂 2500～3000 倍液、或 60％水分散粒剂 3000～3500 倍液、或 66％水分散粒剂或 78％水分散粒剂 3500～4000 倍液喷雾，防控叶片受害时重点喷洒叶片背面。

（2）苹果和梨的疫腐病　应用于不套袋的苹果或梨。在果实膨大后期的多雨季节，从果园内初见病果时立即开始喷药，10 天左右 1 次，连喷 1～2 次，重点喷洒树冠中下部果实及地面。药剂喷施倍数同"葡萄霜霉病"。

注意事项　烯酰•吡唑酯不能与碱性药剂及肥料混用。连续喷药时，注意与不同类型药剂交替使用。残余药液及洗涤药械的废液，严禁污染河流、湖泊、池塘等水域。葡萄上使用的安全间隔期为 14 天，每季最多使用 3 次。

异菌•多菌灵

有效成分　异菌脲（iprodione）＋多菌灵（carbendazim）。

常见商标名称　禾益、益多、绿云、快达、兴农、嘉倍好。

主要含量与剂型　20％（5％＋15％）、52.5％（35％＋17.5％）悬浮剂，52.5％（35％＋17.5％）可湿性粉剂。括号内有效成分含量均为"异菌脲的含量＋多菌灵的含量"。

产品特点　异菌•多菌灵是一种由异菌脲与多菌灵按一定比例混配的广谱低毒复合杀菌剂，具有保护和治疗双重作用，使用方便，安全性高；两种杀菌机理作用互补，防病效果更好，病菌不易产生抗药性。

异菌脲属二酰亚胺类触杀型广谱低毒杀菌成分，以保护作用为主，兼有一定治疗作用，对病菌生长为害的各发育阶段均有活性；其杀菌机理是通过抑制病菌蛋白激酶，干扰细胞内信号和碳水化合物正常进入细胞，而导致病菌死亡。多菌灵属苯并咪唑类内吸治疗性广谱低毒杀菌成分，具有较好的保护和治疗作用，内吸性好，耐雨水冲刷，持效期较长；其杀菌机理是干扰真菌细胞有丝分裂中纺锤体的形成，进而影响细胞分裂，最终导致病菌死亡。

适用果树及防控对象 异菌·多菌灵适用于多种落叶果树，对许多种高等真菌性病害均有较好的防控效果。目前，在落叶果树生产中主要用于防控：苹果的轮纹病、炭疽病、斑点落叶病，梨树黑斑病，葡萄的穗轴褐枯病、灰霉病。

使用技术

（1）苹果轮纹病、炭疽病、斑点落叶病 防控轮纹病、炭疽病时，从苹果落花后7～10天开始喷药，10天左右1次，连喷3次药后套袋（套袋后停止喷药）；不套袋苹果需继续喷药4～6次，间隔期10～15天。防控斑点落叶病时，在春梢生长期内和秋梢生长期内各喷药2次左右，10～15天1次。连续喷药时，注意与不同类型药剂交替使用。异菌·多菌灵一般使用20%悬浮剂400～500倍液、或52.5%悬浮剂或52.5%可湿性粉剂1000～1200倍液均匀喷雾。

（2）梨树黑斑病 从黑斑病发生初期开始喷药，10～15天1次，连喷2～4次。药剂喷施倍数同"苹果轮纹病"。

（3）葡萄穗轴褐枯病、灰霉病 首先在葡萄花蕾穗期和落花后各喷药1次，有效防控穗轴褐枯病和幼穗期的灰霉病；然后于葡萄套袋前喷药1次，防控灰霉病为害套袋果穗；不套袋葡萄，则在近成熟期的果穗上初见灰霉病时立即开始喷药，10天左右1次，连喷1～2次。异菌·多菌灵喷施倍数同"苹果轮纹病"。

注意事项 异菌·多菌灵不能与碱性药剂及肥料混用。连续喷药时，注意与不同类型药剂交替使用。悬浮剂型可能会有一些沉淀，摇匀后使用不影响药效。本剂对鱼类等水生生物有毒，残余药液及洗涤药械的废液严禁污染河流、湖泊、池塘等水域。苹果树上使用的安全间隔期为28天，每季最多使用3次。

乙铝·锰锌

有效成分 三乙膦酸铝（fosetyl-aluminium）＋代森锰锌（mancozeb）。

常见商标名称 博农、北联、东冠、丰达、恩达、中达、冠歌、国光、果润、瀚生、瀚喜、韩孚、贺森、禾易、宏生、火尔、外尔、兰月、利民、绿欢、绿士、康诺、美星、美邦、荣邦、众邦、农歌、上格、霜泰、树荣、徐康、疫宝、亿嘉、银硕、艾米佳、白斯特、福立生、孚普润、好力奇、金大保、瑞德丰、纳百康、施普乐、双吉牌、新势立、海特农化、罗邦生物、齐鲁科海、神星药业、双可美宁、双星农药、西大华特、正业欢喜、中达乙生、瑞德丰绿普安。

主要含量与剂型 42%（25%＋17%）、50%（20%＋30%；22%＋28%；

23%＋27%；25%＋25%；28%＋22%；30%＋20%）、61%（36%＋25%）、64%（24%＋40%）、70%（25%＋45%；30%＋40%；45%＋25%；46%＋24%）、75%（40%＋35%）、81%（32.4%＋48.6%）可湿性粉剂。括号内有效成分含量均为"三乙膦酸铝的含量＋代森锰锌的含量"。

产品特点　乙铝·锰锌是一种由三乙膦酸铝与代森锰锌按一定比例混配的广谱低毒复合杀菌剂，具有内吸治疗和预防保护双重作用，耐雨水冲刷。两种杀菌机理，协同增效，作用互补，病菌不易产生抗药性。

三乙膦酸铝属膦酸盐类内吸治疗性广谱低毒杀菌成分，具有保护和治疗双重作用，水溶性好，内吸渗透性强，持效期较长，使用较安全；其杀菌机理是通过抑制孢子萌发和阻断菌丝体发展，而导致病菌死亡。代森锰锌属硫代氨基甲酸酯类广谱保护性低毒杀菌成分，喷施后在植物表面形成致密保护药膜，黏着性好，耐雨水冲刷；其杀菌机理是与病菌中氨基酸的巯基及相关酶反应，干扰脂质代谢、呼吸作用和能量的供应，最终导致病菌死亡；该反应具有多个作用位点，病菌很难产生抗药性。

适用果树及防控对象　乙铝·锰锌适用于多种落叶果树，对许多种真菌性病害均有较好的防控效果。目前，在落叶果树生产中主要用于防控：苹果的轮纹病、炭疽病、套袋果斑点病、斑点落叶病，梨树的黑星病、轮纹病、炭疽病、套袋果黑点病、褐斑病，葡萄的褐斑病、霜霉病，枣树的轮纹病、炭疽病，石榴的炭疽病、褐斑病。

使用技术

（1）**苹果轮纹病、炭疽病、套袋果斑点病、斑点落叶病**　防控轮纹病、炭疽病、套袋果斑点病时，从苹果落花后7～10天开始喷药，10天左右1次，连喷3次药后套袋（套袋后停止喷药）；不套袋苹果需继续喷药4～6次，间隔期10～15天。防控斑点落叶病时，在春梢生长期内和秋梢生长期内各喷药2次左右，间隔期10～15天。连续喷药时，注意与不同类型药剂交替使用。乙铝·锰锌一般使用42%可湿性粉剂或50%可湿性粉剂或61%可湿性粉剂或64%可湿性粉剂400～600倍液、或70%可湿性粉剂或75%可湿性粉剂500～700倍液、或81%可湿性粉剂600～800倍液均匀喷雾。

（2）**梨树黑星病、轮纹病、炭疽病、套袋果黑点病、褐斑病**　以防控黑星病为主导，兼防其他病害。多从梨园内初见黑星病病梢或病果或病叶时立即开始连续喷药，10～15天1次，与不同类型药剂交替使用，直到生长后期。乙铝·锰锌喷施倍数同"苹果轮纹病"。

（3）**葡萄褐斑病、霜霉病**　首先在葡萄花蕾穗期和落花后各喷药1次，以有效防控霜霉病为害幼穗；然后从叶片上初见霜霉病病斑时立即开始连续喷药，10天左右1次，与不同类型药剂交替使用，直到生长后期。乙铝·锰锌喷施倍数同"苹果轮纹病"。

（4）**枣树轮纹病、炭疽病** 多从枣果坐住后半月左右开始喷药，10～15 天 1 次，与不同类型药剂交替使用，连喷 5～7 次。乙铝·锰锌喷施倍数同"苹果轮纹病"。

（5）**石榴炭疽病、褐斑病** 一般果园在开花前、落花后、幼果期、套袋前及套袋后各喷药 1 次，即可有效防控该病；中后期多雨潮湿时，需增加喷药 1～2 次。乙铝·锰锌喷施倍数同"苹果轮纹病"。

注意事项 乙铝·锰锌不能与碱性药剂、强酸性药剂及含铜药剂混用。连续喷药时，注意与不同类型药剂交替使用。不同企业生产的产品因配方比例差异较大，具体选用时应多加注意，最好按标签说明进行使用。残余药液及洗涤药械的废液严禁污染河流、湖泊、池塘等水域。苹果树和梨树上使用的安全间隔期均为 15 天，每季均最多使用 3 次。

乙铝·多菌灵

有效成分 三乙膦酸铝（fosetyl-aluminium）＋多菌灵（carbendazim）。

常见商标名称 京博、青园、一帆、优冠、智海、好克轮、威尔达、先利达、齐鲁科海、双星农药、京博轮腐灵。

主要含量与剂型 45%（20%＋25%；25%＋20%）、50%（25%＋25%）、60%（20%＋40%；40%＋20%）、75%（37.5%＋37.5%；50%＋25%）可湿性粉剂。括号内有效成分含量均为"三乙膦酸铝的含量＋多菌灵的含量"。

产品特点 乙铝·多菌灵是一种由三乙膦酸铝与多菌灵按一定比例混配的广谱低毒复合杀菌剂，具有内吸治疗与预防保护双重作用，速效性较好，持效期较长，使用安全，病菌不易产生抗药性。

三乙膦酸铝属膦酸盐类内吸治疗性广谱低毒杀菌成分，具有保护和治疗双重作用，水溶性好，内吸渗透性强，持效期较长，使用较安全；其杀菌机理是通过抑制孢子萌发和阻断菌丝体发展，而导致病菌死亡。多菌灵属苯并咪唑类内吸治疗性广谱低毒杀菌成分，有较好的保护和治疗作用，耐雨水冲刷，持效期较长；其杀菌机理是通过干扰真菌细胞有丝分裂中纺锤体的形成，进而影响细胞分裂，最终导致病菌死亡。

适用果树及防控对象 乙铝·多菌灵适用于多种落叶果树，对许多种真菌性病害均有较好的防控效果。目前，在落叶果树生产中主要用于防控：苹果的轮纹病、炭疽病、套袋果斑点病、斑点落叶病，梨树的轮纹病、炭疽病、套袋果黑点病、褐斑病，葡萄的炭疽病、褐斑病，枣树的轮纹病、炭疽病，石榴的褐斑病、炭疽病、麻皮病。

使用技术

（1）**苹果轮纹病、炭疽病、套袋果斑点病、斑点落叶病** 防控轮纹病、炭疽病、套袋果斑点病时，从苹果落花后 7～10 天开始喷药，10 天左右 1 次，连喷 3

次药后套袋（套袋后停止喷药）；不套袋苹果需继续喷药 4～6 次，间隔期 10～15 天。防控斑点落叶病时，在春梢生长期内和秋梢生长期内各喷药 2 次左右，间隔期 10～15 天。连续喷药时，注意与不同类型药剂交替使用。乙铝·多菌灵一般使用 45％可湿性粉剂或 50％可湿性粉剂 300～500 倍液、或 60％可湿性粉剂 400～600 倍液、或 75％可湿性粉剂 500～600 倍液均匀喷雾。

（2）梨树轮纹病、炭疽病、套袋果黑点病、褐斑病　防控轮纹病、炭疽病、套袋果黑点病时，从梨树落花后 10 天左右开始喷药，10 天左右 1 次，连喷 2～3 次药后套袋（套袋后停止喷药）；不套袋梨需继续喷药 4～6 次，间隔期 10～15 天。防控褐斑病时，从病害发生初期开始喷药，10～15 天 1 次，连喷 2～3 次。连续喷药时，注意与不同类型药剂交替使用。乙铝·多菌灵喷施倍数同"苹果轮纹病"。

（3）葡萄炭疽病、褐斑病　防控炭疽病时，套袋葡萄在套袋前喷药 1 次即可；不套袋葡萄，多从果粒膨大中期开始喷药，10 天左右 1 次，与不同类型药剂交替使用，直到采收前 1 周左右。防控褐斑病时，从病害发生初期开始喷药，10 天左右 1 次，连喷 3 次左右。乙铝·多菌灵喷施倍数同"苹果轮纹病"。

（4）枣树轮纹病、炭疽病　多从枣果坐住后半月左右开始喷药，10～15 天 1 次，与不同类型药剂交替使用，连喷 5～7 次。乙铝·多菌灵喷施倍数同"苹果轮纹病"。

（5）石榴褐斑病、炭疽病、麻皮病　一般果园在开花前、落花后、幼果期、套袋前及套袋后各喷药 1 次，即可有效防控该病的发生为害；中后期多雨潮湿时，需增加喷药1～2 次。乙铝·多菌灵喷施倍数同"苹果轮纹病"。

注意事项　乙铝·多菌灵不能与碱性药剂及强酸性药剂混用。连续喷药时，注意与不同类型药剂交替使用。残余药液及洗涤药械的废液严禁污染河流、湖泊、池塘等水域。用药时注意安全保护，避免皮肤及眼睛触及药液。苹果树上使用的安全间隔期为 28 天，每季最多使用 3 次。

乙霉·多菌灵

有效成分　乙霉威（diethofencarb）＋多菌灵（carbendazim）。

常见商标名称　蓝丰、金万霉灵、双星农药。

主要含量与剂型　25％（5％＋20％）、50％（10％＋40％；25％＋25％）、60％（30％＋30％）可湿性粉剂。括号内有效成分含量均为"乙霉威的含量＋多菌灵的含量"。

产品特点　乙霉·多菌灵是一种由乙霉威与多菌灵按一定比例混配的广谱低毒复合杀菌剂，具有保护和治疗双重作用，内吸性好，药效稳定。两种杀菌机理（作用位点不同）作用互补、协同增效，病菌不易产生抗药性。

乙霉威属氨基甲酸酯类内吸治疗性广谱低毒杀菌成分，具有保护和治疗双重活性，能有效防控对多菌灵已产生抗性的多种病害；其杀菌机理是通过与病菌细胞内的微管蛋白结合，进而抑制病菌芽孢纺锤体的形成，影响细胞分裂，最终导致病菌死亡。多菌灵属苯并咪唑类内吸治疗性广谱低毒杀菌成分，具有较好的保护和治疗作用，耐雨水冲刷，持效期较长；其杀菌机理是通过干扰真菌细胞有丝分裂中纺锤体的形成，而影响细胞分裂，最终导致病菌死亡。

适用果树及防控对象　乙霉·多菌灵适用于多种落叶果树，对许多种高等真菌性病害均有较好的防控效果。目前，在落叶果树生产中主要用于防控：草莓灰霉病，葡萄灰霉病，苹果的轮纹病、炭疽病，猕猴桃灰霉病，桃树的灰霉病、褐腐病。

使用技术

（1）草莓灰霉病　从病害发生初期或持续阴天 2 天后（棚室内）开始喷药，7天左右 1 次，连喷 2～3 次。一般每亩次使用 25％可湿性粉剂 150～200 克、或50％可湿性粉剂 80～100 克、或 60％可湿性粉剂 70～90 克，兑水 30～45 千克均匀喷雾。

（2）葡萄灰霉病　首先在葡萄花蕾穗期和落花后各喷药 1 次，有效防控幼果穗受害；套袋葡萄在套袋前喷药 1 次，防控套袋果穗受害；不套袋葡萄在果实近成熟期，从果穗上初见病粒时开始喷药，7 天左右 1 次，连喷 1～2 次。一般使用25％可湿性粉剂 400～500 倍液、或 50％可湿性粉剂 800～1000 倍液、或 60％可湿性粉剂 1000～1200 倍液喷雾，重点喷洒果穗。

（3）苹果轮纹病、炭疽病　从苹果落花后 7～10 天开始喷药，10 天左右 1 次，连喷 3 次药后套袋（套袋后停止喷药）；不套袋苹果需继续喷药 4～6 次，10～15天 1 次。一般使用 25％可湿性粉剂 500～600 倍液、或 50％可湿性粉剂 1000～1200倍液、或 60％可湿性粉剂 1200～1500 倍液均匀喷雾。

（4）猕猴桃灰霉病　从病害发生初期开始喷药，7～10 天 1 次，连喷 2 次左右。药剂喷施倍数同"葡萄灰霉病"。

（5）桃树灰霉病、褐腐病　防控保护地桃树灰霉病时，在持续阴天 2 天后或病害发生初期立即开始喷药，7 天左右 1 次，连喷 1～2 次。防控不套袋桃的褐腐病时，在果实采收前 1～1.5 个月或初见病果时开始喷药，7～10 天 1 次，连喷 2次左右。药剂喷施倍数同"苹果轮纹病"。

注意事项　乙霉·多菌灵不能与碱性药剂及肥料混用。连续喷药时，注意与不同类型药剂交替使用。本剂对鱼类等水生生物有毒，残余药液及洗涤药械的废液严禁污染河流、湖泊、池塘等水域。花期放蜂的果园，开花前后禁止使用。

唑醚·丙森锌

有效成分　吡唑醚菌酯（pyraclostrobin）＋丙森锌（propineb）。
常见商标名称　绿动、耘农、中达、海利尔。
主要含量与剂型　50％（5％＋45％；10％＋40％）、59％（5.9％＋53.1％），

65％（5％＋60％）、67％（7.4％＋59.6％）、70％（5％＋65％）水分散粒剂，70％（5％＋65％）、75％（10％＋65％）可湿性粉剂。括号内有效成分含量均为"吡唑醚菌酯的含量＋丙森锌的含量"。

产品特点　唑醚·丙森锌是一种由吡唑醚菌酯与丙森锌按一定比例混配的广谱低毒复合杀菌剂，具有保护和治疗作用，叶片渗透性好，持效期较长；两种杀菌作用机理，协同增效，防病效果更好。

吡唑醚菌酯属甲氧基丙烯酸酯类广谱低毒杀菌成分，具有保护、治疗、渗透及较强的内吸作用，耐雨水冲刷，持效期较长，使用安全，并能在一定程度上诱发植株产生潜在抗病性；其杀菌机理是通过阻止线粒体呼吸链中细胞色素 b 和 c1 间的电子传递，抑制呼吸作用，使细胞不能获得正常代谢所需能量，而最终导致病菌死亡。丙森锌属硫代氨基甲酸酯类广谱低毒杀菌成分，以保护作用为主，对许多真菌性病害均有较好的预防效果，其含有的锌元素易被果树吸收，有利于促进果树生长及提高果品质量；其杀菌机理是作用于真菌细胞壁和蛋白质的合成，通过抑制孢子萌发、侵染及菌丝体的生长，而导致病菌死亡。

适用果树及防控对象　唑醚·丙森锌适用于多种落叶果树，对许多种真菌性病害均有较好的防控效果。目前，在落叶果树生产中主要用于防控：苹果树的斑点落叶病、褐斑病、轮纹病、炭疽病，梨树的黑斑病、褐斑病、轮纹病、炭疽病，葡萄的霜霉病、褐斑病，桃树的炭疽病、黑星病、真菌性穿孔病，枣树的炭疽病、轮纹病。

使用技术

（1）**苹果树斑点落叶病、褐斑病、轮纹病、炭疽病**　防控斑点落叶病时，在春梢生长期内和秋梢生长期内各喷药 2 次左右，间隔期 10～15 天。防控褐斑病时，多从落花后 1 个月左右或初见褐斑病病叶时或套袋前开始喷药，10～15 天 1 次，连喷 4～6 次。防控轮纹病、炭疽病时，从落花后 7～10 天开始喷药，10 天左右 1 次，连喷 3 次药后套袋（套袋后停止喷药）；不套袋苹果需继续喷药 4～6 次，间隔期 10～15 天。连续喷药时，注意与不同类型药剂交替使用。唑醚·丙森锌一般使用 50％水分散粒剂或 59％水分散粒剂或 65％水分散粒剂或 67％水分散粒剂或 70％水分散粒剂或 70％可湿性粉剂 800～1000 倍液、或 75％可湿性粉剂 1000～1200 倍液均匀喷雾。

（2）**梨树黑斑病、褐斑病、轮纹病、炭疽病**　防控黑斑病、褐斑病时，从相应病害发生初期开始喷药，10～15 天 1 次，连喷 2～3 次。防控轮纹病、炭疽病时，从落花后 10 天左右开始喷药，10 天左右 1 次，连喷 2～3 次药后套袋（套袋后停止喷药）；不套袋梨需继续喷药 4～6 次，间隔期 10～15 天。连续喷药时，注意与不同类型药剂交替使用。唑醚·丙森锌喷施倍数同"苹果树斑点落叶病"。

（3）**葡萄霜霉病、褐斑病**　以防控霜霉病为主导，兼防褐斑病。首先在葡萄花蕾穗期和落花后各喷药 1 次，有效防控幼穗受害；然后从叶片上初见霜霉病病斑时立即开始喷药，10天左右1次，与不同类型药剂交替使用，直到生长后期或雨露雾等高湿气候不再出现时。唑醚·丙森锌喷施倍数同"苹果树斑点落叶病"。

（4）桃树炭疽病、黑星病、真菌性穿孔病 多从桃树落花后20天左右开始喷药，10～15天1次，连喷3～4次。药剂喷施倍数同"苹果树斑点落叶病"。

（5）枣树炭疽病、轮纹病 多从枣果坐住后半月左右开始喷药，10～15天1次，与不同类型药剂交替使用，连喷4～6次。唑醚·丙森锌喷施倍数同"苹果树斑点落叶病"。

注意事项 唑醚·丙森锌不能与碱性药剂及含铜药剂混用。连续喷药时，注意与不同类型药剂交替使用。吡唑醚菌酯对冬枣果实较敏感，特别是棚室内，用药时需要注意。残余药液及洗涤药械的废液严禁污染河流、湖泊、池塘等水域。苹果树上使用的安全间隔期为21天，每季最多使用3次。

唑醚·代森联

有效成分 吡唑醚菌酯（pyraclostrobin）＋代森联（metiram）。

常见商标名称 芭索、百泰、冠龙、绿银、美邦、名帅、上格、梧泰、喜泰、益泰、耀典、安平泰、巴斯夫、富优得、荚多饱、施乐健、威尔达、韦尔奇、新势立、宝利佳美。

主要含量与剂型 60%（5%吡唑醚菌酯＋55%代森联）、72%（6%吡唑醚菌酯＋66%代森联）水分散粒剂。

产品特点 唑醚·代森联是一种由吡唑醚菌酯与代森联按一定比例混配的广谱低毒复合杀菌剂，以预防保护作用为主，耐雨水冲刷，持效期较长，使用安全，病菌不易产生抗药性，并有提高植物生理活性、激发免疫力和抗病性、提高果品质量等功效。

吡唑醚菌酯属甲氧基丙烯酸酯类广谱高效低毒杀菌成分，具有保护、治疗、渗透及较强的内吸作用，通过抑制孢子萌发和菌丝生长而发挥药效；耐雨水冲刷，持效期较长，使用安全，并能在一定程度上诱发植株的潜在抗病能力，促进植株生长健壮、提高果品质量；其杀菌机理是通过阻止线粒体呼吸链中细胞色素b和c1间的电子传递，抑制呼吸作用，使细胞不能获得正常代谢所需能量，而导致病菌死亡。代森联属有机硫类广谱保护性低毒杀菌成分，喷施后在植物表面形成致密保护药膜，速效性好，持效期较长，使用安全，病菌不易产生抗药性；其杀菌机理是通过抑制病菌细胞内多种酶的活性，影响呼吸作用，阻止孢子萌发、干扰芽管伸长等，进而导致病菌死亡。

适用果树及防控对象 唑醚·代森联适用于多种落叶果树，对许多种真菌性病害均有较好的防控效果。目前，在落叶果树生产中主要用于防控：苹果的轮纹病、炭疽病、套袋果斑点病、褐斑病、斑点落叶病、黑星病、霉心病，梨树的炭疽病、轮纹病、套袋果黑点病、黑斑病、白粉病，葡萄的霜霉病、白腐病、炭疽病、褐斑病、穗轴褐枯病，桃树的真菌性穿孔病、黑星病、炭疽病，枣树的炭疽病、轮纹病，核桃炭疽病，柿树的炭疽病、圆斑病、角斑病，石榴的炭疽病、褐斑病、麻皮病。

使用技术

（1）**苹果轮纹病、炭疽病、套袋果斑点病、褐斑病、斑点落叶病、黑星病、霉心病**　首先在花序分离期和落花 80％左右时各喷药 1 次，以有效防控霉心病；然后从苹果落花后 7～10 天开始喷药，10 天左右 1 次，连喷 3 次药后套袋，有效防控套袋苹果的轮纹病、炭疽病及套袋果斑点病，兼防春梢期斑点落叶病和褐斑病、黑星病；苹果套袋后（不套袋苹果连续喷药即可）继续喷药 4～6 次，10～15 天 1 次，注意与不同类型药剂交替使用，有效防控褐斑病、秋梢期斑点落叶病及不套袋苹果的轮纹病、炭疽病，兼防黑星病。唑醚·代森联一般使用 60％水分散粒剂 1000～1200 倍液、或 72％水分散粒剂 1200～1500 倍液均匀喷雾。

（2）**梨树炭疽病、轮纹病、套袋果黑点病、黑斑病、白粉病**　多从梨树落花后 10 天左右开始喷药，10 天左右 1 次，连喷 2～3 次药后套袋，有效防控套袋梨的炭疽病、轮纹病及套袋果黑点病，兼防黑斑病；套袋后（不套袋梨连续喷药即可）继续喷药 4～6 次，10～15 天 1 次，注意与不同类型药剂交替使用，有效防控黑斑病、白粉病及不套袋梨的炭疽病、轮纹病。唑醚·代森联喷施倍数同"苹果轮纹病"。

（3）**葡萄霜霉病、白腐病、炭疽病、褐斑病、穗轴褐枯病**　首先在葡萄花蕾穗期和落花后各喷药 1 次，有效防控穗轴褐枯病及霜霉病为害幼穗；然后从叶片上初见霜霉病病斑时立即开始连续喷药，10 天左右 1 次，与不同类型药剂交替使用，直到生长后期或雨露雾等高湿气候不再出现时。唑醚·代森联喷施倍数同"苹果轮纹病"。

（4）**桃树真菌性穿孔病、黑星病、炭疽病**　多从桃树落花后 20 天左右开始喷药，10～15 天 1 次，连喷 2～3 次；往年病害发生较重果园，需增加喷药 1～2 次。唑醚·代森联喷施倍数同"苹果轮纹病"。

（5）**枣树炭疽病、轮纹病**　多从枣果坐住后半月左右开始喷药，10～15 天 1 次，连喷 5～7 次，注意与不同类型药剂交替使用。唑醚·代森联喷施倍数同"苹果轮纹病"。

（6）**核桃炭疽病**　多从果实膨大中期开始喷药，10～15 天 1 次，连喷 2～3 次。唑醚·代森联喷施倍数同"苹果轮纹病"。

（7）**柿树炭疽病、圆斑病、角斑病**　南方甜柿病害发生较重果园或产区，首先在柿树开花前喷药 1 次，然后从落花后 10 天左右开始连续喷药，10～15 天 1 次，与不同类型药剂交替使用，连喷 5～7 次；北方柿树产区，多从落花后 20 天左右开始喷药，10～15 天 1 次，连喷 2～3 次即可。唑醚·代森联喷施倍数同"苹果轮纹病"。

（8）石榴炭疽病、褐斑病、麻皮病　一般果园在开花前、落花后、幼果期、套袋前及套袋后各喷药 1 次即可，中后期多雨潮湿时需增加喷药 1～2 次，注意与不同类型药剂交替使用。唑醚·代森联喷施倍数同"苹果轮纹病"。

注意事项　唑醚·代森联不能与碱性药剂及含铜药剂混用。连续喷药时，注意与不同类型药剂交替使用。在病害发生前或病菌侵染前开始喷药效果最好，且喷药应均匀周到。吡唑醚菌酯对冬枣果实较敏感，特别是棚室内，用药时需要注意。残余药液及洗涤药械的废液严禁污染河流、湖泊、池塘等水域，以免对鱼类等水生生物造成毒害。苹果树上使用的安全间隔期为 28 天，每季最多使用 4 次；葡萄上使用的安全间隔期为 7 天，每季最多使用 3 次；桃树上使用的安全间隔期为 28 天，每季最多使用 3 次；枣树上使用的安全间隔期为 21 天，每季最多使用 3 次。

唑醚·甲硫灵

有效成分　吡唑醚菌酯（pyraclostrobin）＋甲基硫菌灵（thiophanate-methyl）。

常见商标名称　喜福、龙灯、标正、美邦、上格、燕化。

主要含量与剂型　30％（4％＋26％）、75％（15％＋60％）可湿性粉剂，30％（5％＋25％）、40％（5％＋35％）、45％（5％＋40％）、50％（10％＋40％）悬浮剂。括号内有效成分含量均为"吡唑醚菌酯的含量加甲基硫菌灵的含量"。

产品特点　唑醚·甲硫灵是一种由吡唑醚菌酯与甲基硫菌灵按一定比例混配的内吸治疗性广谱低毒复合杀菌剂，具有预防保护和内吸治疗作用，叶片渗透性好，耐雨水冲刷，持效期较长，使用安全；多种杀菌作用机理，病菌不易产生抗药性。

吡唑醚菌酯属甲氧基丙烯酸酯类广谱高效低毒杀菌成分，具有保护、治疗、渗透及较强的内吸作用，耐雨水冲刷，持效期较长，使用安全，并能在一定程度上诱发植株的潜在抗病能力，促进植株生长健壮、提高果品质量；其杀菌机理是通过阻断线粒体呼吸链中细胞色素 b 和 c1 间的电子传递，抑制呼吸作用，使细胞不能获得正常代谢所需能量，而导致病菌死亡。甲基硫菌灵属取代苯类内吸治疗性广谱低毒杀菌成分，对许多种高等真菌性病害均有较好的预防保护和内吸治疗作用，使用安全，混配性好；其杀菌机理表现在两个方面，一是直接作用于病菌，阻碍其呼吸过程，影响病菌孢子的产生、萌发及菌丝体生长；二是在植物体内转化为多菌灵，通过干扰病菌有丝分裂中纺锤体的形成，影响细胞分裂，而导致病菌死亡。

适用果树及防控对象　唑醚·甲硫灵适用于多种落叶果树，对许多种高等真菌性病害均有较好的防控效果。目前，在落叶果树生产中主要用于防控：苹果的轮纹病、炭疽病、斑点落叶病、褐斑病、黑星病，梨树的轮纹病、炭疽病、褐斑病，葡萄的褐斑病、炭疽病、白腐病，桃树的炭疽病、真菌性穿孔病，李树的红点病、炭疽病、真菌性穿孔病，核桃炭疽病，柿树的炭疽病、角斑病、圆斑病，枣树的炭疽病、轮纹病，山楂的炭疽病、轮纹病、叶斑病，石榴的炭疽病、褐斑病、麻皮病，草莓的炭疽病、蛇眼病。

使用技术

（1）**苹果轮纹病、炭疽病、斑点落叶病、褐斑病、黑星病** 防控轮纹病、炭疽病时，从苹果落花后7～10天开始喷药，10天左右1次，连喷3次药后套袋（套袋后停止喷药）；不套袋苹果需继续喷药4～6次，间隔期10～15天。防控斑点落叶病时，在春梢生长期内和秋梢生长期内各喷药2次左右，间隔期10～15天。防控褐斑病时，多从苹果落花后1个月左右或初见褐斑病病叶时或套袋前开始喷药，10～15天1次，连喷4～6次。防控黑星病时，从病害发生初期或初见病叶或病果时开始喷药，10～15天1次，连喷2～4次。连续喷药时，注意与不同类型药剂交替使用。唑醚·甲硫灵一般使用30%可湿性粉剂500～600倍液、或30%悬浮剂或40%悬浮剂或45%悬浮剂600～800倍液、或50%悬浮剂1200～1500倍液、或75%可湿性粉剂1500～2000倍液均匀喷雾。

（2）**梨树轮纹病、炭疽病、褐斑病** 防控轮纹病、炭疽病时，从梨树落花后10天左右开始喷药，10天左右1次，连喷2～3次药后套袋（套袋后停止喷药）；不套袋梨需继续喷药5～7次，间隔期10～15天。防控褐斑病时，从病害发生初期开始喷药，10～15天1次，连喷2～3次。连续喷药时，注意与不同类型药剂交替使用。唑醚·甲硫灵喷施倍数同"苹果轮纹病"。

（3）**葡萄褐斑病、炭疽病、白腐病** 防控褐斑病时，从病害发生初期开始喷药，10～15天1次，连喷2～4次。防控炭疽病、白腐病时，套袋葡萄在套袋前喷药1次即可，不套袋葡萄从果粒膨大中期开始喷药，10天左右1次，直到采收前1周左右结束。唑醚·甲硫灵喷施倍数同"苹果轮纹病"。

（4）**桃树炭疽病、真菌性穿孔病** 多从桃树落花后20天左右开始喷药，10～15天1次，与不同类型药剂交替使用，连喷3～5次。唑醚·甲硫灵喷施倍数同"苹果轮纹病"。

（5）**李树红点病、炭疽病、真菌性穿孔病** 防控红点病时，从叶片展开期开始喷药，10～15天1次，连喷3～4次；防控炭疽病时，多从落花后20天左右开始喷药，10～15天1次，连喷3～5次；防控真菌性穿孔病时，从病害发生初期开始喷药，10～15天1次，连喷2～4次。连续喷药时，注意与不同类型药剂交替使用。唑醚·甲硫灵喷施倍数同"苹果轮纹病"。

（6）**核桃炭疽病** 多从果实膨大中期开始喷药，10～15天1次，连喷2～4次。唑醚·甲硫灵喷施倍数同"苹果轮纹病"。

（7）**柿树炭疽病、角斑病、圆斑病** 南方甜柿产区病害发生较重果园，首先在柿树开花前喷药1次，然后从落花后10天左右开始连续喷药，10～15天1次，与不同类型药剂交替使用，连喷5～7次；北方柿树产区，多从落花后20天左右开始喷药，10～15天1次，连喷2～3次即可。唑醚·甲硫灵喷施倍数同"苹果轮纹病"。

（8）**枣树炭疽病、轮纹病** 多从枣果坐住后半月左右开始喷药，10～15天1

次，与不同类型药剂交替使用，连喷 4～6 次。唑醚·甲硫灵喷施倍数同"苹果轮纹病"。

（9）**山楂炭疽病、轮纹病、叶斑病**　防控炭疽病、轮纹病时，多从山楂落花后 20 天左右开始喷药，10～15 天 1 次，连喷 2～4 次；防控叶斑病时，从病害发生初期开始喷药，10～15 天 1 次，连喷 2～3 次。连续喷药时，注意与不同类型药剂交替使用。唑醚·甲硫灵喷施倍数同"苹果轮纹病"。

（10）**石榴炭疽病、褐斑病、麻皮病**　一般果园在开花前、落花后、幼果期、套袋前及套袋后各喷药 1 次即可，中后期多雨潮湿时需增加喷药 1～2 次，注意与不同类型药剂交替使用。唑醚·甲硫灵喷施倍数同"苹果轮纹病"。

（11）**草莓炭疽病、蛇眼病**　主要应用于育秧田。从病害发生初期开始喷药，10 天左右 1 次，与不同类型药剂交替使用，连喷 3～5 次。唑醚·甲硫灵喷施倍数同"苹果轮纹病"。

注意事项　唑醚·甲硫灵不能与碱性药剂及无机铜制剂混用。连续喷药时，注意与不同类型药剂交替使用。吡唑醚菌酯对冬枣果实较敏感，特别是棚室内，用药时需要注意。本剂对鱼类等水生生物有毒，禁止在水产养殖区、河塘、湖泊等水体附近使用，且残余药液及洗涤药械的废液严禁污染上述水域。苹果树上使用的安全间隔期为 21 天，每季最多使用 3 次。

唑醚·戊唑醇

有效成分　吡唑醚菌酯（pyraclostrobin）＋戊唑醇（tebuconazole）。

常见商标名称　碧艾、标正、巨彩、美邦、上格、燕化、瑞德丰、韦尔奇、啄木鸟、海阔利斯、明德立达。

主要含量与剂型　36％（24％＋12％）、42％（28％＋14％）乳油，30％（10％＋20％，18％＋12％）、38％（7％＋31％）、40％（10％＋30％；13.3％＋26.7％）、45％（15％＋30％）、48％（16％＋32％）悬浮剂，40％（10％＋30％）、60％（20％＋40％）水分散粒剂，45％（8％＋37％）可湿性粉剂。括号内有效成分含量均为"吡唑醚菌酯的含量＋戊唑醇的含量"。

产品特点　唑醚·戊唑醇是一种由吡唑醚菌酯与戊唑醇按一定比例混配的广谱低毒复合杀菌剂，具有预防保护和内吸治疗双重作用，杀菌活性高，渗透、内吸性强，耐雨水冲刷，持效期较长；两种作用机理优势互补，防病范围更广，病菌不易产生抗药性。

吡唑醚菌酯属甲氧基丙烯酸酯类广谱高效低毒杀菌成分，具有保护、治疗、渗透及较强的内吸作用，耐雨水冲刷，持效期较长，使用安全，并能在一定程度上诱发植株的潜在抗病能力，促进植株生长健壮、提高果品质量；其杀菌机理是通过阻断线粒体呼吸链中细胞色素 b 和 c1 间的电子传递，抑制呼吸作用，使细胞不能获得正常代谢所需能量，进而导致病菌死亡。戊唑醇属三唑类内吸治疗性广谱低毒杀菌成分，内吸传导性好，杀菌活性高，持效期较长，但连续使用易诱使病菌产生抗药性；其杀菌机理是通过抑制病菌细胞膜上麦角甾醇的脱甲基化，使病菌无法形成细胞膜，而导致病菌死亡。

适用果树及防控对象 唑醚·戊唑醇适用于多种落叶果树，对许多种真菌性病害均有较好的防控效果。目前，在落叶果树生产中主要用于防控：苹果的轮纹病、炭疽病、套袋果斑点病、斑点落叶病、褐斑病、炭疽叶枯病、黑星病、白粉病，梨树的黑星病、轮纹病、炭疽病、套袋果黑点病、黑斑病、褐斑病、白粉病，山楂的白粉病、锈病、炭疽病、轮纹病、叶斑病，葡萄的炭疽病、褐斑病、白粉病，桃树的黑星病、炭疽病、真菌性穿孔病、锈病、白粉病，李树的红点病、炭疽病、真菌性穿孔病，核桃的炭疽病、褐斑病，柿树的炭疽病、角斑病、圆斑病、黑星病，枣树的锈病、炭疽病、轮纹病，石榴的炭疽病、褐斑病、麻皮病，花椒锈病，枸杞白粉病。

使用技术

（1）**苹果轮纹病、炭疽病、套袋果斑点病、斑点落叶病、褐斑病、炭疽叶枯病、黑星病、白粉病** 防控轮纹病、炭疽病、套袋果斑点病时，从苹果落花后7～10天开始喷药，10天左右1次，连喷3次药后套袋（套袋后停止喷药）；不套袋苹果需继续喷药4～6次，间隔期10～15天。防控斑点落叶病时，在春梢生长期内和秋梢生长期内各喷药2次左右，间隔期10～15天。防控褐斑病时，多从落花后1个月左右或初见褐斑病病叶时或套袋前开始喷药，10～15天1次，连喷4～6次。防控炭疽叶枯病时，在雨季（7～8月份）的降雨前2天开始喷药，10天左右1次，连喷2～3次。防控黑星病时，从病害发生初期开始喷药，10～15天1次，连喷2～4次。防控白粉病时，在花序分离期、落花80%及落花后10天左右各喷药1次；往年白粉病发生较重果园，再于花芽分化期（8～9月份）增加喷药1～2次。连续喷药时，注意与不同类型药剂交替使用，并根据具体防控病害综合考虑。唑醚·戊唑醇一般使用30%悬浮剂1500～2000倍液、或38%悬浮剂或40%悬浮剂或40%水分散粒剂2000～3000倍液、或45%悬浮剂或48%悬浮剂3000～4000倍液、或36%乳油或42%乳油2500～3000倍液、或60%水分散粒剂3500～4000倍液、或45%可湿性粉剂2500～3000倍液均匀喷雾。

（2）**梨树黑星病、轮纹病、炭疽病、套袋果黑点病、黑斑病、褐斑病、白粉病**
以防控黑星病为主导，兼防其他病害。多从梨树落花后即开始喷药，10～15天1次，连喷2～3次药后套袋；套袋后继续喷药4～6次，间隔期10～15天。连续喷药时，注意与不同类型药剂交替使用。唑醚·戊唑醇喷施倍数同"苹果轮纹病"。

（3）**山楂白粉病、锈病、炭疽病、轮纹病、叶斑病** 防控白粉病、锈病时，在新梢抽生期、花序分离期、落花后和落花后10～15天各喷药1次；防控炭疽病、轮纹病、叶斑病时，多从落花后20天左右开始喷药，10～15天1次，连喷3～5

次。连续喷药时，注意与不同类型药剂交替使用。唑醚·戊唑醇喷施倍数同"苹果轮纹病"。

（4）**葡萄炭疽病、褐斑病、白粉病** 防控炭疽病时，套袋葡萄在套袋前喷药1次即可，不套袋葡萄多从果粒膨大中期开始喷药，10天左右1次，与不同类型药剂交替使用，直到采收前1周左右；防控褐斑病、白粉病时，从相应病害发生初期开始喷药，10天左右1次，连喷2～4次。唑醚·戊唑醇喷施倍数同"苹果轮纹病"。

（5）**桃树黑星病、炭疽病、真菌性穿孔病、锈病、白粉病** 防控黑星病、炭疽病时，多从桃树落花后20天左右开始喷药，10～15天1次，连喷3～5次（套袋桃套袋后结束）；防控真菌性穿孔病、锈病、白粉病时，从相应病害发生初期开始喷药，10～15天1次，连喷2～4次。连续喷药时，注意与不同类型药剂交替使用。唑醚·戊唑醇喷施倍数同"苹果轮纹病"。

（6）**李树红点病、炭疽病、真菌性穿孔病** 防控红点病时，从叶片展开期开始喷药，10～15天1次，连喷3～4次；防控炭疽病、真菌性穿孔病时，多从落花后20天左右开始喷药，10～15天1次，连喷3～5次。连续喷药时，注意与不同类型药剂交替使用。唑醚·戊唑醇喷施倍数同"苹果轮纹病"。

（7）**核桃炭疽病、褐斑病** 多从果实膨大中期开始喷药，10～15天1次，连喷2～4次。唑醚·戊唑醇喷施倍数同"苹果轮纹病"。

（8）**柿树炭疽病、角斑病、圆斑病、黑星病** 北方柿树产区，多从落花后20天左右开始喷药，15天左右1次，连喷2～3次；南方柿树产区病害发生较重果园，首先在开花前喷药1次，然后从落花后10天左右开始连续喷药，10～15天1次，与不同类型药剂交替使用，连喷5～7次。唑醚·戊唑醇喷施倍数同"苹果轮纹病"。

（9）**枣树锈病、炭疽病、轮纹病** 多从枣果坐住后10～15天或初见锈病病叶时开始喷药，10～15天1次，与不同类型药剂交替使用，连喷4～6次。唑醚·戊唑醇喷施倍数同"苹果轮纹病"。

（10）**石榴炭疽病、褐斑病、麻皮病** 一般果园在开花前、落花后、幼果期、套袋前、套袋后各喷药1次即可，中后期多雨潮湿时或病害发生较重时，需增加喷药1～2次。注意与不同类型药剂交替使用。唑醚·戊唑醇喷施倍数同"苹果轮纹病"。

（11）**花椒锈病** 从病害发生初期开始喷药，10～15天1次，与不同类型药剂交替使用，连喷3～5次。药剂喷施倍数同"苹果轮纹病"。

（12）**枸杞白粉病** 从病害发生初期开始喷药，10～15天1次，连喷2次左右。药剂喷施倍数同"苹果轮纹病"。

注意事项 唑醚·戊唑醇不能与碱性药剂混用，连续喷药时注意与不同类型药剂交替使用。吡唑醚菌酯对冬枣果实较敏感，特别是棚室内，用药时需要注意。本剂对鱼类等水生生物有毒，应远离水产养殖区、河塘、湖泊等水域施药，且残余药液及洗涤药械的废液严禁污染上述水体。苹果和梨的幼果期尽量避免选用乳油制剂，不套袋葡萄的近成熟期亦尽量避免选用乳油制剂。苹果树和梨树上使用的安全间隔期均为 21 天，每季均最多使用 3 次。

唑醚·啶酰菌

有效成分　吡唑醚菌酯（pyraclostrobin）＋啶酰菌胺（boscalid）。

常见商标名称　冠龙、美邦、京博、燕化、中保、巴斯夫、海利尔、韦尔奇。

主要含量与剂型　30％（10％＋20％）、33％（6.5％＋26.5％）、35％（10％＋25％）、38％（12.8％＋25.2％）悬浮剂，38％（12.7％＋25.3％；12.8％＋25.2％；13％＋25％）、40％（13％＋27％；13.3％＋26.7％）水分散粒剂。括号内有效成分含量均为"吡唑醚菌酯的含量＋啶酰菌胺的含量"。

产品特点　唑醚·啶酰菌是一种由吡唑醚菌酯与啶酰菌胺按一定比例混配的广谱低毒复合杀菌剂，具有保护和治疗双重作用，速效性较好，渗透性较强，持效期较长；两种作用机理协同互补，增效明显，病菌不易产生抗药性。

吡唑醚菌酯属甲氧基丙烯酸酯类广谱高效低毒杀菌成分，具有保护、治疗、渗透及较强的内吸作用，耐雨水冲刷，持效期较长，使用安全，并能在一定程度上诱发植株的潜在抗病能力，促进植株生长健壮、提高果品质量；其杀菌机理是通过阻断线粒体呼吸链中细胞色素 b 和 c1 间的电子传递，抑制呼吸作用，使细胞不能获得正常代谢所需能量，而导致病菌死亡。啶酰菌胺属吡啶甲酰胺类广谱低毒杀菌成分，以保护作用为主，兼有一定治疗效果，耐雨水冲刷，持效期较长，作用于病菌生长发育的各个阶段。

适用果树及防控对象　唑醚·啶酰菌适用于多种落叶果树，对许多种高等真菌性病害均有较好的防控效果。目前，在落叶果树生产中主要用于防控：葡萄的灰霉病、白腐病、白粉病，草莓的灰霉病、白粉病。

使用技术

（1）葡萄灰霉病、白腐病、白粉病　防控灰霉病时，首先在葡萄花蕾穗期和落花后各喷药 1 次，有效防控幼穗受害；套袋葡萄，在套袋前喷药 1 次，防控袋内果穗受害；不套袋葡萄，于葡萄近成熟期果穗上初见灰霉病病粒时立即开始喷药，7～10 天 1 次，连喷 1～2 次。防控白腐病时，套袋葡萄于套袋前喷药 1 次即可，不套袋葡萄多从果粒膨大后期开始喷药，7～10 天 1 次，直到采收前 1 周左右。防控白粉病时，从病害发生初期开始喷药，10 天左右 1 次，连喷 2～3 次。唑醚·啶酰菌一般使用 30％悬浮剂或 35％悬浮剂或 38％悬浮剂或 38％水分散粒剂 1000～1500 倍液、或 33％悬浮剂 800～1000 倍液、或 40％水分散粒剂 1200～1500 倍液均匀喷雾。

（2）草莓灰霉病、白粉病　多从草莓初花期或相应病害发生初期开始喷药，

10 天左右 1 次，与不同类型药剂交替使用，直到果实采收后期。唑醚·啶酰菌一般每亩次使用 30％悬浮剂或 33％悬浮剂或 35％悬浮剂或 38％悬浮剂 40～60 毫升、或 38％水分散粒剂或 40％水分散粒剂 40～60 克，兑水 30～45 千克均匀喷雾。

注意事项　唑醚·啶酰菌不能与碱性药剂及肥料混用，连续喷药时注意与不同类型药剂交替使用。残余药液及洗涤药械的废液，严禁污染河流、湖泊、池塘等水域，避免对水生生物造成毒害。葡萄上使用的安全间隔期为 14 天，每季最多使用 3 次；草莓上使用的安全间隔期建议为 5 天，每季最多使用 3 次。

唑醚·氟酰胺

有效成分　吡唑醚菌酯（pyraclostrobin）＋氟唑菌酰胺（fluxapyroxad）。

常见商标名称　健达、巴斯夫、施乐健。

主要含量与剂型　42.4％（21.2％吡唑醚菌酯＋21.2％氟唑菌酰胺）悬浮剂。

产品特点　唑醚·氟酰胺是一种由吡唑醚菌酯与氟唑菌酰胺按一定比例混配的广谱低毒复合杀菌剂，具有保护和治疗作用，内吸传导性好，耐雨水冲刷，持效期较长，使用安全。

吡唑醚菌酯属甲氧基丙烯酸酯类广谱高效低毒杀菌成分，具有保护、治疗、渗透及较强的内吸作用，耐雨水冲刷，持效期较长，使用安全，并能在一定程度上诱发植株的潜在抗病能力，促进植株生长健壮、提高果品质量；其杀菌机理是通过阻断线粒体呼吸链中细胞色素 b 和 c1 间的电子传递，抑制呼吸作用，使细胞不能获得正常代谢所需能量，而导致病菌死亡。氟唑菌酰胺属吡唑酰胺类广谱低毒杀菌成分，具有保护和治疗作用，内吸传导性好，耐雨水冲刷，持效期较长，使用安全；其杀菌机理是通过抑制病菌线粒体中琥珀酸脱氢酶的活性，阻断呼吸链的电子传递，使细胞无法获得正常代谢所需能量，而导致病菌死亡。

适用果树及防控对象　唑醚·氟酰胺适用于多种落叶果树，对许多种高等真菌性病害均有较好的防控效果。目前，在落叶果树生产中主要用于防控：葡萄的白粉病、灰霉病，草莓的白粉病、灰霉病。

使用技术

（1）葡萄白粉病、灰霉病　防控白粉病时，从病害发生初期开始喷药，10 天左右 1 次，连喷 2～3 次。防控灰霉病时，首先在葡萄花蕾穗期和落花后各喷药 1 次，有效防控幼穗受害；套袋葡萄，在套袋前喷药 1 次，防控袋内果穗受害；不套袋葡萄，于葡萄近成熟期果穗上初见灰霉病病粒时立即开始喷药，7～10 天 1 次，连喷 1～2 次。唑醚·氟酰胺一般使用 42.4％悬浮剂 2000～3000 倍液均匀喷雾。

（2）草莓白粉病、灰霉病　多从草莓初花期或相应病害发生初期开始喷药，10 天左右 1 次，与不同类型药剂交替使用，直到果实采收中期。唑醚·氟酰胺一般每亩次使用 42.4％悬浮剂 25～35 毫升，兑水 30～45 千克均匀喷雾。

注意事项　唑醚·氟酰胺不能与碱性药剂及肥料混用，连续喷药时注意与不同类型药剂交替使用。本剂对鱼类等水生生物有毒，应远离水产养殖区及湖泊、河流、池塘等水域施药，且残余药液及洗涤药械的废液严禁污染上述水体。葡萄上使用的安全间隔期建议为 14 天，每季最多使用 3 次；草莓上使用的安全间隔期建议为 5 天，每季最多使用 3 次。

唑醚·咪鲜胺

有效成分　吡唑醚菌酯（pyraclostrobin）＋咪鲜胺（prochloraz）。

常见商标名称　福卓、龙灯。

主要含量与剂型　40％（10％吡唑醚菌酯＋30％咪鲜胺）水乳剂。

产品特点　唑醚·咪鲜胺是一种由吡唑醚菌酯与咪鲜胺按一定比例混配的广谱低毒复合杀菌剂，具有保护和治疗作用及较好的渗透性，耐雨水冲刷，持效期较长；两种作用机理优势互补、协同增效，病菌不易产生抗药性。

吡唑醚菌酯属甲氧基丙烯酸酯类高效广谱低毒杀菌成分，具有保护、治疗、渗透及较强的内吸作用，耐雨水冲刷，持效期较长，使用安全，并能在一定程度上诱发植株的潜在抗病能力，促进植株生长健壮、提高果品质量；其杀菌机理是通过阻断线粒体呼吸链中细胞色素 b 和 c1 间的电子传递，抑制呼吸作用，使细胞不能获得正常代谢所需能量，而导致病菌死亡。咪鲜胺属咪唑类广谱低毒杀菌成分，以保护和触杀作用为主，无内吸性，但有一定的渗透性；其杀菌机理是通过抑制麦角甾醇的脱甲基化，阻断麦角甾醇的生物合成，影响细胞膜形成，而导致病菌死亡。

适用果树及防控对象　唑醚·咪鲜胺适用于多种落叶果树，对许多种高等真菌性病害均有较好的防控效果。目前，在落叶果树生产中主要用于防控：苹果的炭疽病、炭疽叶枯病，梨炭疽病，葡萄黑痘病，枣炭疽病。

使用技术

（1）**苹果炭疽病、炭疽叶枯病**　防控炭疽病时，多从苹果落花后 7～10 天开始喷药，10 天左右 1 次，连喷 3 次药后套袋（套袋后停止喷药）；不套袋苹果需继续喷药 4～6 次，间隔期 10～15 天。防控炭疽叶枯病时，在雨季（7～8 月份）的降雨前 2 天开始喷药，10 天左右 1 次，连喷 2～3 次。连续喷药时，注意与不同类型药剂交替使用。唑醚·咪鲜胺一般使用 40％水乳剂 1500～2000 倍液均匀喷雾。

（2）**梨炭疽病**　多从梨树落花后 10 天左右开始喷药，10 天左右 1 次，连喷 2～3 次药后套袋（套袋后停止喷药）；不套袋梨需继续喷药 4～6 次，间隔期 10～15 天。唑醚·咪鲜胺一般使用 40％水乳剂 1500～2000 倍液均匀喷雾，注意与不同类型药剂交替使用。

（3）**葡萄黑痘病**　在葡萄花蕾穗期、落花 80％和落花后 10～15 天各喷药 1 次即可。一般使用 40％水乳剂 1500～2000 倍液均匀喷雾。

（4）**枣炭疽病**　多从枣果坐住后半月左右开始喷药，10～15 天 1 次，与不同类型药剂交替使用，连喷 4～6 次。唑醚·咪鲜胺一般使用 40％水乳剂 1500～2000 倍液均匀喷雾。

注意事项 唑醚·咪鲜胺不能与碱性药剂及肥料混用，连续喷药时注意与不同类型药剂交替使用。吡唑醚菌酯对冬枣果实较敏感，特别是棚室内，用药时需要注意。本剂对鱼类等水生生物有毒，应远离水产养殖区及湖泊、河流、池塘等水域施药，且残余药液及洗涤药械的废液严禁污染上述水体。不套袋葡萄采收前 1.5 个月内尽量避免使用含有咪鲜胺的药剂，以免影响葡萄风味。苹果树上使用的安全间隔期为 21 天，每季最多使用 3 次。

第二章

杀虫、杀螨剂

::: 第一节 单 剂 :::

矿物油 mineral oil

常见商标名称 安同、刀戈、法道、绿颖、禄颖、脱颖、颖护、欧星、品鲜、溶敌、索打、法夏乐、美果有、金三角、喷得绿、卫利顿、依一诺。

主要含量与剂型 94％、95％、96.5％、97％、99％乳油，38％微乳剂。

产品特点 矿物油是一种从石油中提炼的矿物源高效微毒杀虫杀螨剂，持效期较长，残留低，对人畜安全，不伤害天敌。喷施后能在虫体表面形成一层致密的特殊油膜，封闭害虫、害螨及其卵的气孔，或通过毛细管作用进入气孔，使其窒息而死亡。另外，矿物油形成的油膜还能改变害虫（螨）寻觅寄主的能力，影响其取食、产卵等。矿物油对环境友好，被微生物分解形成水和二氧化碳，不破坏生态环境；对天敌杀伤力低，不刺激其他害虫大发生。其次，矿物油还能作为杀虫、杀螨剂的助剂使用，能显著提高对害虫、害螨的杀灭效果。

矿物油可与大多数杀虫剂相溶，常与阿维菌素、哒螨灵、炔螨特、氯氰菊酯、高效氯氰菊酯、高效氯氟氰菊酯、甲氰菊酯、溴氰菊酯、毒死蜱、马拉硫磷、辛硫磷、敌敌畏、乐果、丁硫克百威、异丙威、吡虫啉、石硫合剂等杀虫（螨）剂成分混配，用于生产复配杀虫（螨）剂。

适用果树及防控对象 矿物油适用于多种落叶果树，对小型害虫、叶螨类具有较好的杀灭效果。目前，在落叶果树生产中主要用于防控：苹果树的红蜘蛛、蚜虫，梨树的红蜘蛛、蚜虫，落叶果树的介壳虫。

使用技术

（1）苹果树红蜘蛛、蚜虫 主要用于春季萌芽期清园，一般使用94％或95％

或 96.5％或 97％或 99％乳油 150～200 倍液、或 38％微乳剂 60～80 倍液均匀喷雾；气温较低时的炎热夏季前，也可在越冬代害虫（螨）卵孵化盛期或成虫、若虫混发高峰期喷施，一般使用 94％或 95％或 96.5％或 97％或 99％乳油 200～300 倍液均匀喷雾。生长季节可以连喷 2 次，间隔期 15～20 天。

（2）梨树红蜘蛛、蚜虫 施药时期、方法及喷施剂量同"苹果树红蜘蛛"。

（3）落叶果树的介壳虫 在越冬代或第 1 代的 1 龄若蚧发生高峰期开始用药，10～15 天 1 次，连喷 2～3 次。一般使用 94％或 95％或 96.5％或 97％或 99％乳油 150～200 倍液均匀喷雾。

注意事项 矿物油不能与离子化的叶面肥混用，也不能与不相容的农药（如硫黄和部分含硫的杀虫剂、杀菌剂）混用。与可混用的其他农药混用时，具有极佳的增效作用。与其他药剂混用时，在先配好其他药剂后再加入本剂；若不清楚兼容性时，应先做小范围试验。当气温高于 35℃或低于 5℃时，或土壤干旱和作物极度缺水时，不能使用本剂。温度较高季节，最好在上午 10 时前和下午 5 时后施药。喷药时必须均匀周到，使药膜完全覆盖植株和植株上的所有靶标害虫（螨）及其卵，以确保获得良好防效。

石硫合剂 lime sulfur

常见商标名称 爱园、好园、优园、保泰、川安、花封、基得、美邦、农冠、申酉、双乐、天水、万利、果园清、好日子、清园宝、美尔果、双吉牌、科利隆生化。

主要含量与剂型 45％固体（结晶粉），29％水剂。

产品特点 石硫合剂是一种"古老的"兼有杀虫、杀螨和杀菌作用的矿物源（无机硫类）低毒农药，有效成分为多硫化钙。喷施于植物表面遇空气后发生一系列化学反应，形成微细的单体硫和少量硫化氢而发挥药效。该药为碱性，具有腐蚀昆虫表皮蜡质层的作用，对具有较厚蜡质层的介壳虫和一些螨类的卵都有很好的杀灭效果。

石硫合剂既有工业化生产的商品制剂，也可以自己熬制。工业化生产是用生石灰、硫黄、水和金属触媒在高温高压下合成，分为水剂和结晶两种，结晶粉外观为淡黄色柱状，易溶于水。普通石硫合剂是用生石灰和硫黄粉为原料加水熬制而成，原料配比为生石灰 1 份、硫黄粉 2 份、水 12～15 份。其熬制方法是先将生石灰放入铁锅中加少量水将其化开，制成石灰乳，再加入足量的水煮开，然后加入事先用少量水调成糊状的硫黄粉浆，边加入边搅拌，同时记下水位线。加完后用大火烧沸40～60 分钟，并不断搅拌，及时补足水量（最好是沸水），等药液呈红褐色、残渣成黄绿色时停火，冷却后，滤去沉渣，即为石硫合剂原液。原液为深红褐色透明液体，有强烈的臭鸡蛋味，呈碱性，遇酸和二氧化碳易分解，遇空气易被氧化，可溶于水。对人的皮肤有强烈的腐蚀性，对眼睛有刺激作用。低毒至中等毒性，对蜜蜂、家蚕、天敌昆虫无不良影响。

适用果树及防控对象　石硫合剂适用于多种落叶果树，对许多种害虫、害螨及病菌均有较好的杀灭效果。目前，在落叶果树生产中主要用于防控：苹果树、梨树、山楂树、桃树、李树、枣树等落叶果树的叶螨类、介壳虫类等越冬害虫；此外，石硫合剂也可作为一种保护性杀菌剂，用于防控苹果树、梨树、核桃的白粉病，葡萄的白粉病、褐斑病。

使用技术　自己熬制的石硫合剂原液一般为20～26波美度，使用前先用波美比重计测量原液波美度，再根据需要加水稀释使用。落叶果树发芽前，作为果园的清园剂铲除树体上越冬存活的害虫（螨）及病菌时，喷施剂量一般为3～5波美度；生长期防控病害虫时，只能使用0.3～0.5波美度的稀释液进行喷雾。

商品制剂的使用技术如下。

（1）**苹果树、梨树、山楂树、桃树、李树、枣树等落叶果树的叶螨类、介壳虫类等越冬害虫**　春季萌芽初期，一般使用45％固体60～80倍液、或29％水剂40～50倍液均匀喷洒树体。

（2）**苹果树、梨树、核桃的白粉病**　从病害发生初期开始喷药，一般使用45％固体200～400倍液、或29％水剂100～200倍液均匀喷洒树体，注意与其他类型药剂交替使用。

（3）**葡萄白粉病、褐斑病**　从病害发生初期开始喷药，一般使用45％固体200～400倍液、或29％水剂100～200倍液均匀喷雾，注意与其他类型药剂交替使用。

注意事项　石硫合剂不能与其他药剂混用，在波尔多液使用后2～3周才能使用本剂，使用本剂10天后可以使用波尔多液。石硫合剂的药效及发生药害的可能性与温度呈正相关，特别在生长期应避免高温施药；气温达32℃以上时应当慎用，气温达38℃以上时禁止使用。用药时注意安全防护，不慎沾染皮肤或溅入眼睛，应立即用大量清水或稀释10倍的食醋液冲洗，症状严重时立即送医院诊治。石硫合剂对金属有很强的腐蚀性，熬制和存放时不能使用铜、铝器具。自己熬制的石硫合剂贮存时应选用小口容器密封存放，在液面上滴加少许柴油可隔绝空气延长贮存期。

苦参碱　matrine

常见商标名称　安顺、爆峨、碧拓、碧星、背刺、飞金、阔达、酷健、雷奇、击介、骄蓝、江岚、竞双、巨能、农秋、倾爽、群达、荣邦、十锐、神雨、帅旗、统制、万农、雅刻、智海、美时达、农佳绿、萨谱特、天思帮、优满翠、百事威风、康禾击介。

主要含量与剂型　0.3％、0.5％、0.6％、1％、1.3％、2％、5％水剂，0.3％、0.5％、1％、1.5％可溶液剂。

产品特点 苦参碱是一种天然植物源广谱低毒杀虫剂，具有触杀、胃毒、拒食、麻醉和抑制害虫生长繁殖的作用，属无公害绿色农药产品之一。其杀虫机理是害虫接触药剂后，神经中枢即被麻痹，蛋白质出现凝固，堵死虫体气孔，使虫体窒息而死亡。该药作用速度较慢，施药后3天药效才显现高峰。

苦参碱常与烟碱、藜芦碱、除虫菊素、印楝素、蛇床子素、硫黄等杀虫剂成分混配，用于生产复合杀虫剂。

适用果树及防控对象 苦参碱适用于多种落叶果树，对鳞翅目害虫、刺吸式口器害虫及叶螨类均有较好的防控效果。目前，在落叶果树生产中主要用于防控：苹果树、梨树、桃树、山楂树的叶螨类、蚜虫类、美国白蛾、刺蛾类、食叶毛虫类、葡萄蚜虫，枸杞蚜虫，草莓蚜虫。

使用技术

（1）**苹果树、梨树、桃树、山楂树的叶螨类** 从叶螨类发生为害初期（平均每叶有螨3～4头时）开始喷药，15～20天1次，连喷2～3次。一般使用0.3%水剂或0.3%可溶液剂150～200倍液、或0.5%水剂或0.6%水剂或0.5%可溶液剂250～300倍液、或1%水剂或1%可溶液剂500～700倍液、或1.3%水剂700～900倍液、或1.5%可溶液剂800～1000倍液、或2%水剂1000～1500倍液、或5%水剂2500～3000倍液均匀喷雾。

（2）**苹果树、梨树、桃树、山楂树的蚜虫类** 从蚜虫发生为害初期开始喷药，10天左右1次，连喷2～4次。一般使用0.3%水剂或0.3%可溶液剂300～400倍液、或0.5%水剂或0.6%水剂或0.5%可溶液剂500～600倍液、或1%水剂或1%可溶液剂1000～1200倍液、或1.3%水剂1200～1500倍液、或1.5%可溶液剂1500～2000倍液、或2%水剂2000～3000倍液、或5%水剂5000～6000倍液均匀喷雾。

（3）**苹果树、梨树、桃树、山楂树的美国白蛾、刺蛾类、食叶毛虫类** 从害虫发生为害初期开始喷药，10天左右1次，每代喷药1～2次。一般使用0.3%水剂或0.3%可溶液剂250～300倍液、或0.5%水剂或0.6%水剂或0.5%可溶液剂400～500倍液、或1%水剂或1%可溶液剂800～1000倍液、或1.3%水剂1000～1200倍液、或1.5%可溶液剂1200～1500倍液、或2%水剂1500～2000倍液、或5%水剂4000～5000倍液均匀喷雾。

（4）**葡萄蚜虫** 从蚜虫发生为害初期开始喷药，10天左右1次，连喷2次左右。一般使用0.3%水剂或0.3%可溶液剂300～400倍液、或0.5%水剂或0.6%水剂或0.5%可溶液剂500～600倍液、或1%水剂或1%可溶液剂1000～1200倍液、或1.3%水剂1200～1500倍液、或1.5%可溶液剂1500～2000倍液、或2%水剂2000～3000倍液、或5%水剂5000～6000倍液均匀喷雾。

（5）**枸杞蚜虫** 从蚜虫发生为害初期开始喷药，10天左右1次，连喷2次左右。药剂喷施倍数同"葡萄蚜虫"。

（6）草莓蚜虫　从蚜虫发生为害初期开始喷药，10天左右1次，连喷2次左右。一般每亩次使用0.3%水剂或0.3%可溶液剂200～250毫升、或0.5%水剂或0.6%水剂或0.5%可溶液剂120～150毫升、或1%水剂或1%可溶液剂60～80毫升、或1.3%水剂50～60毫升、或1.5%可溶液剂40～50毫升、或2%水剂30～40毫升、或5%水剂12～15毫升，兑水30～45千克均匀喷雾。

注意事项　苦参碱不能与碱性药剂及肥料混用，连续喷药时注意与不同类型药剂交替使用。本剂作用速度较慢，施药时尽量早期使用。本剂对蜜蜂、家蚕及鱼类等水生生物有毒，施药时应避开果树开花期，桑园内及蚕室附近禁止使用，残余药液及洗涤药械的废液严禁污染河流、湖泊、池塘等水域。苹果树上使用的安全间隔期为28天，每季最多使用3次；梨树上使用的安全间隔期为21天，每季最多使用3次；葡萄上使用的安全间隔期为10天，每季最多使用3次；草莓和枸杞上使用的安全间隔期均为10天，每季均最多使用1次。

苏云金杆菌　bacillus thuringiensis

常见商标名称　阿苏、标志、北联、虫击、多击、逐击、挫败、打春、大胜、达江、敌宝、东宝、对决、凡科、丰仙、高点、豪壮、悍战、贵冠、康清、科谷、阔达、鲁生、力道、林雀、见猎、巨能、美播、强袭、青园、生绿、圣丹、顺诺、誓诺、泰好、泰极、天将、天弘、铁锁、突扫、突破、万喜、喜娃、仙楼、笑打、休战、徐康、悬锐、宜农、用心、真精、周道、阿弗铃、道夫乐、富春江、好利特、凯氟隆、满克丁、赛诺菲、森立保、天地清、植物龙、见敌315、无敌小子、逍遥懒汉、源丰大胜、源丰领跑。

主要含量与剂型　4000IU/微升、6000IU/微升、8000IU/微升、16000IU/微升、100亿活芽孢/毫升悬浮剂，8000IU/毫克、16000IU/毫克、32000IU/毫克、50000IU/毫克、100亿活芽孢/克可湿性粉剂，15000IU/毫克、16000IU/毫克水分散粒剂。

产品特点　苏云金杆菌是一种具有杀虫活性的杆状细菌，属微生物源低毒杀虫剂，主要杀虫成分为内毒素（伴孢晶体）和外毒素（α外毒素、β外毒素和γ外毒素），以胃毒作用为主，对鳞翅目害虫具有很好的毒杀活性，对人无毒性反应，是生产无公害绿色果品的优质杀虫剂之一。鳞翅目幼虫摄入伴孢晶体后，引起肠道上皮细胞麻痹、损伤和停止取食，导致细菌的营养细胞易于侵袭和穿透肠道底膜进入血淋巴组织，使害虫最后因饥饿和败血症而死亡。外毒素作用缓慢，而在蜕皮和变态时作用明显，这两个时期正是RNA合成的高峰期，外毒素能抑制依赖于DNA的RNA聚合酶。

苏云金杆菌可与阿维菌素、甲氨基阿维菌素苯甲酸盐、吡虫啉、高效氯氰菊酯、虫酰肼、氟铃脲、杀虫单、菜青虫颗粒体病毒、黏虫颗粒体病毒、甜菜夜蛾核型多角体病毒、棉铃虫核型多角体病毒、茶尺蠖核型多角体病毒、苜蓿银纹夜蛾核型多角体病毒、松毛虫质型多角体病毒等杀虫剂成分混配，用于生产复配杀虫剂。

适用果树及防控对象 苏云金杆菌适用于多种落叶果树，对鳞翅目害虫具有较好的防控效果。目前，在落叶果树生产中主要用于防控：苹果树的苹果巢蛾、大造桥虫、美国白蛾、天幕毛虫、棉铃虫、斜纹夜蛾、食心虫类、卷叶蛾类、刺蛾类、毒蛾类，梨树的天幕毛虫、梨星毛虫、美国白蛾、尺蠖类、食心虫类，桃树的卷叶蛾类、尺蠖类、食心虫类、刺蛾类、美国白蛾，枣树的尺蠖类、刺蛾类、食心虫类、棉铃虫、美国白蛾。

使用技术

（1）苹果树的苹果巢蛾、大造桥虫、美国白蛾、天幕毛虫、棉铃虫、斜纹夜蛾、食心虫类、卷叶蛾类、刺蛾类、毒蛾类 在卵孵化盛期至低龄幼虫期或初孵幼虫钻蛀前开始喷药，7～10天1次，每代喷药1～2次。一般使用4000IU/微升悬浮剂150～200倍液、或6000IU/微升悬浮剂200～300倍液、或8000IU/微升悬浮剂或8000IU/毫克可湿性粉剂300～400倍液、或15000IU/毫克水分散粒剂或16000IU/毫克水分散粒剂或16000IU/毫克可湿性粉剂或16000IU/微升悬浮剂600～800倍液、或32000IU/毫克可湿性粉剂1200～1500倍液、或50000IU/毫克可湿性粉剂2000～2500倍液、或100亿活芽孢/毫升悬浮剂或100亿活芽孢/克可湿性粉剂200～300倍液均匀喷雾。

（2）梨树的天幕毛虫、梨星毛虫、美国白蛾、尺蠖类、食心虫类 在卵孵化盛期至低龄幼虫期或初孵幼虫钻蛀前开始喷药，7～10天1次，每代喷药1～2次。药剂喷施倍数同"苹果树上用药"。

（3）桃树的卷叶蛾类、尺蠖类、食心虫类、刺蛾类、美国白蛾 在卵孵化盛期至低龄幼虫期或初孵幼虫钻蛀前开始喷药，7～10天1次，每代喷药1～2次。药剂喷施倍数同"苹果树上用药"。

（4）枣树的尺蠖类、刺蛾类、食心虫类、棉铃虫、美国白蛾 在卵孵化盛期至低龄幼虫期或初孵幼虫钻蛀前开始喷药，7～10天1次，每代喷药1～2次。药剂喷施倍数同"苹果树上用药"。

注意事项 苏云金杆菌不能与碱性药剂、有机磷杀虫剂、杀细菌剂及波尔多液等铜制剂混用。本剂属微生物制剂，防控鳞翅目害虫的幼虫时，施药期应比常规化学农药提早2～3天。该药对家蚕毒力很强，施药时应远离桑蚕养殖区域。药剂应保存在低于25℃的干燥阴凉仓库中，防止暴晒和潮湿。不同企业生产的产品存在一定差异，具体使用时的稀释倍数应参考其标签说明执行。晴朗天气可在早晚两头趁露水未干时喷药或阴天全天用药效果最佳。

棉铃虫核型多角体病毒

Helicoverpa armigera nucleopolyhedrovirus（HearNPV）

常见商标名称 奥恒、惠威、科云、奇丹、特勤、顾地丰、蛤蟆王、恩劈威、蔬博士、盈辉富腾。

主要含量与剂型　10亿PIB/克可湿性粉剂，20亿PIB/毫升、50亿PIB/毫升悬浮剂，600亿PIB/克水分散粒剂。

产品特点　棉铃虫核型多角体病毒是一种微生物源低毒杀虫剂，专用于杀灭棉铃虫幼虫，以胃毒作用为主，药效持久，具有持续传染、降低害虫群体基数的功效，对人、畜及天敌安全，不污染环境，是生产绿色无公害果品的理想杀虫剂之一。药剂喷施到植物表面被棉铃虫取食后，病毒在害虫细胞内增殖并扩散蔓延，不断侵害其健康细胞，直至导致害虫死亡；且染病害虫的粪便和虫尸还能再侵染其他害虫，形成重复侵染，使杀虫效果不断扩大。

棉铃虫核型多角体病毒有时与苏云金杆菌、高效氯氰菊酯、辛硫磷等杀虫剂成分混配，用于生产复配杀虫剂。

适用果树及防控对象　棉铃虫核型多角体病毒适用于多种落叶果树，专用于防控棉铃虫。目前，在落叶果树生产中主要用于防控：苹果树、梨树、葡萄、桃树、杏树、李树、枣树的棉铃虫。

使用技术　从棉铃虫卵孵化初盛期开始喷药，10天左右1次，每代喷药1～2次。一般使用10亿PIB/克可湿性粉剂600～800倍液、或20亿PIB/毫升悬浮剂1200～1500倍液、或50亿PIB/毫升悬浮剂3000～4000倍液、或600亿PIB/克水分散粒剂30000～40000倍液均匀喷雾。喷药最好在傍晚进行，雨后空气潮湿时用药效果最好。

注意事项　棉铃虫核型多角体病毒不能与碱性药剂和杀菌剂混用，也不能与含铜药剂混用。蜜源作物花期、蚕室及桑园附近禁止使用。本剂不耐高温，并对紫外线敏感，阳光照射容易失效，所以应尽量选择傍晚或阴天施药。

阿维菌素　abamectin

常见商标名称　安龙、柏丰、白狐、伴友、宝垠、镖满、标打、标灭、兵戈、虫寂、打破、打清、当克、稻贺、德灭、杜决、法度、富农、盖透、高飞、高朗、冠格、广歼、海亮、好得、号角、横扫、红截、鸿锐、开迪、凯击、凯威、康畅、康景、科保、库克、力克、朋克、撒克、万克、狂刀、狂卷、蓝锋、蓝锐、蓝玉、蓝悦、雷伊、雷杰、炼绝、良骏、绿海、陆虎、极高、剑鼎、剑力、捷戈、欧戈、精冠、晶贵、巨枪、卷空、决除、满战、美星、猛哥、敏功、谋攻、农稠、农慧、农狮、普拿、奇拿、潜保、潜力、潜符、潜袭、千斤、钱江、强点、擒众、清佳、全铲、权打、胜冲、双赢、四打、四润、肃威、桃乡、通田、通灭、同锐、维顶、维胜、围卷、围斩、威志、线尽、欣禾、讯诺、亿格、易战、盈锐、喻祥、锐硕、战高、战戟、真巧、智取、众锐、专击、状蓝、准打、阿捕郎、爱福丁、白虫得、虫大司、大擒拿、定虫针、二三纵、法蓝迪、呱呱清、谷瑞特、果瑞特、害极灭、卡冥西、隆维康、立劲博、绿品来、吉事多、金维林、金钟罩、卷必得、满适力、农安乐、农哈哈、破百代、强维丁、赛博罗、司迪生、太行牌、屠丝净、无极线、鑫日高、秀潜净、要中要、一顶三、一线歼、允发灵、庄稼人、爱诺3号、爱诺4号、爱诺本色、爱诺奇迹、爱诺田秀、骠骑将军、滨农赛克、华特威风、六脉神剑、胜邦绿野、世纪快手、世佳神剑、威远根泰、威远锐腾、碧奥碧螺春、海利尔双瑞、海正大赢家、海正灭虫灵、亨达全赛特、威牛真不卷、威远施光达、悦联卷必净、诺普信黑将军、诺普信金爱维丁。

主要含量与剂型 1%、1.8%、2%、3.2%、5%、10%、18 克/升乳油，1%、1.8%、3%、5%、18 克/升水乳剂，1.8%、3%、3.2%、5%微乳剂，1.8%、3%、5%可湿性粉剂，3%、5%、10%悬浮剂，2%、3%、5%微囊悬浮剂，10%水分散粒剂，0.1%浓饵剂。

产品特点 阿维菌素是一种农用抗生素类（大环内酯双糖类）广谱杀虫、杀螨剂，属昆虫神经毒剂，含有 8 个活性组分，原药高毒，制剂低毒或中毒。对昆虫和螨类以触杀和胃毒作用为主，并有微弱的熏蒸作用，无内吸作用，但对叶片有较强的渗透性，并能在植物体内横向传导，可杀死表皮下的害虫，且持效期较长。制剂杀虫（螨）活性高，对胚胎已发育的后期卵有较强的杀卵活性，但对胚胎未发育的初产卵无毒杀作用。其作用机理是干扰害虫神经生理活动，刺激释放 γ-氨基丁酸，抑制害虫神经传导，导致害虫在几小时内迅速麻痹、拒食、缓动或不动，2～4 天后死亡。阿维菌素具有强烈杀虫、杀螨、杀线虫活性，杀虫谱广，使用安全，害虫不易产生抗药性；且因植物表面残留少，而对益虫及天敌损伤小。对蜜蜂和水生生物高毒，对鸟类低毒。

阿维菌素常与苏云金杆菌、印楝素、吡虫啉、啶虫脒、吡蚜酮、噻虫嗪、噻虫胺、烯啶虫胺、氟虫胺、氟啶虫酰胺、氯氰菊酯、高效氯氰菊酯、高效氯氟氰菊酯、甲氰菊酯、联苯菊酯、氰戊菊酯、溴氰菊酯、丙溴磷、敌敌畏、毒死蜱、二嗪磷、马拉硫磷、噻唑磷、三唑磷、杀螟硫磷、辛硫磷、噻嗪酮、多杀霉素、虫酰肼、甲氧虫酰肼、灭幼脲、杀铃脲、除虫脲、氟铃脲、丁醚脲、抑食肼、氟苯虫酰胺、氯虫苯甲酰胺、氰氟虫腙、虫螨腈、丁虫腈、杀虫单、茚虫威、仲丁威、灭蝇胺、苯丁锡、联苯肼酯、螺螨酯、唑螨酯、螺虫乙酯、乙螨唑、炔螨特、噻螨酮、三唑锡、双甲脒、哒螨灵、四螨嗪、柴油、矿物油等杀虫（螨）剂成分混配，用于生产复配杀虫（螨）剂。

适用果树及防控对象 阿维菌素适用于多种落叶果树，对许多种害虫（螨）均有较好的杀灭效果。目前，在落叶果树生产中主要用于防控：苹果树的叶螨类（山楂叶螨、苹果全爪螨、二斑叶螨）、金纹细蛾、食心虫类（桃小食心虫、梨小食心虫、苹小食心虫、桃蛀螟）、卷叶蛾类、鳞翅目食叶害虫，梨树的梨木虱、叶螨类、食心虫类、鳞翅目食叶害虫、缩叶壁虱、叶肿壁虱，桃树的叶螨类、卷叶蛾类、食心虫类、桃线潜叶蛾、鳞翅目食叶害虫，枣树的叶螨类、食心虫类、枣尺蠖等鳞翅目食叶害虫，核桃缀叶螟，葡萄虎蛾，樱桃果食蝇。

使用技术

（1）**苹果树叶螨类**　首先在苹果花序分离期喷药 1 次，然后从害螨发生初盛期（树冠内膛下部叶片平均每叶有螨 3～4 头时）开始继续喷药，1～1.5 个月 1 次，连喷 3 次左右。一般使用 1％乳油或 1％水乳剂 1000～1500 倍液、或 1.8％乳油或 1.8％水乳剂或 1.8％微乳剂或 1.8％可湿性粉剂或 18 克/升乳油或 18 克/升水乳剂 2000～2500 倍液、或 2％乳油或 2％微囊悬浮剂 2000～3000 倍液、或 3％水乳剂或 3％微乳剂或 3％悬浮剂或 3％微囊悬浮剂或 3％可湿性粉剂 3000～4000 倍液、或 3.2％乳油或 3.2％微乳剂 3500～4000 倍液、或 5％乳油或 5％水乳剂或 5％微乳剂或 5％悬浮剂或 5％微囊悬浮剂或 5％可湿性粉剂 5000～6000 倍液、或 10％乳油或 10％悬浮剂或 10％水分散粒剂 10000～12000 倍液均匀喷雾。需要注意，不同区域该药已使用年数或次数不同，耐药性或抗药性存在一定差异，具体用药时还应根据当地实际情况酌情增减用药浓度，以确保防控效果。

（2）**苹果树金纹细蛾**　首先在苹果落花后和落花后 40 天左右各喷药 1 次，有效防控金纹细蛾的第 1、2 代幼虫；然后每 30～35 天喷药 1 次，连喷 2～3 次，有效防控第 3、4 代甚至第 5 代金纹细蛾幼虫。总体而言，以每代初见新鲜虫斑时即进行喷药效果最好。药剂喷施倍数同"苹果树叶螨类"。

（3）**苹果食心虫类**　根据虫情测报，在害虫卵孵化盛期至初孵幼虫蛀果前及时喷药，每代喷药 1 次即可。药剂喷施倍数同"苹果树叶螨类"。

（4）**苹果树卷叶蛾类、鳞翅目食叶害虫**　在害虫卵孵化盛期至低龄幼虫期进行喷药防控，每代喷药 1～2 次。药剂喷施倍数同"苹果树叶螨类"。

（5）**梨树梨木虱**　首先在梨树落花 80％和落花后 35 天左右各喷药 1 次，有效防控第 1、2 代梨木虱若虫；然后每 30 天左右各喷药 1 次，有效防控第 3 代及以后各代若虫。即每代若虫发生初期至未被黏液完全覆盖前及时喷药防控，一般果园每代均匀喷药 1 次即可。若成虫、若虫出现世代重叠，最好阿维菌素与菊酯类杀虫剂混合使用，以兼防成虫。阿维菌素喷施倍数同"苹果树叶螨类"。

（6）**梨树叶螨类**　首先在梨树花序分离期喷药 1 次，然后再从叶螨发生初盛期开始继续喷药，1～1.5 个月 1 次，连喷 3 次左右。药剂喷施倍数同"苹果树叶螨类"。

（7）**梨树食心虫类、鳞翅目食叶害虫**　防控食心虫时，在害虫卵孵化盛期至初孵幼虫蛀果前及时喷药，每代喷药 1 次即可；防控鳞翅目食叶害虫时，在害虫卵孵化盛期至低龄幼虫期及时喷药，每代喷药 1～2 次。药剂喷施倍数同"苹果树叶螨类"。

（8）**梨树缩叶壁虱、叶肿壁虱**　在叶片（嫩叶）上初显受害状时立即开始喷药，半月左右 1 次，连喷 1～2 次。药剂喷施倍数同"苹果树叶螨类"。

（9）**桃树叶螨类**　首先在桃树萌芽期（花芽露红时）喷药 1 次，然后再从叶螨发生初盛期开始继续喷药，1～1.5 个月 1 次，连喷 2～3 次。药剂喷施倍数同

"苹果树叶螨类"。

（10）**桃树卷叶蛾类、食心虫类、鳞翅目食叶害虫**　防控卷叶蛾类时，在害虫发生为害初期至卷叶前及时喷药防控；防控食心虫类时，在害虫卵孵化盛期至初孵幼虫蛀果前及时喷药；防控鳞翅目食叶害虫时，在害虫发生为害初期或卵孵化盛期至低龄幼虫期及时喷药防控。每代喷药1～2次。药剂喷施倍数同"苹果树叶螨类"。

（11）**桃线潜叶蛾**　在害虫发生为害初期或初见"虫道"时及时喷药防控，1个月左右1次，连喷2～4次。药剂喷施倍数同"苹果树叶螨类"。

（12）**枣树叶螨类**　首先在枣树萌芽期喷药1次，连同地面一起喷洒；然后再从害螨发生初盛期开始继续喷药，1个月左右1次，连喷3次左右。药剂喷施倍数同"苹果树叶螨类"。

（13）**枣树食心虫类**　在害虫卵孵化盛期至初孵幼虫蛀果为害前及时喷药，每代喷药1次即可。药剂喷施倍数同"苹果树叶螨类"。

（14）**枣树枣尺蠖等鳞翅目食叶害虫**　在害虫发生为害初期或卵孵化盛期至低龄幼虫期及时喷药防控，每代喷药1～2次。药剂喷施倍数同"苹果树叶螨类"。

（15）**核桃缀叶螟**　在害虫发生为害初期或卵孵化盛期至低龄幼虫期及时喷药防控，每代喷药1次即可。药剂喷施倍数同"苹果树叶螨类"。

（16）**葡萄虎蛾**　在害虫发生为害初期或卵孵化盛期至低龄幼虫期及时喷药防控，每代喷药1次即可。药剂喷施倍数同"苹果树叶螨类"。

（17）**樱桃果食蝇**　从果实近成熟期开始用药，在果园内均匀布设多点诱杀罐，悬挂于樱桃树的背阴面1.5米左右高处，然后每罐加入适量0.1%浓饵剂的2～3倍稀释液，7天左右更换一次诱罐内的药液，直到果实采收完毕。

注意事项　阿维菌素不能与碱性药剂及肥料混用，连续喷药时注意与不同类型药剂交替使用或混用。本剂对鱼类等水生生物高毒，应避免污染河流、湖泊、池塘等水域；对蜜蜂有毒，不要在果树开花期使用；对家蚕毒性很高，禁止在蚕室附近及桑园内使用。本剂生产企业众多，彼此间的产品存在一定差异，具体用药时请参考其标签说明。苹果树和梨树上使用的安全间隔期均为14天，每季均最多使用3次。

甲氨基阿维菌素苯甲酸盐　emamectin benzoate

常见商标名称　爱攻、傲甲、傲翔、靶定、宝龙、标驰、彪特、搏尔、超爽、超炫、顶贯、顶尊、独舞、度盈、法决、冠雄、豪拳、黑敌、黑畏、鸿甲、狠斗、欢胜、开颜、康除、宽尊、狂鲨、阔达、狼搏、老刀、联镇、雷明、粒妙、绿佧、吉盾、尖钻、甲冠、甲雄、劲闪、劲翔、精艳、举天、骏柏、瞒清、魔盾、牛盾、欧品、千敌、韧剑、散亮、十环、斯亚、上标、胜格、胜青、泰猛、天剑、天岳、喜报、喜粒、喜令、炫亮、银锐、玉晟、越达、斩浪、追打、纵毕、尊魁、阿迪打、阿怕奇、阿锐钢、冰锋剑、大打灵、高威严、恒达力、红锐剑、抗瑷斯、克卷宝、库克锐、领天下、加速度、金德益、金定达、金福稻、金米尔、金日清、九环刀、猛扣重、农舟行、七星拳、全能豹、瑞宝德、审判者、太行牌、统治者、威克达、伊福丁、英雄剑、蜕尔克、兑兑清、执行力、植物龙、助尔丰、全铲 3 号、标正终极、滨农四拳、宝丰亮剑、力智定夺、金阿帕奇、金甲弹头、精诺五甲、威远定康、威远禾安、威远鸿基、威远绿园、威远金甲、威远甜田、逍遥懒汉、秀田缨红、野田金卫、安格诺日清、海利尔凯欧、瑞德丰天赐、野田好神功、野田新快克。

主要含量与剂型　0.5％、1％、2％、5％乳油，0.5％、1％、2％、3％、3.4％、5％微乳剂，0.5％、1％、2％、3％水乳剂，2％、3％、5％悬浮剂，2％、5.7％微囊悬浮剂，2％可溶液剂，2％、3％、5％、5.7％、8％水分散粒剂，5％可溶粒剂。

产品特点　甲氨基阿维菌素苯甲酸盐是一种以阿维菌素 B_1 为基础进行合成的半合成抗生素类高效广谱低毒杀虫剂，以胃毒作用为主，兼有触杀活性，对作物无内吸性能，但可有效渗入植物表皮组织，持效期较长。其作用机理是通过增强神经递质如谷氨酸和 γ-氨基丁酸的作用，使大量氯离子进入神经细胞，导致细胞功能丧失，而使虫体麻痹、死亡；幼虫接触药剂后很快停止取食，发生不可逆转的麻痹，3～4 天达到死亡高峰。该药对鳞翅目昆虫的幼虫和其他许多害虫害螨具有极高活性，与其他类型杀虫剂无交互抗性，在常规剂量范围内对有益昆虫及天敌、人、畜安全。对鱼类高毒、对蜜蜂有毒。

甲氨基阿维菌素苯甲酸盐常与苏云金杆菌、甲氰菊酯、联苯菊酯、氯氰菊酯、高效氯氰菊酯、高效氯氟氰菊酯、吡丙醚、哒螨灵、虫螨腈、多杀霉素、氰氟虫腙、氟苯虫酰胺、毒死蜱、丙溴磷、三唑磷、辛硫磷、茚虫威、丁硫克百威、仲丁威、吡虫啉、啶虫脒、噻虫嗪、杀虫单、杀虫双、灭幼脲、除虫脲、丁醚脲、氟啶脲、氟铃脲、杀铃脲、虱螨脲、虫酰肼、甲氧虫酰肼等杀虫剂成分混配，用于生产复配杀虫剂。

适用果树及防控对象　甲氨基阿维菌素苯甲酸盐适用于多种落叶果树，对许多鳞翅目害虫均有较好的杀灭效果。目前，在落叶果树生产中主要用于防控：苹果树金纹细蛾，苹果树、桃树、枣桃、梨树等落叶果树的卷叶蛾类、食心虫类（桃小食心虫、梨小食心虫、桃蛀螟）、棉铃虫、美国白蛾、天幕毛虫、苹掌舟蛾、刺蛾类，桃线潜叶蛾，梨树梨木虱。

使用技术

（1）苹果树金纹细蛾　首先在苹果落花后和落花后 40 天左右各喷药 1 次，有效防控金纹细蛾的第 1、2 代幼虫；然后每 30～35 天喷药 1 次，连喷 2～3 次，有效防控第 3、4 代甚至第 5 代金纹细蛾幼虫。总体而言，以每代发生期初见新鲜虫斑时即进行喷药效果最好。一般使用 0.5％乳油或 0.5％微乳剂或 0.5％水乳剂 600～800 倍液、或 1％乳油或 1％微乳剂或 1％水乳剂 1000～1500 倍液、或 2％乳油或

2％微乳剂或2％水乳剂或2％悬浮剂或2％微囊悬浮剂或2％可溶液剂或2％水分散粒剂2000～3000倍液、或3％微乳剂或3％水乳剂或3％悬浮剂或3％水分散粒剂3000～4000倍液、或3.4％微乳剂3500～4000倍液、或5％乳油或5％微乳剂或5％悬浮剂或5％可溶粒剂或5％水分散粒剂或5.7％微囊悬浮剂或5.7％水分散粒剂5000～6000倍液、或8％水分散粒剂8000～10000倍液均匀喷雾。

（2）**苹果树、桃树、枣树、梨树等落叶果树的卷叶蛾类** 首先在果树发芽后开花前或落花后及时喷药1次，然后再于果园内初见卷叶为害时再次喷药即可。药剂喷施倍数同"苹果树金纹细蛾"。

（3）**苹果、桃、枣、梨等果实的食心虫类** 根据虫情测报，在害虫卵孵化盛期至初孵幼虫蛀果为害前及时喷药，每代喷药1次。药剂喷施倍数同"苹果树金纹细蛾"。

（4）**苹果树、桃树、枣树、梨树等落叶果树的棉铃虫、美国白蛾、天幕毛虫、苹掌舟蛾、刺蛾类** 在害虫发生为害初期，或害虫卵孵化盛期至低龄幼虫期及时喷药，每代喷药1次即可。药剂喷施倍数同"苹果树金纹细蛾"。

（5）**桃线潜叶蛾** 从桃树叶片上初见潜叶蛾为害虫道时开始喷药，1个月左右1次，连喷2～4次。药剂喷施倍数同"苹果树金纹细蛾"。

（6）**梨树梨木虱** 首先在梨树落花80％和落花后35天左右各喷药1次，有效防控第1、2代梨木虱若虫；然后每30天左右各喷药1次，有效防控第3代及以后各代若虫。即每代若虫发生初期至未被黏液完全覆盖前及时喷药防控，一般果园每代均匀喷药1次即可。若成虫、若虫出现世代重叠，最好与菊酯类杀虫剂混合使用，以兼防成虫。甲氨基阿维菌素苯甲酸盐喷施倍数同"苹果树金纹细蛾"。

注意事项 甲氨基阿维菌素苯甲酸盐不能与碱性药剂混用，连续喷药时注意与不同作用机理药剂交替使用或混用。本剂对鱼类高毒，残余药液及洗涤药械的废液严禁污染河流、湖泊、池塘等水域；对蜜蜂有毒，禁止在果树花期和蜜源植物花期使用；对家蚕高毒，严禁在桑树上及蚕室附近使用。苹果树上和枣树上使用的安全间隔期均为28天，每季均最多使用2次。

乙基多杀菌素 spinetoram

常见商标名称 艾绿士、艾绿将、陶氏益农。

主要含量与剂型 60克/升悬浮剂，25％水分散粒剂。

产品特点 乙基多杀菌素是放线菌刺糖多孢菌发酵产物多杀菌素的衍生修饰物，属农用抗生素类广谱高效低毒杀虫剂，具有触杀和胃毒作用，没有内吸活性，对鳞翅目、缨翅目及双翅目（蝇类）害虫具有较好的防控效果；杀虫活性高，持效期长，耐雨水冲刷，使用安全。其杀虫机理是作用于昆虫神经系统中烟碱型乙酰胆碱受体和γ-氨基丁酸受体，使虫体神经信号传递不能正常进行，最终导致害虫死亡。本剂对鱼类低毒，对家蚕剧毒。

乙基多杀菌素常与甲氧虫酰肼、氟啶虫胺腈等杀虫剂成分混配，用于生产复合杀虫剂。

适用果树及防控对象　乙基多杀菌素适用于多种落叶果树，对多种鳞翅目、缨翅目及双翅目害虫均有较好的防控效果。目前，在落叶果树生产中主要用于防控：苹果蠹蛾，葡萄蓟马，樱桃果食蝇。

使用技术

（1）苹果蠹蛾　在卵孵化盛期至初孵幼虫蛀果前及时喷药，每代喷药 1 次即可；若 2、3 代发生不整齐时，酌情增加 1 次喷药，间隔期 7～10 天。一般使用 60克/升悬浮剂 1200～1500 倍液、或 25％水分散粒剂 5000～6000 倍液均匀喷雾。

（2）葡萄蓟马　一般果园在葡萄花蕾穗期和落花后各喷药 1 次即可；害虫发生较重时，落花后 10 天左右增加喷药 1 次。一般使用 60 克/升悬浮剂 1500～2000倍液、或 25％水分散粒剂 6000～7000 倍液喷雾，重点喷洒穗部。

（3）樱桃果食蝇　从樱桃近成熟期开始喷药，7～10 天 1 次，连喷 1～2 次。一般使用 60 克/升悬浮剂 1200～1500 倍液、或 25％水分散粒剂 5000～6000 倍液均匀喷雾。

注意事项　乙基多杀菌素不能与碱性药剂混用，连续喷药时注意与不同类型药剂交替使用。本剂对家蚕剧毒，桑园内及蚕室附近禁止使用。残余药液及洗涤药械的废液，严禁污染河流、湖泊、池塘等水域。果树上使用的安全间隔期建议为 7天，每季建议最多使用 2 次。

吡虫啉　imidacloprid

常见商标名称　爱达、艾金、艾津、艾腈、安诺、傲立、奥坤、八骏、百刺、拜耳、宝刀、老刀、帅刀、保典、保烟、北联、碧奥、比冠、比乐、比巧、必应、必林、览博、博绝、博特、超啉、呈信、刺打、刺蓟、刺客、刺科、刺可、刺择、刺准、长青、彻净、川安、穿红、春风、大道、大举、大器、点清、点蚜、典将、导施、鼎彩、顶越、东宝、东泰、毒露、尔福、飞戈、飞达、飞领、飞升、飞跃、丰山、凤鸣、富宝、富路、盖刺、盖打、钢剑、高搏、高昌、高好、高猛、格卡、格田、谷兴、刮风、果宝、攻获、韩孚、黄龙、海讯、海正、骇浪、好捕、好击、好巧、贺森、和欣、禾展、亨达、恒诚、恒田、轰狼、户晓、虎牌、华邦、华星、皇马、汇和、辉丰、辉隆、惠宇、火电、火虎、红袖、红裕、加索、稼巧、健谷、剑祥、建农、联农、兴农、扬农、永农、江灵、劲刺、劲化、锦华、金吡、金角、金畏、竞艳、京博、京蓬、惊世、精悍、巨变、巨能、矩阵、军农、军星、凯峰、凯威、科诺、科卫、科云、可嘉、克胜、酷美、快报、快达、郎扑、蓝鼎、蓝丰、老手、力克、力盛、连胜、两净、亮围、劳动、灵单、灵猛、猎鹰、乐邦、乐巧、龙灯、龙脊、龙生、绿霸、绿海、绿晶、满点、美邦、美田、美星、米乐、灭卡、名魁、猛刺、牧龙、能打、能手、牛灵、诺顿、喷旺、纳戈、谱克、奇星、奇招、齐能、歼除、千冠、千红、乾图、巧取、巧杀、切清、青园、全丰、全胜、全击、拳尽、荣邦、瑞东、瑞拳、三泉、赛比、赛飞、赛朗、赛田、赛喜、清闪、山青、闪介、上格、昭山、申星、申酉、胜电、胜任、施悦、双工、双关、双宁、双巧、收网、苏灵、苏研、桃乡、田卿、天汇、天令、天骏、天宁、天扑、天王、天爪、天水、铁水、铁拳、霆击、挺丰、挺瑞、统克、通捷、万克、外尔、外欧、围困、威陆、威牛、威信、吸刀、仙耙、仙桃、枭首、新兴、炫击、迅克、蚜停、亿嘉、银海、银山、鹰高、悦联、月山、锐伏、锐歼、锐牙、越众、云瑞、允美、漩网、振冲、真巧、正猛、正向、植丰、智海、追命、中达、中南、庄爱、逐寇、滋农、准巧、艾比乐、艾美乐、艾巧乐、安杀宝、百士威、百灵树、贝嘉尔、吡高克、比其高、博士威、刺虿仔、大功略、大光明、大运来、达世丰、代代清、德伦卫、毒蝎子、多米乐、飞色尽、丰乐龙、高富乐、高飞比、格雷特、谷丰鸟、谷信来、光子箭、好利特、好日子、好收成、豪一点、禾生康、海利尔、韩比派、红飘飘、红种子、红太阳、红衣俏、加乐比、金德益、金高猛、金康巧、金苏灵、金星豪、卡美乐、康福多、快比得、快优好、联嘧尽、乐哈哈、乐普生、乐普泰、乐山奇、立德康、利蒙特、流行火、绿业元、漫天红、妙必特、妙灵邦、农百金、农得闲、农全得、农特爱、农威龙、诺德仕、扑虿蚜、普瑞拉、瑞宝德、瑞德丰、萨克乐、赛迪生、沙隆达、世纪通、施可净、施普乐、虿灭灵、汤普森、天地扫、特净虫、铁沙掌、万火流、万能蛙、万里红、五月红、威尔达、喜当红、喜打青、西北狼、新势立、鑫常隆、湘广达、蚜克死、蚜克西、蚜虿宁、研实净、一代好、一片青、一支枪、银苏灵、允重净、助农兴、遍净牌、丰产牌、三山牌、申风牌、双吉牌、太行牌、万绿牌、吴农牌、云农牌、艾孚蓝刺、爱诺金典、安德瑞普、保丰保收、滨农科技、博嘉农业、曹达农化、鼎烽农药、鼎盛劲虎、飞矢如电、海正必喜、韩农火红、航天西诺、亨达劲灵、黄龙鼎金、京博好巧、京博历蚜、康禾金巧、康派伟业、利尔作物、罗邦生物、美邦农药、美丰艾津、农新禾丰、三江益农、上格万紫、仕邦农化、生农阵风、盛世蓝博、双星农药、思达吡净、润鸿生化、万象全红、威远生化、威远蓝林、西大华特、信风高红、仙隆化工、扬农丰源、粤科植保、野田巅峰、野田美乐、野田威锋、正业金圣、中国农资、中化农化、中农联合、中天邦正、标正快美乐、北农华能锐、长江百氏乐、大光明阿美、大光明薪生、海正大拇指、沪联爱美乐、沪联东方红、格林治生物、美尔果蓝剑、诺普信乐麦、诺普信争猛、瑞德丰格猛、瑞德丰标胜、外尔金点子、瑞德丰施非特。

主要含量与剂型 10%、20%乳油，10%、20%、200克/升可溶液剂，200克/升、350克/升、480克/升、600克/升悬浮剂，10%、30%微乳剂，15%微囊悬浮剂，10%、20%、25%、50%、70%可湿性粉剂，40%、70%水分散粒剂。

产品特点 吡虫啉是一种新烟碱类内吸性低毒杀虫剂，专用于防控刺吸式口器害虫，具有胃毒、触杀、拒食及驱避作用，药效高、持效期长、残留低，使用安全。其杀虫机理是作用于昆虫的烟酸乙酰胆碱酯酶受体，干扰昆虫运动神经系统，使中枢神经正常传导受阻，而导致其麻痹、死亡。该药速效性好，施药后1天即有较高防效，且药效和温度呈正相关，温度高、杀虫效果好。药剂对皮肤无刺激性，对高等动物、鱼类、鸟类低毒，对蜜蜂高毒。

吡虫啉常与溴氰菊酯、氰戊菊酯、联苯菊酯、氯氰菊酯、高效氯氰菊酯、高效氟氯氰菊酯、阿维菌素、甲氨基阿维菌素苯甲酸盐、杀虫单、杀虫双、敌敌畏、氧乐果、毒死蜱、辛硫磷、三唑磷、马拉硫磷、灭多威、抗蚜威、异丙威、仲丁威、丁硫克百威、吡丙醚、三唑锡、哒螨灵、噻嗪酮、氟虫腈、虫螨腈、灭幼脲、多杀霉素、苏云金杆菌、矿物油等杀虫剂成分混配，用于生产复配杀虫剂。

适用果树及防控对象 吡虫啉适用于多种落叶果树，专用于防控刺吸式口器害虫。目前，在落叶果树生产中主要用于防控：苹果树的绣线菊蚜、苹果绵蚜、苹果瘤蚜、绿盲蝽、烟粉虱，梨树的梨木虱、黄粉蚜、梨二叉蚜、绿盲蝽，桃树、李树、杏树的蚜虫（桃蚜、桃粉蚜、桃瘤蚜），葡萄的绿盲蝽、二星叶蝉，枣树的绿盲蝽、日本龟蜡蚧，柿树的血斑叶蝉、绿盲蝽、柿绵蚧，核桃树蚜虫，栗树的栗大蚜、栗花翅蚜，石榴树的绿盲蝽、樱桃瘤头蚜，山楂树梨网蝽，草莓的蚜虫、白粉虱，花椒树蚜虫，枸杞蚜虫，蓝莓蚜虫。

使用技术

（1）苹果树绣线菊蚜、苹果绵蚜、苹果瘤蚜、绿盲蝽、烟粉虱 防控绣线菊蚜时，在嫩梢上蚜虫数量较多时或开始向幼果上转移时开始喷药，10天左右1次，连喷2次左右，兼防苹果绵蚜；防控苹果绵蚜时，在绵蚜从越冬场所向树上幼嫩组织扩散为害期及时喷药，10~15天1次，连喷1~2次，兼防绣线菊蚜；防控苹果瘤蚜时，在苹果花序分离期喷药1次即可，兼防绿盲蝽、苹果绵蚜；防控绿盲蝽时，在苹果发芽后至花序分离期和落花后各喷药1次，兼防苹果瘤蚜、苹果绵蚜；防控烟粉虱时，在烟粉虱发生初盛期及时喷药，10~15天1次，连喷1~2次，重点喷洒叶片背面。一般使用10%乳油或10%可溶液剂或10%微囊悬浮剂或10%可湿性粉剂1200~1500倍液、或15%微囊悬浮剂1800~2000倍液、或20%乳油或20%可溶液剂或200克/升可溶液剂或200克/升悬浮剂或20%可湿性粉剂2500~3000倍液、或25%可湿性粉剂3000~3500倍液、或30%微乳剂3500~4000倍液、或350克/升悬浮剂4000~5000倍液、或40%水分散粒剂5000~6000倍液、或480克/升悬浮剂或50%可湿性粉剂6000~7000倍液、或600克/升悬浮剂7000~8000倍液、或70%可湿性粉剂或70%水分散粒剂8000~10000倍液均匀喷雾，连续喷药时注意与不同类型药剂交替使用或混用。

（2）梨树梨木虱、黄粉蚜、梨二叉蚜、绿盲蝽 防控梨木虱时，在每代梨木虱卵孵化盛期至若虫被黏液完全覆盖前及时喷药，第1、2代每代喷药1次，第3代及其以后各代每代喷药1~2次；防控黄粉蚜时，在黄粉蚜从树皮缝隙中向树上幼嫩组织转移期及时喷药，10天左右1次，连喷2~3次；防控梨二叉蚜时，在嫩梢上蚜虫数量较多时或有虫害导致卷叶时及时喷药，10天左右1次，连喷1~2次，兼防梨木虱、黄粉蚜；防控绿盲蝽时，在梨树花序分离期（铃铛球期）和落花后各喷药1次，兼防梨木虱。连续喷药时，注意与不同类型药剂交替使用或混用。吡虫啉喷施倍数同"苹果树绣线菊蚜"。

（3）**桃树、李树、杏树的蚜虫**　发芽后开花前第1次喷药，落花后及时进行第2次喷药，以后10~15天喷药1次，再需喷药2次左右。吡虫啉喷施倍数同"苹果树绣线菊蚜"。

（4）**葡萄绿盲蝽、二星叶蝉**　防控绿盲蝽时，在葡萄萌芽后或绿盲蝽发生为害初期开始喷药，7~10天1次，连喷2~3次；防控二星叶蝉时，从叶片正面出现受害黄点时开始喷药，10天左右1次，连喷2次左右，重点喷洒叶片背面。吡虫啉喷施倍数同"苹果树绣线菊蚜"，与触杀性药剂混喷效果更好。

（5）**枣树绿盲蝽、日本龟蜡蚧**　防控绿盲蝽时，从枣树萌芽后或绿盲蝽发生为害初期开始喷药，7~10天1次，连喷2~4次；防控日本龟蜡蚧时，在初孵若虫从母体介壳下爬出向幼嫩组织扩散为害至若虫被蜡粉覆盖前及时喷药，7~10天1次，连喷1~2次。吡虫啉喷施倍数同"苹果树绣线菊蚜"，与触杀性药剂混喷效果更好。

（6）**柿树血斑叶蝉、绿盲蝽、柿绵蚧**　防控血斑叶蝉时，从害虫发生为害初盛期（叶片正面出现较多黄白色小点时）开始喷药，10天左右1次，连喷2次左右，重点喷洒叶片背面；防控绿盲蝽时，在柿树发芽后或绿盲蝽发生为害初期及时喷药，10天左右1次，连喷2次左右；防控柿绵蚧时，在初孵若虫扩散为害至若虫被蜡粉覆盖前及时喷药，与触杀性药剂混喷效果更好。吡虫啉喷施倍数同"苹果树绣线菊蚜"。

（7）**核桃树蚜虫**　从蚜虫为害初盛期（嫩叶上蚜虫数量较多时）开始喷药，10天左右1次，连喷2次左右。药剂喷施倍数同"苹果树绣线菊蚜"。

（8）**栗树栗大蚜、栗花翅蚜**　从蚜虫为害初盛期开始喷药，10天左右1次，连喷2次左右。药剂喷施倍数同"苹果树绣线菊蚜"。

（9）**石榴树绿盲蝽、绵蚜**　防控绿盲蝽时，从石榴发芽后或绿盲蝽发生为害初期开始喷药，10天左右1次，连喷2次左右，与触杀性药剂混喷效果更好；防控绵蚜时，从嫩梢上或花蕾上或幼果上蚜虫数量较多时开始喷药，10天左右1次，连喷2~3次。吡虫啉喷施倍数同"苹果树绣线菊蚜"。

（10）**樱桃瘤头蚜**　从瘤头蚜发生为害初期开始喷药，10天左右1次，连喷2次左右，与触杀性药剂混喷效果更好。吡虫啉喷施倍数同"苹果树绣线菊蚜"。

（11）**山楂树梨网蝽**　从梨网蝽发生为害初盛期（叶片正面显出黄白色小点时）开始喷药，10天左右1次，连喷2次左右，重点喷洒叶片背面，与触杀性药剂混喷效果更好。吡虫啉喷施倍数同"苹果树绣线菊蚜"。

（12）**草莓蚜虫、白粉虱**　从害虫发生为害初期开始喷药，7~10天1次，连喷 2 次左右。吡虫啉喷施倍数同"苹果树绣线菊蚜"。

（13）花椒树蚜虫　从蚜虫发生为害初盛期（嫩梢上或嫩芽上蚜虫数量较多时）开始喷药，7～10 天 1 次，连喷 2～3 次，与触杀性药剂混喷效果更好。吡虫啉喷施倍数同"苹果绣线菊蚜"。

（14）枸杞蚜虫　从蚜虫发生为害初盛期（嫩梢上蚜虫数量较多时）开始喷药，10 天左右 1 次，连喷 2 次左右，与触杀性药剂混喷效果更好。吡虫啉喷施倍数同"苹果树绣线菊蚜"。

（15）蓝莓蚜虫　从蚜虫发生为害初盛期（嫩梢上蚜虫数量较多时）开始喷药，10 天左右 1 次，连喷 2 次左右，与触杀性药剂混喷效果更好。吡虫啉喷施倍数同"苹果树绣线菊蚜"。

注意事项　吡虫啉不能与碱性药剂及强酸性药剂混用。连续喷药时注意与不同作用机理的药剂交替使用或混用，以延缓害虫产生抗药性。该药在许多地区已使用多年，许多害虫均产生了不同程度的抗药性，具体用药时需根据当地实际情况适当增减用药量，或交替用药。吡虫啉为温度敏感型药剂，高温时药效发挥充分，因此尽量选择晴朗无风的上午喷药较好。本剂对蜜蜂有毒，禁止在果树花期和养蜂场所使用。苹果树和梨树上使用的安全间隔期均为 14 天，每季均最多使用 2 次；枣树上使用的安全间隔期为 28 天，每季最多使用 2 次。

吡蚜酮　pymetrozine

常见商标名称　螯刺、巴鹰、宝灵、穿灭、穿扬、赤电、贺电、快电、扫电、卓电、紫电、刺客、挫飞、极飞、溃飞、刀飞、无飞、战飞、诛飞、飞电、飞冠、飞破、飞宽、飞控、飞掠、飞能、飞巧、飞炫、稻凯、登峰、顶峰、悦峰、滴净、鼎铜、东泰、都克、独杀、丰山、富宝、亨达、恒田、红裕、虎蛙、华邦、黄龙、集琦、健谷、锦顶、卡雁、凯威、克胜、利丰、力克、力挺、联世、绿霸、美丰、美星、妙捕、诺胜、奇才、奇刺、奇蛙、清佳、清溃、清扫、全秀、瑞东、锐普、如胜、闪扑、上格、势落、势灭、世骄、神约、申西、硕爱、苏研、溧化、速腾、太行、特杀、天容、添翼、统亚、图标、拓世、外尔、卫农、永农、围网、欣喜、玄梭、亿嘉、义星、翼翔、银胜、造极、斩克、针封、主动、尊贵、阿捕郎、阿锡玛、安诺信、八喜狼、宝飞龙、大将领、敌可灵、斗战威、发事达、飞斯净、飞状元、丰乐龙、福瑞龙、格雷特、谷丰鸟、好日子、好身手、红太阳、疾雷将、金子弹、快利克、利蒙特、力天能、农博士、农全得、瑞宝德、瑞德丰、锐爱农、锐扫乐、虱捷青、时扫光、圣西罗、圣约翰、双吉牌、苏福稼、天之蛙、万绿牌、威尔达、韦尔奇、希阔玛、先正达、新长山、迅锐敏、植物龙、啄木鸟、博嘉农业、博嘉青虹、东生飞快、康禾飞落、美邦农药、明德立达、钱江福喜、青岛金尔、润生飞闪、三江益农、山农通冠、双宁万紫、泰格伟德、威远核利、威远生化、银农科技、盈辉刺飞、郑氏化工、中达科技、中航三利、海利尔化工、金尔双头鹰、美邦金点子、中保阿乐泰、升华拜克彩霞、升华拜克青霞。

主要含量与剂型 25％悬浮剂，25％、30％、40％、50％、70％可湿性粉剂，50％、60％、70％、75％水分散粒剂。

产品特点 吡蚜酮是一种吡啶三嗪酮类低毒杀虫剂，专用于防控刺吸式口器害虫，具有触杀作用和内吸活性，防效高，选择性强，对环境及生态安全。在植物体内既能于木质部输导，也能于韧皮部输导，具有良好的输导特性，茎叶喷雾后新长出的枝叶也能得到有效保护。其作用机理是害虫接触药剂后立即产生不可逆转的口针阻塞效应，停止取食，最终因饥饿而死亡，所以该药还同时具有阻断刺吸式昆虫传毒功效。

吡蚜酮常与阿维菌素、烯啶虫胺、噻嗪酮、噻虫胺、噻虫嗪、噻虫啉、啶虫脒、呋虫胺、哌虫啶、吡丙醚、毒死蜱、高效氯氟氰菊酯、氟啶虫酰胺、氯虫苯甲酰胺、甲氧虫酰肼、螺虫乙酯、异丙威、仲丁威、速灭威、甲萘威、茚虫威、哒螨灵、低聚糖素等杀虫剂成分混配，用于生产复配杀虫剂。

适用果树及防控对象 吡蚜酮适用于多种落叶果树，对刺吸式口器害虫具有良好的防控效果。目前，在落叶果树生产中主要用于防控：苹果树的绣线菊蚜、苹果瘤蚜，梨树的梨木虱，桃树蚜虫（桃蚜、桃瘤蚜、桃粉蚜），葡萄绿盲蝽，枣树绿盲蝽。

使用技术

（1）苹果树绣线菊蚜、苹果瘤蚜 防控绣线菊蚜时，在嫩梢上蚜虫发生初盛期或蚜虫开始向幼果转移为害时及时喷药，10天左右1次，连喷2次左右；防控苹果瘤蚜时，在苹果花序分离期和落花后各喷药1次即可。一般使用25％悬浮剂或25％可湿性粉剂1500～2000倍液、或30％可湿性粉剂2000～2500倍液、或40％可湿性粉剂2500～3000倍液、或50％可湿性粉剂或50％水分散粒剂3000～4000倍液、或60％水分散粒剂4000～5000倍液、或70％可湿性粉剂或70％水分散粒剂或75％水分散粒剂5000～6000倍液均匀喷雾。

（2）梨树梨木虱 一般梨园在梨树落花80％和落花后35天左右各喷药1次，有效防控第1、2代梨木虱若虫；然后每30天左右各喷药1次，有效防控第3代及以后各代若虫。即在每代梨木虱卵孵化盛期至若虫被黏液完全覆盖前及时喷药，第1、2代每代喷药1次，第3代及其以后各代每代喷药1～2次，注意与不同类型药剂交替使用。吡蚜酮喷施倍数同"苹果树绣线菊蚜"。

（3）桃树蚜虫 首先在桃芽露红期喷药1次，然后从桃树落花后开始连续喷药，10～15天1次，连喷2～3次。药剂喷施倍数同"苹果树绣线菊蚜"。

（4）葡萄绿盲蝽 在葡萄萌芽后或绿盲蝽发生为害初期开始喷药，10天左右1次，连喷2～4次，与触杀性杀虫剂混合喷施效果最好。吡蚜酮喷施倍数同"苹果树绣线菊蚜"。

（5）枣树绿盲蝽 在枣树萌芽后或绿盲蝽发生为害初期开始喷药，10天左右

1次，连喷2～4次，与触杀性杀虫剂混合喷施效果最好。吡蚜酮喷施倍数同"苹果树绣线菊蚜"。

注意事项 吡蚜酮不能与碱性药剂混用。连续喷药时注意与不同类型药剂交替使用，或与不同类型药剂混合使用，以延缓害虫产生抗药性，并提高对害虫的杀灭效果。喷药应及时均匀周到，尤其要喷洒到害虫为害部位。用药时注意安全防护，避免药液溅及皮肤或眼睛。每季使用次数最多不要超过2次。

啶虫脒 acetamiprid

常见商标名称 爱打、标龙、标能、标冠、锋冠、冠田、拓田、欣田、崇刻、刺虎、刺龙、刺佳、翠豹、坤牙、敌甲、甲保、顶势、定秀、抖落、斗蓟、施蓟、蓟戈、独狼、独品、法灵、潘通、废刺、飞炫、飞跃、风落、盖定、骇战、恒诚、恒定、恒辉、恒星、红胖、红秀、虎牌、辉隆、坚定、剑喜、锦标、金特、惊喜、决吸、卡伏、凯欢、克胜、酷豹、酷胜、狂飙、狂杀、蓝啶、蓝旺、蓝喜、狼奔、利器、亮锋、凌酷、领驭、马克、猛狼、纳戈、千落、清丹、全盛、赛安、赛净、闪妙、神杯、胜券、夙行、跳酷、铁勒、铁骑、挺克、挺农、通刺、通天、万决、万克、万马、喜打、闲真、闲尊、信锐、星锋、易成、伊戈、亿嘉、银啶、永斗、佑华、珍巧、植丰、专刺、百福灵、打虎将、谷丰鸟、好日子、害立平、轰轰列、见犴乐、金斗芽、金伏牙、金固得、金剑神、快力捷、龙卷风、蓝可迪、落满地、蒙托亚、马尚青、米塔尔、莫比朗、木粉令、农博士、顷刻间、瑞宝德、赛迪生、司迪生、万难替、喜得冠、小白马、一月闲、银旋风、自由剑、爱诺超越、宝丰利剑、碧奥旋风、海正金宁、恒田黑打、京博擂战、康派伟业、美邦俊彪、升华拜克、万胜福田、威远赛林、兴农飞抗、汤普森猛纵、野田金诺神、野田真绝招。

主要含量与剂型 5%、10%、15%、25%乳油，5%、10%、20%微乳剂，10%、20%可溶液剂，20%、40%可溶粉剂，5%、10%、20%、60%、70%可湿性粉剂，40%、50%、70%水分散粒剂。

产品特点 啶虫脒是一种氯代烟碱类低毒杀虫剂，专用于防控刺吸式口器害虫，以触杀和胃毒作用为主，兼有卓越的内吸活性和较强的渗透传导作用，杀虫活性高，击倒速度较快，持效期较长。其杀虫机理主要作用于昆虫中枢神经系统突触部位，通过与乙酰胆碱受体结合使昆虫异常兴奋，全身痉挛、麻痹而死亡。对于对有机磷类、氨基甲酸酯类及拟除虫菊酯类有抗性的害虫也具有很好的防控效果，特别对半翅目害虫效果好。其药效和温度呈正相关，温度高杀虫活性强。制剂对人畜低毒，对天敌杀伤力小，对鱼类毒性较低，对蜜蜂影响小。

啶虫脒常与阿维菌素、甲氨基阿维菌素苯甲酸盐、氯虫苯甲酰胺、氟啶虫酰胺、氰氟虫腙、吡蚜酮、哒螨灵、氯氰菊酯、顺式氯氰菊酯、高效氯氰菊酯、高效氯氟氰菊酯、联苯菊酯、氟氯氰菊酯、虱螨脲、氟酰脲、杀虫单、杀虫环、辛硫磷、杀螟硫磷、毒死蜱、丁硫克百威、仲丁威等杀虫剂成分混配，用于生产复配杀虫剂。

适用果树及防控对象　啶虫脒适用于多种落叶果树，对刺吸式口器害虫具有很好的防控效果。目前，在落叶果树生产中主要用于防控：苹果树的绣线菊蚜、苹果绵蚜，桃树、李树、杏树的蚜虫（桃蚜、桃瘤蚜、桃粉蚜），梨树的梨木虱、梨二叉蚜、黄粉蚜，葡萄的绿盲蝽、蓟马，枣树绿盲蝽，石榴树棉蚜，花椒树蚜虫，枸杞蚜虫。

使用技术

（1）**苹果树绣线菊蚜、苹果绵蚜**　防控绣线菊蚜时，在新梢上蚜虫数量较多时或蚜虫开始向幼果扩散为害时及时喷药，10天左右1次，连喷2次左右；防控苹果绵蚜时，在绵蚜从越冬场所向幼嫩组织扩散为害时开始喷药，10天左右1次，连喷2次。一般使用5％乳油或5％微乳剂或5％可湿性粉剂1500～2000倍液、或10％乳油或10％微乳剂或10％水乳剂或10％可湿性粉剂3000～4000倍液、或15％乳油4500～5000倍液、20％微乳剂或20％可溶液剂或20％可溶粉剂或20％可湿性粉剂6000～7000倍液、或25％乳油7000～8000倍液、或40％可溶粉剂或40％水分散粒剂12000～14000倍液、或50％水分散粒剂13000～15000倍液、或60％可湿性粉剂15000～18000倍液、或70％水分散粒剂18000～20000倍液均匀喷雾。

（2）**桃树、李树、杏树的蚜虫**　首先在萌芽后开花前（花露红期）喷药1次，然后从落花后开始连续喷药，10天左右1次，与不同类型药剂交替使用或混用，连喷2～3次。啶虫脒喷施倍数同"苹果树绣线菊蚜"。

（3）**梨树梨木虱、梨二叉蚜、黄粉蚜**　防控梨木虱时，在各代若虫孵化盛期至虫体被黏液全部覆盖前及时喷药，第1、2代若虫每代喷药1次，第3代及以后各代若虫因世代重叠每代需喷药1～2次；防控梨二叉蚜时，在蚜虫为害初期或初见卷叶时及时喷药，7～10天1次，连喷2次左右；防控黄粉蚜时，在黄粉蚜从越冬场所向幼嫩组织转移时及时喷药，7～10天1次，连喷2次左右。连续喷药时，注意与不同类型药剂交替使用或混用。啶虫脒喷施倍数同"苹果树绣线菊蚜"。

（4）**葡萄绿盲蝽、蓟马**　防控绿盲蝽时，从葡萄萌芽期开始喷药，10天左右1次，与不同类型药剂交替使用或混用，连喷2～4次；防控蓟马时，在葡萄开花前、落花后及落花后10天左右各喷药1次。啶虫脒喷施倍数同"苹果树绣线菊蚜"。

（5）**枣树绿盲蝽**　从枣树萌芽期开始喷药，10天左右1次，与不同类型药剂交替使用或混用，连喷2～4次。啶虫脒喷施倍数同"苹果树绣线菊蚜"。

（6）**石榴树绵蚜**　从嫩梢上或花蕾上或幼果上蚜虫数量较多时（蚜虫发生为害初盛期）开始喷药，10天左右1次，连喷2～3次。啶虫脒喷施倍数同"苹果树绣线菊蚜"。

（7）**花椒树蚜虫**　从嫩梢上蚜虫数量较多时（蚜虫发生为害初盛期）开始喷

药，10 天左右 1 次，连喷 2～3 次。啶虫脒喷施倍数同"苹果树绣线菊蚜"。

（8）枸杞蚜虫 从嫩枝上蚜虫数量较多时（蚜虫发生为害初盛期）开始喷药，10 天左右 1 次，连喷 2～3 次。啶虫脒喷施倍数同"苹果树绣线菊蚜"。

注意事项 啶虫脒不能与碱性药剂及强酸性药剂混用。连续喷药时，注意与不同类型药剂交替使用或混合使用，与触杀性杀虫剂混用效果更好。啶虫脒与吡虫啉属同类型药剂，两者不易混合使用或交替使用。本剂对家蚕高毒，桑园内及其附近禁止使用。残余药液及洗涤药械的废液，严禁污染河流、湖泊、池塘等水域及水源地，避免对鱼类等水生生物造成毒害。苹果树上使用的安全间隔期为 14 天，每季最多使用 2 次；枣树上使用的安全间隔期为 28 天，每季最多使用 2 次。

烯啶虫胺 nitenpyram

常见商标名称 爱谷、百戈、柏杨、比翼、昌勇、刺闭、刺袭、东宝、斗志、飞迪、飞极、飞胜、索飞、羽飞、卓飞、丰山、禾本、红警、惠捕、火虎、健谷、江山、凯威、框住、狼将、乐威、联世、马达、米旺、千夫、庆蛙、师凯、圣勇、帅鸽、速刺、外尔、吸除、喜盾、骁勇、新秀、耀扬、敌乐威、飞太郎、飞特佳、丰乐龙、金德益、龙咆哮、红太阳、农博士、诺普信、瑞德丰、植物龙、啄木鸟、海特农化、明德立达、三江益农、中国农资、中农联合。

主要含量与剂型 10％、20％水剂，10％、20％、30％可溶液剂，20％、50％、60％可湿性粉剂，20％、30％、50％水分散粒剂，25％、50％可溶粉剂，50％、60％可溶粒剂。

产品特点 烯啶虫胺是一种新型烟碱类低毒杀虫剂，属昆虫乙酰胆碱酯酶抑制剂，对害虫具有触杀和胃毒作用，并具有良好的渗透性和内吸性，专用于防控刺吸式口器害虫。其杀虫机理主要是作用于害虫的神经系统，阻断害虫的神经信息传导，而导致害虫死亡。本剂杀虫活性高，低毒、低残留，持效期较长，可混用性好，对作物安全，对鱼类低毒。

烯啶虫胺常与吡蚜酮、噻嗪酮、噻虫嗪、噻虫啉、呋虫胺、联苯菊酯、异丙威、阿维菌素等杀虫剂成分混配，用于生产复配杀虫剂。

适用果树及防控对象 烯啶虫胺适用于多种落叶果树，对刺吸式口器害虫具有良好的防控效果。目前，在落叶果树生产中主要用于防控：苹果树的绣线菊蚜、苹果绵蚜，梨树的梨木虱、梨二叉蚜，桃树、李树、杏树的蚜虫（桃蚜、桃粉蚜、桃瘤蚜），葡萄绿盲蝽，枣树绿盲蝽，石榴树绵蚜，柿树的血斑叶蝉、柿绵蚧，花椒树蚜虫，草莓的蚜虫、白粉虱。

使用技术

（1）苹果树绣线菊蚜、苹果绵蚜 防控绣线菊蚜时，在嫩梢上蚜虫数量较多时或开始向幼果转移扩散为害时及时喷药，10 天左右 1 次，连喷 2 次左右；防控苹果绵蚜时，在绵蚜从越冬场所向树上幼嫩组织转移扩散为害时及时喷药，10 天左右 1 次，连喷 2 次左右。一般使用 10％水剂或 10％可溶液剂 1500～2000 倍液、或 20％水剂或 20％可溶液剂或 20％可湿性粉剂或 20％水分散粒剂 3000～4000 倍液、或 25％可溶粉剂 4000～5000 倍液、或 30％可溶液剂或 30％水分散粒剂 5000～6000 倍液、或 50％可溶粉剂或 50％可溶粒剂或 50％可湿性粉剂或 50％水分散粒剂 8000～10000倍液、或 60％可溶粒剂或 60％可湿性粉剂 10000～12000 倍液均匀喷雾。

（2）**梨树梨木虱、梨二叉蚜**　防控梨木虱时，在各代梨木虱卵孵化盛期至初孵若虫被黏液完全覆盖前及时喷药，第 1、2 代若虫每代喷药 1 次，第 3 代及以后各代若虫因世代重叠每代需喷药 1～2 次；防控梨二叉蚜时，在蚜虫发生为害初盛期或受害叶片卷叶初期及时喷药，10 天左右 1 次，连喷 1～2 次。烯啶虫胺喷施倍数同"苹果树绣线菊蚜"。

（3）**桃树、李树、杏树的蚜虫**　首先在萌芽后开花前喷药 1 次，然后从落花后开始继续喷药，10 天左右 1 次，与不同类型药剂交替使用或混用，连喷 2～3 次。烯啶虫胺喷施倍数同"苹果树绣线菊蚜"。

（4）**葡萄绿盲蝽**　在葡萄萌芽后或绿盲蝽发生为害初期开始喷药，10 天左右 1 次，与不同类型药剂交替使用或混用（与触杀性杀虫剂混用效果最好），连喷 2～4 次。烯啶虫胺喷施倍数同"苹果树绣线菊蚜"。

（5）**枣树绿盲蝽**　在枣树萌芽后或绿盲蝽发生为害初期开始喷药，10 天左右 1 次，与不同类型药剂交替使用或混用（与触杀性杀虫剂混用效果最好），连喷 2～4 次。烯啶虫胺喷施倍数同"苹果树绣线菊蚜"。

（6）**石榴树绵蚜**　从蚜虫发生为害初盛期、或嫩梢上或花蕾上或幼果上蚜虫数量较多时开始喷药，10 天左右 1 次，与不同类型药剂交替使用或混用（与触杀性杀虫剂混用效果最好），连喷 2～3 次。烯啶虫胺喷施倍数同"苹果树绣线菊蚜"。

（7）**柿树血斑叶蝉、柿绵蚧**　防控血斑叶蝉时，从叶片正面初显黄白色褪绿小点时开始喷药，10 天左右 1 次，连喷 2～3 次，重点喷洒叶片背面；防控柿绵蚧时，在柿绵蚧卵孵化盛期至低龄若虫期（若虫被蜡粉完全覆盖前）及时进行喷药，每代喷药 1 次即可。烯啶虫胺喷施倍数同"苹果树绣线菊蚜"。

（8）**花椒树蚜虫**　从嫩梢上蚜虫数量较多时开始喷药，10 天左右 1 次，与不同类型药剂交替使用或混用，连喷 2～4 次。烯啶虫胺喷施倍数同"苹果树绣线菊蚜"。

（9）**草莓蚜虫、白粉虱**　从害虫发生为害初期开始喷药，10 天左右 1 次，与不同类型药剂交替使用或混用，连喷 2～4 次。烯啶虫胺喷施倍数同"苹果树绣线菊蚜"。

注意事项　烯啶虫胺不能与碱性药剂及强酸性药剂混用。连续喷药时，注意与其他不同类型药剂交替使用或混合使用。用药时注意安全保护，避免药液溅及皮肤及眼睛。残余药液及洗涤药械的废液，严禁污染河流、湖泊、池塘等水域，避免对鱼类等水生生物造成毒害。安全使用间隔期建议为 14 天，每季使用建议不超过 2 次。

呋虫胺 dinotefuran

常见商标名称 碧奥、东宝、汇丰、克胜、美邦、上格、海利尔、恒利达、红太阳、双吉牌、威远生化。

主要含量与剂型 20％、30％悬浮剂，20％、40％、50％可溶粒剂，20％、25％、40％、50％、60％、70％水分散粒剂，25％、50％可湿性粉剂。

产品特点 呋虫胺是一种新烟碱类内吸性低毒杀虫剂，专用于防控刺吸式口器害虫，具有触杀和胃毒作用，层间传导性强，易被植物吸收，耐雨水冲刷，持效期较长，使用安全。其杀虫机理是作用于昆虫的乙酰胆碱受体，影响昆虫中枢神经系统突触，阻断神经信息传导，使昆虫麻痹瘫痪而死亡。本剂对蜜蜂高毒，对家蚕高毒，对水生生物有毒。

呋虫胺常与阿维菌素、联苯菊酯、高效氯氟氰菊酯、毒死蜱、异丙威、吡丙醚、吡蚜酮、噻嗪酮、噻虫嗪、烯啶虫胺、螺虫乙酯、哒螨灵等杀虫剂成分混配，用于生产复配杀虫剂。

适用果树及防控对象 呋虫胺适用于多种落叶果树，对多种刺吸式口器害虫均有较好的防控效果。目前，在落叶果树生产中主要用于防控：苹果树的绣线菊蚜、葡萄绿盲蝽、枣树绿盲蝽，桃树、杏树、李树的蚜虫（桃蚜、桃粉蚜、桃瘤蚜）、小绿叶蝉，柿树血斑叶蝉，草莓白粉虱。

使用技术

（1）苹果树绣线菊蚜 多从嫩梢上蚜虫数量较多时或蚜虫开始向幼果上转移为害时开始喷药，10 天左右 1 次，连喷 2 次左右。一般使用 20％悬浮剂或 20％可溶粒剂或 20％水分散粒剂 2000～3000 倍液、或 25％水分散粒剂或 25％可湿性粉剂 3000～3500 倍液、或 30％悬浮剂 3500～4000 倍液、或 40％可溶粒剂或 40％水分散粒剂 4000～5000 倍液、或 50％可溶粒剂或 50％水分散粒剂或 50％可湿性粉剂 6000～7000 倍液、或 60％水分散粒剂 7000～8000 倍液、或 70％水分散粒剂 8000～10000 倍液均匀喷雾。

（2）葡萄绿盲蝽 在葡萄萌芽后或绿盲蝽发生为害初期开始喷药，10 天左右 1 次，与不同类型药剂交替使用或混用，连喷 2～4 次。呋虫胺喷施倍数同"苹果树绣线菊蚜"。

（3）枣树绿盲蝽 在枣树萌芽后或绿盲蝽发生为害初期开始喷药，10 天左右 1 次，与不同类型药剂交替使用或混用，连喷 2～4 次。呋虫胺喷施倍数同"苹果树绣线菊蚜"。

（4）桃树、杏树、李树的蚜虫、小绿叶蝉 防控蚜虫时，首先在花芽露红期喷药 1 次，然后从落花后继续喷药，10 天左右 1 次，与不同类型药剂交替使用或混用，连喷 2~3 次；防控小绿叶蝉时，从叶片正面显出黄白色褪绿小点时开始喷药，10 天左右 1 次，连喷 2 次左右，重点喷洒叶片背面。呋虫胺喷施倍数同"苹果树绣线菊蚜"。

（5）**柿树血斑叶蝉**　从叶片正面显出黄白色褪绿小点时开始喷药，10 天左右 1 次，连喷 2 次左右，重点喷洒叶片背面。药剂喷施倍数同"苹果树绣线菊蚜"。

（6）**草莓白粉虱**　从白粉虱发生为害初期开始喷药，7~10 天 1 次，与不同类型药剂交替使用或混用，连喷 3~4 次，重点喷洒叶片背面。呋虫胺每亩次使用 20%悬浮剂 30~40 毫升、或 20%可溶粒剂或 20%水分散粒剂 30~40 克、或 25%水分散粒剂或 25%可湿性粉剂 25~30 克、或 30%悬浮剂 20~25 毫升、或 40%可溶粒剂或 40%水分散粒剂 15~20 克、或 50%可溶粒剂或 50%水分散粒剂或 50%可湿性粉剂 12~15 克、或 60%水分散粒剂 10~13 克、或 70%水分散粒剂 9~12 克，兑水 30~45 千克均匀喷雾。

注意事项　呋虫胺不能与碱性药剂及强酸性药剂混用。连续喷药时，注意与不同类型药剂交替使用或混用。果树开花期禁止使用，避免对传粉昆虫造成伤害。残余药液及洗涤药械的废液严禁污染河流、湖泊、池塘等水域。蚕室周边和桑园内及其附近禁止使用。

噻虫胺　clothianidin

常见商标名称　美邦、富美实、海利尔、福利星、威远生化。

主要含量与剂型　20%、30%、48%悬浮剂，30%、50%水分散粒剂。

产品特点　噻虫胺是一种新烟碱类内吸性高效低毒杀虫剂，属乙酰胆碱受体激动剂，具有触杀、胃毒和内吸作用，专用于防控刺吸式口器害虫，持效期较长，使用安全。其杀虫机理是作用于昆虫的中枢神经系统的突触，使昆虫持续兴奋、麻痹、瘫痪而死亡。本剂对蜜蜂、家蚕及鱼类等水生生物有毒。

噻虫胺常与阿维菌素、联苯菊酯、高效氯氟氰菊酯、吡蚜酮、灭蝇胺、异丙威、氯虫苯甲酰胺、毒死蜱、杀虫单、虫螨腈、氟铃脲、哒螨灵等杀虫剂成分混配，用于生产复配杀虫剂。

适用果树及防控对象　噻虫胺适用于多种落叶果树，对多种刺吸式口器害虫均有较好的防控效果，目前，在落叶果树生产中主要用于防控：梨树的梨木虱、梨二叉蚜、梨冠网蝽，苹果树绣线菊蚜，山楂梨冠网蝽，葡萄绿盲蝽，枣树绿盲蝽，桃树、杏树、李树的蚜虫类（桃蚜、桃粉蚜、桃瘤蚜）、小绿叶蝉，草莓白粉虱。

使用技术

（1）**梨树梨木虱、梨二叉蚜、梨冠网蝽**　防控梨木虱时，在各代梨木虱卵孵化盛期至初孵若虫被黏液完全覆盖前及时喷药（落花后立即喷药防控第 1 代若虫，落花后 35 天左右喷药防控第 2 代若虫），第 1、2 代若虫每代喷药 1 次，第 3 代及以后各代若虫因世代重叠每代需喷药 1~2 次；防控梨二叉蚜时，在蚜虫发生为害初盛期或受害叶片初显卷叶时及时喷药，10 天左右 1 次，连喷 1～2 次；防控梨冠网蝽时，从叶片正面出现黄白色褪绿小点时开始喷药，10 天左右 1 次，连喷 1～2 次，重点喷洒叶片背面。一般使用 20％悬浮剂 1500～2000 倍液、或 30％悬浮剂或 30％水分散粒剂 2500～3000 倍液、或 48％悬浮剂或 50％水分散粒剂 4000～5000 倍液均匀喷雾。

（2）**苹果树绣线菊蚜**　多从嫩梢上蚜虫数量较多时或蚜虫开始向幼果上转移为害时开始喷药，10 天左右 1 次，连喷 2 次左右。噻虫胺喷施倍数同"梨树梨木虱"。

（3）**山楂梨冠网蝽**　从叶片正面出现黄白色褪绿小点时开始喷药，10 天左右 1 次，连喷 1～2 次，重点喷洒叶片背面。噻虫胺喷施倍数同"梨树梨木虱"。

（4）**葡萄绿盲蝽**　在葡萄萌芽后或绿盲蝽发生为害初期开始喷药，10 天左右 1 次，连喷 2～3 次，与触杀性药剂混用效果更好。噻虫胺喷施倍数同"梨树梨木虱"。

（5）**枣树绿盲蝽**　在枣树萌芽后或绿盲蝽发生为害初期开始喷药，10 天左右 1 次，连喷 2～3 次，与触杀性药剂混用效果更好。噻虫胺喷施倍数同"梨树梨木虱"。

（6）**桃树、杏树、李树的蚜虫类、小绿叶蝉**　防控蚜虫时，首先在花芽露红期喷药 1 次，然后从落花后开始继续喷药，10 天左右 1 次，连喷 2～3 次；防控小绿叶蝉时，从叶片正面出现黄白色褪绿小点时开始喷药，10 天左右 1 次，连喷 2 次左右，重点喷洒叶片背面。噻虫胺喷施倍数同"梨树梨木虱"。

（7）**草莓白粉虱**　从白粉虱发生为害初期开始喷药，10 天左右 1 次，连喷 2～4 次，注意喷洒叶片背面。一般每亩次使用 20％悬浮剂 15～20 毫升、或 30％悬浮剂 10～15 毫升、或 48％悬浮剂 6～8 毫升、或 30％水分散粒剂 10～15 克、或 50％水分散粒剂 6～8 克，兑水 30～45 千克均匀喷雾。

注意事项　噻虫胺不能与碱性药剂混用，连续喷药时注意与不同类型药剂交替使用或混用。果树开花期禁止使用，蚕室周边和桑园内及其附近禁止使用；残余药液及洗涤药械的废液严禁污染河流、湖泊、池塘等水域。梨树上使用的安全间隔期为 21 天，每季最多使用 2 次。

噻虫嗪　thiamethoxam

常见商标名称　艾朗、百侍、宝灵、长青、刺客、刺宁、冲浪、翠剑、东宝、飞狼、菲翔、锋格、丰山、高正、戈榜、挂帅、豪格、和欣、恒田、红犇、红裕、护苗、欢泰、激增、江均、景宏、柳惠、巨能、凯标、凯威、朗易、厉制、灵韵、绿霸、律令、美邦、美稼、猛丁、奇星、庆蛙、锐普、上格、胜雀、世击、外尔、五扫、吸奇、仙耙、亿嘉、一赛、永农、友缘、中保、阿克速、安万打、奥司劲、半招净、倍开怀、倍乐泰、比卡奇、川福华、大功牛、达立克、丰乐龙、耕耘牌、好得泰、扛大旗、鸣天下、诺噻迪、瑞德丰、瑞思特、三山牌、时虫清、时克星、汤普森、韦尔奇、先正达、信优美、蚜乐斯、一言堂、安德瑞普、博嘉农业、丰禾立健、国欣诺农、海阔利斯、钱江农喜、山农腾胜、泰格伟德、燕化浪潮、野田福瑞、野田赛冠、野田赛世、中航三利、中保锐师、中国农资、中农联合、博嘉高一筹、安德瑞普万将。

主要含量与剂型 10％微乳剂，10％微囊悬浮剂，21％、25％、30％悬浮剂，10％、25％、30％、50％、70％水分散粒剂，25％可湿性粉剂。

产品特点 噻虫嗪是一种第二代烟碱类高效低毒杀虫剂，对刺吸式口器害虫和潜叶害虫具有良好的胃毒和触杀活性，内吸传导性强，叶片吸收后迅速传导到各部位。其作用机理是抑制昆虫的乙酰胆碱酯酶受体，阻断昆虫中枢神经系统的信号传导，使昆虫迅速停止取食，活动受到抑制，持续兴奋直到死亡。害虫吸食药剂后2～3天达到死亡高峰，持效期可达1个月左右。与其他烟碱类杀虫剂相比，噻虫嗪活性更高，安全性更好，杀虫谱较广。

噻虫嗪常与毒死蜱、敌敌畏、异丙威、茚虫威、丁硫克百威、溴氰菊酯、联苯菊酯、高效氯氟氰菊酯、螺虫乙酯、哒螨灵、噻嗪酮、吡蚜酮、呋虫胺、烯啶虫胺、灭蝇胺、氟啶虫酰胺、阿维菌素、甲氨基阿维菌素苯甲酸盐、氯虫苯甲酰胺、溴氰虫酰胺、吡丙醚、虫螨腈、杀虫单、多杀霉素等杀虫剂成分混配，用于生产复配杀虫剂。

适用果树及防控对象 噻虫嗪适用于多种落叶果树，对多种刺吸式口器害虫和潜叶害虫均有良好的防控效果。目前，在落叶果树生产中主要用于防控：苹果树绣线菊蚜，梨树梨木虱，葡萄的绿盲蝽、烟蓟马、介壳虫（康氏粉蚧、东方奎蚧），桃树、李树、杏树的蚜虫（桃蚜、桃粉蚜、桃瘤蚜）、小绿叶蝉、介壳虫（桑白介壳虫、朝鲜球坚蚧），枣树的绿盲蝽、日本龟蜡蚧，花椒蚜虫，草莓白粉虱。

使用技术

（1）苹果树绣线菊蚜 在嫩梢上蚜虫数量较多时或蚜虫开始向幼果转移为害时开始喷药，10～15天1次，连喷2次左右。一般使用10％微乳剂或10％微囊悬浮剂或10％水分散粒剂1500～2000倍液、或21％悬浮剂3000～4000倍液、或25％悬浮剂或25％可湿性粉剂或25％水分散粒剂4000～5000倍液、或30％悬浮剂或30％水分散粒剂5000～6000倍液、或50％水分散粒剂8000～10000倍液、或70％水分散粒剂12000～15000倍液均匀喷雾。

（2）梨树梨木虱 在各代梨木虱卵孵化盛期至若虫被黏液完全覆盖前及时喷药，第1、2代若虫每代喷药1次，第3代及其以后各代若虫因世代重叠每代喷药1～2次。噻虫嗪喷施倍数同"苹果树绣线菊蚜"。

（3）葡萄绿盲蝽、烟蓟马、介壳虫 防控绿盲蝽时，在葡萄萌芽后或绿盲蝽发生为害初期开始喷药，10～15天1次，连喷2～3次；防控烟蓟马时，在开花前、落花后及落花后半月左右各喷药1次；防控介壳虫时，在初孵若虫从母体介壳下向外扩散时至低龄若虫期及时喷药，每代喷药1次即可。噻虫嗪喷施倍数同"苹果树绣线菊蚜"。

（4）桃树、李树、杏树的蚜虫、小绿叶蝉、介壳虫 防控蚜虫时，首先在花芽露红期喷药1次，然后从落花后开始继续喷药，10～15天1次，连喷2～3次；防控小绿叶蝉时，在叶片正面初显黄白色褪绿小点时开始喷药，10～15天1次，连喷2次左右；防控介壳虫时，在初孵若虫从母体介壳下向外扩散时至低龄若虫期（若虫固定为害前）及时喷药，每代喷药1次即可。噻虫嗪喷施倍数同"苹果树绣线菊蚜"。

（5）枣树绿盲蝽、日本龟蜡蚧 防控绿盲蝽时，在枣树萌芽后或绿盲蝽发生为害初期开始喷药，10～15天1次，连喷2～4次；防控日本龟蜡蚧时，在初孵若虫从母体介壳下向外扩散时至低龄若虫期（若虫被蜡质完全覆盖前）及时喷药，每代喷药1次即可。噻虫嗪喷施倍数同"苹果树绣线菊蚜"。

（6）花椒蚜虫 从嫩梢上蚜虫数量较多时开始喷药，10～15天1次，连喷2～3次。噻虫嗪喷施倍数同"苹果树绣线菊蚜"。

（7）草莓白粉虱 从白粉虱发生为害初期开始喷药，10天左右1次，与不同类型药剂交替使用或混用，连喷2～4次。噻虫嗪一般每亩次使用10%微乳剂或10%微囊悬浮剂30～40毫升、或10%水分散粒剂30～40克、或21%悬浮剂15～20毫升、或25%悬浮剂12～15毫升、或25%水分散粒剂或25%可湿性粉剂12～15克、或30%悬浮剂10～14毫升、或30%水分散粒剂10～14克、或50%水分散粒剂6～8克、或70%水分散粒剂5～6克，兑水30～45千克均匀喷雾。

注意事项 噻虫嗪不能与碱性药剂混用，连续喷药时注意与不同杀虫机理药剂交替使用或混用。害虫接触药剂后立即停止取食等为害活动，但死亡速度较慢，死虫高峰通常在施药后2～3天出现。本剂对蜜蜂有毒，不要在果树花期和养蜂场所使用。不能在低于-10℃和高于35℃的场所储存。苹果树上使用的安全间隔期为14天，每季最多使用2次。

噻嗪酮 buprofezin

常见商标名称 澳威、班道、宝带、碧奥、标楷、奔雷、博绝、捕克、长青、翠微、大榜、达令、定歼、防空、飞达、飞斗、飞降、飞迁、飞悬、丰山、富宝、盖虱、钢剑、格去、果宝、韩捕、豪斩、红警、红裕、华邦、皇令、辉隆、极度、稼乐、健谷、剑威、介威、介奔、蚧夺、蚧溢、金囤、金浪、举鼎、巨能、凯威、科锋、科诺、科濮、快达、狂轰、力歌、立强、灵珊、绿晶、罗东、美丰、美星、扑思、七洲、巧彻、青园、群达、赛冠、三山、闪打、上格、实攻、神通、树荣、双龙、双宁、双珠、苏盾、苏灵、苏研、泰歌、天人、天宁、统卡、统捷、万农、威牛、喜朗、祥锐、迅超、义星、银刀、宇田、云峰、战飞、振亚、择先、庄巧、尊驰、百灵树、比丹灵、大功达、德丰富、飞虱宝、飞虱仔、顾地丰、吉来佳、介虱通、劲克泰、凯源祥、康赛德、妙必特、纽发姆、农百金、农博士、农特爱、扑虱灵、瑞德丰、沙农化、施普乐、申风牌、汤普森、韦尔奇、新长山、星飞克、抑虱特、优乐得、云农牌、中南剑、啄木鸟、爱诺引领、海特农化、润鸿生化、美邦农药、明德立达、齐鲁科海、先农介扑、兴振敌虱、中国农资、中农联合、安格诺击打、瑞德丰速捷。

主要含量与剂型 25％、37％、40％、50％悬浮剂，25％、50％、65％、75％、80％可湿性粉剂，40％、70％水分散粒剂。

产品特点 噻嗪酮是一种抑制昆虫生长发育的选择性低毒仿生杀虫剂，属几丁质合成抑制剂，以触杀作用为主，兼有一定的胃毒作用，具有杀虫活性高、选择性强、持效期长等特点。其作用机理是通过抑制昆虫几丁质合成和干扰新陈代谢，使昆虫不能正常蜕皮和变态而逐渐死亡。该药作用较慢，一般施药后3～7天才能看出效果，对若虫和卵表现为直接作用，对成虫没有直接杀伤力，但可缩短成虫寿命，减少产卵量，且所产卵多为不育卵，即使孵化出若虫也很快死亡。对同翅目的飞虱、叶蝉、粉虱有特效，对介壳虫类也有较好效果，持效期长达30天以上。对水生动物、家蚕及天敌安全，对蜜蜂无直接作用，对眼睛、皮肤有轻微的刺激性。

噻嗪酮常与阿维菌素、高效氯氰菊酯、高效氯氟氰菊酯、稻丰散、杀虫单、毒死蜱、三唑磷、氧乐果、异丙威、仲丁威、速灭威、混灭威、吡虫啉、吡蚜酮、噻虫嗪、呋虫胺、烯啶虫胺、螺虫乙酯、哒螨灵等杀虫剂成分混配，用于生产复配杀虫剂。

适用果树及防控对象 噻嗪酮适用于多种落叶果树，对介壳虫类、飞虱、叶蝉、粉虱等刺吸式口器害虫具有很好的杀灭效果。目前，在落叶果树生产中主要用于防控：桃树、李树、杏树的桑白介壳虫、朝鲜球坚蚧、小绿叶蝉，梨树康氏粉蚧，枣树日本龟蜡蚧，草莓白粉虱。

使用技术

（1）桃树、李树、杏树的桑白介壳虫、朝鲜球坚蚧、小绿叶蝉 防控介壳虫时，在初孵若虫从母体介壳下向外扩散后至低龄若虫期及时喷药，每代喷药1～2次；防控小绿叶蝉时，在叶片正面初显黄白色褪绿小点时及时喷药，15天左右1次，连喷2次左右，重点喷洒叶片背面。一般使用25％悬浮剂或25％可湿性粉剂1000～1500倍液、或37％悬浮剂1500～2000倍液、或40％悬浮剂或40％水分散粒剂1800～2200倍液、或50％悬浮剂或50％可湿性粉剂2500～3000倍液、或65％可湿性粉剂3000～3500倍液、或70％水分散粒剂3500～4000倍液、或75％可湿性粉剂或80％可湿性粉剂4000～5000倍液均匀喷雾。

（2）梨树康氏粉蚧 在卵孵化盛期至低龄若虫期及时喷药，每代喷药1～2次，套袋梨特别注意套袋前喷药。噻嗪酮喷施倍数同"桃树桑白介壳虫"。

（3）枣树日本龟蜡蚧 在若虫孵化后从母体介壳下向外扩散后至低龄若虫期及时喷药，每代喷药1次即可。药剂喷施倍数同"桃树桑白介壳虫"。

（4）**草莓白粉虱**　从白粉虱发生为害初期开始喷药，半月左右1次，与不同类型药剂交替使用，连喷2～3次，注意喷洒叶片背面。噻嗪酮一般每亩次使用25％悬浮剂30～40毫升、或37％悬浮剂20～30毫升、或40％悬浮剂20～25毫升、或50％悬浮剂15～20毫升、或25％可湿性粉剂30～40克、或50％可湿性粉剂15～20克、或65％可湿性粉剂12～15克、或75％可湿性粉剂10～13克、或80％可湿性粉剂9～12克、或40％水分散粒剂20～25克、或70％水分散粒剂11～14克，兑水30～45千克均匀喷雾。

注意事项　噻嗪酮不能与碱性药剂混用。连续喷药时，注意与不同类型药剂交替使用。本剂对白菜、萝卜比较敏感，接触后会出现褐色斑及绿叶白化等药害表现，用药时应特别注意；有些日本柿也较敏感，果顶易发生药害。果树上使用的安全间隔期建议为14天，每季最多使用2次。

灭幼脲　chlorbenzuron

常见商标名称　京博、林禾、绿霸、全丰、深击、田蒋、中迅、广润牌、松鹿牌、施普乐、庄稼人、双星农药、京博抑丁保。

主要含量与剂型　20％、25％悬浮剂，25％可湿性粉剂。

产品特点　灭幼脲是一种苯甲酰脲类特异性低毒杀虫剂，属昆虫生长调节剂类，专用于防控鳞翅目幼虫，以胃毒作用为主，兼有触杀作用，无内吸传导作用，但有一定渗透性。其作用机理是通过抑制昆虫壳多糖合成，阻碍幼虫蜕皮，使虫体发育不正常而死亡。该药黏着性好，耐雨水冲刷，降解速度慢，持效期15～20天；幼虫接触药液后很快产生拒食反应，停止取食（为害），2天后开始死亡，3～4天达到死亡高峰，死虫速度较慢。对有益昆虫和有益生物安全，对蜜蜂安全，对蚕高毒，对鱼类毒性高。

灭幼脲常与阿维菌素、甲氨基阿维菌素苯甲酸盐、高效氯氰菊酯、乙酰甲胺磷、茚虫威、氰氟虫腙、吡虫啉、哒螨灵等杀虫剂成分混配，用于生产复配杀虫剂。

适用果树及防控对象　灭幼脲适用于多种落叶果树，对多种鳞翅目幼虫均有很好的杀灭效果。目前，在落叶果树生产中主要用于防控：苹果树金纹细蛾，桃树桃线潜叶蛾，苹果树、梨树、桃树、李树、杏树、枣树等落叶果树的卷叶蛾类、刺蛾类及美国白蛾、苹掌舟蛾、天幕毛虫、造桥虫等食叶毛虫类，葡萄虎蛾、葡萄天蛾，核桃缀叶螟、核桃瘤蛾。

使用技术

（1）**苹果树金纹细蛾**　在各代幼虫发生初期或初见新鲜虫斑时进行喷药，每代喷药1次；或在落花后、落花后40天左右及以后每35天左右各喷药1次，连喷4～5次。一般使用20％悬浮剂1200～1500倍液、或25％悬浮剂或25％可湿性粉剂1500～2000倍液均匀喷雾。

（2）**桃树桃线潜叶蛾**　从果园内叶片上初见虫道时开始喷药，20～30 天 1 次，与不同类型药剂交替使用，连喷 3～5 次。灭幼脲喷施倍数同"苹果树金纹细蛾"。

（3）**苹果树、梨树、桃树、李树、杏树、枣树等落叶果树的卷叶蛾类、刺蛾类及美国白蛾、苹掌舟蛾、天幕毛虫、造桥虫等食叶毛虫类**　防控卷叶蛾类时，在害虫卷叶前至卷叶初期及时喷药，每代喷药 1 次；防控其他鳞翅目食叶害虫时，在害虫发生为害初期（卵孵化盛期至低龄幼虫期）及时喷药，每代喷药 1 次即可。灭幼脲喷施倍数同"苹果树金纹细蛾"。

（4）**葡萄虎蛾、葡萄天蛾**　从害虫发生为害初期（卵孵化盛期至低龄幼虫期）开始喷药，每代喷药 1 次即可。灭幼脲喷施倍数同"苹果树金纹细蛾"。

（5）**核桃缀叶螟、核桃瘤蛾**　在害虫发生为害初期（卵孵化盛期至低龄幼虫期）开始喷药，每代喷药 1 次即可。药剂喷施倍数同"苹果树金纹细蛾"。

注意事项　灭幼脲不能与碱性药剂、强酸性药剂混用。连续喷药时，注意与不同类型药剂交替使用。桑园内及其附近区域禁止使用。残余药液及洗涤药械的废液，严禁污染河流、湖泊、池塘等水域。悬浮剂型可能会有沉淀现象，使用前要先充分摇匀。苹果树上使用的安全间隔期为 21 天，每季最多使用 2 次。

除虫脲　diflubenzuron

常见商标名称　残龙、范标、虎姿、惊天、绿戈、美邦、美星、魔凯、潜威、全丰、全锐、锐马、退宝、新湖、福禄美、普锐宁、射天狼、世科姆、松鹿牌、韦尔奇、绿色农华、威远生化、威远甜田、中保凯旋。

主要含量与剂型　5％乳油，20％、40％悬浮剂，5％、25％、75％可湿性粉剂。

产品特点　除虫脲是一种苯甲酰脲类低毒杀虫剂，属昆虫生长调节剂类，具有触杀和胃毒作用，兼有杀卵作用，专用于防控鳞翅目害虫。其作用机理是害虫取食或接触药剂后，几丁质合成受到抑制，使害虫不能形成新表皮，导致虫体畸形而死亡。该药作用缓慢，持效期较长，使用安全，对鱼类、蜜蜂及天敌无不良影响。

除虫脲常与阿维菌素、甲氨基阿维菌素苯甲酸盐、毒死蜱、辛硫磷、联苯菊酯、高效氯氟氰菊酯等杀虫剂成分混配，用于生产复配杀虫剂。

适用果树及防控对象　除虫脲适用于多种落叶果树，对多种鳞翅目害虫具有良好的防控效果。目前，在落叶果树生产中主要用于防控：苹果树金纹细蛾，桃树、李树及杏树的桃线潜叶蛾，苹果树、梨树、桃树、李树、杏树、枣树等落叶果树的卷叶蛾类、刺蛾类、尺蛾类及美国白蛾、苹掌舟蛾、天幕毛虫等食叶毛虫类，葡萄虎蛾、葡萄天蛾，核桃缀叶螟、核桃瘤蛾。

使用技术

（1）**苹果树金纹细蛾**　在各代幼虫发生初期或初见新鲜虫斑时进行喷药，每代喷药 1 次；或在落花后、落花后 40 天左右及以后每 35 天左右各喷药 1 次，连喷

4～5次。一般使用5％乳油或5％可湿性粉剂300～400倍液、或20％悬浮剂800～1000倍液、或25％可湿性粉剂1000～1500倍液、或40％悬浮剂1500～2000倍液、或75％可湿性粉剂3000～4000倍液均匀喷雾。

（2）桃树、李树及杏树的桃线潜叶蛾　从叶片上初见潜叶蛾虫道时开始喷药，20～30天1次，与不同类型药剂交替使用，连喷3～5次。除虫脲喷施倍数同"苹果树金纹细蛾"。

（3）苹果树、梨树、桃树、李树、杏树、枣树等落叶果树的卷叶蛾类、刺蛾类、尺蛾类及美国白蛾、苹掌舟蛾、天幕毛虫等食叶毛虫类　防控卷叶蛾类时，在果园内初见卷叶时或害虫发生为害初期进行喷药，每代喷药1次；防控鳞翅目其他食叶害虫时，在害虫发生为害初期或卵孵化盛期至低龄幼虫期及时进行喷药，每代喷药1次。一般使用5％乳油或5％可湿性粉剂400～500倍液、或20％悬浮剂1500～2000倍液、或25％可湿性粉剂2000～2500倍液、或40％悬浮剂3000～4000倍液、或75％可湿性粉剂6000～7000倍液均匀喷雾。

（4）葡萄虎蛾、葡萄天蛾　在害虫发生为害初期或卵孵化盛期至低龄幼虫期及时进行喷药，每代喷药1次。药剂喷施倍数同"苹果树食叶毛虫类"。

（5）核桃缀叶螟、核桃瘤蛾　在害虫发生为害初期或卵孵化盛期至低龄幼虫期及时进行喷药，每代喷药1次。药剂喷施倍数同"苹果树食叶毛虫类"。

注意事项　除虫脲不能与碱性药剂混用，连续喷药时注意与不同类型药剂交替使用。本剂药效死虫较慢，用药时应尽量在卵孵化期或低龄幼虫期进行，且喷药应均匀周到。除虫脲对虾、蟹幼体有毒，残余药液及洗涤药械的废液严禁污染河流、湖泊、池塘等水域；对家蚕高毒，桑园内及其附近区域禁止使用。苹果树上使用的安全间隔期为21天，每季最多使用3次。

杀铃脲 triflumuron

常见商标名称　林禾、龙灯、施驱、胜慷宽、通杀化。

主要含量与剂型　5％乳油，5％、20％、40％悬浮剂。

产品特点　杀铃脲是一种苯甲酰脲类特异性低毒杀虫剂，属昆虫生长调节剂类，以胃毒作用为主，兼有一定触杀作用和杀卵活性，无内吸性，专用于防控鳞翅目害虫。其作用机理是幼虫接触或取食药剂后，几丁质合成受到抑制，导致幼虫不能正常蜕皮而死亡。不同龄期幼虫对药剂敏感性没有明显差异，各龄期使用效果基本相同。该药选择性强、活性高、持效期较长、残留低，起效缓慢，多在施药后3～4天达到死虫高峰。杀铃脲对皮肤和眼睛有轻微刺激作用，对虾、蟹幼体有毒。

杀铃脲有时与阿维菌素、甲氨基阿维菌素苯甲酸盐等杀虫剂成分混配，用于生产复配杀虫剂。

适用果树及防控对象　杀铃脲适用于多种落叶果树，对多种鳞翅目害虫具有很好的防控效果。目前，在落叶果树生产中主要用于防控：苹果树金纹细蛾，桃树桃线潜叶蛾，苹果树、梨树、桃树、李树、杏树、枣树等落叶果树的卷叶蛾类、刺蛾类、尺蛾类及美国白蛾、天幕毛虫、斜纹夜蛾等食叶毛虫类。

使用技术

(1)苹果树金纹细蛾 在每代卵孵化盛期至低龄幼虫期或田间初见新鲜虫斑时及时进行喷药，每代喷药1次；或在苹果落花后、落花后40天左右及以后每35天左右各喷药1次，与不同类型药剂交替使用，连喷4～5次。杀铃脲一般使用5%乳油或5%悬浮剂800～1000倍液、或20%悬浮剂3000～4000倍液、或40%悬浮剂6000～8000倍液均匀喷雾。

(2)桃树桃线潜叶蛾 从叶片上初见潜叶蛾为害虫道时开始喷药，20～30天1次，与不同类型药剂交替使用，连喷3～5次。杀铃脲喷施倍数同"苹果树金纹细蛾"。

(3)苹果树、梨树、桃树、李树、杏树、枣树等落叶果树的卷叶蛾类、刺蛾类、尺蛾类及美国白蛾、天幕毛虫、斜纹夜蛾等食叶毛虫类 防控卷叶蛾类时，在果园内初见卷叶时或卵孵化盛期至卷叶为害前及时喷药，每代幼虫喷药1次即可；防控鳞翅目其他食叶害虫时，在害虫卵孵化盛期至低龄幼虫期或发生为害初期及时喷药，每代幼虫喷药1次即可。一般使用5%乳油或5%悬浮剂1000～1200倍液、或20%悬浮剂4000～5000倍液、或40%悬浮剂8000～10000倍液均匀喷雾。

注意事项 杀铃脲不能与碱性药剂混用，连续喷药时注意与不同类型药剂交替使用。悬浮剂型长时间存放可能会有沉淀，摇匀后使用不影响药效。杀铃脲为迟效型药剂，施药后3～4天才能见效，因此尽量在害虫发生早期使用。本剂对虾、蟹幼体有毒，残余药液及洗涤药械的废液严禁污染河流、湖泊、池塘等水域；对家蚕高毒，桑园内及其附近区域禁止使用。苹果树上使用的安全间隔期为21天，每季最多使用1次。

氟虫脲 flufenoxuron

常见商标名称 宝丰、超灵、韩孚、绿亨。

主要含量与剂型 50克/升可分散液剂。

产品特点 氟虫脲是一种苯甲酰脲类低毒杀虫杀螨剂，具有触杀和胃毒作用，在叶片表面滞留性和持效性较好，耐雨水冲刷，并令害虫产生明显的拒食作用，使用安全。其作用机理是通过抑制昆虫（或螨类）表皮几丁质的合成，使昆虫（或螨类）不能正常蜕皮或变态而死亡。成虫接触药剂后，不能正常产卵，所产卵不能孵化，即使少数能孵化出幼虫（或幼螨）也会很快死亡。本剂对多种害螨的幼螨、若螨杀伤效果较好，虽不能直接杀死成螨，但接触药剂后的雌成螨产卵量减少，并引导致不育。对叶螨天敌安全。

氟虫脲有时与阿维菌素、炔螨特等杀虫（螨）剂成分混配，用于生产复配杀虫（螨）剂。

适用果树及防控对象　氟虫脲适用于多种落叶果树，对叶螨类和潜叶害虫具有较好的防控效果。目前，在落叶果树生产中主要用于防控：苹果树和梨树的红蜘蛛（山楂叶螨、苹果全爪螨），苹果树金纹细蛾。

使用技术

（1）苹果树、梨树红蜘蛛　在害螨越冬代卵孵化盛期至第1代若螨集中发生期开始喷药，或选择开花前或落花后第1次喷药，1个月左右1次，与不同类型药剂交替使用或混用，连喷3次左右。氟虫脲一般使用50克/升可分散液剂700～1000倍液均匀喷雾，并注意喷洒叶片背面。

（2）苹果树金纹细蛾　在各代幼虫发生初期或初见新鲜虫斑时进行喷药，每代喷药1次；或在落花后、落花后40天左右及以后每35天左右各喷药1次，与不同类型药剂交替使用，连喷4～5次。氟虫脲一般使用50克/升可分散液剂1000～1200倍液均匀喷雾。

注意事项　氟虫脲不能与碱性药剂混用，连续喷药时注意与不同类型药剂交替使用或混用。本剂对虾、蟹类水生生物毒性较高，残余药液及洗涤药械的废液严禁污染河流、湖泊、池塘等水域。苹果树上使用的安全间隔期为30天，每个最多使用2次。

虱螨脲　lufenuron

常见商标名称　韩孚、杰星、京博、绿霸、美除、旗化、旗诺、施鸣、保农闲、海利尔、科瑞恩、锐立宝、先正达、京博品威、三江益农、世佳虫清。

主要含量与剂型　5%、20%、50克/升乳油，5%、10%、50克/升悬浮剂，5%水乳剂。

产品特点　虱螨脲是一种苯甲酰脲类高效低毒杀虫剂，以胃毒作用为主，兼有一定的触杀作用，没有内吸性，但有较好的杀卵效果。其作用机理是通过抑制幼虫几丁质合成酶的形成而干扰几丁质在表皮的沉积，导致昆虫不能正常蜕皮变态而死亡。虱螨脲对低龄幼虫效果优异，害虫取食喷有药剂的植物组织后，2小时停止取食，2～3天进入死虫高峰。药剂喷施后耐雨水冲刷，持效期较长，使用安全，环境相容性好，对多种天敌安全。

虱螨脲常与阿维菌素、甲氨基阿维菌素苯甲酸盐、联苯菊酯、高效氯氟氰菊酯、毒死蜱、丙溴磷、虫螨腈、丁醚脲等杀虫剂成分混配，用于生产复配杀虫剂。

适用果树及防控对象　虱螨脲适用于多种落叶果树，对多种鳞翅目害虫均有很好的防控效果。目前，在落叶果树生产中主要用于防控：苹果树及桃树的卷叶蛾类（苹小卷叶蛾、苹褐卷叶蛾、顶梢卷叶蛾、黄斑卷叶蛾等），苹果树、梨树、桃树、枣树等落叶果树的鳞翅目食叶害虫（美国白蛾、天幕毛虫、苹掌舟蛾、黄尾毒蛾、尺蛾类、刺蛾类等），核桃缀叶螟。

使用技术

（1）苹果树及桃树的卷叶蛾类　在果园内初见卷叶时或害虫卵孵化盛期至卷叶前及时喷药，每代幼虫喷药 1 次即可。一般使用 5％乳油或 5％悬浮剂或 5％水乳剂或 50 克/升乳油或 50 克/升悬浮剂 1000～1500 倍液、或 10％悬浮剂 2000～2500 倍液、或 20％乳油 4000～5000 倍液均匀喷雾。

（2）苹果树、梨树、桃树、枣树等落叶果树的鳞翅目食叶害虫　在害虫发生为害初期或卵孵化盛期至低龄幼虫期及时进行喷药，每代喷药 1 次即可。一般使用 5％乳油或 5％悬浮剂或 5％水乳剂或 50 克/升乳油或 50 克/升悬浮剂 1200～1500 倍液、或 10％悬浮剂 2500～3000 倍液、或 20％乳油 5000～6000 倍液均匀喷雾。

（3）核桃缀叶螟　在害虫发生为害初期或卵孵化高峰期至低龄幼虫期及时喷药，每代喷药 1 次即可。虱螨脲喷施倍数同"苹果树鳞翅目食叶害虫"。

注意事项　虱螨脲不能与碱性药剂混用，连续喷药时注意与不同类型药剂交替使用或混用。本剂对甲壳类动物高毒，残余药液及洗涤药械的废液严禁污染河流、湖泊、池塘等水域；对家蚕高毒，蚕室附近和桑园内及其周边禁止使用；对蜜蜂微毒，用药时应加以注意。苹果树上使用的安全间隔期为 21 天，每季最多使用3 次。

虫酰肼　tebufenozide

常见商标名称　宝灵、博星、超夺、大击、峨冠、尔福、飞拳、富宝、福治、高虎、格歼、惯打、韩孚、禾亭、和欣、华邦、欢杰、击通、捷尔、禁界、金峨、金将、金米、金泰、京博、聚铲、科锋、科宽、快达、绿霸、绿亨、米满、能赢、强力、全丰、日曹、赛田、杀顽、泰好、天关、韦打、迅克、战达、征战、智海、金博星、卷易清、乐普生、美尔果、赛迪生、韦尔奇、追天雷、澳通农药、绿霸泰保、绿色农华、格林治生物、科利隆生化。

主要含量与剂型　10％、20％、24％、30％、200 克/升悬浮剂，10％乳油，20％可湿性粉剂。

产品特点　虫酰肼是一种双酰肼类促蜕皮激素低毒杀虫剂，以胃毒作用为主，兼有一定的触杀和杀卵活性，持效期较长。其作用机理是通过促进鳞翅目幼虫蜕皮，干扰昆虫的正常生长发育，促使害虫过早蜕皮而死亡。幼虫食取药剂后，在未进入蜕皮时即产生蜕皮反应、开始蜕皮，由于不能完全蜕皮而导致幼虫脱水、饥饿而死亡。与其他抑制幼虫蜕皮杀虫剂的作用机理相反，对高龄和低龄幼虫均有良好效果，适用于鳞翅目害虫抗性的综合治理。幼虫取食药剂后 6～8 小时停止取食，不再进行为害，3～4 天后开始死亡。该药使用安全，无毒副作用，对人、哺乳动物、鱼类和蚯蚓安全无害，对环境安全，但对家蚕高毒。

虫酰肼常与阿维菌素、甲氨基阿维菌素苯甲酸盐、虫螨腈、辛硫磷、毒死蜱、高效氯氰菊酯、高效氯氟氰菊酯、茚虫威、苏云金杆菌等杀虫剂成分混配，用于生产复配杀虫剂。

适用果树及防控对象　虫酰肼适用于多种落叶果树，对多种鳞翅目害虫均有良好的防控效果。目前，在落叶果树生产中主要用于防控：苹果树、桃树、枣树等落叶果树的卷叶蛾类、刺蛾类、尺蛾类、美国白蛾等鳞翅目食叶害虫，核桃缀叶螟、核桃细蛾。

使用技术

（1）苹果树、桃树、枣树等落叶果树的卷叶蛾类　在害虫发生为害初期或初见卷叶时及时进行喷药，每代喷药1次即可。一般使用10％悬浮剂或10％乳油800～1000倍液、或20％悬浮剂或200克/升悬浮剂或20％可湿性粉剂1500～2000倍液、或24％悬浮剂1800～2400倍液、或30％悬浮剂2500～3000倍液均匀喷雾。

（2）苹果树、桃树、枣树等落叶果树的刺蛾类、尺蛾类、美国白蛾等鳞翅目食叶害虫　在害虫发生为害初期或卵孵化盛期至低龄幼虫期及时进行喷药，每代喷药1次即可。药剂喷施倍数同"苹果树卷叶蛾类"。

（3）核桃缀叶螟、核桃细蛾　在害虫卵孵化盛期至低龄幼虫期或幼虫发生为害初期及时进行喷药，每代喷药1次即可。药剂喷施倍数同"苹果树卷叶蛾类"。

注意事项　虫酰肼不能与碱性药剂混用，也不能与抑制鳞翅目幼虫蜕皮的药剂混用。连续喷药时，注意与不同类型药剂交替使用。虫酰肼对害虫卵杀灭效果较差，在幼虫发生初期喷药防控效果最好。该药对家蚕高毒，严禁在桑蚕养殖区使用。苹果树上使用的安全间隔期为21天，每季最多使用3次。

甲氧虫酰肼　methoxyfenozide

常见商标名称　化控、雷通、双宁、卫农、多来米、农首定、诸葛弩、康禾高见、世佳雷卷、陶氏益农、中国农资、中农联合。

主要含量与剂型　24％、240克/升悬浮剂。

产品特点　甲氧虫酰肼是一种双酰肼类特异性低毒杀虫剂，属昆虫生长调节剂促蜕皮激素类，为虫酰肼的高效结构，具有触杀作用和内吸性，专用于防控鳞翅目害虫，对低龄幼虫和高龄幼虫均有很好的防控效果，持效期较长，使用安全。其作用机理是通过干扰鳞翅目幼虫的正常生长发育，使其在非蜕皮期进入蜕皮状态，由于蜕皮不完全而导致幼虫脱水、饥饿而死亡。鳞翅目幼虫取食药剂后6～8小时停止取食，不再进行为害，使果树得到良好保护。该药选择性强，只对鳞翅目幼虫有效，对益虫、益螨安全，对环境友好，但对家蚕高毒。

甲氧虫酰肼常与阿维菌素、甲氨基阿维菌素苯甲酸盐、虫螨腈、氰氟虫腙、三氟甲吡醚、茚虫威、乙基多杀菌素、吡蚜酮等杀虫剂成分混配，用于生产复配杀虫剂。

适用果树及防控对象　甲氧虫酰肼适用于多种落叶果树，对鳞翅目食叶害虫具有良好防控效果。目前，在落叶果树生产中主要用于防控：苹果树金纹细蛾，苹果树、桃树、枣树等落叶果树的卷叶蛾类、刺蛾类、尺蛾类、美国白蛾、天幕毛虫等鳞翅目食叶害虫，核桃缀叶螟、核桃细蛾。

使用技术

（1）**苹果树金纹细蛾**　在每代金纹细蛾发生为害初期或田间初见新鲜虫斑时及时进行喷药，每代喷药 1 次；或在苹果落花后、落花后 40 天左右及以后每 35 天左右各喷药 1 次，与不同类型药剂交替使用，连喷 4～5 次。一般使用 24％悬浮剂或 240 克/升悬浮剂 1500～2000 倍液均匀喷雾。

（2）**苹果树、桃树、枣树等落叶果树的卷叶蛾类**　在每代害虫发生为害初期或初见卷叶时及时进行喷药，每代喷药 1 次即可。一般使用 24％悬浮剂或 240 克/升悬浮剂 2500～3000 倍液均匀喷雾。

（3）**苹果树、桃树、枣树等落叶果树的刺蛾类、尺蛾类、美国白蛾、天幕毛虫等鳞翅目食叶害虫**　在每代害虫发生为害初期或卵孵化盛期至低龄幼虫期及时进行喷药，每代喷药 1 次即可。一般使用 24％悬浮剂或 240 克/升悬浮剂 3000～4000 倍液均匀喷雾。

（4）**核桃缀叶螟、核桃细蛾**　在害虫卵孵化盛期至低龄幼虫期或幼虫发生为害初期及时进行喷药，每代喷药 1 次即可。一般使用 24％悬浮剂或 240 克/升悬浮剂 3000～4000 倍液均匀喷雾。

注意事项　甲氧虫酰肼不能与碱性药剂混用，也不能与抑制鳞翅目幼虫蜕皮的药剂混用。连续喷药时，注意与不同类型药剂交替使用。本剂对害虫卵防效较差，在幼虫发生初期喷药防控效果最好。本剂对家蚕高毒，严禁在桑蚕养殖区使用。苹果树上使用的安全间隔期为 70 天，每季最多使用 2 次。

茚虫威　indoxacarb

常见商标名称　安打、安顿、彪本、波鹰、长青、道高、鼎典、鼎恩、顶信、杜邦、富宝、高正、灌纵、华邦、黄龙、辉隆、火打、巨能、凯恩、跨富、利丰、龙歌、美今、美赛、美助、启惠、青博、瑞腾、盛盈、外尔、湘戈、辛仔、野鸟、益得、银山、永农、中南、阿尔玛、丰火轮、禾医生、康老大、凯锐高、快优达、农招手、欧亚风、协奏曲、硬中威、啄木鸟、京博品威、康禾高打、泰格伟德、海利尔化工。

主要含量与剂型　15％、23％、30％、150 克/升悬浮剂，15％、20％、150 克/升乳油，15％、23％、30％水分散粒剂。

产品特点　茚虫威是一种噁二嗪类广谱高效低毒杀虫剂，具有触杀和胃毒作用，耐雨水冲刷，持效期较长，使用安全，环境风险低。其作用机理是通过干扰神经系统的钠离子通道，导致系统紊乱，使害虫麻痹直至僵死。害虫接触药剂或取食药剂后 0～4 小时停止取食为害，24～60 小时内逐渐死亡，药剂持效期 14 天左右。该药残留低，用药 3 天后即可采收。

茚虫威常与阿维菌素、甲氨基阿维菌素苯甲酸盐、虫酰肼、甲氧虫酰肼、灭幼脲、丁醚脲、氟铃脲、氰氟虫腙、虫螨腈、联苯菊酯、顺式氯氰菊酯、吡蚜酮、噻虫嗪、哒螨灵、多杀霉素、苏云金杆菌等杀虫剂成分混配，用于生产复配杀虫剂。

适用果树及防控对象 茚虫威适用于多种落叶果树，对多种鳞翅目害虫均有较好的杀灭效果。目前，在落叶果树生产中主要用于防控：苹果树、梨树、桃树、枣树等落叶果树的卷叶蛾类、刺蛾类、尺蛾类、美国白蛾、苹掌舟蛾、黄尾毒蛾等鳞翅目食叶害虫，苹果的斜纹夜蛾、棉铃虫。

使用技术

（1）苹果树、梨树、桃树、枣树等落叶果树的卷叶蛾类 在害虫发生为害初期或初见害虫卷叶时立即进行喷药，每代喷药1次。一般使用15％悬浮剂或150克/升悬浮剂或15％乳油或150克/升乳油或15％水分散粒剂2000～2500倍液、或20％乳油2500～3000倍液、或23％悬浮剂或23％可湿性粉剂3000～3500倍液、或30％悬浮剂或30％水分散粒剂4000～5000倍液均匀喷雾。

（2）苹果树、梨树、桃树、枣树等落叶果树的刺蛾类、尺蛾类、美国白蛾、苹掌舟蛾、黄尾毒蛾等鳞翅目食叶害虫 在害虫卵孵化盛期至低龄幼虫期或害虫发生为害初期及时进行喷药，每代喷药1次。茚虫威喷施倍数同"苹果树卷叶蛾类"。

（3）苹果的斜纹夜蛾、棉铃虫 在害虫卵孵化盛期至低龄幼虫期或害虫发生为害初期进行喷药，每代喷药1次。茚虫威喷施倍数同"苹果树卷叶蛾类"。

注意事项 茚虫威不能与碱性药剂及肥料混用。连续喷药时，注意与不同类型药剂交替使用或混用。本剂对蜜蜂、家蚕有毒，果树开花期禁止使用，蚕室周边和桑园内及其附近禁止使用。安全采收间隔期建议为7天，每季建议最多使用3次。

虫螨腈 chlorfenapyr

常见商标名称 除尽、当能、多巧、高妙、广战、凯战、惊爆、猛乐、效击、锐翼、斩盾、战歌、专攻、专缉、巴斯夫、奔万里、吊青铃、九洲红、妙天下、帕力特、康禾百盛。

主要含量与剂型 10％、30％、100克/升、240克/升、360克/升悬浮剂，10％、20％微乳剂，50％水分散粒剂。

产品特点 虫螨腈是一种芳基吡咯类低毒杀虫剂，以胃毒作用为主，兼有触杀作用，渗透性好，无内吸性，耐雨水冲刷，持效期较长，使用安全。其作用机理是通过对线粒体的解偶联，干扰害虫呼吸系统的能量代谢，而导致其死亡。

虫螨腈常与阿维菌素、甲氨基阿维菌素、甲氨基阿维菌素苯甲酸盐、依维菌素、多杀霉素、虫酰肼、甲氧虫酰肼、茚虫威、虱螨脲、丁醚脲、吡丙醚、吡虫啉、噻虫胺、噻虫嗪、联苯菊酯、氰氟虫腙、哒螨灵等杀虫剂成分混配，用于生产复配杀虫剂。

适用果树及防控对象 虫螨腈适用于多种落叶果树，对多种鳞翅目及同翅目害虫均有较好的防控效果。目前,在落叶果树生产中主要用于防控:梨树梨木虱,苹果树金纹细蛾,苹果树、桃树等落叶果树的卷叶蛾类,桃树小绿叶蝉。

使用技术

(1)梨树梨木虱 在每代梨木虱卵孵化盛期至若虫被黏液完全覆盖前及时喷药,第1、2代每代喷药1次,第3代及其以后各代因世代重叠每代喷药1~2次。或一般梨园在梨树落花80%和落花后35天左右各喷药1次,有效防控第1、2代梨木虱若虫;然后每30天左右各喷药1~2次,有效防控第3代及以后各代若虫。连续喷药时,注意与不同类型药剂交替使用。虫螨腈一般使用10%悬浮剂或10%微乳剂或100克/升悬浮剂800~1000倍液、或20%微乳剂或240克/升悬浮剂1500~2000倍液、或30%悬浮剂或360克/升悬浮剂2000~3000倍液、或50%水分散粒剂3500~4000倍液均匀喷雾。

(2)苹果树金纹细蛾 在每代幼虫发生初期或每代初见新鲜虫斑时及时喷药,每代喷药1次;或在苹果落花后和落花后40天左右各喷药1次(有效防控第1、2代幼虫),以后每35天左右各喷药1~2次(有效防控第3代及以后各代幼虫)。连续喷药时,注意与不同类型药剂交替使用。虫螨腈一般使用10%悬浮剂或10%微乳剂或100克/升悬浮剂1000~1200倍液、或20%微乳剂或240克/升悬浮剂2000~2500倍液、或30%悬浮剂或360克/升悬浮剂3000~3500倍液、或50%水分散粒剂5000~6000倍液均匀喷雾。

(3)苹果树、桃树等落叶果树的卷叶蛾类 从害虫发生为害初期或初见卷叶时立即开始喷药,每代喷药1次即可。虫螨腈喷施倍数同"苹果树金纹细蛾"。

(4)桃树小绿叶蝉 从叶片正面初见黄白色褪绿小点时开始喷药,10天左右1次,与不同类型药剂交替使用,连喷2~4次。虫螨腈喷施倍数同"梨树梨木虱"。

注意事项 虫螨腈不能与碱性药剂混用,连续喷药时注意与不同类型药剂交替使用。具体喷药时,尽量在害虫发生早期用药,且虫口密度高时尽量选用高剂量。本剂对家蚕高毒,蚕室周边和桑园内及其附近禁止使用。苹果树和梨树上使用的安全间隔期均为14天,每季最多使用均不超过2次。

溴氰菊酯 deltamethrin

常见商标名称 沧佳、达喜、敌泰、方冠、飞达、福令、国农、铜农、航天、赫山、击冠、尽保、巨能、岚风、雷雾、龙飚、牛城、清佳、赛敌、顺达、天宁、智海、钻峰、虫赛死、敌杀毙、敌杀死、敌沙撕、防护网、丰乐龙、红太阳、惠光灵、凯安保、康赛德、农全得、潜丝清、顷刻间、速保克、田秀才、西北狼、小幼虫、允敌杀、美邦敌杀、志信敌杀、中新锐宝、万克敌杀尽。

主要含量与剂型 2.5%、2.8%、25克/升、50克/升乳油,2.5%微乳剂,2.5%水乳剂,2.5%、5%可湿性粉剂,10%悬浮剂。

产品特点 溴氰菊酯是一种拟除虫菊酯类高效广谱中毒杀虫剂，以触杀和胃毒作用为主，对害虫有一定的驱避与拒食作用，无内吸和熏蒸作用，对害虫击倒速度快，可混用性好，使用安全。其作用机理是通过阻止昆虫神经系统中的钠离子通道，影响神经信号的传输，使昆虫过度兴奋、麻痹而死亡。该药主要用于防控鳞翅目、半翅目、直翅目和蚜虫类害虫，对螨类、介类效果较差，与其他拟除虫菊酯类杀虫剂有交互抗性。对蜜蜂和家蚕剧毒，对鸟类毒性很低。

溴氰菊酯常与阿维菌素、甲氨基阿维菌素、敌敌畏、毒死蜱、乐果、氧乐果、马拉硫磷、杀螟硫磷、辛硫磷、甲基嘧啶磷、高效氯氰菊酯、高效氯氟氰菊酯、硫丹、仲丁威、吡虫啉、噻虫啉、噻虫嗪、八角茴香油、矿物油等杀虫剂成分混配，用于生产复配杀虫剂。

适用果树及防控对象 溴氰菊酯适用于多种落叶果树，对许多种害虫均有较好的防控效果。目前，在落叶果树生产中常用于防控：苹果树、梨树、桃树、杏树、李树、栗树、枣树、葡萄、核桃、山楂、石榴、花椒、枸杞等落叶果树的蚜虫类（绣线菊蚜、苹果瘤蚜、梨二叉蚜、桃蚜、桃粉蚜、桃瘤蚜、栗大蚜、栗花斑蚜、蚜虫等）、食心虫类（桃小食心虫、梨小食心虫、桃蛀螟、苹果蠹蛾等）、卷叶蛾类（苹小卷叶蛾、苹褐卷叶蛾、顶梢卷叶蛾、黄斑长翅卷蛾等）、刺蛾类（黄刺蛾、绿刺蛾、扁刺蛾等）、棉铃虫、斜纹夜蛾、苹掌舟蛾、美国白蛾、黄尾毒蛾、天幕毛虫、梨星毛虫、造桥虫、尺蠖、绿盲蝽、梨冠网蝽等，梨树的梨木虱（成虫）、梨茎蜂、桃树、李树、杏树的桃小绿叶蝉，柿树血斑叶蝉，核桃缀叶螟、核桃瘤蛾。

使用技术

（1）落叶果树的蚜虫类 防控苹果瘤蚜时，在苹果花序分离期和落花后各喷药1次；防控苹果树、梨树的绣线菊蚜时，在苹果树或梨树嫩梢上蚜虫数量较多时、或蚜虫开始向幼果转移为害时及时喷药，10天左右1次，连喷1～2次；防控梨二叉蚜时，在蚜虫发生为害初期或初显卷叶时立即开始喷药，10天左右1次，连喷2次左右；防控桃树、杏树及李树蚜虫时，首先在萌芽后开花前喷药1次，然后从落花后开始连续喷药，10天左右1次，连喷2～3次；防控栗树蚜虫时，从蚜虫数量较多时开始喷药，10天左右1次，连喷2次左右；防控石榴、花椒、枸杞的绵蚜时，从嫩梢上蚜虫数量较多时立即开始喷药，10天左右1次，连喷2次左右。溴氰菊酯一般使用2.5%乳油或2.5%微乳剂或2.5%水乳剂或25克/升乳油或2.5%可湿性粉剂1200～1500倍液、或2.8%乳油1500～1700倍液、或50克/升乳油或5%可湿性粉剂2500～3000倍液、或10%悬浮剂5000～6000倍液均匀喷雾。

（2）落叶果树食心虫类 根据虫情测报，在食心虫的卵盛期至初孵幼虫蛀果前及时进行喷药，7天左右1次，每代喷药1～2次。药剂喷施倍数同"落叶果树的蚜虫类"。

（3）**落叶果树的卷叶蛾类**　在卷叶蛾发生为害初期或初见卷叶时及时进行喷药，7天左右1次，每代喷药1～2次。药剂喷施倍数同"落叶果树的蚜虫类"。

（4）**落叶果树的刺蛾类、苹掌舟蛾、美国白蛾、黄尾毒蛾等鳞翅目食叶害虫**　在害虫发生为害初期或卵孵化盛期至低龄幼虫期及时进行喷药，7天左右1次，每代喷药1～2次。药剂喷施倍数同"落叶果树的蚜虫类"。

（5）**落叶果树的棉铃虫、斜纹夜蛾**　在害虫卵孵化盛期至低龄幼虫期或初见蛀果为害时及时进行喷药，7天左右1次，每代喷药1～2次。药剂喷施倍数同"落叶果树的蚜虫类"。

（6）**落叶果树的梨冠网蝽**　在叶片正面初显黄白色褪绿小点时开始喷药，10天左右1次，连喷2～3次，注意喷洒叶片背面。药剂喷施倍数同"落叶果树的蚜虫类"。

（7）**落叶果树的绿盲蝽**　在果树萌芽后或绿盲蝽发生为害初期开始喷药，10天左右1次，与不同类型药剂交替使用，连喷2～4次。溴氰菊酯喷施倍数同"落叶果树的蚜虫类"。

（8）**梨树梨木虱**　主要用于防控梨木虱的成虫。防控越冬代梨木虱成虫时，在早春晴朗无风天进行喷药，7天左右1次，连喷1～2次；防控当年梨木虱成虫时，在各代成虫发生期内进行喷药，每代喷药1～2次。早春时一般使用2.5%乳油或2.5%微乳剂或2.5%水乳剂或25克/升乳油或2.5%可湿性粉剂800～1000倍液、或2.8%乳油1000～1200倍液、或50克/升乳油或5%可湿性粉剂1500～2000倍液、或10%悬浮剂3000～4000倍液均匀喷雾；梨树生长期喷施倍数同"落叶果树蚜虫类"。

（9）**梨茎蜂**　在梨树外围嫩梢长10～15厘米时或果园内初见受害嫩梢时及时开始喷药，7～10天1次，连喷2次，以上午10时前喷药防控效果最好。药剂喷施倍数同"落叶果树蚜虫类"。

（10）**桃树、李树、杏树的桃小绿叶蝉**　在害虫发生为害初期或叶片正面显出黄白色褪绿小点时及时开始喷药，10天左右1次，连喷2～3次，重点喷洒叶片背面。上午10时前或下午4时后喷药防控效果较好。药剂喷施倍数同"落叶果树蚜虫类"。

（11）**柿树血斑叶蝉**　在害虫发生为害初期或叶片正面显出黄白色褪绿小点时及时开始喷药，10天左右1次，连喷2次左右，重点喷洒叶片背面。药剂喷施倍数同"落叶果树蚜虫类"。

（12）**核桃缀叶螟、核桃瘤蛾**　在害虫卵孵化盛期至低龄幼虫期或害虫发生为害初期及时进行喷药，每代喷药1次即可。药剂喷施倍数同"落叶果树蚜虫类"。

注意事项　溴氰菊酯不能与碱性药剂及肥料混用，连续喷药时注意与不同类型药剂交替使用。本剂对鱼类等水生生物有毒，用药时严禁污染河流、湖泊、池塘等水域；对家蚕高毒，蚕室周边和桑园内及其附近禁止使用；对蜜蜂高毒，养蜂场所及果树花期禁止使用。用药时注意安全防护，不要在高温天气使用；不慎中毒，立即送医院对症治疗。苹果树和梨树上使用的安全间隔期均为 5 天，每季最多均使用 3 次。

S-氰戊菊酯 esfenvalerate

常见商标名称 耕耘、金珠、快达、住保、住友、大光明、红太阳、来福灵、莱就灵、天行箭、天王百得。

主要含量与剂型 5％、50 克/升乳油，5％、50 克/升水乳剂。

产品特点 S-氰戊菊酯是一种拟除虫菊酯类高效广谱中毒杀虫剂，仅含有氰戊菊酯中的高活性异构体（顺式异构体），又称"顺式氰戊菊酯"、"高效氰戊菊酯"，以触杀和胃毒作用为主，无内吸和熏蒸作用，活性比氰戊菊酯高约 4 倍。其杀虫机理是作用于害虫神经系统中的钠离子通道，通过破坏神经系统的正常功能，使害虫过度兴奋、麻痹而死亡。该药对鳞翅目幼虫、双翅目、直翅目、半翅目等害虫均有较好的防控效果，但对螨类无效。对兔眼睛无刺激性，对鱼类等水生生物有毒，对蜜蜂和家蚕高毒。

S-氰戊菊酯常与阿维菌素、吡虫啉、辛硫磷、马拉硫磷等杀虫剂成分混配，用于生产复配杀虫剂。

适用果树及防控对象 S-氰戊菊酯适用于多种落叶果树，对许多种害虫均有较好的防控效果。目前，在落叶果树生产中常用于防控：苹果树、梨树、桃树、杏树、李树、枣树、葡萄、核桃、山楂等落叶果树的蚜虫类（绣线菊蚜、苹果瘤蚜、梨二叉蚜、桃蚜、桃粉蚜、桃瘤蚜等）、食心虫类（桃小食心虫、梨小食心虫、桃蛀螟、苹果蠹蛾等）、卷叶蛾类（苹小卷叶蛾、苹褐卷叶蛾、顶梢卷叶蛾、黄斑长翅卷蛾等）、刺蛾类（黄刺蛾、绿刺蛾、扁刺蛾等）、棉铃虫、斜纹夜蛾、苹掌舟蛾、美国白蛾、黄尾毒蛾、天幕毛虫、梨星毛虫、造桥虫、尺蠖、绿盲蝽、梨冠网蝽等，梨树的梨木虱（成虫）、梨茎蜂、梨瘿蚊、枣瘿蚊，梨、桃、杏等果实的椿象类（麻皮蝽、茶翅蝽等），桃树、李树、杏树的桃小绿叶蝉、柿树血斑叶蝉、柿广翅蜡蝉、核桃缀叶螟、核桃瘤蛾、栗树的栗大蚜、栗花斑蚜，石榴、花椒、枸杞的绵蚜。

使用技术

（1）落叶果树的蚜虫类 防控苹果瘤蚜时，在苹果花序分离期和落花后各喷药 1 次；防控苹果树、梨树的绣线菊蚜时，在苹果树或梨树嫩梢上蚜虫数量较多时、或蚜虫开始向幼果转移为害时及时喷药，10 天左右 1 次，连喷 1～2 次；防控梨二叉蚜时，在蚜虫发生为害初期或初显卷叶时立即开始喷药，10 天左右 1 次，连喷 2 次左右；防控桃树、杏树及李树蚜虫时，首先在萌芽后开花前喷药 1 次，然后从落花后开始连续喷药，10 天左右 1 次，连喷 2～3 次。S-氰戊菊酯一般使用 5％乳油或 50 克/升乳油或 5％水乳剂或 50 克/升水乳剂 1500～2000 倍液均匀喷雾。

（2）**落叶果树食心虫类**　根据虫情测报，在食心虫的卵盛期至初孵幼虫蛀果前及时进行喷药，7 天左右 1 次，每代喷药 1～2 次。一般使用 5％乳油或 50 克/升乳油或 5％水乳剂或 50 克/升水乳剂 1500～2000 倍液均匀喷雾。

（3）**落叶果树的卷叶蛾类**　在卷叶蛾发生为害初期或初见卷叶为害时及时进行喷药，7 天左右 1 次，每代喷药 1～2 次。一般使用 5％乳油或 50 克/升乳油或 5％水乳剂或 50 克/升水乳剂 1200～1500 倍液均匀喷雾。

（4）**落叶果树的刺蛾类、苹掌舟蛾、美国白蛾、黄尾毒蛾等鳞翅目食叶害虫**在害虫发生为害初期或卵孵化盛期至低龄幼虫期及时进行喷药，7 天左右 1 次，每代喷药 1～2 次。一般使用 5％乳油或 50 克/升乳油或 5％水乳剂或 50 克/升水乳剂 1500～2000 倍液均匀喷雾。

（5）**落叶果树的棉铃虫、斜纹夜蛾**　在害虫卵孵化盛期至低龄幼虫期或初见蛀果为害时及时进行喷药，7 天左右 1 次，每代喷药 1～2 次。一般使用 5％乳油或 50 克/升乳油或 5％水乳剂或 50 克/升水乳剂 1200～1500 倍液均匀喷雾。

（6）**落叶果树的绿盲蝽**　在果树萌芽后或绿盲蝽发生为害初期开始喷药，10 天左右 1 次，与不同类型药剂交替使用，连喷 2～4 次。一般使用 5％乳油或 50 克/升乳油或 5％水乳剂或 50 克/升水乳剂 1500～2000 倍液均匀喷雾。

（7）**落叶果树的梨冠网蝽**　在叶片正面初显黄白色褪绿小点时开始喷药，10 天左右 1 次，连喷 2～3 次，注意喷洒叶片背面。一般使用 5％乳油或 50 克/升乳油或 5％水乳剂或 50 克/升水乳剂 1500～2000 倍液均匀喷雾。

（8）**梨树梨木虱（成虫）**　防控越冬代梨木虱成虫时，在早春晴朗无风天进行喷药，7 天左右 1 次，连喷 1～2 次；防控当年梨木虱成虫时，在各代成虫发生期内进行喷药，每代喷药 1～2 次。早春时多使用 5％乳油或 50 克/升乳油或 5％水乳剂或 50 克/升水乳剂 1000～1200 倍液均匀喷雾；梨树生长期多使用 5％乳油或 50 克/升乳油或 5％水乳剂或 50 克/升水乳剂 1500～2000 倍液均匀喷雾。

（9）**梨树梨茎蜂、梨瘿蚊**　防控梨茎蜂时，在梨树外围嫩梢长 10～15 厘米时或果园内初见受害嫩梢时及时开始喷药，7～10 天 1 次，连喷 2 次，以上午 10 时前喷药防控效果最好；防控梨瘿蚊时，在新梢生长期内从梨瘿蚊发生为害初期（叶缘初显卷曲时）开始喷药，7～10 天 1 次，连喷 2 次。一般使用 5％乳油或 50 克/升乳油或 5％水乳剂或 50 克/升水乳剂 1500～2000 倍液均匀喷雾。

（10）**枣瘿蚊**　从害虫发生为害初期开始喷药，7～10 天 1 次，连喷 2～3 次，重点防控期为萌芽后至开花期。一般使用 5％乳油或 50 克/升乳油或 5％水乳剂或 50 克/升水乳剂 1500～2000 倍液均匀喷雾。

（11）**梨、桃、杏等果实的椿象类**　多从小麦蜡黄期（麦穗变黄后）或椿象类刺吸果实为害初期开始在果园内喷药，7～10 天 1 次，连喷 2 次左右；较大果园也可重点喷洒果园外围的几行树，阻止椿象进入园内。一般使用 5％乳油或 50 克/升乳油或 5% 水乳剂或 50 克/升水乳剂 1200～1500 倍液均匀喷雾。

（12）**桃树、李树、杏树的桃小绿叶蝉**　在害虫发生为害初期或叶片正面显出黄白色褪绿小点时及时开始喷药，10 天左右 1 次，连喷 2～3 次，重点喷洒叶片背面。上午 10 时前或下午 4 时后喷药防控效果较好。一般使用 5% 乳油或 50 克/升乳油或 5% 水乳剂或 50 克/升水乳剂 1500～2000 倍液均匀喷雾。

（13）**柿树血斑叶蝉、柿广翅蜡蝉**　防控血斑叶蝉时，在害虫发生为害初期或叶片正面显出黄白色褪绿小点时及时开始喷药，10 天左右 1 次，连喷 2 次左右，重点喷洒叶片背面；防控广翅蜡蝉时，在害虫发生为害初期开始喷药，10 天左右 1 次，连喷 2 次左右。一般使用 5% 乳油或 50 克/升乳油或 5% 水乳剂或 50 克/升水乳剂 1500～2000 倍液均匀喷雾。

（14）**核桃缀叶螟、核桃瘤蛾**　在害虫卵孵化盛期至低龄幼虫期或害虫发生为害初期及时进行喷药，每代喷药 1 次即可。一般使用 5% 乳油或 50 克/升乳油或 5% 水乳剂或 50 克/升水乳剂 1500～2000 倍液均匀喷雾。

（15）**栗树栗大蚜、栗花斑蚜**　从蚜虫数量较多时开始喷药，10 天左右 1 次，连喷 2 次左右。一般使用 5% 乳油或 50 克/升乳油或 5% 水乳剂或 50 克/升水乳剂 1500～2000 倍液均匀喷雾。

（16）**石榴、花椒、枸杞的绵蚜**　从嫩梢上蚜虫数量较多时立即开始喷药，10 天左右 1 次，连喷 2 次左右。一般使用 5% 乳油或 50 克/升乳油或 5% 水乳剂或 50 克/升水乳剂 1500～2000 倍液均匀喷雾。

注意事项　S-氰戊菊酯不能与碱性药剂混用。具体用药时，尽量与其他不同类型杀虫剂混合使用，以提高杀虫效果，并延缓害虫产生抗药性。本剂对螨类无效，在害虫、害螨同时发生时要混配杀螨剂使用，以免螨害猖獗发生。残余药液及洗涤药械的废液，严禁污染河流、湖泊、池塘等水域；果树开花期禁止使用，桑园内禁止使用。苹果树上使用的安全间隔期为 14 天，每季最多使用 3 次。

甲氰菊酯　fenpropathrin

常见商标名称　飞达、攻略、赫山、活穗、金雀、开弓、龙马、满通、牧龙、农豪、刨哥、强力、清佳、全击、双闪、顺达、天将、天瑞、威格、勇哥、正农、钟伍、阿托力、红运到、甲扫灵、灭扫利、赛迪生、西北狼、大光明农宝、金尔灭扫力。

主要含量与剂型　20%、10% 乳油，20%、10% 水乳剂，10% 微乳剂。

产品特点　甲氰菊酯是一种拟除虫菊酯类高效广谱中毒杀虫、杀螨剂，具有触杀、胃毒和一定的驱避作用，无内吸、熏蒸作用，使用安全；对鳞翅目幼虫高效，对双翅目和半翅目害虫也有很好的防控效果，并对多种落叶果树的叶螨有较好防效，具有虫、螨兼防的优点。其杀虫机理是作用于昆虫的神经系统，使钠离子通道受到破坏，导致害虫过度兴奋、麻痹而死亡。本剂对鱼类、蜜蜂、家蚕高毒。

甲氰菊酯常与阿维菌素、甲氨基阿维菌素苯甲酸盐、单甲脒盐酸盐、敌敌畏、辛硫磷、毒死蜱、乐果、氧乐果、马拉硫磷、三唑磷、噻螨酮、哒螨灵、炔螨特、乙螨唑、吡虫啉、丁醚脲、柴油、矿物油等杀虫（螨）剂成分混配，用于生产复配杀虫（螨）剂。

适用果树及防控对象　甲氰菊酯适用于多种落叶果树，对许多种害虫、害螨均有较好的防控效果。目前，在落叶果树生产中常用于防控：苹果树、梨树、桃树、枣树等落叶果树的叶螨类（山楂叶螨、苹果全爪螨等）、蚜虫类（绣线菊蚜、苹果瘤蚜、梨二叉蚜、桃蚜、桃粉蚜、桃瘤蚜等）、食心虫类（桃小食心虫、梨小食心虫、桃蛀螟等）、卷叶蛾类（苹小卷叶蛾、苹褐卷叶蛾、顶梢卷叶蛾、黄斑长翅卷蛾等）、棉铃虫、斜纹夜蛾、美国白蛾、苹掌舟蛾、天幕毛虫、梨星毛虫、造桥虫、尺蠖、刺蛾类（黄刺蛾、绿刺蛾、扁刺蛾等）、绿盲蝽、梨冠网蝽等，梨树的梨木虱（成虫）、梨茎蜂、梨瘿蚊、枣瘿蚊，梨、桃、杏等果实的椿象类（麻皮蝽、茶翅蝽等）、桃树、李树、杏树的桃小绿叶蝉，葡萄瘿螨，柿树血斑叶蝉，核桃缀叶螟，石榴、花椒、枸杞的绵蚜。

使用技术

（1）落叶果树叶螨类　从害螨发生为害初盛期开始喷药，15～20天1次，连喷3～4次。一般使用20%乳油或20%水乳剂1200～1500倍液、或10%乳油或10%水乳剂或10%微乳剂600～800倍液均匀喷雾。叶螨发生较重时，建议与专性杀螨剂混合使用，以增加防控效果。

（2）落叶果树蚜虫类　防控苹果瘤蚜时，在苹果花序分离期和落花后各喷药1次；防控苹果树、梨树的绣线菊蚜时，在苹果树或梨树嫩梢上蚜虫数量较多时、或蚜虫开始向幼果转移为害时及时喷药，10天左右1次，连喷1～2次；防控桃树、杏树及李树蚜虫时，首先在萌芽后开花前喷药1次，然后从落花后开始连续喷药，10天左右1次，连喷2～3次。一般使用20%乳油或20%水乳剂1500～2000倍液、或10%乳油或10%水乳剂或10%微乳剂800～1000倍液均匀喷雾。

（3）落叶果树食心虫类　根据虫情测报，在食心虫卵孵化期至初孵幼虫蛀果前及时进行喷药，7天左右1次，每代喷药1～2次。药剂喷施倍数同"落叶果树蚜虫类"。

（4）落叶果树卷叶蛾类　在害虫发生为害初期或初显卷叶为害时及时进行喷药，7～10天1次，每代喷药1～2次。药剂喷施倍数同"落叶果树蚜虫类"。

（5）落叶果树的棉铃虫、斜纹夜蛾　在害虫卵孵化盛期至低龄幼虫期或初显蛀果为害时及时进行喷药，7天左右1次，每代喷药1～2次。药剂喷施倍数同"落叶果树蚜虫类"。

（6）落叶果树的美国白蛾、苹掌舟蛾、天幕毛虫等鳞翅目食叶害虫　在害虫卵孵化盛期至低龄幼虫期及时进行喷药，7～10天1次，每代喷药1～2次。药剂喷施倍数同"落叶果树蚜虫类"。

（7）**落叶果树的绿盲蝽**　多从果树萌芽后或绿盲蝽发生为害初期开始喷药，7～10天1次，与不同类型药剂交替使用，连喷2～4次，早、晚喷药效果较好。药剂喷施倍数同"落叶果树蚜虫类"。

（8）**落叶果树的梨冠网蝽**　多从叶片正面显出黄白色褪绿小点时开始喷药，10天左右1次，连喷2～3次，重点喷洒叶片背面。药剂喷施倍数同"落叶果树蚜虫类"。

（9）**梨树梨木虱（成虫）**　防控越冬代梨木虱成虫时，在早春晴朗无风天进行喷药，7天左右1次，连喷1～2次；防控当年梨木虱成虫时，在各代成虫发生期内进行喷药，每代喷药1～2次。早春时多使用20％乳油或20％水乳剂1000～1200倍液、或10％乳油或10％水乳剂或10％微乳剂500～600倍液均匀喷雾；梨树生长期喷施倍数同"落叶果树蚜虫类"。

（10）**梨树梨茎蜂、梨瘿蚊**　防控梨茎蜂时，在梨树外围嫩梢长10～15厘米时或果园内初见受害嫩梢时及时开始喷药，7～10天1次，连喷2次，以上午10时前喷药防控效果最好；防控梨瘿蚊时，在新梢生长期内从梨瘿蚊发生为害初期（叶缘开始卷曲时）开始喷药，7～10天1次，连喷2次。药剂喷施倍数同"落叶果树蚜虫类"。

（11）**枣瘿蚊**　在枣树萌芽后至开花期，从枣瘿蚊发生为害初期开始喷药，7～10天1次，连喷2～3次。药剂喷施倍数同"落叶果树蚜虫类"。

（12）**梨、桃、杏等果实的椿象类**　多从小麦蜡黄期（麦穗变黄后）或椿象类刺吸果实为害初期开始在果园内喷药，7～10天1次，连喷2次左右。较大果园也可重点喷洒果园外围的几行树，阻止椿象进入果园。一般使用20％乳油或20％水乳剂1200～1500倍液、或10％乳油或10％水乳剂或10％微乳剂600～800倍液均匀喷雾。

（13）**桃树、李树、杏树的桃小绿叶蝉**　在害虫发生为害初期或叶片正面显出黄白色褪绿小点时开始喷药，10天左右1次，连喷2～3次，重点喷洒叶片背面。上午10时前或下午4时后喷药防控效果较好。药剂喷施倍数同"落叶果树蚜虫类"。

（14）**葡萄瘿螨**　从葡萄嫩叶上初显瘿螨为害状时或新梢长15～20厘米时开始喷药，10天左右1次，连喷2次左右。药剂喷施倍数同"落叶果树蚜虫类"。

（15）**柿树血斑叶蝉**　在叶蝉发生为害初期或叶片正面显出黄白色褪绿小点时开始喷药，10天左右1次，连喷2次左右，重点喷洒叶片背面。药剂喷施倍数同"落叶果树蚜虫类"。

（16）**核桃缀叶螟**　在害虫发生为害初期或卵孵化盛期至低龄幼虫期进行喷药，每代喷药1次即可。药剂喷施倍数同"落叶果树蚜虫类"。

（17）**石榴、花椒、枸杞的蚜虫**　从嫩梢上蚜虫数量较多时开始喷药，10天左右1次，连喷2～3次。药剂喷施倍数同"落叶果树蚜虫类"。

注意事项 甲氰菊酯不能与碱性药剂或肥料混用。连续喷药时，注意与不同类型药剂交替使用或混用。本剂药效不受低温环境影响，低温下使用更能发挥药效，特别适合早春和秋季使用。残余药液及洗涤药械的废液，严禁污染河流、湖泊、池塘等水域，禁止在桑园内及养蜂区域使用，果树开花期禁止使用。喷药应及时均匀周到，并尽量在害虫（螨）发生早期使用。苹果树上使用的安全间隔期为30天，每季最多使用3次。

联苯菊酯 bifenthrin

常见商标名称 爱信、安泰、百搭、百脱、保泰、彪豹、标锋、博奇、刺士、婵指、婵翠、翠虎、当真、刀歌、韬光、啶克、斗蓟、飞刺、盖刺、盖康、高联、高手、功卡、攻势、攻占、冠联、广胜、贵星、恒诚、红联、护园、华戎、辉丰、活穗、济马、击马、极诛、佳普、剑斩、捷报、洁悦、金斩、金珠、劲大、精猛、精优、惊速、警卫、巨能、决策、乐喷、力克、联杰、联喜、良弓、亮攻、猎获、猎鹰、龙脊、绿盾、猛刺、灭猖、农慧、飘落、普圣、千剪、千力、千灵、清佳、渠光、瑞灭、赛彤、溧化、速博、速刺、速诛、速闪、闪通、首功、双屠、双珠、硕田、天宁、统管、万超、仙杷、响铃、小飞、信打、星点、休斯、迅击、迅极、勇胜、锐捕、脱蝉、锐春、悦龙、云雾、伏歌、优涉、展除、战将、战灭、真管、真狠、真猛、正喷、争胜、智胜、阿弗铃、安杀宝、奥克泰、稼瑞斯、稼信佳、金六剑、开天斧、力比泰、利蒙特、绿蝉散、洛斯敌、灭绝清、派田得、农艾伴、喷得绿、萨克青、赛迪生、天王星、天罡星、铁笛仙、维特拉、西北狼、小白马、一喷司、允敌杀、斩立剑、真力害、春甲无回、丰禾立健、华灵力士、华特采青、稼田稼圣、上格采喜、威灵斯顿、兴农卡努、燕化刀锋、中保力驰、正业圣龙、奥迪斯欧冠、力智狮禅灵、美尔果联欢、美尔果天宝、瑞德丰大喜、新势立标志、罗邦百树菊旨。

主要含量与剂型 2.5%、25克/升、100克/升乳油，2.5%、25克/升微乳剂，2.5%、4.5%、10%、20%、100克/升水乳剂。

产品特点 联苯菊酯是一种拟除虫菊酯类高效广谱中毒杀虫、杀螨剂，以触杀和胃毒作用为主，无内吸、熏蒸作用，具有击倒能力强、速度快、持效期较长、使用安全等特点。其杀虫机理是作用于昆虫的神经系统，破坏钠离子通道，使神经功能紊乱，导致昆虫过度兴奋、麻痹而死亡。本剂在气温较低条件下更能发挥药效，特别适用于虫、螨混合发生时使用，具有一药多治、省工、省时、省药等特点。对蜜蜂、家蚕、部分天敌及水生生物毒性高。

联苯菊酯常与阿维菌素、甲氨基阿维菌素苯甲酸盐、虫螨腈、除虫脲、丁醚脲、氟酰脲、虱螨脲、茚虫威、吡虫啉、啶虫脒、噻虫啉、噻虫嗪、噻虫胺、烯啶虫胺、呋虫胺、螺虫乙酯、噻螨酮、哒螨灵、炔螨特、双甲脒、三唑锡、马拉硫磷、三唑磷等杀虫（螨）剂成分混配，用于生产复配杀虫（螨）剂。

适用果树及防控对象　联苯菊酯适用于多种落叶果树，对许多种害虫、害螨均有较好的防控效果。目前，在落叶果树生产中常用于防控：苹果树、梨树、山楂树、桃树、杏树、李树等落叶果树的红蜘蛛（山楂叶螨、苹果全爪螨等）、食心虫类（桃小食心虫、梨小食心虫、桃蛀螟、苹果蠹蛾等）及刺蛾类（黄刺蛾、绿刺蛾、扁刺蛾等）、美国白蛾、苹掌舟蛾、黄尾毒蛾、天幕毛虫、梨星毛虫、造桥虫等鳞翅目食叶害虫，梨树的梨木虱（成虫）、梨茎蜂，桃树、杏树、李树的桃小绿叶蝉、桃线潜叶蛾，葡萄绿盲蝽，柿树血斑叶蝉，枸杞木虱。

使用技术

（1）落叶果树的红蜘蛛　从红蜘蛛发生为害初期开始喷药，10～15天1次，连喷2～3次。一般使用2.5%乳油或2.5%微乳剂或2.5%水乳剂或25克/升乳油或25克/升微乳剂800～1000倍液、或4.5%水乳剂1200～1500倍液、或10%水乳剂或100克/升水乳剂或100克/升乳油3000～4000倍液、或20%水乳剂6000～7000倍液均匀喷雾。

（2）落叶果树的食心虫类　根据虫情测报，在害虫卵盛期至初孵幼虫蛀果前及时喷药，发生整齐时每代喷药1次即可，发生不整齐时需7天后再喷药1次。药剂喷施倍数同"落叶果树的红蜘蛛"。

（3）落叶果树的刺蛾类、美国白蛾、苹掌舟蛾等鳞翅目食叶害虫　在害虫卵孵化盛期至低龄幼虫期及时进行喷药，每代喷药1次即可。药剂喷施倍数同"落叶果树的红蜘蛛"。

（4）梨树梨木虱（成虫）　防控越冬代梨木虱成虫时，在早春晴朗无风天进行喷药，7天左右1次，连喷1～2次；防控当年梨木虱成虫时，在各代成虫发生期内进行喷药，每代喷药1～2次。早春喷药时，一般使用2.5%乳油或2.5%微乳剂或2.5%水乳剂或25克/升乳油或25克/升微乳剂500～600倍液、或4.5%水乳剂800～1000倍液、或10%水乳剂或100克/升水乳剂或100克/升乳油2000～2500倍液、或20%水乳剂4000～5000倍液均匀喷雾；梨树生长期喷药时，药剂喷施倍数同"落叶果树的红蜘蛛"。

（5）梨树梨茎蜂　在梨树外围嫩梢长10～15厘米时或果园内初见受害嫩梢时及时开始喷药，7～10天1次，连喷2次，以上午10时前喷药防控效果最好。药剂喷施倍数同"落叶果树的红蜘蛛"。

（6）桃树、杏树、李树的桃小绿叶蝉、桃线潜叶蛾　防控桃小绿叶蝉时，在叶片正面初见黄白色褪绿小点时或害虫发生为害初盛期开始喷药，10天左右1次，连喷2次左右；防控桃线潜叶蛾时，在叶片上初见受害虫道时开始喷药，10～15天1次，连喷2～4次。药剂喷施倍数同"落叶果树的红蜘蛛"。

（7）葡萄绿盲蝽　从葡萄萌芽后开始喷药，10天左右1次，与不同类型药剂交替使用或混用，连喷2～4次。联苯菊酯喷施倍数同"落叶果树的红蜘蛛"。

（8）柿树血斑叶蝉　从叶片正面初见黄白色褪绿小点时开始喷药，10天左右

1次，连喷 2 次左右。药剂喷施倍数同"落叶果树的红蜘蛛"。

（9）枸杞木虱 从害虫发生为害初期开始喷药，10 天左右 1 次，与不同类型药剂交替使用或混用，连喷 2～4 次。联苯菊酯喷施倍数同"落叶果树的红蜘蛛"。

注意事项 联苯菊酯不能与碱性药剂混用。连续喷药时，注意与不同类型药剂交替使用或混用。红蜘蛛发生较重时，最好与专用杀螨剂混用。本剂对家蚕、蜜蜂、天敌昆虫及水生生物毒性较高，用药时注意不要污染水源、桑园、养蜂场所等，并禁止在果树花期使用。苹果树上使用的安全间隔期为 10 天，每季最多施用 3 次。

高效氯氰菊酯 beta-cypermethrin

常见商标名称 爱诺、奥恒、百杀、保士、北农、搏倒、捕快、长戈、狄清、丰悦、富宝、高进、高隆、高歼、高清、戈功、攻敌、攻吉、海普、豪打、禾护、赫山、恒诚、红福、红裕、虎击、虎距、虎蛙、欢刹、吉焰、佳田、解爽、金井、金雀、锦功、巨能、凯击、凯杰、凯年、凯威、凯战、克怕、克严、科坦、科威、快斩、拉威、劳获、乐邦、力克、亮棒、绿安、美蔬、牧龙、宁农、农剑、诺卡、盼丰、普砍、普擒、千刃、强高、勤耕、清佳、清灭、青苗、权豹、全收、锐打、锐普、上夺、胜爽、刷克、速透、山青、特白、天将、天水、铜农、土安、威龙、万毒、万力、五功、炫击、迅服、吟唱、鹰博、鹰人、原白、月山、斩霸、战尔、掌舵、正反、智海、钟伍、准克、阿锐宝、安赛达、安泰绿、虫极速、丛金光、丰乐龙、高乐福、攻下塔、害立平、海利尔、红缟绿、红太阳、护田箭、乐普生、绿安泰、绿百事、绿可安、绿绿福、绿杀丹、佳维绿、金满仓、金满堂、津海蓝、利果兴、雷龙宝、龙卷风、农百金、普朗克、庆丰牌、万绿牌、增产牌、赛迪生、赛氟青、施得果、施多富、探照灯、仙隆宝、降顽灵、一片天、执行官、中天刀、助农兴、碧奥利剑、曹达农化、大方速扑、东旺聚焦、东洲高冠、美邦蓝剑、南久快刹、希普卫士、中保蓝科、安泰高绿宝、苏化高绿宝、悦联兴绿宝、龙灯天龙宝、大光明绿福、美尔果快扫、诺普信白隆、瑞德丰绿爽、桃小蟠虱威、诺普信劲风扫、悦联杀灭菊脂。

主要含量与剂型 4.5%、10%、100 克/升乳油，4.5%、10% 水乳剂，4.5%、10% 微乳剂。

产品特点 高效氯氰菊酯是一种拟除虫菊酯类高效广谱中毒杀虫剂，属氯氰菊酯的高效异构体，具有良好的触杀和胃毒作用，无内吸性，杀虫谱广，击倒速率快，生物活性高。其杀虫机理是作用于害虫神经系统，破坏其功能，使害虫过度兴奋、麻痹而死亡。该药对兔皮肤和眼睛有轻微刺激，对水生生物、蜜蜂、家蚕有毒。

高效氯氰菊酯常与敌敌畏、毒死蜱、氧乐果、丙溴磷、辛硫磷、三唑磷、马拉硫磷、乙酰甲胺磷、灭多威、仲丁威、杀虫单、虫酰肼、灭幼脲、氟铃脲、氟啶脲、吡虫啉、啶虫脒、噻嗪酮、阿维菌素、甲氨基阿维菌素苯甲酸盐、氯虫苯甲酰胺、斜纹夜蛾核型多角体病毒、棉铃虫核型多角体病毒、苏云金杆菌、矿物油等杀虫剂成分混配，用于生产复配杀虫剂。

适用果树及防控对象 高效氯氰菊酯适用于多种落叶果树，对许多种害虫均有较好的防控效果。目前，在落叶果树生产中常用于防控：苹果树、梨树、桃树、杏树、李树、枣树等落叶果树的蚜虫类（绣线菊蚜、苹果瘤蚜、梨二叉蚜、桃蚜、桃粉蚜、桃瘤蚜等）、食心虫类（桃小食心虫、梨小食心虫、桃蛀螟、苹果蠹蛾等）、卷叶蛾类（苹小卷叶蛾、苹褐卷叶蛾、顶梢卷叶蛾、黄斑长翅卷蛾等）、棉铃虫、斜纹夜蛾、美国白蛾、苹掌舟蛾、天幕毛虫、梨星毛虫、造桥虫、尺蛾类、刺蛾类（黄刺蛾、绿刺蛾、扁刺蛾等）、绿盲蝽、梨冠网蝽，梨树的梨木虱（成虫）、梨茎蜂、梨瘿蚊、枣瘿蚊、梨、桃、杏等果实的椿象类（麻皮蝽、茶翅蝽等）、桃树、李树、杏树的桃小绿叶蝉、柿树血斑叶蝉、柿蒂虫、核桃缀叶螟、核桃举肢蛾、樱桃瘤头蚜，石榴、花椒、枸杞的蚜虫，枸杞木虱、枸杞负泥虫。

使用技术 高效氯氰菊酯在果树的整个生长期均可用于喷雾，最好在害虫发生初期或卵孵化盛期至低龄幼虫期使用，且喷药应均匀周到。一般使用 4.5%乳油或 4.5%微乳剂或 4.5%水乳剂 1500～2000 倍液，或 10%乳油或 10%水乳剂或 10%微乳剂或 100 克/升乳油 3000～4000 倍液均匀喷雾。连续喷药时，注意与不同类型药剂交替使用或混用。

（1）落叶果树的蚜虫类 防控苹果瘤蚜时，在苹果花序分离期和落花后各喷药 1 次；防控苹果树、梨树的绣线菊蚜时，在苹果树或梨树嫩梢上蚜虫数量较多时，或蚜虫开始向幼果转移为害时及时喷药，10 天左右 1 次，连喷 1～2 次；防控梨二叉蚜时，在蚜虫为害初盛期或受害叶片初显卷曲时及时喷药，10 天左右 1 次，连喷 1～2 次；防控桃树、杏树及李树蚜虫时，首先在萌芽后开花前喷药 1 次，然后从落花后开始连续喷药，10 天左右 1 次，连喷 2～3 次。药剂喷施倍数同上述。

（2）落叶果树的食心虫类 根据虫情测报，在害虫卵盛期至初孵幼虫蛀果前及时喷药，产卵期不整齐时每代需连续喷药 2 次，间隔期 7 天左右。药剂喷施倍数同上述。

（3）落叶果树的卷叶蛾类 在害虫发生为害初期或初显卷叶时及时进行喷药，每代喷药 1～2 次，间隔期 7～10 天。药剂喷施倍数同上述。

（4）落叶果树的棉铃虫、斜纹夜蛾 在害虫卵孵化盛期至低龄幼虫期或初现幼虫蛀果时及时进行喷药，每代喷药 1～2 次，间隔期 7～10 天。药剂喷施倍数同上述。

（5）落叶果树的美国白蛾、苹掌舟蛾、天幕毛虫、刺蛾类等鳞翅目食叶害虫 在害虫卵孵化盛期至低龄幼虫期及时喷药，每代喷药 1 次即可。药剂喷施倍数同上述。

（6）落叶果树的绿盲蝽 在果树萌芽后或绿盲蝽发生为害初期开始喷药，7～

10天1次，连喷2～3次，以早、晚喷药效果较好。药剂喷施倍数同上述。

（7）落叶果树的梨冠网蝽　在叶片正面初显黄白色褪绿小点时开始喷药，7～10天1次，连喷2～3次。药剂喷施倍数同上述。

（8）梨树的梨木虱（成虫）、梨茎蜂、梨瘿蚊　防控越冬代梨木虱成虫时，在梨树萌芽期的晴朗无风天进行喷药，7天左右1次，连喷1～2次，一般使用4.5%乳油或4.5%微乳剂或4.5%水乳剂1000～1200倍液、或10%乳油或10%水乳剂或10%微乳剂或100克/升乳油2000～2500倍液均匀喷雾；防控当年生梨木虱成虫时，在每代成虫发生初盛期及时进行喷药，7天左右1次，每代喷药1～2次。防控梨茎蜂时，在梨树外围嫩梢长10～15厘米时或果园内初见受害嫩梢时及时开始喷药，7～10天1次，连喷2次，以上午10时前喷药防控效果最好。防控梨瘿蚊时，在新梢生长期内从梨瘿蚊发生为害初期（叶缘初显卷曲时）开始喷药，7～10天1次，连喷1～2次。梨树生长期药剂喷施倍数同前述。

（9）枣瘿蚊　在枣树萌芽后至开花期，从害虫发生为害初期开始喷药，7～10天1次，连喷2～3次。药剂喷施倍数同前述。

（10）梨、桃、杏等果实的椿象类　多从小麦蜡黄期（麦穗变黄后）或椿象类刺吸果实为害初期开始在果园内喷药，7～10天1次，连喷2次左右；较大果园也可重点喷洒果园外围的几行树，阻止椿象进入园内。药剂喷施倍数同前述。

（11）桃树、李树、杏树的桃小绿叶蝉　在害虫发生为害初期或叶片正面显出黄白色褪绿小点时开始喷药，10天左右1次，连喷2～3次，重点喷洒叶片背面，上午10时前或下午4时后喷药防控效果较好。药剂喷施倍数同前述。

（12）柿树血斑叶蝉、柿蒂虫　防控血斑叶蝉时，在害虫发生为害初期或叶片正面显出黄白色褪绿小点时开始喷药，10天左右1次，连喷2次左右，重点喷洒叶片背面；防控柿蒂虫时，在害虫产卵盛期及时喷药，7天左右1次，每代喷药1～2次。药剂喷施倍数同前述。

（13）核桃缀叶螟、核桃举肢蛾　防控核桃缀叶螟时，在害虫卵孵化盛期至低龄幼虫期进行喷药，每代喷药1次即可；防控核桃举肢蛾时，在害虫产卵盛期及时喷药，7天左右1次，每代喷药1～2次。药剂喷施倍数同前述。

（14）樱桃瘤头蚜　从蚜虫发生为害初期或叶片上初显凹凸为害状时开始喷药，7～10天1次，连喷2次左右。药剂喷施倍数同前述。

（15）石榴、花椒、枸杞的蚜虫　从嫩梢上蚜虫数量较多时开始喷药，10天左右1次，连喷2～3次。药剂喷施倍数同前述。

（16）枸杞木虱、枸杞负泥虫　从相应害虫发生为害初期开始喷药，10天左右1次，连喷2～4次。药剂喷施倍数同前述。

注意事项　高效氯氰菊酯不能与碱性药剂混用。残余药液及洗涤药械的废液，严禁污染河流、湖泊、池塘等水域；桑蚕养殖场所及桑园内禁止使用，果树开花期禁止使用。苹果树上使用的安全间隔期为21天，每剂最多使用3次。

高效氯氟氰菊酯 lambda-cyhalothrin

常见商标名称 阿功、白功、碧功、飚功、超功、大攻、巨功、创功、封功、伏攻、戈功、高功、好功、海功、皇功、极功、佳功、嘉功、捷功、尽功、酷功、领功、鸣功、墨攻、浓功、勤功、群功、瑞功、赛功、森功、上功、神功、胜功、腾功、统功、稳功、辛功、昕功、新功、益功、硬功、真功、至功、增功、爱拼、爱诺、安泰、安斩、澳腾、霸剑、巴牙、百劫、百杀、比杀、冠杀、射杀、伴友、保泰、碧宝、彪戈、彪能、骠锐、搏刀、猎刀、妙刀、诺刀、弯刀、博得、博妙、波澜、蟾功、蟾武、昌达、超欢、虫彪、虫锐、打手、德庭、点滴、巅逢、顶高、东冠、毒露、独击、独狼、独流、短兵、多击、多客、伐虎、氟虎、氟龙、方捕、芳郁、飞网、封害、风生、富宝、赶迁、皋农、高防、高捷、高克、高隆、格局、功盖、功关、功尔、功飞、功夫、功利、攻猎、功击、功劫、功令、功浚、功灭、功宁、功扑、功天、功吴、功喜、功勋、功誉、共富、果宝、国光、海基、豪打、禾健、和欣、恒诚、恒辉、横剑、亨达、红威、虎箭、虎蛙、护苗、辉丰、惠威、活穗、击断、极克、冀灵、剑光、金虹、金珠、劲彪、劲夫、劲狮、净甲、京蓬、京品、精标、景宏、巨氟、巨能、开弓、克从、垮台、快斧、狂卷、狂纵、览博、蓝丰、蓝泰、朗帕、乐剑、雷标、雷格、雷奇、擂甲、利歼、两清、两极、龙马、龙生、龙争、鲁生、绿菊、绿盼、美邦、美赛、美星、猛歼、蒙战、纳戈、农本、普地、普胜、弃甲、千叟、千速、强力、巧打、勤耕、青苗、全克、全品、群扁、热点、瑞东、瑞华、锐弓、锐猫、锐宁、锐帅、润扬、赛瑞、扫漩、胜夺、世冀、舒农、刷克、双快、双珠、舜耕、速彪、速打、速斗、速决、速征、天将、天宁、天瑞、铜农、统克、统用、土安、土隆、万吉、万能、万胜、望绿、卫锐、五绝、侠客、闲宁、新湖、欣效、休战、迅虎、迅拿、迅能、易歼、银虎、银珠、友缘、渝西、园将、战豪、战锐、占天、震敌、真管、正锐、致超、治服、中澳、众拂、准打、钻残、安公功、百虫净、必干吊、博士威、朝龙宝、超星神、虫之敌、春满牙、大功达、大方中、大撒手、达优功、地得乐、地也乐、峰得力、锋得净、丰乐龙、格雷特、戈加斯、顾地丰、谷丰鸟、红甲安、红腰带、克哦宝、惠速灵、击地锤、激如风、剑力达、锦捕令、津海蓝、金德益、金朗星、金牛坝、金三角、劲功天、九伏丁、九洲鹰、凯米克、开山斧、康赛德、掘地虎、绿可安、麦乐丰、美尔果、灭地虎、农特爱、千年虫、秋风扫、全季通、瑞德丰、锐金它、萨克绿、山鹰牌、赛迪生、斯达佳、司迪生、树百喜、速保克、天地清、田力宝、汤普森、万虫灵、维独攻、威乐农、稳定杀、闲工夫、信优美、亚戈农、迎风斩、优力士、优锐特、战地龙、震天炮、艾孚功击、安泰甲安、标正亮舰、标正举功、东晟亮剑、东生卡功、东生龙功、东生美娃、丰禾立健、功成化工、功夫小子、海特农化、佳田康夫、杰功瑞华、金尔超功、金尔功夫、金刚小子、凯明四号、罗邦生物、南久快刹、农华高福、农华绿亮、农乐日高、齐鲁科海、润鸿生化、山农猛将、苏化正功、泰生天功、亨升化工、豫珠劲虎、豫珠功夫、志信工夫、伊诺功夫、正业泰龙、中科亚达、中农联合、中天邦正、宜农红箭、安格诺大功、丰田快扑杀、格林治生物、海利尔绿微、金尔红功夫、金尔金功夫、万克好功夫、科润克虫霸、美尔果顶功、瑞德丰宝功、山农冠地龙、兴农抗飞多、安格诺金百威、诺普信一号功、山农针锋快克。

主要含量与剂型 2.5%、25克/升、50克/升乳油，2.5%、5%、10%、20%、25克/升水乳剂，2.5%、5%、15%、25克/升微乳剂，2.5%、5%、10%悬浮剂，2.5%、23%、25克/升微囊悬浮剂，15%可溶液剂，2.5%、10%、15%、25%可湿性粉剂。

产品特点 高效氯氟氰菊酯是一种含氟原子的拟除虫菊酯类高效广谱中毒杀虫剂，对害虫具有强烈的触杀和胃毒作用及一定的驱避作用，无内吸作用，速效性好，耐雨水冲刷。其杀虫机理是作用于昆虫的神经系统，通过与钠离子通道相互作用，阻断中枢神经系统的正常传导，使昆虫过度兴奋、麻痹而死亡。与其他拟除虫菊酯类药剂相比，该药杀虫谱更广、杀虫活性更高、药效更迅速、并具有强烈的渗透作用，耐雨水冲刷能力更强；具有用量少、药效快、击倒力强、害虫产生抗药性缓慢、残留低、使用安全等优点。药剂对蜜蜂、家蚕、鱼类及水生生物剧毒。

高效氯氟氰菊酯常与阿维菌素、甲氨基阿维菌素、甲氨基阿维菌素苯甲酸盐、氯虫苯甲酰胺、吡虫啉、啶虫脒、吡蚜酮、呋虫胺、噻虫胺、噻虫嗪、噻嗪酮、辛硫磷、丙溴磷、敌敌畏、毒死蜱、马拉硫磷、杀螟硫磷、三唑磷、稻丰散、乐果、杀虫单、双甲脒、除虫脲、虱螨脲、丁醚脲、虫酰肼、灭多威等杀虫剂成分混配，用于生产复配杀虫剂。

适用果树及防控对象 高效氟氯氰菊酯适用于多种落叶果树，对许多种果树害虫均有较好的防控效果。目前，在落叶果树生产中常用于防控：苹果树、梨树、桃树、杏树、李树、枣树等落叶果树的蚜虫类（绣线菊蚜、苹果瘤蚜、梨二叉蚜、桃蚜、桃粉蚜、桃瘤蚜等）、食心虫类（桃小食心虫、梨小食心虫、桃蛀螟、苹果蠹蛾等）、卷叶蛾类（苹小卷叶蛾、苹褐卷叶蛾、顶梢卷叶蛾、黄斑长翅卷蛾等）、棉铃虫、斜纹夜蛾、美国白蛾、天幕毛虫、苹掌舟蛾、梨星毛虫、造桥虫、尺蛾类、刺蛾类（黄刺蛾、绿刺蛾、扁刺蛾等）、绿盲蝽、梨冠网蝽，梨树的梨木虱（成虫）、梨茎蜂、梨瘿蚊，枣瘿蚊，梨、桃、杏等果实的椿象类（麻皮蝽、茶翅蝽等），桃树、李树、杏树的桃小绿叶蝉、桃线潜叶蛾、桑白介壳虫，葡萄的二星叶蝉、十星叶甲，柿树血斑叶蝉、柿蒂虫，核桃缀叶螟、核桃举肢蛾，樱桃瘤头蚜，枸杞负泥虫、枸杞木虱，石榴、花椒、枸杞的蚜虫。

使用技术 高效氯氟氰菊酯在多种落叶果树的全生长期均可使用，一般使用2.5%乳油或2.5%水乳剂或2.5%微乳剂或2.5%悬浮剂或2.5%微囊悬浮剂或2.5%可湿性粉剂或25克/升乳油或25克/升水乳剂或25克/升微乳剂或25克/升微囊悬浮剂1200～1500倍液、或5%水乳剂或5%微乳剂或5%悬浮剂或50克/升乳油 2500～3000 倍液、或 10％水乳剂或 10％悬浮剂或 10％可湿性粉剂 5000～6000 倍液、或 15％微乳剂或 15％可溶液剂或 15％可湿性粉剂 7000～8000 倍液、或 20％水乳剂或 23％微囊悬浮剂或 25％可湿性粉剂 10000～12000 倍液均匀喷雾。连续喷药时，注意与不同类型药剂交替使用或混用，以延缓害虫产生抗药性。

(1) 落叶果树的蚜虫类 防控苹果瘤蚜时，在苹果花序分离期和落花后各喷药 1 次；防控苹果树、梨树的绣线菊蚜时，在苹果树或梨树嫩梢上蚜虫数量较多时、或蚜虫开始向幼果转移为害时及时喷药，10 天左右 1 次，连喷 1～2 次；防控梨二叉蚜时，在蚜虫发生为害初期或受害叶片初显卷曲时及时喷药，10 天左右 1 次，连喷 1～2 次；防控桃树、杏树及李树蚜虫时，首先在萌芽后开花前喷药 1 次，然后从落花后开始连续喷药，10 天左右 1 次，连喷 2～3 次。药剂喷施倍数同上述。

(2) 落叶果树的食心虫类 根据虫情测报，在害虫产卵盛期至孵化盛期（幼虫钻蛀前）及时喷药，产卵期不整齐时需连续喷药 2 次，间隔期 7 天左右。药剂喷施倍数同上述。

(3) 落叶果树的卷叶蛾类 在害虫发生为害初期或初显卷叶为害时及时进行喷药，每代喷药 1～2 次。药剂喷施倍数同上述。

(4) 落叶果树的棉铃虫、斜纹夜蛾 在害虫卵孵化盛期至低龄幼虫期或初显幼虫蛀为害时及时开始喷药，每代喷药 1～2 次，间隔期 7 天左右。药剂喷施倍数同上述。

(5) 落叶果树的美国白蛾、苹掌舟蛾、尺蛾类、刺蛾类等鳞翅目食叶害虫 在害虫卵孵化盛期至低龄幼虫期及时进行喷药，一般每代喷药 1 次即可。药剂喷施倍数同上述。

(6) 落叶果树的绿盲蝽 在果树发芽至嫩梢生长期内的绿盲蝽发生为害初期及时开始喷药，7～10 天 1 次，连喷 2 次左右，以早、晚喷药效果较好。药剂喷施倍数同上述。

(7) 落叶果树的梨冠网蝽 从叶片正面显出黄白色褪绿小点时开始喷药，10 天左右 1 次，连喷 2～3 次。药剂喷施倍数同上述。

(8) 梨树的梨木虱（成虫） 防控越冬代梨木虱成虫时，在梨树萌芽期的晴朗无风天进行喷药，连喷 1～2 次；防控当年生梨木虱成虫时，在每代成虫发生期内及时进行喷药，每代喷药 1～2 次，间隔期 7 天左右。药剂喷施倍数同上述，防控越冬代成虫时可适当增加喷药浓度。

(9) 梨树的梨茎蜂、梨瘿蚊 防控梨茎蜂时，在梨树外围嫩梢长 10～15 厘米时或果园内初见受害嫩梢时及时开始喷药，7～10 天 1 次，连喷 2 次，以上午 10 时前喷药防控效果最好。防控梨瘿蚊时，在新梢生长期内从梨瘿蚊发生为害初期（初显叶缘卷曲时）开始喷药，7～10 天 1 次，连喷 2 次。药剂喷施倍数同上述。

(10) 枣瘿蚊 在枣树萌芽后至开花期，从害虫发生为害初期开始喷药，7～

10天1次，连喷2～3次。药剂喷施倍数同上述。

（11）**梨、桃、杏等果实的椿象类** 多从小麦蜡黄期（麦穗变黄后）或椿象类刺吸果实为害初期开始在果园内喷药，7～10天1次，连喷2次左右；较大果园也可重点喷洒果园外围的几行树，阻止椿象进入园内。药剂喷施倍数同上述。

（12）**桃树、李树、杏树的桃小绿叶蝉、 桃线潜叶蛾、 桑白介壳虫** 防控桃小绿叶蝉时，在害虫发生为害初期或叶片正面显出黄白色褪绿小点时开始喷药，10天左右1次，连喷2～3次，重点喷洒叶片背面，以上午10时前或下午4时后喷药防控效果较好；防控桃线潜叶蛾时，从叶片上初见为害虫道时开始喷药，10～15天1次，连喷2～4次；防控桑白介壳虫时，在1龄若虫从母体介壳下爬出向周围扩散为害时及时进行喷药，7天左右1次，每代喷药1～2次。药剂喷施倍数同上述。

（13）**葡萄二星叶蝉、 十星叶甲** 防控二星叶蝉时，从叶片正面显出黄白色褪绿小点时开始喷药，10天左右1次，连喷2次左右；防控十星叶甲时，从害虫发生为害初期开始喷药，7～10天1次，连喷2次左右。药剂喷施倍数同上述。

（14）**柿树血斑叶蝉、 柿蒂虫** 防控血斑叶蝉时，在害虫发生为害初期或叶片正面显出黄白色褪绿小点时开始喷药，10天左右1次，连喷2次左右，重点喷洒叶片背面；防控柿蒂虫时，在害虫产卵盛期及时进行喷药，每代喷药1～2次，间隔期7天左右。药剂喷施倍数同上述。

（15）**核桃缀叶螟、 核桃举肢蛾** 防控缀叶螟时，在害虫卵孵化盛期至低龄幼虫期或害虫发生为害初期及时进行喷药，每代喷药1次即可；防控举肢蛾时，在害虫产卵盛期及时进行喷药，每代喷药1～2次，间隔期7天左右。药剂喷施倍数同上述。

（16）**樱桃瘤头蚜** 从瘤头蚜发生为害初期或叶片上初显凹凸受害状时及时开始喷药，7～10天1次，连喷2次左右。药剂喷施倍数同上述。

（17）**枸杞负泥虫、 枸杞木虱** 从相应害虫发生为害初期开始喷药，10天左右1次，连喷2～3次。药剂喷施倍数同上述。

（18）**石榴、花椒、枸杞的蚜虫** 从嫩梢上蚜虫数量较多时开始喷药，10天左右1次，连喷2～3次。药剂喷施倍数同上述。

注意事项 高效氯氟氰菊酯不能与碱性药剂混用，喷药应及时均匀周到。本剂对鱼类等水生生物、蜜蜂、家蚕剧毒，用药时严禁污染河流、湖泊、池塘等水域，不能在桑蚕养殖场所及其附近使用，禁止在果树开花期和蜜源植物上使用。用药时注意安全保护，避免药液溅及皮肤和眼睛；不慎中毒，立即送医院对症治疗，本药无特效解毒剂。苹果树和梨树上使用的安全间隔期均为21天，每季最多均使用2次。

敌敌畏 dichlorvos

常见商标名称 保泰、地杰、都克、航天、豪打、赫山、骄阳、金浪、金雀、康丰、农伴、渠光、锐浪、天水、统剿、万力、新丰、易攻、战歼、智海、艾民克、金眼彪、劳动牌、灭绝清、蚜虱斩、滏阳新丰、圣丹光光、仙捕新丰、诺普信九九畏。

主要含量与剂型 48%、50%、77.5%、80%、90%乳油，80%、90%可溶液剂。

产品特点 敌敌畏是一种有机磷类广谱中毒杀虫剂，具有强烈的触杀、胃毒和熏蒸作用，对咀嚼式口器和刺吸式口器害虫均有很强的击倒力。触杀作用比敌百虫效果好，对害虫击倒力强而快。其杀虫机理是通过抑制害虫体内乙酰胆碱酯酶的活性，使害虫过度兴奋、麻痹而死亡。该药施用后降解快，持效期较短，残留很低，使用较安全。制剂对天敌、鱼类毒性较高，对蜜蜂剧毒。

敌敌畏常与阿维菌素、氰戊菊酯、溴氰菊酯、甲氰菊酯、氯氰菊酯、高效氯氰菊酯、高效氯氟氰菊酯、乐果、氧乐果、马拉硫磷、辛硫磷、毒死蜱、吡虫啉、噻虫嗪、仲丁威、氟铃脲、矿物油等杀虫剂成分混配，用于生产复配杀虫剂。

适用果树及防控对象 敌敌畏适用于多种不敏感的落叶果树，对许多种害虫均有较好的防控效果。目前，在落叶果树生产中常用于防控：苹果树的绣线菊蚜、苹果瘤蚜、卷叶蛾类、鳞翅目食叶害虫（美国白蛾、天幕毛虫、苹掌舟蛾、刺蛾类等），葡萄十星叶甲，桑葚尺蠖。

使用技术

（1）苹果树绣线菊蚜、苹果瘤蚜、卷叶蛾类、鳞翅目食叶害虫 防控绣线菊蚜时，在嫩梢上蚜虫数量较多时、或蚜虫开始向幼果转移为害时及时喷药，7天左右1次，连喷2～3次；防控苹果瘤蚜时，在苹果花序分离期和落花后各喷药1次；防控卷叶蛾时，在花序分离期（开花前）或落花后喷药1次，或在害虫卵孵化期至卷叶前及时喷药，每代喷药1～2次；防控鳞翅目食叶害虫时，在害虫卵孵化盛期至低龄幼虫期及时喷药，每代喷药1～2次。一般使用48%乳油或50%乳油800～1000倍液、或77.5%乳油或80%乳油或80%可溶液剂1200～1500倍液、或90%乳油或90%可溶液剂1500～2000倍液均匀喷雾。

（2）葡萄十星叶甲 从害虫发生为害初期开始喷药，7～10天1次，连喷2次左右。药剂喷施倍数同"苹果树绣线菊蚜"。

（3）桑葚尺蠖 在害虫发生为害初期、或卵孵化盛期至低龄幼虫期及时喷药，每代喷药1～2次。药剂喷施倍数同"苹果树绣线菊蚜"。

注意事项 敌敌畏不能与碱性农药或肥料混用。本剂对桃树、李树、杏树等核果类果树较敏感，易产生药害，用药时需要注意；对豆类和瓜类的幼苗易产生药害，对高粱易产生药害，对玉米、柳树也较敏感，用药时均需特别注意。残余药液及洗涤药械的废液严禁污染河流、湖泊、池塘等水域，避免对鱼类等水生生物造成毒害；蜜源植物花期和果树开花期禁止使用；蚕室周边和桑园内及其附近禁止使用。敌敌畏挥发性强，对人畜毒性大，用药时注意安全防护，且中午高温时不宜施药。苹果树上使用的安全间隔期为7天，每季最多使用2次。

辛硫磷 phoxin

常见商标名称 北农、毒虎、丰叶、戈击、关铃、冠均、果宝、海日、和乐、虎蛙、骓港、获丰、骄阳、解脱、金雀、锦双、康达、狂拳、坤丰、冷爆、冷酷、利剑、联诚、良弓、绿禾、猛手、妙单、明除、牛城、企达、全丰、山青、胜任、世功、双攻、世冀、速刺、泰中、天水、铜农、万方、万力、徐康、月山、耘宝、智海、钟伍、案靓土、白斯特、大地主、地施科、地侠克、丰乐龙、广路牌、好帮手、好椿光、稼可钦、凯米克、农博士、农可益、农迅富、锐卷特、三晶兴、杀地龙、天义华、一灌收、一千年、大方卷除、丰山农舒、瑞隆品诺、斯普瑞丹、胜邦绿鹰。

主要含量与剂型 40％、56％、70％、600克/升乳油，30％、35％微囊悬浮剂，1.5％、3％、5％、10％颗粒剂。

产品特点 辛硫磷是一种有机磷类广谱低毒杀虫剂，以触杀和胃毒作用为主，无内吸作用，但有一定熏蒸作用和渗透性，击倒力强，速效性高。对鳞翅目幼虫、双翅目及同翅目害虫都有很好的防控效果。其杀虫机理是通过抑制昆虫体内乙酰胆碱酯酶的活性，扰乱昆虫神经系统，使昆虫过度兴奋、麻痹而死亡。该成分对光不稳定，见光很快分解，叶面喷雾持效期短、残留风险小，但药剂施入土中持效期较长，适用于防控地下害虫。对鱼类、蜜蜂及天敌昆虫毒性较大，但喷雾2～3天后对蜜蜂和天敌昆虫影响很小。

辛硫磷常与阿维菌素、甲氨基阿维菌素苯甲酸盐、棉铃虫核型多角体病毒、鱼藤酮、氰戊菊酯、S-氰戊菊酯、溴氰菊酯、甲氰菊酯、氯氰菊酯、高效氯氰菊酯、氟氯氰菊酯、高效氯氟氰菊酯、敌百虫、敌敌畏、毒死蜱、丙溴磷、二嗪磷、马拉硫磷、三唑磷、杀螟硫磷、水胺硫磷、氧乐果、除虫脲、氟铃脲、虫酰肼、吡虫啉、啶虫脒、灭多威、仲丁威、丁硫克百威、哒螨灵、柴油、矿物油等杀虫剂成分混配，用于生产复配杀虫剂。

适用果树及防控对象 辛硫磷适用于多种落叶果树，对许多种害虫均有较好的防控效果。目前，在落叶果树生产中常用于防控：苹果树的绣线菊蚜、卷叶蛾类（苹小卷叶蛾、苹褐卷叶蛾、顶梢卷叶蛾、黄斑长翅卷蛾等）、鳞翅目食叶害虫（美国白蛾、苹掌舟蛾、黄尾毒蛾、天幕毛虫、梨星毛虫、造桥虫、刺蛾类等），苹果树、梨树、核桃树的大青叶蝉，梨、桃、杏等果实的椿象类（麻皮蝽、茶翅蝽等），梨树的梨二叉蚜、梨瘿蚊、梨星毛虫，桃树、杏树的桃小绿叶蝉、桃剑纹夜蛾、刺蛾类，枣树的枣瘿蚊、枣尺蠖、造桥虫、刺蛾类，苹果、梨、桃、枣、山楂的桃小食心虫，苹果树、梨树、山楂树、葡萄等落叶果树的金龟子类（黑绒鳃金龟、铜绿丽金龟、苹毛丽金龟等）。

使用技术

（1）**苹果树绣线菊蚜** 从嫩梢上蚜虫数量较多时、或蚜虫开始向幼果转移为害时及时开始喷药，7天左右1次，连喷2次左右。一般使用40%乳油1000～1500倍液、或56%乳油或600克/升乳油1500～2000倍液、或70%乳油2000～2500倍液均匀喷雾，以傍晚树上喷药效果较好。

（2）**苹果树卷叶蛾类** 首先在花序分离期或落花后喷药1次，然后再于各代害虫卵孵化盛期至幼虫卷叶为害前及时喷药，每代喷药1～2次。药剂喷施倍数同"苹果树绣线菊蚜"。

（3）**苹果树鳞翅目食叶害虫** 在害虫卵孵化盛期至低龄幼虫期进行喷药，每代喷药1～2次。药剂喷施倍数同"苹果树绣线菊蚜"。

（4）**苹果树、梨树、核桃树的大青叶蝉** 在秋季害虫开始向果树上转移并产卵为害时及时进行喷药，5～7天1次，连喷2次左右。药剂喷施倍数同"苹果树绣线菊蚜"。

（5）**梨、桃、杏等果实的椿象类** 多从小麦蜡黄期（麦穗变黄后）或椿象类刺吸果实为害初期开始在果园内喷药，7天左右1次，连喷2次左右；较大果园也可重点喷洒果园外围的几行树，阻止椿象进入园内。药剂喷施倍数同"苹果树绣线菊蚜"。

（6）**梨树梨二叉蚜、梨瘿蚊、梨星毛虫** 防控梨二叉蚜时，在受害叶片初显卷曲时及时开始喷药，7天左右1次，连喷2次左右；防控梨瘿蚊时，在嫩叶上初显受害状时（叶缘卷曲）及时开始喷药，7天左右1次，连喷2次左右；防控梨星毛虫时，在害虫卵孵化盛期或梨园内初见卷叶虫苞时及时开始喷药，7天左右1次，连喷1～2次。药剂喷施倍数同"苹果树绣线菊蚜"。

（7）**桃树、杏树的桃小绿叶蝉、桃剑纹夜蛾、刺蛾类** 防控桃小绿叶蝉时，在叶片正面显出黄白色褪绿小点时开始喷药，7天左右1次，连喷2～3次，重点喷洒叶片背面，以傍晚树上喷药效果较好；防控桃剑纹夜蛾及刺蛾类食叶害虫时，在害虫卵孵化盛期至低龄幼虫期进行喷药，7天左右1次，每代喷药1～2次。药剂喷施倍数同"苹果树绣线菊蚜"。

（8）**枣树枣瘿蚊、枣尺蠖、造桥虫、刺蛾类** 防控枣瘿蚊时，在萌芽后至开花期的嫩梢上出现受害状时及时进行喷药，7天左右1次，连喷2次左右；防控枣尺蠖、造桥虫及刺蛾类食叶害虫时，在害虫卵孵化盛期至低龄幼虫期及时进行喷药，7天左右1次，每代喷药1～2次。药剂喷施倍数同"苹果树绣线菊蚜"。

（9）**苹果、梨、桃、枣、山楂的桃小食心虫** 主要用于防控越冬出土幼虫。在越冬幼虫出土初期地面用药，地表喷药或撒施颗粒剂均可。地表喷药时，一般使用40%乳油300～400倍液、或56%乳油或600克/升乳油400～500倍液、或70%乳油 500～700 倍液、或 30％微囊悬浮剂 200～250 倍液、或 35％微囊悬浮剂 250～300 倍液喷洒树冠下地面，将土壤表层喷湿，然后耙松土表；撒施颗粒剂时，一般每亩使用 1.5％颗粒剂 5～6 千克、或 3％颗粒剂 2.5～3 千克、或 5％颗粒剂 1.5～2 千克、或 10％颗粒剂 0.8～1 千克，均匀撒施于树冠下地面，然后耙松表层土壤，使药剂与土壤混合。

（10）苹果树、梨树、山楂树、葡萄等落叶果树的金龟子类 果树萌芽至开花期金龟子为害较重果园，于金龟子发生初期地面用药，地表喷药或撒施颗粒剂均可。具体用药方法及用药量同"苹果、梨、桃的桃小食心虫"。

注意事项 辛硫磷不能与碱性药剂混合使用，连续喷药时注意与不同类型药剂交替使用或混用。该药见光易分解，果园内用药时最好在傍晚进行。高粱、豆类、瓜类对辛硫磷敏感，易产生药害，果园内用药时需要注意。本剂对蜜蜂、家蚕及鱼类等水生生物有毒，施药时应避免对周围蜂群的影响，蜜源植物花期、果树开花期、蚕室周边和桑园内及其附近禁止使用，残余药液及洗涤药械的废液严禁污染河流、湖泊、池塘等水域。苹果树上使用的安全间隔期为 14 天，每季最多使用 3 次。

毒死蜱　chlorpyrifos

常见商标名称 澳喜、拌狼、邦踪、奔乐、搏乐、彪白、摧锋、翠微、德除、迪邦、地欢、地龙、猎龙、龙泉、龙生、鲁生、清佳、鼎佳、顶胜、顶勇、独傲、毒本、毒蜂、毒火、多打、猎打、飞清、飞首、丰胜、丰信、丰赞、奉农、铜农、维农、农本、农丹、富宝、果宝、高替、格击、攻陷、好霸、禾健、和欣、红裕、红展、剑盛、佳盛、佳通、金浪、金蛇、金燕、绵夺、劲稻、净介、老介、飓锋、巨捷、巨雷、巨能、卷功、卷洁、卷急、叩击、酷龙、坤虎、浪迅、乐喷、乐尼、雷尔、立酷、连击、痛击、亮剑、良将、绿憬、猛克、万克、万力、万穿、米歌、名捕、山捕、巡捕、默斩、赛本、破浪、强盾、巧莲、渠光、锐爱、锐斧、锐乐、锐扫、锐冥、瑞蛙、三攻、深潜、神蛙、胜尔、胜任、生金、圣赞、盛赞、斯朗、斯速、苏盾、岁盈、顺达、双灵、帅灵、帅将、太奔、天富、天容、淘益、望绿、网扑、围卷、喜康、徐康、仙耙、炫击、迅通、炎爆、御戈、云峰、允乐、征定、正将、众夸、众管、安乐斯、安民乐、安杀宝、奥斯本、都斯本、毒丝本、乐斯本、乐溴本、速斯本、喜斯本、朱斯本、牙斯木、优斯乐、百灵树、保地乐、贝科达、别样红、大扫除、迪芬德、地宝隆、地贝得、地侠克、丰乐龙、伏地龙、富春江、盖仑本、灌施宝、护卫鸟、吉本斯、卡本斯、卡斯它、稼瑞斯、稼信佳、金博乐、金地隆、金劲克、金一佳、津海蓝、快莎灵、蓝脱介、乐地梗、乐思耕、力可斯、力克杀、灭丛晶、灭绝清、绵尔得、绵斯尽、冥虫落、农必乐、农新乐、农全得、农斯福、农斯利、农斯特、农特爱、欧路本、扑立净、锐为特、赛迪生、赛农斯、省时本、施时乐、苏垦乐、速盾高、陶斯仙、特立新、万绿牌、威利丹、维特斯、小浪子、小精灵、小幼虫、新农宝、新农康、新农美、兴依保、兴农保、易道刹、银搏乐、银一佳、追天雷、澳通农药、碧奥巧手、地下卫兵、弘业化工、稼田稼圣、金尔地霸、润生天巧、胜邦绿鹰、仙隆裕民、仙耙五星、欣诺利剑、颖泰嘉和、正业主攻、中农科美、标正乐斯农、博瑞特胜乐、格林治生物、燕化斯达素、瑞德丰陶丝本。

主要含量与剂型 40%、45%、50%、480克/升乳油，30%、40%、50%微乳剂，30%、40%水乳剂，30%、36%微囊悬浮剂，3%、5%、10%、15%颗粒剂。

产品特点 毒死蜱是一种有机磷类广谱中毒杀虫剂，具有触杀、胃毒和一定的熏蒸作用，无内吸作用，可混用性好，使用安全。其杀虫机理是作用于昆虫的乙酰胆碱酯酶，使昆虫神经系统紊乱，导致其持续兴奋、麻痹而死亡。该药在叶片上的持效期较短，在土壤中的持效期较长，因此对地下害虫具有很好的防控效果。对鱼和水生动物毒性较高，对蜜蜂和家蚕高毒。

毒死蜱常与阿维菌素、甲氨基阿维菌素、甲氨基阿维菌素苯甲酸盐、敌百虫、敌敌畏、辛硫磷、丙溴磷、三唑磷、乙酰甲胺磷、稻丰散、杀虫单、杀虫双、灭多威、异丙威、仲丁威、丁硫克百威、溴氰菊酯、氯氰菊酯、氯氟氰菊酯、高效氯氰菊酯、高效氯氟氰菊酯、高效氟氯氰菊酯、除虫脲、氟铃脲、虱螨脲、吡虫啉、啶虫脒、吡蚜酮、噻嗪酮、噻虫嗪、噻虫胺、呋虫胺、氟啶虫胺腈、螺虫乙酯、氰氟虫腙、矿物油等杀虫剂成分混配，用于生产复配杀虫剂。

适用果树及防控对象 毒死蜱适用于多种落叶果树，对许多种害虫均有很好的防控效果。目前，在落叶果树生产中常用于防控：苹果树的苹果绵蚜、苹果瘤蚜、绣线菊蚜、卷叶蛾类（苹小卷叶蛾、苹褐卷叶蛾、顶梢卷叶蛾、黄斑长翅卷叶蛾等）、金龟子类（黑绒鳃金龟、铜绿丽金龟、苹毛丽金龟等）、鳞翅目食叶害虫类（美国白蛾、苹掌舟蛾、黄尾毒蛾、天幕毛虫、梨星毛虫、造桥虫、刺蛾类等），梨树的梨木虱（成虫）、梨二叉蚜、黄粉蚜、梨茎蜂、梨瘿蚊、梨冠网蝽，桃树、李树、杏树的蚜虫类（桃蚜、桃粉蚜、桃瘤蚜）、桑白介壳虫、小绿叶蝉，葡萄的绿盲蝽、葡萄虎蛾、二星叶蝉、十星叶甲，枣树的绿盲蝽、食芽象甲、枣瘿蚊、日本龟蜡蚧、造桥虫、刺蛾类，苹果、梨、桃、枣、山楂等果树的桃小食心虫、梨小食心虫，梨、桃、杏等果实的椿象类（茶翅蝽、麻皮蝽等），核桃的核桃举肢蛾、核桃缀叶螟、刺蛾类，柿树的柿蒂虫、柿绵蚧、柿血斑叶蝉，山楂树的梨冠网蝽、山楂凤蝶，石榴、花椒的蚜虫。

使用技术 毒死蜱既可用于生长期树上喷雾，又可地面用药。生长期树上喷药时，一般使用30%微乳剂或30%水乳剂1000～1200倍液、或40%乳油或40%微乳剂或40%水乳剂1200～1500倍液、或45%乳油或50%微乳剂或480克/升乳油1500～1800倍液、或50%乳油1800～2000倍液均匀喷雾。地面用药时，既可使用30%微乳剂或30%水乳剂或30%微囊悬浮剂或36%微囊悬浮剂400～500倍液、或40%乳油或40%水乳剂或40%微乳剂500～600倍液、或45%乳油或50%微乳剂或 480 克/升乳油 600～700 倍液、或 50％乳油 700～800 倍液喷洒地面，将表层土壤喷湿，然后耙松土表；又可在土壤有一定湿度的果园每亩使用 3％颗粒剂 2～2.5 千克、或 5％颗粒剂 1～1.5 千克、或 10％颗粒剂 0.6～0.8 千克、或 15％颗粒剂 0.3～0.5 千克均匀撒施于树冠下，然后浅锄混土。

（1）苹果树苹果绵蚜、苹果瘤蚜、绣线菊蚜 防控苹果绵蚜时，首先在苹果萌芽期淋洗式喷雾 1 次，重点喷洒树干基部、枝干伤疤部位等，杀灭已经活动的越冬绵蚜；然后在苹果落花后半月左右再全树淋洗式喷药 1～2 次，杀灭从越冬场所向新梢等幼嫩组织转移扩散的绵蚜；7～9 月份，幼嫩组织部位出现群生绵蚜时，再酌情喷药防控。防控苹果瘤蚜时，在苹果花序分离期喷药 1 次，往年瘤蚜严重果园，苹果落花后再喷药 1 次。防控绣线菊蚜时，在嫩梢上蚜虫数量较多时或蚜虫开始向幼果转移为害时开始喷药，10 天左右 1 次，连喷 2 次左右。药剂喷施倍数同上述。

（2）苹果树卷叶蛾类、鳞翅目食叶害虫类 防控卷叶蛾类害虫时，首先在苹果花序分离期或落花后喷药 1 次，杀灭越冬代害虫；然后再于每代卷叶蛾卵孵化期至幼虫卷叶为害前进行喷药，每代喷药 1 次。防控鳞翅目食叶类害虫时，在害虫卵孵化盛期至低龄幼虫期及时喷药，每代喷药 1 次。药剂喷施倍数同上述。

（3）苹果树金龟子类 最好在苹果发芽后金龟子发生初期地面用药。既可地面喷雾，将表层土壤喷湿，然后耙松土表；又可在土壤有一定湿度的果园内于树冠下撒施颗粒剂，然后浅锄混土。具体用药量同前述。

（4）梨树梨木虱（成虫） 首先在梨树萌芽期的晴朗无风天进行喷药，7 天左右 1 次，连喷 1～2 次，杀灭越冬代成虫；然后在生长期的每代梨木虱成虫发生初期及时进行喷药，7 天左右 1 次，每代喷药 1～2 次。药剂喷施倍数同前述，萌芽期喷药时可适当提高喷施浓度。

（5）梨树梨二叉蚜、黄粉蚜、梨茎蜂、梨瘿蚊、梨冠网蝽 防控梨二叉蚜时，在嫩梢生长期初显受害嫩叶卷曲时及时进行喷药，7～10 天 1 次，连喷 1～2 次。防控黄粉蚜时，华北梨区的套袋果园一般在 5 月中下旬进行 2 次左右淋洗式喷药，间隔期 7 天；不套袋果园多在 6 月上旬至 7 月上旬间喷药，连喷 2 次左右。防控梨茎蜂时，在梨树外围嫩梢长 10～15 厘米时或果园内出现受害新梢时及时开始喷药，5～7 天 1 次，连喷 1～2 次。防控梨瘿蚊时，在嫩叶上初显受害状时（叶缘卷曲）及时喷药，连喷 1～2 次。防控梨冠网蝽时，在叶片正面显出黄白色褪绿小点时开始喷药，7～10 天 1 次，连喷 2 次左右，重点喷洒叶片背面。药剂喷施倍数同前述。

（6）桃树、李树、杏树的蚜虫类、桑白介壳虫、小绿叶蝉 防控蚜虫时，首先在发芽后开花前喷药 1 次，然后从落花后 5 天左右开始继续喷药，10 天左右 1 次，连喷 2～3 次；防控桑白介壳虫时，首先在树体发芽前喷药清园 1 次，然后再于生长期的初孵若虫从母体介壳下向外扩散转移期（1 龄若虫）喷药 1 次；防控小绿叶蝉时，在叶片正面显出黄白色褪绿小点时开始喷药，10 天左右 1 次，连喷 2 次左右，重点喷洒叶片背面。树体萌芽期一般使用 40％乳油或 40％微乳剂或 40％水乳剂 600～800 倍液、45％乳油或 480 克/升乳油或 50％微乳剂 800～1000 倍液、或 50％乳油 1000～1200 倍液对树体淋洗式喷雾；果树生长期药剂喷施倍数同前述。

（7）葡萄绿盲蝽、葡萄虎蛾、二星叶蝉、十星叶甲　防控绿盲蝽时，从葡萄芽露绿后或绿盲蝽发生为害初期开始喷药，7～10 天 1 次，连喷 2～4 次；防控葡萄虎蛾时，在卵孵化盛期至低龄幼虫期及时喷药，每代喷药 1 次即可；防控二星叶蝉时，在叶片正面显出黄白色褪绿小点时开始喷药，7～10 天 1 次，连喷 2 次左右；防控十星叶甲时，在害虫发生为害初期开始喷药，7～10 天 1 次，连喷 1～2 次。药剂喷施倍数同前述。

（8）枣树绿盲蝽、食芽象甲、枣瘿蚊、日本龟蜡蚧、造桥虫、刺蛾类　防控绿盲蝽、食芽象甲时，从枣树芽露绿时或害虫发生为害初期开始喷药，7～10 天 1 次，连喷 2～4 次；防控枣瘿蚊时，在嫩芽或嫩梢上初显受害状时开始喷药，7～10 天 1 次，连喷 2 次左右；防控日本龟蜡蚧时，首先在枣树发芽前喷药清园 1 次，然后再于生长期的初孵若虫从母体介壳下向外扩散转移期（1 龄若虫）喷药 1 次；防控造桥虫及刺蛾类食叶害虫时，在害虫卵孵化盛期至低龄幼虫期进行喷药，每代喷药 1 次即可。枣树发芽前药剂喷施倍数同"桃树萌芽期喷药"，枣树生长期药剂喷施倍数同前述。

（9）苹果、梨、桃、枣、山楂等果实的桃小食心虫、梨小食心虫　防控桃小食心虫时，主要为地面用药，即在越冬幼虫出土化蛹前（多为 5 月下旬至 6 月上旬浇地后或下透雨后）地面用药，既可地面喷雾（将表层土壤喷湿，然后耙松土表），又可在土壤有一定湿度的果园内撒施颗粒剂（将颗粒剂撒施于树冠下，然后浅锄混土）。防控食心虫蛀食果实时，在害虫产卵盛期至初孵幼虫钻蛀前进行喷药，每代喷药 1～2 次，间隔期 7 天左右。具体用药方法及剂量同前述。

（10）梨、桃、杏等果实的椿象类　多从小麦蜡黄期（麦穗变黄后）或椿象类刺吸果实为害初期开始在果园内喷药，7 天左右 1 次，连喷 2 次左右；较大果园也可重点喷洒果园外围的几行树，阻止椿象进入园内。药剂喷施倍数同前述。

（11）核桃的核桃举肢蛾、核桃缀叶螟、刺蛾类　防控核桃举肢蛾时，在害虫卵盛期至幼虫钻蛀前及时喷药，每代喷药 1～2 次，间隔期 7 天左右；防控核桃缀叶螟及刺蛾类鳞翅目食叶害虫时，在害虫卵孵化盛期至低龄幼虫期及时喷药，每代喷药 1 次即可。药剂喷施倍数同前述。

（12）柿树柿蒂虫、柿绵蚧、柿血斑叶蝉　防控柿蒂虫时，在害虫卵盛期至幼虫钻蛀前及时喷药，每代喷药 1～2 次，间隔期 7 天左右；防控柿绵蚧时，在低龄（1～2 龄）若虫期及时喷药，每代喷药 1～2 次，间隔期 7 天左右；防控柿血斑叶蝉时，在叶片正面显出黄白色褪绿小点时开始喷药，7～10 天 1 次，连喷 2 次左右，重点喷洒叶片背面。药剂喷施倍数同前述。

（13）山楂树梨冠网蝽、山楂凤蝶 防控梨冠网蝽时，在叶片正面显出黄白色褪绿小点时开始喷药，7～10 天 1 次，连喷 2 次左右，重点喷洒叶片背面；防控山楂凤蝶时，在害虫卵孵化盛期至低龄幼虫期及时喷药，每代喷药 1 次即可。药剂喷施倍数同前述。

（14）石榴、花椒的蚜虫 从嫩梢上蚜虫数量较多时开始喷药，7～10 天 1 次，连喷 2～3 次。药剂喷施倍数同前述。

注意事项 毒死蜱不能与碱性药剂混用，也不建议与铜制剂混用。害虫发生较重时，最好与相应不同类型药剂混合使用。本剂在推荐剂量下使用安全，但不同企业的产品质量存在差异，具体使用时请以其标签说明为准；烟草、瓜类对本剂较敏感，果园内用药时须注意对周边作物的影响。本剂对蜜蜂敏感，果树开花期禁止使用；对鱼类等水生生物有毒，残余药液及洗涤药械的废液严禁污染河流、湖泊、池塘等水域。苹果树上使用的安全间隔期为 30 天，每季最多使用 2 次。有些果区对毒死蜱采取了限制使用措施，具体用药时应遵守当地法规。

丙溴磷 profenofos

常见商标名称 冰刀、大凯、帝戈、富宝、高明、解难、卡靓、千剑、清佳、库顶、库龙、酷达、龙灯、龙吼、锐盾、万克、万令、喜龙、钟伍、七步净、赛迪生、扫叶害、速灭抗、白满索朗、百姓无忧、兴农勇猛、豫珠劲虎、豫珠龙腾、中达全诛、瑞德丰黑金占。

主要含量与剂型 40％、50％、500 克/升、720 克/升乳油，50％水乳剂。

产品特点 丙溴磷是一种有机磷类广谱速效杀虫、杀螨剂，低毒至中等毒性，具有触杀和胃毒作用，无内吸作用，但在植物叶片上有较强的渗透性。其杀虫机理是通过抑制昆虫体内乙酰胆碱酯酶的活性，使昆虫神经系统紊乱，导致昆虫过度兴奋、麻痹而死亡。对其他有机磷类、拟除虫菊酯类产生抗药性的害虫仍然有效，是综合防控抗性害虫的有效药剂之一。与菊酯类药剂混用具有显著的增效作用。制剂有大蒜味，对鱼类、鸟类高毒。

丙溴磷常与敌百虫、辛硫磷、毒死蜱、阿维菌素、甲氨基阿维菌素苯甲酸盐、氰戊菊酯、氯氰菊酯、高效氯氰菊酯、高效氯氟氰菊酯、氟铃脲、氟啶脲、虱螨脲、炔螨特、灭多威、矿物油等杀虫剂成分混配，用于生产复配杀虫剂。

适用果树及防控对象 丙溴磷适用于多种落叶果树，对许多种害虫（螨）均有较好的防控效果。目前，在落叶果树生产中主要用于防控：苹果树的绣线菊蚜、红蜘蛛（山楂叶螨、苹果全爪螨等）、棉铃虫、斜纹夜蛾、卷叶蛾类（苹小卷叶蛾、苹褐卷叶蛾、顶梢卷叶蛾、黄斑长翅卷蛾等）、鳞翅目食叶类害虫（美国白蛾、苹掌舟蛾、黄尾毒蛾、天幕毛虫、造桥虫、刺蛾类等）。

使用技术

（1）**苹果树绣线菊蚜**　在嫩梢上蚜虫数量开始快速增多时、或蚜虫开始向幼果上转移为害时开始喷药，7～10 天 1 次，连喷 2 次左右。一般使用 40％乳油 1000～1200 倍液、或 50％乳油或 50％水乳剂或 500 克/升乳油 1200～1500 倍液、或 720 克/升乳油 1500～2000 倍液均匀喷雾。

（2）**苹果树红蜘蛛**　从红蜘蛛发生为害初期或红蜘蛛数量开始较快增多时开始喷药，10 天左右 1 次，连喷 2～3 次。药剂喷施倍数同"苹果树绣线菊蚜"。

（3）**苹果树棉铃虫、斜纹夜蛾**　从害虫卵孵化盛期至低龄幼虫期或初见幼果受害时开始喷药，7～10 天 1 次，每代喷药 1～2 次。药剂喷施倍数同"苹果树绣线菊蚜"。

（4）**苹果树卷叶蛾类、鳞翅目食叶类害虫**　防控卷叶蛾时，首先在花序分离期或落花后喷药 1 次，杀灭越冬代害虫；然后再于每代卷叶蛾卵孵化期至幼虫卷叶为害前进行喷药，每代喷药 1 次。防控鳞翅目食叶类害虫时，在害虫卵孵化盛期至低龄幼虫期及时喷药，每代喷药 1 次。药剂喷施倍数同"苹果树绣线菊蚜"。

注意事项　丙溴磷不能与碱性农药混用。螨类发生较重时，最好与专用杀螨剂混合使用。本剂在苜蓿和高粱上易产生药害，果园内使用时应特别注意。本剂对蜜蜂、家蚕、鱼类有毒，施药期间应避免对周围蜂群的影响，果树开花期、蜜源植物花期、蚕室和桑园内及其附近禁止使用，残余药液及洗涤药械的废液严禁污染河塘、湖泊等水域。苹果树上使用的安全间隔期为 60 天，每季最多使用 2 次。

三唑磷　triazophos

常见商标名称　暴攻、冰箭、挫击、丰顺、格去、和乐、黄山、金虹、巨能、开目、克严、乐邦、罗东、农本、农稠、农悦、锐浪、锐消、狮水、索克、特锐、优锐、天将、透溟、蛙美、万力、稳克、仙桃、战帅、昭山、助攻、啄击、滋农、阻挡、康福垄、龙狮风、绿宝来、农捷龙、锐虫净、锐克劲、萨克妙、三暗刻、悦尽特、锥心钉、丰禾立健、庆化无敌、上格帅马。

主要含量与剂型　20％、30％、40％、60％乳油。

产品特点　三唑磷是一种有机磷类广谱中毒杀虫剂，具有触杀和胃毒作用，无内吸作用，渗透性较强，杀卵作用明显，持效期较长，对鳞翅目害虫有较好的防控效果。其杀虫机理是作用于昆虫的乙酰胆碱酯酶，使昆虫神经系统出现异常，导致昆虫持续兴奋、麻痹而死亡。

三唑磷常与阿维菌素、甲氨基阿维菌素、甲氨基阿维菌素苯甲酸盐、氯氰菊酯、联苯菊酯、甲氰菊酯、氟氯氰菊酯、高效氯氰菊酯、高效氯氟氰菊酯、稻丰散、敌百虫、毒死蜱、乐果、马拉硫磷、辛硫磷、杀螟硫磷、杀虫单、仲丁威、噻嗪酮、吡虫啉、矿物油等杀虫剂成分混配，用于生产复配杀虫剂。

适用果树及防控对象　三唑磷适用于多种落叶果树，对许多害虫均有较好的防控效果。目前，在落叶果树生产中主要用于防控：苹果树的绣线菊蚜、桃小食心虫、棉铃虫、斜纹夜蛾、卷叶蛾类（苹小卷叶蛾、苹褐卷叶蛾、顶梢卷叶蛾、黄斑长翅卷蛾等）、鳞翅目食叶类害虫（美国白蛾、苹掌舟蛾、黄尾毒蛾、天幕毛虫、造桥虫、刺蛾类等）。

使用技术

（1）苹果树绣线菊蚜　在嫩梢上蚜虫数量较多时、或蚜虫开始向幼果上转移为害时开始喷药，7～10 天 1 次，连喷 2 次左右。一般使用 20％乳油 500～700 倍液、或 30％乳油 800～1000 倍液、或 40％乳油 1000～1500 倍液、或 60％乳油 1500～2000 倍液均匀喷雾。

（2）苹果桃小食心虫　根据虫情测报，在害虫卵盛期至初孵幼虫蛀果前及时喷药，每代喷药 1～2 次，间隔期 7～10 天。药剂喷施倍数同"苹果树绣线菊蚜"。

（3）苹果树棉铃虫、斜纹夜蛾　在害虫卵孵化盛期至低龄幼虫期或初见幼虫蛀果时开始喷药，7～10 天 1 次，每代喷药 1～2 次。药剂喷施倍数同"苹果树绣线菊蚜"。

（4）苹果树卷叶蛾类、鳞翅目食叶类害虫　防控卷叶蛾时，首先在花序分离期或落花后喷药 1 次，杀灭越冬代幼虫；然后再于每代卷叶蛾卵孵化期至幼虫卷叶为害前进行喷药，每代喷药 1 次。防控鳞翅目食叶类害虫时，在害虫卵孵化盛期至低龄幼虫期及时喷药，每代喷药 1 次。药剂喷施倍数同"苹果树绣线菊蚜"。

注意事项　三唑磷不能与碱性药剂混用，连续喷药时注意与不同类型药剂交替使用。本剂对蜜蜂、家蚕及鱼类等水生生物有毒，禁止在蜜源植物花期和果树开花期使用，禁止在蚕室周边和桑园内及其附近使用，禁止将残余药液及洗涤药械的废液排入河塘、湖泊等水域。苹果树上使用的安全间隔期为 30 天，每季最多使用 2 次。

杀螟硫磷　fenitrothion

常见商标名称　嘉禾、卷纵、利器、利隼、龙灯、鲁生、美邦、外尔、卫士、中国农资。

主要含量与剂型　45％、50％乳油。

产品特点　杀螟硫磷是一种有机磷类广谱中毒杀虫剂，具有强烈的触杀作用和良好的胃毒作用，无内吸和熏蒸作用，但对植物体有一定渗透性，杀卵活性低。其杀虫机理是通过抑制害虫体内乙酰胆碱酯酶的活性，破坏害虫神经系统，使害虫过度兴奋、麻痹而死亡。该药持效期短，5 天后药效显著下降，10 天后完全无效。制剂对鱼类毒性低，对青蛙安全，对蜜蜂毒性高。

杀螟硫磷常与马拉硫磷、三唑磷、辛硫磷、阿维菌素、溴氰菊酯、氰戊菊酯、高效氯氟氰菊酯、啶虫脒等杀虫剂成分混配，用于生产复配杀虫剂。

适用果树及防控对象　杀螟硫磷适用于多种落叶果树，对许多种咀嚼式口器害虫均有较好的防控效果。目前，在落叶果树生产中主要用于防控：苹果树的卷叶蛾类（苹小卷叶蛾、苹褐卷叶蛾、顶梢卷叶蛾、黄斑长翅卷蛾等）、鳞翅目食叶害虫（苹掌舟蛾、天幕毛虫、美国白蛾、黄尾毒蛾、造桥虫、刺蛾类等），枣树的尺蠖、造桥虫、刺蛾类，葡萄十星叶甲。

使用技术

（1）苹果树卷叶蛾类、鳞翅目食叶害虫 防控卷叶蛾时，首先在花序分离期或落花后喷药1次，杀灭越冬代幼虫；然后再于各代幼虫发生为害初期（初显卷叶时）及时喷药，每代喷药1~2次，间隔期5~7天。防控其他鳞翅目食叶害虫时，在害虫卵孵化盛期至低龄幼虫期及时喷药，每代喷药1次。一般使用45%乳油1000~1200倍液、或50%乳油1200~1500倍液均匀喷雾。

（2）枣树尺蠖、造桥虫、刺蛾类 在害虫卵孵化盛期至低龄幼虫期及时喷药，每代喷药1次。药剂喷施倍数同"苹果树卷叶蛾类"。

（3）葡萄十星叶甲 在害虫发生为害初期开始喷药，每代喷药1~2次，间隔期5~7天。药剂喷施倍数同"苹果树卷叶蛾类"。

注意事项 杀螟硫磷不能与碱性药剂混用，连续喷药时注意与不同类型药剂交替使用或混用。本剂对高粱、十字花科蔬菜易产生药害，叶片或嫩叶接触药剂后出现紫红色斑点或条纹，甚至枯死，果园用药时需要注意；有些苹果品种对本剂较敏感，高剂量下果皮上会出现锈斑。果树开花期禁止使用。用药时注意安全保护，避免药剂溅及皮肤及眼睛；若不慎中毒，立即携带标签送医院对症治疗。苹果树上使用的安全间隔期为30天，每季最多使用3次。

马拉硫磷 malathion

常见商标名称 沧佳、春垒、螓消、丢甲、毒露、断剑、盾刺、飞鼎、丰叶、伏首、鸿瑞、骅港、冀灵、金雀、京津、净甲、快斧、力克、亮壳、灵刺、农捕、歼除、申酉、速斩、跳散、统煞、万克、新湖、准打、螓甲克、大擒拿、好日子、甲力士、金甲安、猛扣重、农快马、壳介克、萨克爽、威力马、助农兴、绿霸打春、兴农添勇。

主要含量与剂型 45%、70%乳油。

产品特点 马拉硫磷是一种有机磷类广谱低毒杀虫剂，具有触杀、胃毒和较好的熏蒸作用，无内吸性，击倒力强，速效性好，但持效期较短（多为7天左右），使用时喷雾应均匀周到。其杀虫机理是马拉硫磷进入昆虫体内后，氧化成马拉氧磷而发挥毒杀作用，通过与虫体的胆碱酯酶结合影响其活性，使神经信息传导受到抑制，导致害虫兴奋、麻痹而死亡。制剂对蜜蜂、家蚕及鱼类有毒。

马拉硫磷常与阿维菌素、氰戊菊酯、溴氰菊酯、甲氰菊酯、氯氰菊酯、联苯菊酯、氟氯氰菊酯、高效氯氰菊酯、高效氯氟氰菊酯、高效氟氯氰菊酯、敌百虫、敌敌畏、辛硫磷、杀螟硫磷、三唑磷、水胺硫磷、异丙威、灭多威、克百威、丁硫克百威、吡虫啉、矿物油等杀虫剂成分混配，用于生产复配杀虫剂。

适用果树及防控对象　马拉硫磷适用于多种落叶果树，对许多种鞘翅目、半翅目、双翅目、膜翅目及鳞翅目害虫均有较好的防控效果。目前，在落叶果树生产中主要用于防控：苹果树、梨树的金龟子类（黑绒鳃金龟、铜绿丽金龟、苹毛丽金龟、小青花金龟等），苹果树的绣线菊蚜、苹果瘤蚜，梨、桃、杏等果实的椿象类（茶翅蝽、麻皮蝽等），梨树的绿盲蝽、梨瘿蚊，枣树的绿盲蝽、枣瘿蚊，葡萄绿盲蝽。

使用技术

(1) 苹果树、梨树的金龟子类　从金龟子发生为害初期开始喷药，7天左右1次，连喷2次左右，以傍晚或清晨喷药效果较好。一般使用45%乳油1000～1500倍液，或70%乳油1500～2000倍液均匀喷雾。

(2) 苹果树绣线菊蚜、苹果瘤蚜　防控绣线菊蚜时，在新梢上蚜虫数量较多时或蚜虫开始向幼果上转移为害时开始喷药，7天左右1次，连喷2次左右；防控苹果瘤蚜时，在花序分离期和落花后各喷药1次。药剂喷施倍数同"苹果树金龟子类"。

(3) 梨、桃、杏等果实的椿象类　多从小麦蜡黄期（麦穗变黄后）或椿象类刺吸果实为害初期开始在果园内喷药，7天左右1次，连喷2次左右；较大果园也可重点喷洒果园外围的几行树，阻止椿象进入园内。药剂喷施倍数同"苹果树金龟子类"。

(4) 梨树绿盲蝽、梨瘿蚊　防控绿盲蝽时，从害虫发生为害初期开始喷药，7天左右1次，连喷2次左右；防控梨瘿蚊时，在新梢生长期内嫩叶上初显受害状时（叶缘卷曲）开始喷药，7天左右1次，连喷2次左右。药剂喷施倍数同"苹果树金龟子类"。

(5) 枣树绿盲蝽、枣瘿蚊　防控绿盲蝽时，多从枣树萌芽后或绿盲蝽发生为害初期开始喷药，7天左右1次，连喷2～3次；防控枣瘿蚊时，在发芽后至开花前嫩梢上初显受害状时开始喷药，7天左右1次，连喷2次左右。药剂喷施倍数同"苹果树金龟子类"。

(6) 葡萄绿盲蝽　多从葡萄萌芽后或绿盲蝽发生为害初期开始喷药，7天左右1次，连喷2～3次。药剂喷施倍数同"苹果树金龟子类"。

注意事项　马拉硫磷不能与碱性药剂混用，连续喷药时注意与不同类型药剂交替使用或混用。果树开花期禁止使用，用药时注意对正处开花期的蜜源植物的影响，避免对蜜蜂造成伤害；残余药液及洗涤药械的废液，严禁污染河流、湖泊、池塘等水域。苹果、梨、葡萄的有些品种可能会比较敏感，具体使用时需要慎重。苹果树和梨树上使用的安全间隔期均为7天，每季均最多使用2次。

螺虫乙酯　spirotetramat

常见商标名称　拜耳、美邦、上格、亿嘉、悦联、亩旺特。

主要含量与剂型 22.4%、30%、40%、50%悬浮剂，50%水分散粒剂。

产品特点 螺虫乙酯是一种季酮酸类内吸性低毒杀虫剂，专用于防控刺吸式口器害虫，以内吸胃毒作用为主，触杀效果较差，内吸性较强，可在植物木质部和韧皮部双向传导，耐雨水冲刷，持效期较长。其杀虫机理是通过抑制害虫体内脂肪合成过程中乙酰辅酶A羧化酶的活性，进而抑制脂肪生物合成，阻断害虫正常的能量代谢，而导致害虫死亡。害虫幼虫或若虫取食药剂后不能正常蜕皮，2～5天内死亡；雌成虫取食药剂后繁殖能力降低，进而有效压低害虫种群数量。

螺虫乙酯常与毒死蜱、联苯菊酯、吡虫啉、啶虫脒、吡蚜酮、噻虫嗪、噻虫啉、噻嗪酮、呋虫胺、氟啶虫酰胺、阿维菌素、唑螨酯、乙螨唑、联苯肼酯、苯丁锡、吡丙醚等杀虫剂成分混配，用于生产复配杀虫剂。

适用果树及防控对象 螺虫乙酯适用于多种落叶果树，对多种刺吸式口器害虫具有良好的防控效果。目前，在落叶果树生产中主要用于防控：苹果树的苹果绵蚜、绣线菊蚜，梨树梨木虱，桃树、杏树的桑白介壳虫、蚜虫类（桃蚜、桃瘤蚜、桃粉蚜），草莓温室白粉虱。

使用技术

(1) 苹果树苹果绵蚜、绣线菊蚜 防控苹果绵蚜时，首先在苹果落花后半月左右、或绵蚜开始从越冬场所向幼嫩枝条转移时进行喷药，其次在新生幼嫩枝条上看到绵蚜为害时及时喷药；防控绣线菊蚜时，在嫩梢上蚜虫数量增长较快时、或有蚜虫开始向幼果转移为害时及时喷药。一般使用22.4%悬浮剂3000～4000倍液、或30%悬浮剂4000～5000倍液、或40%悬浮剂5000～6000倍液、或50%悬浮剂或50%水分散粒剂6000～7000倍液均匀喷雾。

(2) 梨树梨木虱 在各代梨木虱若虫发生初期至低龄若虫虫体未被黏液全部覆盖时进行喷药，每代喷药1次。药剂喷施倍数同"苹果树苹果绵蚜"。

(3) 桃树、杏树的桑白介壳虫、蚜虫类 防控介壳虫时，在介壳虫若虫发生初期（初孵若虫从母体介壳下向周围扩散转移期）进行喷药，每代喷药1次；防控蚜虫类时，多从落花后立即开始喷药，半月左右1次，连喷2～3次。药剂喷施倍数同"苹果树苹果绵蚜"。

(4) 草莓温室白粉虱 从害虫发生为害初期开始喷药，半月左右1次，连喷2次左右。一般每亩次使用22.4%悬浮剂25～30毫升、或30%悬浮剂20～23毫升、或40%悬浮剂14～17毫升、或50%悬浮剂11～13毫升、或50%水分散粒剂11～13克，兑水30～45千克均匀喷雾。

注意事项 螺虫乙酯不能与碱性药剂混合使用，连续喷药时注意与不同类型药剂交替使用。超低容量喷雾时，混加有机硅类或矿物油类农药助剂可显著提高防控效果。果树开花期禁止使用，桑园内及蚕室周围禁止使用，残余药液及洗涤药械的废液严禁污染河塘、湖泊等水域。苹果树和梨树上使用的安全间隔期均为21天，每季最多均使用2次。

氯虫苯甲酰胺　chlorantraniliprole

常见商标名称　杜邦、稼酷、佳腾、康宽、普尊、奥得腾、诺普信、优福宽。

主要含量与剂型　5％、200克/升悬浮剂，35％水分散粒剂。

产品特点　氯虫苯甲酰胺是一种双酰胺类高效微毒杀虫剂，专用于防控鳞翅目害虫，以胃毒作用为主，兼有触杀作用，并有很强的渗透性和内吸传导性，药剂喷施后易被植物内吸并均匀分布在植物体内，耐雨水冲刷，持效期较长，使用安全。其杀虫机理是通过激活昆虫体内鱼尼丁受体，使钙离子通道长时间非正常开放，导致钙离子无限制流失，引起钙库衰竭，致使肌肉调节衰弱、麻痹，直至害虫死亡。该药对初孵幼虫具有强力杀伤性，初孵幼虫咬破卵壳接触卵面药剂后即会中毒死亡；而对环境、哺乳动物及其他脊椎动物安全友好。

氯虫苯甲酰胺常与阿维菌素、高效氯氟氰菊酯、三氟苯嘧啶、啶虫脒、吡蚜酮、噻虫胺、噻虫嗪等杀虫剂成分混配，用于生产复配杀虫剂。

适用果树及防控对象　氯虫苯甲酰胺适用于多种落叶果树，对鳞翅目害虫具有良好的防控效果。目前，在落叶果树生产中常用于防控：苹果树的金纹细蛾、桃小食心虫、苹果蠹蛾、卷叶蛾类、鳞翅目食叶害虫（天幕毛虫、苹掌舟蛾、美国白蛾、盗毒蛾、刺蛾类等），梨树梨小食心虫，桃树的桃线潜叶蛾、卷叶蛾类，枣树鳞翅目食叶害虫，核桃缀叶螟。

使用技术

（1）苹果树的金纹细蛾、桃小食心虫、苹果蠹蛾、卷叶蛾类、鳞翅目食叶害虫　防控金纹细蛾时，在每代卵孵化期至初见新鲜虫斑时进行喷药（第1代于苹果落花后立即喷药，第2代多于苹果落花后40天左右喷药，以后约每35天左右喷药1次），每代喷药1次；防控桃小食心虫、苹果蠹蛾时，在卵盛期至初孵幼虫蛀果前及时喷药，每代喷药1次；防控卷叶蛾类时，首先在开花前或落花后喷药1次，然后再于每代幼虫发生初期（初显卷叶时）及时喷药1次；防控其他鳞翅目食叶类害虫时，在卵孵化盛期至低龄幼虫期进行喷药，每代喷药1次。一般使用5％悬浮剂1000～1500倍液、或200克/升悬浮剂4000～5000倍液、或35％水分散粒剂7000～10000倍液均匀喷雾。

（2）梨树梨小食心虫　在每代卵盛期至初孵幼虫钻蛀为害前及时喷药，每代喷药1次。药剂喷施倍数同"苹果树金纹细蛾"。

（3）桃树桃线潜叶蛾、卷叶蛾类　防控桃线潜叶蛾时，在叶片上初显为害虫道时开始喷药，1个月左右1次（即每代1次），连喷3～5次；防控卷叶蛾类时，在每代害虫卵孵化盛期至幼虫卷叶为害初期（初显卷叶时）及时喷药，每代喷药1次。药剂喷施倍数同"苹果树金纹细蛾"。

（4）枣树鳞翅目食叶害虫　在害虫卵孵化盛期至低龄幼虫期进行喷药，每代喷药1次。药剂喷施倍数同"苹果树金纹细蛾"。

（5）**核桃缀叶螟**   在害虫卵孵化盛期至低龄幼虫期进行喷药，每代喷药1次。药剂喷施倍数同"苹果树金纹细蛾"。

注意事项   氯虫苯甲酰胺不能与碱性药剂及肥料混用，连续喷药时注意与其他不同类型药剂交替使用。该药虽有一定内吸传导性，喷药时还应均匀周到。残余药液及洗涤药械的废液，严禁倒入河流、湖泊、池塘等水域，避免对水生生物造成毒害。本剂对家蚕高毒，桑蚕养殖区禁止使用。苹果树上使用的安全间隔期为14天，每季最多使用2次。

氟苯虫酰胺　flubendiamide

常见商标名称   护城、垄歌、龙灯福先安。

主要含量与剂型   10%、20%悬浮剂、20%水分散粒剂。

产品特点   氟苯虫酰胺是一种双酰胺类高效低毒杀虫剂，属鱼尼丁受体激活剂，以胃毒作用为主，兼有触杀作用，药剂渗透植物体后通过木质部略有传导，耐雨水冲刷，使用安全。其杀虫机理主要是通过激活依赖兰尼碱受体的细胞内钙释放通道，使细胞内钙离子呈失控性释放，导致害虫身体活动放缓、不能取食、逐渐萎缩，最终因饥饿而死亡。该药作用速度快、持效期长，对鳞翅目害虫的幼虫具有良好防效，但没有杀卵作用，与常规杀虫剂无交互抗性，适用于抗性害虫的综合治理。药剂对高等生物、害虫天敌、田间有益生物高度安全。

氟苯虫酰胺常与阿维菌素、甲氨基阿维菌素苯甲酸盐、杀虫单、毒死蜱、丙溴磷、噻虫啉等杀虫剂成分混配，用于生产复配杀虫剂。

适用果树及防控对象   氟苯虫酰胺适用于多种落叶果树，对鳞翅目害虫具有良好的防控效果。目前，在落叶果树生产中常用于防控：苹果的棉铃虫、斜纹夜蛾，苹果树、山楂树及桃树的卷叶蛾类，苹果树、山楂树、桃树、枣树的鳞翅目食叶害虫（天幕毛虫、苹掌舟蛾、美国白蛾、黄尾毒蛾、刺蛾类等），桃线潜叶蛾，核桃缀叶螟。

使用技术

（1）**苹果棉铃虫、斜纹夜蛾**   在害虫卵孵化盛期至低龄幼虫期或初见幼虫蛀果为害时及时喷药，每代多喷药1次。一般使用10%悬浮剂1500～2000倍液、或20%悬浮剂或20%水分散粒剂3000～4000倍液均匀喷雾。

（2）**苹果树、山楂树、桃树的卷叶蛾类**   首先在开花前或落花后喷药1次，杀灭越冬代幼虫；然后生长期再于每代幼虫发生初期（初见卷叶时）及时喷药，每代多喷药1次。药剂喷施倍数同"苹果棉铃虫"。

（3）**苹果树、山楂树、桃树、枣树的鳞翅目食叶害虫**   在每代害虫卵孵化盛期至低龄幼虫期进行喷药，每代喷药1次。药剂喷施倍数同"苹果棉铃虫"。

（4）**桃线潜叶蛾**   在害虫发生为害初期或叶片上初显为害虫道时开始喷药，1

个月左右 1 次（即每代 1 次），连喷 3～5 次。药剂喷施倍数同"苹果棉铃虫"。

（5）核桃缀叶螟 在害虫卵孵化盛期至低龄幼虫期进行喷药，每代喷药 1 次。药剂喷施倍数同"苹果棉铃虫"。

注意事项 氟苯虫酰胺不能与碱性药剂混用，连续喷药时注意与其他不同类型药剂交替使用。本剂对家蚕高毒，桑蚕养殖区禁止使用。残余药液及洗涤药械的废液，严禁污染河流、湖泊、池塘等水域，避免对水生生物造成毒害。每季使用次数建议不超过 2 次。

氟啶虫酰胺 flonicamid

常见商标名称 恒田、美邦、隆施。

主要含量与剂型 10％、20％、50％水分散粒剂，20％悬浮剂。

产品特点 氟啶虫酰胺是一种酰胺类内吸性低毒杀虫剂，属选择性进食阻滞剂，对同翅目害虫具有触杀和胃毒作用，喷施后内吸渗透性较强，耐雨水冲刷，持效期较长，对蚜虫类防治效果尤佳。蚜虫摄入药剂后，很快停止取食，但 2～3 天后才能看到蚜虫死亡。其杀虫机理是通过阻碍害虫的吮吸作用，使害虫不能继续取食，导致其饥饿而死亡。

氟啶虫酰胺有时与阿维菌素、氟啶脲、吡丙醚、吡虫啉、啶虫脒、吡蚜酮、噻虫嗪、螺虫乙酯、异丙威等杀虫剂成分混配，用于生产复配杀虫剂。

适用果树及防控对象 氟啶虫酰胺适用于多种落叶果树，对蚜虫类害虫具有较好的防控效果。目前，在落叶果树生产中主要用于防控：苹果树绣线菊蚜，梨二叉蚜，桃树桃蚜、桃粉蚜、桃瘤蚜，石榴、花椒、枸杞的棉蚜。

使用技术

（1）苹果树绣线菊蚜 从嫩梢上蚜虫数量较多时或蚜虫开始向幼果上扩散为害时开始喷药，10～15 天 1 次，连喷 2 次左右。一般使用 10％水分散粒剂 2000～2500 倍液、或 20％水分散粒剂或 20％悬浮剂 4000～5000 倍液、或 50％水分散粒剂 10000～12000 倍液均匀喷雾。

（2）梨二叉蚜 在新梢生长期内，从有嫩叶初显卷曲受害状时开始喷药，10～15 天 1 次，连喷 1～2 次。药剂喷施倍数同"苹果树绣线菊蚜"。

（3）桃树桃蚜、桃粉蚜、桃瘤蚜 首先在花芽露红后开花前喷药 1 次，然后从落花后开始继续喷药，10～15 天 1 次，连喷 2～4 次。药剂喷施倍数同"苹果树绣线菊蚜"。

（4）石榴、花椒、枸杞的蚜虫 从嫩梢上蚜虫数量较多时开始喷药，10 天左右 1 次，连喷 2～3 次。药剂喷施倍数同"苹果树绣线菊蚜"。

注意事项 氟啶虫酰胺不能与碱性药剂混用，连续喷药时注意与不同类型药剂交替使用或混用。本剂死虫速度较慢，用药 2～3 天后才能看到死虫，注意不要重复施药。苹果树上使用的安全间隔期为 21 天，每季最多使用 2 次。

氟啶虫胺腈 sulfoxaflor

常见商标名称 可立施、特福力、陶氏益农。

主要含量与剂型 22%悬浮剂，50%水分散粒剂。

产品特点 氟啶虫胺腈是一种新型砜亚胺类高效低毒杀虫剂，具有胃毒和触杀作用，专用于防控刺吸式口器害虫，药效迅速、稳定，持效期较长，喷施后内吸传导性较强，耐雨水冲刷。其杀虫机理是作用于昆虫的神经系统，与乙酰胆碱受体内独特位点结合，扰乱害虫正常的神经生理活动，而导致其死亡。试验条件下无生殖毒性，无致突变、致畸、致癌作用，无神经毒作用。土壤中可被微生物迅速分解，无残留，不会污染地下水及地表水，在空气中存在浓度非常低，且不会在动物脂肪组织内累积。

氟啶虫胺腈常与毒死蜱、乙基多杀菌素等杀虫剂成分混配，用于生产复配杀虫剂。

适用果树及防控对象 氟啶虫胺腈适用于多种落叶果树，对多种刺吸式口器害虫及锉吸式害虫均有很好的防控效果。目前，在落叶果树生产中主要用于防控：苹果树的绣线菊蚜、烟粉虱，桃树的桃蚜、桃粉蚜、桃瘤蚜，梨树梨木虱，葡萄的绿盲蝽、烟蓟马、枣树绿盲蝽。

使用技术

（1）苹果树绣线菊蚜、烟粉虱 防控绣线菊蚜时，在嫩梢上蚜虫数量增长较快时或蚜虫开始向幼果上扩散为害时开始喷药，10～15天1次，连喷2次左右；防控烟粉虱时，在果园内烟粉虱发生初盛期开始喷药，10天左右1次，连喷1～2次，重点喷洒叶片背面。一般使用22%悬浮剂4000～6000倍液、或50%水分散粒剂10000～12000倍液均匀喷雾。

（2）桃树桃蚜、桃粉蚜、桃瘤蚜 首先在桃树发芽后开花前喷药1次，然后再从落花后开始连续喷药，10～15天1次，连喷2～3次。药剂喷施倍数同"苹果树绣线菊蚜"。

（3）梨树梨木虱 在每代梨木虱卵孵化盛期至初孵若虫被黏液完全覆盖前及时喷药，每代多喷药1次。一般使用22%悬浮剂4000～5000倍液、或50%水分散粒剂8000～10000倍液均匀喷雾。

（4）葡萄绿盲蝽、烟蓟马 防控绿盲蝽时，多从葡萄萌芽期或绿盲蝽发生为害初期开始喷药，10天左右1次，连喷2～3次；防控烟蓟马时，在葡萄花蕾穗期和落花后各喷药1次即可。药剂喷施倍数同"梨树梨木虱"。

（5）枣树绿盲蝽 多从枣树萌芽期或绿盲蝽发生为害初期开始喷药，10天左右1次，连喷2～4次。药剂喷施倍数同"梨树梨木虱"。

注意事项 氟啶虫胺腈不能与碱性药剂及肥料混用。连续喷药时，注意与不同类型药剂交替使用，以延缓害虫产生抗药性。本剂对蜜蜂有毒，禁止在果树开花期和蜜源植物花期使用。每季使用次数不要超过 2 次。

氰氟虫腙 metaflumizone

常见商标名称 美邦、艾法迪、巴斯夫。

主要含量与剂型 22％、33％悬浮剂。

产品特点 氰氟虫腙是一种缩氨基脲类高效广谱低毒杀虫剂，以胃毒作用为主，兼有触杀作用，杀虫活性较高，持效期较长，使用安全。害虫取食药剂后 15 分钟内即停止取食为害，1～72 小时后死亡。其作用机理主要是通过阻断害虫神经系统的钠离子通道，使虫体过度放松、麻痹，而导致其最终死亡。

氰氟虫腙有时与阿维菌素、甲氨基阿维菌素苯甲酸盐、虫螨腈、丁醚脲、灭幼脲、氟铃脲、茚虫威、甲氧虫酰肼、啶虫脒、毒死蜱等杀虫剂成分混配，用于生产复配杀虫剂。

适用果树及防控对象 氰氟虫腙适用于多种落叶果树，对多种鳞翅目害虫均有较好的防控效果。目前，在落叶果树生产中主要用于防控：苹果的斜纹夜蛾、棉铃虫，苹果树、山楂树、桃树、枣树的卷叶蛾类、鳞翅目食叶害虫（美国白蛾、天幕毛虫、苹掌舟蛾、毒蛾类、刺蛾类等）。

使用技术

（1）**苹果斜纹夜蛾、棉铃虫** 在害虫卵孵化盛期至低龄幼虫期或初见幼虫蛀果为害时及时喷药，每代多喷药 1 次。一般使用 22％悬浮剂 1500～2000 倍液、或 33％悬浮剂 2000～3000 倍液均匀喷雾。

（2）**苹果树、山楂树、桃树、枣树的卷叶蛾类、鳞翅目食叶害虫** 防控卷叶蛾时，在害虫发生为害初期（初见卷叶时）及时进行喷药，每代喷药 1 次；防控鳞翅目食叶害虫时，在害虫卵孵化盛期至低龄幼虫期及时喷药，每代喷药 1 次。药剂喷施倍数同"苹果斜纹夜蛾"。

注意事项 氰氟虫腙不能与碱性药剂混用。连续喷药时，注意与不同类型药剂交替使用或混用，以延缓害虫产生抗药性。本剂对家蚕高毒，蚕室周边和桑园内及其附近禁止使用。残余药液及洗涤药械的废液，严禁污染河流、湖泊、池塘等水域，避免对水生生物造成毒害。每季使用次数建议不要超过 2 次。

炔螨特 propargite

常见商标名称 博满、革满、腾满、围满、判螨、捕龙、策力、超灵、穿越、翠马、斗敌、冠炔、贵合、果宝、禾健、红艳、辉煌、惠威、火虎、剑效、金将、劲隆、朗傲、龙脊、罗东、玛星、满定、满撼、满金、满龙、美星、牛刀、农慧、诺顿、桑好、世冀、速刺、天宁、仙桃、轩锐、易攻、勇吉、勇强、御斩、园虎、月山、摘红、战红、醉红、征伐、智海、志俊、诛镖、蛛侠、安杀宝、奥美特、独缺满、盖满天、果满园、好佳在、红白克、卡客满、克螨特、兰海歌、力克满、满碧克、满害怕、满速朗、螨堂荒、螨族崇、诺满宁、排满灵、炔好佳、萨克特、田园乐、迅飞特、呀满狂、益显得、阿满德隆、阿维热点、农林卫士、中航三利、丰山灭螨尽、华特百分百、诺普信高顶、诺普信满僵。

主要含量与剂型 40％、57％、73％、570 克/升、730 克/升乳油，40％、50％水乳剂，40％微乳剂。

产品特点 炔螨特是一种有机硫类高效广谱专性杀螨剂，低毒至中等毒性，具有触杀和胃毒作用，无内吸和渗透传导作用。能杀灭多种害螨，对成螨、若螨、幼螨效果较好，对螨卵效果较差，连续使用不易产生抗药性，且与其他类型杀螨剂没有交互抗性。害螨接触有效剂量的药剂后立即停止进食和减少产卵，48～96 小时内死亡。27℃以上施用具有触杀和熏蒸作用，杀螨效果好，20℃以下使用效果较差。其作用机理是通过抑制线粒体 ATP 酶活性，导致害螨正常代谢和呼吸作用中断，而使其死亡。该药持效期较长，药效稳定，残留低，但在较高浓度和高温下使用对有些作物可能会产生药害。药剂对蜜蜂和天敌安全，但对皮肤有刺激性。

炔螨特常与阿维菌素、甲氰菊酯、联苯菊酯、哒螨灵、噻螨酮、四螨嗪、溴螨酯、唑螨酯、苯丁锡、丙溴磷、氟虫脲、柴油、矿物油等杀螨剂成分混配，用于生产复配杀螨剂。

适用果树及防控对象 炔螨特适用于多种落叶果树，对多种害螨均有较好的防控效果。目前，在落叶果树生产中主要用于防控：苹果树的红蜘蛛（山楂叶螨、苹果全爪螨等）、白蜘蛛（二斑叶螨），桃树红蜘蛛（山楂叶螨、苹果全爪螨等），葡萄瘿螨。

使用技术

（1）苹果树红蜘蛛、白蜘蛛 从树冠下部内膛叶片上害螨数量较多时（平均每叶有螨 3～4 头时）或螨量开始较快增多时开始喷药，半月左右 1 次，连喷 1～2 次。一般使用 40％乳油或 40％水乳剂或 40％微乳剂 1000～1500 倍液、或 50％水乳剂 1200～1600 倍液、或 57％乳油或 570 克/升乳油 1500～2000 倍液、或 73％乳油或 730 克/升乳油 2000～3000 倍液均匀喷雾。

（2）桃树红蜘蛛 从害螨发生为害初盛期开始喷药，半月左右 1 次，连喷 1～2 次。药剂喷施倍数同"苹果树红蜘蛛"。

（3）葡萄瘿螨 在葡萄新梢长 15～20 厘米时开始喷药，10～15 天 1 次，连喷 1～2 次。药剂喷施倍数同"苹果树红蜘蛛"。

注意事项 炔螨特不能与强酸性药剂及碱性药剂混用。连续喷药时，注意与不同类型药剂交替使用。高温、高湿条件下，本剂对某些果树品种的幼苗及新梢嫩叶可能会产生药害，用药时需要注意。本剂对梨树的有些品种较敏感，易造成叶片药害，梨树上应当慎用。用药时注意安全防护，避免皮肤及眼睛触及药剂。苹果树上使用的安全间隔期为 30 天，每季最多使用 3 次。

哒螨灵　pyridaben

常见商标名称　阿哒、灿红、穿红、超强、赤焰、钉满、丢甲、东冠、港后、高品、好讯、亨达、红达、红网、劲击、劲破、净甲、久仰、绝刺、快丁、快讯、乐邦、令甲、满巴、美邦、美星、妙决、农悦、平刀、扑甲、七星、气魄、千戈、巧敌、青除、清佳、全透、双勇、索珠、跳灭、霆击、万克、威喷、威霆、五绝、宜农、增宝、战甲、智剑、蛛杰、庄锐、阿满丰、百灵树、苯双得、穿金甲、伏螨安、谷丰鸟、果尔康、果螨特、好满益、甲无踪、金果园、金加红、金炫目、卡西满、康赛德、克斯曼、蓝美新、乐多年、立打螨、螨速决、牵牛星、赛扑满、扫满净、韦甲将、新无忧、装甲车、白红威利、宝治满优、华特赛路、蓝丰劲克、绿士先打、螨净果丰、源丰大胜、源丰突破、源丰镇甲、正业落红、东生金流星、虎蛙螨灵克。

主要含量与剂型　15％、20％乳油，15％微乳剂，15％水乳剂，20％、40％可湿性粉剂，20％、30％、40％、45％悬浮剂。

产品特点　哒螨灵是一种哒嗪酮类广谱速效杀螨剂，低毒至中等毒性，触杀性强，无内吸、传导和熏蒸作用，对螨卵、幼螨、若螨、成螨都有很好的杀灭效果，对活动态螨作用迅速，持效期较长，可达1个月左右。其作用机理是通过抑制害螨线粒体的呼吸作用，阻碍能量形成，而影响害螨的生长发育，最终导致其死亡；对害螨的所有发育阶段均有活性，尤其是幼螨和若螨阶段效果突出。该药效受温度影响小，无论早春或秋季使用均可获得满意效果。与苯丁锡、噻螨酮等常用杀螨剂无交互抗性，对瓢虫、草蛉、寄生蜂等天敌较安全。

哒螨灵常与阿维菌素、甲氨基阿维菌素苯甲酸盐、苯丁锡、三唑锡、炔螨特、四螨嗪、噻螨酮、螺螨酯、乙螨唑、联苯肼酯、丁醚脲、灭幼脲、单甲脒盐酸盐、甲氰菊酯、联苯菊酯、吡虫啉、啶虫脒、吡蚜酮、噻虫嗪、噻虫胺、噻嗪酮、呋虫胺、虫螨腈、异丙威、茚虫威、辛硫磷、矿物油等杀虫、杀螨剂成分混配，用于生产复配杀螨剂或杀螨、杀虫剂。

适用果树及防控对象　哒螨灵适用于多种落叶果树，对多种叶螨类、锈螨类均有较好的防控效果。目前，在落叶果树生产中常用于防控：苹果树、山楂树、梨树、桃树、板栗树等落叶果树的红蜘蛛（山楂叶螨、苹果全爪螨等）、二斑叶螨。

使用技术　防控落叶果树的害螨时，多从害螨发生初期到始盛期（树冠内膛下部平均每叶有螨3～4头时）开始喷药，1个月左右1次，与不同类型药剂交替使用，连喷2～3次。一般使用15％乳油或15％微乳剂或15％水乳剂1200～1500倍液、或20％乳油或20％悬浮剂或20％可湿性粉剂1500～2000倍液、或30％悬浮剂2500～3000倍液、或40％悬浮剂或40％可湿性粉剂3000～4000倍液、或45％悬浮剂4000～5000倍液均匀喷雾。

注意事项　哒螨灵可与大多数杀虫剂混用，但不能与石硫合剂、波尔多液等强碱性药剂混用。哒螨灵无内吸作用，喷药时尽量喷洒均匀周到。本剂对鱼类毒性较高，残余药液及洗涤药械的废液严禁污染河流、池塘、湖泊等水域。果树开花前后尽量不要用药，避免对蜜蜂造成影响。本剂对茄子有轻微药害，喷药时应避免药液飘移到茄子上。苹果树上使用的安全间隔期为 14 天，每季最多使用 2 次。

四螨嗪　clofentezine

常见商标名称　安扫、爆卵、裂卵、终卵、红暴、红息、红卵、清卵、韦卵、无卵、卵爆、剑创、净达、满丹、满骇、满欧、美星、万丰、早达、直击、阿波罗、标火龙、搏满天、金甲维、克虫孵、满可爱、无限好、绿亨 104、阿维唑锡、绿丰日昇、庆丰佳友、西大华特、美尔果锐界、瑞德丰破卵。

主要含量与剂型　20%、40%、50%、200 克/升、500 克/升悬浮剂，10%、20%可湿性粉剂，75%、80%水分散粒剂。

产品特点　四螨嗪是一种有机氮杂环类低毒杀螨剂，属螨类胚胎发育抑制剂，以触杀作用为主，对螨卵杀灭效果好（冬卵、夏卵都能毒杀），对幼螨、若螨也有一定效果，对成螨无效；但接触药液后的雌成螨产卵量下降，且所产卵大都不能孵化，个别孵化出的幼螨也很快死亡。其药效发挥较慢，施药后 7～10 天才能达到最高杀螨效果，但持效期较长，达 50～60 天。对捕食性螨和有益昆虫安全，对皮肤有轻度刺激性。

四螨嗪常与阿维菌素、哒螨灵、炔螨特、三唑锡、苯丁锡、丁醚脲、联苯肼酯、螺螨酯、唑螨酯等杀螨剂成分混配，用于生产复配杀螨剂。

适用果树及防控对象　四螨嗪适用于多种落叶果树，专用于防控叶螨类为害，对多种叶螨均有较好的防控效果。目前，在落叶果树生产中主要用于防控：苹果树、梨树、山楂树、桃树、李树、核桃树、板栗树、枣树、葡萄、草莓等落叶果树的红蜘蛛（苹果全爪螨、山楂叶螨等）、白蜘蛛（二斑叶螨）。

使用技术　需要在叶螨类发生早期或发生初期开始喷药。在苹果树、梨树、山楂树、枣树、桃树等落叶果树上，首先在萌芽期或发芽后早期喷药 1 次；然后再于叶片上害螨数量较多时（树冠内膛下部平均每叶有螨 3～4 头时）或开始扩散为害时进行喷药，1～1.5 个月 1 次，连喷 2 次左右，与能够杀灭活动态螨的药剂混合喷施效果更好。一般使用 10%可湿性粉剂 600～700 倍液、或 20%悬浮剂或 200 克/升悬浮剂或 20%可湿性粉剂 1200～1500 倍液、或 40%悬浮剂 2500～3000 倍液、或 50%悬浮剂或 500 克/升悬浮剂 3000～3500 倍液、或 75%水分散粒剂 4000～5000 倍液、或 80%水分散粒剂 5000～6000 倍液均匀喷雾。

注意事项　四螨嗪不能与碱性药剂及肥料混用。连续喷药时，注意与不同类型杀螨剂交替使用或混用，但不能与噻螨酮交替使用或混用（四螨嗪与噻螨酮有交互抗性）。本剂的主要作用是杀灭螨卵，对成螨无效，在螨卵初孵期用药效果最佳。在气温低（15℃左右）和螨口密度小时施用效果好，且持效期长；当螨量较多或温度较高时，最好与其他杀成螨药剂混合使用。苹果树和梨树上使用的安全间隔期均为 30 天，每季最多均使用 2 次。

三唑锡 azocyclotin

常见商标名称 奥剑、除红、登极、东泰、丰信、冠戈、红尊、击满、京品、凯威、快沙、览博、满标、满击、满将、满爽、满焱、满悦、蛮威、美星、猛满、尼彩、诺捕、拳牌、芽牌、上呈、刷克、网盖、锡阿、响雷、玉锡、月山、真管、中达、中研、盖满特、高克佳、红白锈、红尔满、红秀宁、科螨特、满代止、满粒清、秒果灵、农特爱、喷得绿、全安乐、全季通、全月宁、世加克、绣朱沙、亚满宁、锉满特、澳通农药、美邦农药、科赛基农、绿色农华、上格红翻、斩红诛白、中达阿维、诺普信红锐。

主要含量与剂型 20％、25％、30％、40％悬浮剂，20％、25％、70％可湿性粉剂，50％、80％水分散粒剂。

产品特点 三唑锡是一种有机锡类中毒杀螨剂，具有较好的触杀作用和较强的渗透功能，可杀灭幼螨、若螨、成螨和夏卵，对冬卵无效。该药抗光解，耐雨水冲刷，持效期较长；温度越高杀螨、杀卵效果越强，是高温季节对害螨控制期较长的杀螨剂。其作用机理是通过抑制氧化磷酸化作用，干扰 ATP 的形成，破坏能量供给而导致害螨死亡。常用浓度下对作物安全，对人类皮肤和眼睛黏膜有刺激性，对蜜蜂毒性极低，对鱼类高毒。

三唑锡常与阿维菌素、哒螨灵、四螨嗪、丁醚脲、螺螨酯、唑螨酯、乙螨唑、联苯菊酯、吡虫啉等杀螨（虫）剂成分混配，用于生产复配杀螨（虫）剂。

适用果树及防控对象 三唑锡适用于多种落叶果树，对多种叶螨均有较好的防控效果。目前，在落叶果树生产中主要用于防控：苹果树、梨树、山楂树、葡萄的红蜘蛛（山楂叶螨、苹果全爪螨、苜蓿苔螨等）、白蜘蛛（二斑叶螨）。

使用技术 在害螨发生为害初期或内膛叶片上害螨数量开始较快增加时进行喷药，1 个月左右 1 次，与不同类型药剂交替使用。三唑锡一般使用 20％悬浮剂或 20％可湿性粉剂 1000～1200 倍液、或 25％悬浮剂或 25％可湿性粉剂 1200～1500 倍液、或 30％悬浮剂 1500～1800 倍液、或 40％悬浮剂 2000～2500 倍液、或 50％水分散粒剂 2500～3000 倍液、或 70％可湿性粉剂 3500～4000 倍液、或 80％水分散粒剂 4000～5000 倍液均匀喷雾。

注意事项 三唑锡不能与波尔多液、石硫合剂等碱性农药混用。连续喷药时，注意与不同类型杀螨剂交替使用。用药时注意安全保护，避免皮肤和眼睛接触药液。残余药液及洗涤药械的废液，严禁污染河流、湖泊、池塘等水域。苹果树上使用的安全间隔期为 14 天，每季最多使用 3 次。

苯丁锡 fenbutatin oxide

常见商标名称 奥靓、飞火、华邦、惠光、杰除、满归、满令、奇站、上格、兴农、挫满、高克佳、菲长快、满得斯、全克宁、世伏宁、庄稼人、航天西诺。

主要含量与剂型 20％、40％、50％悬浮剂，20％、25％、50％可湿性粉剂。

产品特点 苯丁锡是一种有机锡类广谱低毒杀螨剂，属氧化磷酸化抑制剂，以触杀作用为主，兼有胃毒作用，无内吸性，通过抑制害螨神经系统而发挥药效，对幼螨、若螨和成螨杀伤力较强，对螨卵的杀伤力较小。施药后药效作用发挥较慢，3天后活性开始增强，14天达到高峰，持效期可达2～5个月。本剂属感温型杀螨剂，气温在22℃以上时药效增加，22℃以下时活性降低，15℃以下时药效较差，因此不宜在秋季使用。该药使用安全，对害螨天敌影响很小，对蜜蜂和鸟类低毒，对鱼类高毒，对眼睛黏膜、皮肤和呼吸道刺激性较大。

苯丁锡常与阿维菌素、螺虫乙酯、哒螨灵、四螨嗪、螺螨酯、唑螨酯、联苯肼酯、炔螨特、硫黄等杀螨剂成分混配，用于生产复配杀螨剂。

适用果树及防控对象 苯丁锡适用于多种落叶果树，对多种叶螨均有较好的防控效果。目前，在落叶果树生产中主要用于防控：苹果树、梨树及桃树的红蜘蛛（山楂叶螨、苹果全爪螨、苜蓿苔螨）、白蜘蛛（二斑叶螨）。

使用技术 在害螨发生为害初期或树冠内膛叶片上螨量开始较快增多时进行喷药，与杀卵药剂四螨嗪、噻螨酮等药剂混用效果更好。苯丁锡多使用20％悬浮剂或20％可湿性粉剂800～1000倍液、或25％可湿性粉剂1000～1200倍液、或40％悬浮剂1500～2000倍液、或50％悬浮剂或50％可湿性粉剂2000～2500倍液均匀喷雾。

注意事项 苯丁锡不能与波尔多液、石硫合剂等碱性药剂混用。用药时注意安全保护，避免皮肤和眼睛接触药液。残余药液及洗涤药械的废液，严禁污染河流、湖泊、池塘等水域。本剂对某些葡萄品种易产生药害，使用时应加注意。苹果树上使用的安全间隔期为21天，每季最多使用2次。

噻螨酮 hexythiazox

常见商标名称 阿朗、卵朗、越朗、朗危、金虹、克胜、科星、美星、青园、日曹、士倍、特高、特危、赢乐、拥果、博士威、持力宝、冲洗满、大光明、卵标朗、尼满浪、尼螨郎、尼索朗、瑞德丰、天王威、威尔达、大方豪顿、航天西诺、罗邦生物、中保时杰、中航三利。

主要含量与剂型 5％乳油，5％水乳剂，5％可湿性粉剂。

产品特点 噻螨酮是一种噻唑烷酮类广谱低毒杀螨剂，以触杀和胃毒作用为主，对植物表皮层有较好的穿透性，但无内吸传导作用，耐雨水冲刷，持效期较长；对多种叶螨均有强烈的杀卵、杀幼螨、杀若螨特性，对成螨无效，但对接触到药液的雌成螨所产的卵具有抑制孵化作用；因没有杀成螨活性，故药效显现较迟缓，一般施药后3～7天才能看出效果。其作用机理是通过抑制螨类几丁质合成和干扰新陈代谢，使幼螨、若螨不能蜕皮，或蜕皮畸形，而导致害螨缓慢死亡。本剂对环境温度不敏感，无论高温或低温时使用均能表现出良好的防控效果。该药对天敌、蜜蜂及捕食螨影响很小，对水生动物毒性低，常规使用浓度下对作物安全。

噻螨酮常与阿维菌素、炔螨特、哒螨灵、甲氰菊酯、联苯菊酯等杀螨剂成分混配，用于生产复配杀螨剂。

适用果树及防控对象　噻螨酮适用于多种落叶果树，对多种叶螨均有较好的防控效果。目前，在落叶果树生产中主要用于防控：苹果树及山楂树的红蜘蛛（山楂叶螨、苹果全爪螨等）、白蜘蛛（二斑叶螨），板栗树红蜘蛛。

使用技术

（1）苹果树及山楂树的红蜘蛛、白蜘蛛　在苹果树或山楂树开花前或落花后（幼螨、若螨盛发初期），平均每叶有螨3～4头时或内膛叶片上螨量开始较快增多时进行喷药，1～1.5个月1次，与不同类型药剂交替使用，连喷2～3次。噻螨酮一般使用5％乳油或5％水乳剂或5％可湿性粉剂1200～1500倍液均匀喷雾。

（2）板栗树红蜘蛛　在内膛叶片上螨量开始较快增多时、或叶螨开始向周围叶片扩散为害时进行喷药。一般使用5％乳油或5％水乳剂或5％可湿性粉剂1000～1500倍液均匀喷雾。

注意事项　噻螨酮可与波尔多液、石硫合剂等多种药剂现混现用，但不宜与菊酯类药剂混用。本剂无内吸性，喷药时必须均匀周到。噻螨酮对成螨无杀伤作用，用药时应比其他杀螨剂要稍早些使用，或与其他杀成螨药剂混合使用。枣树对本剂较敏感，易造成药害；梨树的有些品种上使用不安全，用药时需要慎重。苹果树上使用的安全间隔期为30天，每季最多使用2次。

螺螨酯　spirodiclofen

常见商标名称　拜耳、彪满、满盖、满归、满雷、满品、螨久、螨危、够级、豪放、华戎、恒田、金脆、流金、柳惠、美星、魔介、七洲、强诛、清佳、润生、上格、外尔、万克、小危、雄威、中达、阻止、毕满清、达满冠、快锐灭、龙爪手、峦满治、满亦斯、诺普信、汤普森、默赛福卫、七洲速福、泰生威满、中达金维、中达专诛。

主要含量与剂型　24％、29％、34％、40％、50％、240克/升悬浮剂。

产品特点　螺螨酯是一种季酮酸类广谱低毒杀螨剂，以触杀和胃毒作用为主，无内吸性，对螨卵、幼螨、若螨均有良好的杀灭效果，但不能较快杀死雌成螨，不过对雌成螨有很好的绝育作用，雌成螨接触药剂后所产的卵绝大多数不能孵化，死于胚胎后期。其作用机理是通过抑制害螨体内的类脂生物合成，阻止能量代谢，而导致害螨死亡。与常规杀螨剂无交互抗性。该药持效期长，一般可达40～50天；

在不同气温条件下对作物非常安全，对蜜蜂低毒，对人畜安全，适合于无公害生产。

螺螨酯常与哒螨灵、阿维菌素、联苯肼酯、乙螨唑、四螨嗪、苯丁锡、三唑锡、丁醚脲等杀螨剂成分混配，用于生产复配杀螨剂。

适用果树及防控对象　螺螨酯适用于多种落叶果树，对多种害螨类均有良好的防控效果。目前，在落叶果树生产中常用于防控：苹果树、梨树、山楂树及桃树的红蜘蛛（山楂叶螨、苹果全爪螨等）、白蜘蛛（二斑叶螨），枣树的红蜘蛛、白蜘蛛，板栗树红蜘蛛，草莓红蜘蛛。

使用技术

（1）苹果树、梨树、山楂树及桃树的红蜘蛛、白蜘蛛　在害螨发生为害初期（开花前或落花后）、或树冠内膛叶片上螨量开始较快增多时（平均每叶有螨3～4头时）进行喷药。一般使用24％悬浮剂或240克/升悬浮剂4000～5000倍液、或29％悬浮剂5000～6000倍液、或34％悬浮剂6000～7000倍液、或40％悬浮剂7000～8000倍液、或50％悬浮剂8000～10000均匀喷雾。

（2）枣树红蜘蛛、白蜘蛛　在害螨发生为害初期（发芽前后）、或树冠内膛下部叶片上螨量开始较快增多时进行喷药。药剂喷施倍数同"苹果树红蜘蛛"。

（3）板栗树红蜘蛛　在树冠内膛叶片上螨量开始较快增多时、或叶螨开始向周围叶片扩散为害时进行喷药。药剂喷施倍数同"苹果树红蜘蛛"。

（4）草莓红蜘蛛　在害螨发生为害初期进行喷药。一般使用24％悬浮剂或240克/升悬浮剂3000～4000倍液、或29％悬浮剂4000～4500倍液、或34％悬浮剂4500～5500倍液、或40％悬浮剂5000～6000倍液、或50％悬浮剂6000～8000倍液均匀喷雾。

注意事项　螺螨酯不能与铜制剂及碱性药剂混用。连续喷药时，注意与其他不同类型杀螨剂交替使用。喷药应均匀周到，使全株均被药液覆盖，特别是叶背。不要在果树开花期用药。螺螨酯对鱼类等水生生物有毒，残余药液及洗涤药械的废液严禁污染河流、湖泊、池塘等水域。苹果树上使用的安全间隔期为30天，每季最多使用1次。

联苯肼酯　bifenazate

常见商标名称　摧满、戈螨、华邦、恒田、柳惠、上格、众联、爱卡螨、艾满乐、满安得、满刹威、满天堂、韦尔奇、爱利思达。

主要含量与剂型　24％、43％、50％悬浮剂，50％水分散粒剂。

产品特点　联苯肼酯是一种肼酯类选择性低毒杀螨剂，以触杀作用为主，无内吸性，具有杀卵活性和对成螨的击倒活性，对害螨的各生长发育阶段均有效。害螨接触药剂后很快停止取食、运动和产卵，48～72小时内死亡，持效期14天左右。其作用机理是通过对螨类中枢神经传导系统的氨基丁酸受体的独特作用，使害螨麻痹而死亡。本剂对蜜蜂、捕食性螨影响极小，特别适用于害螨的综合治理。对作物使用安全，可以在作物的各个生长时期使用。

联苯肼酯常与阿维菌素、螺螨酯、乙螨唑、哒螨灵、四螨嗪、苯丁锡、螺虫乙酯等杀螨剂成分混配，用于生产复配杀螨剂。

适用果树及防控对象 联苯肼酯适用于多种落叶果树，对许多种叶螨均有良好的防控效果。目前，在落叶果树生产中主要用于防控：苹果树、梨树、山楂树及桃树的红蜘蛛（山楂叶螨、苹果全爪螨等）、白蜘蛛（二斑叶螨），枣树红蜘蛛，草莓红蜘蛛。

使用技术

(1) 苹果树、梨树、山楂树及桃树的红蜘蛛、白蜘蛛 在害螨发生为害初期（开花前或落花后）、或螨卵孵化盛期至若螨及幼螨盛发初期、或树冠内膛叶片上螨量开始较快增多时（平均每叶有螨3～4头时）进行喷药。一般使用24％悬浮剂1000～1500倍液、或43％悬浮剂2000～2500倍液、或50％悬浮剂或50％水分散粒剂2500～3000倍液均匀喷雾。

(2) 枣树红蜘蛛 在害螨发生为害初期（发芽前后）、或螨卵孵化盛期至若螨及幼螨盛发初期、或树冠内膛下部叶片上螨量开始较快增多时进行喷药。药剂喷施倍数同"苹果树红蜘蛛"。

(3) 草莓红蜘蛛 在害螨发生为害初期、或害螨卵孵化高峰期至幼螨期或若螨始盛期及时进行喷药。一般每亩次使用24％悬浮剂35～50毫升、或43％悬浮剂20～30毫升、或50％悬浮剂20～25毫升、或50％水分散粒剂20～25克，兑水30～45千克均匀喷雾。

注意事项 联苯肼酯不能与碱性药剂及肥料混用。连续喷药时，注意与不同作用机理的杀螨剂交替使用。本剂没有内吸性，喷药必须做到均匀周到。本剂对鱼类等水生生物毒性较高，用药时严禁污染河流、湖泊、池塘等水域。苹果树上使用的安全间隔期为7天，每季最多使用2次。

溴螨酯 bromopropylate

常见商标名称 镖满、填满、美邦、航天西诺。

主要含量与剂型 500克/升乳油。

产品特点 溴螨酯是一种含有卤素的广谱低毒杀螨剂，属脂质生物合成抑制剂，具有较强的触杀作用，无内吸作用，对螨卵、幼螨、若螨、成螨均有较高活性，其药效基本不受温度变化影响，持效期较长。其作用机理是通过抑制害螨体内脂肪的生物合成，而导致害螨死亡。本剂对作物、天敌、蜜蜂安全，与三氯杀螨醇有交互抗性。

溴螨酯有时与炔螨特混配，用于生产复配杀螨剂。

适用果树及防控对象 溴螨酯适用于多种落叶果树，对多种叶螨类（红蜘蛛、白蜘蛛）、瘿螨类均有较好的防控效果。目前，在落叶果树生产中常用于防控：苹果树、梨树、桃树的红蜘蛛（山楂叶螨、苹果全爪螨等）、白蜘蛛（二斑叶螨），葡萄瘿螨（毛毡病）。

使用技术

（1）苹果树、梨树、桃树的红蜘蛛、白蜘蛛　在害螨发生为害初期（开花前或落花后）、或树冠内膛叶片上螨量开始较快增多时（平均每叶有螨3～4头时）进行喷药。一般使用500克/升乳油1000～1500倍液均匀喷雾。

（2）葡萄瘿螨　在葡萄新梢长15～20厘米时喷药防控。一般使用500克/升乳油1200～1500倍液均匀喷雾。

注意事项　溴螨酯不能与碱性药剂混用，连续喷药时注意与不同类型杀螨剂交替使用。本剂无内吸作用，喷雾时必须均匀周到。溴螨酯对特定品种的苹果、李可能有轻微药害，使用时需要注意。苹果树上使用的安全间隔期为21天，每年最多使用2次。

乙螨唑　etoxazole

常见商标名称　妙满、中达、住友、来福禄、拿敌斯、诺满迪、浦奇满、巧螺旋、中国农资、中农联合。

主要含量与剂型　15%、20%、30%、110克/升悬浮剂，20%水分散粒剂。

产品特点　乙螨唑是一种二苯基噁唑衍生物类选择性低毒杀螨剂，属几丁质合成抑制剂，以触杀和胃毒作用为主，没有内吸活性，持效期较长，杀卵效果较好。其作用机理是通过抑制几丁质合成，来影响螨卵的胚胎形成和从幼螨、若螨到成螨的蜕皮过程，因此对害螨从卵、幼螨、若螨到成螨的不同阶段均有杀伤作用，而对成螨无效，但对雌成螨有很好的绝育作用。本剂与常规杀螨剂无交互抗性，对噻螨酮产生抗药性的螨类也有很好的防控效果。

乙螨唑常与阿维菌素、螺螨酯、联苯肼酯、丁醚脲、螺虫乙酯、哒螨灵、三唑锡、甲氰菊酯等杀螨剂成分混配，用于生产复配杀螨剂。

适用果树及防控对象　乙螨唑适用于多种落叶果树，对许多种叶螨均有良好的防控效果。目前，在落叶果树生产中主要用于防控：苹果树、梨树、山楂树及桃树的红蜘蛛（山楂叶螨、苹果全爪螨等）、白蜘蛛（二斑叶螨），栗树红蜘蛛，草莓红蜘蛛。

使用技术

（1）苹果树、梨树、山楂树及桃树的红蜘蛛、白蜘蛛　在害螨发生为害初期（开花前或落花后）、或树冠内膛叶片上螨量开始较快增多时（平均每叶有螨3～4头时）进行喷药。一般使用110克/升悬浮剂4000～5000倍液、或15%悬浮剂6000～7000倍液、或20%悬浮剂或20%水分散粒剂8000～10000倍液、或30%悬浮剂12000～15000倍液均匀喷雾。

（2）栗树红蜘蛛　在害螨发生为害初盛期、或叶片正面初显螨类为害的黄白色褪绿小点时进行喷药。药剂喷施倍数同"苹果树红蜘蛛"。

（3）草莓红蜘蛛 在害螨卵孵化高峰期至幼螨期或若螨始盛期及时进行喷药。一般每亩次使用 110 克/升悬浮剂 10～15 毫升、或 15％悬浮剂 7～10 毫升、或 20％悬浮剂 5～7 毫升、或 20％水分散粒剂 5～7 克、或 30％悬浮剂 4～5 毫升，兑水 30～45 千克均匀喷雾。

注意事项 乙螨唑不能和波尔多液等碱性药剂混用。连续喷药时，注意与不同作用机理的杀螨剂交替使用。本剂没有内吸性，喷药时必须均匀周到。乙螨唑对家蚕毒性较高，用药时避免对蚕室和桑园造成影响。残余药液及洗涤药械的废液，严禁污染河流、湖泊、池塘等水域。苹果树上使用的安全间隔期为 30 天，每季最多使用 1 次。

唑螨酯 fenpyroximate

常见商标名称 傲田、蝶影、东宝、丰山、高超、华邦、辉丰、嘉育、角逐、绝秒、狼势、龙生、绿晶、绿敏、满环、满靓、美邦、品嘉、闪满、纵满、上格、施标、帅将、铁踏、银魅、霸螨灵、博士威、大功达、丰乐龙、红嘉奇、季满止、满轻快、杀达满、韦尔奇、喜上梢、安德瑞普、澳通农药、航天西诺、华特满威、惠光满王、绿色农华、西大华特、银农科技、中国农资、中农联合。

主要含量与剂型 5％、10％、20％、28％悬浮剂，8％微乳剂。

产品特点 唑螨酯是一种苯氧吡唑类杀螨剂，低毒至中等毒性，以触杀作用为主，兼有胃毒作用，无内吸作用，击倒性强，持效期较长，对害螨的各生长发育阶段均有良好的防控效果。高剂量时可直接杀死螨类，低剂量时能够抑制螨类蜕皮或产卵。其作用机理是通过抑制线粒体的呼吸作用，而导致害螨死亡。药效不受温度影响，与其他类型杀螨剂无交互抗性，正常使用对作物安全。对鸟类毒性低，对鱼类等水生生物毒性较高，对眼睛和皮肤有轻微刺激性。

唑螨酯常与阿维菌素、四螨嗪、三唑锡、炔螨特、乙螨唑、螺虫乙酯、苯丁锡等杀螨剂成分混配，用于生产复配杀螨剂。

适用果树及防控对象 唑螨酯适用于多种落叶果树，对多种叶螨类和瘿螨类均有较好的防控效果。目前，在落叶果树生产中主要用于防控：苹果树、梨树及桃树的红蜘蛛（山楂叶螨、苹果全爪螨等）、白蜘蛛（二斑叶螨），葡萄瘿螨（毛毡病），栗瘿螨。

使用技术

（1）苹果树、梨树及桃树的红蜘蛛、白蜘蛛 在害螨发生为害初期（开花前或落花后）、或螨卵孵化盛期至幼螨及若螨盛发初期、或树冠内膛叶片上螨量开始较快增多时（平均每叶有螨 3～4 头时）进行喷药。一般使用 5％悬浮剂 1000～1500 倍液、或 8％微乳剂 1500～2000 倍液、或 10％悬浮剂 2000～3000 倍液、或 20％悬浮剂 4000～6000 倍液、或 28％悬浮剂 6000～8000 倍液均匀喷雾。

（2）**葡萄瘿螨**　在葡萄新梢长 15～20 厘米时开始喷药，半月左右 1 次，连喷 1～2 次。一般使用 5％悬浮剂 1200～1500 倍液、或 8％微乳剂 2000～2500 倍液、或 10％悬浮剂 2500～3000 倍液、或 20％悬浮剂 5000～6000 倍液、或 28％悬浮剂 7000～8000 倍液均匀喷雾。

（3）**栗瘿螨**　往年瘿螨发生为害较重栗园，在栗树展叶期或嫩叶上初显虫瘿时开始喷药，半月左右 1 次，连喷 1～2 次。药剂喷施倍数同"葡萄瘿螨"。

注意事项　唑螨酯不能与波尔多液等碱性药剂混用。连续喷药时，注意与不同作用机理的杀螨剂交替使用。本剂无内吸作用，喷药应均匀周到。喷药时防止药液飘移到附近桑园内，家蚕喂食被污染的桑叶后，会产生拒食现象。残余药液及洗涤药械的废液，严禁污染河流、湖泊、池塘等水域。苹果树上使用的安全间隔期为 15 天，每季最多使用 2 次。

乙唑螨腈

常见商标名称　宝卓。

主要含量与剂型　30％悬浮剂。

产品特点　乙唑螨腈是一种新型丙烯腈类低毒杀螨剂，以触杀作用为主，兼有一定的胃毒作用，渗透性差，且无内吸性，但耐雨水冲刷性较好；施药后 1～3 天效果明显，持效期可达 30 天以上，对螨卵、幼螨、若螨、成螨均有较好的防效，螨类生长发育的全生育期均可使用，但以发生早期使用效果更好，且与阿维菌素、甲氰菊酯等常规杀螨剂无交互抗性。其杀螨机理是对线粒体呼吸链复合体 II 表现出优异的抑制作用，影响能量形成，而导致害螨死亡。本剂可混用性好，使用安全，对人、畜无害，对蜜蜂及害螨天敌安全。

适用果树及防控对象　乙唑螨腈适用于多种落叶果树，对多种叶螨类均有较好的防控效果。目前，在落叶果树生产中主要用于防控：苹果树、枣树的红蜘蛛（山楂叶螨、苹果全爪螨等），草莓红蜘蛛。

使用技术

（1）**苹果树、枣树的红蜘蛛**　在害螨发生为害初期、或螨卵孵化盛期至幼螨及若螨盛发初期、或树冠内膛叶片上螨量开始较快增多时（平均每叶有螨 3～4 头时）进行喷药。一般使用 30％悬浮剂 3000～4000 倍液均匀喷雾。

（2）**草莓红蜘蛛**　在害螨发生为害初期或发生始盛期及时进行喷药。一般使用 30％悬浮剂 3000～4000 倍液均匀喷雾。

注意事项　乙唑螨腈不能与碱性药剂混用，也不建议与铜制剂混用。连续喷药时，注意与不同作用机理的杀螨剂交替使用。本剂无内吸作用，喷药应均匀周到。残余药液及洗涤药械的废液，严禁污染河流、湖泊、池塘等水域。苹果树上使用的安全间隔期为 21 天，每季最多使用 2 次。

第二节　混配制剂

阿维·矿物油

有效成分　阿维菌素（abamectin）＋矿物油（petroleum oil）。

常见商标名称　巴朗、北联、华邦、集琦、绝白、雷蛛、螨火、满亿、怒攻、锐翔、申酉、顽蓟、万胜、望康、闻愁、五高、阿满丰、爱福丁、赐贵春、达世丰、红白克、科满特、利蒙特、满必服、满亦斯、农博士、喷得绿、破白丁、奇利克、瑞德丰、施普乐、阿福满清、曹达农化、威远生化、野田农化、中航三利、科海鑫扫帚、瑞德丰白威特。

主要含量与剂型　18%（0.5%＋17.5%；1%＋17%）、18.3%（0.3%＋18%）、20%（0.2%＋19.8%）、24.5%（0.2%＋24.3%；0.5%＋24%）、25%（0.2%＋24.8%）、30%（0.3%＋29.7%）、40%（0.3%＋39.7%）、58%（0.15%＋57.85%）乳油。括号内有效成分含量均为"阿维菌素的含量＋矿物油的含量"。

产品特点　阿维·矿物油是一种由阿维菌素与矿物油按一定比例混配的广谱低毒复合杀虫（螨）剂，以触杀和胃毒作用为主，兼有微弱的熏蒸作用，无内吸性，对叶片有较强的渗透作用，持效期较长。化学杀虫（螨）与物理杀虫（螨）相结合，害虫（螨）不易产生抗药性。

阿维菌素属农用抗生素类高效广谱低毒（原药高毒）杀虫（螨）剂成分，以触杀和胃毒作用为主，兼有微弱的熏蒸作用，无内吸作用，但对叶片有较强的渗透性，持效期较长，使用安全，对蜜蜂和水生生物毒性较高；其作用机理是干扰害虫（螨）神经生理活动，刺激释放 γ-氨基丁酸，抑制害虫（螨）神经传导，致使害虫（螨）迅速麻痹、拒食，2～4 天后死亡。矿物油属矿物源广谱微毒杀虫（螨）剂成分，残留低，持效期较长，对人畜安全，对环境友好，不伤害天敌；喷施后能在虫（螨）体表面形成一层致密的特殊油膜，封闭害虫、害螨及其卵的气孔，或通过毛细作用进入气孔，使其窒息而死亡；同时，油膜还能改变害虫（螨）寻觅寄主的能力，影响其取食、产卵等；另外，矿物油还是杀虫（螨）剂的一种助剂，能显著提高对害虫（螨）的杀灭效果。

适用果树及防控对象　阿维·矿物油适用于多种落叶果树，对多种小型害虫（螨）均有较好的防控效果。目前，在落叶果树生产中主要用于防控：苹果树、梨树、枣树、桃树等落叶果树的红蜘蛛（山楂叶螨、苹果全爪螨等）、白蜘蛛（二斑叶螨），梨树梨木虱。

使用技术

（1）**苹果树、梨树、枣树、桃树等落叶果树的红蜘蛛、白蜘蛛**　在害螨发生为害初期（开花前或落花后）、或螨卵孵化盛期至幼螨及若螨盛发初期、或树冠内膛叶片上螨量开始较快增多时进行喷药。一般使用18%乳油或18.3%乳油或20%乳油或24.5%乳油或25%乳油或30%乳油或40%乳油或58%乳油1000～1500倍液均匀喷雾。

（2）梨树梨木虱　主要用于防控梨木虱若虫。在梨木虱卵孵化盛期至初孵若虫被黏液完全覆盖前进行喷药，每代喷药1次。一般使用18%乳油或18.3%乳油或20%乳油或24.5%乳油或25%乳油或30%乳油或40%乳油或58%乳油1000～1500倍液均匀喷雾。

注意事项　阿维·矿物油不能与碱性药剂混用，连续喷药时注意与不同类型药剂交替使用。喷药时应均匀周到。高温季节喷施可能会产生药害，尤其是高温干旱季节，用药时需要注意。残余药液及洗涤药械的废液，严禁污染河流、湖泊、池塘等水域，避免对水生生物造成影响。苹果树和梨树上使用的安全间隔期均为14天，每季最多均使用3次。

阿维·吡虫啉

有效成分　阿维菌素（abamectin）＋吡虫啉（imidacloprid）。

常见商标名称　爱诺、安劲、安泰、巴鹰、百击、遍喜、标新、奔雷、穿梭、东宝、飞风、飞迁、风啸、高针、恒田、轰刺、佳杰、凯旺、龙灯、双抓、双挂、神鞭、天容、外尔、万滕、威牛、威制、仙桃、炫火、用爽、海利尔、老院长、瑞德丰、泰达丰、万绿牌、韦尔奇、月月丰、啄木鸟、弘业化工、升华拜克、西大华特、仙隆化工、粤科植保、海正喜洋洋、瑞德丰施能净。

主要含量与剂型　1.8%（0.1%＋1.7%；0.2%＋1.6%）、2%（0.2%＋1.8%）、2.2%（0.2%＋2%）、2.5%（0.1%＋2.4%）、3%（0.27%＋2.73%）、3.15%（0.15%＋3%）、5%（0.5%＋4.5%）乳油，1.7%（0.2%＋1.5%）微乳剂，5%（0.5%＋4.5%）、8%（0.5%＋7.5%）、10%（1%＋9%）、29%（2.5%＋26.5%）悬浮剂，15%（3%＋12%）微囊悬浮剂，1.8%（0.1%＋1.7%）、4.5%（0.5%＋4%）、18%（1%＋17%）、27%（1.5%＋25.5%）可湿性粉剂，36%（0.3%＋35.7%）水分散粒剂。括号内有效成分含量均为"阿维菌素的含量＋吡虫啉的含量"。

产品特点　阿维·吡虫啉是一种由阿维菌素与吡虫啉按一定比例混配的高效低毒复合杀虫剂，以触杀和胃毒作用为主，兼有一定的内吸、渗透作用，主要用于防控刺吸式口器害虫，耐雨水冲刷，使用安全。两种作用机理优势互补、协同增效，能显著延缓害虫产生抗药性，使用方便。

阿维菌素属农用抗生素类高效广谱低毒（原药高毒）杀虫剂成分，以触杀和胃毒作用为主，兼有微弱的熏蒸作用，无内吸作用，但对叶片有较强的渗透性，持效期较长，使用安全，对蜜蜂和水生生物毒性较高；其作用机理是干扰害虫神经生理活动，刺激释放γ-氨基丁酸，抑制害虫神经传导，致使害虫迅速麻痹、拒食，2～4天后死亡。吡虫啉属新烟碱类高效低毒杀虫剂成分，具有内吸、胃毒、触杀、拒食及驱避作用，杀虫谱广、持效期长、残留低；其杀虫机理是作用于昆虫的烟酸乙酰胆碱酯酶受体，干扰害虫运动神经系统，使害虫中枢神经信息传导受阻，而导致其麻痹、死亡。

适用果树及防控对象 阿维·吡虫啉适用于多种落叶果树，对许多种刺吸式口器害虫及潜叶性害虫均有较好的防控效果。目前，在落叶果树生产中主要用于防控：梨树的梨木虱、梨瘿蚊，桃线潜叶蛾，枣瘿蚊。

使用技术

（1）**梨树梨木虱、梨瘿蚊** 防控梨木虱时，主要用于防控梨木虱若虫，在害虫卵孵化盛期至初孵若虫被黏液全部覆盖前进行喷药，第1、2代每代喷药1次，第3代及其以后各代每代喷药1～2次；防控梨瘿蚊时，在嫩叶上初显受害状（叶缘卷曲）时及时喷药。一般使用1.8%乳油或1.8可湿性粉剂300～400倍液、或2%乳油或2.2%乳油400～500倍液、或5%乳油或5%悬浮剂800～1000倍液、或10%悬浮剂1500～2000倍液、或15%微囊悬浮剂3000～4000倍液、或27%可湿性粉剂3000～3500倍液、或29%悬浮剂3000～4000倍液、或36%水分散粒剂4000～5000倍液均匀喷雾。

（2）**桃线潜叶蛾** 从叶片上初见虫道时开始喷药，1个月左右1次，与不同类型药剂交替使用，连喷3～4次。阿维·吡虫啉喷施倍数同"梨树梨木虱"。

（3）**枣瘿蚊** 从嫩梢上初见枣瘿蚊为害状时开始喷药，10天左右1次，连喷2次左右。药剂喷施倍数同"梨树梨木虱"。

注意事项 阿维·吡虫啉不能与碱性药剂混用，连续喷药时注意与不同类型药剂交替使用，喷药应均匀周到。不同企业生产的产品含量及组分比例差异较大，具体选用时还应以该产品的标签说明为准。本剂对蜜蜂、家蚕有毒，果树开花期禁止使用，蚕室及桑园附近禁用；对鱼类等水生生物有毒，应远离水产养殖区施药，并禁止在河塘、湖泊等水域内清洗施药器具。梨树上使用的安全间隔期为20天，每季最多使用2次。

阿维·啶虫脒

有效成分 阿维菌素（abamectin）＋啶虫脒（acetaniprid）。

常见商标名称 骠兵、断剑、联剑、剑雨、剑诛、粉屑、封暴、高决、决胜、韩孚、加喜、蓝丰、蓝云、美星、群击、荣邦、闪彪、闪甲、上猛、双魁、中保、中达、格刹风、力乐泰、韦尔奇、美邦农药、威远生化、野田农化。

主要含量与剂型 4%（1%＋3%）、8.8%（0.4%＋8.4%）乳油，4%（0.5%＋3.5%；1%＋3%）、5%（0.5%＋4.5%；1%＋4%）、12.5%（2.5%＋10%）微乳剂，6%（0.6%＋5.4%）水乳剂，10%（2%＋8%）、30%（2%＋28%）、50%（10%＋40%）水分散粒剂。括号内有效成分含量均为"阿维菌素的含量＋啶虫脒的含量"。

产品特点 阿维·啶虫脒是一种由阿维菌素与啶虫脒按一定比例混配的高效低毒复合杀虫剂，以触杀和胃毒作用为主，兼有一定的内吸、渗透作用，耐雨水冲刷，主要用于防控刺吸式口器害虫。两种有效成分优势互补、协同增效，对抗性害虫具有较好的防控效果。

阿维菌素属农用抗生素类高效广谱低毒（原药高毒）杀虫剂成分，以触杀和胃毒作用为主，兼有微弱的熏蒸作用，无内吸作用，但对叶片有较强的渗透性，持效期较长，使用安全，对蜜蜂和水生生物毒性较高；其作用机理是干扰害虫神经生理活动，刺激释放 γ-氨基丁酸，抑制害虫神经传导，致使害虫迅速麻痹、拒食，2～4 天后死亡。啶虫脒属新烟碱类高效低毒杀虫剂成分，具有胃毒、触杀、内吸、拒食及驱避作用，持效期长、残留低，对刺吸式口器害虫有较好的防控效果；其杀虫机理是作用于害虫的烟酸乙酰胆碱酯酶受体，干扰害虫运动神经系统，使中枢神经信息传导受阻，而导致其麻痹、死亡。

适用果树及防控对象　阿维·啶虫脒适用于多种落叶果树，对许多种刺吸式口器害虫均有较好的防控效果。目前，在落叶果树生产中常用于防控：苹果树绣线菊蚜，梨树梨木虱，桃树桑白壳虫，葡萄绿盲蝽，枣树绿盲蝽。

使用技术

（1）苹果树绣线菊蚜　在嫩梢上蚜虫数量较多时、或嫩梢上蚜虫开始向幼果转移扩散时及时进行喷药，10 天左右 1 次，连喷 2 次左右。一般使用 4% 乳油或 4% 微乳剂 1200～1500 倍液、或 5% 微乳剂 1500～2000 倍液、或 6% 水乳剂 2000～2500 倍液、或 8.8% 乳油或 10% 水分散粒剂 3000～4000 倍液、或 12.5% 微乳剂 4000～5000 倍液、或 30% 水分散粒剂 6000～8000 倍液、或 50% 水分散粒剂 10000～15000 倍液均匀喷雾。

（2）梨树梨木虱　主要用于防控梨木虱若虫，在害虫卵孵化盛期至若虫被黏液全部覆盖前及时进行喷药，第 1、2 代每代喷药 1 次，第 3 代及其以后各代每代喷药 1～2 次。药剂喷施倍数同"苹果树绣线菊蚜"。

（3）桃树桑白壳虫　在初孵若虫从母体介壳下爬出向周边扩散时进行喷药，每代喷药 1 次。药剂喷施倍数同"苹果树绣线菊蚜"。

（4）葡萄绿盲蝽　从葡萄萌芽后或绿盲蝽发生为害初期开始喷药，10 天左右 1 次，与不同类型药剂交替使用，连喷 2～4 次。药剂喷施倍数同"苹果树绣线菊蚜"。

（5）枣树绿盲蝽　从枣树萌芽后或绿盲蝽发生为害初期开始喷药，10 天左右 1 次，与不同类型药剂交替使用，连喷 3～4 次。药剂喷施倍数同"苹果树绣线菊蚜"。

注意事项　阿维·啶虫脒不能与碱性药剂混用，喷药时尽量均匀周到。本剂对蜜蜂、家蚕及许多天敌昆虫有毒，施药期间应避免对周围蜂群的影响，果树开花期禁止使用，蚕室和桑园附近禁用；对鱼类等水生生物有毒，用药时严禁污染河流、湖泊、池塘等水域。不同企业生产的产品含量及组分比例差异较大，具体选用时还应以该产品的标签说明为准。苹果树上使用的安全间隔期为 30 天，每季最多使用 1 次。

阿维·高氯

有效成分　阿维菌素（abamectin）＋高效氯氰菊酯（beta-cypermethrin）。

常见商标名称　安泰、澳腾、办潜、搏潜、封潜、索潜、潜鹰、保打、贝雷、碧奥、猛奥、博臣、博绝、春劲、刺透、逮戈、东宝、东泰、独狼、飞网、韩孚、恒诚、恒田、华邦、华阳、击毙、剑蛙、金雀、骏锐、凯威、立威、夸尔、外尔、力顶、龙灯、龙脊、绿霸、绿士、纳戈、诺丹、诺捷、齐打、迁刃、青苗、全宽、荣邦、锐雷、三发、山青、胜任、双拳、速溃、泰升、天猎、透捕、万刀、鲜绿、仙桃、宜农、豫珠、云大、战帅、挣斗、中健、中石、准秀、阿巴丁、丰乐龙、海启明、红太阳、红土地、金代双、金毒剑、金螳螂、开三掌、利根砂、利蒙特、利时捷、梨虱净、立诺净、年年丰、瑞宝德、瑞德丰、施普乐、司迪生、万虫灵、万绿牌、增产牌、星之杰、啄木鸟、曹达农化、丰禾立健、沪联威克、金尔扫盲、庆化无敌、神星药业、升华拜克、水路双清、泰源科技、威远生化、西大华特、仙隆化工、中国农资、中天邦正、阿维新索朗、碧奥潜无影、丰邦虫蜕清、瑞德丰金福丁。

主要含量与剂型　1.8%（0.2%＋1.6%；0.3%＋1.5%）、2%（0.2%＋1.8%；0.3%＋1.7%；0.4%＋1.6%；0.5%＋1.5%；0.6%＋1.4%）、2.4%（0.2%＋2.2%；0.4%＋2%；1.1%＋1.3%）、2.5%（0.1%＋2.4%；0.2%＋2.3%）、2.8%（0.2%＋2.6%；0.3%＋2.5%）、3%（0.2%＋2.8%；0.3%＋2.7%；0.4%＋2.6%；0.5%＋2.5%；0.6%＋2.4%；1%＋2%）、3.3%（0.8%＋2.5%）、4.2%（0.3%＋3.9%）、5%（0.3%＋4.7%；0.5%＋4.5%）、5.2%（0.4%＋4.8%）、5.4%（0.9%＋4.5%）、6%（0.4%＋5.6%；1%＋5%）、9%（0.6%＋8.4%）、10%（1%＋9%）乳油，10%（1%＋9%）水乳剂，1.8%（0.6%＋1.2%）、2%（0.2%＋1.8%）、3%（0.6%＋2.4%）、7%（1%＋6%）微乳剂，2.4%（0.2%＋2.2%；0.3%＋2.1%）、3%（0.2%＋2.8%）、6.3%（0.7%＋5.6%）可湿性粉剂。括号内有效成分含量均为"阿维菌素的含量＋高效氯氰菊酯的含量"。

产品特点　阿维·高氯是一种由阿维菌素与高效氯氰菊酯按一定比例混配的高效广谱杀虫剂，低毒至中等毒性，以触杀和胃毒作用为主，渗透性较强，药效较迅速，使用安全，但对鸟类、鱼类、蜜蜂高毒。

阿维菌素属农用抗生素类高效广谱低毒（原药高毒）杀虫剂成分，以触杀和胃毒作用为主，兼有微弱的熏蒸作用，无内吸作用，但对叶片有较强的渗透性，持效期较长，使用安全，对蜜蜂和水生生物毒性较高；其作用机理是干扰害虫神经生理活动，刺激释放γ-氨基丁酸，抑制害虫神经传导，致使害虫迅速麻痹、拒食，2～4天后死亡。高效氯氰菊酯属拟除虫菊酯类高效广谱中毒杀虫剂成分，是氯氰菊酯的高效异构体，以触杀和胃毒作用为主，杀虫活性高，杀虫谱广，击倒速度快；其杀虫机理是作用于害虫神经系统的钠离子通道，抑制乙酰胆碱酯酶活性，使害虫持续兴奋、麻痹而死亡。

适用果树及防控对象 阿维·高氯适用于多种落叶果树，对许多种果树害虫均有较好的防控效果。目前，在落叶果树生产中常用于防控：苹果树、梨树、桃树及枣树的卷叶蛾类（顶梢卷叶蛾、苹小卷叶蛾、苹褐卷叶蛾、长翅卷叶蛾等）、鳞翅目食叶类害虫（美国白蛾、天幕毛虫、苹掌舟蛾、黄尾毒蛾、刺蛾类等），梨树梨木虱，苹果树绣线菊蚜，核桃缀叶螟。

使用技术 阿维·高氯主要用于喷雾，一般使用 1.8％乳油或 1.8％微乳剂 600～800 倍液、或 2％乳油或 2％微乳剂 800～1000 倍液、或 3％乳油或 3％可湿性粉剂 1000～1500 倍液、或 4.2％乳油 1500～2000 倍液、或 5％乳油或 5.2％乳油 2000～2500 倍液、或 7％微乳剂 2500～3000 倍液、或 10％乳油或 10％水乳剂 3000～4000 倍液均匀喷雾。

（1）**苹果树、梨树、桃树及枣树的卷叶蛾类、鳞翅目食叶类害虫** 防控卷叶蛾类时，在幼虫卷叶前或卷叶初期及时喷药，每代喷药 1～2 次；防控鳞翅目食叶类害虫时，在害虫卵孵化盛期至低龄幼虫期进行喷药，每代喷药 1～2 次。药剂喷施倍数同前述。

（2）**梨树梨木虱** 防控成虫时，在成虫发生初盛期进行喷药，每代喷药 1～2次；防控若虫时，在卵孵化盛期至初孵若虫被黏液全部覆盖前进行喷药，每代喷药 1～2 次；中后期世代重叠时，在害虫发生初盛期及时进行喷药，10 天左右 1 次。药剂喷施倍数同前述。

（3）**苹果树绣线菊蚜** 在新梢上蚜虫数量较多时、或新梢上蚜虫开始向幼果上扩散转移时开始喷药，10 天左右 1 次，连喷 2 次左右。药剂喷施倍数同前述。

（4）**核桃缀叶螟** 在害虫卵孵化盛期至低龄幼虫期进行喷药，每代喷药 1 次。药剂喷施倍数同前述。

注意事项 阿维·高氯不能与碱性药剂及肥料混用，喷药时应均匀周到。连续喷药时，注意与不同类型药剂交替使用。果树开花期禁止使用，桑园及蚕室附近禁止使用。残余药液及洗涤药械的废液，严禁污染江河、湖泊、池塘等水域。本剂含量、组分比例及剂型相对较多，不同企业产品的含量及组分比例多不相同，具体使用时还应以该产品的标签说明为准。用药时注意安全保护，避免皮肤及眼睛溅及药液。苹果树和梨树上使用的安全间隔期均为 21 天，每季最多均使用 3 次。

阿维·甲氰

有效成分 阿维菌素（abamectin）＋甲氰菊酯（fenpropathrin）。

常见商标名称 安赐、安猛、安泰、穿红、点冠、劲诛、龙生、美星、瑞田、刹多、山水、闪诛、速尽、中达、阿拉万、百得利、恒利达、佳尼朗、农博士、瑞德丰、特比郎、透杀满、威尔达、亚崴瑟、啄木鸟、中达极满、中达专诛、北京比荣达、瑞德丰满毕净。

主要含量与剂型 1.8%（0.1%+1.7%；0.2%+1.6%；0.3%+1.5%）、2.5%（0.1%+2.4%）、2.8%（0.1%+2.7%；0.3%+2.5%）、5.6%（0.5%+5.1%）、10%（1%+9%）、18%（5%+13%）乳油，5%（0.5%+4.5%）、10%（0.5%+9.5%）微乳剂，5.1%（0.1%+5%）可湿性粉剂。括号内有效成分含量均为"阿维菌素的含量+甲氰菊酯的含量"。

产品特点 阿维·甲氰是一种由阿维菌素与甲氰菊酯按一定比例混配的广谱复合杀虫（螨）剂，低毒至中等毒性，具有触杀和胃毒作用，无内吸作用，持效期较长；两种有效成分，对螨类有较好的协同增效活性，对成螨、若螨均有较好的防效，且药效不受温度变化影响。

阿维菌素属农用抗生素类高效广谱低毒（原药高毒）杀虫（螨）剂成分，以触杀和胃毒作用为主，兼有微弱的熏蒸作用，无内吸作用，但对叶片有较强的渗透性，持效期较长，使用安全，对蜜蜂和水生生物毒性较高；其作用机理是干扰害虫（螨）神经生理活动，刺激释放γ-氨基丁酸，抑制害虫（螨）神经传导，致使害虫（螨）迅速麻痹、拒食，2～4天后死亡。甲氰菊酯属拟除虫菊酯类广谱中毒杀虫（螨）剂成分，具有触杀、胃毒和一定的驱避作用，无内吸、熏蒸作用，对鱼类、蜜蜂、家蚕高毒；其杀虫机理是作用于害虫（螨）的神经系统，破坏神经系统的钠离子通道，使害虫（螨）过度兴奋、麻痹而死亡。

适用果树及防控对象 阿维·甲氰适用于多种落叶果树，对许多种害虫、害螨均有较好的防控效果。目前，在落叶果树生产中主要用于防控：苹果树、枣树的红蜘蛛、白蜘蛛、卷叶蛾类（顶梢卷叶蛾、苹小卷叶蛾、苹褐卷叶蛾、长翅卷叶蛾等）、鳞翅目食叶毛虫类（美国白蛾、苹掌舟蛾、天幕毛虫、黄尾毒蛾、造桥虫、刺蛾类等）、苹果树绣线菊蚜，栗树红蜘蛛，枣树的绿盲蝽、枣瘿蚊，葡萄绿盲蝽。

使用技术 阿维·甲氰主要用于喷雾，一般使用1.8%乳油300～400倍液、或2.5%乳油400～500倍液、或2.8%乳油500～600倍液、或5.6%乳油或5%微乳剂800～1000倍液、或5.1%可湿性粉剂700～800倍液、或10%乳油或10%微乳剂1200～1500倍液、或18%乳油5000～6000倍液均匀喷雾。

（1）苹果树、枣树的红蜘蛛、白蜘蛛、卷叶蛾类、鳞翅目食叶毛虫类 防控红蜘蛛、白蜘蛛时，从害螨发生为害初盛期、或树冠内膛下部叶片上螨量开始较快增多时及时开始喷药，10天左右1次，连喷2～3次；防控卷叶蛾类时，在幼虫为害初期、或初见卷叶时及时进行喷药，每代喷药1～2次；防控鳞翅目食叶毛虫类时，在害虫卵孵化盛期至低龄幼虫期及时进行喷药，每代喷药1～2次。药剂喷施倍数同前述。

（2）苹果树绣线菊蚜 在新梢上蚜虫数量较多时、或新梢上蚜虫开始向幼果上转移扩散时开始喷药，10天左右1次，连喷2次左右。药剂喷施倍数同前述。

（3）**栗树红蜘蛛** 从螨类发生为害初盛期、或叶片正面初显黄白色褪绿小点时及时开始喷药，10天左右1次，连喷1～2次，重点喷洒叶片背面。药剂喷施倍数同前述。

（4）**枣树绿盲蝽、枣瘿蚊** 防控绿盲蝽时，多从枣树萌芽后或绿盲蝽发生为害初期开始喷药，10天左右1次，与不同类型药剂交替使用，连喷2～4次；防控枣瘿蚊时，在嫩梢上初显受害状时开始喷药，7～10天1次，连喷1～2次。药剂喷施倍数同前述。

（5）**葡萄绿盲蝽** 多从葡萄萌芽后或绿盲蝽发生为害初期开始喷药，7～10天1次，连喷2～3次。药剂喷施倍数同前述。

注意事项 阿维·甲氰不能与碱性药剂混用，连续喷药时注意与不同类型药剂交替使用，喷药应均匀周到。本剂对蜜蜂、家蚕有毒，喷药时应避免对周围蜂群的影响，果树开花期禁止使用，蚕室和桑园附近禁用；对鱼类等水生生物有毒，应避免对水产养殖区及河流、湖泊、池塘等水域造成污染。苹果树上使用的安全间隔期为30天，每季最多使用2次。

阿维·毒死蜱

有效成分 阿维菌素（abamectin）＋毒死蜱（chlorpyrifos）。

常见商标名称 安宽、安泰、宝灵、本打、博绝、超红、重歼、挫敌、东宝、富宝、都定、独灵、飞斧、皋农、舒农、广捣、狠甩、亨达、恒田、宇田、辉丰、尖鹰、剑旺、金燕、军星、克胜、龙生、免苦、魔戒、欧凯、荣邦、锐电、润锐、鑫谷、迅鹰、严管、正帅、中保、爱福丁、大统管、第一宽、蛾英宝、广捕乐、红太阳、老农笑、绿仙安、农博士、农全得、强力源、富利朗亿、海特农化、力智雷腾、明德立达、威远生化。

主要含量与剂型 15％（0.1％＋14.9％；0.2％＋14.8％）、17％（0.1％＋16.9％）、24％（0.15％＋23.85％；1％＋23％）、25％（0.2％＋24.8％；0.3％＋24.7％；1％＋24％）、26.5％（0.5％＋26％）、32％（2％＋30％）、41％（1％＋40％）、42％（0.2％＋41.8％）、45％（2.5％＋42.5％）、50％（0.5％＋49.5％）乳油，15％（0.2％＋14.8％；0.7％＋14.3％）、20％（0.2％＋19.8％）、25％（0.3％＋24.7％）、28％（3％＋25％）、42％（2％＋40％）水乳剂，15％（0.1％＋14.9％）、20％（0.5％＋19.5％）、21％（1％＋20％）、22％（2％＋20％）、30％（0.5％＋29.5％）、30.2％（0.2％＋30％）、42％（1％＋41％）微乳剂，30％（0.3％＋29.7％）可湿性粉剂。括号内有效成分含量均为"阿维菌素的含量＋毒死蜱的含量"。

产品特点 阿维·毒死蜱是一种由阿维菌素与毒死蜱按一定比例混配的广谱杀虫剂，低毒至中等毒性，以触杀和胃毒作用为主，兼有一定的熏蒸作用。两种有效成分优势互补，协同增效，渗透性强，速效性好，持效期较长。

阿维菌素属农用抗生素类高效广谱低毒（原药高毒）杀虫剂成分，以触杀和胃毒作用为主，兼有微弱的熏蒸作用，无内吸作用，但对叶片有较强的渗透性，持效期较长，使用安全，对蜜蜂和水生生物毒性较高；其作用机理是干扰害虫神经生理活动，刺激释放 γ-氨基丁酸，抑制害虫神经传导，致使害虫迅速麻痹、拒食，2～4 天后死亡。毒死蜱属有机磷类高效广谱中毒杀虫剂成分，具有触杀、胃毒和熏蒸作用，无内吸活性；对鱼类和水生动物毒性较高，对蜜蜂有毒；其杀虫机理是作用于害虫的乙酰胆碱酯酶，使害虫神经系统紊乱，持续兴奋、麻痹而死亡。

适用果树及防控对象 阿维·毒死蜱适用于多种落叶果树，对许多种害虫均有较好的防控效果。目前，在落叶果树生产中主要用于防控：苹果树苹果绵蚜，苹果树、梨树、桃树及枣树的桃小食心虫、梨小食心虫，桃树桑白介壳虫，枣树日本龟蜡蚧，梨树梨木虱。

使用技术

（1）苹果树苹果绵蚜 多在绵蚜从越冬场所向树上幼嫩组织转移期（苹果落花后 20 天左右）、和绵蚜在幼嫩组织上的为害初期进行喷药，7～10 天 1 次，每期喷药 1～2 次。一般使用 15％乳油或 15％水乳剂或 15％微乳剂 500～600 倍液、或 24％乳油或 25％乳油或 26.5％乳油或 25％水乳剂 1000～1200 倍液、或 32％乳油或 41％乳油或 42％微乳剂 1500～2000 倍液、或 30％微乳剂或 30％可湿性粉剂 1200～1500 倍液、或 42.5％乳油或 50％乳油或 42％水乳剂 2000～2500 倍液均匀喷雾。

（2）苹果树、梨树、桃树及枣树的桃小食心虫、梨小食心虫 在食心虫卵孵化盛期至初孵幼虫钻蛀前及时喷药，7～10 天 1 次，每代喷药 1～2 次。药剂喷施倍数同"苹果树苹果绵蚜"。

（3）桃树桑白介壳虫 主要用于防控低龄若虫期，在初孵若虫从母体介壳下爬出向周边扩散转移期进行喷药，7～10 天 1 次，每代喷药 1～2 次。药剂喷施倍数同"苹果树苹果绵蚜"。

（4）枣树日本龟蜡蚧 主要用于防控低龄若虫期，在初孵若虫从母体介壳下爬出向幼嫩组织扩散转移期进行喷药，7～10 天 1 次，每代喷药 1～2 次。药剂喷施倍数同"苹果树苹果绵蚜"。

（5）梨树梨木虱 防控梨木虱成虫时，在成虫发生盛期及时喷药，早、晚喷药效果较好；防控梨木虱若虫时，在每代卵孵化盛期至初孵若虫被黏液全部覆盖前及时喷药。7～10 天 1 次，每代喷药 1～2 次。药剂喷施倍数同"苹果树苹果绵蚜"。

注意事项 阿维·毒死蜱不能与碱性药剂混用，喷药应尽量均匀周到。本剂对蜜蜂、家蚕及鱼类高毒，不能在果树开花期喷施，养蜂场所、桑园及其周边地区禁止使用，残余药液及洗涤药械的废液严禁污染河流、湖泊、池塘等水域。不同企业生产的产品含量及组分比例多不相同，具体选用时还应以该产品的标签说明为准。用药时注意个人安全保护，并避免在高温或中午时段用药。有些果区毒死蜱已限制使用，具体用药时需要注意。苹果树上使用的安全间隔期为 28 天，每季最多使用 3 次；梨树上使用的安全间隔期为 21 天，每季最多使用 2 次。

阿维·灭幼脲

有效成分　阿维菌素（abamectin）＋灭幼脲（chlorbenzuron）。

常见商标名称　林禾、劲旅、全丰、帅旗、索潜、外尔、英瑞、瑞德丰、啄木鸟、诺普信多捷。

主要含量与剂型　25%（0.5%＋24.5%）、26%（1%＋25%）、30%（0.3%＋29.7%；1%＋29%）悬浮剂，20%（0.2%＋19.8%）可湿性粉剂。括号内有效成分含量均为阿维菌素的含量加灭幼脲的含量。

产品特点　阿维·灭幼脲是一种由阿维菌素与灭幼脲按一定比例混配的广谱低毒复合杀虫剂，以胃毒作用为主，兼有触杀作用，对植物叶片有一定渗透性，耐雨水冲刷，持效期较长，使用安全。两种有效成分作用机理互补，有利于对害虫的综合防控。

阿维菌素属农用抗生素类高效广谱低毒（原药高毒）杀虫剂成分，以触杀和胃毒作用为主，兼有微弱的熏蒸作用，无内吸作用，但对叶片有较强的渗透性，持效期较长，使用安全，对蜜蜂和水生生物毒性较高；其作用机理是干扰害虫神经生理活动，刺激释放 γ-氨基丁酸，抑制害虫神经传导，致使害虫迅速麻痹、拒食，2～4 天后死亡。灭幼脲属苯甲酰脲类特异性低毒杀虫剂成分，以胃毒作用为主，兼有触杀作用，对叶片有一定渗透性，耐雨水冲刷，持效期较长，使用安全，但药效速度较慢；其作用机理是通过抑制昆虫的壳多糖合成，阻碍幼虫蜕皮，使虫体发育不正常而死亡。

适用果树及防控对象　阿维·灭幼脲适用于多种落叶果树，对多种鳞翅目害虫均匀很好的防控效果。目前，在落叶果树生产中常用于防控：苹果树金纹细蛾，桃树、杏树的桃线潜叶蛾，苹果树、桃树、枣树等落叶果树的卷叶蛾类（顶梢卷叶蛾、苹小卷叶蛾、苹褐卷叶蛾、长翅卷叶蛾等）、鳞翅目食叶害虫类（美国白蛾、天幕毛虫、苹掌舟蛾、造桥虫、刺蛾类等），葡萄虎蛾，核桃缀叶螟。

使用技术

（1）苹果树金纹细蛾　首先在苹果落花后（第 1 代幼虫初期）和落花后 40 天左右（第 2 代幼虫初期）各喷药 1 次；然后从苹果落花后 2.5 个月左右（约为第 3 代幼虫初期，以后约每月发生 1 代）开始连续喷药，1 个月左右 1 次，连喷 2～3 次。一般使用 25% 悬浮剂或 26% 悬浮剂 1500～2000 倍液、或 30% 悬浮剂 1800～2000 倍液、或 20% 可湿性粉剂 1200～1500 倍液均匀喷雾。

（2）桃树、杏树的桃线潜叶蛾　从叶片上初见为害虫道时开始喷药，约 1 个月喷药 1 次，与不同类型药剂交替使用，连喷 3～5 次。阿维·灭幼脲喷施倍数同"苹果树金纹细蛾"。

（3）**苹果树、桃树、枣树等落叶果树的卷叶蛾类、鳞翅目食叶害虫类**　防控卷叶蛾类时，在幼虫为害初期或初见卷叶时及时进行喷药，每代喷药1～2次；防控其他鳞翅目食叶类害虫时，在卵孵化盛期至低龄幼虫期进行喷药，每代喷药1～2次。药剂喷施倍数同"苹果树金纹细蛾"。

（4）**葡萄虎蛾**　在卵孵化盛期至低龄幼虫期进行喷药，每代喷药1次即可。药剂喷施倍数同"苹果树金纹细蛾"。

（5）**核桃缀叶螟**　在卵孵化盛期至低龄幼虫期进行喷药，每代喷药1次即可。药剂喷施倍数同"苹果树金纹细蛾"。

注意事项　阿维·灭幼脲不能与碱性药剂混用，连续喷药时注意与不同类型药剂交替使用。本剂对家蚕剧毒，蚕室附近和桑园内及其周边区域禁止使用。残余药液及洗涤药械的废液，严禁污染河流、湖泊、池塘等水域。苹果树上使用的安全间隔期为21天，每季最多使用2次。

阿维·氟铃脲

有效成分　阿维菌素（abamectin）＋氟铃脲（hexaflumuron）。

常见商标名称　安泰、东宝、贵合、火极、极治、苏科、天攻、义星、迎农、金全铲、凯氟隆、农博士、韦尔奇、新铃美。

主要含量与剂型　2.5%（0.2%＋2.3%；0.4%＋2.1%；0.5%＋2%）、3%（1%＋2%）、5%（2%＋3%）、8%（5%＋3%）乳油，3%（0.5%＋2.5%；1%＋2%）悬浮剂，5%（2%＋3%）微乳剂，3%（0.5%＋2.5%）可湿性粉剂，11%（1%＋10%）水分散粒剂。括号内有效成分含量均为"阿维菌素的含量＋氟铃脲的含量"。

产品特点　阿维·氟铃脲是一种由阿维菌素和氟铃脲按一定比例混配的高效低毒复合杀虫剂，以胃毒作用为主，兼有触杀作用和杀卵活性，速效性较好；对叶片有较强的渗透作用，耐雨水冲刷，持效期较长；使用安全，但对家蚕高毒。两种有效成分，杀虫机理优势互补，协同增效，害虫不易产生抗药性。

阿维菌素属农用抗生素类高效广谱低毒（原药高毒）杀虫剂成分，以触杀和胃毒作用为主，兼有微弱的熏蒸作用，无内吸作用，但对叶片有较强的渗透性，持效期较长，使用安全，对蜜蜂和水生生物毒性较高；其作用机理是干扰害虫神经生理活动，刺激释放γ-氨基丁酸，抑制害虫神经传导，致使害虫迅速麻痹、拒食，2～4天后死亡。氟铃脲属苯甲酰脲类低毒杀虫剂成分，以触杀作用为主，击倒力强，具有较高的杀卵活性，特别对鳞翅目害虫效果好；其杀虫机理是通过抑制昆虫几丁质的合成，使幼虫不能正常蜕皮，而导致幼虫死亡。

适用果树及防控对象　阿维·氟铃脲适用于多种落叶果树，对许多种鳞翅目害虫均有较好的防控效果。目前，在落叶果树生产中主要用于防控：苹果树、梨树、桃树及枣树的食心虫类（桃小食心虫、梨小食心虫、桃蛀螟等）、卷叶蛾类（顶梢卷叶蛾、苹小卷叶蛾、苹褐卷叶蛾、长翅卷叶蛾等）、鳞翅目食叶类害虫（美国白蛾、苹掌舟蛾、天幕毛虫、舞毒蛾、造桥虫、刺蛾类等），苹果的棉铃虫、斜纹夜蛾，核桃缀叶螟。

使用技术

（1）苹果树、梨树、桃树及枣树的食心虫类　根据虫情测报，在害虫卵盛期至初孵幼虫钻蛀前及时喷药，每代喷药 1～2 次。一般使用 2.5％乳油 600～700 倍液、或 3％乳油或 3％悬浮剂或 3％可湿性粉剂 800～1000 倍液、或 5％乳油或 5％微乳剂 2000～2500 倍液、或 8％乳油 4000～5000 倍液、或 11％水分散粒剂 2500～3000 倍液均匀喷雾。

（2）苹果树、梨树、桃树及枣树的卷叶蛾类、鳞翅目食叶类害虫　防控卷叶蛾类害虫时，在幼虫为害初期或初见卷叶时及时进行喷药，每代喷药 1～2 次；防控鳞翅目其他食叶类害虫时，在害虫卵孵化盛期至低龄幼虫期进行喷药，每代喷药 1～2 次。一般使用 2.5％乳油 600～800 倍液、或 3％乳油或 3％悬浮剂或 3％可湿性粉剂 1000～1200 倍液、或 5％乳油或 5％微乳剂 2000～3000 倍液、或 8％乳油 5000～6000 倍液、或 11％水分散粒剂 2500～3000 倍液均匀喷雾。

（3）苹果棉铃虫、斜纹夜蛾　在害虫蛀果为害初期、或卵孵化盛期至低龄幼虫期及时进行喷药，每代喷药 1～2 次。药剂喷施倍数同"苹果树卷叶蛾类"。

（4）核桃缀叶螟　在害虫卵孵化盛期至低龄幼虫期进行喷药，每代喷药 1～2 次。药剂喷施倍数同"苹果树卷叶蛾类"。

注意事项　阿维•氟铃脲不能与碱性药剂混用，连续喷药时注意与不同类型药剂交替使用。本剂对家蚕高毒，蚕室附近和桑园内及其周边区域禁止使用。残余药液及洗涤药械的废液，严禁污染河流、湖泊、池塘等水域。果树上使用的安全间隔期建议为 14 天，每季最多使用 2 次。

阿维•丁醚脲

有效成分　阿维菌素（abamectin）＋丁醚脲（diafenthiuron）。

常见商标名称　悍马、园满、茶博士、瑞德丰、啄木鸟。

主要含量与剂型　15.6％（0.6％阿维菌素＋15％丁醚脲）乳油，45.5％（0.5％阿维菌素＋45％丁醚脲）悬浮剂。

产品特点　阿维•丁醚脲是一种由阿维菌素与丁醚脲按一定比例混配的广谱低毒复合杀虫（螨）剂，以触杀和胃毒作用为主，持效期较长，使用安全；两种有效成分作用互补，协同增效，适用于抗性害虫（螨）的综合治理。

阿维菌素属农用抗生素类高效广谱低毒（原药高毒）杀虫（螨）剂成分，以触杀和胃毒作用为主，无内吸作用，但对叶片有较强的渗透性，持效期较长，使用安全，对蜜蜂和水生生物毒性较高；其作用机理是干扰害虫（螨）神经生理活动，刺激释放 γ-氨基丁酸，抑制害虫（螨）神经传导，致使害虫（螨）迅速麻痹、拒食，

2～4天后死亡。丁醚脲属硫脲类广谱低毒杀虫（螨）剂成分，具有触杀和胃毒作用及一定的杀卵活性，使用安全，但对家蚕高毒；其作用机理是丁醚脲在紫外线照射下或在虫体内多功能氧化酶的帮助下，分解为对害虫有较强生物活性的碳化二亚胺，进而阻断害虫呼吸通道，使害虫僵硬死亡。

适用果树及防控对象　阿维·丁醚脲适用于多种落叶果树，对多种害虫（螨）均有较好的防控效果。目前，在落叶果树生产中主要用于防控：苹果树、桃树及枣树的食心虫类（桃小食心虫、梨小食心虫、桃蛀螟等）、卷叶蛾类（苹小卷叶蛾、苹褐卷叶蛾、顶梢卷叶蛾、黄斑长翅卷蛾等）、鳞翅目食叶类害虫（美国白蛾、苹掌舟蛾、天幕毛虫、造桥虫、刺蛾类等）、红蜘蛛（山楂叶螨、苹果全爪螨等），桃树小绿叶蝉，柿树血斑叶蝉。

使用技术

（1）苹果树、桃树及枣树的食心虫类　根据虫情测报，在害虫卵盛期至初孵幼虫钻蛀前及时进行喷药，每代喷药1～2次。一般使用15.6％乳油600～800倍液、或45.5％悬浮剂1500～2000倍液均匀喷雾。

（2）苹果树、桃树及枣树的红蜘蛛　在害螨发生为害初盛期、或树冠内膛下部叶片上螨量增长较快时（平均每叶有螨3～4头时）及时开始喷药，半月左右1次，连喷2～3次。药剂喷施倍数同"苹果树食心虫类"。

（3）苹果树、桃树及枣树的卷叶蛾类、鳞翅目食叶类害虫　防控卷叶蛾类时，在幼虫为害初期或初见卷叶时及时进行喷药，每代喷药1～2次；防控鳞翅目其他食叶类害虫时，在害虫卵孵化盛期至低龄幼虫期进行喷药，每代喷药1～2次。一般使用15.6％乳油800～1000倍液、或45.5％悬浮剂2000～2500倍液均匀喷雾。

（4）桃树小绿叶蝉　从害虫发生为害初期或叶片正面初显黄白色褪绿小点时开始喷药，10天左右1次，连喷2～3次。药剂喷施倍数同"苹果树卷叶蛾类"。

（5）柿树血斑叶蝉　从害虫发生为害初期或叶片正面初显黄白色褪绿小点时开始喷药，10天左右1次，连喷2次左右。药剂喷施倍数同"苹果树卷叶蛾类"。

注意事项　阿维·丁醚脲不能与碱性药剂混用，连续喷药时注意与不同类型药剂交替使用。丁醚脲在高温环境下易对蔬菜幼苗造成伤害，用药时需要注意。本剂对家蚕和水生生物高毒，蚕室附近和桑园内及其周边禁止使用，用药时禁止对湖泊、河流、池塘等水体造成污染。苹果树上使用的安全间隔期为14天，每季最多使用2次。

阿维·氯苯酰

有效成分　阿维菌素（abamectin）＋氯虫苯甲酰胺（chlorantraniliprole）。

常见商标名称　宝剑、亮泰、先正达。

主要含量与剂型　6％（1.7％阿维菌素＋4.3％氯虫苯甲酰胺）悬浮剂。

产品特点　阿维·氯苯酰是一种由阿维菌素与氯虫苯甲酰胺按科学比例混配的

广谱低毒复合杀虫剂，具有胃毒和触杀作用，叶片渗透性好，耐雨水冲刷，持效期较长，使用安全。两种杀虫机理，作用互补，害虫不易产生抗药性。

阿维菌素属农用抗生素类高效广谱低毒（原药高毒）杀虫剂成分，以触杀和胃毒作用为主，兼有微弱的熏蒸作用，无内吸性，但对叶片有较强的渗透性，持效期较长，使用安全，对蜜蜂和水生生物毒性较高；其作用机理是干扰害虫神经生理活动，刺激释放 γ-氨基丁酸，抑制害虫神经传导，致使害虫迅速麻痹、拒食，2～4天后死亡。氯虫苯甲酰胺属双酰胺类高效低毒杀虫剂成分，以胃毒作用为主，兼有接触毒性，对叶片渗透性强，耐雨水冲刷，使用安全；其作用机理是通过激活昆虫体内鱼尼丁受体，使钙离子通道持续开放，引起钙离子无限制流失，导致钙库衰竭、肌肉麻痹，直至最终死亡。

适用果树及防控对象　阿维·氯苯酰适用于多种落叶果树，对许多种咀嚼式口器害虫均有较好的防控效果。目前，在落叶果树生产中常用于防控：苹果树金纹细蛾，桃树、杏树的桃线潜叶蛾，苹果树、梨树、桃树、枣树等落叶果树的食心虫类（桃小食心虫、梨小食心虫、桃蛀螟等）、卷叶蛾类（苹小卷叶蛾、苹褐卷叶蛾、顶梢卷叶蛾、黄斑长翅卷蛾等）、鳞翅目食叶类害虫（美国白蛾、苹掌舟蛾、天幕毛虫、造桥虫、刺蛾类等）。

使用技术

（1）苹果树金纹细蛾　在每代卵孵化盛期或初见新鲜虫斑时进行喷药，第1、2代每代喷药1次，第3代及其以后各代每代喷药1～2次。一般使用6％悬浮剂2000～2500倍液均匀喷雾。

（2）桃树、杏树的桃线潜叶蛾　从害虫发生为害初期或叶片上初见虫道时开始喷药，1个月左右喷药1次，与不同类型药剂交替使用，连喷3～5次。阿维·氯苯酰一般使用6％悬浮剂2000～2500倍液均匀喷雾。

（3）苹果树、梨树、桃树、枣树等落叶果树的食心虫类　根据虫情测报，在害虫卵盛期至初孵幼虫钻蛀前及时进行喷药，每代喷药1～2次，间隔期7～10天。一般使用6％悬浮剂2000～2500倍液均匀喷雾。

（4）苹果树、梨树、桃树、枣树等落叶果树的卷叶蛾类、鳞翅目食叶类害虫　防控卷叶蛾类时，在幼虫为害初期或初见卷叶时及时进行喷药，每代喷药1～2次；防控鳞翅目其他食叶类害虫时，在害虫卵孵化盛期至低龄幼虫期进行喷药，每代喷药1～2次。一般使用6％悬浮剂2000～3000倍液均匀喷雾。

注意事项　阿维·氯苯酰不能与碱性药剂混用，连续喷药时注意与不同类型药剂交替使用。本剂对家蚕和鱼类等水生生物有毒，蚕室周边和桑园内及其附近禁止使用，用药时严禁污染池塘、河流、湖泊等水体。果树上使用的安全间隔期建议为14天，每季最多使用2次。

阿维·螺虫酯

有效成分 阿维菌素（abamectin）＋螺虫乙酯（spirotetramat）。

常见商标名称 标正、海利尔、汤普森、明德立达、西大华特。

主要含量与剂型 12%（2%＋10%）、15%（3%＋12%）、20%（3%＋17%）、24%（3%＋21%）、25%（3%＋22%）、28%（4%＋24%）悬浮剂。括号内有效成分含量均为"阿维菌素的含量＋螺虫乙酯的含量"。

产品特点 阿维·螺虫酯是一种由阿维菌素与螺虫乙酯按一定比例混配的低毒复合杀虫（螨）剂，专用于防控刺吸式口器害虫，以胃毒作用为主，对叶片具有较好的渗透性，耐雨水冲刷，持效期较长，使用安全。

阿维菌素属农用抗生素类高效广谱低毒（原药高毒）杀虫（螨）剂成分，以触杀和胃毒作用为主，兼有微弱的熏蒸作用，无内吸作用，但对叶片有较强的渗透性，持效期较长，使用安全，对蜜蜂和水生生物毒性较高；其作用机理是干扰害虫（螨）神经生理活动，刺激释放 γ-氨基丁酸，抑制害虫（螨）神经传导，致使害虫（螨）迅速麻痹、拒食，2～4 天后死亡。螺虫乙酯属季酮酸类广谱低毒杀虫剂成分，以胃毒作用为主，对叶片内吸渗透性好，耐雨水冲刷，持效期较长，使用安全；其作用机理是通过抑制害虫乙酰辅酶 A 羧化酶的活性，干扰其脂肪的生物合成，阻断能量代谢，而导致害虫死亡。

适用果树及防控对象 阿维·螺虫酯适用于多种落叶果树，主要用于防控刺吸式口器害虫。目前，在落叶果树生产中常用于防控：梨树梨木虱，苹果树、山楂树、梨树、桃树等落叶果树的红蜘蛛（山楂叶螨、苹果全爪螨等），桃树、杏树的桑白介壳虫，草莓白粉虱。

使用技术

（1）梨树梨木虱 在各代梨木虱若虫初发期或卵孵化盛期至初孵若虫被黏液完全覆盖前及时进行喷药，第 1、2 代每代喷药 1 次，第 3 代及其以后各代每代喷药 1～2 次。一般使用 12%悬浮剂 2000～2500 倍液、或 15%悬浮剂 2500～3000 倍液、或 20%悬浮剂 3500～4000 倍液、或 24%悬浮剂或 25%悬浮剂 4000～5000 倍液、或 28%悬浮剂 5000～6000 倍液均匀喷雾。

（2）苹果树、山楂树、梨树、桃树等落叶果树的红蜘蛛 在害螨发生为害初盛期或树冠内膛下部叶片上螨量较多时（平均每叶有螨 3～4 头时）及时进行喷药，1个月左右 1 次，连喷 2～3 次。药剂喷施倍数同"梨树梨木虱"。

（3）桃树、杏树的桑白介壳虫 在初孵若虫从母体介壳下爬出向周边扩散时及时进行喷药，每代喷药 1～2 次。药剂喷施倍数同"梨树梨木虱"。

（4）草莓白粉虱 从白粉虱发生为害初期开始喷药，10～15 天 1 次，连喷 2～3次，重点喷洒叶片背面。药剂喷施倍数同"梨树梨木虱"。

注意事项 阿维·螺虫酯不能与碱性药剂混用，连续喷药时注意与不同类型药剂交替使用。本剂对蜜蜂、家蚕高毒，果树开花期及放蜂期禁止使用，蚕室周边和桑园内及其附近禁止使用。残余药液及洗涤药械的废液，严禁污染河流、湖泊、池塘等水域。梨树上使用的安全间隔期为 21 天，每季最多使用 2 次。

阿维·哒螨灵

有效成分　阿维菌素（abamectin）＋哒螨灵（pyridaben）。

常见商标名称　爱诺、安泰、班能、宝波、东宝、方满、伐满、夺满、雅满、满办、满功、满江、满扣、满力、满网、满征、逢时、高营、亨达、红伏、红朗、红屠、虎蛙、甲皇、克胜、蓝丰、乐邦、荣邦、利矛、绿霸、清佳、三捷、山野、上格、双标、苏灵、天穹、万克、外尔、卫队、迅屠、月山、云大、知红、中保、中迅、中威、珠停、阿四满、阿无珠、白红战、白极灭、白加绣、关红锈、海利尔、火龙镖、火烧螨、满托罗、满元清、尼满诺、瑞德丰、沙隆达、亚戈农、啄木鸟、美邦农药、升华拜克、仕邦农化、威远生化、中保杀螨、新势立标志、安格诺红白灭。

主要含量与剂型　5%（0.1%＋4.9%；0.2%＋4.8%）、6%（0.15%＋5.85%；0.2%＋5.8%）、6.78%（0.11%＋6.67%）、6.8%（0.1%＋6.7%）、8%（0.2%＋7.8%）、10%（0.2%＋9.8%；0.3%＋9.7%；0.4%＋9.6%）、10.2%（0.2%＋10%）、10.5%（0.3%＋10.2%；0.25%＋10.25%；0.5%＋10%）、16%（0.4%＋15.6%；1%＋15%）乳油，5.6%（0.6%＋5%）、6%（0.6%＋5.4%）、10%（0.4%＋9.6%；0.5%＋9.5%）、10.5%（0.3%＋10.2%；0.5%＋10%）微乳剂，10%（0.2%＋9.8%）10.5%（0.3%＋10.2%）水乳剂，10.8%（0.8%＋10%）、21%（1%＋20%）、25%（1.5%＋23.5%）悬浮剂，10.5%（0.5%＋10%）、12.5%（0.25%＋12.25%）可湿性粉剂。括号内有效成分含量均为"阿维菌素的含量＋哒螨灵的含量"。

产品特点　阿维·哒螨灵是一种由阿维菌素与哒螨灵按一定比例混配的广谱复合杀螨剂，低毒至中等毒性，以触杀和胃毒作用为主，兼有微弱的熏蒸作用，对成螨、若螨、幼螨及螨卵均有较好的防控效果。喷施后作用速度较快，对叶片渗透性强，持效期较长。两种有效成分，优势互补，协同增效，能显著延缓害螨产生抗药性。

阿维菌素属农用抗生素类高效广谱低毒（原药高毒）杀螨剂成分，以触杀和胃毒作用为主，兼有微弱的熏蒸作用，无内吸作用，但对叶片有较强的渗透性，持效期较长，使用安全，对蜜蜂和水生生物毒性较高；其作用机理是干扰害螨神经生理活动，刺激释放 γ-氨基丁酸，抑制害螨神经传导，致使害螨迅速麻痹、拒食，2～4 天后死亡。哒螨灵属哒嗪类广谱速效低毒杀螨剂成分，以触杀作用为主，无内吸、传导和熏蒸作用，对螨卵、幼螨、若螨、成螨都有较好的杀灭效果；喷施后作用迅速，持效期长，药效受温度影响小，无论早春或秋季使用均可获得良好效果；

其作用机理是通过抑制线粒体的呼吸作用，影响害螨的生长发育，而导致其死亡。

适用果树及防控对象　阿维·哒螨灵适用于多种落叶果树，对多种叶螨均有较好的防控效果。目前，在落叶果树生产中主要用于防控：苹果树、梨树及桃树的红蜘蛛（山楂叶螨、苹果全爪螨等）、白蜘蛛（二斑叶螨），枣树的红蜘蛛、白蜘蛛，栗树红蜘蛛。

使用技术　阿维·哒螨灵主要用于喷雾。一般使用 5％乳油 500～600 倍液、或 6％乳油或 6％微乳剂 600～700 倍液、或 6.78％乳油或 6.8％乳油 700～800 倍液、或 8％乳油 800～1000 倍液、或 10％乳油或 10.2％乳油或 10％微乳剂或 10％水乳剂 1000～1200 倍液、或 10.5％乳油或 10.5％微乳剂或 10.5％水乳剂或 10.8％悬浮剂或 10.5％可湿性粉剂 1200～1500 倍液、或 12.5％可湿性粉剂 1300～1600 倍液、或 16％乳油 1500～2000 倍液、或 21％悬浮剂 2500～3000 倍液、或 25％悬浮剂 3000～3500 倍液均匀喷雾。

（1）苹果树、梨树及桃树的红蜘蛛、白蜘蛛　在害螨发生为害初期（开花前或落花后）、或螨卵孵化盛期至幼螨及若螨盛发初期、或树冠内膛叶片上螨量开始较快增多时（平均每叶有螨 3～4 头时）进行喷药，1 个月左右 1 次，连喷 2～3 次。药剂喷施倍数同前述。

（2）枣树红蜘蛛、白蜘蛛　在害螨发生为害初期（发芽后）、或螨卵孵化盛期至幼螨及若螨盛发初期、或树体内膛下部叶片上螨量开始较快增多时进行喷药，1 个月左右 1 次，连喷 2～3 次。药剂喷施倍数同前述。

（3）栗树红蜘蛛　在内膛叶片上螨量开始较快增多时、或叶螨开始向周围叶片上扩散为害时进行喷药，1 个月左右 1 次，连喷 1～2 次。药剂喷施倍数同前述。

注意事项　阿维·哒螨灵不能与碱性药剂混用，喷药应均匀周到。连续喷药时，注意与不同类型药剂交替使用。本剂对蜜蜂、家蚕及鱼类毒性高，不能在果树开花期使用，养蜂场所、蚕室周边及桑园附近使用时需要慎重，残余药液及洗涤药械的废液严禁污染河流、湖泊、池塘等水域。本剂生产企业较多，不同企业间产品含量、组分比例及剂型差异较大，具体选用时还应以该产品的标签说明为准。苹果树上使用的安全间隔期为 14 天，每季最多使用 2 次。

阿维·四螨嗪

有效成分　阿维菌素（abamectin）＋四螨嗪（clofentezine）。

常见商标名称　和乐、红斩、绿士、万满、顾地丰、绿豊日昇、绿士高灵、瀚生锐击。

主要含量与剂型　10％（0.1％＋9.9％）、20％（0.5％＋19.5％）、20.8％（0.5％＋20.3％；0.8％＋20％）、40％（0.5％＋39.5％）悬浮剂。括号内有效成分含量均为"阿维菌素的含量＋四螨嗪的含量"。

产品特点　阿维·四螨嗪是一种由阿维菌素与四螨嗪按一定比例混配的广谱低

毒复合杀螨剂，以触杀和胃毒作用为主，兼有微弱的熏蒸作用，具有杀卵、幼螨、若螨和成螨的功效，对叶片渗透性较强，耐雨水冲刷；致死速度较慢，但害螨接触药剂后即出现麻痹症状，不食不动，2～4天后死亡，持效期较长。

阿维菌素属农用抗生素类高效广谱低毒（原药高毒）杀螨剂成分，以触杀和胃毒作用为主，兼有微弱的熏蒸作用，无内吸作用，对叶片有较强的渗透性，持效期较长，使用安全，对蜜蜂和水生生物毒性较高；其作用机理是干扰害螨神经生理活动，刺激释放γ-氨基丁酸，抑制害螨神经传导，致使害螨迅速麻痹、拒食、不动，2～4天后死亡。四螨嗪属四嗪有机氯类低毒专用杀螨剂成分，以触杀作用为主，对螨卵杀灭效果好（冬卵、夏卵都能毒杀），对幼螨也有一定效果，对成螨无效；但成螨接触药液后产卵量下降，且所产卵大都不能孵化，个别孵化出的幼螨也很快死亡；其作用机理是通过抑制胚胎发育，和幼螨、若螨早期阶段的生长分化，而导致其死亡；该成分药效较慢，施药后7～10天才能达到最佳杀螨效果，但持效期较长，达50～60天。

适用果树及防控对象　阿维·四螨嗪适用于多种落叶果树，对许多种叶螨均有较好的防控效果。目前，在落叶果树生产中主要用于防控：苹果树、梨树及桃树的红蜘蛛（山楂叶螨、苹果全爪螨等）、白蜘蛛（二斑叶螨），枣树的红蜘蛛、白蜘蛛，栗树红蜘蛛。

使用技术

（1）苹果树、梨树及桃树的红蜘蛛、白蜘蛛　在害螨发生为害初期（开花前或落花后）、或螨卵孵化盛期至幼螨及若螨盛发初期、或树冠内膛叶片上螨量开始较快增多时（平均每叶有螨3～4头时）进行喷药。一般使用10%悬浮剂800～1000倍液、或20%悬浮剂或20.8%悬浮剂1500～2000倍液、或40%悬浮剂3000～4000倍液均匀喷雾。

（2）枣树红蜘蛛、白蜘蛛　在害螨发生为害初期（发芽前后）、或螨卵孵化盛期至幼螨及若螨盛发初期、或树体内膛下部叶片上螨量开始较快增多时进行喷药。药剂喷施倍数同"苹果树红蜘蛛"。

（3）栗树红蜘蛛　在害螨发生为害初期、或内膛叶片上螨量开始较快增多时、或叶螨开始向周围叶片上扩散为害时进行喷药。药剂喷施倍数同"苹果树红蜘蛛"。

注意事项　阿维·四螨嗪不能与碱性药剂混用，喷药应均匀周到。连续喷药时，注意与不同类型药剂交替使用。本剂对蜜蜂、家蚕及鱼类毒性较高，不能在果树开花期使用，不能在养蜂场所、蚕室附近及桑园内使用，残余药液及洗涤药械的废液严禁污染河流、湖泊、池塘等水域。苹果树上使用的安全间隔期为30天，每季最多使用2次。

阿维·炔螨特

有效成分　阿维菌素（abamectin）＋炔螨特（propargite）。

常见商标名称 踩红、摧满、伐满、垒满、满杰、果泽、瀚生、禾易、红炫、卡戈、凯击、美邦、美星、迷杀、千慧、清佳、统诛、外尔、迅超、奥满特、迪哈哈、关红锈、海利尔、红速拼、惠尔满、金满阻、满可以、尼尔诺、全灭红、满汉全袭、科利隆生化。

主要含量与剂型 30%（3%＋27%）、40%（0.3%＋39.7%）、56%（0.3%＋55.7%）乳油，40%（0.3%＋39.7%；0.5%＋39.5%）水乳剂，40.6%（0.6%＋40%）、56%（0.3%＋55.7%）微乳剂。括号内有效成分含量均为"阿维菌素的含量＋炔螨特的含量"。

产品特点 阿维·炔螨特是一种由阿维菌素与炔螨特按一定比例混配的广谱复合杀螨剂，低毒至中等毒性，以触杀和胃毒作用为主，兼有微弱的熏蒸作用，速效性好，持效期较长，对植物叶片有渗透性；能有效杀灭幼螨、若螨及成螨，而对螨卵效果较差。

阿维菌素属农用抗生素类高效广谱低毒（原药高毒）杀螨剂成分，以触杀和胃毒作用为主，兼有微弱的熏蒸作用，无内吸作用，但对叶片有较强的渗透性，持效期较长，使用安全，对蜜蜂和水生生物毒性较高；其作用机理是干扰害螨神经生理活动，刺激释放 γ-氨基丁酸，抑制害螨神经传导，致使害螨迅速麻痹、拒食，2～4 天后死亡。炔螨特属有机硫类广谱低毒杀螨剂成分，具有触杀和胃毒作用，无内吸和渗透传导性，对成螨、若螨、幼螨防效较好，对螨卵效果较差，害螨不易产生抗药性；27℃以上使用触杀和熏蒸活性较高、杀螨效果好，20℃以下使用效果较差；其作用机理是通过抑制线粒体 ATP 酶的活性，导致其正常代谢和呼吸作用中断，而使螨类死亡。

适用果树及防控对象 阿维·炔螨特适用于多种落叶果树，对许多种叶螨、瘿螨均有较好的防控效果。目前，在落叶果树生产中主要用于防控：苹果树的红蜘蛛（山楂叶螨、苹果全爪螨等）、白蜘蛛（二斑叶螨），葡萄瘿螨（毛毡病）。

使用技术

（1）苹果树红蜘蛛、白蜘蛛 在害螨发生为害初期（开花前或落花后）、或螨卵孵化盛期至幼螨及若螨盛发初期、或树冠内膛叶片上螨量开始较快增多时（平均每叶有螨 3～4 头时）进行喷药。一般使用 30%乳油 3000～4000 倍液、或 40%乳油或 40%水乳剂或 40.6%微乳剂 1000～1500 倍液、或 56%乳油或 56%微乳剂 1500～2000 倍液均匀喷雾。

（2）葡萄瘿螨 在葡萄新梢长 15～20 厘米时、或嫩叶上初显瘿螨为害状时开始喷药，10 天左右 1 次，连喷 1～2 次。药剂喷施倍数同"苹果树红蜘蛛"。

注意事项 阿维·炔螨特不能与碱性药剂混用，喷药应均匀周到。连续喷药时，注意与不同类型药剂交替使用。本剂对蜜蜂、家蚕及鱼类毒性较高，果树开花期禁止使用，养蜂场所、蚕室周边及桑园内禁止使用，用药时严禁污染河流、湖泊、池塘等水域。梨树及草莓的有些品种对炔螨特敏感，需要慎重使用。苹果树上使用的安全间隔期为 30 天，每季最多使用 2 次。

阿维·苯丁锡

有效成分　阿维菌素（abamectin）＋苯丁锡（fenbutatin oxide）。

常见商标名称　恒田、柳惠、上格、红满盖、久久安、马杜罗、农欢乐。

主要含量与剂型　10％（0.5％＋9.5％）乳油，10.6％（0.6％＋10％）、10.8％（0.8％＋10％）、21％（1％＋20％）悬浮剂。括号内有效成分含量均为"阿维菌素的含量＋苯丁锡的含量"。

产品特点　阿维·苯丁锡是一种由阿维菌素与苯丁锡按一定比例混配的广谱低毒复合杀螨剂，以触杀和胃毒作用为主，兼有微弱的熏蒸作用，对幼螨、若螨、成螨防效较好，对螨卵效果一般，叶片渗透性较强，耐雨水冲刷，持效期较长。

阿维菌素属农用抗生素类高效广谱低毒（原药高毒）杀螨剂成分，以触杀和胃毒作用为主，兼有微弱的熏蒸作用，无内吸作用，但对叶片有较强的渗透性，持效期较长，使用安全，对蜜蜂和水生生物毒性较高；其作用机理是干扰害螨神经生理活动，刺激释放 γ-氨基丁酸，抑制害螨神经传导，致使害螨迅速麻痹、拒食，2～4 天后死亡。苯丁锡属有机锡类广谱长效低毒杀螨剂成分，以触杀作用为主，对幼螨、若螨和成螨杀伤力较强，对螨卵药效较低；其作用机理是通过抑制氧化磷酰化作用，阻止 ATP 的形成，而导致害螨死亡；该成分药效发挥较慢，施药 3 天后活性开始增强，14 天达到高峰，持效期长达 2 个月，而药效受温度影响，气温 22℃以上时药效增加、22℃以下时活性降低。

适用果树及防控对象　阿维·苯丁锡适用于多种落叶果树，对多种害螨均有较好的防控效果。目前，在落叶果树生产中主要用于防控：苹果树、梨树及桃树的红蜘蛛（山楂叶螨、苹果全爪螨等）、白蜘蛛（二斑叶螨）。

使用技术　在害螨发生为害初期、或螨卵孵化盛期至幼螨及若螨盛发初期、或树冠内膛叶片上螨量开始较快增多时（平均每叶有螨 3～4 头时）进行喷药，落花后喷施效果更好。一般使用 10％乳油或 10.6％悬浮剂或 10.8％悬浮剂 800～1000 倍液、或 21％悬浮剂 1500～2000 倍液均匀喷雾。

注意事项　阿维·苯丁锡不能与碱性药剂混用，喷药时应均匀周到。连续喷药时，注意与不同类型药剂交替使用。本剂对蜜蜂、家蚕和鱼类等水生生物毒性较高，果树开花期禁止使用，蚕室周边及桑园内禁止使用，残余药液及洗涤药械的废液严禁污染河流、湖泊、池塘等水域。苯丁锡对葡萄的某些品种较敏感，用药时应当注意。安全间隔期建议为 21 天，每季最多使用 2 次。

阿维·三唑锡

有效成分　阿维菌素（abamectin）＋三唑锡（azocyclotin）。

常见商标名称　高信、瀚锋、红诛、美邦、信邦、双猛、盈满、中迅、果子靓、蛛锈龙、美邦农药。

主要含量与剂型 11%（0.4%＋10.6%）、20%（0.5%＋19.5%；1%＋19%）、21%（1%＋20%）悬浮剂，12.15%（0.15%＋12%）、12.5%（0.25%＋12.25%）、16.8%（0.3%＋16.5%）、20%（0.3%＋19.7%）可湿性粉剂。括号内有效成分含量均为"阿维菌素的含量＋三唑锡的含量"。

产品特点 阿维·三唑锡是一种由阿维菌素与三唑锡按一定比例混配的广谱低毒复合杀螨剂，以触杀和胃毒作用为主，兼有微弱的熏蒸作用，对幼螨、若螨、成螨和夏卵均有较好的防控效果。叶片渗透性较强，耐雨水冲刷，持效期较长，使用安全。

阿维菌素属农用抗生素类高效广谱低毒（原药高毒）杀螨剂成分，以触杀和胃毒作用为主，兼有微弱的熏蒸作用，无内吸作用，但对叶片有较强的渗透性，持效期较长，使用安全，对蜜蜂和水生生物毒性较高；其作用机理是干扰害螨神经生理活动，刺激释放 γ-氨基丁酸，抑制害螨神经传导，致使害螨迅速麻痹、拒食，2～4 天后死亡。三唑锡属有机锡类广谱中毒杀螨剂成分，具有很好的触杀作用，可杀灭若螨、成螨和夏卵，对冬卵无效，耐雨水冲刷，持效期较长，其药效与环境温度成正相关，使用较安全；其作用机理是通过抑制氧化磷酸化作用，干扰 ATP 的形成，破坏能量供给而导致害螨死亡。

适用果树及防控对象 阿维·三唑锡适用于多种落叶果树，对许多种害螨均有较好的防控效果。目前，在落叶果树生产中主要用于防控：苹果树、梨树及桃树的红蜘蛛（山楂叶螨、苹果全爪螨等）、白蜘蛛（二斑叶螨），枣树的红蜘蛛、白蜘蛛。

使用技术

（1）苹果树、梨树及桃树的红蜘蛛、白蜘蛛 在害螨发生为害初期（开花前或落花后）、或螨卵孵化盛期至幼螨及若螨盛发初期、或树冠内膛叶片上螨量开始较快增多时（平均每叶有螨 3～4 头时）进行喷药。一般使用 11% 悬浮剂 800～1000 倍液、或 12.15% 可湿性粉剂或 12.5% 可湿性粉剂 1000～1200 倍液、或 16.8% 可湿性粉剂 1200～1500 倍液、或 20% 悬浮剂或 21% 悬浮剂或 20% 可湿性粉剂 1500～2000 倍液均匀喷雾。

（2）枣树红蜘蛛、白蜘蛛 在害螨发生为害初期（发芽前后）、或螨卵孵化盛期至幼螨及若螨盛发初期、或树冠内膛下部叶片上螨量开始较快增多时进行喷药。药剂喷施倍数同"苹果树红蜘蛛"。

注意事项 阿维·三唑锡不能与碱性药剂混用，喷药应均匀周到。连续喷药时，注意与不同类型药剂交替使用。本剂对蜜蜂、家蚕及鱼类毒性较高，不能在果树开花期使用，不能在养蜂场所、蚕室、桑园及其周边使用，残余药液及洗涤药械的废液严禁污染河流、湖泊、池塘等水域。苹果树上使用的安全间隔期为 21 天，每季最多使用 2 次。

阿维·联苯肼

有效成分 阿维菌素（abamectin）＋联苯肼酯（bifenazate）。

常见商标名称 标正、破满、韦尔奇。

主要含量与剂型 20%（1%阿维菌素＋19%联苯肼酯）、33%（3%阿维菌素＋30%联苯肼酯）悬浮剂。

产品特点 阿维·联苯肼是一种由阿维菌素与联苯肼酯按一定比例混配的广谱低毒复合杀螨剂，具有触杀、胃毒和熏蒸作用，可杀灭成螨、若螨、幼螨和卵；两种有效成分协同增效，速效性较好，持效期较长，害螨不易产生抗药性。

阿维菌素属农用抗生素类高效广谱低毒（原药高毒）杀螨剂成分，以触杀和胃毒作用为主，兼有微弱的熏蒸作用，无内吸作用，但对叶片有较强的渗透性，持效期较长，使用安全，对蜜蜂和水生生物毒性较高；其作用机理是干扰害螨神经生理活动，刺激释放 γ-氨基丁酸，抑制害螨神经传导，致使害螨迅速麻痹、拒食，2～4天后死亡。联苯肼酯属肼酯类选择性低毒杀螨剂成分，以触杀作用为主，无内吸性，具有杀卵活性和对成螨的击倒活性，对害螨的各生长发育阶段均有效果，使用安全，对蜜蜂、捕食性螨影响极小；害螨接触药剂后很快停止取食、运动和产卵，48～72小时内死亡，持效期14天左右；其作用机理是通过对螨类中枢神经传导系统的氨基丁酸受体的独特作用，使害螨麻痹而死亡。

适用果树及防控对象 阿维·联苯肼适用于多种落叶果树，对许多种害螨均有较好的防控效果。目前，在落叶果树生产中主要用于防控：苹果树、梨树及桃树的红蜘蛛（山楂叶螨、苹果全爪螨等）、白蜘蛛（二斑叶螨），枣树的红蜘蛛、白蜘蛛，草莓红蜘蛛。

使用技术

（1）苹果树、梨树及桃树的红蜘蛛、白蜘蛛 在害螨发生为害初期（开花前或落花后）、或螨卵孵化盛期至幼螨及若螨盛发初期、或树冠内膛叶片上螨量开始较快增多时（平均每叶有螨3～4头时）进行喷药。一般使用20%悬浮剂1200～1500倍液、或33%悬浮剂3000～3500倍液均匀喷雾。

（2）枣树红蜘蛛、白蜘蛛 在害螨发生为害初期（发芽前后）、或螨卵孵化盛期至幼螨及若螨盛发初期、或树冠内膛下部叶片上螨量开始较快增多时进行喷药。药剂喷施倍数同"苹果树红蜘蛛"。

（3）草莓红蜘蛛 在害螨发生为害初期、或螨卵孵化高峰期至幼螨及若螨发生始盛期及时进行喷药。药剂喷施倍数同"苹果树红蜘蛛"。

注意事项 阿维·联苯肼不能与碱性药剂混用，喷药应均匀周到。连续喷药时，注意与不同类型药剂交替使用。残余药液及洗涤药械的废液，严禁污染河流、湖泊、池塘等水域。乔木果树上使用的安全间隔期建议为30天，每季建议最多使用2次。

阿维·唑螨酯

有效成分　阿维菌素（abamectin）＋唑螨酯（fenpyroximate）。

常见商标名称　伏珠、红警、满沙、诛红、韦尔奇。

主要含量与剂型　4%（1%＋3%）水乳剂，5%（0.5%＋4.5%）、10%（2%＋8%）、11%（1%＋10%）悬浮剂。括号内有效成分含量均为"阿维菌素的含量＋唑螨酯的含量"。

产品特点　阿维·唑螨酯是一种由阿维菌素与唑螨酯按一定比例混配的广谱高效低毒复合杀螨剂，具有击倒、触杀、胃毒和熏蒸作用，对幼螨、若螨、成螨和螨卵均有较好的防控效果，叶片渗透性较强，耐雨水冲刷，持效期较长，使用安全。

阿维菌素属农用抗生素类高效广谱低毒（原药高毒）杀螨剂成分，以触杀和胃毒作用为主，兼有微弱的熏蒸作用，无内吸作用，但对叶片有较强的渗透性，持效期较长，使用安全，对蜜蜂和水生生物毒性较高；其作用机理是干扰害螨神经生理活动，刺激释放 γ-氨基丁酸，抑制害螨神经传导，致使害螨迅速麻痹、拒食，2～4 天后死亡。唑螨酯属苯氧吡唑类广谱中毒杀螨剂成分，以触杀作用为主，兼有胃毒作用，无内吸性，速效性好，持效期较长，对害螨的各生长发育阶段均有良好防控效果，与其他类型杀螨剂无交互抗性；高剂量时可直接杀死螨类，低剂量时能够抑制螨类蜕皮或产卵；其作用机理是通过抑制线粒体的膜电子转移，阻碍呼吸作用，而导致害螨死亡。

适用果树及防控对象　阿维·唑螨酯适用于多种落叶果树，对许多种叶螨、瘿螨均有较好的防控效果。目前，在落叶果树生产中主要用于防控：苹果树、梨树及桃树的红蜘蛛（山楂叶螨、苹果全爪螨等）、白蜘蛛（二斑叶螨），葡萄瘿螨。

使用技术

（1）苹果树、梨树及桃树的红蜘蛛、白蜘蛛　在害螨发生为害初期（开花前或落花后）、或螨卵孵化盛期至幼螨及若螨盛发初期、或树冠内膛叶片上螨量开始较快增多时（平均每叶有螨 3～4 头时）进行喷药。一般使用 4% 水乳剂 1200～1500 倍液、或 5% 悬浮剂 1500～2000 倍液、或 10% 悬浮剂 3000～4000 倍液、或 11% 悬浮剂 2500～3000 倍液均匀喷雾。

（2）葡萄瘿螨　在葡萄新梢长 15～20 厘米时进行喷药，10 天左右 1 次，连喷 2 次左右。药剂喷施倍数同"苹果树红蜘蛛"。

注意事项　阿维·唑螨酯不能与碱性药剂及肥料混用，喷药应均匀周到。连续喷药时，注意与不同类型杀螨剂交替使用。本剂对蜜蜂、家蚕及鱼类毒性较高，不能在果树开花期使用，不能在养蜂场所、蚕室及桑园附近使用，用药时严禁药液污染河流、湖泊、池塘等水域。果树上使用的安全间隔期建议为 21 天，每季建议最多使用 2 次。

阿维·螺螨酯

有效成分 阿维菌素（abamectin）＋螺螨酯（spirodiclofen）。

常见商标名称 阿危、冠满、卫满、虹警、鸿菱、雷驰、凌猛、龙生、满灿、满荒、满势、满脆、美邦、锐诛、外尔、银魅、永农、中达、福喜旺、果优达、海利尔、金满宁、卡曼迪、乐盈盈、螺喜满、全爪满、瑞德丰、速满锉、啄木鸟、爱诺超霸、滨农科技、绿色农华、农华荣耀、青岛金尔、威远生化、银农科技、龙灯好克满。

主要含量与剂型 13％（1％＋12％）水乳剂，15％（3％＋12％）、18％（2％＋16％；3％＋15％）、20％（1％＋19％；2％＋18％）、21％（1％＋20％）、22％（2％＋20％）、24％（3％＋21％）、25％（1％＋24％；2.5％＋22.5％；3％＋22％；5％＋20％）、27％（2％＋25％）、28％（4％＋24％）、30％（3％＋27％）、33％（3％＋30％）、35％（5％＋30％）悬浮剂。括号内有效成分含量均为"阿维菌素的含量＋螺螨酯的含量"。

产品特点 阿维·螺螨酯是一种由阿维菌素与螺螨酯按一定比例混配的高效广谱低毒复合杀螨剂，具有触杀、胃毒和熏蒸作用，及一定的叶片渗透作用，可杀灭成螨、若螨、幼螨和夏卵，黏附性好，耐雨水冲刷，持效期长，使用安全。两种作用机理优势互补、协同增效，害螨不易产生抗药性。

阿维菌素属农用抗生素类高效广谱低毒（原药高毒）杀螨剂成分，以触杀和胃毒作用为主，兼有微弱的熏蒸作用，无内吸作用，但对叶片有较强的渗透性，持效期较长，使用安全，对蜜蜂和水生生物毒性较高；其作用机理是干扰害螨神经生理活动，刺激释放 γ-氨基丁酸，抑制害螨神经传导，致使害螨迅速麻痹、拒食，2～4 天后死亡。螺螨酯属季酮酸类广谱专性低毒杀螨剂成分，以触杀作用为主，对螨卵、幼螨、若螨、成螨均有防效，但不能较快杀死雌成螨，而对雌成螨有很好的绝育作用，雌成螨接触药剂后所产卵绝大多数不能孵化，死于胚胎后期；其作用机理是通过抑制害螨体内的脂肪合成，而导致害螨死亡；与常规杀螨剂无交互抗性，持效期长，使用安全。

适用果树及防控对象 阿维·螺螨酯适用于多种落叶果树，对许多种害螨均有很好的防控效果。目前，在落叶果树生产中主要用于防控：苹果树、梨树、桃树及杏树的红蜘蛛（山楂叶螨、苹果全爪螨等）、白蜘蛛（二斑叶螨），枣树的红蜘蛛、白蜘蛛，栗树红蜘蛛，草莓红蜘蛛。

使用技术 阿维·螺螨酯主要应用于喷雾。一般使用 13％水乳剂 2000～2500 倍液、或 15％悬浮剂 2500～3000 倍液、或 18％悬浮剂 3000～4000 倍液、或 20％悬浮剂或 21％悬浮剂 3000～3500 倍液、或 22％悬浮剂 3500～4000 倍液、或 24％悬浮剂或 25％悬浮剂 4000～5000 倍液、或 27％悬浮剂或 28％悬浮剂 4500～5000 倍液、或 30％悬浮剂或 33％悬浮剂 5000～6000 倍液、或 35％悬浮剂 6000～7000

倍液均匀喷雾。

（1）苹果树、梨树、桃树及杏树的红蜘蛛、白蜘蛛 在害螨发生为害初期（开花前或落花后）、或螨卵孵化盛期至幼螨及若螨盛发初期、或树冠内膛叶片上螨量开始较快增多时（平均每叶有螨3～4头时）进行喷药。药剂喷施倍数同前述。

（2）枣树红蜘蛛、白蜘蛛 在害螨发生为害初期（发芽前后）、或树冠内膛下部叶片上螨量开始较快增多时进行喷药。药剂喷施倍数同前述。

（3）栗树红蜘蛛 在树冠内膛叶片上螨量开始较快增多时、或叶螨开始向周围叶片扩散为害时、或叶片正面初显黄白色褪绿小点时及时进行喷药。药剂喷施倍数同前述。

（4）草莓红蜘蛛 在叶螨发生为害初期、或螨卵孵化盛期至幼螨及若螨发生始盛期进行喷药。药剂喷施倍数同前述。

注意事项 阿维·螺螨酯不能与碱性药剂及肥料混用，喷药应均匀周到。连续喷药时，注意与不同类型杀螨剂交替使用。本剂对蜜蜂、家蚕及鱼类毒性较高，不能在果树开花期使用，不能在养蜂场所、蚕室周边和桑园内及其附近使用，用药时严禁药液污染河流、湖泊、池塘等水域。本剂生产企业较多，各企业间产品含量、组分比例差异较大，具体选用时还应以该产品的标签说明为准。乔木果树上使用的安全间隔期建议为30天，每季建议最多使用2次。

阿维·乙螨唑

有效成分 阿维菌素（abamectin）＋乙螨唑（etoxazole）。

常见商标名称 龙灯、美邦、荣邦、谷丰鸟、瑞德丰、威尔达、韦尔奇、威远生化。

主要含量与剂型 10％（2％＋8％）、12％（2％＋10％）、15％（3％＋12％；5％＋10％）、16％（5％＋11％）、20％（2％＋18％；4％＋16％；5％＋15％）、23％（3％＋20％）、24％（4％＋20％）、25％（5％＋20％）、40％（5％＋35％）悬浮剂。括号内有效成分含量均为"阿维菌素的含量＋乙螨唑的含量"。

产品特点 阿维·乙螨唑是一种由阿维菌素与乙螨唑按一定比例混配的高效广谱复合杀螨剂，低毒至中等毒性，具有触杀和胃毒作用，对螨卵、幼螨、若螨、成螨各形态均有较好的防控效果，对一些产生抗性的害螨防效也较好；药剂耐雨水冲刷，持效期较长，使用安全，害螨不易产生抗药性。

阿维菌素属农用抗生素类高效广谱低毒（原药高毒）杀螨剂成分，以触杀和胃毒作用为主，兼有微弱的熏蒸作用，无内吸作用，但对叶片有较强的渗透性，持效期较长，使用安全，对蜜蜂和水生生物毒性较高；其作用机理是干扰害螨神经生理活动，刺激释放γ-氨基丁酸，抑制害螨神经传导，致使害螨迅速麻痹、拒食，2～4天后死亡。乙螨唑属二苯基噁唑衍生物类高效广谱低毒杀螨剂成分，以触杀和胃毒作用为主，对害螨从螨卵、幼螨、若螨到蛹的各阶段均有杀伤作用，但对成螨防效较差（对雌成螨有很好的绝育作用）；持效期长，使用安全；其作用机理是通过抑制害螨几丁质合成，使螨卵的胚胎发育和从幼螨到成螨的蜕皮过程受到影响，而导致其死亡。

适用果树及防控对象　阿维·乙螨唑适用于多种落叶果树，对许多种叶螨均有很好的防控效果。目前，在落叶果树生产中主要用于防控：苹果树、梨树、桃树及杏树的红蜘蛛（山楂叶螨、苹果全爪螨等）、白蜘蛛（二斑叶螨），栗树红蜘蛛，草莓红蜘蛛。

使用技术　阿维·乙螨唑主要应用于喷雾。一般使用 10％悬浮剂或 12％悬浮剂3000～4000 倍液、或 15％（3％＋12％）悬浮剂 4000～5000 倍液、或 15％（5％＋10％）悬浮剂或 16％悬浮剂 5000～6000 倍液、或 20％悬浮剂 6000～7000 倍液、或23％悬浮剂 7000～8000 倍液、或 24％悬浮剂或 25％悬浮剂 8000～10000 倍液、或40％悬浮剂 12000～15000 倍液均匀喷雾。

（1）苹果树、梨树、桃树及杏树的红蜘蛛、白蜘蛛　在害螨发生为害初期（开花前或落花后）、或螨卵孵化盛期至幼螨及若螨盛发初期、或树冠内膛叶片上螨量开始较快增多时（平均每叶有螨 3～4 头时）进行喷药。药剂喷施倍数同前述。

（2）栗树红蜘蛛　在树冠内膛叶片上螨量开始较快增多时、或叶螨开始向周围叶片扩散为害时、或叶片正面初显黄白色褪绿小点时及时进行喷药。药剂喷施倍数同前述。

（3）草莓红蜘蛛　在叶螨发生为害初期、或螨卵孵化盛期至幼螨及若螨发生始盛期进行喷药。药剂喷施倍数同前述。

注意事项　阿维·乙螨唑不能与碱性药剂及肥料混用，喷药应均匀周到。连续喷药时，注意与不同类型杀螨剂交替使用。本剂对蜜蜂、家蚕及鱼类毒性较高，不能在果树开花期使用，不能在养蜂场所、蚕室周边和桑园内及其附近使用，用药时严禁药液污染河流、湖泊、池塘等水域。本剂生产企业较多，各企业间产品含量、组分比例差异较大，具体选用时还应以该产品的标签说明为准。乔木果树上使用的安全间隔期建议为 21 天，每季建议最多使用 2 次。

苯丁·炔螨特

有效成分　苯丁锡（fenbutatin oxide）＋炔螨特（propargite）。

常见商标名称　锐索、上格、满贝乐、真把握。

主要含量与剂型　38％（8％苯丁锡＋30％炔螨特）、40％（10％苯丁锡＋30％炔螨特）乳油。

产品特点　苯丁·炔螨特是一种由苯丁锡与炔螨特按一定比例混配的广谱低毒复合杀螨剂，以触杀作用为主，兼有一定胃毒作用，对螨卵、幼螨、若螨、成螨均有较好的防控效果，起效较快，持效期较长。

苯丁锡属有机锡类广谱长效低毒杀螨剂成分，以触杀和胃毒作用为主，无内吸性，对幼螨、若螨和成螨杀伤力较强，对螨卵杀伤力较小；施药后 3 天药效开始增强，14 天达到高峰，持效期达 2 个月；气温 22℃ 以上时药效增加，22℃ 以下时活性降低；其作用机理是通过抑制氧化磷酰化作用，阻止 ATP 形成，而导致害螨死亡。炔螨特属有机硫类广谱低毒杀螨剂成分，以触杀和胃毒作用为主，无内吸和渗透传导性，对成螨、若螨、幼螨防控效果较好，对螨卵效果较差，连续使用不易产生抗药性；27℃ 以上药效高、杀螨效果好，20℃ 以下药效较差；其作用机理是通过抑制线粒体 ATP 酶的活性，使螨的正常代谢和呼吸作用中断，而导致其死亡。

适用果树及防控对象 苯丁·炔螨特适用于多种落叶果树，对许多种害螨均有较好的防控效果。目前，在落叶果树生产中主要用于防控：苹果树的红蜘蛛（山楂叶螨、苹果全爪螨等）、白蜘蛛（二斑叶螨）。

使用技术 主要适用于苹果落花后喷雾。在苹果落花后的害螨发生为害初期、或螨卵孵化盛期至幼螨及若螨盛发初期、或树冠内膛叶片上螨量开始较快增多时（平均每叶有螨 3～4 头时）进行喷药。一般使用 38％ 乳油 1000～1500 倍液、或 40％ 乳油 1200～1500 倍液均匀喷雾。

注意事项 苯丁·炔螨特不能与碱性药剂及肥料混用，喷药应均匀周到。本剂对蜜蜂、家蚕及鱼类高毒，不能在果树开花期使用，不能在养蜂场所、蚕室周边和桑园内及其附近使用，用药时避免药液污染河流、湖泊、池塘等水域。梨树、草莓对炔螨特较敏感，用药时需要慎重。苹果树上使用的安全间隔期建议为 21 天，每季建议最多使用 2 次。

吡虫·矿物油

有效成分 吡虫啉（imidacloprid）＋矿物油（petroleum oil）。

常见商标名称 伏歌、集琦。

主要含量与剂型 25％（1％ 吡虫啉＋24％ 矿物油）乳油。

产品特点 吡虫·矿物油是一种由吡虫啉与矿物油按一定比例混配的广谱低毒复合杀虫剂，具有触杀、胃毒和封闭作用及部分内吸作用，对蚜虫类等刺吸式口器害虫效果较好，使用安全。

吡虫啉属烟碱类高效低毒杀虫剂成分，具有内吸、胃毒、触杀、拒食及驱避作用，对刺吸式口器害虫具有特效，持效期较长，使用安全；其杀虫机理是作用于害虫的烟酸乙酰胆碱酯酶受体，干扰害虫运动神经系统的信息传递，使害虫麻痹而死亡。矿物油属矿物源高效微毒杀虫剂成分，以封闭作用为主，对小型害虫具有直接杀灭效果，持效期较长，对人畜安全，对环境友好，不伤害天敌；其作用机理是喷施后能在虫体表面形成一层致密的特殊油膜，封闭虫体及卵的气孔，或通过毛细作用进入气孔，使其窒息而死亡；同时，油膜还能改变害虫寻觅寄主的能力，影响其取食、产卵等；另外，矿物油还是一种农药助剂，能显著提高对害虫的杀灭效果。

适用果树及防控对象 吡虫·矿物油适用于多种落叶果树，对蚜虫类具有较好的防控效果。目前，在落叶果树生产中主要用于防控：苹果树绣线菊蚜，桃树、杏树、李树的桃蚜、桃粉蚜。

使用技术

（1）苹果树绣线菊蚜　在新梢上蚜虫数量较多时、或新梢上蚜虫开始向幼果上转移扩散时及时开始喷药，7～10天1次，连喷2次左右。一般使用25％乳油200～300倍液均匀喷雾。

（2）桃树、杏树、李树的桃蚜、桃粉蚜　首先在花芽露红期（开花前）喷药1次，然后从落花后开始连续喷药，10天左右1次，连喷2～4次。一般使用25％乳油300～400倍液均匀喷雾。

注意事项　吡虫·矿物油不能与碱性药剂混用，喷药应均匀周到。连续喷药时，注意与不同类型药剂交替使用。残余药液及洗涤药械的废液，严禁污染河流、湖泊、池塘等水域。苹果树上使用的安全间隔期为14天，每季最多使用2次。

吡虫·毒死蜱

有效成分　吡虫啉（imidacloprid）＋毒死蜱（chlorpyrifos）。

常见商标名称　奔特、拂光、高格、惠光、集琦、凯净、克胜、千祥、歼威、梢清、双品、新农、泽谷、真乐、正将、中达、抓刺、比本胜、杀虫猛、速克猛、万绿牌、一炮尽、川东农药。

主要含量与剂型　22％（2％＋20％）、30％（3％＋27％）、45％（5％＋40％）乳油，30％（5％＋25％）微乳剂，22％（2％＋20％）悬浮剂，25％（5％＋20％）微胶囊悬浮剂，33％（3％＋30％）可湿性粉剂。括号内有效成分含量均为"吡虫啉的含量＋毒死蜱的含量"。

产品特点　吡虫·毒死蜱是一种由吡虫啉与毒死蜱按一定比例混配的广谱中毒复合杀虫剂，以触杀和胃毒作用为主，兼有一定的内吸和熏蒸作用，渗透性强，速效性较好，持效期较长，使用较安全。两种杀虫机理优势互补、协同增效，能显著延缓害虫产生抗药性。

吡虫啉属烟碱类专用低毒杀虫剂成分，具有内吸、胃毒、触杀、拒食及驱避作用，杀虫活性高，持效期较长，对刺吸式口器害虫具有独特防效；其杀虫机理是作用于昆虫的烟酸乙酰胆碱酯酶受体，干扰害虫运动神经系统的信息传递，使害虫麻痹而死亡。毒死蜱属有机磷类广谱中毒杀虫剂成分，具有触杀、胃毒和熏蒸作用，无内吸性，速效性好，持效期较长，对鱼类等水生生物毒性较高，对蜜蜂有毒；其杀虫机理是作用于害虫的乙酰胆碱酯酶，使害虫神经紊乱，持续兴奋、麻痹而死亡。

适用果树及防控对象　吡虫·毒死蜱适用于多种落叶果树，对许多种害虫均有较好的防控效果，特别对刺吸式口器害虫具有独特防控。目前，在落叶果树生产中主要用于防控：苹果树的苹果绵蚜、绣线菊蚜，梨树的梨木虱、梨二叉蚜、黄粉蚜，桃树、杏树及李树的桃蚜、桃粉蚜、桑白介壳虫，枣树的绿盲蝽、日本龟蜡蚧，葡萄绿盲蝽，柿树血斑叶蝉，石榴、花椒及枸杞的蚜虫。

使用技术

（1）苹果树苹果绵蚜、绣线菊蚜 防控苹果绵蚜时，首先在花序分离期喷药1次，重点喷洒树干基部、主干主枝及枝干伤口部位；然后从苹果落花后20天左右（绵蚜转移扩散期）开始继续喷药，10天左右1次，连喷2次，防控苹果绵蚜向幼嫩组织扩散；第三，发现枝梢等幼嫩组织部位产生白色絮状物时，再次进行喷药。防控绣线菊蚜时，在嫩梢上蚜虫数量较多时、或嫩梢上蚜虫开始向幼果上转移扩散时及时开始喷药，7~10天1次，连喷2次左右。一般使用22%乳油或22%悬浮剂700~900倍液、或25%微胶囊悬浮剂800~1000倍液、或30%乳油或30%微乳剂或33%可湿性粉剂1000~1200倍液、或45%乳油1500~2000倍液均匀喷雾。

（2）梨树梨木虱、梨二叉蚜、黄粉蚜 防控梨木虱时，主要用于落花后喷药，在每代成虫发生盛期至低龄若虫期（虫体被黏液全部覆盖前）进行喷药，7~10天1次，每代喷药1~2次；防控梨二叉蚜时，在新梢嫩叶上初显蚜虫为害状（叶片向上纵卷）时及时进行喷药，7~10天1次，连喷1~2次；防控黄粉蚜时，多从梨树落花后1个月左右开始淋洗式喷药，10天左右1次，连喷2~3次。药剂喷施倍数同"苹果树苹果绵蚜"。

（3）桃树、杏树及李树的桃蚜、桃粉蚜、桑白介壳虫 防控桃蚜、桃粉蚜时，首先在花芽露红后（开花前）喷药1次，然后从落花后开始继续喷药，10天左右1次，连喷2~4次；防控桑白介壳虫时，在初孵若虫从母体介壳下爬出向周围扩散转移时及时进行喷药，每代喷药1~2次，间隔期7天左右。药剂喷施倍数同"苹果树苹果绵蚜"。

（4）枣树绿盲蝽、日本龟蜡蚧 防控绿盲蝽时，在枣树萌芽后或绿盲蝽发生为害初期开始喷药，10天左右1次，连喷2~4次；防控日本龟蜡蚧时，在初孵若虫从母体介壳下爬出向周围幼嫩组织上扩散转移时及时进行喷药，每代喷药1~2次，间隔期7~10天。药剂喷施倍数同"苹果树苹果绵蚜"。

（5）葡萄绿盲蝽 在葡萄萌芽后或绿盲蝽发生为害初期开始喷药，7~10天1次，连喷2~4次。药剂喷施倍数同"苹果树苹果绵蚜"。

（6）柿树血斑叶蝉 从害虫发生为害初期或叶片正面显出较多黄白色褪绿小点时开始喷药，重点喷洒叶片背面，7~10天1次，连喷1~2次。药剂喷施倍数同"苹果树苹果绵蚜"。

（7）石榴、花椒及枸杞的绵蚜 从新梢上蚜虫数量较多时或蚜量增长较快时及时开始喷药，7~10天1次，连喷2~3次。药剂喷施倍数同"苹果树苹果绵蚜"。

注意事项 吡虫·毒死蜱不能与碱性药剂及肥料混用，喷药应均匀周到。连续喷药时，注意与其他不同类型药剂交替使用。本剂对蜜蜂、家蚕及鱼类毒性很高。

不能在果树开花期使用，不能在养蜂场所、蚕室周边和桑园内及其附近使用，用药时严禁药液污染河流、湖泊、池塘等水域。有些果区已经对毒死蜱限制使用，具体用药时应遵守当地法规。苹果树上使用的安全间隔期为 14 天，每季最多使用 2 次；梨树上使用的安全间隔期为 7 天，每季最多使用 2 次。

高氯·马

有效成分　高效氯氰菊酯（beta-cypermethrin）＋马拉硫磷（malathion）。

常见商标名称　拔尖、宝狮、博臣、博农、常乐、啶克、海讯、飞网、富尔、骁港、劲破、绝刺、刻克、库帕、乐喷、力战、立威、美星、青除、青园、权办、顺农、威标、无春、斩春、新湖、鹰勇、豫珠、震雷、追歼、卓击、哈瑞丰、好利特、恒利达、甲力士、稼瑞斯、稼信佳、雷电杀、绿业元、美尔果、万绿牌、新广克、曹达农化、春龟甲净、春甲无回、航天西诺、稼田稼圣、九洲亮剑、罗邦生物、美邦农药、齐鲁科海、威远生化、豫珠劲虎、中国农资、中农联合。

主要含量与剂型　20%（0.5%＋19.5%；1.5%＋18.5%；2%＋18%）、24%（2%＋22%）、25%（1%＋24%；3%＋22%）、30%（0.7%＋29.3%；1%＋29%；1.5%＋28.5%；2%＋28%；2.5%＋27.5%）、37%（0.8%＋36.2%；1%＋36%；2%＋35%）、40%（0.7%＋39.3%；1.2%＋38.8%）乳油。括号内有效成分含量均为"高效氯氰菊酯的含量＋马拉硫磷的含量"。

产品特点　高氯·马是一种由高效氯氰菊酯与马拉硫磷按一定比例混配的广谱复合杀虫剂，低毒至中等毒性，以触杀和胃毒作用为主，无内吸和熏蒸作用，击倒力强，作用迅速，持效期较长，对蜜蜂、家蚕及鱼类高毒。

高效氯氰菊酯属拟除虫菊酯类高效广谱中毒杀虫剂成分，具有良好的触杀和胃毒作用，无内吸性，击倒速率快，生物活性高；对兔皮肤和眼睛有轻微刺激，对水生生物、蜜蜂、家蚕有毒；其杀虫机理是作用于害虫神经系统，破坏其功能，使害虫过度兴奋、麻痹而死亡。马拉硫磷属有机磷类广谱低毒杀虫剂成分，具有触杀、胃毒和较好的熏蒸作用，无内吸性，击倒力强，速效性好，持效期较短（多为 7 天左右）；对蜜蜂、家蚕及鱼类有毒；其杀虫机理是马拉硫磷在害虫体内氧化成马拉氧磷而发挥毒杀作用，通过与虫体的胆碱酯酶结合影响其活性，使神经信息传导受到抑制，导致害虫兴奋、麻痹而死亡。

适用果树及防控对象　高氯·马适用于多种落叶果树，对许多种害虫均有较好的防控效果。目前，在落叶果树生产中主要用于防控：苹果、梨、桃、杏等果实的茶翅蝽、麻皮蝽、食心虫类（桃小食心虫、梨小食心虫、桃蛀螟等），苹果树绣线菊蚜，枣树、葡萄的绿盲蝽，石榴、花椒、枸杞的蚜虫。

使用技术　高氯·马主要应用于喷雾。一般使用 20%乳油 600～800 倍液、或 24%乳油或 25%乳油 800～1000 倍液、或 30%乳油 1000～1200 倍液、或 37%乳油 1200～1500 倍液、或 40%乳油 1500～1800 倍液均匀喷雾。

（1）**苹果、梨、桃、杏等果实的茶翅蝽、麻皮蝽**　多从小麦蜡黄期（麦穗变黄后）开始在果园内喷药、或从果园内椿象发生初期开始喷药，7～10天1次，连喷2～3次；较大果园也可重点喷洒果园周边的几行树，阻止椿象进入园内。药剂喷施倍数同前述。

（2）**苹果、梨、桃、杏等果实的食心虫类**　根据虫情测报，在食心虫卵盛期至初孵幼虫钻蛀前进行喷药，每代喷药1～2次，间隔期7～10天。药剂喷施倍数同前述。

（3）**苹果树绣线菊蚜**　在新梢上蚜虫数量较多时、或新梢上蚜虫开始向幼果上扩散转移时及时进行喷药，7～10天1次，连喷2～3次。药剂喷施倍数同前述。

（4）**枣树、葡萄的绿盲蝽**　多从萌芽期、或绿盲蝽发生为害初期开始喷药，7～10天1次，连喷2～4次。药剂喷施倍数同前述。

（5）**石榴、花椒、枸杞的蚜虫**　从嫩梢上蚜虫数量较多时或增长速度较快时开始喷药，7～10天1次，连喷2～3次。药剂喷施倍数同前述。

注意事项　高氯·马不能与碱性药剂混用，喷药时应均匀周到。连续喷药时，注意与不同类型药剂交替使用。本剂对蜜蜂、家蚕及鱼类有毒，果树开花期禁止使用，蜜源植物、蚕室周边和桑园内及其附近禁止使用，残余药液及洗涤药械的废液严禁污染河流、湖泊、池塘等水域。苹果、梨、葡萄的有些品种可能会对马拉硫磷较敏感，具体用药时需要慎重。不同企业产品的配方比例及含量差异较大，具体选用时还应以该产品的标签说明为准。苹果树上使用的安全间隔期为21天，每季最多使用3次。

高氯·辛硫磷

有效成分　高效氯氰菊酯（beta-cypermethrin）＋辛硫磷（phoxim）。

常见商标名称　安泰、奥恒、霸击、佰震、碧奥、宝波、保泰、博获、刺透、大成、高辛、红裕、击毙、金都、金钩、金虹、金爵、金雀、京津、科丰、科锋、快报、雷奇、力闪、青苗、灭卡、扫除、山青、上格、苏研、桃乡、外尔、万胜、炫击、悦联、早奇、巴布达、虫无塔、得必丰、高绿生、好利特、火龙神、金百万、金久腾、九条龙、利蒙特、龙田丰、绿龙神、绿业元、四季丰、施多富、万绿牌、博嘉农业、曹达农化、丰禾立健、上格收伏、泰源科技、威远生化、粤科植保、中达科技。

主要含量与剂型　20％（0.8％＋19.2％；1％＋19％；1.5％＋18.5％；2％＋18％；2.5％＋17.5％；3％＋17％）、22％（1％＋21％；1.7％＋20.3％；2％＋20％）、25％（0.4％＋24.6％；1.5％＋23.5％；2.5％＋22.5％）、27.5％（2.5％＋25％）、30％（1.2％＋28.8％；1.5％＋28.5％）、35％（1％＋34％）、40％（2.5％＋37.5％）、60％（5％＋55％）乳油。括号内有效成分含量均为"高效氯氰菊酯的含量＋辛硫磷的含量"。

产品特点　高氯·辛硫磷是一种由高效氯氰菊酯与辛硫磷按一定比例混配的广谱复合杀虫剂，低毒至中等毒性，以触杀和胃毒作用为主，击倒能力强，速效性较好，持效期较短；对蜜蜂、家蚕及鱼类有毒。

高效氯氰菊酯属拟除虫菊酯类高效广谱中毒杀虫剂成分，具有良好的触杀和胃毒作用，无内吸性，击倒速率快，生物活性高；对兔皮肤和眼睛有轻微刺激，对水生生物、蜜蜂、家蚕有毒；其杀虫机理是作用于害虫神经系统，破坏其功能，使害虫过度兴奋、麻痹而死亡。辛硫磷属有机磷类广谱低毒杀虫剂成分，以触杀和胃毒作用为主，无内吸作用，但有一定渗透性，击倒力强，速效性好；其杀虫机理是通过抑制害虫体内乙酰胆碱酯酶的活性，扰乱害虫神经系统，使其过度兴奋、麻痹而死亡；该成分见光分解快，叶面喷雾持效期短、残留风险小，对鱼类、蜜蜂及天敌昆虫毒性较大，但喷雾2～3天后对蜜蜂和天敌昆虫影响很小。

适用果树及防控对象　高氯·辛硫磷适用于多种落叶果树，对许多种害虫均有较好的防控效果。目前，在落叶果树生产中主要用于防控：苹果、梨、桃、杏等果实的茶翅蝽、麻皮蝽、食心虫类（桃小食心虫、梨小食心虫、桃蛀螟等），苹果树绣线菊蚜，苹果树、梨树、桃树的鳞翅目食叶类害虫（美国白蛾、天幕毛虫、苹掌舟蛾、黄尾毒蛾、造桥虫、刺蛾类等），桃树、杏树的桃小绿叶蝉，柿树血斑叶蝉。

使用技术　高氯·辛硫磷主要应用于喷雾。一般使用20％乳油或22％乳油700～800倍液、或25％乳油或27.5％乳油800～1000倍液、或30％乳油或35％乳油1000～1200倍液、或40％乳油1200～1500倍液、或60％乳油1800～2000倍液均匀喷雾，以傍晚喷药效果较好。

（1）苹果、梨、桃、杏等果实的茶翅蝽、麻皮蝽　多从小麦蜡黄期（麦穗变黄后）开始在果园内喷药、或从果园内椿象发生初期开始喷药，7天左右1次，连喷2～3次；较大果园也可重点喷洒果园周边的几行树，阻止椿象进入园内。药剂喷施倍数同前述。

（2）苹果、梨、桃、杏等果实的食心虫类　根据虫情测报，在食心虫卵盛期至初孵幼虫钻蛀前进行喷药，每代喷药1～2次，间隔期7天左右。药剂喷施倍数同前述。

（3）苹果树绣线菊蚜　在新梢上蚜虫数量较多时、或新梢上蚜虫开始向幼果上扩散转移时及时进行喷药，7天左右1次，连喷2～3次。药剂喷施倍数同前述。

（4）苹果树、梨树、桃树的鳞翅目食叶类害虫　在害虫卵孵化盛期至低龄幼虫期及时进行喷药，7天左右1次，每代喷药1～2次。药剂喷施倍数同前述。

（5）桃树、杏树的桃小绿叶蝉　在害虫发生为害初期、或叶片正面显出黄白色褪绿小点时及时开始喷药，7天左右1次，连喷2～3次，重点喷洒叶片背面。药剂喷施倍数同前述。

（6）柿树血斑叶蝉　在害虫发生为害初期、或叶片正面显出黄白色褪绿小点时及时开始喷药，7天左右1次，连喷2次左右，重点喷洒叶片背面。药剂喷施倍数同前述。

注意事项　高氯·辛硫磷不能与碱性药剂混用，喷药应均匀周到。连续喷药时，注意与不同类型药剂交替使用。本剂对蜜蜂、家蚕和鱼类等水生生物有毒，果树开花期禁止使用，蚕室周边和桑园内及其附近禁止使用，残余药液及洗涤药械的废液严禁污染河流、湖泊、池塘等水域。不同企业产品的配方比例及含量差异较大，具体选用时还应以该产品的标签说明为准。苹果树上使用的安全间隔期为21天，每季最多使用3次。

高氯·毒死蜱

有效成分　高效氯氰菊酯（beta-cypermethrin）＋毒死蜱（chlorpyrifos）。

常见商标名称　对决、丰山、华阳、恒田、黄龙、柳惠、美星、歼除、清丹、确威、施闲、万猛、迅克、独刹威、红太阳、老院长、龙丽乐、农迪落、瑞德丰、锐毒杀、赛迪生、啄木鸟、瑞邦速击、威远生化、粤科植保、瑞德丰农思佳。

主要含量与剂型　12％（2％＋10％；2.5％＋9.5％；3％＋9％）、15％（1.5％＋13.5％；3.5％＋11.5％）、20％（2％＋18％）、44.5％（3％＋41.5％）、51.5％（1.5％＋50％）、52.25％（2.25％＋50％）乳油，30％（3％＋27％）水乳剂，44.5％（3％＋41.5％）微乳剂。括号内有效成分含量均为"高效氯氰菊酯的含量＋毒死蜱的含量"。

产品特点　高氯·毒死蜱是一种由高效氯氰菊酯与毒死蜱按一定比例混配的高效广谱中毒复合杀虫剂，以触杀和胃毒作用为主，兼有一定渗透性，耐雨水冲刷，速效性好，击倒力强。制剂对蜜蜂、家蚕及鱼类高毒。

高效氯氰菊酯属拟除虫菊酯类高效广谱中毒杀虫剂成分，具有良好的触杀和胃毒作用，无内吸性，击倒速度快，杀虫活性高；对兔皮肤和眼睛有轻微刺激，对水生生物、蜜蜂、家蚕有毒；其杀虫机理是作用于害虫神经系统，破坏其功能，使害虫过度兴奋、麻痹而死亡。毒死蜱属有机磷类高效广谱中毒杀虫剂成分，具有触杀、胃毒和熏蒸作用，无内吸作用，有一定渗透性，持效期较短，残留量低，对蜜蜂、家蚕及鱼类高毒；其杀虫机理是作用于害虫的乙酰胆碱酯酶，使害虫持续兴奋、麻痹而死亡。

适用果树及防控对象　高氯·毒死蜱适用于多种落叶果树，对许多种害虫均有较好的防控效果。目前，在落叶果树生产中可用于防控：苹果、梨、桃、杏、枣、山楂等果实的食心虫类（桃小食心虫、梨小食心虫、桃蛀螟、苹果蠹蛾等）、椿象类（茶翅蝽、麻皮蝽等）、苹果树、梨树、桃树、枣树等落叶果树的卷叶蛾类（顶梢卷叶蛾、苹小卷叶蛾、苹褐卷叶蛾、黄斑长翅卷蛾等）、鳞翅目其他食叶类害虫（美国白蛾、天幕毛虫、苹掌舟蛾、黄尾毒蛾、造桥虫、桃剑纹夜蛾、梨星毛虫、刺蛾类等）、苹果树的苹果绵蚜、苹果瘤蚜、绣线菊蚜，梨树的梨木虱、梨二叉蚜、黄粉蚜、梨瘿蚊，葡萄的绿盲蝽、葡萄虎蛾、葡萄天蛾，桃树、杏树及李树的蚜虫类（桃蚜、桃粉蚜、桃瘤蚜）、介壳虫类（桑白介壳虫、朝鲜球坚蚧等）、桃小绿叶蝉，核桃的核桃举肢蛾、核桃缀叶螟，柿树的柿蒂虫、柿血斑叶蝉，枣树的绿盲蝽、食芽象甲、枣瘿蚊，栗树的栗大蚜、栗花斑蚜，石榴、花椒、枸杞的蚜虫。

使用技术 高氯·毒死蜱主要应用于喷雾。一般使用12%乳油800～1000倍液、或15%乳油700～1000倍液、或20%乳油700～900倍液、或30%水乳剂1000～1200倍液、或44.5%乳油或44.5%微乳剂1200～1500倍液、或51.5%乳油或52.25%乳油1500～2000倍液均匀喷雾。因本剂生产企业较多，各企业间产品的成分比例及含量差异较大，所以具体选用时还应以该产品的标签说明为准。

（1）苹果、梨、桃、杏、枣、山楂等果实的食心虫类 根据虫情测报，在食心虫卵盛期至初孵幼虫钻蛀前及时进行喷药，7～10天1次，每代喷药1～2次。药剂喷施倍数同前述。

（2）苹果、梨、桃、杏、枣、山楂等果实的椿象类 多从小麦蜡黄期（麦穗变黄后）开始在果园内喷药、或从果园内椿象发生初期开始喷药，7～10天1次，连喷2～3次；较大果园也可重点喷洒果园周边的几行树，阻止椿象进入园内。药剂喷施倍数同前述。

（3）苹果树、梨树、桃树、枣树等落叶果树的卷叶蛾类 在害虫发生为害初期、或害虫卵孵化盛期至卷叶为害前、或初见卷叶时及时进行喷药，7～10天1次，每代喷药1～2次。药剂喷施倍数同前述。

（4）苹果树、梨树、桃树、杏树、枣树、山楂树等落叶果树的鳞翅目其他食叶类害虫 在害虫卵孵化盛期至低龄幼虫期及时进行喷药，7～10天1次，每代喷药1～2次。药剂喷施倍数同前述。

（5）苹果树苹果绵蚜、苹果瘤蚜、绣线菊蚜 防控苹果绵蚜时，首先在花序分离期喷药1次，重点喷洒树干基部、主干主枝及枝干伤口部位；然后从苹果落花后20天左右（绵蚜向幼嫩组织转移扩散期）开始继续喷药，10天左右1次，连喷2次，防控苹果绵蚜向幼嫩组织扩散；发现枝梢等幼嫩组织部位产生白色絮状物时，再次进行喷药。防控苹果瘤蚜时，在花序分离期和落花后各喷药1次。防控绣线菊蚜时，在嫩梢上蚜虫数量较多时、或嫩梢上蚜虫开始向幼果转移扩散时及时进行喷药，7～10天1次，连喷2次左右。药剂喷施倍数同前述。

（6）梨树梨木虱、梨二叉蚜、黄粉蚜、梨瘿蚊 防控梨木虱成虫时，在萌芽期的晴朗无风天和各代成虫发生期进行喷药，每代喷药1～2次；防控梨木虱若虫时，在各代若虫孵化后至低龄若虫期（虫体未被黏液完全覆盖前）进行喷药，每代喷药1～2次。防控梨二叉蚜时，在嫩叶上初显蚜虫为害状（叶片上卷）时及时进行喷药，10天左右1次，连喷2次左右。防控黄粉蚜时，在梨树落花后1～2个月内（黄粉蚜从树皮缝隙内爬出，向幼嫩组织转移扩散期）进行淋洗式喷药，10天左右1次，连喷2～3次。防控梨瘿蚊时，在嫩叶上初显为害状（叶缘向上卷曲）时及时进行喷药，10天左右1次，连喷1～2次。药剂喷施倍数同前述。

（7）**葡萄绿盲蝽、葡萄虎蛾、葡萄天蛾**　防控绿盲蝽时，多从葡萄萌芽后、或绿盲蝽发生为害初期开始喷药，7～10天1次，连喷2～4次；防控葡萄虎蛾、葡萄天蛾时，在害虫卵孵化盛期至低龄幼虫期及时喷药。药剂喷施倍数同前述。

（8）**桃树、杏树及李树的蚜虫类、介壳虫类、桃小绿叶蝉**　防控蚜虫类时，首先在花芽露红期（开花前）喷药1次，然后从落花后开始继续喷药，10天左右1次，连喷2～3次；防控介壳虫类时，在初孵若虫从母体介壳下爬出向周边扩散转移时至低龄若虫期（虫体被蜡质完全覆盖前）及时进行喷药，7～10天1次，连喷1～2次；防控桃小绿叶蝉时，多从叶片正面显出黄白色褪绿小点时开始喷药，10天左右1次，连喷2次左右，重点喷洒叶片背面。药剂喷施倍数同前述。

（9）**核桃的核桃举肢蛾、核桃缀叶螟**　防控核桃举肢蛾时，在害虫产卵盛期至初孵幼虫钻蛀前及时进行喷药，每代喷药1次；防控核桃缀叶螟时，在害虫卵孵化盛期至低龄幼虫期及时进行喷药，每代喷药1次。药剂喷施倍数同前述。

（10）**柿树柿蒂虫、柿血斑叶蝉**　防控柿蒂虫时，在害虫产卵盛期至初孵幼虫钻蛀前及时进行喷药，每代喷药1次；防控柿血斑叶蝉时，多在叶片正面显出黄白色褪绿小点时进行喷药，10天左右1次，连喷2次左右，重点喷洒叶片背面。药剂喷施倍数同前述。

（11）**枣树绿盲蝽、食芽象甲、枣瘿蚊**　防控绿盲蝽时，多从枣树萌芽期、或绿盲蝽发生为害初期开始喷药，7～10天1次，连喷2～4次，兼防食芽象甲；防控枣瘿蚊时，在新梢上初显枣瘿蚊为害状时开始喷药，7～10天1次，连喷1～2次。药剂喷施倍数同前述。

（12）**栗树栗大蚜、栗花斑蚜**　从蚜虫发生为害初期开始喷药，7～10天1次，连喷2次左右。药剂喷施倍数同前述。

（13）**石榴、花椒、枸杞的蚜虫**　从嫩梢上蚜虫数量较多时或增多较快时开始喷药，7～10天1次，连喷2～3次。药剂喷施倍数同前述。

注意事项　高氯·毒死蜱不能与碱性药剂及肥料混用，喷药应均匀周到。连续喷药时，注意与其他不同类型药剂交替使用。本剂对蜜蜂、家蚕及鱼类高毒，果树开花期禁止使用，养蜂场所、蚕室周边和桑园内及其附近禁止使用，残余药液及洗涤药械的废液严禁污染河流、湖泊、池塘等水域。用药时注意安全防护，避免药液溅及皮肤及眼睛。有些果区已经对毒死蜱实行限用，具体用药时还应遵守当地法规。苹果树上使用的安全间隔期为14天，每季最多使用3次。

高氯·吡虫啉

有效成分　高效氯氰菊酯（beta-cypermethrin）＋吡虫啉（imidacloprid）。

常见商标名称　北联、鼎鸿、防佳、骅港、卡麟、勒芬、速猎、外尔、宜农、丰九州、万绿牌、曹达农化、中农科美。

主要含量与剂型　3%（1.5%＋1.5%）、4%（2.2%＋1.8%）、5%（2.5%＋

2.5%；3%＋2%；4%＋1%）、7.5%（5%＋2.5%）乳油，30%（10%＋20%）悬浮剂。括号内有效成分含量均为"高效氯氰菊酯的含量＋吡虫啉的含量"。

产品特点 高氯·吡虫啉是一种由高效氯氰菊酯与吡虫啉按一定比例混配的高效广谱复合杀虫剂，低毒至中等毒性，以触杀和胃毒作用为主，兼有一定的内吸性，速效性较好，耐雨水冲刷，使用安全，对刺吸式口器害虫具有较好的防控效果。两种作用机理优势互补、协同增效，能显著延缓害虫产生抗药性。

高效氯氰菊酯属拟除虫菊酯类高效广谱中毒杀虫剂成分，具有良好的触杀和胃毒作用，无内吸性，击倒速率快，生物活性高；对兔皮肤和眼睛有轻微刺激，对水生生物、蜜蜂、家蚕有毒；其杀虫机理是作用于害虫神经系统，破坏其功能，使害虫过度兴奋、麻痹而死亡。吡虫啉属烟碱类高效低毒杀虫剂成分，具有内吸、胃毒、触杀、拒食及驱避作用，使用安全，药效高，残留低，持效期较长，特别对刺吸式口器害虫具有良好防效；其杀虫机理是作用于害虫的烟酸乙酰胆碱酯酶受体，通过干扰运动神经信息传递，而使害虫麻痹、死亡。

适用果树及防控对象 高氯·吡虫啉适用于多种落叶果树，对许多种害虫均有较好的防控效果，特别对刺吸式口器害虫防效良好。目前，在落叶果树生产中主要用于防控：苹果树绣线菊蚜，梨树的梨木虱、梨二叉蚜，桃树、杏树及李树的蚜虫类（桃蚜、桃粉蚜、桃瘤蚜）、桃小绿叶蝉，葡萄绿盲蝽，枣树绿盲蝽，柿树血斑叶蝉，石榴、花椒及枸杞的蚜虫，枸杞木虱。

使用技术

（1）苹果树绣线菊蚜 在嫩梢上蚜虫数量较多时、或嫩梢上蚜虫开始向幼果转移扩散时及时进行喷药，7～10天1次，连喷2次左右。一般使用3%乳油500～600倍液、或4%乳油800～1000倍液、或5%乳油1200～1500倍液、或7.5%乳油1800～2000倍液、或30%悬浮剂3000～4000倍液均匀喷雾。

（2）梨树梨木虱、梨二叉蚜 防控梨木虱成虫时，在萌芽期的晴朗无风天和各代成虫发生期进行喷药，每代喷药1～2次；防控梨木虱若虫时，在各代若虫孵化后至低龄若虫期（虫体未被黏液完全覆盖前）进行喷药，每代喷药1～2次；防控梨二叉蚜时，在嫩叶上初显蚜虫为害状（叶片上卷）时及时进行喷药，10天左右1次，连喷2次左右。药剂喷施倍数同"苹果树绣线菊蚜"。

（3）桃树、杏树及李树的蚜虫类、桃小绿叶蝉 防控蚜虫类时，首先在花芽露红期（开花前）喷药1次，然后从落花后开始继续喷药，10天左右1次，连喷2～3次；防控桃小绿叶蝉时，在叶片正面显出黄白色褪绿小点时开始喷药，7～10天1次，连喷2次左右，重点喷洒叶片背面。药剂喷施倍数同"苹果树绣线菊蚜"。

（4）葡萄绿盲蝽 多从葡萄萌芽后、或绿盲蝽发生为害初期开始喷药，7～10天1次，连喷2～4次。药剂喷施倍数同"苹果树绣线菊蚜"。

（5）枣树绿盲蝽 多从枣树萌芽后、或绿盲蝽发生为害初期开始喷药，7～10天1次，连喷2～4次。药剂喷施倍数同"苹果树绣线菊蚜"。

（6）柿树血斑叶蝉 多从叶片正面显出黄白色褪绿小点时开始喷药，7～10天1次，连喷1～2次，重点喷洒叶片背面。药剂喷施倍数同"苹果树绣线菊蚜"。

（7）石榴、花椒及枸杞的蚜虫 在嫩梢上蚜虫数量较多时或蚜虫增多较快时开始喷药，7～10天1次，连喷2次左右。药剂喷施倍数同"苹果树绣线菊蚜"。

（8）枸杞木虱 从木虱发生为害初期开始喷药，7～10天1次，连喷2～3次。药剂喷施倍数同"苹果树绣线菊蚜"。

注意事项 高氯·吡虫啉不能与碱性药剂及肥料混用，喷药应均匀周到。连续喷药时，注意与不同类型药剂交替使用。本剂对蜜蜂、家蚕及鱼类毒性很高，果树开花期禁止使用，养蜂场所、蚕室周边和桑园内及其附近禁止使用，残余药液及洗涤药械的废液严禁污染河流、湖泊、池塘等水域。苹果树和梨树上使用的安全间隔期均为21天，每季均最多使用2次。

高氯·甲维盐

有效成分 高效氯氰菊酯（beta-cypermethrin）＋甲氨基阿维菌素苯甲酸盐（emamectin benzoate）。

常见商标名称 安泰、虫秋、广泰、法标、高拳、妙拳、疾箭、金功、快佳、军星、清佳、荣邦、锐锋、锐驰、闪刀、思音、双刺、天指、统除、万克、新湖、星驰、迅驰、夜狼、英皇、珏妙、宇田、优钻、展博、中保、白无常、达世丰、德丰富、加马定、甲维剑、捷科斯、金虎派、金猛甲、利蒙特、绿荫地、每施加、瑞德丰、三叉蓟、啄木鸟、爱诺超达、博嘉农业、博嘉胜功、曹达农化、威远生化、粤科阿虫、粤科植保、正业天打、中保先锋、中农可信。

主要含量与剂型 3%（2.5%＋0.5%）、3.8%（3.7%＋0.1%）、4.2%（4%＋0.2%）、4.3%（4.2%＋0.1%）乳油，3%（2.5%＋0.5%；2.7%＋0.3%）、3.2%（3%＋0.2%）、3.5%（3%＋0.5%）、4%（3.7%＋0.3%）、4.2%（4%＋0.2%）、4.5%（4.3%＋0.2%）、4.8%（4.5%＋0.3%）、5%（4%＋1%；4.5%＋0.5%；4.8%＋0.2%）、5.5%（5%＋0.5%）微乳剂，4.2%（4%＋0.2%）水乳剂、5%（4.5%＋0.5%）悬浮剂。括号内有效成分含量均为"高效氯氰菊酯的含量＋甲氨基阿维菌素苯甲酸盐的含量"。

产品特点 高氯·甲维盐是一种由高效氯氰菊酯与甲氨基阿维菌素苯甲酸盐按一定比例混配的高效广谱复合杀虫剂，低毒至中等毒性，以触杀和胃毒作用为主，渗透性较强，击倒速度较快，持效期较长，耐雨水冲刷，使用安全。两种有效成分优势互补、协同增效，杀虫更彻底，药效更持久，并能显著延缓害虫产生抗药性。

高效氯氰菊酯属拟除虫菊酯类高效广谱中毒杀虫剂成分，具有良好的触杀和胃毒作用，无内吸性，击倒速率快，生物活性高；对兔皮肤和眼睛有轻微刺激，对水生生物、蜜蜂、家蚕有毒；其杀虫机理是作用于害虫神经系统，破坏其功能，使害虫过度兴奋、麻痹而死亡。甲氨基阿维菌素苯甲酸盐属农用抗生素类高效广谱低毒杀虫剂成分，以胃毒作用为主，兼有触杀活性，无内吸性，叶片渗透性强，持效期较长，使用安全；其作用机理是通过干扰害虫的神经生理活动，刺激释放 γ-氨基丁酸，阻碍害虫运动神经信息的传递，使虫体出现麻痹而死亡；害虫接触药剂后很快停止取食，3～4 天内达到死亡高峰。

适用果树及防控对象 高氯·甲维盐适用于多种落叶果树，对许多种害虫均有较好的防控效果。目前，在落叶果树生产中主要用于防控：苹果、梨、桃、枣等果实的食心虫类（桃小食心虫、梨小食心虫、桃蛀螟、苹果蠹蛾等），苹果树、梨树、桃树、枣树等落叶果树的卷叶蛾类（苹小卷叶蛾、苹褐卷叶蛾、顶梢卷叶蛾、黄斑长翅卷蛾等）、鳞翅目其他食叶类害虫（美国白蛾、苹掌舟蛾、黄尾毒蛾、盗毒蛾、桃剑纹夜蛾、天幕毛虫、造桥虫、刺蛾类等），苹果的棉铃虫、斜纹夜蛾，桃线潜叶蛾，核桃的核桃缀叶螟、核桃举肢蛾。

使用技术 高氯·甲维盐主要应用于喷雾。一般使用 3％乳油或 3％微乳剂或 3.2％微乳剂 1000～1200 倍液、或 3.8％乳油或 3.5％微乳剂或 4％微乳剂 1200～1500 倍液、或 4.2％乳油或 4.3％乳油或 4.2％微乳剂或 4.2％水乳剂 1500～1800 倍液、或 4.5％微乳剂或 4.8％微乳剂 1500～2000 倍液、或 5％微乳剂或 5.5％微乳剂或 5％悬浮剂 2000～2500 倍液均匀喷雾。本剂生产企业较多，各企业间产品配方比例及含量差异较大，具体选用时还应以该产品的标签说明为准。

（1）**苹果、梨、桃、枣等果实的食心虫类** 根据虫情测报，在食心虫卵盛期至初孵幼虫钻蛀前及时进行喷药，7～10 天 1 次，每代喷药 1～2 次。药剂喷施倍数同前述。

（2）**苹果树、梨树、桃树、枣树等落叶果树的卷叶蛾类、鳞翅目其他食叶类害虫** 防控卷叶蛾类时，在害虫发生为害初期、或害虫卵孵化盛期至卷叶为害前、或初显卷叶时及时进行喷药，每代喷药 1～2 次，间隔期 7～10 天；防控鳞翅目其他食叶类害虫时，在害虫发生为害初期、或卵孵化盛期至低龄幼虫期及时进行喷药，每代喷药 1～2 次，间隔期 7～10 天。药剂喷施倍数同前述。

（3）**苹果棉铃虫、斜纹夜蛾** 在害虫卵孵化盛期至初孵幼虫蛀果为害前、或初显低龄幼虫蛀果为害时、或害虫发生为害初期及时进行喷药，7～10 天 1 次，每代喷药 1～2 次。药剂喷施倍数同前述。

（4）**桃线潜叶蛾** 在叶片上初显害虫潜叶虫道时开始喷药，约 1 个月左右 1次，与不同类型药剂交替使用，连喷 3～5 次。药剂喷施倍数同前述。

（5）**核桃缀叶螟、核桃举肢蛾** 防控缀叶螟时，在害虫卵孵化盛期至低龄幼虫期、或初显缀叶为害时进行喷药，每代喷药 1 次即可；防控举肢蛾时，在害虫卵盛期至初孵幼虫蛀果前及时进行喷药，7～10 天 1 次，每代喷药 1～2 次。药剂喷施倍数同前述。

注意事项 高氯·甲维盐不能与碱性药剂及肥料混用，喷药应均匀周到。连续喷药时，注意与不同类型药剂交替使用。本剂对蜜蜂、家蚕及鱼类高毒，果树开花期禁止使用，养蜂场所、蚕室周边和桑园内及其附近禁止使用，残余药液及洗涤药械的废液严禁污染河流、湖泊、池塘等水域。果树上使用的安全间隔期建议为21天，每季最多建议使用2次。

甲维·虫酰肼

有效成分　甲氨基阿维菌素苯甲酸盐（emamectin benzoate）＋虫酰肼（tebufenozide）。

常见商标名称　得众、黑马、红卡、华邦、美邦、劲将、京博、凯帅、品立、巧圣、新打、锐风、战星、德丰富、金博达、龙凯月、瑞德丰、燕刁三、啄木鸟、双星农药、京博金保尔、瑞德丰黑战。

主要含量与剂型　8.2%（0.2%＋8%）、8.8%（0.4%＋8.4%）、10.5%（0.5%＋10%）乳油，15%（3%＋12%）、20%（1%＋19%）、21%（0.5%＋20.5%）、25%（1%＋24%）悬浮剂，34%（4%＋30%）可湿性粉剂。括号内有效成分含量均为"甲氨基阿维菌素苯甲酸盐的含量＋虫酰肼的含量"。

产品特点　甲维·虫酰肼是一种由甲氨基阿维菌素苯甲酸盐与虫酰肼按一定比例混配的广谱低毒复合杀虫剂，以胃毒作用为主，兼有触杀作用，能有效渗入植物表皮组织，耐雨水冲刷，持效期较长，使用安全，对鳞翅目害虫具有较高的选择性和药效，对家蚕高毒。

甲氨基阿维菌素苯甲酸盐属农用抗生素类高效广谱低毒杀虫剂成分，以胃毒作用为主，兼有触杀活性，无内吸性，叶片渗透性强，持效期较长，使用安全；其作用机理是通过干扰害虫的神经生理活动，刺激释放 γ-氨基丁酸，阻碍害虫运动神经信息的传递，使虫体出现麻痹而死亡；害虫接触药剂后很快停止取食，3～4天内达到死亡高峰。虫酰肼属双酰肼类高效低毒杀虫剂，以胃毒作用为主，兼有一定的接触和杀卵活性，专用于防控鳞翅目害虫，持效期较长，使用安全，对环境友好，但对家蚕高毒；其作用机理是通过促进鳞翅目幼虫蜕皮，干扰害虫的正常生长发育，促使害虫过早蜕皮而死亡；幼虫取食药剂后，在未进入蜕皮时即产生蜕皮反应、开始蜕皮，由于不能完全蜕皮而导致幼虫脱水、饥饿而死亡。

适用果树及防控对象　甲维·虫酰肼适用于多种落叶果树，对多种鳞翅目害虫均有较好的防控效果。目前，在落叶果树生产中主要用于防控：苹果树、梨树、桃树、枣树等落叶果树的卷叶蛾类（苹小卷叶蛾、苹褐卷叶蛾、顶梢卷叶蛾、黄斑长翅卷蛾等）、鳞翅目其他食叶类害虫（美国白蛾、苹掌舟蛾、黄尾毒蛾、桃剑纹夜蛾、天幕毛虫、造桥虫、刺蛾类等），苹果的棉铃虫、斜纹夜蛾，核桃缀叶螟。

使用技术　甲维·虫酰肼主要应用于喷雾。一般使用8.2%乳油或8.8%乳油800～1000倍液，或10.5%乳油1000～1200倍液、或15%悬浮剂或20%悬浮剂或21%悬浮剂1500～2000倍液、或25%悬浮剂2000～2500倍液、或34%可湿性粉剂3000～3500倍液均匀喷雾。

（1）苹果树、梨树、桃树、枣树等落叶果树的卷叶蛾类、鳞翅目其他食叶类害虫　防控卷叶蛾类时，在害虫发生为害初期、或害虫卵孵化盛期至卷叶为害前、或初显卷叶时及时进行喷药，每代喷药1～2次，间隔期10天左右；防控鳞翅目其他食叶类害虫时，在害虫发生为害初期、或卵孵化盛期至低龄幼虫期及时进行喷药，每代喷药1～2次，间隔期10天左右。药剂喷施倍数同前述。

（2）苹果棉铃虫、斜纹夜蛾　在害虫卵孵化盛期至初孵幼虫蛀果为害前、或初显低龄幼虫蛀果为害时、或害虫发生为害初期及时进行喷药，10天左右1次，每代喷药1～2次。药剂喷施倍数同前述。

（3）核桃缀叶螟　在害虫卵孵化盛期至低龄幼虫期、或初显缀叶为害时进行喷药，每代喷药1次即可。药剂喷施倍数同前述。

注意事项　甲维·虫酰肼不能与碱性药剂及肥料混用，连续喷药时注意与不同类型药剂交替使用。本剂对家蚕高毒，桑蚕养殖区域禁止使用。果树上使用的安全间隔期建议为14天，每季建议最多使用2次。

甲维·除虫脲

有效成分　甲氨基阿维菌素苯甲酸盐（emamectin benzoate）＋除虫脲（diflubenzuron）。

常见商标名称　农华。

主要含量与剂型　20%（1%甲氨基阿维菌素苯甲酸盐＋19%除虫脲）悬浮剂。

产品特点　甲维·除虫脲是一种由甲氨基阿维菌素苯甲酸盐与除虫脲按一定比例混配的广谱低毒复合杀虫剂，以胃毒作用为主，兼有触杀作用，专用于防控鳞翅目害虫；叶片渗透性好，耐雨水冲刷，持效期较长，但药效速度较慢。对家蚕高毒。

甲氨基阿维菌素苯甲酸盐属农用抗生素类高效广谱低毒杀虫剂成分，以胃毒作用为主，兼有触杀活性，无内吸性，叶片渗透性强，持效期较长，使用安全；其作用机理是通过干扰害虫的神经生理活动，刺激释放γ-氨基丁酸，阻碍害虫运动神经信息的传递，使虫体出现麻痹而死亡；害虫接触药剂后很快停止取食，3～4天内达到死亡高峰。除虫脲属苯甲酰脲类低毒杀虫剂成分，以触杀和胃毒作用为主，兼有杀卵活性，专用于防控鳞翅目害虫，药效作用缓慢，持效期较长，使用安全；其作用机理是害虫取食或接触药剂后，几丁质合成受到抑制，使害虫不能形成新表皮，导致虫体畸形而死亡。

适用果树及防控对象　甲维·除虫脲适用于多种落叶果树，对许多种鳞翅目害虫均有较好的防控效果。目前，在落叶果树生产中主要用于防控：苹果树金纹细蛾，苹果的棉铃虫、斜纹夜蛾，桃树、杏树的桃线潜叶蛾，苹果树、梨树、桃树、枣树等落叶果树的卷叶蛾类（苹小卷叶蛾、苹褐卷叶蛾、顶梢卷叶蛾、黄斑长翅卷叶蛾等）、鳞翅目其他食叶类害虫（美国白蛾、苹掌舟蛾、黄尾毒蛾、桃剑纹夜蛾、天幕毛虫、造桥虫、刺蛾类等），葡萄的葡萄虎蛾、葡萄天蛾，核桃缀叶螟。

使用技术

（1）**苹果树金纹细蛾**　在各代幼虫初发期、或初见新鲜虫斑时及时进行喷药，每代喷药1次；或在苹果落花后、落花后40天左右及以后每35天左右各喷药1次，连喷3～5次。一般使用20％悬浮剂1000～1500倍液均匀喷雾。

（2）**苹果棉铃虫、斜纹夜蛾**　在害虫卵孵化盛期至初孵幼虫蛀果为害前、或初显低龄幼虫蛀果为害时、或害虫发生为害初期及时进行喷药，每代喷药1～2次，间隔期7～10天。一般使用20％悬浮剂1000～1200倍液均匀喷雾。

（3）**桃树、杏树的桃线潜叶蛾**　从果园内叶片上初见害虫为害虫道时开始喷药，1个月左右喷药1次，连喷3～5次。一般使用20％悬浮剂1000～1500倍液均匀喷雾。

（4）**苹果树、梨树、桃树、枣树等落叶果树的卷叶蛾类、鳞翅目其他食叶类害虫**　防控卷叶蛾类时，在害虫发生为害初期、或害虫卵孵化盛期至卷叶为害前、或初显卷叶时及时进行喷药，每代喷药1～2次，间隔期7～10天；防控鳞翅目其他食叶类害虫时，在害虫发生为害初期、或卵孵化盛期至低龄幼虫期及时进行喷药，每代喷药1～2次，间隔期7～10天。一般使用20％悬浮剂1000～1500倍液均匀喷雾。

（5）**葡萄虎蛾、葡萄天蛾**　在害虫发生为害初期、或卵孵化盛期至低龄幼虫期进行喷药，每代喷药1～2次，间隔期7～10天。一般使用20％悬浮剂1200～1500倍液均匀喷雾。

（6）**核桃缀叶螟**　在害虫卵孵化盛期至低龄幼虫期、或初显缀叶为害时进行喷药，每代喷药1次即可。一般使用20％悬浮剂1200～1500倍液均匀喷雾。

注意事项　甲维·除虫脲不能与碱性药剂及肥料混用，连续喷药时注意与不同类型药剂交替使用。本剂对家蚕高毒，桑蚕养殖区域内禁止使用。苹果树上使用的安全间隔期为28天，每季最多使用2次。

甲维·虱螨脲

有效成分　甲氨基阿维菌素苯甲酸盐（emamectin benzoate）＋虱螨脲（lufenuron）。

常见商标名称　海利尔、先正达、世佳双虎。

主要含量与剂型　3％（1％＋2％）、10％（2％＋8％）悬浮剂，4％（2％＋2％）微乳剂，45％（5％＋40％）水分散粒剂。括号内有效成分含量均为"甲氨基阿维菌素苯甲酸盐的含量＋虱螨脲的含量"。

产品特点　甲维·虱螨脲是一种由甲氨基阿维菌素苯甲酸盐与虱螨脲按一定比例混配的广谱低毒复合杀虫剂，具有触杀和胃毒作用，专用于防控鳞翅目害虫，杀虫活性高，持效期较长，使用安全；两种作用机理协同增效，可同时杀灭幼虫和卵，并能有效延缓害虫产生抗药性。

甲氨基阿维菌素苯甲酸盐属农用抗生素类高效广谱低毒杀虫剂成分，以胃毒作用为主，兼有触杀活性，无内吸性，叶片渗透性强，持效期较长，使用安全；其作用机理是通过干扰害虫的神经生理活动，刺激释放 γ-氨基丁酸，阻碍害虫运动神经信息的传递，使虫体出现麻痹而死亡；害虫接触药剂后很快停止取食，3～4天内达到死亡高峰。虱螨脲属苯甲酰脲类高效低毒杀虫剂成分，以胃毒作用为主，兼有一定的触杀作用和较好的杀卵活性，无内吸性；药剂喷施后耐雨水冲刷，持效期较长，使用安全；其作用机理是通过抑制几丁质合成酶的形成，干扰几丁质在表皮的沉积，导致害虫不能正常蜕皮变态而死亡；害虫接触或取食药剂后2小时停止为害，2～3天进入死虫高峰。

适用果树及防控对象　甲维·虱螨脲适用于多种落叶果树，对多种鳞翅目害虫均有较好的防控效果。目前，在落叶果树生产中主要用于防控：苹果、梨、桃、枣等果实的食心虫类（桃小食心虫、梨小食心虫、桃蛀螟等），苹果的棉铃虫、斜纹夜蛾，苹果树、梨树、桃树、枣树等落叶果树的卷叶蛾类（苹小卷叶蛾、苹褐卷叶蛾、顶梢卷叶蛾、黄斑长翅卷蛾等）、鳞翅目其他食叶类害虫（美国白蛾、苹掌舟蛾、黄尾毒蛾、桃剑纹夜蛾、天幕毛虫、造桥虫、刺蛾类等），葡萄的葡萄虎蛾、葡萄天蛾，核桃缀叶螟。

使用技术

（1）**苹果、梨、桃、枣等果实的食心虫类**　根据虫情测报，在害虫卵盛期至初孵幼虫钻蛀前及时进行喷药。一般使用3%悬浮剂800～1000倍液、或4%微乳剂1500～2000倍液、或10%悬浮剂2000～2500倍液、或45%水分散粒剂7000～8000倍液均匀喷雾。

（2）**苹果棉铃虫、斜纹夜蛾**　在害虫卵盛期至初孵幼虫蛀果前、或初显低龄幼虫蛀果时、或害虫发生为害初期及时进行喷药。药剂喷施倍数同"苹果食心虫类"。

（3）**苹果树、梨树、桃树、枣树等落叶果树的卷叶蛾类、鳞翅目其他食叶类害虫**　防控卷叶蛾类时，在害虫发生为害初期、或害虫卵盛期至卷叶前、或初显卷叶时及时进行喷药，每代喷药1～2次，间隔期7～10天；防控鳞翅目其他食叶类害虫时，在害虫发生为害初期、或卵盛期至低龄幼虫期及时进行喷药，每代喷药1～2次，间隔期7～10天。药剂喷施倍数同"苹果食心虫类"。

（4）**葡萄虎蛾、葡萄天蛾**　在害虫发生为害初期、或卵盛期至低龄幼虫期进行喷药，每代喷药1次即可。药剂喷施倍数同"苹果食心虫类"。

（5）**核桃缀叶螟**　在害虫卵盛期至低龄幼虫期、或初显缀叶为害时进行喷药，每代喷药1次即可。药剂喷施倍数同"苹果食心虫类"。

注意事项　甲维·虱螨脲不能与碱性药剂及肥料混用，连续喷药时注意与不同类型药剂交替使用。本剂对家蚕高毒，桑蚕养殖区域内禁止使用。果树上使用的安全间隔期建议为 21 天，每季建议最多使用 2 次。

联肼·螺螨酯

有效成分　联苯肼酯（bifenazate）＋螺螨酯（spirodiclofen）。

常见商标名称　海特、汉邦、美邦、海利尔、汤普森、韦尔奇。

主要含量与剂型　24％（16％＋8％）、30％（15％＋15％）、32％（24％＋8％）、36％（24％＋12％）、40％（30％＋10％；20％＋20％）、45％（30％＋15％）、48％（36％12％）悬浮剂。括号内有效成分含量均为"联苯肼酯的含量＋螺螨酯的含量"。

产品特点　联肼·螺螨酯是一种由联苯肼酯与螺螨酯按一定比例混配的广谱低毒复合杀螨剂，以触杀作用为主，兼有胃毒作用，无内吸性，对害螨的各个发育阶段（螨卵、幼螨、若螨、成螨）均有效，并具杀卵活性和对成螨的快速击倒活性，持效期较长，使用安全。

联苯肼酯属肼酯类选择性低毒杀螨剂成分，以触杀作用为主，无内吸性，具有杀卵活性和对成螨的击倒活性，对害螨的各生长发育阶段均有效果，使用安全，对蜜蜂、捕食性螨影响极小；害螨接触药剂后很快停止取食、运动和产卵，48～72小时内死亡，持效期 14 天左右；其作用机理是通过对螨类中枢神经传导系统的氨基丁酸受体的独特作用，使害螨麻痹而死亡。螺螨酯属季酮酸类广谱低毒杀螨剂成分，以触杀和胃毒作用为主，无内吸性，对螨卵、幼螨、若螨均有良好的杀灭效果，但不能较快杀死雌成螨，不过对雌成螨有很好的绝育作用；持效期较长，使用安全；其作用机理是通过抑制害螨体内脂肪的生物合成，阻止能量代谢，而导致害螨死亡。

适用果树及防控对象　联肼·螺螨酯适用于多种落叶果树，对许多种害螨均有较好的防控效果。目前，在落叶果树生产中主要用于防控：苹果树、梨树、桃树、枣树等落叶果树的红蜘蛛（山楂叶螨、苹果全爪螨等）、白蜘蛛（二斑叶螨），草莓红蜘蛛。

使用技术

（1）苹果树、梨树、桃树、枣树等落叶果树的红蜘蛛、白蜘蛛　在害螨发生为害初盛期、或树冠内膛下部叶片上螨量较多时（平均每叶有螨 3～4 头时）及时进行喷药。一般使用 24％悬浮剂或 30％悬浮剂 2000～2500 倍液、或 32％悬浮剂或36％悬浮剂 3000～4000 倍液、或 40％悬浮剂或 45％悬浮剂 4000～5000 倍液、或48％悬浮剂 5000～6000 倍液均匀喷雾。

（2）草莓红蜘蛛　在害螨发生为害初盛期及时进行喷药，注意喷洒叶片背面。药剂喷施倍数同"苹果树红蜘蛛"。

注意事项　联肼·螺螨酯不能与铜制剂及碱性药剂混用，喷药应均匀周到。连续喷药时，注意与不同类型药剂交替使用。残余药液及洗涤药械的废液，严禁污染河流、湖泊、池塘等水域。果树上使用的安全间隔期建议为 30 天，每季建议最多使用 2 次。

联肼·乙螨唑

有效成分　联苯肼酯（bifenazate）＋乙螨唑（etoxazole）。

常见商标名称　恒田、美邦、奇星、巴菲特、瑞德丰。

主要含量与剂型　25%（22.5%＋2.5%）、30%（20%＋10%）、40%（25%＋15%；30%＋10%）、45%（30%＋15%）、46%（34.5%＋11.5%）、50%（30%＋20%）悬浮剂，60%（48%＋12%）水分散粒剂。括号内有效成分含量均为"联苯肼酯的含量＋乙螨唑的含量"。

产品特点　联肼·乙螨唑是一种由联苯肼酯与乙螨唑按一定比例混配的广谱低毒复合杀螨剂，以触杀作用为主，兼有胃毒作用，无内吸性，对害螨的螨卵、幼螨、若螨及成螨各个阶段均有较强的杀伤作用，速效性较好，持效期较长，对作物安全性高。

联苯肼酯属肼酯类低毒杀螨剂成分，以触杀作用为主，无内吸性，具有杀卵活性和对成螨的击倒活性，对害螨的各生长发育阶段均有效果，使用安全，对蜜蜂、捕食性螨影响极小；害螨接触药剂后很快停止取食、运动和产卵，48～72 小时内死亡；其作用机理是通过对螨类中枢神经传导系统的氨基丁酸受体的独特作用，使害螨麻痹而死亡。乙螨唑属二苯基噁唑衍生物类低毒杀螨剂成分，以触杀和胃毒作用为主，无内吸活性，持效期较长，杀卵效果较好，使用安全；其作用机理是通过抑制几丁质的生物合成，而影响螨卵的胚胎形成和从幼螨、若螨到成螨的蜕皮过程，对螨卵、幼螨、若螨均有很好的杀伤作用，而对成螨无效，但对雌成螨有很好的绝育作用。

适用果树及防控对象　联肼·乙螨唑适用于多种落叶果树，对许多种害螨均有较好的防控效果。目前，在落叶果树生产中主要用于防控：苹果树、梨树、山楂树、桃树等落叶果树的红蜘蛛（山楂叶螨、苹果全爪螨等）、白蜘蛛（二斑叶螨），草莓红蜘蛛。

使用技术

（1）**苹果树、梨树、山楂树、桃树等落叶果树的红蜘蛛、白蜘蛛**　在害螨发生为害初盛期、或树冠内膛下部叶片上螨量较多时（平均每叶有螨 3～4 头时）及时进行喷药。一般使用 25% 悬浮剂或 30% 悬浮剂 2500～3000 倍液、或 40% 悬浮剂 3500～4000 倍液、或 45% 悬浮剂或 46% 悬浮剂 4000～5000 倍液、或 50% 悬浮剂或 60% 水分散粒剂 6000～8000 倍液均匀喷雾。

（2）**草莓红蜘蛛**　在害螨发生为害初盛期及时进行喷药，注意喷洒叶片背面。药剂喷施倍数同"苹果树红蜘蛛"。

注意事项　联肼·乙螨唑不能与碱性药剂混用，喷药应均匀周到。连续喷药时，注意与不同类型药剂交替使用。残余药液及洗涤药械的废液，严禁污染河流、湖泊、池塘等水域。苹果树上使用的安全间隔期为 30 天，每季最多使用 1 次。

氯氟·吡虫啉

有效成分 高效氯氟氰菊酯（lambda-cyhalothrin）＋吡虫啉（imidacloprid）。

常见商标名称 打动、剑欧、叫停、劲勇、猎电、龙灯、绿士、美邦、上格、森功、斯博锐、韦尔奇、新势立、绿士先打。

主要含量与剂型 6％（2％＋4％）、7.5％（2.5％＋5％）、12％（4％＋8％）、15％（5％＋10％）、30％（10％＋20％）、33％（6.6％＋26.4％）悬浮剂，8％（2.7％＋5.3％）微乳剂，15％（3％＋12％）可湿性粉剂，33％（3％＋30％）水分散粒剂。括号内有效成分含量均为"高效氯氟氰菊酯的含量＋吡虫啉的含量"。

产品特点 氯氟·吡虫啉是一种由高效氯氟氰菊酯与吡虫啉按一定比例混配的广谱低毒复合杀虫剂，具有触杀、胃毒、内吸和渗透作用，专用于防控刺吸式口器害虫，击倒力强，速效性好，持效期较长，使用安全。

高效氯氟氰菊酯属拟除虫菊酯类高效广谱中毒杀虫剂成分，具有强烈的触杀和胃毒作用及一定的驱避作用，无内吸活性，击倒力强，速效性好，耐雨水冲刷；其杀虫机理是通过阻断中枢神经系统的正常传导，使害虫过度兴奋、麻痹而死亡。吡虫啉属烟碱类内吸性高效低毒杀虫剂成分，专用于防控刺吸式口器害虫，具有触杀、胃毒、拒食及驱避作用，耐雨水冲刷，持效期较长，使用安全；杀虫活性与温度呈正相关，温度高、杀虫效果好；其杀虫机理是作用于害虫的烟酸乙酰胆碱酯酶受体，干扰害虫运动神经系统，使中枢神经正常传导受阻，而导致其麻痹、死亡。

适用果树及防控对象 氯氟·吡虫啉适用于多种落叶果树，对许多种刺吸式口器害虫均有较好的防控效果。目前，在落叶果树生产中可用于防控：苹果树绣线菊蚜，梨树的梨木虱、梨二叉蚜、黄粉蚜，桃树、杏树及李树的蚜虫类（桃蚜、桃粉蚜、桃瘤蚜）、桃小绿叶蝉，柿树血斑叶蝉，枣树绿盲蝽，葡萄绿盲蝽，草莓白粉虱，石榴、花椒、枸杞的蚜虫，枸杞木虱。

使用技术 氯氟·吡虫啉主要应用于喷雾。一般使用 6％悬浮剂 1000～1200 倍液、或 7.5％悬浮剂或 8％微乳剂 1500～2000 倍液、或 12％悬浮剂或 15％可湿性粉剂 2000～2500 倍液、或 15％悬浮剂 3000～4000 倍液、或 30％悬浮剂 6000～7000 倍液、或 33％悬浮剂 4000～5000 倍液、或 33％水分散粒剂 3500～4000 倍液均匀喷雾。

（1）苹果树绣线菊蚜 在嫩梢上蚜虫数量较多时、或嫩梢上蚜虫开始向幼果转移扩散时及时进行喷药，7～10 天 1 次，连喷 2 次左右。药剂喷施倍数同前述。

（2）梨树梨木虱、梨二叉蚜、黄粉蚜 防控梨木虱时，主要用于防控梨木虱若虫、或若虫与成虫混发期使用，即在各代若虫孵化后至低龄若虫期（虫体未被黏液完全覆盖前）进行喷药，每代喷药1～2次；防控梨二叉蚜时，在嫩叶上初显蚜虫为害状（叶片上卷）时及时进行喷药，7～10天1次，连喷2次左右；防控黄粉蚜时，多在黄粉蚜从越冬场所向幼嫩组织转移扩散期、或梨树落花后1～2个月间进行喷药，10天左右1次，连喷2～3次。药剂喷施倍数同前述。

（3）桃树、杏树及李树的蚜虫类、桃小绿叶蝉　防控蚜虫类时，首先在花芽露红期（开花前）喷药1次，然后从落花后开始继续喷药，10天左右1次，连喷2～3次；防控桃小绿叶蝉时，多在叶片正面显出黄白色褪绿小点时开始喷药，7～10天1次，连喷2次左右，重点喷洒叶片背面。药剂喷施倍数同前述。

（4）柿树血斑叶蝉　多从叶片正面显出黄白色褪绿小点时开始喷药，7～10天1次，连喷1～2次，重点喷洒叶片背面。药剂喷施倍数同前述。

（5）枣树绿盲蝽　多从枣树萌芽后、或绿盲蝽发生为害初期开始喷药，7～10天1次，连喷2～4次。药剂喷施倍数同前述。

（6）葡萄绿盲蝽　多从葡萄萌芽后、或绿盲蝽发生为害初期开始喷药，7～10天1次，连喷2～4次。药剂喷施倍数同前述。

（7）草莓白粉虱　从白粉虱发生为害初期开始喷药，10天左右1次，连喷2～3次，重点喷洒叶片背面。药剂喷施倍数同前述。

（8）石榴、花椒、枸杞的蚜虫　在嫩梢上蚜虫数量较多时开始喷药，7～10天1次，连喷2次左右。药剂喷施倍数同前述。

（9）枸杞木虱　从木虱发生为害初期开始喷药，7～10天1次，连喷2～3次。药剂喷施倍数同前述。

注意事项　氯氟·吡虫啉不能与碱性药剂混用，喷药应均匀周到。连续喷药时，注意与不同类型药剂交替使用。本剂对蜜蜂、家蚕、鱼类高毒，果树开花期禁止使用，养蜂场所、蚕室周边和桑园内及其附近禁止使用，残余药液及洗涤药械的废液严禁污染河流、湖泊、池塘等水域。用药时注意安全防护，避免溅及皮肤及眼睛。本剂生产企业较多，各企业间产品配方比例及含量差异较大，具体选用时还应以该产品的标签说明为准。果树上使用的安全间隔期建议为14天，每季建议最多使用2次。

氯氟·虱螨脲

有效成分　高效氯氟氰菊酯（lambda-cyhalothrin）＋虱螨脲（lufenuron）。

常见商标名称　昆特、龙灯。

主要含量与剂型　19%（9.5%高效氯氟氰菊酯＋9.5%虱螨脲）悬浮剂。

产品特点　氯氟·虱螨脲是一种由高效氯氟氰菊酯与虱螨脲按一定比例混配的广谱低毒复合杀虫剂，以胃毒和触杀作用为主，无内吸性，对鳞翅目害虫具有较好的防控效果，击倒速度较快，持效期较长，耐雨水冲刷，使用安全。对蜜蜂、家蚕及鱼类高毒。

高效氯氟氰菊酯属拟除虫菊酯类高效广谱中毒杀虫剂成分，具有强烈的触杀和胃毒作用及一定的驱避作用，无内吸性，速效性好，击倒力强，杀虫活性高，耐雨水冲刷，使用安全；其杀虫机理是通过阻断中枢神经系统的正常传导，使害虫过度兴奋、麻痹而死亡。虱螨脲属苯甲酰脲类高效低毒杀虫剂成分，以胃毒作用为主，兼有一定的触杀作用，无内吸性，有较好的杀卵效果，耐雨水冲刷，持效期较长，使用安全，害虫取食药剂后2小时停止取食，2～3天进入死虫高峰；其作用机理是通过抑制幼虫几丁质合成酶的形成而发挥活性，干扰几丁质在表皮的沉积，导致害虫不能正常蜕皮变态而死亡。

适用果树及防控对象　氯氟·虱螨脲适用于多种落叶果树，对多种鳞翅目害虫均有较好的防控效果。目前，在落叶果树生产中主要用于防控：苹果、梨、桃、枣等果实的食心虫类（桃小食心虫、梨小食心虫、桃蛀螟等）、苹果的棉铃虫、斜纹夜蛾，苹果树、梨树、桃树、枣树等落叶果树的卷叶蛾类（苹小卷叶蛾、苹褐卷叶蛾、顶梢卷叶蛾、黄斑长翅卷蛾等）、鳞翅目其他食叶类害虫（美国白蛾、苹掌舟蛾、黄尾毒蛾、天幕毛虫、造桥虫、刺蛾类等）。

使用技术

（1）**苹果、梨、桃、枣等果实的食心虫类**　根据虫情测报，在害虫卵盛期至初孵幼虫钻蛀前及时进行喷药，7～10天1次，每代喷药1～2次。一般使用19%悬浮剂5000～6000倍液均匀喷雾。

（2）**苹果棉铃虫、斜纹夜蛾**　在害虫卵孵化盛期至初孵幼虫期、或初见低龄幼虫蛀果为害时及时进行喷药，7～10天1次，每代喷药1～2次。一般使用19%悬浮剂4000～5000倍液均匀喷雾。

（3）**苹果树、梨树、桃树、枣树等落叶果树的卷叶蛾类、鳞翅目其他食叶类害虫**　防控卷叶蛾类时，在害虫卷叶为害初期、或果园内初见卷叶时及时进行喷药，7～10天1次，每代喷药1～2次；防控鳞翅目其他食叶类害虫时，在害虫卵孵化盛期至低龄幼虫期进行喷药，每代多喷药1次即可。一般使用19%悬浮剂5000～6000倍液均匀喷雾。

注意事项　氯氟·虱螨脲不能与碱性药剂混用，喷药应均匀周到。连续喷药时，注意与不同类型药剂交替使用。本剂对蜜蜂、家蚕和鱼类及水生生物有毒，果树开花期禁止使用，蜜源植物、蚕室周边和桑园内及其附近禁止使用，残余药液及洗涤药械的废液严禁污染河流、湖泊、池塘等水域。用药时注意安全防护，避免溅及皮肤及眼睛。果树上使用的安全间隔期建议为21天，每季建议最多使用2次。

氯氰·啶虫脒

有效成分　氯氰菊酯（cypermethrin）＋啶虫脒（acetamiprid）。

常见商标名称　蓟克、龙生、东生展刺。

主要含量与剂型　10%（9%氯氰菊酯＋1%啶虫脒）乳油。

产品特点　氯氰·啶虫脒是一种由氯氰菊酯与啶虫脒按一定比例混配的广谱复合杀虫剂,低毒至中等毒性,以触杀和胃毒作用为主,兼有一定渗透功能,对多种刺吸式口器害虫具有较好的防控效果,持效期较长,使用安全。对家蚕、蜜蜂和鱼类及水生生物高毒。

氯氰菊酯属拟除虫菊酯类广谱中毒杀虫剂成分,以触杀和胃毒作用为主,兼有一定的杀卵作用,药效迅速,击倒力强,对多种害虫及卵均有较强的杀伤作用,持效期较长;其杀虫机理是作用于害虫神经系统的钠离子通道,抑制神经信息传导,使害虫持续兴奋麻痹而死亡。啶虫脒属氯代烟碱类低毒杀虫剂成分,专用于防控刺吸式口器害虫,以触杀和胃毒作用为主,兼有内吸活性和较强的渗透传导作用,杀虫活性高,击倒速度较快,持效期较长,该药效和温度呈正相关,温度高杀虫活性强;其杀虫机理是主要作用于害虫中枢神经系统突触部位,通过与乙酰胆碱受体结合使害虫异常兴奋,全身痉挛、麻痹而死亡。

适用果树及防控对象　氯氰·啶虫脒适用于多种落叶果树,对多种刺吸式口器害虫均有较好的防控效果。目前,在落叶果树生产中常用于防控:苹果树的苹果绵蚜、绣线菊蚜,梨树的梨二叉蚜、黄粉蚜,桃树、杏树及李树的桃蚜、桃粉蚜、桃瘤蚜、桃小绿叶蝉,葡萄绿盲蝽,枣树绿盲蝽,柿树血斑叶蝉,栗树的栗大蚜、栗花斑蚜,石榴、花椒、枸杞的蚜虫。

使用技术

（1）苹果树苹果绵蚜、绣线菊蚜　防控苹果绵蚜时,首先在苹果花序分离期淋洗式喷雾1次,重点喷洒树干基部及枝干伤口部分等;然后在苹果落花后20天左右再全树淋洗式喷雾1～2次,间隔期7～10天;7～9月份幼嫩枝梢部位出现白色棉絮状群生绵蚜为害状时,再酌情喷药防控。防控绣线菊蚜时,在新梢上蚜虫数量较多时、或新梢上蚜虫开始向幼果上扩散转移时及时进行喷药,7～10天1次,连喷2次左右。一般使用10%乳油1000～1500倍液均匀喷雾。

（2）梨树梨二叉蚜、黄粉蚜　防控梨二叉蚜时,在新梢叶片上出现蚜虫为害状时、或初见受害叶片卷曲（叶片上卷）时及时进行喷药,7～10天1次,连喷1～2次;防控黄粉蚜时,多在梨树落花后1～2个月的区间内进行淋洗式喷药,10天左右1次,连喷2次左右。一般使用10%乳油1000～1500倍液均匀喷雾。

（3）桃树、杏树及李树的桃蚜、桃粉蚜、桃瘤蚜、桃小绿叶蝉　防控蚜虫类时,首先在花芽露红期（开花前）喷药1次,然后从落花后开始继续喷药,7～10天1次,连喷2～3次;防控桃小绿叶蝉时,在叶片正面显出黄白色褪绿小点时开始喷药,10天左右1次,连喷2次左右,重点喷洒叶片背面。一般使用10%乳油1000～1200倍液均匀喷雾。

（4）葡萄绿盲蝽　多从葡萄萌芽后、或绿盲蝽为害初期开始喷药,7～10天1次,连喷2～3次。一般使用10%乳油1000～1500倍液均匀喷雾。

（5）枣树绿盲蝽　多从枣树萌芽后、或绿盲蝽为害初期开始喷药,7～10天1

次，连喷 2～4 次。一般使用 10％乳油 1000～1500 倍液均匀喷雾。

（6）柿树血斑叶蝉 在叶片正面显出黄白色褪绿小点时开始喷药，10 天左右 1 次，连喷 1～2 次，重点喷洒叶片背面。一般使用 10％乳油 1000～1200 倍液均匀喷雾。

（7）栗树栗大蚜、栗花斑蚜 从蚜虫发生为害初期开始喷药，10 天左右 1 次，连喷 2 次左右。一般使用 10％乳油 1000～1500 倍液均匀喷雾。

（8）石榴、花椒、枸杞的蚜虫 在嫩梢上蚜虫数量较多时开始喷药，7～10 天 1 次，连喷 2 次左右。一般使用 10％乳油 1000～1500 倍液均匀喷雾。

注意事项 氯氰·啶虫脒不能与碱性药剂混用，喷药应均匀周到。连续喷药时，注意与不同类型药剂交替使用。本剂对蜜蜂、家蚕和鱼类及水生生物有毒，果树开花期禁止使用，蜜源植物、蚕室周边和桑园内及其附近禁止使用，残余药液及洗涤药械的废液严禁污染河流、湖泊、池塘等水域。果树上使用的安全间隔期建议为 21 天，每季建议最多使用 2 次。

氯氰·毒死蜱

有效成分 氯氰菊酯（cypermethrin）＋毒死蜱（chlorpyrifos）。

常见商标名称 宝灵、发挥、丰毅、韩孚、黑钻、虎牌、蕲松、介空、金井、金浪、劲雷、强雷、雷创、雷乐、京博、蓝丰、乐邦、美邦、龙灯、绿亨、农宝、农蛙、千能、青苗、融蚧、锐刀、锐伏、上格、闪锐、圣鹏、双工、苏垦、田盾、透胜、新安、新农、永农、迅洁、赢钻、兆杀、博士威、持力特、达世丰、迪比奇、害立平、好灭丹、红太阳、劳动牌、美尔果、农地乐、农特爱、劈地雷、扑介脱、瑞德丰、施普乐、威利丹、鑫毒清、一卡通、啄木鸟、曹达农化、海特农化、华特万功、京博农兴、仕邦福蛙、仕邦农化、苏垦地乐、陶氏益农、西大华特、亿马天龙、中化农化、标正虫农特、瑞德丰农迪特。

主要含量与剂型 20％（1.2％＋18.8％；2％＋18％；3.4％＋16.6％）、22％（2％＋20％）、24％（4％＋20％）、25％（2.5％＋22.5％；3％＋22％；3.5％＋21.5％）、47.7％（4.3％＋43.4％）、50％（5％＋45％）、52.25％（4.5％＋47.75％；4.75％＋47.5％）、55％（5％＋50％）、220 克/升（20 克/升＋200 克/升）、522.5 克/升（47.5 克/升＋475 克/升）乳油。括号内有效成分含量均为"氯氰菊酯的含量＋毒死蜱的含量"。

产品特点 氯氰·毒死蜱是一种由氯氰菊酯与毒死蜱按一定比例混配的广谱中毒复合杀虫剂，以胃毒、触杀作用为主，兼有熏蒸作用，药效迅速，使用安全，对多种鳞翅目害虫、潜叶类害虫、刺吸式口器害虫等均具有较好的防控效果，但对家蚕、鸟类、鱼类、蜜蜂高毒。两种杀虫机理优势互补，具有显著的协同增效作用，害虫不易产生抗药性。

氯氰菊酯属拟除虫菊酯类广谱中毒杀虫剂成分，以触杀和胃毒作用为主，兼有一定的杀卵活性，药效迅速，击倒力强，能有效防控多种害虫的成虫、幼虫，并对某些害虫的卵具有杀伤作用，持效期较长；其杀虫机理是作用于害虫神经系统的钠离子通道，抑制神经信息传导，使害虫持续兴奋、麻痹而死亡。毒死蜱属有机磷类广谱中毒杀虫剂成分，具有触杀、胃毒和熏蒸作用，无内吸性，有一定渗透作用，持效期较短，但对蜜蜂、家蚕、鱼类高毒；其杀虫机理是抑制害虫体内的乙酰胆碱酯酶，使神经信息传导受阻，使害虫过度兴奋、麻痹而死亡。

适用果树及防控对象 氯氰·毒死蜱适用于多种落叶果树，对许多种害虫均有较好的防控效果。目前，在落叶果树生产中可用于防控：苹果树的苹果绵蚜、苹果瘤蚜、绣线菊蚜，苹果、梨、桃、杏等果实的食心虫类（桃小食心虫、梨小食心虫、桃蛀螟、苹果蠹蛾等）、茶翅蝽、麻皮蝽，苹果树、梨树、桃树、山楂树、枣树等落叶果树的卷叶蛾类（苹小卷叶蛾、苹褐卷叶蛾、顶梢卷叶蛾、黄斑长翅卷蛾等）、鳞翅目其他食叶类害虫（美国白蛾、苹掌舟蛾、黄尾毒蛾、桃剑纹夜蛾、天幕毛虫、造桥虫、刺蛾类等），梨树的梨木虱、黄粉蚜、梨瘿蚊，桃树、杏树及李树的蚜虫类（桃蚜、桃粉蚜、桃瘤蚜）、介壳虫类（桑白介壳虫、朝鲜球坚蚧等）、桃小绿叶蝉，葡萄绿盲蝽，核桃举肢蛾，柿树的柿蒂虫、柿血斑叶蝉，枣树的绿盲蝽、食芽象甲、枣瘿蚊，栗树的栗大蚜、栗花斑蚜。

使用技术 氯氰·毒死蜱在落叶果树上主要应用于喷雾。一般使用20％乳油或22％乳油或220克/升乳油700～800倍液、或24％乳油或25％乳油800～1000倍液、或47.7％乳油1500～1800倍液、或50％乳油或52.25％乳油或522.5克/升乳油1500～2000倍液、或55％乳油2000～2500倍液均匀喷雾。

（1）苹果树苹果绵蚜、苹果瘤蚜、绣线菊蚜 防控苹果绵蚜时，首先在花序分离期喷药1次，重点喷洒树干基部、主干主枝及枝干伤口部位；然后从苹果落花后20天左右（绵蚜从越冬场所向树上幼嫩组织转移扩散期）开始继续喷药，10天左右1次，连喷2次；第三，发现枝梢等幼嫩组织部位产生白色絮状物时，再次酌情进行喷药。防控苹果瘤蚜时，在花序分离期和落花后各喷药1次。防控绣线菊蚜时，在嫩梢上蚜虫数量较多时、或嫩梢上蚜虫开始向幼果上转移扩散时及时喷药，7～10天1次，连喷2次左右。药剂喷施倍数同前述。

（2）苹果、梨、桃、杏等果实的食心虫类 根据虫情测报，在食心虫卵盛期至初孵幼虫钻蛀前及时进行喷药，7～10天1次，每代喷药1～2次。药剂喷施倍数同前述。

（3）苹果、梨、桃、杏等果实的茶翅蝽、麻皮蝽 多从小麦蜡黄期（麦穗变黄后）开始在果园内喷药、或从果园内椿象发生初期开始喷药，7～10天1次，连喷2～3次；较大果园也可重点喷洒果园周边的几行树，阻止椿象进入园内。药剂喷施倍数同前述。

（4）苹果树、梨树、桃树、山楂树、枣树等落叶果树的卷叶蛾类、鳞翅目其他食叶类害虫 防控卷叶蛾类时，在害虫发生为害初期、或害虫卵孵化盛期至初孵幼虫卷叶为害前、或果园内初见卷叶受害状时及时进行喷药，7～10天1次，每代喷药1～2次；防控鳞翅目其他食叶类害虫时，在害虫卵孵化盛期至低龄幼虫期进行喷药，7～10天1次，每代喷药1～2次。药剂喷施倍数同前述。

（5）梨树梨木虱、黄粉蚜、梨瘿蚊　防控梨木虱时，以成虫和若虫混合发生期使用效果更好，多在各代若虫孵化后至低龄若虫期（虫体未被黏液完全覆盖前）进行喷药，7～10天1次，每代喷药1～2次；防控黄粉蚜时，在梨树落花后的1～2个月的区间内（黄粉蚜从越冬场所处爬出，向幼嫩组织转移扩散期）进行淋洗式喷药，10天左右1次，连喷2次左右；防控梨瘿蚊时，在嫩叶上初显为害状（叶缘向上卷曲）时及时进行喷药。药剂喷施倍数同前述。

（6）桃树、杏树及李树的蚜虫类、介壳虫类、桃小绿叶蝉　防控蚜虫类时，首先在萌芽后开花前喷药1次，然后从落花后开始继续喷药，10天左右1次，连喷2～3次；防控介壳虫类时，在初孵若虫从母体介壳下爬出向周边扩散时（虫体被蜡质完全覆盖前）进行喷药，7～10天1次，每代喷药1～2次；防控桃小绿叶蝉时，多在叶片正面显出黄白色褪绿小点时开始喷药，7～10天1次，连喷2次左右，重点喷洒叶片背面。药剂喷施倍数同前述。

（7）葡萄绿盲蝽　多从葡萄萌芽期、或绿盲蝽发生为害初期开始喷药，7～10天1次，连喷2～4次。药剂喷施倍数同前述。

（8）核桃举肢蛾　在害虫卵盛期至初孵幼虫钻蛀前及时进行喷药，7～10天1次，每代喷药1～2次。药剂喷施倍数同前述。

（9）柿树柿蒂虫、柿血斑叶蝉　防控柿蒂虫时，在害虫卵盛期至初孵幼虫钻蛀前及时进行喷药，7～10天1次，每代喷药1～2次；防控柿血斑叶蝉时，在叶片正面初显黄白色褪绿小点时开始喷药，7～10天1次，连喷2次左右，重点喷洒叶片背面。药剂喷施倍数同前述。

（10）枣树绿盲蝽、食芽象甲、枣瘿蚊　防控绿盲蝽时，多从枣树萌芽后、或绿盲蝽为害初期开始喷药，7～10天1次，连喷2～4次，兼防食芽象甲；防控枣瘿蚊时，在新梢上初显受害状时开始喷药，7～10天1次，每代喷药1～2次。药剂喷施倍数同前述。

（11）栗树的栗大蚜、栗花斑蚜　多从蚜虫发生为害初期开始喷药，7～10天1次，连喷2次左右。药剂喷施倍数同前述。

注意事项　氯氰·毒死蜱不能与碱性农药及肥料混用，喷药应均匀周到。连续喷药时，注意与不同类型药剂交替使用。本剂对鱼类有毒，避免药液污染河流、湖泊、池塘等水域；对蜜蜂、家蚕高毒，不能在果树开花期使用，蚕室和桑园附近用药时应当慎重。本剂生产企业较多，各企业间的产品含量、配方比例差异较大，具体选用时还应以该产品的标签说明为准。有些果区已经对毒死蜱实行限用，具体选用时还应遵守当地法规。苹果树、梨树及桃树上使用的安全间隔期均为21天，每季均最多使用3次。

氯虫·高氯氟

有效成分 氯虫苯甲酰胺（chlorantraniliprole）＋高效氯氟氰菊酯（lambda-cyhalothrin）。

常见商标名称 福奇、先正达。

主要含量与剂型 14％（9.3％氯虫苯甲酰胺＋4.7％高效氯氟氰菊酯）微囊悬浮剂。

产品特点 氯虫·高氯氟是一种由氯虫苯甲酰胺与高效氯氟氰菊酯按科学比例混配的广谱低毒复合杀虫剂，具有触杀和胃毒作用，兼有渗透功能，主要用于防控鳞翅目害虫；两种杀虫机理，作用互补，害虫不易产生抗药性。

氯虫苯甲酰胺属双酰胺类高效微毒杀虫剂成分，专用于防控鳞翅目害虫，以胃毒作用为主，兼有触杀作用及很强的渗透性和内吸传导性，耐雨水冲刷，持效期较长，使用安全；其杀虫机理是通过激活害虫体内鱼尼丁受体，使钙离子通道持续非正常开放，导致钙离子无限制流失，引起钙库衰竭，致使肌肉调节衰弱、麻痹，直至最后害虫死亡。高效氯氟氰菊酯属拟除虫菊酯类高效广谱中毒杀虫剂成分，具有强烈的触杀和胃毒作用及一定的驱避作用，无内吸性，速效性好，击倒力强，杀虫活性高，耐雨水冲刷，使用安全；其杀虫机理是通过阻断害虫中枢神经系统的正常传导，使其过度兴奋、麻痹而死亡。

适用果树及防控对象 氯虫·高氯氟适用于多种落叶果树，对多种鳞翅目害虫均有很好的防控效果。目前，在落叶果树生产中主要用于防控：苹果、梨、桃、枣等果实的食心虫类（桃小食心虫、梨小食心虫、桃蛀螟、苹果蠹蛾等），苹果的棉铃虫、斜纹夜蛾，苹果树、梨树、桃树、枣树等落叶果树的卷叶蛾类（苹小卷叶蛾、苹褐卷叶蛾、顶梢卷叶蛾、黄斑长翅卷蛾等）、鳞翅目其他食叶类害虫（美国白蛾、苹掌舟蛾、黄尾毒蛾、桃剑纹夜蛾、天幕毛虫、造桥虫、刺蛾类）。

使用技术

（1）苹果、梨、桃、枣等果实的食心虫类 根据虫情测报，在食心虫卵盛期至初孵幼虫钻蛀前及时进行喷药，7～10天1次，每代喷药1～2次。一般使用14％微囊悬浮剂3000～4000倍液均匀喷雾。

（2）苹果棉铃虫、斜纹夜蛾 在害虫卵孵化盛期至初孵幼虫期、或初见低龄幼虫蛀果为害时及时进行喷药，7～10天1次，每代喷药1～2次。一般使用14％微囊悬浮剂3000～4000倍液均匀喷雾。

（3）苹果树、梨树、桃树、枣树等落叶果树的卷叶蛾类、鳞翅目其他食叶类害虫 防控卷叶蛾类时，在害虫发生为害初期、或害虫卵孵化盛期至初孵幼虫卷叶为害前、或果园内初见卷叶受害状时及时进行喷药，7～10天1次，每代喷药1～2次；防控鳞翅目其他食叶类害虫时，在害虫卵孵化盛期至低龄幼虫期进行喷药，7～10天1次，每代喷药1～2次。一般使用14％微囊悬浮剂3000～4000倍液均匀喷雾。

注意事项　氯虫·高氯氟不能与碱性药剂混用，连续喷药时注意与不同类型药剂交替使用。本剂对蜜蜂、家蚕和鱼类及水生生物有毒，果树开花期禁止使用，蚕室周边和桑园内及其附近禁止使用，残余药液及洗涤药械的废液严禁污染河流、湖泊、池塘等水域。用药时注意安全防护，避免皮肤及眼睛触及药液。苹果树上使用的安全间隔期为 30 天，每季最多使用 2 次。

螺虫·噻嗪酮

有效成分　螺虫乙酯（spirotetramat）＋噻嗪酮（buprofezin）。

常见商标名称　恒田、新势立、韦尔奇。

主要含量与剂型　33%（11%＋22%）、35%（11%＋24%）、39%（13%＋26%）悬浮剂。括号内有效成分含量均为"螺虫乙酯的含量＋噻嗪酮的含量"。

产品特点　螺虫·噻嗪酮是一种由螺虫乙酯与噻嗪酮按一定比例混配的低毒复合杀虫剂，具有触杀和胃毒作用，专用于防控刺吸式口器害虫，持效期较长，使用安全。两种杀虫作用机理，害虫不易产生抗药性。

螺虫乙酯属季酮酸类低毒杀虫剂成分，专用于防控刺吸式口器害虫，以胃毒作用为主，内吸性较强，耐雨水冲刷，持效期较长；其杀虫机理是通过抑制害虫体内脂肪合成过程中乙酰辅酶 A 羧化酶的活性，进而抑制脂肪生物合成，阻断能量代谢，而导致害虫死亡；若虫取食药剂后不能正常蜕皮、2～5 天内死亡，雌成虫取食药剂后繁殖能力降低，进而有效压低害虫种群数量。噻嗪酮属噻二嗪类昆虫生长激素型低毒仿生杀虫剂，以触杀作用为主，兼有胃毒作用，杀虫活性高，持效期长，选择性强，对同翅目害虫（刺吸式口器害虫）具有独特防效；其作用机理是通过抑制害虫几丁质合成和干扰新陈代谢，使害虫不能正常蜕皮和变态而逐渐死亡；该药作用较慢，一般施药后 3～7 天才能看出效果，对若虫和卵表现为直接作用，对成虫没有直接杀伤力，但可缩短成虫寿命，减少产卵量，且所产卵多为不育卵。

适用果树及防控对象　螺虫·噻嗪酮适用于多种落叶果树，对多种刺吸式口器害虫均有较好的防控效果。目前，在落叶果树生产中可用于防控：梨树梨木虱，桃树、杏树的桑白介壳虫、桃小绿叶蝉，草莓白粉虱。

使用技术

（1）**梨树梨木虱**　主要用于防控梨木虱若虫。在各代若虫孵化盛期至初孵若虫被黏液完全覆盖前进行喷药，多每代喷药 1 次。一般使用 33% 悬浮剂或 35% 悬浮剂 2000～2500 倍液、或 39% 悬浮剂 2500～3000 倍液均匀喷雾。

（2）**桃树、杏树的桑白介壳虫、桃小绿叶蝉**　防控桑白介壳虫时，在初孵若虫从母体介壳下爬出向周边扩散时至虫体完全被蜡质覆盖前进行淋洗式喷药，每代喷药 1 次；防控桃小绿叶蝉时，在叶片正面显出黄白色褪绿小点时开始喷药，半月左右 1 次，连喷 2 次左右，重点喷洒叶片背面。药剂喷施倍数同"梨树梨木虱"。

（3）**草莓白粉虱**　从白粉虱发生为害初期开始喷药，半月左右 1 次，连喷 2

次左右，注意喷洒叶片背面。药剂喷施倍数同"梨树梨木虱"。

注意事项 螺虫·噻嗪酮不能与碱性药剂混用，连续喷药时注意与不同类型药剂交替使用。本剂对蜜蜂和鱼类等水生生物有毒，果树开花期禁止使用，用药时严禁污染河流、湖泊、池塘等水域。果树上使用的安全间隔期建议为30天，每季建议最多使用1次。

螺虫·呋虫胺

有效成分 螺虫乙酯（spirotetramat）＋呋虫胺（dinotefuran）。

常见商标名称 海利尔、海特农化。

主要含量与剂型 20％（10％螺虫乙酯＋10％呋虫胺）、30％（15％螺虫乙酯＋15％呋虫胺）悬浮剂。

产品特点 螺虫·呋虫胺是一种由螺虫乙酯与呋虫胺按科学比例混配的低毒复合杀虫剂，以胃毒作用为主，兼有触杀作用，专用于防控刺吸式口器害虫，内吸传导性好，持效期较长，使用安全；两种杀虫作用机理优势互补，害虫不易产生抗药性。

螺虫乙酯属季酮酸类内吸性低毒杀虫剂成分，专用于防控刺吸式口器害虫，以胃毒作用为主，内吸性较强，耐雨水冲刷，持效期较长；其杀虫机理是通过抑制害虫体内脂肪合成过程中乙酰辅酶A羧化酶的活性，进而抑制脂肪生物合成，阻断能量代谢，而导致害虫死亡；若虫取食药剂后不能正常蜕皮，2～5天内死亡。呋虫胺属新烟碱类内吸性低毒杀虫剂成分，专用于防控刺吸式口器害虫，具有触杀和胃毒作用，渗透性好，易被植物吸收，耐雨水冲刷，持效期较长，使用安全；其杀虫机理是作用于害虫的乙酰胆碱受体，影响害虫中枢神经系统突触，阻断神经信息传导，使害虫麻痹瘫痪而死亡。

适用果树及防控对象 螺虫·呋虫胺适用于多种落叶果树，对多种刺吸式口器害虫均有较好的防控效果。目前，在落叶果树生产中主要用于防控：梨树梨木虱，桃树、杏树的桑白介壳虫，草莓白粉虱。

使用技术

（1）梨树梨木虱 主要用于防控梨木虱若虫。在各代若虫孵化盛期至初孵若虫被黏液完全覆盖前进行喷药，多每代喷药1次。一般使用20％悬浮剂2000～3000倍液、或30％悬浮剂3000～4000倍液均匀喷雾。

（2）桃树、杏树的桑白介壳虫 在初孵若虫从母体介壳下爬出向周边扩散时至虫体完全被蜡质覆盖前进行淋洗式喷药，每代喷药1次。药剂喷施倍数同"梨树梨木虱"。

（3）草莓白粉虱 从白粉虱发生为害初期开始喷药，半月左右1次，连喷2次左右，注意喷洒叶片背面。一般每亩次使用20％悬浮剂30～35毫升、或30％悬浮剂20～25毫升，兑水30～45千克均匀喷雾。

注意事项　螺虫·呋虫胺不能与碱性药剂及肥料混用，喷药应均匀周到。连续喷药时，注意与不同类型药剂交替使用。本剂对蜜蜂和鱼类及水生生物有毒，果树开花期禁止使用，残余药液及洗涤药械的废液严禁污染河流、湖泊、池塘等水域。果树上使用的安全间隔期建议为21天，每季建议最多使用2次。

氰戊·马拉松

有效成分　氰戊菊酯（fenvalerate）＋马拉硫磷（malathion）。

常见商标名称　傲击、迪沙、尔福、丰叶、惯战、亨达、恒田、桂开、活穗、京蓬、军星、科锋、快虎、立威、亮锐、猎食、凌云、绿霸、绿晶、绿士、莽春、木春、美邦、诠到、全丰、锐定、锐夺、苏灵、外尔、万胜、笑打、益农、正农、中保、中威、奥果赛、白斯特、邦捕乐、谷丰鸟、哈瑞丰、凯米克、喷得绿、瑞宝德、松鹿牌、桃小灵、西风烈、响尾蛇、曹达农化、海特农化、昊阳化工、绿霸捕柱、美邦冲击、齐鲁科海、神星药业、中保怒狮、中保瓢甲敌。

主要含量与剂型　20％（1.5％＋18.5％；2％＋18％；5％＋15％）、21％（6％＋15％）、30％（7.5％＋22.5％）、40％（5％＋35％；10％＋30％）乳油。括号内有效成分含量均为"氰戊菊酯的含量＋马拉硫磷的含量"。

产品特点　氰戊·马拉松是一种由氰戊菊酯与马拉硫磷按一定比例混配的广谱中毒复合杀虫剂，具有胃毒作用、较强的触杀作用和一定的熏蒸作用，速效性好，击倒力强，正常使用下对作物安全；两种杀虫作用机理，害虫不易产生抗药性。对蜜蜂、家蚕和鱼类及水生生物高毒。

氰戊菊酯属拟除虫菊酯类广谱中毒杀虫剂成分，以触杀和胃毒作用为主，无内吸和熏蒸作用，对多种害虫均有较好的杀灭效果，对鱼类等水生生物及蜜蜂、家蚕高毒；其杀虫机理是作用于害虫神经系统中的钠离子通道，通过破坏神经系统的正常功能，使害虫过度兴奋、麻痹而死亡。马拉硫磷属有机磷类广谱低毒杀虫剂成分，具有触杀、胃毒和较好的熏蒸作用，无内吸性，击倒力强，速效性好，持效期较短，对蜜蜂、家蚕及鱼类有毒；其作用机理是马拉硫磷在昆虫体内氧化成马拉氧磷而发挥毒杀作用，通过与虫体的胆碱酯酶结合影响其活性，使神经信息传导受到抑制，导致害虫兴奋、麻痹而死亡。

适用果树及防控对象　氰戊·马拉松适用于多种落叶果树，对许多种害虫均有较好的防控效果。目前，在落叶果树生产中主要用于防控：苹果、梨、桃、枣等果实的食心虫类（桃小食心虫、梨小食心虫、桃蛀螟等）、茶翅蝽、麻皮蝽，苹果树绣线菊蚜。

使用技术

（1）苹果、梨、桃、枣等果实的食心虫类　根据虫情测报，在食心虫卵盛期至初孵幼虫钻蛀前及时进行喷药，7天左右1次，每代喷药1～2次。一般使用20％乳油或21％乳油600～800倍液、或30％乳油800～1000倍液、或40％乳油1000～

1500 倍液均匀喷雾。

（2）苹果、梨、桃、枣等果实的茶翅蝽、麻皮蝽　多从小麦蜡黄期（麦穗变黄后）开始在果园内喷药、或从果园内椿象发生初期开始喷药，7~10 天 1 次，连喷 2~3 次；较大果园也可重点喷洒果园周边的几行树，阻止椿象进入园内。药剂喷施倍数同"苹果食心虫类"。

（3）苹果树绣线菊蚜　在新梢上蚜虫数量较多时、或新梢上蚜虫开始向幼果上转移扩散时开始喷药，7~10 天 1 次，连喷 2~3 次。药剂喷施倍数同"苹果食心虫类"。

注意事项　氰戊·马拉松不能与铜制剂及碱性药剂混用，喷药应均匀周到。连续喷药时，注意与不同类型药剂交替使用。本剂对蜜蜂、家蚕和鱼类及水生生物高毒，果树开花期禁止使用，蜜源植物、蚕室周边和桑园内及其附近禁止使用，残余药液及洗涤药械的废液严禁污染河流、湖泊、池塘等水域。马拉硫磷对苹果、梨、葡萄的一些品种较敏感，具体用药时需要慎重。苹果树上使用的安全间隔期为 14 天，每季最多使用 3 次。

噻虫·高氯氟

有效成分　噻虫嗪（thiamethoxam）＋高效氯氟氰菊酯（lambda-cyhalothrin）。

常见商标名称　辉丰、亮歼、领旗、美邦、猛势、阿立卡、方向盘、韦尔奇、先正达、中国农资、中农联合。

主要含量与剂型　9％（6％＋3％）、10％（6％＋4％）、12％（8.8％＋3.2％）、15％（5％＋10％；10％＋5％）、20％（16％＋4％；10％＋10％）、22％（12.6％＋9.4％）、26％（14.9％＋11.1％）、30％（20％＋10％）悬浮剂，15％（5％＋10％）、22％（9.4％＋12.6％；12.6％＋9.4％）微囊悬浮剂。括号内有效成分含量均为"噻虫嗪的含量＋高效氯氟氰菊酯的含量"。

产品特点　噻虫·高氯氟是一种由噻虫嗪与高效氯氟氰菊酯按一定比例混配的广谱复合杀虫剂，低毒至中等毒性，具有触杀和胃毒作用及内吸活性，对刺吸式口器害虫和咀嚼式口器害虫均有较好的防控效果，杀虫活性高，作用迅速，持效期较长，使用安全。两种有效成分作用互补、协同增效，害虫不易产生抗药性。

噻虫嗪属第二代烟碱类高效低毒杀虫剂成分，对刺吸式口器害虫具有良好的胃毒和触杀活性，内吸传导性强，叶片吸收后迅速传导到各部位，耐雨水冲刷，使用安全；其作用机理是通过抑制害虫乙酰胆碱酯酶受体，阻断中枢神经系统的信号传导，使害虫停止活动、取食，持续兴奋直到死亡；害虫吸食药剂后 2~3 天达到死亡高峰，持效期可达 1 个月左右。高效氯氟氰菊酯属拟除虫菊酯类高效广谱中毒杀虫剂成分，具有强烈的触杀和胃毒作用及一定的驱避作用，无内吸性，杀虫活性高、速效性好，击倒力强，耐雨水冲刷，使用安全；其杀虫机理是作用于害虫的神经系统，通过与钠离子通道相互作用，阻断中枢神经系统的正常传导，使害虫过度兴奋、麻痹而死亡。

适用果树及防控对象 噻虫·高氯氟适用于多种落叶果树，对多种刺吸式口器害虫均有较好的防控效果。目前，在落叶果树生产中主要用于防控：苹果树的绣线菊蚜、苹果瘤蚜，梨树梨木虱，桃树、杏树及李树的蚜虫类（桃蚜、桃粉蚜、桃瘤蚜）、桃小绿叶蝉，草莓白粉虱。

使用技术 噻虫·高氯氟主要应用于喷雾。一般使用9％悬浮剂或10％悬浮剂2000～2500倍液、或12％悬浮剂2500～3000倍液、或15％悬浮剂或15％微囊悬浮剂3000～4000倍液、或20％悬浮剂4000～5000倍液、或22％悬浮剂或22％微囊悬悬浮剂5000～6000倍液、或26％悬浮剂6000～7000倍液、或30％悬浮剂7000～8000倍液均匀喷雾。

（1）苹果树绣线菊蚜、苹果瘤蚜 防控绣线菊蚜时，在新梢上蚜虫数量较多时、或新梢上蚜虫开始向幼果上转移扩散时开始喷药，10天左右1次，连喷2次左右；防控苹果瘤蚜时，多在花序分离期和落花后各喷药1次。药剂喷施倍数同前述。

（2）梨树梨木虱 主要应用于梨木虱若虫和成虫混发阶段。多在梨木虱若虫孵化盛期至初孵若虫被黏液完全覆盖前进行喷药，每代喷药1次。药剂喷施倍数同前述。

（3）桃树、杏树及李树的蚜虫类、桃小绿叶蝉 防控蚜虫类时，首先在花芽露红期喷药1次，然后从落花后开始继续喷药，10～15天1次，连喷2次左右；防控桃小绿叶蝉时，多在叶片正面显出黄白色褪绿小点时开始喷药，10～15天1次，连喷2次左右。药剂喷施倍数同前述。

（4）草莓白粉虱 在白粉虱发生为害初期开始喷药，10～15天1次，连喷2次左右，注意喷洒叶片背面。药剂喷施倍数同前述。

注意事项 噻虫·高氯氟不能与碱性药剂混用，喷药应均匀周到。连续喷药时，注意与不同类型药剂交替使用。本剂对蜜蜂、家蚕和鱼类及水生生物有毒，果树开花期禁止使用，蚕室周边和桑园内及其附近禁止使用，残余药液及洗涤药械的废液严禁污染河流、湖泊、池塘等水域。本剂生产企业较多，各企业间产品配方比例及含量差异较大，具体选用时还应以该产品的标签说明为准。用药时注意安全防护，避免皮肤及眼睛溅及药液。苹果树上使用的安全间隔期为21天，每季最多使用2次。

溴氰·噻虫嗪

有效成分 溴氰菊酯（deltamethrin）＋噻虫嗪（thiamethoxam）。

常见商标名称 雷展、龙灯、明德立达。

主要含量与剂型 12％（2.5％溴氰菊酯＋9.5％噻虫嗪）、14％（4.6％溴氰菊酯＋9.4％噻虫嗪）悬浮剂。

产品特点 溴氰·噻虫嗪是一种由溴氰菊酯与噻虫嗪按一定比例混配的广谱低毒复合杀虫剂，对害虫具有触杀、胃毒、内吸作用，见效较快，持效期较长，对刺吸式口器害虫具有较好的防控效果，兼防鳞翅目害虫，使用安全。两种杀虫机理，作用互补，害虫不易产生抗药性。

溴氰菊酯属拟除虫菊酯类广谱中毒杀虫剂成分，以触杀和胃毒作用为主，兼有一定的驱避与拒食作用，无内吸和熏蒸作用，击倒速度快，可混用性好，使用安全，但对蜜蜂和家蚕高毒；其作用机理是通过影响害虫神经系统中的钠离子通道，阻止神经信号的传输，使害虫过度兴奋、麻痹而死亡。噻虫嗪属烟碱类高效低毒杀虫剂成分，对刺吸式口器害虫具有良好的胃毒和触杀活性，内吸传导性强，叶片吸收后迅速传导到各部位，作用速度快，杀虫活性高，使用安全；其作用机理是抑制害虫的乙酰胆碱酯酶受体，阻断中枢神经系统的信号传导，使害虫迅速停止取食与活动，持续兴奋直到死亡；害虫吸食药剂后 2～3 天达到死亡高峰，持效期可达 1 个月左右。

适用果树及防控对象 溴氰·噻虫嗪适用于多种落叶果树，对多种刺吸式口器害虫均有较好的防控效果。目前，在落叶果树生产中主要用于防控：苹果树绣线菊蚜、梨树的梨木虱、梨二叉蚜、黄粉蚜，桃树、杏树及李树的蚜虫类（桃蚜、桃粉蚜、桃瘤蚜）、桃小绿叶蝉，柿树血斑叶蝉，栗树的栗大蚜、栗花斑蚜，石榴、枸杞、花椒的蚜虫。

使用技术

（1）**苹果树绣线菊蚜** 在新梢上蚜虫数量较多时、或新梢上蚜虫开始向幼果上转移扩散时开始喷药，10 天左右 1 次，连喷 2 次左右。一般使用 12％悬浮剂 1500～2000 倍液、或 14％悬浮剂 3000～3500 倍液均匀喷雾。

（2）**梨树梨木虱、梨二叉蚜、黄粉蚜** 防控梨木虱时，主要应用于梨木虱若虫和成虫混发阶段，多在梨木虱若虫孵化盛期至初孵若虫被黏液完全覆盖前进行喷药，每代喷药 1 次；防控梨二叉蚜时，在蚜虫发生为害初期、或初显卷叶状时及时开始喷药，10～15 天 1 次，连喷 1～2 次；防控黄粉蚜时，多在梨树落花后的 1～2 个月的区间内进行淋洗式喷药，10～15 天 1 次，连喷 2～3 次。药剂喷施倍数同"苹果树绣线菊蚜"。

（3）**桃树、杏树及李树的蚜虫类、桃小绿叶蝉** 防控蚜虫类时，首先在花芽露红期喷药 1 次，然后从落花后开始继续喷药，10～15 天 1 次，连喷 2 次左右；防控桃小绿叶蝉时，多在叶片正面显出黄白色褪绿小点时开始喷药，10～15 天 1 次，连喷 2 次左右。药剂喷施倍数同"苹果树绣线菊蚜"。

（4）**柿树血斑叶蝉** 多在叶片正面显出黄白色褪绿小点时开始喷药，10～15 天 1 次，连喷 1～2 次。药剂喷施倍数同"苹果树绣线菊蚜"。

（5）**栗树栗大蚜、栗花斑蚜** 从蚜虫发生为害初期开始喷药，10～15 天 1 次，连喷 1～2 次。药剂喷施倍数同"苹果树绣线菊蚜"。

（6）石榴、枸杞、花椒的蚜虫　多从新梢上蚜虫数量较多时或蚜虫数量增多较快时开始喷药，10～15天1次，连喷2次左右。药剂喷施倍数同"苹果树绣线菊蚜"。

注意事项　溴氰·噻虫嗪不能与碱性药剂及肥料混用，喷药应均匀周到。连续喷药时，注意与不同类型药剂交替使用。本剂对蜜蜂、家蚕和鱼类及水生生物有毒，果树开花期禁止使用，蚕室周边和桑园内及其附近禁止使用，残余药液及洗涤药械的废液严禁污染河流、湖泊、池塘等水域。苹果树上使用的安全间隔期为14天，每季最多使用3次。

乙螨·螺螨酯

有效成分　乙螨唑（etoxazole）＋螺螨酯（spirodiclofen）。

常见商标名称　美邦、汤普森。

主要含量与剂型　12%（4%＋8%）、32%（8%＋24%）、40%（10%＋30%；8%＋32%）悬浮剂。括号内有效成分含量均为"乙螨唑的含量＋螺螨酯的含量"。

产品特点　乙螨·螺螨酯是一种由乙螨唑与螺螨酯按一定比例混配的广谱低毒复合杀螨剂，以触杀和胃毒作用为主，对螨卵、幼螨、若螨、雌成螨等害螨的不同发育阶段均有较好防效，尤其杀卵效果突出，使用适期长。

乙螨唑属二苯基噁唑衍生物类低毒杀螨剂成分，以触杀和胃毒作用为主，没有内吸活性，持效期较长，杀卵效果较好；其作用机理是通过抑制几丁质合成，来影响螨卵的胚胎形成和从幼螨、若螨到成螨的蜕皮过程，对害螨从卵、幼螨、若螨阶段均有杀伤作用，但对成螨无效，却对雌成螨有很好的不育作用。螺螨酯属季酮酸类广谱低毒杀螨剂成分，以触杀和胃毒作用为主，无内吸性，对螨卵、幼螨、若螨均有良好的杀灭效果，但不能较快杀死雌成螨，却对雌成螨有很好的绝育作用，雌成螨接触药剂后所产卵基本不能孵化；药剂持效期长，可达40～50天，使用安全；其作用机理是通过抑制害螨体内的类脂生物合成，阻止能量代谢，而导致害螨死亡。

适用果树及防控对象　乙螨·螺螨酯适用于多种落叶果树，对许多种害螨均有较好的防控效果。目前，在落叶果树生产中主要用于防控：苹果树、梨树、桃树、山楂树等落叶果树的红蜘蛛（山楂叶螨、苹果全爪螨等）、白蜘蛛（二斑叶螨），草莓红蜘蛛。

使用技术

（1）苹果树、梨树、桃树、山楂树等落叶果树的红蜘蛛、白蜘蛛　在害螨发生为害初盛期、或树冠内膛下部叶片上螨量较多时（平均每叶有螨3～4头时）、或螨量增长较快时及时进行喷药。一般使用12%悬浮剂1500～2000倍液、或32%悬浮剂5000～6000倍液、或40%悬浮剂6000～7000倍液均匀喷雾。

（2）草莓红蜘蛛　在害螨发生为害初盛期进行喷药，注意喷洒叶片背面。药剂喷施倍数同"苹果树红蜘蛛"。

注意事项 乙螨·螺螨酯不能与铜制剂及碱性药剂混用，喷药应均匀周到。连续喷药时，注意与不同类型药剂交替使用。本剂对鱼类及水生生物有毒，残余药液及洗涤药械的废液严禁污染河流、湖泊、池塘等水域。果树上使用的安全间隔期建议为 30 天，每季建议最多使用 1 次。

参考文献

［1］中国农药信息网．http：//www．icama．org．cn．

［2］农药信息一点通．http：//www．nyrj8．com．

［3］GB 2763—2016 食品安全国家标准　食品中农药最大残留限量．

［4］MacBean C．农药手册．胡笑形，等译．原著第 16 版．北京：化学工业出版社，2015．

［5］王江柱，徐扩，齐明星．　果树病虫草害管控优质农药 158 种．北京：化学工业出版社，2016．

［6］王险峰．进口农药应用手册．北京：中国农业出版社，2000．

索　引

一、农药单剂

A

阿维菌素 …………………… 227

B

百菌清 …………………………… 6
苯丁锡 ………………………… 297
苯醚甲环唑 …………………… 66
吡虫啉 ………………………… 233
吡蚜酮 ………………………… 237
吡唑醚菌酯 …………………… 100
丙环唑 ………………………… 59
丙森锌 ………………………… 19
丙溴磷 ………………………… 282
波尔多液 ……………………… 22

C

虫螨腈 ………………………… 257
虫酰肼 ………………………… 254
除虫脲 ………………………… 250
春雷霉素 ……………………… 92

D

哒螨灵 ………………………… 294
代森铵 ………………………… 10
代森联 ………………………… 11
代森锰锌 ……………………… 16
代森锌 ………………………… 13
敌敌畏 ………………………… 275
丁香菌酯 ……………………… 103
啶虫脒 ………………………… 239
啶酰菌胺 ……………………… 78
啶氧菌酯 ……………………… 102
毒死蜱 ………………………… 278
多菌灵 ………………………… 36

多抗霉素 ……………………… 89

E

二氰蒽醌 ……………………… 75

F

呋虫胺 ………………………… 243
氟苯虫酰胺 …………………… 289
氟虫脲 ………………………… 252
氟啶虫胺腈 …………………… 291
氟啶虫酰胺 …………………… 290
氟硅唑 ………………………… 60
氟环唑 ………………………… 62
氟菌唑 ………………………… 64
氟吗啉 ………………………… 87
氟噻唑吡乙酮 ………………… 35
福美双 ………………………… 3
腐霉利 ………………………… 71
腐植酸铜 ……………………… 30

G

高效氯氟氰菊酯 ……………… 271
高效氯氰菊酯 ………………… 268

J

己唑醇 ………………………… 54
甲氨基阿维菌素苯甲酸盐 …… 230
甲基硫菌灵 …………………… 40
甲氰菊酯 ……………………… 263
甲氧虫酰肼 …………………… 255
碱式硫酸铜 …………………… 26
腈苯唑 ………………………… 58
腈菌唑 ………………………… 56

K

克菌丹 …………………………… 8

苦参碱 ································ 223

矿物油 ································ 221

喹啉铜 ································ 31

L

联苯肼酯 ······························ 299

联苯菊酯 ······························ 266

硫黄 ································ 1

硫酸铜钙 ······························ 24

氯虫苯甲酰胺 ·························· 288

螺虫乙酯 ······························ 286

螺螨酯 ································ 298

M

马拉硫磷 ······························ 285

咪鲜胺 ································ 81

咪鲜胺锰盐 ···························· 83

醚菌酯 ································ 98

嘧菌环胺 ······························ 79

嘧菌酯 ································ 96

嘧霉胺 ································ 76

棉铃虫核型多角体病毒 ················ 226

灭幼脲 ································ 249

N

宁南霉素 ······························ 93

Q

氢氧化铜 ······························ 27

氰氟虫腙 ······························ 292

氰霜唑 ································ 65

S-氰戊菊酯 ···························· 261

炔螨特 ································ 292

S

噻虫胺 ································ 244

噻虫嗪 ································ 245

噻螨酮 ································ 297

噻霉酮 ································ 34

噻嗪酮 ································ 247

噻唑锌 ································ 33

三乙膦酸铝 ···························· 87

三唑磷 ································ 283

三唑酮 ································ 47

三唑锡 ································ 296

杀铃脲 ································ 251

杀螟硫磷 ······························ 284

虱螨脲 ································ 253

石硫合剂 ······························ 222

双胍三辛烷基苯磺酸盐 ················ 106

双炔酰菌胺 ···························· 84

霜霉威盐酸盐 ·························· 89

四氟醚唑 ······························ 66

四螨嗪 ································ 295

松脂酸铜 ······························ 29

苏云金杆菌 ···························· 225

W

肟菌酯 ································ 105

戊唑醇 ································ 50

X

烯啶虫胺 ······························ 241

烯肟菌胺 ······························ 80

烯酰吗啉 ······························ 85

烯唑醇 ································ 48

辛菌胺醋酸盐 ·························· 108

辛硫磷 ································ 276

溴菌腈 ································ 95

溴螨酯 ································ 300

溴氰菊酯 ······························ 258

Y

乙基多杀菌素 ·························· 232

乙螨唑 ································ 301

乙蒜素 ································ 93

乙唑螨腈 ······························ 303

异菌脲 ································ 73

抑霉唑 ································ 70

茚虫威 ································ 256

Z

中生菌素 ······························ 91

唑螨酯 ·························· 302

二、 农药的混配制剂

A

阿维·苯丁锡 ················· 323
阿维·吡虫啉 ················· 305
阿维·哒螨灵 ················· 319
阿维·丁醚脲 ················· 315
阿维·啶虫脒 ················· 306
阿维·毒死蜱 ················· 311
阿维·氟铃脲 ················· 314
阿维·高氯 ···················· 308
阿维·甲氰 ···················· 309
阿维·矿物油 ················· 304
阿维·联苯肼 ················· 325
阿维·氯苯酰 ················· 316
阿维·螺虫酯 ················· 318
阿维·螺螨酯 ················· 327
阿维·灭幼脲 ················· 313
阿维·炔螨特 ················· 321
阿维·三唑锡 ················· 323
阿维·四螨嗪 ················· 320
阿维·乙螨唑 ················· 328
阿维·唑螨酯 ················· 326

B

苯丁·炔螨特 ················· 329
苯甲·吡唑酯 ················· 127
苯甲·丙环唑 ················· 118
苯甲·丙森锌 ················· 113
苯甲·代森联 ················· 115
苯甲·多菌灵 ················· 109
苯甲·氟酰胺 ················· 121
苯甲·克菌丹 ················· 117
苯甲·锰锌 ···················· 111
苯甲·咪鲜胺 ················· 120
苯甲·醚菌酯 ················· 124

苯甲·嘧菌酯 ················· 122
苯甲·肟菌酯 ················· 125
苯甲·中生 ···················· 128
苯醚·甲硫 ···················· 130
苯醚·戊唑醇 ················· 132
吡虫·毒死蜱 ················· 331
吡虫·矿物油 ················· 330
丙环·嘧菌酯 ················· 135
丙森·多菌灵 ················· 136
丙森·腈菌唑 ················· 138
丙森·醚菌酯 ················· 140
丙唑·多菌灵 ················· 134
波尔·甲霜灵 ················· 142
波尔·锰锌 ···················· 141
波尔·霜脲氰 ················· 143

D

代锰·戊唑醇 ················· 144
多·福 ························· 146
多抗·丙森锌 ················· 150
多抗·戊唑醇 ················· 151
多·锰锌 ······················ 147

E

噁霜·锰锌 ···················· 152
噁酮·吡唑酯 ················· 156
噁酮·氟硅唑 ················· 154
噁酮·锰锌 ···················· 153
噁酮·霜脲氰 ················· 155
二氰·吡唑酯 ················· 157
二氰·戊唑醇 ················· 159

F

氟菌·霜霉威 ················· 162
氟菌·肟菌酯 ················· 161
氟菌·戊唑醇 ················· 160

G

高氯·吡虫啉 ……………………… 338

高氯·毒死蜱 ……………………… 336

高氯·甲维盐 ……………………… 340

高氯·马 …………………………… 333

高氯·辛硫磷 ……………………… 334

硅唑·多菌灵 ……………………… 163

J

甲硫·氟硅唑 ……………………… 171

甲硫·福美双 ……………………… 164

甲硫·腈菌唑 ……………………… 173

甲硫·锰锌 ………………………… 166

甲硫·醚菌酯 ……………………… 174

甲硫·戊唑醇 ……………………… 168

甲霜·百菌清 ……………………… 175

甲霜·锰锌 ………………………… 176

甲维·虫酰肼 ……………………… 342

甲维·除虫脲 ……………………… 343

甲维·虱螨脲 ……………………… 344

K

克菌·戊唑醇 ……………………… 178

L

联肼·螺螨酯 ……………………… 346

联肼·乙螨唑 ……………………… 347

氯虫·高氯氟 ……………………… 355

氯氟·吡虫啉 ……………………… 348

氯氟·虱螨脲 ……………………… 349

氯氰·啶虫脒 ……………………… 350

氯氰·毒死蜱 ……………………… 352

螺虫·呋虫胺 ……………………… 357

螺虫·噻嗪酮 ……………………… 356

M

锰锌·腈菌唑 ……………………… 179

锰锌·烯唑醇 ……………………… 181

锰锌·异菌脲 ……………………… 182

醚菌·啶酰菌 ……………………… 183

Q

氰戊·马拉松 ……………………… 358

S

噻虫·高氯氟 ……………………… 359

噻呋·苯醚甲 ……………………… 184

霜脲·锰锌 ………………………… 185

T

铜钙·多菌灵 ……………………… 186

W

肟菌·戊唑醇 ……………………… 188

戊唑·丙森锌 ……………………… 193

戊唑·多菌灵 ……………………… 189

戊唑·醚菌酯 ……………………… 197

戊唑·嘧菌酯 ……………………… 196

戊唑·异菌脲 ……………………… 195

X

烯酰·吡唑酯 ……………………… 202

烯酰·锰锌 ………………………… 198

烯酰·氰霜唑 ……………………… 201

烯酰·霜脲氰 ……………………… 200

烯酰·铜钙 ………………………… 199

溴氰·噻虫嗪 ……………………… 360

Y

乙铝·多菌灵 ……………………… 206

乙铝·锰锌 ………………………… 204

乙螨·螺螨酯 ……………………… 362

乙霉·多菌灵 ……………………… 207

异菌·多菌灵 ……………………… 203

Z

唑醚·丙森锌 ……………………… 208

唑醚·代森联 ……………………… 210

唑醚·啶酰菌 ……………………… 217

唑醚·氟酰胺 ……………………… 218

唑醚·甲硫灵 ……………………… 212

唑醚·咪鲜胺 ……………………… 219

唑醚·戊唑醇 ……………………… 214